U0053451

Deepen Your Mind

前言

隨著 Web 技術的迅速發展，以 Electron、ReactNative、ArkUI 等為代表的新的混合式開發模式日趨成為與 Qt、Android、iOS 原生開發並肩的開發模式之一。隨著 WebVR、WebAR、WebAssembly 等一系列技術的日趨成熟，原本前端之間的隔閡會逐漸消失，逐步進入大前端開發的時代。

近幾年，隨著新硬體和新商業模式的興起，傳統的前端技術獲得了新的應用和發展空間，特別是以 HTML5 和新一代 JavaScript 語言為代表的大前端技術正在滲透到技術的各個環節，這也對前端工程師提出了新的要求並帶來了新的機遇。

HTML5 和新一代 JavaScript 語言以其自身的廣泛調配性和良好的執行效率已經不簡單地只作為網頁開發專用技術了，它們可以極佳地和其他底層語言進行呼叫和連接，已經可以廣泛適用於萬物互聯的場景應用程式開發。如華為公司在 2021 年推出了自己的下一代物聯網作業系統 (HarmonyOS) 後，推出了自己的作業系統應用程式開發框架 ArkUI，該框架就是基於 JavaScript 語言實現的一套跨終端的應用程式開發框架，它透過前端的 JavaScript 語言與底層的 C++ 語言進行相互高效呼叫，實現了一套程式多端執行的目標。

2021 年，全球第一社交平台 Facebook 正式改名為 Meta，該名字來自 Metaverse，中文翻譯為元宇宙，意思是新型社會系統的數位生活空間。元宇宙是整合多種新技術產生的下一代三維化的網際網路應用形態。它基於擴充現實技術和數位孿生技術實現從現實到虛擬的空間拓展；借助人工智慧和物聯網實現虛擬人、自然人和機器人的融合共生；借助區塊鏈、Web 3.0、數位藏品 /NFT 等實現經濟價值的增值。

這一新的模式必將帶來重大的技術突破和新技術的創新，元宇宙時代的大前端開發將是一個突破傳統前端侷限而一體化導向的時代。

在新模式、新技術和新硬體的加持下，大前端未來可能進入下一個領域——元宇宙前端。可以看到目前 WebVR、WebAR、WebGL 等新的 Web 視覺和 Web 3D 技術正在興起，未來必定成為前端的主流技術。

✤ 本書特色

本書透過介紹目前廣為流行的三大前端框架及生態系統，帶領讀者全面掌握從行動使用者應用程式開發到萬物互聯應用程式開發技術和實戰技巧。本書共 4 篇 15 章，由淺入深，帶領讀者從學習行動使用者開發 (Vue、React) 框架入手再到物聯網開發 (Flutter) 框架開發。本書第 1 篇先從大前端主流開發語言 (ECMAScript 6、TypeScript、Dart) 講起，在基礎篇中全面介紹大前端打包建構流程及專案化系統。再從基礎、原理和實戰的三個緯度出發全面介紹 Vue、React、Flutter 三大框架的基礎語法、實現原理、原始程式編譯、核心演算法及企業級元件庫專案架設。本書提供了大量的程式範例，讀者可以透過這些例子理解基礎知識，也可以直接在開發實戰中稍加修改而應用這些程式。另外，提供了書中所有案例所涉及的原始程式，以便於讀者高效率地學習。

✤ 本書內容

本書 4 篇 15 章的主要內容如下：

第 1 篇，開發基礎篇 (第 1~6 章)。第 1 章介紹大前端的發展過程和發展趨勢；第 2 章介紹 ECMAScript 6 語法及用法；第 3 章介紹前端建構工具，詳細介紹 Webpack、Rollup、ESBuild 和 Vite 的原理及使用；第 4 章介紹 TypeScript 的語法及用法；第 5 章介紹 Dart 的語法及用法；第 6 章介紹 MonoRepo 管理模式及如何設計一個企業級鷹架工具。

第 2 篇，Vue 3 框架篇 (第 7~9 章)。第 7 章全面介紹 Vue 3 框架語法和使用；第 8 章介紹 Vue 3 框架原理、Vue 3 原始程式下載和編譯、Vue 3 的雙向資料綁定和 Vue 3 Diff 演算法原理；第 9 章介紹如何建構一個基於 Vue 3 的元件庫。

第 3 篇，React 框架篇 (第 10~12 章)。第 10 章介紹 React 框架語法和使用；第 11 章介紹 React 框架原理、React 原始程式下載和原始程式測試；第 12 章介紹如何建構一個基於 React 的元件庫。

第 4 篇，Flutter 2 框架篇 (第 13~15 章)。第 13 章介紹 Flutter 2 的語法和使用；第 14 章介紹 Flutter Web 和桌面應用程式開發；第 15 章介紹 Flutter 外掛程式庫開發與發佈。

✣ 本書目標讀者

學習本書內容需要具備一定的 HTML、CSS、JS 基礎知識，本書可以作為前端開發者提升技能的工具書，也可以作為前端開發者架設企業級前端產品系統的參考書，還可以作為普通開發者從網頁開發過渡到萬物互聯開發的參考書。懇請讀者批評指正。

✣ 致謝

感謝清華大學出版社趙佳霓編輯在寫作本書過程中提出的寶貴意見，以及我的家人在寫作過程中提供的支援與幫助。

徐禮文

目錄

● Contents

03 前端建構工具

04 TypeScript

05 Dart 語言

06 套件管理與鷹架

第 2 篇　Vue 3 框架篇

07 Vue 3 語法基礎

08 Vue 3 進階原理

09 Vue 3 元件庫開發實戰

第 3 篇　React 框架篇

10 React 語法基礎

11 React 進階原理

12 React 元件庫 開發實戰

13 Flutter 語法基礎

14 Flutter Web 和桌面應用

15 Flutter 外掛程式庫 開發實戰

第 1 篇　基礎篇

01

大前端發展趨勢

隨著 Web 技術的迅速發展，以 Electron、ReactNative、ArkUI 等為代表的新的混合式開發模式日趨成為與 Qt、Android、iOS 原生開發並肩的開發模式之一。隨著 WebVR、WebAR、WebAssembly 等一系列技術的日趨成熟，原本前端之間的隔閡會逐漸消失，逐步進入大前端開發的時代。

1.1 大前端的發展過程

傳統意義上的前端，主要是指基於瀏覽器的網頁開發，但是隨著行動使用者的高速發展，前端開發的範圍又延伸到行動端裝置，最初只是為了解決行動裝置上網頁的開發，但是隨著 HTML5 技術的迅速發展，隨即出現了基於 JavaScript 與 Android 和 iOS 的混合開發框架，使傳統意義上的前端和行動端出現融合，之前行動端開發主要以原生平台開發語言為主，如 Android 使用 Java 和 iOS 使用 Objective C，現在在很多行動端場景中，開發者更加趨向於選擇 JavaScript 作為首選開發語言。

2009 年，Node.js 風靡全球，作為前端開發者標準配備的開發語言 JavaScript，被引入傳統的後端領域，也就是伺服器端。於是一大批基於 Node.js 平台的框架隨即出現，比較典型的就是 MEAN(MongoDB+Express+AngularJS+Node.js) 模式，基本成為企業資訊化產品的基礎架構模式。隨後又出現了很多基於 Node.js 平台的微服務框架和區塊鏈框架。JavaScript 語言成為首個可以同時解決前端和後端應用程式開發的開發語言，由於開放原始碼 NoSQL 資料庫 (MongoDB) 也採用 JavaScript 語言作為資料庫查詢操作語言，JavaScript 甚至進入了資料庫查詢語言中。

在傳統的桌面端應用程式開發中，普遍基於 C++ 或 C# 等開發語言進行開發，但是基於 JavaScript 語言的 NW.js 和 Electron 技術迅速應用於桌面應用程式開發場景中，成為程式設計師首選技術。Electron 桌面開發框架，讓開發者用最輕的技術堆疊完成較為複雜的桌面端開發，JavaScript 這個傳統意義上的前端開發語言由此進入了桌面端開發。

隨著 Web Assembly 技術及 WebGL 技術的快速發展，JavaScript 語言也在逐步進入 VR、AR、3D 遊戲等領域。

在物聯網 (Internet of Things，IoT) 領域，也逐步引入了 JavaScript 語言作為首選的開發語言，如華為最新研發的 ArkUI 就是一款使用 JavaScript 語言來開發物聯網應用程式的跨端開發框架。

由此可見，前端的概念已經從傳統的網頁開發發展到了所有能夠使用 JavaScript 語言開發的應用領域，這就是所謂大前端的由來。

大前端的概念可以從不同的角度來理解，可以分為廣義的「大前端」和狹義的「大前端」。廣義的「大前端」是從前端技術 (JavaScript 語言) 能解決問題的領域範圍來定義的，有些領域並非傳統意義上的前端領域範圍，如桌面開發，但是 Electron 框架使用 JavaScript 語言進行開發，所以桌面開發也被包含在廣義的「大前端」範圍內。也就是說只要是使用前端技術去解決的領域都可以定義為「大前端」，如圖 1-1 所示。圖中深色的部分與後端，以及桌面端、行動端和頁面端都有交集，這些交集組成了現在意義上的大前端。

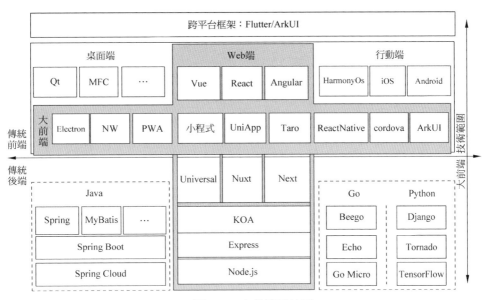

▲ 圖 1-1　大前端系統圖

　　而狹義的「大前端」是從全端 (傳統前端 + 傳統後端) 的角度定義的，指從傳統前端延伸到傳統後端領域的整個全端範圍，如圖 1-2 所示。

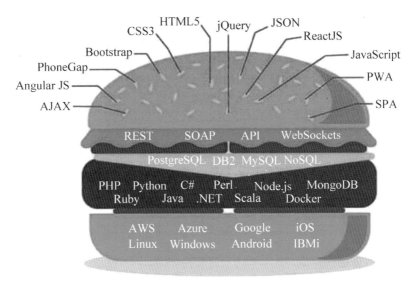

▲ 圖 1-2　狹義意義上的全端 (大前端) 系統圖

1.2 Node.js 引領 JavaScript 進入全端時代

2009 年，一個美國軟體工程師 Ryan Dahl 為解決高性能 Web 伺服器開發了 Node.js，Node.js 是一個基於 Google V8 引擎的伺服器端 JavaScript 執行環境，類似於一個 JavaScript 虛擬機器。由於 Node.js 出色的性能和簡單好用的特性，Node.js 獲得了全球開發者的喜愛，這也讓僅用於網頁開發的 JavaScript 在伺服器端語言中有了一席之地。這表示 JavaScript 從此走出了瀏覽器的藩籬，邁向了全端化的第一步。

如今，Node.js 廣泛地應用於許多企業級的應用場景中，圖 1-3 中列出了 Node.js 的使用場景，其中包括資料流程、伺服器端代理、巨量資料分析、無線連接、雲端平台、即時資料、訊息佇列、聊天機器人、Web 爬蟲和應用 API 等領域。

▲ 圖 1-3　Node.js 全場景使用

Node.js 極大地推動了 JavaScript 語言的發展，特別是 Node.js 附帶的 NPM(Node 模組管理器) 為開發者提供了 JavaScript 函式庫的管理和下載能力，NPM 也因此成為全球最大的程式倉庫。

1.3 小程式、輕應用開啟前端新模式

隨著手機 App 市場的飽和，並且大部分使用者已經養成了特定 App 的使用習慣，因此，中小型企業投入較高的成本開發一款 App，但後期的營運和推廣通常並不能達到預期的效果。

在此背景下，騰訊於 2017 年 1 月 9 日推出了微信小程式，小程式 (Mini Program) 是一種不需要下載並安裝即可使用的應用，其理念是應用「觸手可及」、「用完即走」。其優勢是使用者不用再關心應用安裝太多的問題，也避免了頻繁地切換應用。

微信小程式推出後，迅速火爆全網，小程式依靠微信成為 2017 年度最熱門的技術之一，其他的網際網路公司也陸續推出了自己的小程式或輕應用，由此開啟了前端開發的新模式，也就是使用 JavaScript 或 TypeScript 就可以完成一個小程式的開發，微信甚至推出了雲端函式支援 JavaScript 全端開發，這種開發模式既簡單又高效，成為前端開發的一種新的體驗，這也進一步把前端的範圍推到 Serverless 雲端平台開發範圍。

1.4 Flutter 引領跨平台開發

2018 年，Google 發佈了一款新的跨平台移動 UI 框架：Flutter。該框架是建構 Google 下一代物聯網作業系統 Fuchsia OS 的 SDK，主打跨平台、高保真、高性能。開發者可以透過 Dart 語言開發 App，可以實現一套程式同時執行在 iOS、Android、瀏覽器、Windows、Mac 等 7 個平台，如圖 1-4 所示。Flutter 使用 Native 引擎繪製視圖，並提供了豐富的元件和介面，這無疑為開發者和使用者提供了良好的體驗。

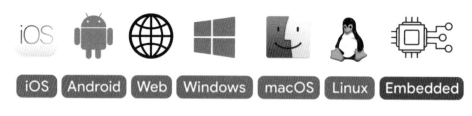

▲ 圖 1-4　Flutter 支援 7 大平台

　　Flutter 借助先進的工具鏈和編譯器，成為少數同時支援 JIT 和 AOT 的語言之一，開發期偵錯效率高，發佈期執行速度快、執行性能好，在程式執行效率上可以媲美原生 App，也成了目前最受業界關注的框架之一。

　　隨著新作業系統和新硬體的發展，前端開發無疑進入了整個物聯網生態系統中，解決多螢幕多端的應用程式開發成為一種趨勢，如何實現一套程式實現多端相容成為下一代框架需要解決的問題，目前 Flutter 是為了多端開發而誕生的。

1.5 大前端的革命與未來

　　2021 年，全球第一社交平台 Facebook 正式改名為 Meta，該名字來自 Metaverse，中文翻譯為元宇宙，意思是新型社會系統的數位生活空間。元宇宙是整合多種新技術產生的下一代三維化的網際網路應用形態。它基於擴充現實技術和數位學生技術實現從現實到虛擬的空間拓展；借助人工智慧和物聯網實現虛擬人、自然人和機器人的融合共生；借助區塊鏈、Web 3.0、數位藏品 /NFT 等實現經濟價值的增值。

　　這一新的模式必將帶來重大的技術突破和新技術的創新，元宇宙時代的大前端開發將是一個突破傳統前端侷限而一體化導向的時代。

　　元宇宙描繪的下一代網際網路的新形態，需要整合包括 AR、VR、5G、雲端運算、區塊鏈等軟硬體技術，建構一個去中心化的、不受單一控制的、永續的、不會終止的網際網路世界，如圖 1-5 所示。

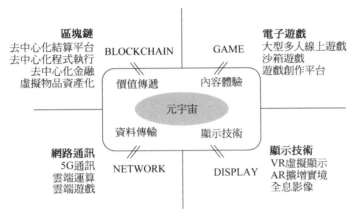

▲ 圖 1-5 物聯網 (IoT) 時代

在新模式、新技術和新硬體的加持下，大前端未來可能進入下一個領域：元宇宙前端。可以看到目前 WebVR、WebAR、WebGL 等新的 Web 視覺和 Web 3D 技術正在興起，未來或許成為前端的主流技術。

2019 年，WWW 聯盟 (W3C) 發佈了 WebXR 標準草案。WebXR Device API 旨在為開發者提供用於開發沉浸式應用程式的介面，可以透過這些介面開發出基於 Web 的沉浸式應用程式。

WebXR 包括了擴增實境 (WebAR)、虛擬實境 (WebVR) 和混合現實 (WebMR) 等沉浸式技術，如圖 1-6 所示，WebXR 建構在 WebVR 之上，它的目標是幫助開發者使用 JavaScript 來開發 VR、AR 和其他沉浸式應用程式。

虛擬實境(VR)　　　擴增實境(AR)　　　混合現實(MR)

▲ 圖 1-6 VR、AR 和 MR

　　隨著 WebGL 等技術的發展，我們看到的 2D 網頁技術也會逐步發展到 3D 網站。透過 3D 網站技術可以實現使用者互動遊戲化，從而提高使用者的參與度，在行銷和銷售領域具有巨大潛力，但是製作一個 3D 網站需要對 WebGL 和 Three.js 等函式庫有廣泛了解。隨著元宇宙的推出，3D 網站行業將蓬勃發展。

02

ECMAScript 6

　　隨著大前端時代的到來，行動網際網路顛覆了 PC 網際網路。HTML5 以其優良的跨平台，相容 PC 端與行動端的特性成為行動使用者時代最流行的網頁技術，同時作為 HTML5 專用開發語言 JavaScript 也成開發者必備的開發語言，但是因為 JavaScript 設計上的一些缺陷，一直有所詬病，雖然針對 JavaScript 的改進一直在進行中，直到 2015 年 ECMAScript 6 推　出，JavaScript 終於邁入了新時代，到目前為止，ECMAScript 6 已經成為 JavaScript 開發的主要標準。

ECMAScript 6

A bright new future is coming...

▲ 圖 2-1　ECMAScript 6

2.1 ECMAScript 6 介紹

　　ECMAScript 6(以下簡稱 ES6) 如圖 2-1 所示，是 JavaScript 語言的下一代標準，已經在 2015 年 6 月正式發佈了。它的目標是使 JavaScript 語言可以用來撰寫複雜的大型應用程式，成為企業級開發語言。

1. ES6 相比 ES5 有哪些改進

(1) 解決原有語法上的一些問題或不足。

(2) 對原有語法進行增強。

(3) 新的物件、新的方法、新的功能。

(4) 全新的資料型態和資料結構。

2. ECMAScript 6 新增的特性

ES6(ECMAScript 6) 的出現，無疑給前端開發人員帶來了新的驚喜，它包含了一些很棒的新特性，可以更加方便地實現很多複雜的操作，提高開發人員的效率。下面列舉了 ES6 部分新增加的功能，ES6 標準是 JavaScript 語言邁向企業級語言的重要一步。

(1) 新增變數宣告關鍵字 let、const，多了區塊級作用域概念。

(2) 變數的解構賦值，擴充運算子。

(3) 字串、陣列、物件、正則、數值、函式等都進行了擴充，增強了操作的簡便性。

(4) 新增了一個資料型態 Symbol，可以解決名稱衝突問題。

(5) 新增 Set 和 Map 資料結構。

(6) 增加了 Proxy 和 Reflect，對語言本身進行了規範和擴充。

(7) 標準化了非同步解決方案 Promise，統一了語法，原生提供了 Promise 物件。

(8) 提供了迭代器、生成器及可迭代協定，可以用來實現資料結構的迭代。生成器與非同步作業結合，可以使用同步程式的書寫方式實現非同步功能。

(9) 在語言標準層面上，實現了模組功能，使它成為瀏覽器端和伺服器端通用的模組解決方案。

隨著 ES 的發佈，標準委員會決定在每年都會發佈一個 ES 的新版本。

2.2 Babel 轉碼器

目前大部分瀏覽器已經極佳地支援了 ES6，但是仍然存在一些瀏覽器支援及相容性問題，目前，各大瀏覽器對 ES6 的支援可以查看 kangax.github.io/compat-table/es6/。

為了讓開發人員使用 ES6 標準開發的程式能夠在各種瀏覽器端進行執行，可以使用 Babel 工具把 ES6+ 程式降級到 ES5 版本，這樣在 ES6 過渡階段可以完美地相容各種瀏覽器。

Babel 是一個工具鏈，主要用於將採用 ECMAScript 6+ 語法撰寫的程式轉為向後相容的 JavaScript 語法，以便能夠執行在當前和舊版本的瀏覽器或其他環境中。下面列出了 Babel 能做的事情。

(1) 語法轉換。

(2) 透過 Polyfill 方式在目標環境中增加缺失的特性 (透過引入協力廠商 Polyfill 模組，例如 core-js)。

(3) 原始程式轉換 (codemods)。

程式範例 2-1 中的原始程式用了箭頭函式，Babel 將其轉為普通函式，這樣就能在不支援箭頭函式的 JavaScript 環境執行了。

程式範例 2-1

```
//Babel 輸入：ES6 箭頭函式
[1, 2, 3].map(n => n + 1);

//Babel 輸出：ES5 語法實現的同等功能
[1, 2, 3].map(function(n) {
   return n + 1;
});
```

1. 命令列轉碼

Babel 提供了命令列工具 @babel/cli，用於命令列轉碼。它的安裝命令如下：

```
$ npm install --save-dev @babel/cli
# 在目錄下查看安裝的版本
$ npx babel --version
```

基本用法如下：

```
#--out-file 或 -o 參數指定輸出檔案
$ npx babel example.js --out-file compiled.js
# 或
$ npx babel example.js -o compiled.js

#--out-dir 或 -d 參數指定輸出目錄
$ npx babel src --out-dir lib
# 或
$ npx babel src -d lib
```

注意：npx 可以在專案中直接執行指令，當直接執行 node_modules 中的某個指令時，不需要輸入檔案路徑 ./node_modules/.bin/babel --version，可以直接執行 npx babel --version 指令。

2. Node 環境支援 ES6

@babel/node 模組的 babel-node 命令提供了一個支援 ES6 的 REPL 環境。它支援 Node 的 REPL 環境的所有功能，而且可以直接執行 ES6 程式。

首先安裝這個模組，命令如下：

```
$ npm install --save-dev @babel/core @babel/cli @babel/preset-env
$ npm install --save-dev @babel/node
$ npm install --save @babel/polyfill
```

在專案根目錄建立檔案 babel.config.js，檔案內容如下：

```
{
  "devDependencies": {
    "@babel/cli": "^7.17.6",
```

```
      "@babel/core": "^7.17.8",
      "@babel/node": "^7.16.8",
      "@babel/preset-env": "^7.16.11"
   },
   "dependencies": {
      "@babel/polyfill": "^7.12.1"
   }
}
```

然後執行 babel-node 就可進入 REPL 環境。命令如下：

```
$ npx babel-nodeindex.js
```

使用 babel-node 替代 node，這樣 ES6 指令稿本身就不用進行任何轉碼處理了，但是 babel-node 僅用於測試，不要在生產環境中使用。

2.3　let 和 const

ES5 沒有區塊級作用域，只有全域作用域和函式作用域，由於一旦進入函式就要馬上將它建立出來，這就造成了所謂的變數提升。

由於 ES6 是向後相容的，所以 var 建立的變數其作用域依舊是全域作用域和函式作用域。這樣，即使擁有了區塊級作用域，也無法解決 ES5 的「變數提升」問題，所以這裡 ES6 新增了兩個新關鍵字：let 和 const。

1. let

let 宣告的變數只在 let 命令所在的程式區塊內有效，let 不存在變數提升，但 var 存在變數提升，如程式範例 2-2 所示。

程式範例 2-2

```
var x = 1;
window.x //1
let y = 1;
window.y //undefined
```

不能重複宣告，let 只能宣告一次，但 var 可以宣告多次，如程式範例 2-3 所示。

程式範例 2-3

```
let x = 1;
let x = 2;
var y = 3;
var y = 4;
x  //Identifier 'x' has already been declared
y  //4
```

for 迴圈計數器很適合用 let 宣告，如程式範例 2-4 所示。

程式範例 2-4

```
for (var i = 0; i < 10; i++) {
    setTimeout(function(){
        console.log(i);
    })
}
// 輸出十個 10
for (let j = 0; j < 10; j++) {
    setTimeout(function(){
        console.log(j);
    })
}
// 輸出 0123456789
```

2. const

const 用於宣告一個唯讀的常數。宣告後，常數的值就不能改變了，但 const 宣告的物件可以有屬性變化，如程式範例 2-5 所示。

程式範例 2-5

```
const x = [];
x.push('Hello');        // 可執行
x = ['World'];          // 顯示出錯
```

也可以使用 Object.freeze 將物件凍結,如程式範例 2-6 所示。

程式範例 2-6

```
// 常規模式時,下面一行不起作用
// 嚴格模式時,該行會顯示出錯
const obj= Object.freeze({});
obj.x= 123;
```

當去改變用 const 宣告的常數時,如程式範例 2-7 所示,瀏覽器就會顯示出錯。

程式範例 2-7

```
const PI = Math.PI
PI = 3.14  //Uncaught TypeError: Assignment to constant variable
```

const 有一個很好的應用場景,就是當引用協力廠商函式庫的時候宣告變數,用 const 宣告可以避免未來不小心重新命名而導致出現 Bug,如程式範例 2-8 所示。

程式範例 2-8

```
const moment = require('moment')
```

使用 let 和 const 的規則如下:

(1) 變數只在宣告所在的區塊級作用域內有效。
(2) 變數宣告後方可使用 (暫時性死區)。
(3) 不能重複定義變數。
(4) 宣告的全域變數不屬於全域物件的屬性。

變數宣告關鍵字對比,如表 2-1 所示。

表 2-1 變數宣告關鍵字對比

	var	let	const
變數提升	√	×	×
全域變數	√	×	×

	var	let	const
重複宣告	√	✕	✕
重新賦值	√	✕	✕
暫時死區	✕	√	√
區塊作用域	✕	√	√
只宣告不初始化	√	√	✕

2.4 解構賦值

　　經常需要定義許多物件和陣列，然後需要從中提取相關的一部分。在 ES6 中增加了可以簡化這種任務的新特性：解構賦值。解構賦值是一種打破資料結構，將其拆分為更小部分的過程。

1. 陣列模型的解構 (Array)

　　基本用法，如程式範例 2-9 所示。

程式範例 2-9

```
let [a, b, c] = [1, 2, 3];
//a = 1
//b = 2
//c = 3
```

　　可巢狀結構解構陣列中的值，如程式範例 2-10 所示。

程式範例 2-10

```
let [a, [[b], c]] = [1, [[2], 3]];
//a = 1
//b = 2
//c = 3
```

　　可忽略解構陣列中的某些值，如程式範例 2-11 所示。

程式範例 2-11

```
let [a, , b] = [1, 2, 3];
//a = 1
//b = 3
```

不完全解構，如程式範例 2-12 所示。

程式範例 2-12

```
let [a = 1, b] = []; //a = 1, b = undefined
```

剩餘運算子，如程式範例 2-13 所示。

程式範例 2-13

```
let [a, ...b] = [1, 2, 3];
//a = 1
//b = [2, 3]
```

字串等，如程式範例 2-14 所示。

在陣列的解構中，解構的目標若為可遍歷物件，則皆可進行解構賦值。可遍歷物件即實現 Iterator 介面的資料。

程式範例 2-14

```
let [a, b, c, d, e] = 'hello';
//a = 'h'
//b = 'e'
//c = 'l'
//d = 'l'
//e = 'o'
```

解構預設值，如程式範例 2-15 所示。

程式範例 2-15

```
let [a = 2] = [undefined]; //a = 2
```

2. 物件模型的解構 (Object)

物件的解構賦值和陣列的解構賦值其實類似，但是陣列的陣列成員是有序的，而物件的屬性則是無序的，所以物件的解構賦值可簡單地理解為等號的左邊和右邊的結構相同。

基本用法，如程式範例 2-16 所示。

程式範例 2-16

```
let { foo, bar } = { foo: 'aaa', bar: 'bbb' };
//foo = 'aaa'
//bar = 'bbb'
   # 物件的解構賦值是根據 key 值進行匹配的
let { baz : foo } = { baz : 'ddd' };
//foo = 'ddd'
```

可巢狀結構可忽略，如程式範例 2-17 所示。

程式範例 2-17

```
let obj = {p: ['hello', {y: 'world'}] };
let {p: [x, { y }] } = obj;
//x = 'hello'
//y = 'world'
let obj = {p: ['hello', {y: 'world'}] };
let {p: [x, {   }] } = obj;
//x = 'hello'
```

不完全解構，如程式範例 2-18 所示。

程式範例 2-18

```
let obj = {p: [{y: 'world'}] };
let {p: [{ y }, x ] } = obj;
//x = undefined
//y = 'world'
```

剩餘運算子，如程式範例 2-19 所示。

程式範例 2-19

```
let {a, b, ...rest} = {a: 10, b: 20, c: 30, d: 40};
//a = 10
//b = 20
//rest = {c: 30, d: 40}
```

2.5　字串的擴充

　　ES6 對字串進行了改造和增強，下面介紹好用的字串操作方法和字串範本。

2.5.1　字串新增方法

　　下面介紹幾種常見的字串新增加的方法。

1. 字串查詢 (includes)

　　(1) 舊方法：查詢字串中是否存在 react，如程式範例 2-20 所示。

程式範例 2-20

```
let str = "vue react angular";
if (str.indexof('react')!= -1) {
    alert(true);
}else{
    alert(false);
}
```

　　(2) 新方法：string.includes() 方法可查詢字串，如程式範例 2-21 所示。

程式範例 2-21

```
let str = "vue react angular";
alert(str.includes('react'));
-->true
```

2. 字串是否是以某個字元開頭

在字串中查詢是否以某個字串開頭,如程式範例 2-22 所示。

程式範例 2-22

```
let str = "https://www.baidu.com/";
str.startsWith('http');
-->true
```

3. 重複字串

重複字串,如程式範例 2-23 所示。

程式範例 2-23

```
let str = "Hello";
console.log(str.repeat(3));
--> 列印 3 次 Hello
```

4. 填補字串

ES6 引入了字串補全長度的功能,如果某個字串不夠指定長度,則會在頭部和尾部補全。padStart() 用於頭部補全,padEnd() 用於尾部補全。

如程式範例 2-24 所示,padStart() 和 padEnd() 一共接收兩個參數,第 1 個參數用來指定字串的最小長度,第 2 個參數用來補全字串的長度。

程式範例 2-24

```
'x'.padStart(5, 'ab')    //'ababx'
'x'.padStart(4, 'ab')    //'abax'
'x'.padEnd(5, 'ab')      //'xabab'
'x'.padEnd(4, 'ab')      //'xaba'
```

如果原字串長度等於或大於指定的最小長度,則傳回原字串,如程式範例 2-25 所示。

程式範例 2-25

```
'xxx'.padStart(2, 'ab')     //'xxx'
'xxx'.padEnd(2, 'ab')       //'xxx
```

　　如果用來補齊的字串與原字串兩者的長度之和超過了指定的最小長度，則會截取超過位數的補全字串，如程式範例 2-26 所示。

程式範例 2-26

```
'abc'.padStart(5, '123')      //12abc
'abc'.padEnd(5, '123')        //abc12
```

　　padStart() 常見的用途是為數值補全指定位數，如程式範例 2-27 所示。

程式範例 2-27

```
'1'.padStart(10, '0')      //"0000000001"
'12'.padStart(10, '0')     //"0000000012"
'123456'.padStart(10, '0')  //"0000123456"
```

2.5.2 字串範本

　　ES6 中提供了範本字串，用 `(反引號：Windows 鍵盤英文輸入法下 Tab 鍵上面那個鍵) 標識，用 ${} 將變數括起來。

1. 字串範本基本用法

　　普通字串，如程式範例 2-28 所示。

程式範例 2-28

```
let string ='Hello'\n'world';
console.log(string);
//"Hello'
//'world"
```

多行字串，如程式範例 2-29 所示。

程式範例 2-29

```
let string1 = 'Hey,
How are you today?';
console.log(string1);
//Hey,
//How are you today?
```

> **注意**：範本字串中的換行和空格都會被保留。

2. 在字串中嵌入變數

在字串中插入變數和運算式，變數名稱寫在 ${} 中，${} 中可以放入 JavaScript 運算式，如程式範例 2-30 所示。

程式範例 2-30

```
let name = ' 張三 ';
let age = 29;
let str = ' 我的名字叫 '${name}' 我今年 ${age} 歲了 '
console.log(str)
```

3. 附帶標籤的範本字串

標籤範本是一個函式的呼叫，其中呼叫的參數是範本字串，如程式範例 2-31 所示。

程式範例 2-31

```
alert'Hello world!';
// 等值於
alert('Hello world!');
```

當範本字串中附帶變數時，會將範本字串參數處理成多個參數，如程式範例 2-32 所示。

```
function f(stringArr, ...values) {
    let result = "";
    for (let i = 0; i < stringArr.length; i++) {
        result += stringArr[i];
        if (values[i]) {
            result += values[i];
        }
    }
    return result;
}
let nickName = '王大錘';
let age = 27;
console.log(f'我叫${nickName}，我明年就${age + 1}歲了');
//"我叫王大錘,我明年就28歲了"

f'我叫${nickName}，我明年就${age + 1}歲了';
// 等值於
f(['我叫', '，我明年就 ', '歲了'], '王大錘', 28);
```

2.6 陣列的擴充

ECMAScript 6 對陣列進行了擴充，為陣列 Array 建構函式增加了 from()、of() 等靜態方法，也為陣列實例增加了 find()、findIndex() 等方法。下面一起來看一下這些方法的用法。

2.6.1 擴充運算子

擴充運算子 "..." 用於將陣列轉化為逗點分隔的參數序列。

1. 用於函式呼叫

可以在函式參數傳遞的時候，使用擴充運算子，如程式範例 2-33 所示。

程式範例 2-33　參數使用擴充運算子

```
function add(x, y) {
    return x + y;
}
const numbers = [2, 6];
add(...numbers) //8
```

2. 實現陣列的操作

下面介紹透過擴充運算子實現求最大值、拼接陣列、複製陣列、合併陣列、將字串轉化為真正的陣列。

例如在 Math.max() 中使用陣列的擴充運算子求最大值，如程式範例 2-34 所示。

程式範例 2-34　Math.max

```
var arr =[14,3,77]
console.log(Math.max(...arr))
//77
```

(1) 拼接陣列，透過 push() 將一個陣列增加到另一個陣列的尾部，如程式範例 2-35 所示。

程式範例 2-35　拼接陣列

```
var arr1 = [1,2,3]
var arr2 = [4,5,6]
arr1.push(...arr2);
console.log(arr1)//[1, 2, 3, 4, 5, 6]
```

(2) 複製陣列 (arr2 複製 arr1，該 arr2 不改變 arr1)，如程式範例 2-36 所示。

程式範例 2-36　複製陣列

```
var arr1 = [1,2,3]
var arr2 = [...arr1]
console.log(arr1)//[1, 2, 3]
```

```
console.log(arr2)//[1, 2, 3]

arr2[0]=0
console.log(arr1)//[1, 2, 3]
console.log(arr2)//[0, 2, 3]
```

當陣列是一維陣列時，擴充運算子可以深複製一個陣列 (物件同理)，如程式範例 2-37 所示。

程式範例 2-37

```
let arr = [1, 2, 3, 4, 5, 6];
let arr1 = [...arr];

arr == arr1    //false
```

當陣列為多維時，陣列中的陣列變成淺複製 (物件同理)，如程式範例 2-38 所示。

程式範例 2-38　　當陣列為多維陣列時，變成淺複製

```
let arr = [1, 2, 3, 4, 5, 6, [1, 2, 3]];
let arr1 = [...arr];
arr1.push(7);
arr1[arr1.length - 2][0] = 100;
console.log(arr);
//[1, 2, 3, 4, 5, 6,[100, 2, 3]]
console.log(arr1);
//[1, 2, 3, 4, 5, 6, [100, 2, 3],7]
```

合併陣列 (多個)，如程式範例 2-39 所示。

程式範例 2-39　　合併多陣列

```
const arr1 = ['1', '2'];
const arr2 = ['3'];
const arr3 = ['4', '5'];
var arr4=[...arr1, ...arr2, ...arr3]
console.log(arr4)
//["1", "2", "3", "4", "5"]
```

結合解構賦值，生成剩餘陣列 (擴充運算子只能置於參數的最後面)，如程式範例 2-40 所示。

`程式範例 2-40`

```
let [one,...rest] = [1,2,3,4,5];
one       //1
rest        //[2,3,4,5]
```

將字串擴充成陣列，如程式範例 2-41 所示。

`程式範例 2-41`

```
[...'babe']
//["b", "a", "b", "e"]
```

可以把類陣列物件轉為真正的陣列，如程式範例 2-42 所示。

`程式範例 2-42`

```
function convert2Arr(){
    return [...arguments];
}
let result = convert2Arr(1,2,3,4,5);
//[1,2,3,4,5]
```

2.6.2 Array.from()

Array.from() 函式用於將類陣列物件、可遍歷的物件轉為真正的陣列，如程式範例 2-43 所示。

`程式範例 2-43`

```
// 類陣列物件
let obj = {
    0: 'hello',
    1: 'world',
    4: 'out of bounds data',
    length: 3
}
```

```
Array.from(obj);
// 根據屬性名稱對應到陣列的 index,將超過 length 的部分捨棄。沒有對應的屬性,置為 undefined
//["hello", "world", undefined]
```

下面的例子,查詢所有的 div 元素,如程式範例 2-44 所示。

程式範例 2-44

```
var divs = document.querySelAll("div");
[].slice.call(divs).forEach(function (node) {
    console.log(node);
})
```

使用 Array.from() 還可以這樣寫,如程式範例 2-45 所示。

程式範例 2-45

```
var divs = document.querySelectAll("div");
Array.from(divs).forEach(function (node) {
    console.log(node);
})
```

Array.from() 也可以將 ES6 中新增的 Set、Map 等結構轉化為陣列,如程式範例 2-46 所示。

程式範例 2-46

```
// 將 Set 結構轉化為陣列
Array.from(new Set([1, 2, 3, 4])); //[1, 2, 3, 4]
// 將 Map 結構轉化為陣列
Array.from(new Map(["name", "haha"])); //["name", "haha"]
```

Array.from() 可接收第 2 個參數,用於對陣列的每一項進行處理並傳回,如程式範例 2-47 所示。

程式範例 2-47

```
Array.from([1,2,3],x=>x*x)
    //[1, 4, 9]
```

```
Array.from([1,2,3],x=>{x*x})
//[undefined, undefined, undefined]，切記處理函式中一定要傳回
```

Array.from() 還可接收第 3 個參數，這樣在處理函式中就可以使用傳進去的物件域中的值，如程式範例 2-48 所示。

程式範例 2-48

```
let that = {
   user:'lisa'
}
let obj = {
   0:'lisa',
   1:'zhangsan',
   2:'lisi',
   length:3
}
let result = Array.from(obj,(user) =>{
   if(user == that.user){
      return user;
   }
   return 0;
},that);
result//["lisa", 0, 0]
```

2.6.3 Array.of()

用於將一組值轉為陣列，存在的意義是替代以建構函式的形式建立陣列，修復陣列建立因參數不一致而導致表現形式不同的偽 Bug，如程式範例 2-49 所示。

程式範例 2-49　　Array.of()

```
// 原始方式
new Array()            //[]
new Array(2)           //[empty × 2]
new Array(1,2,3,4,5)   //[1, 2, 3, 4, 5]
```

```
// 改良後的方式
Array.of();            //[]
Array.of(2);           //[2]
Array.of(1,2,3,4,5);   //[1, 2, 3, 4, 5]
```

2.6.4 Array.find() 和 Array.findIndex()

find() 方法用於查詢第一筆符合要求的資料，找到後傳回該資料，否則傳回 undefined。

參數包括一個回呼函式和一個可選參數 (執行環境上下文)。回呼函式會遍歷陣列的所有元素，直到找到符合條件的元素，然後 find() 方法傳回該元素，如程式範例 2-50 所示。

程式範例 2-50　　Array.find()

```
[1, 2, 3, 4].find(function(el, index, arr) {
   return el > 2;
}) //3

[1, 2, 3, 4].find(function(el, index, arr) {
   return el > 4;
}) //undefined
```

findIndex() 方法與 find() 方法的用法類似，傳回的是第 1 個符合條件的元素的索引，如果沒有，則傳回 -1，如程式範例 2-51 所示。

程式範例 2-51　　Array.findIndex()

```
[1, 2, 3, 4].findIndex(function(el, index, arr) {
   return el > 2;
}) //2

[1, 2, 3, 4].findIndex(function(el, index, arr) {
   return el > 4;
}) //-1
```

2.6.5 Array.includes()

　　Array.includes() 函式用於檢查陣列中是否包含某個元素，如程式範例 2-52 所示。

程式範例 2-52

```
[1,2,NaN].includes(NaN)
```

2.6.6 Array.copyWithin()

　　Array 增加了 copyWithin() 函式，用於操作當前陣列自身，用來把某些位置的元素複製並覆蓋到其他位置上去。copyWithin() 方法的語法如下：

程式範例 2-53

```
array.copyWithin(target, start, end = this.length)
```

　　最後一個參數為可選參數，如果省略，則為陣列長度。該方法在陣列內複製從 start(包含 start) 位置到 end(不包含 end) 位置的一組元素覆蓋以 target 為開始位置的地方，如程式範例 2-54 所示。

程式範例 2-54　copyWithin

```
[1, 2, 3, 4].copyWithin(0, 1)//[2, 3, 4, 4]
[1, 2, 3, 4].copyWithin(0, 1, 2) //[2, 2, 3, 4]
```

　　如果 start、end 參數是負數，則用陣列長度加上該參數來確定對應的位置，如程式範例 2-55 所示。

程式範例 2-55

```
[1, 2, 3, 4].copyWithin(0, -2, -1) //[3, 2, 3, 4]
```

　　需要注意 copyWithin() 改變的是陣列本身，並傳回改變後的陣列，而非傳回原陣列的副本。

2.6.7 Array.entries()/.keys()/.values()

entries()、keys() 與 values() 都傳回一個陣列迭代器物件，如程式範例 2-56 所示。

程式範例 2-56

```
var entries = [1, 2, 3].entries();
console.log(entries.next().value);  //[0, 1]
console.log(entries.next().value);  //[1, 2]
console.log(entries.next().value);  //[2, 3]

var keys = [1, 2, 3].keys();
console.log(keys.next().value);      //0
console.log(keys.next().value);      //1
console.log(keys.next().value);      //2

var values = [1, 2, 3].values();
console.log(values.next().value);    //1
console.log(values.next().value);    //2
console.log(values.next().value);    //3
```

迭代器的 next() 方法傳回的是一個包含 value 屬性與 done 屬性的物件，而 value 屬性是當前遍歷位置的值，done 屬性是一個布林值，表示遍歷是否結束。

也可以用 for⋯of 來遍歷迭代器，如程式範例 2-57 所示。

程式範例 2-57

```
for (let i of entries) {
   console.log(i)
} //[0, 1]、[1, 2]、[2, 3]
for (let [index, value] of entries) {
   console.log(index, value)
} //0 1、1 2、2 3

for (let key of keys) {
   console.log(key)
```

```
}  //0, 1, 2
for (let value of values) {
    console.log(value)
}  //1, 2, 3
```

2.6.8 Array.fill()

Array.fill() 方法用一個固定值填充一個陣列中從起始索引到終止索引內的全部元素。不包括終止索引，語法如下：

```
fill(value, start, end)
```

參數 start、end 是填充區間，包含 start 位置，但不包含 end 位置。如果省略，則 start 的預設值為 0，end 的預設值為陣列長度。如果兩個可選參數中有一個是負數，則用陣列長度加上該數來確定對應的位置，如程式範例 2-58 所示。

程式範例 2-58

```
[1, 2, 3].fill(4)          //[4, 4, 4]
[1, 2, 3].fill(4, 1, 2)    //[1, 4, 3]
[1, 2, 3].fill(4, -3, -2)    //[4, 2, 3]
```

2.6.9 flat()、flatMap()

flat() 和 flatMap() 函式可以實現將巢狀結構陣列轉為一維陣列。

1. flat()

把多維陣列轉換成一維陣列，如程式範例 2-59 所示。

程式範例 2-59

```
console.log([1 ,[2, 3]].flat());
//[1, 2, 3]
```

指定轉換的巢狀結構層數，如程式範例 2-60 所示。

程式範例 2-60

```
console.log([1, [2, [3, [4, 5]]]].flat(2));
//[1, 2, 3, [4, 5]]
```

不管巢狀結構多少層，如程式範例 2-61 所示。

程式範例 2-61

```
console.log([1, [2, [3, [4, 5]]]].flat(Infinity)); /
/ [1, 2, 3, 4, 5]
```

自動跳過空位，如程式範例 2-62 所示。

程式範例 2-62

```
console.log([1, [2, , 3]].flat());
 //[1, 2, 3]
```

2. flatMap()

先對陣列中的每個元素進行處理，再對陣列執行 flat() 方法，如程式範例 2-63 所示。

程式範例 2-63

```
// 參數 1：遍歷函式，該遍歷函式可接收 3 個參數，即當前元素、當前元素索引、原陣列
// 參數 2：指定遍歷函式中 this 的指向
console.log([1, 2, 3].flatMap(n => [n * 2]));
//[2, 4, 6]
```

2.7 物件的擴充

物件 (object) 是 JavaScript 中最重要的資料結構。ES6 對它進行了重大升級。

2.7.1 物件字面量

ES6 允許在大括號裡面直接寫入變數和函式，作為物件的屬性和方法。這樣的書寫方式可使程式更加簡潔，如程式範例 2-64 所示。

程式範例 2-64

```
const foo = 'bar';
const baz = {foo};
baz //{foo: "bar"}
// 等於
const baz = {foo: foo};
```

在上面的程式中，變數 foo 直接寫在大括號裡面。這時，屬性名稱就是變數名稱，屬性值就是變數值。下面是另一個例子，如程式範例 2-65 所示。

程式範例 2-65

```
function f(x, y) {
    return {x, y};
}
// 等於
function f(x, y) {
    return {x: x, y: y};
}
f(1, 2)    //Object {x: 1, y: 2}
```

除了屬性可以簡寫，方法也可以簡寫，如程式範例 2-66 所示。

程式範例 2-66

```
const o = {
    method() {
    return "Hello!";
    }
};
// 等於
const o = {
```

```
   method: function() {
      return "Hello!";
   }
};
```

一個實際的例子，如程式範例 2-67 所示。

程式範例 2-67

```
let birth = '2000/01/01';
const Person = {
   name: ' 張三 ',
   // 等於 birth: birth
   birth,
   // 等於 hello: function ()...
   hello() { console.log(' 我的名字是 ', this.name); }
};
```

屬性的賦值器 (setter) 和設定值器 (getter) 事實上也採用了這種寫法，如程式範例 2-68 所示。

程式範例 2-68

```
const cart = {
   _wheels: 4,
   get wheels () {
      return this._wheels;
   },
   set wheels (value) {
      if (value < this._wheels) {
         throw new Error(' 數值太小了 !');
      }
      this._wheels = value;
   }
}
```

2.7.2 屬性名稱運算式

JavaScript 定義物件的屬性有兩種方法，如程式範例 2-69 所示。

程式範例 2-69

```
// 方法一
obj.foo = true;
// 方法二
obj['a' + 'bc'] = 123;
```

上面程式的方法一直接用識別字作為屬性名稱，方法二則用運算式作為屬性名稱，這時要將運算式放在中括號之內。

但是，如果使用字面量的方式定義物件 (使用大括號)，則在 ES5 中只能使用方法一 (識別字) 定義屬性，如程式範例 2-70 所示。

程式範例 2-70

```
var obj = {
    foo: true,
    abc: 123
};
```

當 ES6 允許使用字面量定義物件時，用方法二 (運算式) 作為物件的屬性名稱，即把運算式放在中括號內，如程式範例 2-71 所示。

程式範例 2-71

```
let propKey = 'foo';
```

```
let obj = {
    [propKey]: true,
    ['a' + 'bc']: 123
};
```

下面是另一個例子，如程式範例 2-72 所示。

程式範例 2-72

```
let lastWord = 'last word';
const a = {
    'first word': 'hello',
```

```
    [lastWord]: 'world'
};
a['first word']        //"hello"
a[lastWord]        //"world"
a['last word']        //"world"
```

運算式還可以用於定義方法名稱，如程式範例 2-73 所示。

程式範例 2-73

```
let obj = {
    ['h' + 'ello']() {
        return 'hi';
    }
};

obj.hello() //hi
```

注意，屬性名稱運算式與簡潔標記法不能同時使用，否則會顯示出錯，如程式範例 2-74 所示。

程式範例 2-74

```
// 顯示出錯
const foo = 'bar';
const bar = 'abc';
const baz = { [foo] };
// 正確
const foo = 'bar';
const baz = { [foo]: 'abc'};
```

注意，屬性名稱運算式如果是一個物件，預設情況下會自動將物件轉為字串 [object Object]，這一點要特別注意，如程式範例 2-75 所示。

程式範例 2-75

```
const keyA = {a: 1};
const keyB = {b: 2};
const myObject = {
    [keyA]: 'valueA',
```

```
    [keyB]: 'valueB'
};
myObject //Object {[object Object]: "valueB"}
```

在上面的程式中，[keyA] 和 [keyB] 得到的都是 [object Object]，所以 [keyB] 會把 [keyA] 覆蓋掉，而 myObject 最後只有一個 [object Object] 屬性。

2.7.3 super 關鍵字

我們知道，this 關鍵字總是指向函式所在的當前物件，ES6 又新增了另一個類似的關鍵字 super，用於指向當前物件的原型物件。

在程式範例 2-76 中，物件 obj.find() 方法透過 super.foo 引用了原型物件 proto 的 foo 屬性。

程式範例 2-76

```
const proto = {
   foo: 'hello'
};

const obj = {
   foo: 'world',
   find() {
      return super.foo;
   }
};

Object.setPrototypeOf(obj, proto);
obj.find()    //"hello"
```

注意，當 super 關鍵字表示原型物件時，只能用在物件的方法之中，而用在其他地方都會顯示出錯，如程式範例 2-77 所示。

程式範例 2-77

```
// 顯示出錯
```

```
const obj = {
    foo: super.foo
}

// 顯示出錯
const obj = {
    foo: () => super.foo
}

// 顯示出錯
    const obj = {
      foo: function () {
          return super.foo
    }
}
```

上面 3 種 super 的用法都會顯示出錯，因為對於 JavaScript 引擎來講，這裡的 super 都沒有用在物件的方法之中。第 1 種寫法將 super 用在屬性裡面，第 2 種和第 3 種寫法將 super 用在一個函式裡面，然後賦值給 foo 屬性。目前，只有物件方法的簡寫法可以讓 JavaScript 引擎確認所定義的是物件的方法。

JavaScript 引擎內部，super.foo 等於 Object.getPrototypeOf(this).foo (屬性)，如程式範例 2-78 所示。

程式範例 2-78

```
Object.getPrototypeOf(this).foo.call(this)( 方法 )

const proto = {
    x: 'hello',
    foo() {
      console.log(this.x);
    },
};

const obj = {
    x: 'world',
```

```
    foo() {
      super.foo();
    }
}

Object.setPrototypeOf(obj, proto);

obj.foo()  //"world"
```

　　在上面的程式中，super.foo 指向了原型物件 proto 的 foo 方法，但是綁定的 this 還是當前物件 obj，因此輸出的是 world。

2.7.4 物件的擴充運算子

　　前面介紹過擴充運算子，ES2018 將這個運算子引入了物件。

1. 解構賦值

　　物件的解構賦值用於從一個物件設定值，相當於將目標物件自身的所有可遍歷的、但尚未被讀取的屬性分配到指定的物件上面。所有的鍵和它們的值，都會複製到新物件上面，如程式範例 2-79 所示。

程式範例 2-79

```
let { x, y, ...z } = { x: 1, y: 2, a: 3, b: 4 };
x //1
y //2
z //{ a: 3, b: 4 }
```

　　在上面的程式中，變數 z 是解構賦值所在的物件。它獲取等號右邊的所有尚未讀取的鍵 (a 和 b)，將它們連同值一起複製過來。

　　由於解構賦值要求等號右邊是一個物件，所以如果等號右邊是 undefined 或 null，就會顯示出錯，因為它們無法轉為物件，如程式範例 2-80 所示。

程式範例 2-80

```
let { ...z } = null;          // 執行時期會顯示出錯
let { ...z } = undefined;     // 執行時期會顯示出錯
```

解構賦值必須是最後一個參數，否則會顯示出錯，如程式範例 2-81 所示。

程式範例 2-81

```
let { ...x, y, z } = someObject;        // 句法錯誤
let { x, ...y, ...z } = someObject;     // 句法錯誤
```

在上面的程式中，解構賦值不是最後一個參數，所以會顯示出錯。

注意，解構賦值的複製是淺複製，即如果一個鍵的值是複合類型的值 (陣列、物件、函式)，則解構賦值複製的是這個值的引用，而非這個值的副本，如程式範例 2-82 所示。

程式範例 2-82

```
let obj = { a: { b: 1 } };
let { ...x } = obj;
obj.a.b = 2;
x.a.b //2
```

在上面的程式中，x 是解構賦值所在的物件，複製了物件 obj 的 a 屬性。a 屬性引用了一個物件，修改這個物件的值會影響解構賦值對它的引用。

另外，擴充運算子的解構賦值不能複製繼承自原型物件的屬性，如程式範例 2-83 所示。

程式範例 2-83

```
let o1 = { a: 1 };
let o2 = { b: 2 };
o2.proto = o1;
let { ...o3 } = o2;
```

● **02** ECMAScript 6

```
o3        //{ b: 2 }
o3.a      //undefined
```

在上面的程式中，物件 o3 複製了 o2，但是只複製了 o2 自身的屬性，而沒有複製它的原型物件 o1 的屬性。

下面是另一個例子，如程式範例 2-84 所示。

程式範例 2-84

```
const o = Object.create({ x: 1, y: 2 });
o.z = 3;

let { x, ...newObj } = o;
let { y, z } = newObj;
x //1
y //undefined
z //3
```

在上面的程式中，變數 x 是單純的解構賦值，所以可以讀取物件 o 繼承的屬性；變數 y 和 z 是擴充運算子的解構賦值，只能讀取物件 o 自身的屬性，所以變數 z 可以賦值成功，變數 y 卻取不到值。ES6 規定，在變數宣告敘述之中，如果使用解構賦值，則擴充運算子後面必須是一個變數名稱，而不能是一個解構賦值運算式，所以上面程式引入了中間變數 newObj，如果寫成下面這種形式就會顯示出錯。

程式範例 2-85

```
let { x, ...{ y, z } } = o;
//SyntaxError: ...  must be followed by an identifier in declaration contexts
```

解構賦值的用處是擴充某個函式的參數，引入其他操作，如程式範例 2-86 所示。

程式範例 2-86

```
function baseFunction({ a, b }) {
    //...
```

```
}
function HigerFunction({ x, y, ...restConfig }) {
    // 使用 x 和 y 參數操作
    // 其餘參數傳給原始函式
    return baseFunction(restConfig);
}
```

在上面的程式中，原始函式 baseFunction() 接收 a 和 b 作為參數，函式 HigerFunction() 在 baseFunction() 的基礎上進行了擴充，能夠接收多餘的參數，並且保留原始函式的行為。

2. 擴充運算子

物件的擴充運算子用於取出參數物件的所有可遍歷屬性，然後複製到當前物件之中，如程式範例 2-87 所示。

程式範例 2-87

```
let z = { a: 3, b: 4 };
let n = { ...z };
n //{ a: 3, b: 4 }
```

由於陣列是特殊的物件，所以物件的擴充運算子也可以用於陣列，如程式範例 2-88 所示。

程式範例 2-88

```
let foo = { ...['a', 'b', 'c'] };
foo
//{0: "a", 1: "b", 2: "c"}
```

如果擴充運算子的後面是一個空白物件，則沒有任何效果，如程式範例 2-89 所示。

程式範例 2-89

```
{...{}, a: 1}
//{ a: 1 }
```

如果擴充運算子後面不是物件，則會自動將其轉為物件，如程式範例 2-90 所示。

程式範例 2-90

```
// 等於 {...Object(1)}
{...1} //{}
```

在上面的程式中，擴充運算子後面是整數 1，會自動轉為數值的包裝物件 Number{1}。由於該物件沒有自身屬性，所以傳回一個空白物件。

但是，如果擴充運算子後面是字串，則它會自動轉換成一個類似陣列的物件，因此傳回的不是空白物件，如程式範例 2-91 所示。

程式範例 2-91

```
{...'hello'}
//{0: "h", 1: "e", 2: "l", 3: "l", 4: "o"}
```

物件的擴充運算子等於使用 Object.assign() 方法，如程式範例 2-92 所示。

程式範例 2-92

```
let aClone = { ...a };
// 等於
let aClone = Object.assign({}, a);
```

上面的例子只是複製了物件實例的屬性，如果想完整複製一個物件，並且複製物件原型的屬性，則可以採用下面的寫法，如程式範例 2-93 所示。

程式範例 2-93

```
// 寫法一
const clone1 = {
    __proto__: Object.getPrototypeOf(obj),
    ...obj
};
```

```
// 寫法二
const clone2 = Object.assign(
    Object.create(Object.getPrototypeOf(obj)),
    obj
);
// 寫法三
const clone3 = Object.create(
    Object.getPrototypeOf(obj),
    Object.getOwnPropertyDescriptors(obj)
)
```

在上面的程式中，寫法一的 proto 屬性在非瀏覽器的環境中不一定可部署，因此推薦使用寫法二和寫法三。

擴充運算子可以用於合併兩個物件，如程式範例 2-94 所示。

程式範例 2-94

```
let ab = { ...a, ...b };
// 等於
let ab = Object.assign({}, a, b);
```

2.8 Symbol

ES6 引入了一種新的原始資料型態 Symbol，表示獨一無二的值。它是 JavaScript 語言的第 7 種資料型態，前 6 種是 undefined、null、布林值 (Boolean)、字串 (String)、數值 (Number)、物件 (Object)。

Symbol 值透過 Symbol() 函式生成。這就是說，物件的屬性名稱現在可以有兩種類型，一種是原來就有的字串類型；另一種是新增的 Symbol 類型。凡是屬性名稱屬於 Symbol 類型，就都是獨一無二的，可以保證不會與其他屬性名稱產生衝突，如程式範例 2-95 所示。

程式範例 2-95

```
let s = Symbol();
```

```
typeof s
//"symbol"
```

在上面的程式中，變數 s 就是一個獨一無二的值。typeof 運算子的結果，表明變數 s 是 Symbol 資料型態，而非字串之類的其他類型。

注意：Symbol 函式前不能使用 new 命令，否則會顯示出錯。這是因為生成的 Symbol 是一個原始類型的值，而非物件。也就是說，由於 Symbol 值不是物件，所以不能增加屬性。基本上，它是一種類似於字串的資料型態。

Symbol() 函式可以接收一個字串作為參數，表示對 Symbol 實例的描述，主要是為了在主控台顯示，或當轉為字串時比較容易區分，如程式範例 2-96 所示。

程式範例 2-96

```
let s1 = Symbol('foo');
let s2 = Symbol('bar');
s1 //Symbol(foo)
s2 //Symbol(bar)
s1.toString() //"Symbol(foo)"
s2.toString() //"Symbol(bar)"
```

在上面的程式中，s1 和 s2 是兩個 Symbol 值。如果不加參數，則它們在主控台的輸出都是 Symbol()，不利於區分。有了參數以後，就等於為它們加上了描述，輸出的時候就能夠分清到底是哪一個值。

如果 Symbol 的參數是一個物件，就會呼叫該物件的 toString() 方法，將其轉為字串，然後才生成一個 Symbol 值，如程式範例 2-97 所示。

程式範例 2-97

```
const obj = {
    toString() {
      return '123';
    }
```

```
};
const sym = Symbol(obj);
sym //Symbol(123)
```

注意：Symbol() 函式的參數只是表示對當前 Symbol 值的描述，因此相同參數的 Symbol() 函式的傳回值是不相等的。

程式範例 2-98

```
// 沒有參數的情況
let s1 = Symbol();
let s2 = Symbol();
s1 === s2 //false
// 有參數的情況
let s1 = Symbol('foo');
let s2 = Symbol('foo');
s1 === s2 //false
```

在上面的程式中，s1 和 s2 都是 Symbol() 函式的傳回值，而且參數相同，但是它們卻是不相等的。

Symbol 值不能與其他類型的值進行運算，否則會顯示出錯，如程式範例 2-99 所示。

程式範例 2-99

```
let sym = Symbol('My symbol');
"symbol is " + sym
//TypeError: can't convert symbol to string
'symbol is ${sym}'
//TypeError: can't convert symbol to string
```

但是，Symbol 值可以顯性地轉為字串，如程式範例 2-100 所示。

程式範例 2-100

```
let sym = Symbol('My symbol');
String(sym)     //'Symbol(My symbol)'
sym.toString()  //'Symbol(My symbol)'
```

```
//Symbol 值也可以轉為布林值,但是不能轉為數值
let sym = Symbol();
Boolean(sym)      //true
!sym              //false
if (sym) {
   //...
}
Number(sym)       //TypeError
sym + 2           //TypeError
```

1. Symbol.prototype.description

建立 Symbol 的時候,可以增加一個描述,如程式範例 2-101 所示。

程式範例 2-101

```
const bol = Symbol('bar');
```

在上面代的碼中,bol 的描述就是字串 bar,但是,讀取這個描述需要將 Symbol 顯性地轉為字串,如程式範例 2-102 所示。

程式範例 2-102

```
const bol = Symbol('bar');
String(bol)        //"Symbol(bar)"
bol.toString()   //"Symbol(bar)"
```

上面的用法不是很方便。ES2019 提供了一個實例屬性 description,直接傳回 Symbol 的描述,如程式範例 2-103 所示。

程式範例 2-103

```
const sym = Symbol('bar');
sym.description    //"bar"
```

2. 作為屬性名稱的 Symbol

由於每個 Symbol 值都是不相等的,所以這表示 Symbol 值可以作為識別字,用於物件的屬性名稱,這樣就能保證不會出現名稱相同的屬

性。這對於一個物件由多個模組組成的情況非常有用，能防止某一個鍵被不小心改寫或覆蓋，如程式範例 2-104 所示。

程式範例 2-104

```
let mySymbol = Symbol();
// 第 1 種寫法
let a = {};
a[mySymbol] = 'Hello';
// 第 2 種寫法
   let a = {
   [mySymbol]: 'Hello'
};
// 第 3 種寫法
let a = {};
Object.defineProperty(a, mySymbol, { value: 'Hello' });
// 以上寫法都可得到同樣的結果
a[mySymbol] //"Hello!"
```

上面程式透過中括號結構和 Object.defineProperty 將物件的屬性名稱指定為一個 Symbol 值。注意，當 Symbol 值作為物件屬性名稱時，不能用點運算子，如程式範例 2-105 所示。

程式範例 2-105

```
const mySymbol = Symbol();
const a = {};
a.mySymbol = 'Hello';
a[mySymbol]     //undefined
a['mySymbol']   //"Hello"
```

在上面的程式中，因為點運算子後面總是字串，所以不會讀取 mySymbol 作為標識名稱所指代的那個值，導致 a 的屬性名稱實際上是一個字串，而非一個 Symbol 值。

同樣在物件的內部，當使用 Symbol 值定義屬性時，Symbol 值必須放在中括號之中，如程式範例 2-106 所示。

程式範例 2-106

```
let s = Symbol();
let obj = {
    [s]: function (arg) { ...}
};


obj[s](123);
```

　　在上面的程式中，如果 s 不放在中括號中，則該屬性的鍵名就是字串 s，而非 s 所代表的那個 Symbol 值。採用增強的物件寫法，上面程式的 obj 物件可以寫得更簡潔一些，如程式範例 2-107 所示。

程式範例 2-107

```
let obj = {
    [s](arg) { ... }
};
```

　　Symbol 類型還可以用於定義一組常數，保證這組常數的值都是不相等的，如程式範例 2-108 所示。

程式範例 2-108

```
const log = {};
log.levels = {
    DEBUG: Symbol('deBug'),
    INFO: Symbol('info'),
    WARN: Symbol('warn')
};
console.log(log.levels.DEBUG, 'deBug message');
console.log(log.levels.INFO, 'info message');
```

　　下面是另外一個例子，如程式範例 2-109 所示。

程式範例 2-109

```
const COLOR_RED = Symbol();
const COLOR_GREEN = Symbol();
function getComplement(color) {
```

```
  switch (color) {
    case COLOR_RED:
      return COLOR_GREEN;
    case COLOR_GREEN:
      return COLOR_RED;
    default:
      throw new Error('Undefined color');
    }
}
```

　　常數使用 Symbol 值最大的好處就是其他任何值都不可能有相同的值了，因此可以保證上面的 switch 敘述按設計的方式工作。

2.9　Set 和 Map 資料結構

　　Set 和 Map 是 ES6 中非常重要的兩個資料結構，本節詳細介紹 Set 和 Map 的用法。

2.9.1　Map 物件

　　Map 物件用於儲存鍵 - 值對。任何值 (物件或原始值) 都可以作為一個鍵或一個值。

1. Map 中的 key

　　Map 的 key 是字串，如程式範例 2-110 所示。

程式範例 2-110

```
var myMap = new Map();
var keyString = "a string";
myMap.set(keyString, " 和鍵 'a string' 連結的值 ");

myMap.get(keyString);      //" 和鍵 'a string' 連結的值 "
myMap.get("a string");     //" 和鍵 'a string' 連結的值 "
// 上面能夠獲取的原因是因為 keyString === 'a string'
```

Map 的 key 可以設定為物件，如程式範例 2-111 所示。

程式範例 2-111

```
var myMap = new Map();
var keyObj = {},
myMap.set(keyObj, "和鍵 keyObj 連結的值");
myMap.get(keyObj);   //"和鍵 keyObj 連結的值"
myMap.get({});        //undefined,因為 keyObj !== {}
```

Map 的 key 可以設定為函式，如程式範例 2-112 所示。

程式範例 2-112

```
var myMap = new Map();
var keyFunc = function () {},  //函式
myMap.set(keyFunc, "和鍵 keyFunc 連結的值");
myMap.get(keyFunc);          //"和鍵 keyFunc 連結的值"
myMap.get(function() {})     //undefined,因為 keyFunc !== function () {}
```

key 也可以是 NaN，如程式範例 2-113 所示。

程式範例 2-113

```
var myMap = new Map();
myMap.set(NaN, "not a number");
myMap.get(NaN);           //"not a number"
var otherNaN = Number("foo");
myMap.get(otherNaN);    //"not a number"
```

雖然 NaN 和任何值，甚至和自己都不相等 (NaN !==NaN 傳回值為 true)，但是 NaN 作為 Map 的鍵來講是沒有區別的。

2. Map 的迭代

對 Map 進行遍歷，下面介紹兩種遍歷 Map 的方法。

(1) for…of 遍歷，如程式範例 2-114 所示。

程式範例 2-114   for…of 遍歷

```
var myMap = new Map();
```

```
myMap.set(0, "zero");
myMap.set(1, "one");

for (var [key, value] of myMap) {
    console.log(key + " = " + value);
}
for (var [key, value] of myMap.entries()) {
    console.log(key + " = " + value);
}

for (var key of myMap.keys()) {
    console.log(key);
}
for (var value of myMap.values()) {
    console.log(value);
}
```

(2) forEach() 遍歷，如程式範例 2-115 所示。

程式範例 2-115   forEach 遍歷

```
var myMap = new Map();
myMap.set(0, "zero");
myMap.set(1, "one");

myMap.forEach(function(value, key) {
    console.log(key + " = " + value);
}, myMap)
```

3. Map 物件的操作

Map 與 Array 的轉換，如程式範例 2-116 所示。

程式範例 2-116

```
var kvArray = [["key1", "value1"], ["key2", "value2"]];
//Map() 建構函式可以將一個二維鍵 - 值對陣列轉換成一個 Map 物件
var myMap = new Map(kvArray);
// 使用 Array.from (0) 函式可以將一個 Map 物件轉換成一個二維鍵 - 值對陣列
var outArray = Array.from(myMap);
```

Map 的複製，如程式範例 2-117 所示。

程式範例 2-117

```
var myMap1 = new Map([["key1", "value1"], ["key2", "value2"]]);
var myMap2 = new Map(myMap1);
console.log(original === clone);
// 列印 false。 Map 物件建構函式生成實例，迭代出新的物件
```

Map 的合併，如程式範例 2-118 所示。

程式範例 2-118

```
var first = new Map([[1, 'one'], [2, 'two'], [3, 'three']]);
var second = new Map([[1, 'hello'], [2, 'hi']]);
// 當合併兩個 Map 物件時，如果有重複的鍵 - 值對，則後面的會覆蓋前面的，對應值即
// hello、hi、three
var merged = new Map([...first, ...second]);
```

2.9.2 Set 物件

Set 是 ES6 提供的一種新的資料結構，類似於陣列，但是成員的值都是唯一的，沒有重複的值。Set 本身是一個建構函式，用來生成 Set 資料結構。

Set 物件的特點如下：

(1) Set 物件允許儲存任何類型的唯一值，無論是原始值還是物件引用。

(2) Set 中的元素只會出現一次，即 Set 中的元素是唯一的。

(3) NaN 和 undefined 都可以被儲存在 Set 中，NaN 之間被視為相同的值 (儘管 NaN !==NaN)。

(4) Set() 函式可以接收一個陣列 (或具有 iterable 介面的其他資料結構) 作為參數，用來初始化。

Set 物件的用法，如程式範例 2-119 所示。

程式範例 2-119

```
let mySet = new Set();
mySet.add(1); // Set(1) {1}
mySet.add(5); // Set(2) {1, 5}
mySet.add(5); // Set(2) {1, 5}        # Set 中的元素是唯一的
mySet.add("some text");
// Set(3) {1, 5, "some text"}        # Set 值的類型的多樣性
var o = {a: 1, b: 2};
mySet.add(o);
mySet.add({a: 1, b: 2});
// Set(5) {1, 5, "some text", {...}, {...}}
// 這裡表現了物件之間引用不同不恒等，即使值相同，Set 也能儲存
```

　　Set 類型可以和其他類型進行轉換，如程式範例 2-120 所示。

程式範例 2-120

```
// Array 轉 Set
var mySet = new Set(["value1", "value2", "value3"]);
// 用 ... 操作符號，將 Set 轉為 Array
var myArray = [...mySet];
String
// String 轉 Set
var mySet = new Set('hello');
//註：Set 中 toString() 方法不能將 Set 轉換成 String
```

　　利用 Set 中的元素的唯一性實現陣列去重，如程式範例 2-121 所示。

程式範例 2-121

```
var mySet = new Set([1, 2, 3, 4, 4]);
[...mySet]; //[1, 2, 3, 4]
```

　　透過 Set 進行交集、聯集、差集計算，如程式範例 2-122 所示。

程式範例 2-122

```
# 聯集
var a = new Set([1, 2, 3]);
var b = new Set([4, 3, 2]);
```

```
var union = new Set([...a, ...b]);                    //{1, 2, 3, 4}
#交集
var a = new Set([1, 2, 3]);
var b = new Set([4, 3, 2]);
var intersect = new Set([...a].filter(x => b.has(x)));    //{2, 3}
#差集
var a = new Set([1, 2, 3]);
var b = new Set([4, 3, 2]);
var difference = new Set([...a].filter(x => !b.has(x)));   //{1}
```

2.10 Proxy

Proxy 是 ES6 中新增的特性。Proxy 可以監聽物件本身發生了什麼事情，並在這些事情發生後執行一些對應的操作。利用 Proxy 可以對一個物件有很強的追蹤能力，同時在資料綁定方面也非常有用。前端流行框架 Vue 在 3.0 版本中一個重要改變就是資料綁定的實現方式由 Object.defineProperty 改為了 Proxy。

1. Proxy 語法格式

Proxy 建構函式用來生成 Proxy，語法格式如下：

```
let proxy = new Proxy(target,handler);
```

new Proxy()：表示生成一個 Proxy 實例。target 參數表示所要攔截的目標物件，handler 參數也是一個物件，用來訂製攔截行為。

2. Proxy 的監聽方法

Proxy 中提供了 13 種攔截監聽的方法，這裡重點介紹 Proxy 攔截方法中最重要的 set() 和 get() 方法的用法。

1) get() 方法

get() 只能對已知的屬性鍵進行監聽，無法對所有屬性的讀取行為進行攔截，get() 監聽方法可以攔截和干涉目標物件的所有屬性的讀取行為。

get() 方法的用法,如程式範例 2-123 所示。

程式範例 2-123　chapter02\es6_demo\10-proxy\02_get.js

```js
var book = {
    name: "大前端"
};

var proxy = new Proxy(book, {
    get: function(target, propKey) {
        if (propKey in target) {
            return target[propKey];
        } else {
            throw new ReferenceError("Prop name \"" + propKey + "\" does not exist.");
        }
    }
});

proxy.name // 輸出 "大前端"
proxy.age  // 拋出一個錯誤 ReferenceError: Prop name "age" does not exist
```

2) set() 方法

set() 方法用來攔截某個屬性的賦值操作,可以接收 4 個參數,依次為目標物件、屬性名稱、屬性值和 Proxy 實例本身,其中最後一個參數可選,如程式範例 2-124 所示。

set() 方法用來攔截某個屬性的賦值操作,可以接收 4 個參數,如表 2-2 所示。

表 2-2　set() 方法的參數說明

參數	參數說明
target	目標值
Key	目標的 key 值
value	要改變的值
receiver	改變前的原始值

set() 方法的使用方法,如程式範例 2-124 所示。

程式範例 2-124　　chapter02\es6_demo\10-proxy\03_set.js

```javascript
let target ={
    name:"es6"
}

const proxy = new Proxy(target,{
    set(target, property, value) {
        console.log('target's ${property} change to ${value}');
        target[property] = value;
        return true;
    }
})

proxy.name = "vue"
console.log(proxy.name)

//target's name change to vue
//vue
```

3. Proxy 的優勢

Proxy 相比較 Object.defineProperty 具備的優勢如下：

(1) Proxy 可以直接監聽整個物件而非屬性。

(2) Proxy 可以直接監聽陣列的變化。

(3) Proxy 有 13 種攔截方法，如 ownKeys、deleteProperty、has 等。

(4) Proxy 傳回的是一個新物件，只操作新的物件達到目的，而 Object.defineProperty 只能遍歷物件屬性進行直接修改；有屬性，也無法監聽動態新增的屬性，但 Proxy 可以。

下面透過幾個案例介紹 Proxy 的作用。

1) 支援陣列

Proxy 不需要對陣列的方法進行多載，就可以監聽對物件的操作，如程式範例 2-125 所示。

程式範例 2-125   chapter02\es6_demo\10-proxy\04.js

```javascript
let arr = [1,2,3]
let proxy = new Proxy(arr, {
   get (target, key, receiver) {
      console.log('get', key)
      return Reflect.get(target, key, receiver)
   },
   set (target, key, value, receiver) {
      console.log('set', key, value)
      return Reflect.set(target, key, value, receiver)
   }
})
proxy.push(4)
```

輸出結果如下：

```
//get push        (尋找 proxy.push() 方法)
//get length      (獲取當前的 length)
//set 3 4         (設定 proxy[3] = 4)
//set length 4    (設定 proxy.length = 4)
```

2) 針對物件

在資料綁架這個問題上，Proxy 可以被認為是 Object.defineProperty() 的升級版。外界對某個物件的存取都必須經過這層攔截，因此它是針對整個物件的，而非物件的某個屬性，所以也就不需要對 keys 進行遍歷了，如程式範例 2-126 所示。

程式範例 2-126   chapter02\es6_demo\10-proxy\05.js

```javascript
let obj = {
   name: 'xx',
   age: 30
   }
   let handler = {
     get (target, key, receiver) {
       console.log('get', key)
       return Reflect.get(target, key, receiver)
     },
```

```
      set (target, key, value, receiver) {
         console.log('set', key, value)
         return Reflect.set(target, key, value, receiver)
      }
   }
   let proxy = new Proxy(obj, handler)
   proxy.name = '王大錘'           //set name 王大錘
   proxy.age = 28                  //set age 28
```

3) 巢狀結構支援

本質上，Proxy 也不支援巢狀結構，這點和 Object.defineProperty() 是一樣的，因此也需要透過逐層遍歷來解決。Proxy 的寫法是在 get() 裡面遞迴呼叫 Proxy 並傳回，如程式範例 2-127 所示。

程式範例 2-127　chapter02\es6_demo\10-proxy\06.js

```
let obj = {
    info: {
    name: 'c1',
    blogs: ['webpack', 'babel', 'cache']
    }
}
let handler = {
   get (target, key, receiver) {
      console.log('get', key)
      // 遞迴建立並傳回
      if (typeof target[key] === 'object' && target[key] !== null) {
        return new Proxy(target[key], handler)
      }
      return Reflect.get(target, key, receiver)
   },
   set (target, key, value, receiver) {
      console.log('set', key, value)
      return Reflect.set(target, key, value, receiver)
   }
}
let proxy = new Proxy(obj, handler)
proxy.info.name = 'c2'
proxy.info.blogs.push('proxy')
```

2.11 Reflect

Reflect 是 ES6 為操作物件而提供的新 API，Reflect 設計的目的有以下幾點：

(1) 主要是最佳化了語言內部的方法，把 Object 物件的一些內部方法放在 Reflect 上，例如 Object.defineProperty()。

(2) 修改 Object 方法的傳回值，例如：Object.definePropery (obj,name, desc) 無法定義屬性時顯示出錯，而 Reflect.definedProperty (obj, name,desc) 的傳回值為 false。

(3) 讓 Object 變成函式的行為，如以前的 name in obj 和 delete obj [name] 使 用 新 方 法 Reflect.has(name) 和 Reflect.deleteProperty (obj,name) 替代。

(4) Reflect 方法和 Proxy 方法一一對應。主要是為了實現本體和代理的介面一致性，方便使用者透過代理操作本體。

Reflect 一共有 13 個靜態方法，這些方法的作用大部分與 Object 物件的名稱相同方法相同，而且與 Proxy 物件的方法一一對應。

2.11.1 Reflect() 靜態方法

Reflect 物件一共有 13 個靜態方法，下面對其中的 10 個物件用老寫法和新寫法做對比演示其區別。

1. Reflect.get()

Reflect.get() 方法用於獲取物件中對應 key 的值，如程式範例 2-128 所示。

程式範例 2-128　chapter02\es6_demo\11_reflect\01.js

```
const my = {
    name: '桃花',
    age: 18,
```

```
      get sum() {
        return this.a + this.b
      }
}
console.log(my['age']);                      // 老寫法
console.log(Reflect.get(my, 'age'));
console.log(Reflect.get(my, 'sum', { a: 1, b: 2 }));  // 可以指定 this 指向
```

2. Reflect.set()

Reflect.set() 函式用來設定物件中 key 對應的值，如程式範例 2-129 所示。

程式範例 2-129　chapter02\es6_demo\11_reflect\02.js

```
const my = {
    name: "老王",
    age: 58,
    set setVal(val) {
        this.value = val;
    }
};
let data = { value: 0 };
my.setVal = 100;              // 老寫法
Reflect.set(my, "setVal", 100);
Reflect.set(my, "setVal", 100, data);
// 給物件設定屬性，並且傳遞 this
console.log(data);            //{value:100}
```

3. Reflect.has()

判斷某個 key 是否屬於這個物件，如程式範例 2-130 所示。

程式範例 2-130　chapter02\es6_demo\11_reflect\03.js

```
const my = {
    name: 'leo'
}
console.log('name' in my);
console.log(Reflect.has(my, 'name'));
```

4. Reflect.defineProperty()

定義物件的屬性和值等值於 Object.defineProperty()，如程式範例 2-131 所示。

程式範例 2-131　chapter02\es6_demo\11_reflect\04.js

```
const person = {};
Object.defineProperty(person, 'name', {
   configurable: false,
   value: '老王'
});
console.log(person.name);        // 老寫法，後續會被廢棄
Reflect.defineProperty(person, 'name', {
   configurable: false,
   value: '老王'
})
console.log(person.name);
```

5. Reflect.deleteProperty()

刪除物件中的某個屬性，如程式範例 2-132 所示。

程式範例 2-132　chapter02\es6_demo\11_reflect\05.js

```
const person = {};
Reflect.defineProperty(person,'name',{
   configurable:false,
   value:'老王'
});
//delete person.name; 無傳回值
const flag = Reflect.deleteProperty(person,'name');
console.log(flag);    // 傳回是否刪除成功
```

6. Reflect.construct()

實例化類別等值於 new，如程式範例 2-133 所示。

程式範例 2-133　chapter02\es6_demo\11_reflect\06.js

```
class Person {
```

```
    constructor(sex) {
      console.log(sex);
    }
}
new Person('女');          // 老寫法
Reflect.construct(Person, ['男']);
```

7. Reflect.getPrototypeOf()

讀取 proto 等值於 Object.getPrototypeOf()，不同的是如果方法傳遞的不是物件，則會顯示出錯，如程式範例 2-134 所示。

程式範例 2-134   chapter02\es6_demo\11_reflect\07.js

```
class Person {}
// 老寫法
console.log(Object.getPrototypeOf(Person) === Reflect.getPrototypeOf (Person));
```

8. Reflect.setPrototypeOf()

設定 proto 等值於 Object.setPrototypeOf()，不同的是傳回一個 boolean 類型表示是否設定成功，如程式範例 2-135 所示。

程式範例 2-135   chapter02\es6_demo\11_reflect\08.js

```
let person = {name:'老王'};
let obj = {age:58};
//Object.setPrototypeOf(person,obj);       // 老寫法
Reflect.setPrototypeOf(person,obj);
console.log(person.age);
```

9. Reflect.apply()

想必 apply() 方法大家都很了解了，Reflect.apply() 等值於 Function.prototype.apply.call()，如程式清單 2-136 所示。

程式範例 2-136   chapter02\es6_demo\11_reflect\09.js

```
const func = function(a,b){
   console.log(this,a,b);
```

```
}
func.apply = () =>{
    console.log('apply')
}
//func.apply({name:'leo'},[1,2]);                              // 呼叫的是自己的方法
Function.prototype.apply.call(func,{name:'leo'},[1,2]);       // 老寫法
Reflect.apply(func,{name:'leo'},[1,2]);
```

10. Reflect.getOwnPropertyDescriptor()

等值於 Object.getOwnPropertyDescriptor()，用於獲取屬性描述的物件，如程式範例 2-137 所示。

程式範例 2-137   chapter02\es6_demo\11_reflect\10.js

```
const obj = {name:1};
//const descriptor = Object.getOwnPropertyDescriptor(obj,'name'); // 老寫法
const descriptor = Reflect.getOwnPropertyDescriptor(obj,'name');
console.log(descriptor);
```

2.11.2 Reflect 與 Proxy 組合使用

透過 Reflect 和 Proxy 組合實現觀察者模式，如程式範例 2-138 所示。

程式範例 2-138   chapter02\es6_demo\11_reflect\11_observer.js

```
var queuedObservers= new Set();
var observe = fn=>queuedObservers.add(fn);
var observable = obj => new Proxy(obj,{set});
var o = observable({
    "name": "老王",
    "age": 1
})
function set(target,key,value,receiver){
    console.log(target)
    console.log(key)
    console.log(value)
    console.log(receiver)
    Reflect.set(target,key,value,receiver);
```

```
    queuedObservers.forEach(observe=>observe())
}
var f1 = ()=>{
    console.log(o.name + "第一觀察者 " + o.age)
}
var f2 = ()=>{
    console.log( o.name + "第二觀察者 " + o.age)
}
observe(f1);
o.name = "xlw"
observe(f2);
o.age = 2
```

2.12 非同步程式設計

ES6 為非同步作業帶來了 3 種新的解決方案，分別是 Promise、Generator、async/await。避開了非同步程式設計中回呼地獄問題，解決了非同步程式設計中異常難以處理、程式設計程式複雜等問題。

下面分別介紹這 3 種方案的詳細用法。

2.12.1 Promise

Promise 是非同步程式設計的一種解決方案，比傳統的以回呼函式和事件方式處理非同步作業更合理和更強大。它由社區最早提出和實現，ES6 將其寫進了語言標準，統一了用法，原生提供了 Promise 物件。

Promise 是一個物件，用來表述一個非同步任務執行之後是成功還是失敗。

1. Promise 的語法格式

Promise 的語法格式，如程式範例 2-139 所示。

程式範例 2-139

```
// 建立一個 Promise 物件
// 建構函式 , 回呼函式是同步的回呼
let promise = new Promise((resolve, reject)=> {
    reject("error")
})

//then 接收 resolve 和 reject 函式的處理結果
promise.then((data) => {
    console.log(data)
}, (error) => {
    console.log(error)
}).catch(error => {
    console.log(error)
}).finally(() => {
    console.log(' 執行完成 ')
})
```

在上面的程式中，new Promise(fn) 傳回一個 Promise 物件，在 fn 函式中定義非同步作業，resolve 和 reject 分別是兩個函式，如果該非同步處理的結果正常，則呼叫 resolve(處理結果值)，傳回處理的結果。如果處理的結果錯誤，則呼叫 reject(Error 物件)，傳回錯誤資訊。

接下來透過一個非同步請求的例子，進一步了解 Promise 的用法，如程式範例 2-140 所示。

程式範例 2-140

```
let promise = new Promise( (resolve, reject) => {
    $.get('/remoteUrl', (data, status) => {
        if(status === 'success') {
            resolve({msg:data});
        } else {
            reject({error:data});
        }
    })
})
```

2. Promise 的狀態

Promise 的實例物件有 3 種狀態：pending、fulfilled、rejected。Promise 物件根據狀態來確定執行哪種方法。Promise 在實例化的時候預設狀態為 pending。

(1) pending：等候狀態，如正在進行網路請求時，或計時器沒有到時間，此時 Promise 的狀態就是 pending 狀態。

(2) fulfilled：完成狀態，當主動回呼了 resolve 時，就處於該狀態，並且會回呼 .then() 方法。

(3) rejected：拒絕狀態，當主動回呼了 reject 時，就處於該狀態，並且會回呼 .catch() 方法。

這裡需要注意，Promise 的狀態無論修改為哪種狀態，之後都是不可改變的。

3. Promise 鏈式呼叫

Promise 的鏈式呼叫的方法盡可能地保證非同步任務的扁平化。鏈式呼叫如程式範例 2-141 所示。

程式範例 2-141

```
new Promise((resolve, reject) => {
    // 第 1 次非同步處理的程式
    setTimeout(() => {
        resolve()
    }, 1000)
}).then(() => {
    // 第 1 次得到結果的處理程式
    console.log('Hello World');
    return new Promise((resolve, reject) => {
        // 第 2 次非同步處理的程式
        setTimeout(() => {
            resolve()
        }, 1000)
    })
}).then(() => {
```

```
  // 第 2 次處理的程式
  console.log('Hello Promise');
  return new Promise((resolve, reject) => {
    // 第 3 次非同步處理的程式
    setTimeout(() => {
      resolve()
    })
  })
}).then(() => {
  // 第 3 處理的程式
  console.log('Hello ES6');
})
```

在上面的程式中，promise 物件的 then() 方法傳回了全新的 promise
物件。可以再繼續呼叫 then() 方法，如果 return 的不是 promise 物件，
而是一個值，則這個值會作為 resolve 的值傳遞，如果沒有值，則預設為
undefined。

(1) 後面的 .then() 方法就是在為上一個 .then() 傳回的 Promise 註冊
回呼。

(2) 前面 .then() 方法中回呼函式的傳回值會作為後面 .then() 方法回
呼的參數。

(3) 如果回呼中傳回的是 Promise，則後面 .then() 方法的回呼會等待
它的結束。

4. Promise 異常處理

Promise 對異常 (又稱「例外」，本書統一使用「異常」一詞) 處理做
了很好的設計，讓錯誤處理變得輕鬆和方便。

錯誤機制的 API 就是 reject() 方法和 .catch() 方法，前者負責發起一
個錯誤並往下游傳遞，後者負責捕捉從上游傳遞下來的錯誤。可以説，
它們共同擔當了錯誤機制的建設，如程式範例 2-142 所示。

程式範例 2-142

```
let promise = new Promise((resolve, reject) => {
   //setup a async operation
   reject('error');
})
.then(resolve, reject)
.catch((error) => {
   //handle the error
})
```

在上面的程式中，如果出現錯誤，則會依次經過 .then() 和 .catch()，
其中錯誤經過 .then(resolve,reject) 時，可能出現 3 種情況：

(1) .then() 只提供了 reject 方法處理回呼邏輯，沒有提供 reject 方法
    處理錯誤。

(2) .then() 提供 reject 方法處理了錯誤。

(3) .then() 中的程式執行時本身又出了新的錯誤。

整體來講：只要錯誤被提供的 reject 方法處理了，下游將不會出現
這個錯誤；只要存在錯誤，並且不曾被方法處理，最終都會被 .catch() 捕
捉。

catch 是 promise 原型鏈上的方法，用來捕捉 reject 拋出的異常，進
行統一的錯誤處理，使用 .catch() 方法更為常見，因為更加符合鏈式呼
叫。

5. 批次非同步作業

Promise 提供了兩個批次異常操作的 API：promise.all 和 promise.
race。

Promise.all 可以將多個 Promise 實例包裝成一個新的 Promise 實例。
同時，成功和失敗的傳回值是不同的，成功的時候傳回的是一個結果陣
列，而失敗的時候則傳回最先被 reject 方法處理的失敗狀態的值，如程式
範例 2-143 所示。

程式範例 2-143

```
let p1 = new Promise((resolve, reject) => {
    resolve('成功了')
})

let p2 = new Promise((resolve, reject) => {
    resolve('我也成功了')
})

let p3 = new Promise((resolve, reject) => {
    reject('失敗')
})

Promise.all([p1, p2]).then((result) => {
    console.log(result) //['成功了', '我也成功了']
}).catch((error) => {
    console.log(error)
})

Promise.all([p1, p3, p2]).then((result) => {
    console.log(result)
}).catch((error) => {
    console.log(error)// 失敗了，列印 '失敗'
})
```

Promise.race 是賽跑的意思，意思就是 Promise.race([p1,p2,p3]) 裡面哪個結果獲得得快，就傳回哪個結果，不管結果本身是成功狀態還是失敗狀態，如程式範例 2-144 所示。

程式範例 2-144

```
let p1 = new Promise((resolve, reject) => {
    setTimeout(() => {
        resolve('success')
    },1000)
})
let p2 = new Promise((resolve, reject) => {
    setTimeout(() => {
        reject('failed')
```

```
   }, 500)
})
Promise.race([p1, p2]).then((result) => {
   console.log(result)
}).catch((error) => {
   console.log(error)      // 打開的是 'failed'
})
```

6. Promise 的優缺點

Promise 有以下兩個優點：

(1) Promise 將非同步作業以同步操作的流程表達出來，避免了層層巢狀結構的回呼函式。

(2) Promise 物件提供統一的介面，使控制非同步作業更加容易。

Promise 的缺點如下：

(1) 無法取消 Promise，一旦新建它就會立即執行，無法中途取消。

(2) 如果不設定回呼函式，則 Promise 內部拋出的錯誤不會反映到外部。

(3) 當處於 Pending 狀態時，無法得知目前進展到哪一個階段 (剛剛開始還是即將完成)。

2.12.2 Generator

為了解決 Promise 的問題，ES6 中提供了另外一種非同步程式設計解決方案 (Generator)。Generator() 函式的優點是可以隨心所欲地交出和恢復函式的執行權，yield 用於交出執行權，next() 用於恢復執行權。

Generator() 函式傳回一個 Iterator 介面的遍歷器物件，用來操作內部指標。每次呼叫遍歷器物件的 next() 方法時，會傳回一個有著 value 和 done 兩個屬性的物件。value 屬性工作表示當前的內部狀態的值，是 yield 敘述後面那個運算式的值；done 屬性是一個布林值，表示是否遍歷結束。

1. yield 關鍵字

　　yield 關鍵字使生成器函式暫停執行，並傳回跟在它後面的運算式的
當前值。可以把它想成是 return 關鍵字的基於生成器的版本，但其並非退
出函式本體，而是切出當前函式的執行時期，與此同時可以將一個值帶
到主執行緒中。yield 敘述是暫停執行的標記，而 next() 方法可以恢復執
行，如程式範例 2-145 所示。

程式範例 2-145

```
function * helloWorldGenerator(){
   yield 'hello';
   yield 'world';
   return 'ending';
}

var gen = helloWorldGenerator();
```

　　輸出結果如下：

```
console.log(gen.next());
console.log(gen.next());
console.log(gen.next());

{ value: 'hello', done: false }
{ value: 'world', done: false }
{ value: 'ending', done: true }
```

　　上面程式的説明如下：

(1) 當遇到 yield 敘述時暫停執行後面的操作，並將緊接在 yield 後面
    的那個運算式的值作為傳回的物件的 value 屬性值。

(2) 下一次呼叫 next() 方法時，再繼續往下執行，直到遇到下一個
    yield 敘述。

(3) 如果沒有再遇到新的 yield 敘述，就一直執行到函式結束，直到
    return 敘述為止，並將 return 敘述後面的運算式的值作為傳回的
    物件的 value 屬性值。

(4) 如果該函式沒有 return 敘述，則傳回的物件的 value 屬性值為
undefined。

> **注意**：yield 敘述後面的運算式，只有當呼叫 next() 方法、內部指標指向
> 該敘述時才會執行，因此等於為 JavaScript 提供了手動的「惰性求值」
> (Lazy Evaluation) 的語法功能。

在程式範例 2-146 中，yield 後面的運算式 123+456 不會立即求值，
只會在 next() 方法將指標移到下一句時才會求值，如程式範例 2-147 所
示。Generator() 函式也可以不用 yield 敘述，這時就變成了一個單純的暫
緩執行函式。

程式範例 2-146

```
function* gen() {
    yield123 + 456;
}
```

程式範例 2-147

```
function* f() {
    console.log('執行了！')
}
let gen = f();
setTimeout(function () {
    gen.next()
}, 2000);
```

2. next() 方法的參數

> **注意**：yield 句本身沒有傳回值 (傳回 undefined)。next() 方法可以附
> 帶一個參數，該參數會被當作上一個 yield 敘述的傳回值，如程式範例
> 2-148 所示。

程式範例 2-148

```
function* foo(x) {
    var y = 2 * (yield (x + 1));
```

```
   var z = yield (y / 3);
   return (x + y + z);
}

var a = foo(5);
a.next();        //Object{value:6, done:false}
a.next();        //Object{value:NaN, done:false}
a.next();        //Object{value:NaN, done:true}

var b = foo(5);
b.next();        //{ value:6, done:false }
b.next(12);      //{ value:8, done:false }
b.next(13);      //{ value:42, done:true }
```

next() 方法沒有參數，導致 y 的值等於 2*undefined(NaN)，除以 3 以後還是 NaN；next() 方法提供參數，第一次呼叫 b 的 next() 方法時，傳回 x+1 的值 6；第二次呼叫 next() 方法，將上一次 yield 敘述的值設為 12，因此 y 等於 24，傳回 y/3 的值 8。

3. for…of 迴圈

for…of 迴圈可以自動遍歷 Generator() 函式生成的 Iterator 物件，並且此時不再需要呼叫 next() 方法，如程式範例 2-149 所示。

程式範例 2-149

```
function *foo() {
   yield 1;
   yield 2;
   return 3;
}
for (let v of foo()) {
   console.log(v);
}
```

利用 Generator() 函式和 for...of 迴圈實現費氏數列，如程式範例 2-150 所示。

程式範例 2-150

```
function* fibonacci() {
    let [prev, curr] = [0, 1];
    while (true) {
        [prev, curr] = [curr, prev + curr];
        yield curr;
    }
}
for (let n of fibonacci()) {
    if (n > 1000) break;
    console.log(n);
}
```

4. yield*

　　yield* 一個可迭代物件，相當於把這個可迭代物件的所有迭代值分次 yield 出去。運算式本身的值就是當前可迭代物件迭代完畢 (當 done 為 true 時) 時的傳回值，如程式範例 2-151 所示。

程式範例 2-151

```
function* gen(){
    yield [1, 2];
    yield* [3, 4];
}
var g = gen();
g.next(); //{value: Array[2], done: false}
g.next(); //{value: 3, done: false}
g.next(); //{value: 4, done: false}
g.next(); //{value: undefined, done: true}
```

　　判斷是否為 Generator() 函式，如程式範例 2-152 所示。

程式範例 2-152

```
function isGenerator(fn){
    // 生成器範例必須附帶 @@toStringTag 屬性
    if(Symbol && Symbol.toStringTag) {
        return fn[Symbol.toStringTag] === 'GeneratorFunction';
```

```
    }
}
```

2.12.3 async/await

async 函式是 ES7 提出的一種新的非同步解決方案，它與 Generator() 函式並無大的不同。語法上只是把 Generator() 函式裡的 * 換成了 async，將 yield 換成了 await，它是目前為止最佳的非同步解決方案。

與 Generator() 函式比較起來，async/await 具有以下優點：

(1) 內建執行器。這表示它不需要不停地使用 next 來使程式繼續向下進行。

(2) 更好的語義。async 代表非同步，await 代表等待。

(3) 更廣的適用性。await 命令後面可以跟 Promise 物件，也可以是原始類型的值。

(4) 傳回的是 Promise。

async() 函式傳回一個 Promise 物件，可以使用 then() 方法增加回呼函式。當函式執行時，一旦遇到 await 就會先傳回，等到非同步作業完成，再接著執行函式本體內後面的敘述，如程式範例 2-153 所示。

程式範例 2-153

```
async function gen(x) {
    var y = await x + 2;
    var z = await y + 2;
    return z;
}
gen(1).then(
result => console.log(result),
    error => console.log(error)
);
```

await 關鍵字必須出現在 async() 函式中，一般來講 await 命令後面是一個 Promise 物件，傳回該物件的結果，如果不是 Promise 物件就直接傳回對應的值,如程式範例 2-154 所示。

程式範例 2-154

```javascript
async function fn1() {
    console.log('a');
    return 'b';
}
async function fn2() {
    const result = await fn1();
    console.log(result);
}

fn2();
```

等於程式範例 2-155 中的程式。

程式範例 2-155

```javascript
function fn1() {
    return new Promise((resolve, reject) => {
        console.log('a');
        resolve('b');
    })
}
function fn2() {
    return new Promise((resolve, reject) => {
        fn1().then(data => {
            const result = data;
            console.log(result);
            resolve()
        })
    })
}
fn2();
```

任何一個 await 敘述後面的 Promise 物件變成 reject 狀態,整個 async() 函式都會中斷執行。如果希望前一個非同步作業失敗,則不要中斷後面的非同步作業,這時可以將 await 放在 try...catch 結構裡,如程式範例 2-156 所示。

程式範例 2-156

```
async function fn() {
    try {
        await Promise.reject('error')
    } catch (e) { }
    return await Promise.resolve('hello')
}
fn().then(v => {
    console.log(v);
})
```

2.13 類別的用法

JavaScript 實現的物件導向程式設計是建立在函式原型上的物件導向程式設計，和大多數傳統的物件導向語言 (C++、Java、C# 等) 有很大的差別，ES6 中提供了類似於 Java 中的類別的寫法，引入了類別 (class) 的概念，透過 class 關鍵字定義類別。

2.13.1 類別的定義

ES6 引入了傳統的物件導向語言中的類別概念。類別的寫法讓物件原型的寫法更加清晰、更像物件導向程式設計的語法，也更加通俗易懂。

下面對比 ES6 和 ES5 的類別的寫法，如程式範例 2-157 所示。

程式範例 2-157

```
//ES5 寫法
function Person(name) {
    this.name = name;
}
Person.prototype.sayName = function () {
    return this.name;
```

```
};
const p1 = new Person('xlw');
console.log(p1.sayName());

//ES6 物件導向的寫法
class Person {
// 構造方法是預設方法，new 時會自動呼叫，如果沒有顯性定義，則會自動增加
//constructor():
    //1. 適合做初始化資料
    //2.constructor 可以指定傳回的物件
    constructor(name, age) {
        this.name = name;
        this.age = age;
    }
    getInfo() {
        console.log(' 你是 ${this.name},${this.age} 歲 ');
    }
}
// 範例化類別
var c1 = new Person("leo", 20);
// 呼叫類別中的範例方法
c1.getInfo();
```

ES6 的類別可以看作 ES5 的一種新的語法糖，ES6 類別的本質還是一個函式，類別本身指向建構函式，範例程式如下：

```
typeof Person                          //function
Person === Person.prototype.constructor  //true
```

ES6 類別還有另外一種定義方式，也就是類別的運算式寫法，如程式範例 2-158 所示。

程式範例 2-158　類別運算式寫法

```
const MyPerson= class Person{
    constructor(name, job) {
        this.name = name;
        this.jog = job;
    }
```

```
    getInfo() {
        console.log('name is ${this.name},job is a ${this.job}');
    }
}
var obj1 = new MyPerson("leo", "programmer");
obj1.getInfo();
```

在上面的程式中，Person 沒有作用，類別名稱是 const 修飾的 MyPerson。

需要注意的是，與 ES5 中的函式不同的是，ES6 中類別是不存在變數提升的，範例程式如下：

```
new Person(); //ReferenceError
class Person{}
```

在上面的程式中，Person 類別使用在前，定義在後，這樣會顯示出錯，因為 ES6 不會把類別的宣告提升到程式頭部。這種規定的原因與繼承有關，必須保證子類別在父類別之後定義。

> **說明**：ES6 類別和模組的內部預設採用嚴格模式，所以不需要使用 use strict 指定執行模式。只要將程式寫在類別或模組中，就只有嚴格模式可用。撰寫的所有程式其實都執行在模組中，所以 ES6 實際上把整個語言升級到了嚴格模式。

2.13.2 類別的建構函式與實例

下面了解類別的建構函式和類別的實例的建立。

1. constructor() 方法

constructor() 方法是類別的建構函式，用於傳遞參數，傳回實例物件。當透過 new 命令生成物件實例時，會自動呼叫該方法。如果沒有顯性定義，則類別內部會自動建立一個 constructor()，如程式範例 2-159 所示。

程式範例 2-159　　建構函式

```
class Person {
constructor(name,age) {//constructor 構造方法或建構函式
   this.name = name;
   this.age = age;
   }
}
```

　　和 Java 語言不一樣，ES6 中的建構函式是不支援建構函式多載的。

2. 類別的實例

　　類別雖然也是函式，但是和 ES5 中的函式不同，如果不透過 new 關鍵字，而直接呼叫類別，則會導致類型錯誤，下面建立一個 Person 類別的實例，程式如下：

```
var p1= new Person('張三', 28);
console.log(p1.name)
```

2.13.3　類別的屬性和方法

　　在傳統的物件導向語言中，類別包含屬性和方法，ES6 中的屬性只有公有的屬性，無法和其他語言一樣定義私有和靜態的屬性，但是可以透過其他的方式實現與私有屬性和靜態屬性相同的效果。

1. 實例屬性和實例方法

　　實例屬性和方法都是透過類別的實例存取的，下面透過一個 Animal 類別看一看實例屬性和方法的定義，如程式範例 2-160 所示。

程式範例 2-160

```
class Animal {
   constructor(name = 'anonymous', legs = 4, noise = 'nothing') {
     this.type = 'animal';
     this.name = name;
     this.legs = legs;
```

```
    this.noise = noise;
  }
  speak() {
    console.log('${this.name} says "${this.noise}"');
  }
  walk() {
    console.log('${this.name} walks on ${this.legs} legs');
  }
}
```

在上面的例子中，Animal 類別中 this 引用的屬性就是實例屬性，speak() 和 walk() 方法是實例方法。在使用 Animal 的物件時，實例屬性和方法透過物件來引用，程式如下：

```
const cat = new Animal("cat");
cat.noise = "miao miao"
cat.speak()
```

如果類別的方法內部含有 this，則它預設指向類別的實例，但是必須非常小心，一旦單獨使用該方法，就很可能會顯示出錯。

上面的方法在呼叫時，如果透過實例物件存取 speak()，則 speak() 中的 this 指向當前類別的實例物件，但是如果單獨使用，this 則會指向該方法執行時期所在的環境，此時 this 的值為 undefined，程式如下：

```
// 透過物件綁定的方法
cat.speak()
// 如果單獨使用 speak() 方法，則會造成 speak() 方法中的 this 為 undefined
let  {speak} = cat;
speak();
```

一個比較簡單的解決方法是，在構造方法中綁定 this，這樣就不會找不到 this 了，如程式範例 2-161 所示。

程式範例 2-161

```
class Animal {
```

```
    constructor(name = 'anonymous', legs = 4, noise = 'nothing') {
      ...
      this.speak = this.speak.bind(this)
    }
    ...
}
```

另一種解決方法是使用箭頭函式，如程式範例 2-162 所示。

程式範例 2-162

```
class Animal {
    constructor(name = 'anonymous', legs = 4, noise = 'nothing') {
      ...
      this.speak = ()=> {
        console.log('${this.name} says "${this.noise}"');
      }
    }
    ...
}
```

2. 靜態屬性和靜態方法

靜態屬性或方法，又被叫作類別屬性或類別方法，使用 static 關鍵字修飾屬性或方法就是類別屬性或類別方法，靜態的屬性或方法需要透過類別直接呼叫，不能透過實例進行呼叫，如程式範例 2-163 所示。

程式範例 2-163

```
class Foo {
    static prop= 2          // 類別的靜態屬性 prop
    static classMethod() {  // 類別的靜態方法 classMethod()
      return 'hello';
    }
}

Foo.classMethod()          //'hello'
Foo.prop                   //2
var foo = new Foo();
foo.classMethod()          //TypeError: foo.classMethod is not a function
```

3. 可計算成員名稱

可計算成員指使用中括號包裹一個運算式，以下面定義了一個變數 methodName，然後使用 [methodName] 設定為類別 Person 的原型方法，如程式範例 2-164 所示。

程式範例 2-164

```
const methodName = 'sayName';
class Person {
   constructor(name) {
      this.name = name;
   }
   [methodName]() {
      return this.name
   }
}
const p1 = new Person('李大錘')
P1.sayName();
```

4. 屬性記憶體 (setter()/getter() 方法)

與 ES5 一樣，在 Class 內部可以使用 get 和 set 關鍵字，以此對某個屬性設定存值函式和設定值函式，以便攔截該屬性的存取行為，如程式範例 2-165 所示。

程式範例 2-165

```
class MyClass {
   constructor() {
      //...
   }
   get prop() {
      return 'getter';
   }
   set prop(value) {
      console.log('setter: '+value);
   }
}
let c1= new MyClass();
```

```
c1.prop = 100;          //setter: 100
c1.prop                 //'getter'
```

在上面的程式中，prop 屬性有對應的存值函式和設定值函式，因此賦值和讀取行為都被自訂了。存值函式和設定值函式設定在屬性的 descriptor 物件上，如程式範例 2-166 所示。

程式範例 2-166

```
var descriptor = Object.getOwnPropertyDescriptor(
   MyClass .prototype, "prop");

"get" in descriptor     //true
"set" in descriptor     //true
```

在上面的程式中，存值函式和設定值函式定義在 prop 屬性的描述物件上，這與 ES5 完全一致。

2.13.4 類別的繼承

ES6 中的類別透過 extends 關鍵字實現繼承，這和 ES5 透過修改原型鏈實現繼承不同。

```
classCat extends Animal{}
```

子類別必須在 constructor() 方法中呼叫 super() 方法，否則新建實例時會顯示出錯。這是因為子類別沒有自己的 this 物件，而是繼承父類別的 this 物件，然後對其進行加工。如果不呼叫 super() 方法，子類別就得不到 this 物件，如程式範例 2-167 所示。

程式範例 2-167

```
class Animal {
   constructor(name = 'anonymous', legs = 4, noise = 'nothing') {
      this.type = 'animal';
      this.name = name;
```

```
      this.legs = legs;
      this.noise = noise;
   }
   speak() {
      console.log('${this.name} says "${this.noise}"');
   }

   walk() {
      console.log('${this.name} walks on ${this.legs} legs');
   }
}
class Cat extends Animal {
   constructor(){
      super();
      //this 一定要在 super 之後
      this.name = "cat"
      this.type = "Cat"
      this.noise = "miaomiao"
   }
   // 如果子類別與父類別有相同的方法名稱，則子類別覆蓋父類別方法
   speak() {
      console.log('cat 子類別的 speak，覆蓋了父類別 Animal speak');
   }
}
let littleCat = new Cat()
littleCat.speak()
```

　　super 指的是父類別，通常在 constructor() 中呼叫。在此範例中，littleCat.speak() 方法會覆蓋在 Animal 類別中定義的方法。

　　super 這個關鍵字，既可以當作函式使用，也可以當作物件使用。第 1 種情況，super() 作為函式呼叫時，代表父類別的建構函式，只能用在子類別的建構函式中。ES6 要求，子類別的建構函式必須執行一次 super() 函式。第 2 種情況，super 作為物件時，指代父類別的原型物件。

2.14 模組化 Module

ECMA 組織參考了許多社區模組化標準，在 2015 年發佈了官方的模組化標準。這也是 JS 第一次在語言標準的層面上實現了模組功能，逐步取代了之前的 CommonJS 和 AMD 標準，成為瀏覽器通用的解決方案。

2.14.1 ECMAScript 6 的模組化特點

ECMAScript 6 模組的設計思想是儘量靜態化，使編譯時就能確定模組的相依關係，以及輸入和輸出的變數。CommonJS 和 AMD 模組都只能在執行時期確定這些相依關係及變數。例如 CommonJS 模組就是物件，輸入時必須查詢物件屬性。

ECMAScript 6 模組化的特點如下：

(1) 一個 ECMAScript 6 的模組就是一個 JS 檔案。
(2) 模組只會載入和執行一次，如果下次再載入同一個檔案，則直接從記憶體中讀取。
(3) 一個模組就是一個單例物件。
(4) 模組內宣告的變數都是區域變數，不會污染全域作用域。
(5) 模組內部的變數或函式可以透過 export 匯出。
(6) 模組與模組直接可以相互相依和相互引用。

2.14.2 模組化開發的優缺點

模組化實現了把一個複雜的系統分成各個獨立的功能單元，每個單元可以獨立設計和自由組合，模組化的優點如下：

(1) 減少命名衝突。
(2) 避免引入時的層層相依。
(3) 可以提升執行效率。
(4) 架構清晰，可靈活開發。

(5) 降低耦合，可維護性高。

(6) 方便模組功能偵錯、升級及模組間的組合拆分。

模組化也存在一些缺點：

(1) 損耗性能。

(2) 系統分層，呼叫鏈長。

(3) 目前瀏覽器無法使用 import 匯入模組，需要協力廠商打包工具
的支援。

2.14.3　模組的定義

一個模組就是一個獨立的檔案，該檔案內部的所有變數，外部無法
獲取，如果希望外部能夠讀取剩餘區塊內部的某個變數，就必須使用關
鍵字 export 輸出該變數。

(1) export：用於規定模組的對外介面。

(2) import：用於輸入其他模組提供的功能。

2.14.4　模組的匯出

當定義好一個模組後，預設情況下，模組內部的內容在模組外不能
直接存取，因此需要在模組中透過 export 關鍵字指定哪些內容是對外
的，沒有增加 export 關鍵字的內容是私有的，ES6 中提供了多種模組內
容的匯出方式。

1. 匯出每個函式 / 變數

匯出多個函式或變數，一般使用場景例如 utils、tools、common 之類
的工具類別函式集，或全站統一變數等。

匯出時只需要在變數或函式前面加 export 關鍵字，如程式範例 2-168
所示。

程式範例 2-168　　chapter02\es6_demo\14-module\main.js

```
//------ libs.js ------
export const sqrt = Math.sqrt;
export function square(x) {
    return x * x;
}
export function diag(x, y) {
    return sqrt(square(x) + square(y));
}

//------ main.js 使用方式 1 ------
import { square, diag } from './libs';
console.log(square(10));     //100
console.log(diag(5, 5));     //7.07

//------ main.js 使用方式 2 ------
import * as lib from './libs';
console.log(lib.square(10));    //100
console.log(lib.diag(5, 5));    //7.07

// 執行 :npx babel-node main.js
```

呼叫模組，執行後的輸出結果如圖 2-2 所示。

```
100
7.0710678118654755
```

▲ 圖 2-2　呼叫 libs.js 模組的執行結果

也可以直接匯出一個列表，例如上面的 libs.js 可以改寫，如程式範例 2-169 所示。

程式範例 2-169　　chapter02\es6_demo\14-module\libs.js

```
//------ libs.js ------
const sqrt = Math.sqrt;
function square(x) {
return x * x;
}
function add (x, y) {
```

```
return x + y;
}
export {sqrt, square, add}
```

2. 匯出一個預設函式 / 類別

匯出一個預設函式或類別，這種方式比較簡單，一般用於一個類別檔案，或功能比較單一的函式檔案。一個模組中只能有一個 export default 預設輸出。

export default 與 export 的主要區別有兩個：

(1) 不需要知道匯出的具體變數名稱。

(2) 匯入 (import) 時不需要 {}。

如程式範例 2-170 所示。

程式範例 2-170　myFunc.js

```
//------ myFunc.js ------
export default function () { ... };

//------ main.js ------
import myFunc from 'myFunc';
myFunc();
```

匯出一個類別，如程式範例 2-171 所示。

程式範例 2-171　MyClass.js

```
//------ MyClass.js ------
class MyClass{
   constructor() {}
}
export default MyClass;

//------ Main.js ------
import MyClass from 'MyClass';
```

注意這裡的預設匯出不需要用 {}。

3. 混合匯出

混合匯出，也就是前面介紹的第 1 種和第 2 種方式結合在一起的情況。例如 Lodash 之類的函式庫採用這種組合方式，如程式範例 2-172 所示。

程式範例 2-172   common.js

```
export var myVar = ...;
export let myVar = ...;
export const MY_CONST = ...;

export function myFunc() {
    ...
}
export function* myGeneratorFunc() {
    ...
}
export default class MyClass {
    ...
}

//------ main.js ------
import MyClass, {myFunc} from './common.js';
```

再例如 lodash 例子，如程式範例 2-173 所示。

程式範例 2-173   lodash.js

```
//------ lodash.js ------
export default function (obj) {
    ...
};
export function each(obj, iterator, context) {
    ...
}
export { each as forEach };

//------ main.js ------
import _, { each } from 'lodash';
```

4. 別名匯出

一般情況下，export 輸出的變數就是在原文件中定義的名字，但也可以用 as 關鍵字來指定別名，這樣做一般是為了簡化或語義化 export 的函式名稱，如程式範例 2-174 所示。

程式範例 2-174　num.js

```
export function getNum(){
   ...
};
export function setNum(){
   ...
};

// 輸出別名，在 import 時可以同時使用原始函式名稱和別名
export {
   getNum as get,        // 允許使用不同的名字輸出兩次
   getNum as getNum2,
   getNum as set
}
```

5. 中轉模組匯出

有時候為了避免上層模組匯入太多的模組，可能使用底層模組作為中轉，直接匯出另一個模組的內容，如程式範例 2-175 所示。

程式範例 2-175　myFunc.js

```
/------ myFunc.js ------
export default function() {...};

//------ libs.js ------
export * from 'myFunc';
export function each() {...};

//------ main.js ------
import myFunc,{ each } from './libs';
```

6. 幾種錯誤的 export 用法

　　export 只支援在最外層靜態匯出，並且只支援匯出變數、函式、類別，以下的幾種用法都是錯誤的，如程式範例 2-176 所示。

程式範例 2-176

```
// 直接輸出變數的值
export 'hello';

// 未使用中括號或未加default
// 當只有一個匯出數時，需加default，或使用中括號
var name = 'melo';
export name;

//export 不要輸出區塊作用域內的變數
function(){
    var name = 'melo';
    export {name};
}
```

2.14.5　模組的匯入

　　import 的用法和 export 的用法是一一對應的，但是 import 支援靜態匯入和動態匯入兩種方式，動態匯入在相容性上要差一些，目前僅 Chrome 瀏覽器和 Safari 瀏覽器支援。

1. 匯入整個模組

　　當 export 有多個函式或變數時，如匯出多個內容，可以使用 *as 關鍵字來匯出所有函式及變數，同時 as 後面跟著的名稱作為該模組的命名空間，如程式範例 2-177 所示。

程式範例 2-177

```
// 匯出 libs 的所有函式及變數
import * as libs from './libs';
```

```
// 以 libs 作為命名空間進行呼叫，類似於 object 的方式
console.log(libs.square(10));//100
```

2. 隨選匯入單一或多個函式

從模組檔案中匯入單一或多個函式，與 *as namepage 方式不同，這個是隨選匯入。如程式範例 2-178 所示。

程式範例 2-178

```
// 匯入 square 和 diag 兩個函式
import {square, diag} from './libs';

// 只匯入 square 一個函式
import {square} from 'lib';

// 匯入預設模組
import _ from 'lodash';

// 匯入預設模組和單一函式，這樣做主要是簡化單一函式的呼叫
import _, { each } from 'lodash';
```

3. 使用 as 重設匯入模組的名字

和 export 一樣，也可以用 as 關鍵字設定別名，當匯入的兩個類別的名字一樣時，可以使用 as 來重設匯入模組的名字，也可以用 as 來簡化名稱。如程式範例 2-179 所示。

程式範例 2-179

```
// 用 as 來簡化函式名稱
import {
    reallyReallyLongModuleExportName as shortName,
    anotherLongModuleName as short
} from '/modules/my-module.js';

// 避免名稱重複
import { lib as UserLib} from "ulib";
import { lib as GlobalLib } from "glib";
```

4. 為某些副作用匯入庫

有時候只想匯入進來，不需要呼叫，這種情況很常見，例如在用 Webpack 建構時，經常匯入 .css 檔案，或匯入一個類別庫，如程式範例 2-180 所示。

程式範例 2-180

```
// 匯入 .css 檔案
import './app.css';

// 匯入類別庫
import 'axios';
```

5. 動態 import

靜態 import 在第一次載入時會把全部模組資源下載下來，但是，在實際開發時，有時候需要動態匯入 (dynamic import)，例如當點擊某個標籤時才去載入某些新的模組，這個動態匯入的特性瀏覽器也是支援的，如程式範例 2-181 所示。

程式範例 2-181

```
// 當動態匯入時，傳回的是一個 promise
import('/modules/my-module.js')
   .then((module) => {
     //Do something with the module.
   });

// 上面這部分程式實際等於
let module = await import('/modules/my-module.js');
```

ES 7 的新用法，如程式範例 2-182 所示。

程式範例 2-182

```
async function main() {
   const myModule = await import('./myModule.js');
   const {export1, export2} = await import('./myModule.js');
```

```
  const [module1, module2, module3] =
    await Promise.all([
      import('./module1.js'),
      import('./module2.js'),
      import('./module3.js'),
    ]);
}
```

6. 瀏覽器載入 ES 6 模組

當瀏覽器載入 ES 6 模組時也使用 <script> 標籤,但是需要加入 type="module" 屬性,程式如下:

```
<script type="module" src="./utils.js"></script>
```

上面的程式用於在網頁中插入一個模組 utils.js,由於 type 屬性被設為 module,所以瀏覽器才可以辨識出是 ES 6 模組。瀏覽器對於附帶 type=module 的指令稿採用非同步載入,不會堵塞瀏覽器,即等到整個頁面繪製完,再執行模組指令稿,等於打開了 script 標籤的 defer 屬性,程式如下:

```
<script type="module" src="./utils.js"></script>
<!-- 等於 -->
<script type="module" src="./utils.js" defer></script>
```

如果網頁有多個 <script type="module">,則它們會按照在頁面出現的順序依次執行。

<script> 標籤的 async 屬性也可以打開,這時只要載入完成,繪製引擎就會中斷繪製而立即執行。執行完成後,再恢復繪製,程式如下:

```
<script type="module" src="./utils.js" async></script>
```

一旦使用了 async 屬性,<script type="module"> 就不會按照在頁面出現的循序執行,而是只要該模組載入完成就執行該模組。

　　ES 6 模組也允許內嵌在網頁中，語法行為與載入外部指令稿完全一致，程式如下：

```
<script type="module">
    import utils from "./utils.js";
    //....
</script>
```

前端建構工具

本章全面介紹前端開發中最流行和最常見的模組化建構工具,包括 Webpack、Rollup、Lerna、Vite 工具的原理和開發實踐。透過本章讀者可以全面掌握各種建構工具的使用場景、優缺點和用法。

3.1 前端建構工具介紹

前端建構工具能幫助前端開發人員把撰寫的 Less、SASS 等程式編譯成原生 CSS,也可以將多個 JavaScript 檔案合併及壓縮成一個 JavaScript 檔案,對前端不同的資源檔進行打包,它的作用就是透過將程式編譯、壓縮、合併等操作,來減少程式體積,減少網路請求,方便在伺服器上執行。

3.1.1 為什麼需要建構工具

隨著前端開發專案的規模越來越大,業務模組和程式模組也越來越複雜,因此在專案開發過程中需要高效的建構工具幫助開發者解決專案中的痛點問題。下面列舉幾個企業專案開發中的痛點問題:

(1) 在大型的前端專案中，瀏覽器端的模組化存在兩個主要問題，第一是效率問題，精細的模組化 (更多的 JS 檔案) 帶來大量的網路請求，從而降低了頁面存取效率；第二是相容性問題，瀏覽器端不支援 CommonJS 模組化，而很多協力廠商函式庫使用了 CommonJS 模組化。

(2) 在大型前端專案開發中，需要考慮很多非業務問題，如執行效率、相容性、程式的可維護性、可拓展性，團隊協作、測試等專案問題。

(3) 在瀏覽器端，開發環境和線上環境的側重點完全不一樣。

開發環境：

- 模組劃分得越精細越好；
- 不需要考慮相容性問題；
- 支援多種模組化標準；
- 支援 NPM 和其他套件管理器下載的模組；
- 能解決其他專案化的問題。

線上環境：

- 檔案越少越好，減少網路請求；
- 檔案體積越小越好，傳送速率快；
- 相容所有瀏覽器；
- 程式內容越亂越好；
- 執行效率越高越好。

開發環境和線上環境面臨的情況有較大差異，因此需要一個工具能夠讓開發者專心地書寫開發環境的程式，然後利用這個工具將開發時撰寫的所有程式轉化為執行時期所需要的資源檔。這樣的工具稱為建構工具，如圖 3-1 所示。

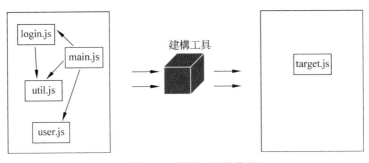

▲ 圖 3-1　建構工具的作用

3.1.2 建構工具的功能需求

　　前端建構工具的本質是要解決前端整體資源檔的模組化，並不單指
JS 模組化，隨著 JavaScript 在企業中大規模應用，複雜的前端專案越來
越需要透過建構工具來幫助實現以下幾方面的功能要求。

1. 模組打包器 (Module Bundler)

(1) 解決模組 JS 打包問題。

(2) 可以將零散的 JS 程式整合到一個 JS 檔案中。

2. 模組載入器 (Loader)

(1) 對於存在相容問題的程式，可以透過引入對應的解析編譯模組進
行編譯。

(2) 對各種程式進行編譯前的前置處理。

3. 程式拆分 (Code Splitting)

(1) 將應用中的程式按需求進行打包，避免因將所有的程式打包成一
個檔案而使檔案過大的問題。

(2) 可以將應用載入初期所需程式打包在一起，而其餘的程式在後續
執行中隨選載入，實現增量載入或漸進載入。

(3) 可以避免出現檔案過大或檔案太碎的問題。

4. 支援不同類型的資源模組

解決前端各種靜態資源的打包。

3.1.3 前端建構工具演變

隨著前端開發規模的增大，也不斷推動前端建構工具鏈的向前發展，這裡可以形象地複習為了以下幾個階段：石器時代、青銅時代、白銀時代、黃金時代。

石器時代 (純手工)：需要純手工打包建構、預覽檔案、更新檔案；代表是 Ant 指令稿 +YUI Compressor，如圖 3-2 所示，由 Yahoo 所發展的一套 JavaScript 與 CSS 壓縮工具，可以協助網頁開發者生成最小化的網頁。

▲ 圖 3-2　YUI Compressor

青銅時代 (指令稿式)：透過撰寫 bash 或 Node.js 任務指令稿，實現命令式的熱更新 (HMR) 和自動打包，代表為 Grunt、Gulp，如圖 3-3 所示。

▲ 圖 3-3　Grunt 和 Gulp

白銀時代 (Bundle)：透過整合式建構工具完成熱更新 (HMR)，處理相容和編譯打包。打包代表為 Babel、Webpack、Rollup、Parcel，如圖 3-4 所示。

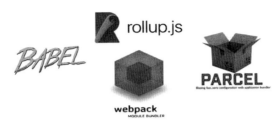

▲ 圖 3-4　白銀時代的打包工具代表

　　黃金時代 (Bundleless)：透過瀏覽器解析原生 ESM 模組實現 Bundleless 的開發預覽及熱更新 (HMR)，不打包發佈或採用 Webpack 等整合式工具相容打包，以保證相容性，代表為 ESBuild、Snowpack、Vite，如圖 3-5 所示。

▲ 圖 3-5　黃金時代的打包工具代表

說明：ESBuild 是採用 Go 語言撰寫的 bundler，對標 tsc 和 Babel，只負責 ts 和 js 檔案的轉換。

3.1.4 NPM 與 Yarn、PNPM

　　NPM 是隨同 Node 一起安裝的套件管理工具，用於 Node 模組管理 (包括安裝、移除、管理相依等)。

　　Yarn 是由 Facebook、Google、Exponent 和 Tilde 聯合推出的新的 JS 套件管理工具，用來代替 NPM 及其他模組管理器現有的工作流程，並且保持了對 NPM 代理的相容性。它在與現有工作流程功能相同的情況下保證了操作更快、更安全和更可靠。

　　PNPM 是一個速度快、磁碟空間高效的軟體套件管理器。PNPM 使用內容可定址檔案系統將所有模組目錄中的所有檔案儲存在磁碟上。當使用 NPM 或 Yarn 時，如果有 100 個專案使用 lodash，則磁碟上將有 100 個 lodash 副本。當使用 PNPM 時，lodash 將儲存在內容可定址的儲存中。

這 3 個主流套件管理器的圖示如圖 3-6 所示。

▲ 圖 3-6　主流套件管理器

PNPM 官方網站為 https://pnpm.io/。Yarn 官方網站為 https://yarnpkg.com/，中文網站為 http://yarnpkg.cn/zh-Hans/。

1. 安裝方式

Yarn 的安裝方式，命令如下：

```
# 全域安裝 Yarn
npm install --global yarn
# 全域安裝 PNPM
npm install -g pnpm
```

PNPM 的安裝方法，命令如下：

```
# 透過 NPM 安裝
npm install -g pnpm
# 透過 NPX 安裝
npx pnpm add -g pnpm
# 升級
# 一旦安裝了 PNPM，就無須再使用其他軟體套件管理器進行升級，可以使用 PNPM 升級自己
pnpm add -g pnpm
```

2. 常用命令比較

NPM、Yarn、PNPM 的操作命令差別不大,具體可以參考表 3-1。

表 3-1　NPM、Yarn、PNPM 命令對比

功能說明	NPM	Yarn	PNPM
建立 package.json	npm init	yarn init	pnpm init
安裝本地相依套件	npm install、npm i	yarn	pnpm install、pnpm i
安裝並執行相依套件,儲存至 package.json 檔案中	npm install --save	yarn add	pnpm add
安裝開發相依套件,並儲存至 package.json 檔案中	npm install --save-dev	yarn add --dev	pnpm add -D
更新本地相依套件	npm update	yarn upgrade	pnpm up pnpm upgrade
移除本地相依套件	npm uninstall	yarn remove	pnpm remove
安裝全域相依套件	npm install -g	yarn global add	pnpm add -g
更新全域相依	npm update -g	yarn global upgrade	pnpm upgrade --global
查看全域相依套件	npm ls -g	yarn global list	pnpm list
移除全域相依套件	yarn global remove	npm uninstall -g	pnpm remove --global
清除快取	npm cache clean	yarn cache clean	—

3. 選擇哪個套件管理器

如何選擇合適的套件管理器,表 3-2 列舉了部分內容的對比情況,供大家選擇。

表 3-2　NPM 和 Yarn、PNPM 功能對比

功能說明	NPM	Yarn	PNPM
團隊	Node.js 官方	Facebook	Zoltan Kochan Full stack web developer
工作流	完整	完整	完整
套件下載速度	NPM 5.0 版本後快	平行下載,快	快
monorepo	NPM v7.x 以上版本支援	支援	支援

3.2 Webpack

Webpack 是由德國開發者 Tobias Koppers 開發的
模組載入器,如圖 3-7 所示。Webpack 最初主要想解
決程式拆分的問題,而這也是 Webpack 今天受歡迎的
主要原因。隨著 Web 應用規模越寫越大,行動裝置越
來越普及,拆分程式的需求與日俱增。如果不拆分程
式,就很難實現期望的性能。

▲ 圖 3-7
Webpack 框架 Logo

2014 年,Facebook 的 Instagram 的前端團隊分享了他們在對前端頁
面載入進行性能最佳化時用到了 Webpack 的 Code Splitting(程式拆分) 功
能。隨即 Webpack 被廣泛傳播使用,同時開發者也給 Webpack 社區貢獻
了大量的 Plugin(外掛程式) 和 Loader(轉換器)。

3.2.1 Webpack 介紹

Webpack 是一個現代 JavaScript 應用程式的靜態模組打包器 (Module
Bundler)。當 Webpack 處理應用程式時,它會遞迴地建構一個相依關係圖
(Dependency Graph),其中包含應用程式需要的每個模組,然後將所有這
些模組打包成一個或多個套件。

1. Webpack 的優點

Webpack 相比較其他建構工具,具有以下幾個優點。

(1) 智慧解析:對 CommonJS、AMD、CMD 等支援得很好。
(2) 程式拆分:建立專案相依樹,每個相依都可拆分成一個模組,從
而可以隨選載入。
(3) Loader:Webpack 核心模組之一,主要處理各類型檔案編譯轉換
及 Babel 語法轉換。
(4) Plugin(外掛程式系統):強大的外掛程式系統,可實現對程式壓
縮、套件拆分 chunk、模組熱替換等,也可實現自訂模組、對圖

片進行 base64 編碼等，文件非常全面，自動化工作都有直接的
解決方案。

(5) 快速高效：開發設定可以選擇不同環境的設定模式，可選擇打類
別檔案使用非同步 I/O 和多級快取提高執行效率。

(6) 微前端支援：Module Federation 也對專案中如何使用微型前端應
用提供了一種解決方案。

(7) 功能全面：最主流的前端模組打包工具，支援流行的框架打包，
如 React、Vue、Angular 等，社區全面。

2. Webpack 的工作方式

Webpack 的工作方式是把專案當作一個整體，透過一個給定的主文
件 (如 index.js)，Webpack 將從這個主文件開始找到專案的所有相依檔
案，使用 Loader 處理它們，最後打包為一個 (或多個) 瀏覽器可辨識的
JavaScript 檔案，如圖 3-8 所示。

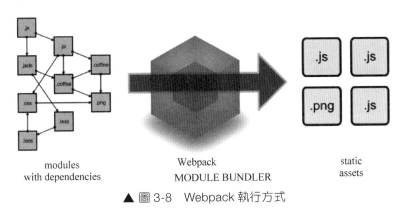

▲ 圖 3-8　Webpack 執行方式

3.2.2 Webpack 安裝與設定

接下來，詳細介紹如何安裝和設定 Webpack 工具。

1. 安裝 Node.js

推薦到 Node.js 官網下載 stable 版本。NPM 作為 Node.js 套件管理工
具在安裝 Node.js 時已經順帶安裝好了。

> **注意**：保持 Node.js 和 Webpack 的版本儘量新，可以提升 Webpack 打包速度。

2. 更新 Node.js

如果想更新 Node.js 版本，則可以使用 n 模組，命令如下：

```
node -v            # 首先查看當前 Node 版本
npm info node      # 可以查看 Node 版本資訊
npm install -g n   # 安裝 n 模組
sudo n stable      # 安裝穩定版本
sudo n latest      # 或安裝最新版本
```

3. 更新 NPM

如果需要更新 NPM，則可以執行的命令如下：

```
sudo npm install npm@latest -g
```

4. 專案建立及初始化

初始化一個 Webpack 編譯的專案，命令如下：

```
mkdir webpack-demo    # 首先建立一個資料夾
cd webpack-demo       # 進入資料夾
npm init              # 初始化專案，使專案符合 Node.js 的標準，也可以用 npm init -y
                      # 這一步會在資料夾中生成 package.json 檔案，這個檔案描述了
                      # Node 專案的一些資訊
```

目錄結構如下：

```
webpack-demo/
├──── node_modules/
├──── src/
│   └──── main.js           # entry 入口檔案
├──── webpack.config.js     # Webpack 設定檔
├──── package-lock.json
└──── package.json          # 已安裝 Webpack、Webpack-cli
```

5. Webpack 安裝與移除

注意：Webpack 安裝需要同時安裝 Webpack 和 Webpack-cli 這兩個模組。

```
npm install webpack webpack-cli -g              # 全域安裝
npm uninstall webpack webpack-cli -g            # 全域移除
npm install webpack webpack-cli -D              # 在專案中安裝
webpack npm install webpack@4.46.0 webpack-cli -D  # 安裝指定版本
npx webpack -v            # 在專案中安裝查看 Webpack 版本編號
npm info webpack          # 查看 Webpack 歷史版本
```

6. 透過設定檔使用 Webpack

設定檔規定了 Webpack 該如何打包，而執行 npx webpack ./main.js 進行打包使用的則是 Webpack 提供的預設設定檔。

設定 webpack.config.js 檔案，設定如下：

```
//webpack.config.js
const path = require('path');
module.exports = {
   mode: 'production',
   entry: './src/main.js',
   output: {
      filename: 'bundle.js',
      path: path.resolve(dirname, 'dist')
   }
}
```

預設模式為 mode：production，如果 mode 被設定為 production，則打包出的檔案會被壓縮，如果 mode 被設定為 development，則不會被壓縮。

entry 的意思是這個專案要打包，以及從哪一個檔案開始打包。打包輸出中 Chunk Names 設定的 main 就是 entry 中的 main。簡寫模式如下：

```
entry: {
   main: './main.js'
}
```

output 的意思是打包後的檔案放在哪裡：

(1) output.filename 指打包後的檔案名稱。

(2) output.path 指打包後的檔案放到哪一個資料夾下，是一個絕對路徑。需要引入 Node 中的 path 模組，然後呼叫這個模組的 resolve 方法。

Webpack 設定檔的作用是設定設定的參數，提供給 Webpack-cli，Webpack 從 main.js 檔案開始打包，打包生成的檔案放到 bundle 資料夾下，生成的檔案名稱叫作 bundle.js。如果執行 npx webpack 命令，則會按照設定檔進行打包。

Webpack 預設的設定檔名為 webpack.config.js，如果要使用自訂名字 (例如 my.webpack.js 作為設定檔名)，則可以用指令 npx webpack --config my.webpack.js 實現。

7. 設定 package.json

NPM scripts 原理：當執行 npm run xx 命令時，實際上執行的是 package.json 檔案中的 xx 命令。在 scripts 標籤中使用 Webpack，會優先到當前專案的 node_modules 中查詢是否安裝了 Webpack(和直接使用 Webpack 命令時到全域查詢是否安裝 Webpack 不同)，命令如下：

```
"scripts": {
   "dev": "npx webpack"
},
```

如果執行 dev 命令，則會自動執行 webpack 命令。最後可以直接執行 npm run dev 命令進行 Webpack 打包。

執行 npm run dev 命令後，在命令列中會輸出編譯完成後的提示訊息，效果如圖 3-9 所示。

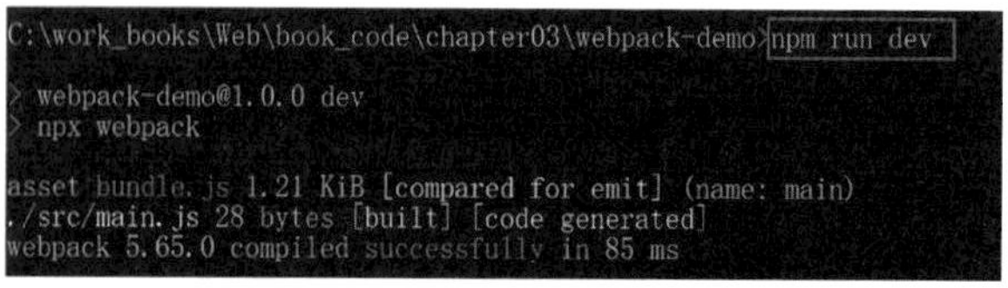

▲ 圖 3-9　Webpack 編譯提示

3.2.3 Webpack 基礎

Webpack 的模組打包工具透過分析模組之間的相依，最終將所有模組打包成一份或多份程式套件，供 HTML 直接引用。

1. 核心概念

Webpack 最核心的概念如下。

(1) Entry：入口檔案，Webpack 會從該檔案開始進行分析與編譯。

(2) Output：出口路徑，打包後建立套件的檔案路徑及檔案名稱。

(3) Module：模組，在 Webpack 中任何檔案都可以作為一個模組，會根據設定使用不同的 Loader 進行載入和打包。

(4) Chunk：程式區塊，可以根據設定將所有模組程式合併成一個或多個程式區塊，以便隨選載入，提高性能。

(5) Loader：模組載入器，進行各種檔案類型的載入與轉換。透過不同的 Loader，Webpack 有能力呼叫外部的指令稿或工具，實現對不同格式檔案的處理，例如分析及將 scss 轉為 css，或把 ES6+ 檔案 (ES6 和 ES7) 轉為現代瀏覽器相容的 JS 檔案，對 React 的開發而言，合適的 Loader 可以把 React 中用到的 JSX 檔案轉為 JS 檔案。

(6) Plugin：拓展外掛程式，可以透過 Webpack 對應的事件鉤子，介入打包過程中的任意環節，從而對程式隨選修改。

2. 常見載入器 (Loader)

Webpack 僅提供了打包功能和一套檔案處理機制，然後透過生態中的各種 Loader 和 Plugin 對程式進行預先編譯和打包。

Loader 的作用：

(1) Loader 讓 Webpack 能夠去處理那些非 JavaScript 檔案。

(2) Loader 專注實現資源模組載入從而實現模組的打包。

將常用的載入器分成以下三類。

(1) 編譯轉換類別：將資源模組轉為 JS 程式。以 JS 形式工作的模組，如 css-loader。

(2) 檔案操作類別：將資源模組複製到輸出目錄，同時將檔案的存取路徑向外匯出，如 file-loader。

(3) 程式檢查類別：對載入的資源檔 (一般是程式) 進行驗證，以便統一程式風格，提高程式品質，一般不會修改生產環境的程式。

下面介紹最常用的幾種載入器：解析 ES6+、處理 JSX、CSS/Less/SASS 樣式、圖片與字型。

3. 解析 ES6+

在 Webpack 中解析 ES6 需要使用 Babel，Babel 是一個 JavaScript 編譯器，可以實現將 ES6+ 轉換成瀏覽器能夠辨識的程式。

Babel 在執行編譯時，可以相依 .babelrc 檔案，當設定相依檔案時，會從專案的根目錄下讀取 .babelrc 的設定項目，.babelrc 設定檔主要是對預設 (presets) 和外掛程式 (plugins) 進行設定。

下面介紹如何在 Webpack 中使用 Babel。

安裝相依，命令如下：

```
npm i @babel/core @babel/preset-env babel-loader -D
```

注意：Babel 7 推薦使用 @babel/preset-env 套件來處理編譯需求。顧名思義，preset 即「預製套件」，包含了各種可能用到的編譯工具。之前的以年份為準的 preset 已經廢棄了，現在統一用這個總套件。同時，Babel 已經放棄開發 stage-* 套件，以後的編譯元件都只會放進 preset-env 套件裡。

設定 webpack.config.js 檔案的 Loader，設定如下：

```
"scripts": {
module: {
  rules: [
    {
```

```
      test: /.js$/,
      use: 'babel-loader'
    }
  ]
}
```

　　在根目錄建立 .babelrc，並設定 preset-env 對 ES6+ 語法特性進行轉換，設定如下：

```
{
  "presets": [
    [
      "@babel/preset-env",
      {
// 對 ES6 模組檔案不進行轉化，以便使用 Tree Shaking、sideEffects 等
        "modules": false,
      }
    ]
  ],
  "plugins": []
}
```

> **注意**：Babel 預設只轉換新的 JavaScript 句法 (syntax)，而不轉換新的 API，例如 Iterator、Generator、Set、Maps、Proxy、Reflect、Symbol、Promise 等全域物件，以及一些定義在全域物件上的方法 (例如 Object.assign) 都不會轉碼。
>
> 編譯新的 API，需要借助 polyfill 方案去解決，可使用 @babel/polyfill 或 @babel/plugin-transform-runtime，二選一即可。

4. @babel/polyfill

　　本質上 @babel/polyfill 是 core-js 函式庫的別名，隨著 core-js@3 的更新，@babel/polyfill 無法從 2 過渡到 3，所以 @babel/polyfill 已經被放棄，可查看 corejs 3 的更新。

安裝相依套件，命令如下：

```
npm i @babel/polyfill -D
```

.babelrc 檔案需寫入設定，而 @babel/polyfill 不用寫入設定，會根據 useBuiltIns 參數去決定如何被呼叫，設定如下：

```
{
    "presets": [
        [
            "@babel/preset-env",
            {
                "useBuiltIns": "entry",
                "modules": false,
                "corejs": 2, // 新版本的 @babel/polyfill 包含了 core-js@2 和 core-js@3
                            // 版本，所以需要宣告版本，否則 Webpack 執行時期會報 warning，
                            // 此處暫時使用 core-js@2 版本 ( 尾端會附上 @core-js@3 怎麼用 )
            }
        ]
    ]
}
```

設定參數說明如下。

(1) Modules："amd"|"umd"|"systemjs"|"commonjs"|"cjs"|"auto"|false。
預設值為 auto。用來轉換 ES6 的模組語法。如果使用 false，則不會對檔案的模組語法進行轉換。

如果要使用 Webpack 中的一些新特性，舉例來說，Tree Shaking 和 sideEffects，就需要設定為 false，對 ES6 的模組檔案不進行轉換，因為這些特性只對 ES6 模組有效。

(2) useBuiltIns："usage"|"entry"|false，預設值為 false。

false：需要在 JS 程式的第一行主動透過 import'@babel/polyfill' 敘述將 @babel/polyfill 整個套件匯入 (不推薦，能覆蓋到所有 API 的編譯，但體積最大)。

entry：需要在 JS 程式的第一行主動透過 import'@babel/polyfill' 敘述將 browserslist 環境不支援的所有 shim 匯入 (能夠覆蓋到 'hello'. includes('h') 這種句法，足夠安全且程式體積不是特別大)。

usage：專案裡不用主動透過 import 匯入，會自動將程式裡已用到的且 browserslist 環境不支援的 shim 匯入 (但是檢測不到 'hello'.includes('h') 這種句法，對這類原型鏈上的句法問題不會進行編譯，書寫程式需注意)。

(3) targets 用來設定需要支援的環境，不僅支援瀏覽器，還支援 Node。如果沒有設定 targets 選項，就會讀取專案中的 browserslist 設定項目。

(4) loose 的預設值為 false，如果 preset-env 中包含的 Plugin 支援 loose 的設定，則可以透過這個欄位來統一設定。

5. 解析 React JSX

JSX 是 React 框架中引入的一種 JavaScript XML 擴充語法，它能夠支援在 JS 中撰寫類似 HTML 的標籤，本質上來講 JSX 就是 JS，所以需要 Babel 和 JSX 的外掛程式 preset-react 支援解析。

安裝 React 及 @babel/preset-react，命令如下：

```
npm i react react-dom @babel/preset-react -D
```

設定解析 React 的 presets，設定如下：

```
module.exports = {
    entry: {},
    output: {},
    resolve: {
    // 要解析的檔案的副檔名
        extensions: [".js", ".jsx", ".json"],
    // 解析目錄時要使用的檔案名稱
        mainFiles: ["index"],
    },
    module: {
        rules: [
```

```
        {
          test: /\.(js|jsx)$/,
          exclude: /(node_modules|bower_components)/,
          use: {
            loader: 'babel-loader',
            options: {
              presets: ['@babel/preset-env', '@babel/preset-react']
            }
          }
        },
      ]
    },
};
```

6. 解析 CSS

傳統上會在 HTML 檔案中引入 CSS 程式，借助 webpack style-loader 和 css-loader 可以在 .js 檔案中引入 CSS 檔案並讓樣式生效，如果需要使用前置處理指令稿，如 LESS，則需要安裝 less-loader。

(1) css-loader：用於載入 .css 檔案並轉換成 commonJS 物件。

(2) style-loader：將樣式透過 style 標籤插入 head 中。

安裝相依 css-loader 和 style-loader，命令如下：

```
npm i style-loader css-loader -D
```

Webpack 設定項目增加 Loader 設定，其中由於 Loader 的執行順序是從右向左執行的，所以會先進行 CSS 的樣式解析後執行 style 標籤的插入，設定如下：

```
{
  test:/.css$/,
  use: [
    'style-loader',
    'css-loader'
  ]
}
```

less-loader 將 .less 轉換成 .css。安裝 less-loader 相依並增加 Webpack 設定，設定如下：

```
npm i less less-loader -D
{
   test:/.less$/,
   use: [
     'style-loader',
     'css-loader',
     'less-loader'
]
}
```

7. 解析圖片和字型

Webpack 提供了兩個 Loader 來處理二進位格式的檔案，如圖片和字型等，url-loader 允許有條件地將檔案轉為內聯的 base-64 URL(當檔案小於給定的設定值時)，這會減少小檔案的 HTTP 請求數。如果檔案大於該設定值，則會自動交給 file-loader 處理。

1) file-loader

file-loader 用於處理檔案及字型。安裝 file-loader 相依並設定，設定如下：

```
# 安裝 file-loader
npm i file-loader -D
#webapck.config 設定
{
   test: /\.(png|svg|jpg|jpeg|gif)$/,
   use: 'file-loader'},{
     test:/\.(woff|woff2|eot|ttf|otf|svg)/,
use:'file-loader'
}
```

2) url-loader

url-loader 也可以處理檔案及字型，對比 file-loader 的優勢是可以透過設定，將小資源自動轉為 base64。

安裝 url-loader 相依並設定 Webpack，設定如下：

```
{
  test: /\.(png|svg|jpg|jpeg|gif)$/,
  use: [
    {
      loader:'url-loader',
      options: {
        limit:10240
      }
    }
  ]
}
```

8. 常見外掛程式 (Plugin)

外掛程式的目的是為了增強 Webpack 的自動化能力，Plugin 可解決其他自動化工作，如清除 dist 目錄、將靜態檔案複製至輸出程式、壓縮輸出程式，常見的場景如下：

(1) 實現自動在打包之前清除 dist 目錄 (上次的打包結果)。
(2) 自動生成應用所需要的 HTML 檔案。
(3) 根據不同環境為程式注入類似 API 位址這種可能變化的部分。
(4) 將不需要參與打包的資源檔複製到輸出目錄。
(5) 壓縮 Webpack 打包完成後輸出的檔案。
(6) 自動將打包結果發佈到伺服器以實現自動部署。

9. 檔案指紋

檔案指紋的作用：

(1) 在前端發佈系統中，為了實現增量發佈，一般會對靜態資源加上 md5 檔案副檔名，保證每次發佈的檔案都沒有快取，同時對於未修改的檔案不會受發佈的影響，最大限度地利用快取。

(2) 簡單地來講「檔案指紋」的應用場景是在專案打包時使用 (上線)，在專案開發階段用不到。

這裡簡單介紹一下 3 種不同的 hash 表示法。

(1) hash：與整個專案的建構相關，當有檔案修改時，整個專案建構的 hash 值就會更新。

(2) chunkhash：和 Webpack 打包的 chunk 相關，不同的 entry 會生成不同的 chunkhash，一般用於 .js 檔案的打包。

(3) contenthash：根據檔案內容來定義 hash，如果檔案內容不變，則 contenthash 不變。例如 .css 檔案的打包，當修改了 .js 或 .html 檔案但沒有修改引入的 .css 樣式時，檔案不需要生成新的 hash 值，所以可適用於 .css 檔案的打包。

注意：檔案指紋不能和熱更新一起使用。

1) .js 檔案指紋設定：chunkhash
程式如下：

```
#webpack.dev.js
module.export = {
    entry: {
        index: './src/demo.js',
        search: './src/search.js'
    },
    output: {
        path: path.resolve(dirname,'dist'),
        filename: '[name][chunkhash:8].js'
    },
}
```

2) .css 檔案指紋：contenthash
　　由於上面方式透過 style 標籤將 css 插入 head 中並沒有生成單獨的 .css 檔案，因此可以透過 min-css-extract-plugin 外掛程式將 css 提取成單獨的 .css 檔案，並增加檔案指紋。

　　安裝相依 mini-css-extract-plugin，命令如下：

```
npm i mini-css-extract-plugin -D
```

設定 .css 檔案指紋，設定如下：

```
const MiniCssExtractPlugin = require('mini-css-extract-plugin')
module.export = {
    module: {
        rules: [
            {
                test:/\.css$/,
                use: [
                    MiniCssExtractPlugin.loader,
                    'css-loader',
                ]
            },
        ]
    },
    plugins: [
        new MiniCssExtractPlugin({
            filename: '[name][contenthash:8].css'
        })
    ]
}
```

3) 圖片檔案指紋設定：hash

其中，hash 對應的是檔案內容的 hash 值，預設由 md5 生成，不同於前面所講的 hash 值，設定如下：

```
module.export = {
    module:{
        rules: [
            {
                test: /\.(png|svg|jpg|jpeg|gif)$/,
                use: [{
                    loader:'file-loader',
                    options: {
                        name: 'img/[name][hash:8].[ext]'
                    }
                }],
            }
        ]
```

```
  }
}
```

程式壓縮，這裡介紹兩個外掛程式：.css 檔案壓縮和 .html 檔案壓縮。

(1) .css 檔案壓縮：optimize-css-assets-webpack-plugin。

安裝 optimize-css-assets-webpack-plugin 和前置處理器 cssnano，命令如下：

```
npm i optimize-css-assets-webpack-plugin cssnano -D
```

設定 Webpack，設定如下：

```
const OptimizeCssAssetsPlugin = require('optimize-css-assets-webpack-plugin')
module.export = {
   plugins: [
      new OptimizeCssAssetsPlugin({
         assetNameRegExp: /\.css$/g,
         cssProcessor: require('cssnano')
      })
   ]
}
```

(2) .html 檔案壓縮：html-webpack-plugin。

安裝 html-webpack-plugin 外掛程式，命令如下：

```
npm i html-webpack-plugin -D
```

設定 Webpack，設定如下：

```
const HtmlWebpackPlugin = require('html-webpack-plugin')
module.export = {
   plugins: [
      new HtmlWebpackPlugin({
         template: path.join(dirname,'src/search.html'),    // 使用範本
         filename: 'search.html',        // 打包後的檔案名稱
         chunks: ['search'],             // 打包後需要使用的 chunk ( 檔案 )
         inject: true,                   // 預設注入所有靜態資源
```

```
        minify: {
          html5:true,
          collapsableWhitespace: true,
          preserveLineBreaks: false,
          minifyCSS: true,
          minifyJS: true,
          removeComments: false
        }
      }),
  ]
}
```

10. 跨應用程式共用 (Module Federation)

Module Federation 使 JavaScript 應用得以在使用者端或伺服器上動態執行另一個套件的程式。Module Federation 主要用來解決多個應用之間程式共用的問題，可以更加優雅地實現跨應用的程式共用。

1) 三個概念

首先，要理解三個重要的概念，如表 3-3 所示。

表 3-3　三個重要的概念

模 組 名 稱	屬性描述
webpack	一個獨立專案透過 Webpack 打包編譯而產生資源套件
remote	一個曝露模組供其他 Webpack 建構消費的 Webpack 建構
host	一個消費其他 remote 模組的 Webpack 建構

一個 Webpack 建構可以是 remote(服務的提供方)，也可以是 host(服務的消費方)，還可以同時扮演服務提供者和服務消費者的角色，這完全看專案的架構。

2) host 與 remote 兩個角色的相依關係

任何一個 Webpack 建構既可以作為 host 消費方，也可以作為 remote 提供方，區別在於職責和 Webpack 設定的不同。

3) 案例講解

一共有三個微應用：lib-app、component-app、main-app，角色分別如表 3-4 所示。

表 3-4　三個微應用的關係

模組名稱	屬性描述
lib-app	作為 remote，曝露了兩個模組 react 和 react-dom
component-app	作為 remote 和 host，相依 lib-app 曝露了一些元件供 main-app 消費
main-app	作為 host，相依 lib-app 和 component-app

下面分別建立三個微應用的專案：

lib-app 模組提供其他模組所相依的核心函式庫，如 lib-app 對外提供 react 和 react-dom 兩個類別庫模組。

步驟 1：建立 lib-app 模組的專案，目錄結構如圖 3-10 所示。

▲ 圖 3-10　lib-app 模組目錄結構

該模組需要安裝兩個類別庫，即 react 和 react-dom，命令如下：

```
# 安裝核心模組
npm i react react-dom -S
# 安裝開發相依模組
npm install concurrently serve webpack webpack-cli -D
```

步驟 2：設定 Webpack 編譯設定，設定如下：

```
const {ModuleFederationPlugin} = require('webpack').container
const path = require('path');
module.exports = {
    entry: "./index.js",
    mode: "development",
    devtool:"hidden-source-map",
    output: {
        publicPath: "http://localhost:3000/",
```

```
    clean:true
  },
  module: {
  },
  plugins: [
    new ModuleFederationPlugin({
      name: "lib_app",
      filename: "remoteEntry.js",
      exposes: {
        "./react":"react",
        "./react-dom":"react-dom"
      }
    })
  ],
};
```

這裡透過 ModuleFederationPlugin 外掛程式設定曝露的函式庫，詳細
資訊如表 3-5 所示。

表 3-5 ModuleFederationPlugin 屬性

屬性名稱	屬性描述
name	必選，唯一 ID，作為輸出的模組名稱，使用時透過 ${name}/${expose} 的方式使用
library	必選，這裡的 library.name 作為 umd 的 library.name
remotes	可選，表示作為 host 時，去消費哪些 remote
exposes	可選，表示作為 remote 時，export 哪些屬性被消費
shared	可選，優先用 host 的相依，如果 host 沒有，則再用自己的

步驟 3：設定 package.json 檔案中的執行指令稿，指令稿如下：

```
"scripts": {
  "webpack": "webpack --watch",
  "serve": "serve dist -p 3000",
  "start": "concurrently \"npm run webpack\" \"npm run serve\""
},
```

步驟 4：除去生成的 map 檔案，有 4 個檔案，如圖 3-11 所示，輸出

具體的編譯檔案如下：

```
main.js
remoteEntry.js
react_index.js
react-dom_index.js
```

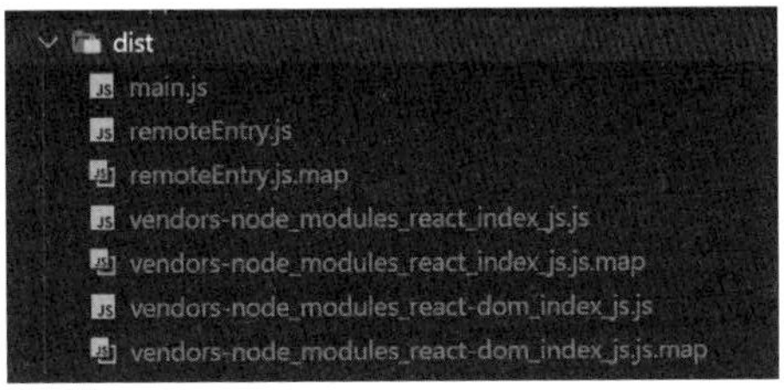

▲ 圖 3-11　lib-app 模組打包輸出目錄

步驟 5：在命令列中，輸入 npm serve 命令啟動 lib-app 專案，啟動後在 3000 通訊埠瀏覽。

```
http://localhost:3000/
```

component-app 模組對外提供元件庫，如 Button、Dialog、Logo 基礎元件。

步驟 1：建立 component-app 模組，目錄結構如圖 3-12 所示。

▲ 圖 3-12　component-app 模組目錄

步驟 2：建立 Button、Dialog、Logo 三個 React 元件。

Button.jsx 元件，程式如下：

```
//Button.jsx
import React from 'lib-app/react';
export default function(){
    return <button style={{color: "#fff",backgroundColor: "#f00",borderColor:
"#fcc"}}>按鈕元件 </button>
}
```

Dialog.jsx 元件，程式如下：

```
//Dialog.jsx
import React from 'lib-app/react';
export default class Dialog extends React.Component {
    constructor(props) {
       super(props);
    }
    render() {
       if(this.props.visible){
          return (
            <div style={{position:"fixed",left:0,right:0,top:0,bottom:0,
backgroundColor:"rgba(0,0,0,.3)"}}>
                <button onClick={()=>this.props.switchVisible(false)}
style={{position:"absolute",top:"10px",right:"10px"}}>X</button>
                <div style={{ marginTop:"20%",textAlign:"center"}}>
                  <h1>
                     輸入你的暱稱 :
                  </h1>
                  <input style={{fontSize:"18px",lineHeight:2}} type="text" />
                </div>

            </div>
            );
       }else{
          return null;
       }
    }
}
```

Logo.jsx 元件，程式如下：

```
//Logo.jsx
import React from 'lib-app/react';
import pictureData from './girl.jpg'
export default function(){
    return <img src={pictureData} style={{width:"100px",borderRadius:"10px"}}/>
}
```

步驟 3：需要以非同步的方式匯入 index.js 模組，所以這裡建立了 bootstrap.js 模組，在 index.js 檔案中透過 import 匯入 bootstrap.js 檔案，程式如下：

```
#Bootstrap.js
import App from "./App";
import ReactDOM from 'lib-app/react-dom';
import React from 'lib-app/react'
ReactDOM.render(<App />, document.getElementById("app"));
```

在 index.js 檔案中匯入 bootstrap.js 檔案，程式如下：

```
import("./bootstrap.js")
```

步驟 4：webpack.config 檔案的設定如下：

```
const {ModuleFederationPlugin} = require('webpack').container;
const HtmlWebpackPlugin = require("html-webpack-plugin");
const path = require('path');
module.exports = {
    entry: "./index.js",
    mode: "development",
    devtool:"hidden-source-map",
    output: {
        publicPath: "http://localhost:3001/",
        clean:true
    },
    resolve:{
        extensions: ['.jsx', '.js', '.json','.css','.scss','.jpg','jpeg','png',],
```

```
    },
    module: {
      rules: [
        {
          test:/\.(jpg|png|gif|jpeg)$/,
          loader:'url-loader'
        },
        {
          test: /\.css$/i,
          use: ["style-loader", "css-loader"],
        },
        {
          test: /\.jsx?$/,
          loader: "babel-loader",
          exclude: /node_modules/,
          options: {
            presets: ["@babel/preset-react"],
          },
        },
      ],
    },
    plugins: [
      new ModuleFederationPlugin({
        name: "component_app",
        filename: "remoteEntry.js",
        exposes: {
          "./Button":"./src/Button.jsx",
          "./Dialog":"./src/Dialog.jsx",
          "./Logo":"./src/Logo.jsx"
        },
        remotes:{
          "lib-app":"lib_app@http://localhost:3000/remoteEntry.js"
        }
      }),
      new HtmlWebpackPlugin({
        template: "./public/index.html",
      })
    ],
};
```

步驟 5：啟動模組。

在該子專案下執行 npm run start 命令打開瀏覽器：localhost：3001，可以看到元件正常執行。

main-app 模組為三個模組中的主模組，該模組相依 component-app 模組的基礎元件，同時也相依 lib-app 模組。

步驟 1：建立 main-app 模組，目錄結構如圖 3-13 所示。

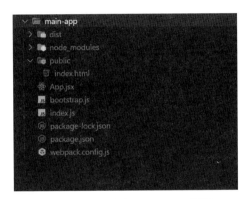

▲ 圖 3-13　建立 main-app 模組

步驟 2：建立 App.jsx 檔案，撰寫介面，程式如下：

```
#App.jsx
import React from 'lib-app/react';
import Button from 'component-app/Button'
import Dialog from 'component-app/Dialog'
import Logo from 'component-app/Logo'

export default class App extends React.Component{
   constructor(props) {
      super(props)
      this.state = {
         dialogVisible:false
      }
      this.handleClick = this.handleClick.bind(this);
      this.HanldeSwitchVisible = this.HanldeSwitchVisible.bind(this);
   }
```

```
    handleClick(ev){
       console.log(ev);
       this.setState({
          dialogVisible:true
       })
    }
    HanldeSwitchVisible(visible){
       this.setState({
          dialogVisible:visible
       })
    }
    render(){
       return (<div>
          <Logo></Logo>
       <h4>
          Buttons:
       </h4>
       <Button type="primary"/>
       <Button type="warning"/>
       <h4>
          Dialog:
       </h4>
       <button onClick={this.handleClick}>打開對話方塊</button>
       <Dialog switchVisible={this.HanldeSwitchVisible} visible={this.state.
dialogVisible}/>
       </div>)
    }
}
```

步驟 3：設定 Webpack，設定如下：

```
const {ModuleFederationPlugin} = require('webpack').container
const HtmlWebpackPlugin = require("html-webpack-plugin");
const path = require('path');
module.exports = {
   entry: "./index.js",
   mode: "development",
   devtool:"hidden-source-map",
   output: {
      publicPath: "http://localhost:3002/",
```

```
      clean:true
    },
    resolve:{
      extensions: ['.jsx', '.js', '.json','.css','.scss','.jpg',
'jpeg','png',],
    },
    module: {
      rules: [
        {
          test:/\.(jpg|png|gif|jpeg)$/,
          loader:'url-loader'
        },
        {
          test: /\.jsx?$/,
          loader: "babel-loader",
          exclude: /node_modules/,
          options: {
            presets: ["@babel/preset-react"],
          },
        },
      ],
    },
plugins: [
    new ModuleFederationPlugin({
      name: "main_app",
      remotes:{
        "lib-app":"lib_app@http://localhost:3000/remoteEntry.js",
        "component-app":"component_app@http://localhost:3001/remoteEntry.js"
      },
    }),
    new HtmlWebpackPlugin({
        template: "./public/index.html",
      })
    ],
};
```

　　步驟 4：啟動編譯器後，透過 localhost：3002 通訊埠查看，效果如圖 3-14 所示。

▲ 圖 3-14　跨應用程式共用效果

11.開發執行建構

使用 Webpack 的 Webpack-dev-server 外掛程式可以幫助開發者快速架設一個程式執行環境，Webpack-dev-server 提供的熱更新功能極大地方便了程式編譯後進行預覽。

1) 檔案監聽：watch

在 Webpack-cli 中提供了 watch 工作模式，這種模式下專案中的檔案會被監視，一旦這些檔案發生變化就會自動重新執行打包任務。

Webpack 開啟監聽模式有以下兩種方式：

(1) 啟動 Webpack 命令時附上 --watch 參數。

(2) 在設定 webpack.config.js 檔案中設定 watch：true。

缺點是每次都需要手動更新瀏覽器，需要自己使用一些 http 服務，例如使用 http-server 輪詢判斷檔案的最後編輯時間是否發生變化，一開始有個檔案的修改時間，這個修改時間先儲存起來，下次再有修改時就會和上次修改時間進行比對，發現不一致時不會立即告訴監聽者，而是把檔案快取起來，等待一段時間，等待期間內如果有其他變化，則會把變化列表一起建構，並生成到 bundle 資料夾。

可透過 Webpack 增加設定或 CLI 增加設定的方式開啟監聽模式，該方式在原始程式變化時需要每次手動更新瀏覽器。

Webpack 設定的程式如下：

```
module.export = {
watch: true
}
```

除了可透過 watch 參數的設定方式開啟監聽外，也可透過訂製 watch 模式選項的形式 watchOptions 來訂製監聽設定，設定如下：

```
module.export = {
    watch: true,
    // 只有開啟了監聽模式才有效
    watchOptions: {
        ignored: /node_modules/,      // 預設為空，設定不監聽的檔案或資料夾
        aggregateTimeout: 300,        // 預設為 300ms，即監聽變化後需要等待的執行時間
        poll:1000                     // 預設為 1000ms，透過輪詢的方式詢問系統指定檔案
                                      // 是否發生變化
    }
}
```

Webpack-dev-server 是 Webpack 官方推出的開發工具，它提供了一個開發伺服器，並且整合了自動編譯和自動更新瀏覽器等一系列功能的安裝指令，如圖 3-15 所示。

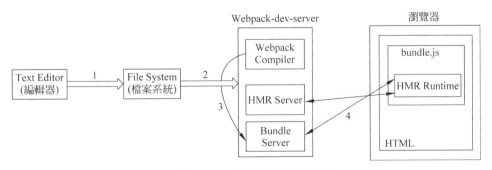

▲ 圖 3-15　熱更新的大概流程

Webpack Compiler 將 JavaScript 編譯成輸出的 bundle.js 檔案。

HMR Server 將熱更新的檔案輸出到 HMR Runtime。

Bundle Server 透過提供伺服器的形式，提供瀏覽器對檔案的存取。

HMR Runtime 在開發打包階段將建構輸出檔案注入瀏覽器，更新檔案的變化。

當啟動 Webpack-dev-server 階段時，將原始程式在檔案系統進行編譯，透過 Webpack Compiler 編譯器打包，並將編譯好的檔案提交給 Bundle Server 伺服器，Bundle Server 即可以伺服器的方式供瀏覽器存取。

當監聽到原始程式發生變化時，經過 Webpack Compiler 的編譯後提交給 HMR Server，一般透過 websocket 實現監聽原始程式的變化，並透過 JSON 資料的格式通知 HMR Runtime，HMR Runtime 對 bundle.js 檔案進行改變並更新瀏覽器。

相比於 watch 不能自動更新瀏覽器，Webpack-dev-server 的優勢就明顯了。Webpack-dev-server 建構的內容會存放在記憶體中，所以建構速度更快，並且可自動地實現瀏覽器的自動辨識並做出變化，其中 Webpack-dev-server 需要配合 Webpack 內建的 HotModuleReplacementPlugin 外掛程式一起使用。

安裝相依 Webpack-dev-server 並設定啟動項，命令如下：

```
# 安裝
npm i webpack-dev-server -D
//package.json
"scripts": {
"dev": "webpack-dev-server --open"
}
```

設定 Webpack, 其中 Webpack-dev-server 一般在開發環境中使用，所以需將 mode 模式設定為 development，設定如下：

```
const webpack = require('webpack')
plugins: [
   new webpack.HotModuleReplacementPlugin()
   ],
```

```
  devServer: {
    contentBase: path.join(dirname,'dist'),    // 監聽 dist 資料夾下的內容
    hot: true                                  // 啟動熱更新
}
```

2) 清理建構目錄：clean-webpack-plugin

由於每次建構專案前並不會自動地清理目錄，會造成輸出檔案越來越多。這時就得手動清理輸出目錄的檔案。

借助 clean-webpack-plugin 外掛程式清除建構目錄，預設會執行刪除 output 值的輸出目錄。

安裝 clean-webpack-plugin 外掛程式並設定，命令如下：

```
npm i clean-webpack-plugin -D
```

在 webpack.config.js 檔案中設定，程式如下：

```
const { CleanWebpackPlugin } = require('clean-webpack-plugin')
module.export = {
  plugins: [
    new CleanWebpackPlugin()
]
}
```

3.2.4 Webpack 進階

可以透過 Webpack 外掛程式進行打包內容分析，最佳化編譯速度，減少建構套件體積，同時透過介面撰寫自己的 Loader 和 Plugin 外掛程式。

1. 專案分析

透過 Webpack-bundle-analyzer 可以看到專案各模組的大小，對各模組可以隨選最佳化。

該外掛程式透過讀取輸出資料夾 (通常是 dist) 中的 stats.json 檔案，

把該檔案視覺化展現。便於直觀地比較各個類別檔案的大小，以達到最佳化性能的目的。

安裝 Webpack-bundle-analyzer，命令如下：

```
npm install --save-dev webpack-bundle-analyzer
```

在 webpack.config.js 檔案中匯入 Webpack-bundle-analyzer 模組，在 plugins 陣列中實例化外掛程式，設定如下：

```
const path = require("path")
var BundleAnalyzerPlugin = require('webpack-bundle-analyzer').
BundleAnalyzerPlugin

module.exports = {
   mode: "development",
   entry: "./src/main.js",
   output: {
     filename: "bundle.js",
     path: path.resolve(dirname, "dist")
   },
   plugins:[
     new BundleAnalyzerPlugin()
   ]
}
```

2. 編譯階段加速

編譯模組階段的效率提升，下面的操作都是在 Webpack 編譯階段實現的。

1) IgnorePlugin：忽略協力廠商套件指定目錄

IgnorePlugin 是 Webpack 的內建外掛程式，其作用是忽略協力廠商套件指定目錄。

有的相依套件，除了專案所需的模組內容外，還會附帶一些多餘的模組，例如 moment 模組會將所有當地語系化內容和核心功能一起打包。

下面案例透過設定的 Webpack-bundle-analyzer 來查看使用 IgnorePlugin 後對 moment 模組的影響，Webpack 的設定如下：

```
const webpack = require('webpack')
//webpack.config.js
module.exports = {
  //...
  plugins: [
    // 忽略 moment 模組下的 ./locale 目錄
    new webpack.IgnorePlugin({
      resourceRegExp: /^\.\/locale$/,
      contextRegExp: /moment$/,
    }),
  ]
}
```

2) DllPlugin 和 DllReferencePlugin 提高建構速度

在使用 Webpack 進行打包時，對於相依的協力廠商函式庫，例如 React、Redux 等不會修改的相依，可以讓它和自己撰寫的程式分開打包，這樣做的好處是每次更改本地程式檔案時，Webpack 只需打包專案本身的檔案程式，而不會再去編譯協力廠商函式庫，協力廠商函式庫在第一次打包時只打包一次，以後只要不升級協力廠商套件，Webpack 就不會對這些函式庫打包，這樣可以快速地提高打包速度，因此為了解決這個問題，DllPlugin 和 DllReferencePlugin 外掛程式就產生了。

DLLPlugin 能把協力廠商函式庫與自己的程式分離開，並且每次檔案更改時，它只會打包該專案自身的程式，所以打包速度會更快。

DLLPlugin 外掛程式在一個額外獨立的 Webpack 設定中建立一個只有 dll 的 bundle，也就是說，在專案根目錄下除了有 webpack.config.js 檔案，還會新建一個 webpack.dll.config.js 檔案。webpack.dll.config.js 的作用是除了把所有的協力廠商函式庫相依打包到一個 bundle 的 dll 檔案裡面，還會生成一個名為 manifest.json 的檔案。該 manifest.json 檔案的作用是讓 DllReferencePlugin 映射到相關的相依上去。

DllReferencePlugin 外掛程式在 webpack.config.js 檔案中使用，該外掛程式的作用是把剛剛在 webpack.dll.config.js 檔案中打包生成的 dll 檔案引用到需要的預先編譯的相依上來。什麼意思呢？就是説在 webpack.dll.config.js 檔案中打包後會生成 vendor.dll.js 檔案和 vendor-manifest.json 檔案，vendor.dll.js 檔案包含所有的協力廠商函式庫檔案，vendor-manifest.json 檔案會包含所有函式庫程式的索引，當在使用 webpack.config.js 檔案打包 DllReferencePlugin 外掛程式時，會使用該 DllReferencePlugin 外掛程式讀取 vendor-manifest.json 檔案，看一看是否有該協力廠商函式庫。vendor-manifest.json 檔案只有一個協力廠商函式庫的映射。

第一次使用 webpack.dll.config.js 檔案時會對協力廠商函式庫打包，打包完成後就不會再打包它了，然後每次執行 webpack.config.js 檔案時，都會打包專案中本身的檔案程式，當需要使用協力廠商相依時，會使用 DllReferencePlugin 外掛程式去讀取協力廠商相依函式庫，所以説它的打包速度會得到一個很大的提升。

在專案中使用 DllPlugin 和 DllReferencePlugin，其使用步驟如下。

在使用之前，首先看一下專案現在的整個目錄架構，架構如下：

```
Demo                          # 專案名稱
|  |--- dist                  # 打包後生成的目錄檔案
|  |--- node_modules          # 所有的相依套件
|  |--- js                    # 存放所有的 js 檔案
|  |  |-- main.js             # js 入口檔案
|  |--- webpack.config.js     # Webpack 設定檔
|  |--- webpack.dll.config.js # 打包協力廠商相依的函式庫檔案
|  |--- index.html            # html 檔案
|  |--- package.json
```

因此需要在專案根目錄下建立一個 webpack.dll.config.js 檔案，設定的程式如下：

```
const path = require('path');
const webpack = require('webpack');
```

```
module.exports = {
   entry: {
      //library 中設定要處理的協力廠商函式庫的名稱
      library: [
         'react',
         'react-dom'
      ]
   },
   output: {
   filename: '[name]_[chunkhash].dll.js',//library.dll.js 檔案中曝露出的函式庫的名稱
   path: path.join(dirname, 'build/library'),     // 打包後檔案輸出的位置
   library: '[name]_[hash]'                  // 函式庫曝露出來的名字，可以參考打包元件和
                                             // 基礎函式庫
   },
   plugins: [
      new webpack.DllPlugin({
         name: '[name]_[hash]',              // 生成一個檔案映射 json 名字
         path: path.join(dirname, 'build/library/[name].json') // 儲存的位置
      })
]};
```

切換到 webpack.config.js 設定，引入檔案，程式如下：

```
// 引入 DllReferencePlugin
const DllReferencePlugin = require('webpack/lib/DllReferencePlugin');
```

然後在外掛程式中使用該外掛程式，程式如下：

```
plugins: [
   new webpack.DllReferencePlugin({
      context: dirname,
      manifest: require('./build/library/')
   })
],
```

最後一步就是建構程式了，先生成協力廠商函式庫檔案，執行命令如下：

```
webpack --config webpack.dll.config.js
```

3. 最佳化建構體積

1) 搖樹最佳化 (Tree Shaking)

Webpack 4.0 後透過開啟 mode：production 即可開啟搖樹最佳化功能。

Tree Shaking 搖掉程式中未引用部分 (dead-code)，production 模式下會自動在使用 Tree Shaking 打包時除去未引用的程式，其作用是最佳化專案程式。

2) 刪除無效的 CSS

PurgeCSS 是一個能夠透過字串對比來決定移除不需要的 CSS 的工具。PurgeCSS 透過分析內容和 CSS 檔案，首先將 CSS 檔案中使用的選擇器與內容檔案中的選擇器進行匹配，然後會從 CSS 中刪除未使用的選擇器，從而生成更小的 CSS 檔案。對於 PurgeCSS 的設定因專案的不同而不同，它不僅可以作為 Webpack 的外掛程式，還可以作為 postcss 的外掛程式。一般與 glob、glob-all 配合使用。

安裝 purgecss-webpack-plugin，命令如下：

```
npm i purgecss-webpack-plugin -D
```

設定 Webpack，設定如下：

```
//webpack.prod.js
const glob = require('glob')
const MiniCssExtractPlugin = require('mini-css-extract-plugin');
const PurgecssPlugin = require('purgecss-webpack-plugin')
const PATHS = {
    src: path.join(dirname,'src')}
module.exports ={
    module:{
      rules: [
        {
```

```
        test: /.css$/,
        use: [
          MiniCssExtractPlugin.loader,
          'css-loader'
        ]
      },
    ]
  },
  plugins: [
    new MiniCssExtractPlugin({
      filename: '[name]_[contenthash:8].css'
    }),
    new PurgecssPlugin({
      path: glob.sync('${PATHS.src}/**/*', {nodir:true})    // 絕對路徑
    }),
]}
```

4. 撰寫自訂 Loader

Loader 是一種打包的方案。可以定義一種規則,告訴 Webpack 當它遇到某種格式的檔案後,去求助對應的 Loader。有些時候需要一些特殊的處理方式,這就需要自訂一些 Loader。

一個簡單的 Loader 透過撰寫一個簡單的 JavaScript 模組,並將模組匯出即可。接收一個 source 當前原始程式,並傳回新的原始程式即可。

Loader 分為同步 Loader 和非同步 Loader。如果單一處理,則可以直接使用同步模式處理後直接傳回,但如果需要多個處理,就必須在非同步 Loader 中使用 this.async() 告訴當前的上下文 context,這是一個非同步的 Loader,需要 Loader Runner 等待非同步處理的結果,在非同步處理完之後再呼叫 this.callback() 傳遞給下一個 Loader 執行。

撰寫同步 Loader,程式如下:

```
// 同步 Loader
module.exports = function(source, sourceMap, meta) {
    return source
}
```

對於非同步 Loader，使用 this.async 獲取 callback() 函式。

撰寫非同步 Loader，程式如下：

```
// 非同步 Loader
module.exports = function(source) {
   const callback = this.async();
   setTimeout(() => {
     const output = source.replace(/World/g, 'Webpack5');
     callback(null, output);
   }, 1000);
}
```

執行建構，Webpack 會等待一秒，然後輸出建構內容，透過 Node.js 執行建構後的檔案，輸出如下：

```
Webpack5
```

1) 撰寫一個簡單的 Loader

Webpack 預設只能辨識 JavaScript 模組，在實際專案中會有 .css .less .scss .txt .jpg .vue 等檔案，這些都是 Webpack 無法直接辨識打包的檔案，都需要使用 Loader 來直接或間接地進行轉換成可以供 Webpack 辨識的 JavaScript 檔案。

▲ 圖 3-16　自訂 loader 目錄

建立一個簡單的 Loader，命名為 hello-loader。hello-loader 的作用是讓 Webpack 辨識 .hello 副檔名的模組，並進行轉換打包。

第 1 步：建立目錄 loader-demo。建立檔案如圖 3-16 所示，這裡建立一個 test.hello 自訂檔案，hello-loader 需要能夠辨識該模組，並進行打包。

第 2 步：撰寫 hello-loader，程式如下：

```
module.exports = function loader(source) {
   source = "hello loader!"
   return 'export default ${ JSON.stringify(source) }';    // 傳回值
};
```

第 3 步：撰寫 main.js 打包入口程式。main.js 是打包的入口檔案，因為要盡可能簡單，所以這個檔案只做一件事，即載入 .hello 檔案，並顯示到頁面，程式如下：

```
#main.js
import data from './test.hello';
function test() {
   let element = document.getElementById('app');
   console.log(data);
   element.innerText = data;
}
test();
```

第 4 步：撰寫 index.html 檔案。main.js 檔案的程式邏輯很簡單，就是獲取頁面中的 id 為 app 的元素，並將 .hello 中的值顯示在元素中，程式如下：

```
#index.html
<!DOCTYPE html>
<html lang="en">
<head>
   <meta charset="UTF-8">
   <title>自訂 hello-loader</title>
</head>
<body>
   <div id="app">
      <script src="./output/bundle.js"></script>
   </div>
</body>
</html>
```

第 5 步：這裡暫時不對 test.hello 檔案進行特殊處理，所以 test.hello

檔案裡面的程式可以隨便寫，輸出如下：

```
// 裡面隨便寫
```

第 6 步：在 webpack.config.js 檔案中設定規則，完整的打包設定如下：

```
const path = require('path');

module.exports= {
    entry: "./main.js",
    mode: "development",
    output: {
        filename: "bundle.js",
        path: path.resolve(dirname, "output")
    },
    module: {
        rules: [
        {
            test: /\.hello$/,          // 需要載入的檔案類型，正則匹配
            use: [path.resolve(dirname, './loader/hello-loader.js'),]
                                // 我們的 loader 檔案
        }
        ]
    }
}
```

第 7 步：編譯打包。在專案目錄下直接執行 webpack 命令，如圖 3-17 所示，打包的檔案輸出在 output 目錄下，輸出如下：

```
webpack
```

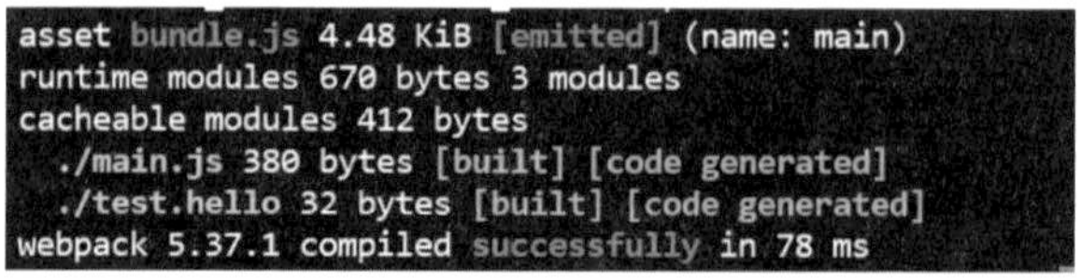

```
asset bundle.js 4.48 KiB [emitted] (name: main)
runtime modules 670 bytes 3 modules
cacheable modules 412 bytes
  ./main.js 380 bytes [built] [code generated]
  ./test.hello 32 bytes [built] [code generated]
webpack 5.37.1 compiled successfully in 78 ms
```

▲ 圖 3-17　編譯自訂 Loader

第 8 步：在瀏覽器中執行 index.html 檔案，效果如圖 3-18 所示。

▲ 圖 3-18　Loader 的執行效果

2) 撰寫一個自訂的 less-loader

下面自訂一個 less-loader 和 style-loader。將撰寫的 less 經過這兩個 Loader 處理之後使用 style 標籤插入頁面的 head 標籤內。

為了測試自訂 Loader，建立測試目錄，結構如圖 3-19 所示。

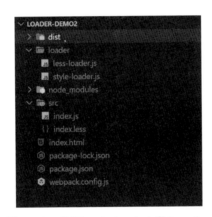

▲ 圖 3-19　自訂 style-loadert 和 less-loader

第 1 步：定義一個 .less 檔案，這裡命名為 index.less，程式如下：

```
@red:red;
@yellow:yellow;
@baseSize:20px;
body{
    background-color: @red;
    color:@yellow;
    font-size: @baseSize;
}
```

第 2 步：新建一個 less-loader.js 檔案，用於處理 .less 檔案，程式如下：

```
let less = require('less');
function loader(source) {
   const callback = this.async();
   less.render(source)
      .then((output)=>{
         callback(null, output.css);
      }, (err)=>{
         //handler err
      })
}
module.exports = loader;
```

這裡處理的業務很簡單，就是獲得原始的 .less 檔案的內容，將 .less 檔案透過 less.render 編譯為 .css 檔案並傳遞給下一個 Loader 即可。

> **注意**：這裡需要安裝 less 模組，命令為 npm install less -D。

關鍵的程式如下：

this.async 告訴當前上下文這是一個非同步的 Loader，需要 loader runner 等待 less.render 非同步處理的結果。

less.render 接收 less 原始程式，並傳回一個 promise，在傳回的 promise 中等待 less.render 處理完 .less 檔案之後，使用 callback 將處理的結果返給下一個 Loader。

第 3 步：新建一個 style-loader.js 檔案，程式如下：

```
//Webpack 自訂 Loader
function loader(source) {
   source = JSON.stringify(source);
   const root = process.cwd();
   const resourcePath = this.resource;
   const origin = resourcePath.replace(root, '');
   let style = '
```

```
        let style = document.createElement('style');
        style.innerHTML = ${source};
        style.setAttribute('data-origin', '${origin}');
        document.head.appendChild(style);
    ';
    return style
}
module.exports = loader
```

使用 JSON.stringify 將接收到的 .css 檔案變為一個可編輯字串。process.cwd 檔案用於獲取當前專案根目錄。this.resource 透過 this 上的該屬性可獲取當前處理的原始檔案的絕對路徑。

之後建立一個 style 標籤,將編譯完之後的 .css 程式插入 style 標籤內,並自訂一個 data-origin 屬性,用來標記當前檔案在專案中的相對路徑。

最後傳回一個可執行的 JS 字串給 bundle.js。

第 4 步:新建 index.html 檔案,引用 bundle.js 檔案,程式如下:

```
<!DOCTYPE html>
<html lang="en">
<head>
    <meta charset="UTF-8">
    <meta http-equiv="X-UA-Compatible" content="IE=edge">
    <meta name="viewport" content="width=device-width, initial-scale=1.0">
    <title>自訂 less-loader</title>
    <script src="./dist/bundle.js"></script>
</head>
<body>
</body>
</html>
```

第 5 步:編譯並執行。在專案目錄下直接執行 webpack 命令,如圖 3-20 所示,打包的檔案輸出在 dist 目錄下。

```
webpack
```

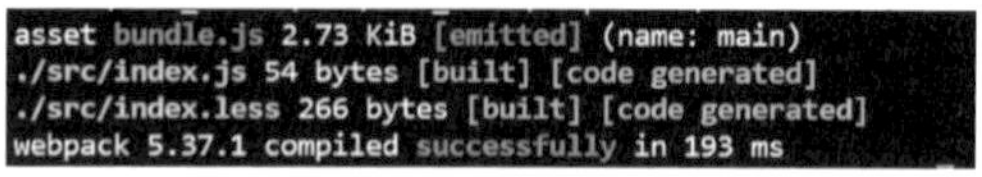

▲ 圖 3-20　編譯輸出

透過瀏覽器查看效果，如圖 3-21 所示。

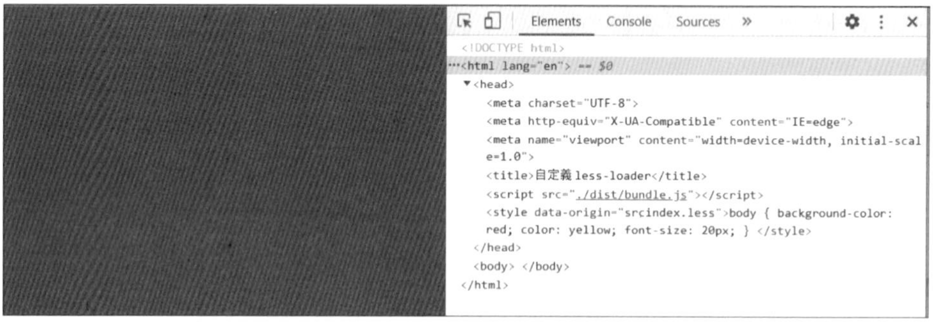

▲ 圖 3-21　使用自訂 style-loader 的效果

5. 撰寫自訂外掛程式 Plugin

外掛程式件隨 Webpack 建構的初始化到最後檔案生成的整個生命週期，外掛程式的目的是解決 Loader 無法實現的其他事情。另外，外掛程式沒有像 Loader 那樣的獨立執行環境，所以外掛程式只能在 Webpack 裡面執行。

Webpack 透過 Plugin 機制讓其更加靈活，以適應各種應用場景。在 Webpack 執行的生命週期中會廣播出許多事件，Plugin 可以監聽這些事件，在合適的時機透過 Webpack 提供的 API 改變輸出結果。

(1) 建立一個最基礎的 Plugin，程式如下：

```
// 採用 ES6
class ExamplePlugin {
    constructor(option) {
        this.option = option
    }
    apply(compiler) {}
}
```

以上就是一個最基本的 Plugin 結構。Webpack Plugin 最為核心的便是這個 apply() 方法。

Webpack 執行時，首先會生成外掛程式的實例物件，之後會呼叫外掛程式上的 apply() 方法，並將 compiler 物件 (Webpack 實例物件，包含 Webpack 的各種設定資訊等) 作為參數傳遞給 apply() 方法。

之後便可以在 apply() 方法中使用 compiler 物件去監聽 Webpack 在不同時刻觸發的各種事件進行想要的操作了。

接下來看一個簡單的範例，程式如下：

```
class plugin1 {
    constructor(option) {
      this.option = option
      console.log(option.name + '初始化')
    }
    apply(compiler) {
    console.log(this.option.name + ' apply 被呼叫')
    // 在 Webpack 的 emit 生命週期上增加一種方法
    compiler.hooks.emit.tap('plugin1', (compilation) => {
      console.log('生成資源到 output 目錄之前執行的生命週期')
      })
    }
}

class plugin2 {
    constructor(option) {
      this.option = option
      console.log(option.name + '初始化')
    }
    apply(compiler) {
      console.log(this.option.name + ' apply 被呼叫')

      // 在 Webpack 的 afterPlugins 生命週期上增加一種方法
      compiler.hooks.afterPlugins.tap('plugin2', (compilation) => {
        console.log('Webpack 設定完初始外掛程式之後執行的生命週期')
      })
    }
```

```
  }
module.exports = {
    plugin1,
    plugin2
}
```

定義 Webpack 設定檔，程式如下：

```
const path = require("path");
const {plugin1,plugin2} = require("./plugins/plugin1")

module.exports = {
    mode:"development",
    entry: {
        lib: "./src/index.js",
    },
    output: {
        path: path.join(__dirname, "build"),
        filename: "[name].js",
    },
    plugins: [
        new plugin1({ name: 'plugin1' }),
        new plugin2({ name: 'plugin2' })
    ],
};
```

編譯後輸出的結果如下：

```
// 執行 Webpack 命令後輸出的結果以下 /*
plugin1 初始化
plugin2 初始化
plugin1 apply 被呼叫
plugin2 apply 被呼叫
Webpack 設定完初始外掛程式之後執行的生命週期
生成資源到 output 目錄之前執行的生命週期
*/
```

首先 Webpack 會按順序實例化 plugin 物件，之後再依次呼叫 plugin 物件上的 apply() 方法。

也就是對應輸出：plugin1 初始化、plugin2 初始化、plugin1 apply 被呼叫、plugin2 apply 被呼叫。

Webpack 在執行過程中會觸發各種事件，而在 apply() 方法中能接收一個 compiler 物件，可以透過這個物件監聽到 Webpack 觸發各種事件的時刻，然後執行對應的操作函式。這套機制類似於 Node.js 的 EventEmitter，整體來講就是一個發佈訂閱模式。

在 compiler.hooks 中定義了各式各樣的事件鉤子，這些鉤子會在不同的時機被執行，而上面程式中的 compiler.hooks.emit 和 compiler.hooks.afterPlugin 這兩個生命週期鉤子，分別對應了設定完初始外掛程式及生成資源到 output 目錄之前這兩個時間節點，afterPlugin 是在 emit 之前被觸發的，所以輸出的順序更靠前。

(2) 撰寫一個輸出所有打包目錄檔案清單的外掛程式，這個外掛程式在建構完相關的檔案後，會輸出一個記錄所有建構檔案名稱的 list.md 檔案，程式如下：

```
class myPlugin {
  constructor(option) {
    this.option = option
  }
  apply(compiler) {
    compiler.hooks.emit.tap('myPlugin', compilation => {
      let filelist = ' 建構後的檔案: \n'
      for (var filename in compilation.assets) {
        filelist += '- ' + filename + '\n';
      }
      compilation.assets[list.md'] = {
        source: function() {
          return filelist
        },
        size: function() {
          return filelist.length
        }
      }
```

```
        })
    }
}
```

在 Webpack 的 emit 事件被觸發之後，外掛程式會執行指定的工作，並將包含了編譯生成資源的 compilation 作為參數傳入函式。可以透過 compilation.assets 獲得生成的檔案，並獲取其中的 filename 值。

(3) Compiler 和 Compilation。上面在開發 Plugin 時最常用的兩個物件就是 Compiler 和 Compilation，它們是 Plugin 和 Webpack 之間的橋樑。

Compiler 和 Compilation 的含義如下：

- Compiler 物件包含了 Webpack 環境所有的設定資訊，包含 options、loaders、plugins 資訊，這個物件在 Webpack 啟動時被實例化，它是全域唯一的，可以簡單地把它理解為 Webpack 實例；
- Compilation 物件包含了當前的模組資源、編譯生成資源、變化的檔案等。當 Webpack 以開發模式執行時期，每當檢測到一個檔案變化，一次新的 Compilation 將被建立。Compilation 物件也提供了很多事件回呼供外掛程式進行擴充。透過 Compilation 也能讀取 Compiler 物件。

Compiler 和 Compilation 的區別在於：Compiler 代表整個 Webpack 從啟動到關閉的生命週期，而 Compilation 只代表一次新的編譯。

3.3 Rollup

Rollup 是下一代 ES6 模組化工具，它最大的亮點是利用 ES6 模組設計，生成更簡潔、更簡單的程式。Rollup 更適合建構 JavaScript 函式庫，如圖 3-22 所示。

▲ 圖 3-22　Rollup 框架 Logo

3.3.1 Rollup 介紹

Rollup 是一個 JavaScript 模組打包器，可以將小區塊程式編譯成大區塊複雜的程式，例如 library 或應用程式。

Rollup 對程式模組使用新的標準化格式，這些標準都包含在 JavaScript 的 ES6 版本中，而非以前的特殊解決方案，如 CommonJS 和 AMD。ES6 模組可以使開發者自由、無縫地使用最喜愛的 library 中的那些最有用的獨立函式，而專案不必攜帶其他未使用的程式。ES6 模組最終還是要由瀏覽器原生實現，但當前 Rollup 可以使開發者提前體驗。

1. Rollup 的優缺點

Rollup 將所有資源放到同一個地方，一次性載入 , 利用 Tree Shaking 特性來剔除未使用的程式，減少容錯。它有以下優點：

(1) 設定簡單，打包速度快。

(2) 自動移除未引用的程式 (內建 Tree Shaking)。

但是它也有以下幾個不可忽視的缺點：

(1) 開發伺服器不能實現模組熱更新，偵錯煩瑣。

(2) 瀏覽器環境的程式分割時相依 AMD。

(3) 載入協力廠商模組比較複雜。

2. Rollup 與 Webpack 及 Parcel 的區別

Rollup 的主要功能是對 JS 進行編譯打包，這和 Webpack 有本質區別。Webpack 是一個通用的前端資源打包工具 , 它不僅可以處理 JS，也可以透過 Loader 來處理 CSS、圖片、字型等各種前端資源，還提供了 Hot Reload 等方便前端專案開發的功能。如果不是開發一個 JS 框架，則 Webpack 顯然會是一個更好的選擇，Parcel 更適於開發和測試環境，開發者無須任何設定就可以使用 Parcel 進行打包，如表 3-6 所示。

表 3-6 Rollup 與 Webpack 及 Parcel 的區別

	Webpack	Rollup	Parcel
檔案類型	JS/CSS/HTML 等多種類型的檔案 (設定 Loader)	主要是 JS 檔案	JS/CSS/HTML 等多種類型的檔案
多入口	支援 (只能是 JS 檔案)	支援 (設定 Plugin)	支援 .html
Library 類型	不支援 ESM	支援 ESM	不支援 ESM
Code Splitting	支援	支援	支援
Tree Shaking	支援	支援	支援
HMR	支援 (需要設定)	支援 (需要設定)	支援 (開發環境自動啟動)
TypeScript	支援	支援	支援
建構體積	Rollup<Webpack<Parcel		
建構耗時	長	一般	短
設定檔	複雜	複雜	零設定
官方文件	詳細但複雜	清晰	不夠詳細
生態	非常豐富	豐富	一般
通用性	大型專案	JS 函式庫	中小型專案

3.3.2 Rollup 安裝與設定

安裝 Rollup 的命令如下：

```
#yarn 安裝
yarn global add rollup
#NPM 安裝
npm install rollup -g
```

3.3.3 Rollup 基礎

當 Rollup 不包含任何外掛程式時只是一個模組語法的轉換工具，它可以把 ES6 的模組語法編譯成不同的模組標準輸出，如表 3-7 所示。

表 3-7 支援編譯的模組化標準

模組化標準	描述
cjs	CommonJS，適用於 Node 和 Browserify/Webpack
iife	IIFE(Immediately Invoked Function Expression) 即立即執行函式運算式，所謂立即執行，就是宣告一個函式時，宣告完了立即執行。內部執行模組，適用於瀏覽器環境 script 標籤
amd	非同步模組定義，用於像 RequireJS 這樣的模組載入器
umd	通用模組定義，以 amd、cjs 和 iife 為一體
es	ES 模組檔案

在下面的例子中，用 ES6 語法撰寫的模組程式需要執行在 Node 中，程式如下：

```
#foo.js
export default 'Hello World!'
```

main.js 入口，程式如下：

```
#main.js
import foo from './foo.js'
export default function () {
   console.log(foo)
}
```

這裡 ES6 的模組語法無法在 Node 中執行，可使用 Rollup 進行打包，程式如下：

```
# 針對瀏覽器環境打包
rollup ./src/main.js --file bundle.js --format iife
# 針對 Node.js 環境打包
rollup ./src/main.js --file bundle.js --format cjs
# 這裡的 --format 是指定輸出格式
#iife 是指瀏覽器中常用的自呼叫函式
```

打包後輸出的結果如下：

```
'use strict';
var foo = 'Hello world!';
function main () {
    console.log(foo);
}
module.exports = main;
```

可以看到 Rollup 做了兩件事：

(1) 把 ES6 模組語法編譯成了 Node 的語法。

(2) 把兩個檔案的程式打包成了一份。

下面詳細講解 Rollup 編譯設定及打包的流程和外掛程式的使用。

1. 設定檔

建立一個 rollup.config.js 檔案，設定檔格式如下：

```
export default {
    input:'src/main.js',
    output:{
        file:'dist/bundle.cjs.js',    // 輸出檔案的路徑和名稱
        format:'cjs',                 // 5 種輸出格式 :amd/es6/iife/umd/cjs
        name:'bundleName',            // 當 format 為 iife 和 umd 時必須提供，將作為全
                                      // 局變數掛在 window 下
        sourcemap:true,
        globals:{
            lodash:'_',               // 告訴 Rollup 全域變數 '_' 即是 lodash
            jquery:'$'                // 告訴 Rollup 全域變數 '$' 即是 jquery
        }
    }
}
```

有了設定檔執行命令，便可使用 --config 參數，表明使用設定檔，命令如下：

```
yarn rollup --config
yarn rollup --config rollup.config.js      # 指明使用的設定檔
```

2. rollup.config.js 設定檔包含選項

Rollup 的詳細設定檔如下：

```
export default {
// 核心選項
input,                    // 必選
external,
plugins,
// 額外選項
onwarn,
// 高危選項
acorn,
context,
moduleContext,
legacy
// 必選 (如果要輸出多個，可以是一個陣列)
output: {
     // 核心選項
     file,              // 必選
     format,            // 必選
     name,
     globals,
     // 額外選項
     paths,
     banner,
     footer,
     intro,
     outro,
     sourcemap,
     sourcemapFile,
     interop,
     // 高危選項
     exports,
     amd,
     indent
     strict
  },
};
```

這裡 input、output.file 和 output.format 都是必選的，因此，一個基礎設定檔如下：

```
//rollup.config.js
export default {
   input: "main.js",
   output: {
     file: "bundle.js",
     format: "cjs",
   },
};
```

這裡的 format 欄位有 5 種選項，如表 3-8 所示。

表 3-8 支援編譯的模組化標準

模組化標準	描述
cjs	CommonJS，適用於 Node 和 Browserify/Webpack
iife	內部執行模組，適用於瀏覽器環境 script 標籤
amd	非同步模組定義，用於像 RequireJS 這樣的模組載入器
umd	通用模組定義，以 amd、cjs 和 iife 為一體
es	ES 模組檔案

3. 使用外掛程式

如果需要載入其他類型資源模組或在程式中匯入 CommonJS 模組，就需要使用 Rollup 外掛程式。

外掛程式拓展了 Rollup 處理其他類型檔案的能力，它的功能有點類似於 Webpack 的 Loader 和 Plugin 的組合。不過設定比 Webpack 中要簡單很多，不用一個一個宣告哪個檔案用哪個外掛程式處理，只需要在 Plugin 中宣告，在引入對應檔案類型時就會自動載入。接下來看幾個常用的外掛程式。

1) rollup-plugin-json 外掛程式

rollup-plugin-json 外掛程式讓 Rollup 從 JSON 檔案中讀取資料，程式如下：

```
// 在 main.js 檔案中匯入 json 中的值
import { name, version } from '../package.json'
console.log(name)
console.log(version)
```

設定如下：

```
# 安裝
yarn add rollup-plugin-json -D

#rollup.config.js
import json from 'rollup-plugin-json'
export default {
   input: 'src/index.js',
   output: {
      file: 'dist/bundle.js',
      format: 'iife'
   },
   plugins: [
      json()
   ]
}
```

package.json 檔案的打包命令如下：

```
"build": "rollup -c --environment NODE_ENV:production && rollup -c",
 "dev": "rollup -c--watch",
```

2) rollup-plugin-commonjs 外掛程式

Rollup 預設只能載入 ES6 模組的 JS，但是專案中通常也會用到 CommonJS 的模組，這樣 Rollup 解析時就會出現問題，程式如下：

```
//add.js
let count = 1;
let add = () => {
   return count + 1;
};
module.exports = {
```

```
    count,
    add,
};

//main.js
// 顯示出錯
import add from "./add";
console.log("foo", add.count);
```

由於 ES6 模組匯入時預設會去找 default，因此這裡打包會顯示出錯，這時就需要用到 rollup-plugin-commonjs 外掛程式進行轉換，設定如下：

```
import commonjs from "rollup-plugin-commonjs";

export default {
    input: "./main.js",
    output: {
        file: "bundle.js",
        format: "iife",
    },
    plugins: [commonjs()],
};
```

4. 模組熱更新

Rollup 本身不支援啟動開發伺服器，可以透過 rollup-plugin-serve 協力廠商外掛程式來啟動一個靜態資原始伺服器，程式如下：

```
import serve from "rollup-plugin-serve";
export default {
    input: "./main.js",
    output: {
        file: "dist/bundle.js",
        format: "iife",
    },
    plugins: [serve("dist")],
};
```

不過由於其本質上是一個靜態資源的伺服器，因此不支援模組熱更新。

5. Tree Shaking

由於 Rollup 本身支援 ES6 模組化標準，因此不需要額外設定即可進行 Tree Shaking。

6. 程式分割

Rollup 程式分割和 Parcel 一樣，也是透過隨選匯入的方式，但是輸出的格式不能使用 iife，因為 iife 內部執行函式會把所有模組放到一個檔案中，可以透過 amd 或 cjs 等其他標準，程式如下：

```
export default {
    input: "./main.js",
    output: {
        // 輸出資料夾
        dir: "dist",
        format: "amd",
    },
};
```

這樣透過 import() 動態匯入的程式就會單獨分割到獨立的 JS 中，在呼叫時隨選引入。不過對於這種 amd 模組的檔案，不能直接在瀏覽器中引用，必須透過實現 AMD 標準的函式庫載入，例如 Require.js。

7. 多入口打包

多入口打包預設會提取公共模組，表示會執行程式拆分，所以格式不能是 iife 格式，需要使用多入口打包方式，設定如下：

```
export default {
    // 這兩種方式都可以
    //input: ['src/index.js', 'src/album.js'],
    input: {
        foo: 'src/index.js',
```

```
    bar: 'src/album.js'
  },
  output: {
    dir: 'dist',
    format: 'amd'
  }
}
<!-- 在瀏覽器端使用打包好的 dist 目錄檔案 -->
<!-- 需要引入 require.js --><script src="https://unpkg.com/requirejs@2.3.6/
require.js" data-main="foo.js"></script>
```

3.4 ESBuild

ESBuild 是一個用 Go 語言撰寫的 JavaScrip、TypeScript 打包工具，如圖 3-23 所示。ESBuild 有兩大功能，分別是 bundler 與 minifier，其中 bundler 用於程式編譯，類似 babel-loader、ts-loader；minifier 用於程式壓縮，類似 terser。

▲ 圖 3-23　ESBuild 建構工具 Logo

大多數前端打包工具是基於 JavaScript 實現的，而 ESBuild 則選擇使用 Go 語言撰寫，兩種語言各自有其擅長的場景，但是在資源打包這種 CPU 密集型場景下，Go 語言天生具有多執行緒執行能力，因此更具性能優勢。

ESBuild 官方網址為 https://esbuild.github.io/。

1. ESBuild 介紹

ESBuild 是由 Figma 的 CTO(Evan Wallace) 基於 Go 語言開發的一款打包工具，相比傳統的打包工具，主打性能優勢在於建構速度上可以快 10~100 倍。

> **說明**：Figma 是一個基於瀏覽器的協作式 UI 設計工具。Figma Inc. 創立於 2012 年 10 月 1 日，總部位於美國加州舊金山市，開發了多人協作介面設計工具，可使整個團隊的設計過程在一個線上工具中進行。

ESBuild 專案的主要目標是：開闢一個建構工具性能的新時代，建立一個好用的現代打包器。現在很多工具內建了它，例如熟知的 Vite、Snowpack。借助 ESBuild 優異的性能，Vite 更如虎添翼，編譯打包速度顯著提升。

ESBuild 的主要特徵有以下幾點：

(1) 打包時極致的速度，不需要快取。

(2) 支援 Source Maps。

(3) 支援壓縮、支援外掛程式。

(4) 支援 ES6 和 CommonJS 模組。

(5) 支援 ES6 模組的 Tree Shaking。

(6) 提供 JavaScript 和 Go 的 API。

(7) 支援 TypeScript 和 JSX 的語法。

2. ESBuild 使用場景

1) 程式壓縮工具

ESBuild 的程式壓縮功能非常優秀，其性能比傳統的壓縮工具高一個量級以上。Vite 在 2.6 版本也官宣在生產環境中直接使用 ESBuild 來壓縮 JS 和 CSS 程式。

2) 協力廠商函式庫 Bundler

Vite 在開發階段使用 ESBuild 進行相依的預打包，將所有用到的協力廠商相依轉換成 ESM 格式 Bundler 產物，並且未來有用到生產環境的打算。

3) 小程式編譯

對於小程式的編譯場景，也可以使用 ESBuild 來代替 Webpack，大大提升編譯速度，對於 AST 的轉換則透過 ESBuild 外掛程式嵌入 SWC 實現，從而實現快速編譯。

4) Web 建構

Web 場景就顯得比較複雜了，對於相容性和週邊工具生態的要求比較高，例如低瀏覽器語法降級、CSS 預先編譯器、HMR 等，如果要用純 ESBuild 來做，則還需要補充很多能力。

3. ESBuild 安裝與設定

```
# 本地安裝，或全域安裝
npm install esbuild
# 查看版本
.\node_modules\.bin\esbuild --version
```

4. ESBuild 快速上手

下面透過一個簡單的 Demo 演示 ESBuild 如何編譯打包 React 專案。

首先需要安裝 React、ReactDOM 函式庫，命令如下：

```
npm install react react-dom -S
```

建立一個 App.jsx 元件頁面，程式如下：

```
import React from 'react'
import ReactDOM from 'react-dom'
let Greet = () => <h1>Hello, ESBuild!</h1>
ReactDOM.render(<Greet />,document.querySelector("#app"))
```

在 package.json 檔案中增加一個編譯命令，命令如下：

```
"scripts": {
    "build": "esbuild App.jsx --bundle --outfile=out.js"
},
```

執行指令碼命令，命令如下：

```
npm run build
```

3.5 Vite

Vite 是 Vue 框架的作者尤雨溪為 Vue 3 開發的新的建構工具,目的是替代 Webpack,其原理是利用現代瀏覽器已經支援 ES6 的動態 import,當遇到 import 時會發送一個 HTTP 請求去載入檔案,Vite 會攔截這些請求,進行預先編譯,省去了 Webpack 冗長的打包時間,提升開發體驗。Vite 建構工具的 Logo 如圖 3-24 所示。

▲ 圖 3-24 Vite 建構工具 Logo

Vite 參 考 了 Snowpack, 在 生 產 環 境 使 用 Rollup 打 包。 相 比 Snowpack,它支援多頁面、函式庫模式、動態匯入、自動 polyfill 等。

Vite 開放原始碼網址為 https://github.com/vitejs/vite,Vite 官方網址為 https://vitejs.dev/。

3.5.1 Vite 介紹

Vite 解 決 了 Webpack 開發階段 Dev Server 冷啟動時間過長,HMR (熱更新)反應速度慢的問題。早期的瀏覽器基本上不支援 ES Module,這個時候需要使用 Webpack、Rollup、Parcel 等打包建構工具來提取、處理、連接和打包原始程式,但是當專案變得越來越複雜,模組數量越來越多時,特別是在開發過程中,啟動一個 Dev Server 所需的時間也會變得越來越長,當編輯程式、儲存、使有 HRM 功能時,可能也要花費幾秒才能反映到頁面中。這種開發體驗是非常耗時的,同時體驗也非常差,而 Vite 就是為解決這種開發體驗上的問題的。整體來講 Vite 有以下優點:

(1) 去掉打包步驟,快速地冷啟動。
(2) 即時進行模組熱更新,不會隨著模組變多而使熱更新變慢。
(3) 真正隨選編譯。

3.5.2 Vite 基本使用

Vite 不僅支援 Vue 3 專案建構，同時也支援其他的前端流行框架的專案建構，目前支援的框架有 vanilla、vanilla-ts、vue、vue-ts、react、react-ts、preact、preact-ts、lit、lit-ts、svelte、svelte-ts。

> **注意**：Vite 需要 Node.js 版本不低於 12.0.0 版，然而，有些範本需要相依更高的 Node 版本才能正常執行，當套件管理器發出警告時，需要注意升級 Node 版本。

1. Vite 建構 Vue 專案

安裝 Vite，同時使用 Vue 3 範本建構專案，命令如下：

```
#npm 6.x
npm create vite@latest my-vue-app --template vue
#npm 7+,extra double-dash is needed
npm create vite@latest my-vue-app -- --template vue
#yarn
yarn create vite my-vue-app --template vue
#pnpm
pnpm create vite my-vue-app -- --template vue
```

命令執行的結果如圖 3-25 所示。

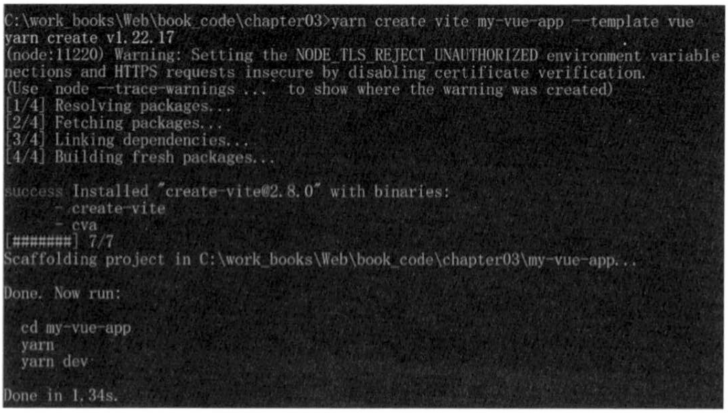

▲ 圖 3-25　建立專案成功提示

接下來，進入 my-vue-app 目錄，執行 yarn 命令安裝相依套件，再執行 yarn dev 命令啟動專案，如圖 3-26 所示。

在瀏覽器中預覽的效果如圖 3-27 所示。

▲ 圖 3-26　執行 yarn dev 命令啟動專案　　▲ 圖 3-27　預覽 Vue 3+Vite 專案效果

2. Vite 建構 React 專案

安裝 Vite，同時使用 React 範本建構專案，命令如下：

```
#npm 6.x
npm create vite@latest my-vue-app --template react
#npm 7+,extra double-dash is needed
npm create vite@latest my-vue-app -- --template react
#yarn
yarn create vite my-vue-app --template react
#pnpm
pnpm create vite my-vue-app -- --template react
```

建立的專案結構如圖 3-28 所示。

在專案目錄下，執行 yarn dev 命令，啟動專案，在瀏覽器中預覽效果，如圖 3-29 所示。

▲ 圖 3-28　Vite+React 專案的目錄結構

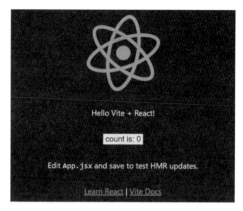

▲ 圖 3-29　預覽 Vite+React 專案效果

3.5.3 Vite 原理

在介紹 Vite 原理之前，需要先了解打包模式 (Bundle) 和無打包模式 (Bundleless)。Vite 參考了 Snowpack，採用無打包模式。無打包模式只會編譯程式，不會打包，因此建構速度極快，與打包模式相比時間縮短了 90% 以上。

1. 打包 vs 無打包建構

2015 年之前，前端開發需要打包工具來解決前端專案化建構的問題，主要原因在於網路通訊協定 HTTP 1.1 標準有平行連接限制，瀏覽器方面也不支援模組系統 (如 CommonJS 套件不能直接在瀏覽器執行)，同時存在程式相依關係與順序管理問題。

但隨著 2015 年 ESM 標準發佈後，網路通訊協定也發展到多路並用的 HTTP 2 標準，目前大部分瀏覽器已經支援了 HTTP 2 標準和瀏覽器的 ES Module，與此同時，隨著前端專案體積的日益增長與亟待提升的建構性能之間的矛盾越來越突出，無打包模式逐漸發展興起。

打包模式與無打包模式對比如表 3-9 所示。

表 3-9 打包模式與無打包模式對比

	Bundle(Webpack)	Bundleless(Vite/Snowpack)
啟動時間	長，需要完成打包專案	短，只啟動 Server 隨選載入
建構時間	隨專案體積線性增長	建構時間複雜度 O(1)
載入性能	打包後載入對應的 Bundle	請求映射至本地檔案
快取能力	快取使用率一般，受 split 方式影響	快取使用率近乎完美
檔案更新	重新打包	重新請求單一檔案
偵錯體驗	通常需要 SourceMap 進行偵錯	不強依賴 SourceMap，可單檔案偵錯
生態	非常完善	目前相對不成熟，但是發展很快

2. Vite 分為開發模式和生產模式

開發模式：Vite 提供了一個開發伺服器，然後結合原生的 ESM，當程式中出現 import 時，發送一個資源請求，Vite 開發伺服器攔截請求，根據不同的檔案類型，在伺服器端完成模組的改寫 (例如單檔案的解析、編譯等) 和請求處理，實現真正的隨選編譯，然後傳回瀏覽器。請求的資源在伺服器端隨選編譯傳回，完全跳過了打包這個概念，不需要生成一個大的套件。伺服器隨啟隨用，所以開發環境下的初次啟動是非常快的，而且熱更新的速度不會隨著模組增多而變慢，因為程式改動後，並不會有打包的過程。

Vite 本地開發伺服器所有邏輯基本依賴中介軟體實現，如圖 3-30 所示，中介軟體攔截請求之後，主要負責以下內容：

(1) 處理 ESM 語法，例如將業務程式中的 import 協力廠商相依路徑轉為瀏覽器可辨識的相依路徑。

(2) 對 .ts、.vue 等檔案進行即時編譯。

(3) 對 Sass/Less 等需要預先編譯的模組進行編譯。

(4) 和瀏覽器端建立 socket 連接，實現 HMR。

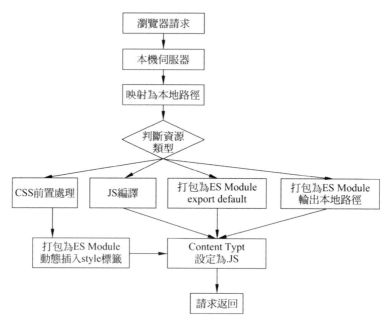

▲ 圖 3-30　攔截不同的資源請求，即時編譯轉換

生產模式：利用 Rollup 來建構原始程式，Vite 將需要處理的程式分為以下兩大類。

協力廠商相依：這類程式大部分是純 JavaScript 程式，而且不會經常變化，Vite 會透過 pre-bundle 的方式來處理這部分程式。Vite 2 使用 ESBulid 來建構這部分程式，ESBuild 是基於 Go 語言實現的，處理速度會比用 JavaScript 寫的打包器快 10~100 倍，這也是 Vite 為什麼在開發階段處理程式很快的原因。

業務程式：通常這部分程式不是純的 JavaScript(例如 JSX、Vue 等) 程式 , 經常會被修改，而且也不需要一次性全部載入 (可以根據路由進行程式分割後載入)。

由於 Vite 使用了原生的 ESM，所以 Vite 本身只要隨選編譯程式，然後啟動靜態伺服器就可以了。只有當瀏覽器請求這些模組時，這些模組才會被編譯，以便動態載入到當前頁面中。

04

TypeScript

隨著越來越多的前端知名專案選擇使用 TypeScript 語言作為其新版本的開發語言，對於大規模的前端專案開發，TypeScript 已經成為首選開發語言，TypeScript 也因此成為前端開發者必備的開發語言之一。

本章系統介紹 TypeScript 的語法特性及其用法，閱讀本章後，讀者可以全面掌握 TypeScript 的物件導向程式設計、泛型程式設計及模組化設計與開發。

4.1 TypeScript 介紹

TypeScript 是微軟開發的開放原始碼的程式語言，如圖 4-1 所示，透過在 JavaScript 的基礎上增加靜態類型定義建構而成。TypeScript 可透過 TypeScript 編譯器或 Babel 編譯為 JavaScript 程式，可執行在任何瀏覽器及任何作業系統上。

▲ 圖 4-1　TypeScript Logo

TypeScript 起源於使用 JavaScript 開發的大型專案。由於 JavaScript 語言本身的局限性，造成其難以勝任和維護大型專案開發，因此微軟開發了 TypeScript，使其能夠滿足開發大型專案的要求。

TypeScript 的作者是安德斯‧海爾斯伯格，C# 的首席架構師。他為微軟開發和設計出 Visual J++、.NET 平台及 C# 語言，可以說他開發出的軟體和語言影響了全世界整整一代程式設計師。

TypeScript 是開放原始碼和跨平台的程式語言。它是 JavaScript 的超集合，它為 JavaScript 語言增加了可選的靜態類型和基於類別的物件導向程式設計。

TypeScript 擴充了 JavaScript 的語法，所以任何現有的 JavaScript 程式都可以執行在 TypeScript 環境中。TypeScript 是為大型應用程式開發而設計的，並且可以編譯為 JavaScript。

中文官網網址為 https://www.tslang.cn/index.html，Git 原始程式網址為 https://github.com/Microsoft/TypeScript。

1. TypeScript 設計目標

TypeScript 從一開始就提出了自己的設計目標，主要目標如下：

(1) 遵循當前及未來出現的 ECMAScript 標準。

(2) 為大型專案提供建構機制 (透過 Class、介面和模組等支撐)。

(3) 相容現存的 JavaScript 程式，即任何合法的 JavaScript 程式都是合法的 TypeScript 程式。

(4) 對於發行版本的程式沒有執行銷耗。使用過程可以簡單劃分為程式設計階段和執行時。

(5) 成為跨平台的開發工具，TypeScript 使用 Apache 的開放原始碼協定作為開放原始碼協定，並且能夠在所有主流的作業系統上安裝和執行。

2. TypeScript 的優勢

TypeScript 語言的優勢如下：

(1) 擁有活躍的社區支援和生態。

(2) 增加了程式的可讀性和可維護性。

(3) 擁抱 ES6 標準，也支援 ES7 草案的標準。

(4) TypeScript 本身非常包容，相容所有現行的 JavaScript 程式。

3. TypeScript 的劣勢

除了上面介紹的優勢外，當然 TypeScript 語言也存在一些劣勢，主要劣勢如下：

(1) 短期投入到工作中可能會增加開發成本。

(2) 整合到自動建構流程中需要額外的工作量。

(3) 學習需要成本，需要理解介面、Class、泛型等知識。

4. TypeScript 內部結構

TypeScript 語言內部被劃分為三層，如圖 4-2 所示，每層又被劃分為子層或元件。

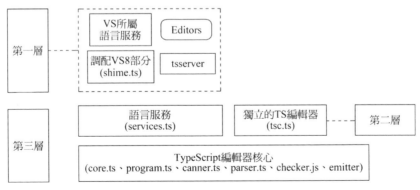

▲ 圖 4-2　TypeScript 內部結構圖

TypeScript 語言內部的每一層都有自己不同的用途。

(1) 語言層：實現所有 TypeScript 的語言特性。

(2) 編譯層：執行編譯和類型檢查操作，並把程式轉為 JavaScript。

(3) 語言服務層：生成資訊以向編輯器或其他開發工具提供更好的輔助特性。

4.2 TypeScript 安裝與設定

TypeScript 安裝相依 Node.js，命令列的 TypeScript 編譯器可以使用 Node.js 套件來安裝，所以在安裝 TypeScript 之前，應先安裝好 Node.js。

以命令列工具安裝，命令如下：

```
$ npm install -g typescript
```

-g 表示全域安裝，上面的命令執行後會在全域環境下安裝 tsc 命令。

查看版本資訊，命令如下：

```
$ tsc --version
```

安裝成功後可以在任何地方執行 tsc 命令。

TypeScript 檔案的副檔名為 .ts，可以在命令列中輸入編譯命令，命令如下：

```
$ tsc xxx.ts
```

此命令可把檔案編譯為 JavaScript 檔案，上述命令中 xxx 為對應檔案的檔案名稱，編譯完成後將得到 xxx.js 檔案。

4.3 TypeScript 基礎資料型態

TypeScript 支援資料型態宣告，TypeScript 編譯器在程式撰寫過程中會幫助開發者檢查類型或語法錯誤，TypeScript 支援與 JavaScript 幾乎相同的資料型態，此外還提供了實用的列舉、元組等類型方便開發者使用。

1. 布林值

最基本的資料型態為布林型，其值為 true/false，在 JavaScript 和 TypeScript 裡叫作 boolean(其他語言中也一樣)，布林類型的定義如程式範例 4-1 所示。

程式範例 4-1

```
let isDone: boolean = false;
```

2. 數字

和 JavaScript 一樣，TypeScript 裡的所有數字都是浮點數。這些浮點數的類型是 number。除了支援十進位和十六進位字面量外，TypeScript 還支援 ECMAScript 2015 中引入的二進位和八進制字面量，如程式範例 4-2 所示。

程式範例 4-2

```
let decLiteral: number = 6;
let hexLiteral: number = 0xf00d;
let binaryLiteral: number = 0b1010;
let octalLiteral: number = 0o744;
```

3. 字串

JavaScript 程式的另一項基本操作是處理網頁或伺服器端的文字資料。像其他語言一樣，使用 string 表示文字資料型態。和 JavaScript 一樣，可以使用雙引號 (") 或單引號 (') 表示字串，如程式範例 4-3 所示。

程式範例 4-3

```
let name: string = "HarmonyOS";
name = "OpenHarmony";
```

還可以使用範本字串，它可以定義多行文本和內嵌運算式。這種字串是被反引號包圍「`」的，並且以 ${expr} 這種形式嵌入運算式，如程式範例 4-4 所示。

程式範例 4-4

```
let name: string ='Gene';
let age: number = 37;
let sentence: string ='Hello, my name is ${ name }.
I'll be ${ age + 1 } years old next month.';
```

　　這與下面定義 sentence 的方式效果相同，如程式範例 4-5 所示。

程式範例 4-5

```
let sentence: string = "Hello, my name is " + name + ".\n\n" +
"I'll be " + (age + 1) + " years old next month.";
```

4. 陣列

　　TypeScript 像 JavaScript 一樣可以運算元組元素。有兩種方式可以定義陣列。第 1 種方式，可以在元素類型後面接上 []，表示由此類型元素組成的陣列，如程式範例 4-6 所示。

程式範例 4-6

```
let list: number[] = [1, 2, 3];
```

　　第 2 種方式是使用陣列泛型，Array< 元素類型 >，如程式範例 4-7 所示。

程式範例 4-7

```
let list: Array<number> = [1, 2, 3];
```

5. 元組 tuple

　　元組類型允許表示一個已知元素數量和類型的陣列，各元素的類型不必相同。舉例來說，可以定義一對值分別為 string 和 number 類型的元組，如程式範例 4-8 所示。

程式範例 4-8

```
// 宣告一個元組類型
let x: [string, number];
// 初始化
x = ['hello', 10];        // 正確
// 初始化不正確
x = [10, 'hello'];        // 錯誤
```

當存取一個已知索引的元素時會得到正確的類型，如程式範例 4-9 所示。

程式範例 4-9

```
console.log(x[0].substr(1)); //OK
console.log(x[1].substr(1)); //Error, 'number' does not have 'substr'
```

當存取一個越界的元素時會使用聯合類型替代，如程式範例 4-10 所示。

程式範例 4-10

```
x[3] = 'world';                    // 正確，字串可以賦值給 (string | number) 類型
console.log(x[5].toString());      // 正確，'string' 和 'number' 都有 toString
x[6] = true;                       // 錯誤，布林不是 (string | number) 類型
```

6. 列舉

enum 類型是對 JavaScript 標準資料型態的補充。像 C# 等其他語言一樣，使用列舉類型可以為一組數值指定友善的名字，如程式範例 4-11 所示。

程式範例 4-11

```
enum Color {Red, Green, Blue}
let c: Color = Color.Green;
```

預設情況下，從 0 開始為元素編號。也可以手動地指定成員的數值。舉例來說，將上面的例子改成從 1 開始編號，如程式範例 4-12 所示。

程式範例 4-12

```
enum Color {Red = 1, Green, Blue}
let c: Color = Color.Green;
```

或，全部採用手動賦值，如程式範例 4-13 所示。

程式範例 4-13

```
enum Color {Red = 1, Green = 2, Blue = 4}
let c: Color = Color.Green;
```

列舉類型提供的便利是可以由列舉的值得到它的名字。舉例來説，已經知道數值為 2，但是不確定它映射到 Color 裡的哪個名字，此時可以查詢對應的名字，如程式範例 4-14 所示。

程式範例 4-14

```
enum Color {Red = 1, Green, Blue}
let colorName: string = Color[2];
console.log(colorName);          // 顯示 'Green'，因為上面程式中它的值是 2
```

7. any

有時需要為那些在程式設計階段還不清楚類型的變數指定一種類型。這些值可能來自動態的內容，例如來自使用者輸入或協力廠商程式庫。這種情況下，不希望類型檢查器對這些值進行檢查而是直接讓它們編譯成功階段的檢查，此時可以使用 any 類型來標記這些變數，如程式範例 4-15 所示。

程式範例 4-15

```
let notSure: any = 4;
notSure = "maybe a string instead";
notSure = false;               // 正確，notSure 可以再設定為 false
```

在對現有程式進行改寫時，any 類型是十分有用的，它允許在編譯時可選擇性地包含或移除類型檢查。可能會認為 Object 有相似的作用，就像它在其他語言中那樣。但是 Object 類型的變數只允許給它賦任意值，而不能夠在它上面呼叫任意的方法，即使它真的有這些方法，如程式範例 4-16 所示。

程式範例 4-16

```
let notSure: any = 4;
notSure.ifItExists();          // 正確 ,ifItExists 方法可編譯成功器檢查
notSure.toFixed();             // 正確 ,toFixed 方法可編譯成功器檢查
let prettySure: Object = 4;
prettySure.toFixed();          // 錯誤，toFixed 方法不存在 'Object'
```

當只知道一部分資料的類型時，any 類型也是有用的。舉例來說，有一個陣列，它包含了不同類型的資料，如程式範例 4-17 所示。

程式範例 4-17

```
let list: any[] = [1, true, "free"];
list[1] = 100;
```

8. void

某種程度上來講，void 類型像是與 any 類型相反，它表示沒有任何類型。當一個函式沒有傳回值時，通常會見到其傳回值的類型是 void，如程式範例 4-18 所示。

程式範例 4-18

```
function warnUser(): void {
   console.log("This is my warning message");
}
```

宣告一個 void 類型的變數沒有什麼大用，因為只能為它指定 undefined 和 null，如程式範例 4-19 所示。

程式範例 4-19

```
let unusable: void = undefined;
```

9. null 和 undefined

在 TypeScript 裡，undefined 和 null 兩者各自有自己的類型，分別叫作 undefined 和 null。和 void 相似，它們本身的類型用處不是很大，如程式範例 4-20 所示。

程式範例 4-20

```
// 除了可以賦值為自身外，不可以賦其他值
let u: undefined = undefined;
let n: null = null;
```

預設情況下 null 和 undefined 是所有類型的子類型。就是說可以把 null 和 undefined 賦值給 number 類型的變數。

當指定了 --strictNullChecks 標記時，null 和 undefined 只能賦值給 void 和它們自身。這能避免很多常見的問題。想傳入一個 string、null 或 undefined，可以使用聯合類型 string|null|undefined。

注意：應盡可能地使用 --strictNullChecks，但在本手冊裡假設這個標記是關閉的。

10. never

never 類型表示的是那些永不存在的值的類型。舉例來說，never 類型是那些總會拋出異常或根本就不會有傳回值的函式運算式或箭頭函式運算式的傳回數值型態；變數也可能是 never 類型，即當它們被永不為真的類型保護所約束時。

never 類型是任何類型的子類型，也可以賦值給任何類型，然而，沒有類型是 never 的子類型或可以賦值給 never 類型 (除了 never 本身之外)。即使 any 也不可以賦值給 never。

下面是一些傳回 never 類型的函式，如程式範例 4-21 所示。

程式範例 4-21

```
// 傳回 never 的函式必須存在無法達到的終點
function error(message: string): never {
    throw new Error(message);
}
// 推斷的傳回數值型態為 never
function fail() {
    return error("Something failed");
}
// 傳回 never 的函式必須存在無法達到的終點
function infiniteLoop(): never {
    while (true) {
    }
}
```

4.4 TypeScript 高級資料型態

除了上面所介紹的基礎資料型態外，TypeScript 中還可以使用一些高級資料型態，如泛型、交叉類型、聯合類型。

4.4.1 泛型

TypeScript 中引入了 C# 中的泛型 (Generic)，泛型解決類別、介面、方法的重複使用性及對不特定資料型態的支援。

1. 泛型類別

泛型類別可以支援不特定的資料型態，要求傳入的參數和傳回的參數必須一致，T 表示泛型，具體是什麼類型在呼叫這種方法時才決定，如程式範例 4-22 所示。

程式範例 4-22

```
// 類別的泛型
class MyClas<T>{
```

```
    public list: T[] = [];
    add(value: T): void {
      this.list.push(value);
    }
    min(): T {
      var minNum = this.list[0];
      for (var i = 0; i < this.list.length; i++) {
        if (minNum > this.list[i]) {
          minNum = this.list[i];
        }
      }
      return minNum;
    }
}
// 實例化類別並且制定了類別的 T，代表的類型是 number
var m1 = new MyClas<number>();
m1.add(1);
m1.add(2);
m1.add(3);
console.log(m1.min());
// 實例化類別並且制定了類別的 T，代表的類型是 string
var m2 = new MyClas<string>();
m2.add('a');
m2.add('b');
m2.add('c');
console.log(m2.min());
```

2. 泛型介面

泛型介面如程式範例 4-23 所示。

程式範例 4-23

```
// 泛型介面
interface IConfigFn<T> {
    (value: T): T;
}

function getData<T>(value: T): T {
    return value;
```

```
}

var myData: IConfigFn<string> = getData;
console.log(myData('20'));
```

3. 泛型類別

　　透過泛型類別可以定義一個操作資料庫，支援 MySQL、MS-SQL、MongoDB, 要 求 MySQL、MS-SQL、MongoDB 功 能 一 樣，都 有 add、update、delete、get 方法，如程式範例 4-24 所示。

程式範例 4-24

```
// 定義操作資料庫的泛型類別
class MysqlAccess<T>{
    add(info: T): boolean {
        console.log(info);
        return true;
    }
}
class MongoAccess<T>{
    add(info: T): boolean {
        console.log(info);
        return true;
    }
}
// 想給 User 資料表增加資料，定義一個 User 類別和資料庫進行映射
class User {
    username: string | undefined;
    password: string | undefined;
}
var user = new User();
user.username = " 張三 ";
user.password = "123456";
var md1 = new MysqlAccess<User>();
md1.add(user);

// 想給 Article 增加資料，定義一個 Article 類別和資料庫進行映射
class Article {
    title: string | undefined;
```

```
   desc: string | undefined;
   status: number | undefined;
   constructor(params: {
      title: string | undefined,
      desc: string | undefined,
      status?: number | undefined
   }) {
      this.title = params.title;
      this.desc = params.desc;
      this.status = params.status;
   }
}

var article = new Article({
   title: "這是文章標題",
   desc: "這是文章描述",
   status: 1
});
var md2 = new MongoAccess<Article>();
md2.add(article);
```

4.4.2 交叉類型

交叉類型 (Intersection Types) 是將多種類型合併為一種類型。這可以把現有的多種類型疊加到一起而成為一種類型，它包含了所需的所有類型的特性。交叉類型包含 A 的特點，也包含 B 的特點，虛擬程式碼表示就是 A&B。

下面定義了兩種類型：Person 和 Student，變數 student 的類型是 Person 和 Student 的交叉類型，student 的類型必須滿足兩種類型的交叉組合體要求，如程式範例 4-25 所示。

程式範例 4-25

```
interface Person {
   name: string
   age: number
}
```

```
interface Student {
   school: string
}
const student: Person & Student = {
   name: 'Gavin',
   age: 26,
   school: '清華大學',
}
```

同時 Person & Student 可以使用類型態名稱，下面程式中定義的 StudentInfo 就是 Person&Student 的類型態名稱，如程式範例 4-26 所示。

程式範例 4-26

```
interface Person {
   name: string
   age: number
}
interface Student {
   school: string
}
type StudentInfo = Person & Student
const student: StudentInfo = {
   name: 'Gavin',
   age: 26,
   school: '清華大學',
}
```

4.4.3 聯合類型

聯合類型 (Union Types) 既可以是 A，也可以是 B，虛擬程式碼表示就是 A|B，如程式範例 4-27 所示。

程式範例 4-27

```
var type:string | number | boolean = '1'
type = 12;
type = true;
```

上面的 type 的類型就是 number 和 boolean 的聯合類型，type 的值是
這兩種類型中的一種，下面定義了一種由字面量類型組合成的新的聯合
類型，如程式範例 4-28 所示。

程式範例 4-28

```
type WorkDays = 1 | 2 | 3 | 4 | 5;

let day: WorkDays = 1;     // 正確
day = 5;                   // 正確
day = 6;                   // 錯誤，6 不能賦值給 WorkDays
```

字面量聯合類型的形式與列舉類型有些類似，所以，如果僅使用數
字，則可以考慮是否使用具有表達性的列舉類型。

4.5 TypeScript 物件導向特性

TypeScript 增加了類似於 C# 語言的物件導向程式設計，提供了類
別、介面、抽象類別、泛型的支援。

4.5.1 類別

JavaScript 程式設計更多還是面向函式程式設計，在物件導向程式
設計方面支援較弱，雖然在 ES6 後提供了類似 C# 或 Java 的物件導向
程式設計的特徵，但是與 C# 或 Java 中的物件導向特徵差距較大，因此
TypeScript 在語法中加入了完整的物件導向的支援，讓熟悉物件導向的開
發者可以透過 TypeScript 實現最終的 JavaScript 物件導向的程式設計體
驗。

類別是對業務領域物件的抽象，類別是一張藍圖或一個原型，它定
義了特定一類物件共有的變數 / 屬性和方法 / 函式，物件是物件導向程式
設計中基本的執行實體，類別與物件的關係如圖 4-3 所示。

房子設計圖 (抽象的)　　　　　　　　　　真正的房子 (具體的)

▲ 圖 4-3　類別與物件的關係

1. 定義類別

　　TypeScript 定義類別的方式和 ES6 定義類別的方式是一樣的，在下面程式中的屬性和方法前面比 ES6 的類別多了一個存取修飾符號 private，這裡表示該屬性和方法是私有的，如程式範例 4-29 所示。

程式範例 4-29

```
class Phone {
    private brandName:string;
    private cpu: string;
    private width : number;
    private height: number;

    constructor(brandName:string,width:number,height:number){
        this.brandName = brandName;
        this.width = width;
        this.height = height;
    }
    private takeCall():void{
        console.log("打電話給……")
    }
}
```

2. 存取修飾符號

　　TypeScript 和 Java 類似，可以為類別中的屬性和方法增加存取修飾符號，TypeScript 可以使用 3 種存取修飾符號 (Access Modifiers)，分別是 public、private 和 protected。

(1) publiC：公有類型，在當前類別裡面、子類別、類別外面都可以存取。

(2) protected：保護類型，在當前類別裡面、子類別裡面可以存取，但在類別外部沒法存取。

(3) private：私有類型，在當前類別裡面可以存取，但在子類別、類別外部都沒法存取。

> **注意**：如果屬性不加修飾符號，則預設為公有 (public)。

3. 存取器

TypeScript 支援透過 getters/setters 來截取對物件成員的存取。它能幫助開發者有效地控制對物件成員的存取。在下面的例子中對成員變數 fullName 的存取是透過記憶體存取的，可以在 set() 方法中增加與許可權相關的邏輯來控制對內部成員變數的操作，如程式範例 4-30 所示。

程式範例 4-30

```
let passcode = 'password';
class Employee {
   private _fullName: string;
   get fullName(): string {
     return this._fullName;
   }
   set fullName(name: string) {
     if (passcode && passcode === 'password') {
       this._fullName = name;
     } else {
       console.log(' 授權失敗 ');
     }
   }
}
let employee = new Employee();
employee.fullName = "Gavin Xu";
```

```
if (employee.fullName) {
    console.log(employee.fullName)
}
```

4. 類別的繼承

　　在 TypeScript 中實現繼承時可使用 extends 關鍵字，一旦實現了繼承關係，子類別中就擁有了父類別的屬性和方法，而在執行方法過程中，首先從子類別開始查詢，如果有，就使用，如果沒有，就去父類別中查詢。類別的繼承只能單向繼承，如程式範例 4-31 所示。

程式範例 4-31

```
class Person {
    name: string;                        // 父類別屬性，前面省略了 public 關鍵字
    constructor(n: string) {             // 建構函式，實例化父類別時觸發的方法
        this.name = n;                   // 使用 this 關鍵字為當前類別的 name 屬性賦值
    }
    run(): void {                        // 父類別方法
        console.log(this.name + " 在跑步 ");
    }
}
class Chinese extends Person {
    age: number;                         // 子類別屬性

    constructor(n: string, a: number) {  // 建構函式，實例化子類別時觸發的方法
        super(n);                        // 使用 super 關鍵字調用父類別中的構造方法
        this.age = a;                    // 使用 this 關鍵字為當前類別的 age 屬性賦值
    }

    speak(): void {                      // 子類別方法
        super.run();                     // 使用 super 關鍵字調用父類別中的方法
        console.log(this.name + " 說中文 ");
    }
}
var c = new Chinese(" 張三 ", 28);
c.speak();
```

5. 抽象類別

　　TypeScript 中的抽象類別：它是提供其他類別繼承的基礎類別，不能直接被實例化。

　　用 abstract 關鍵字定義抽象類別和抽象方法，抽象類別中的抽象方法不包含具體實現並且必須在衍生類別 (也就是其子類別) 中實現，abstract 抽象方法只能放在抽象類別裡。

　　通常使用抽象類別和抽象方法來定義標準，如程式範例 4-32 所示。

程式範例 4-32

```
// 動物抽象類別，所有動物都會跑 ( 假設 )，但是吃的東西不一樣，所以把吃的方法定義成抽象方法
abstract class Animal {
    name: string;
    constructor(name: string) {
        this.name = name;
    }
    abstract eat(): any;          // 抽象方法不包含具體實現並且必須在衍生類別中實現
    run() {
        console.log(this.name + " 會跑 ")
    }
}

class Dog extends Animal {
    constructor(name: string) {
        super(name);
    }
    eat(): any {    // 抽象類別的子類別必須實現抽象類別裡面的抽象方法
        console.log(this.name + " 啃骨頭 ");
    }
}

var d: Dog = new Dog(" 小狗 ");
d.eat();

class Cat extends Animal {
    constructor(name: string) {
        super(name);
```

```
    }
    eat(): any {          // 抽象類別的子類別必須實現抽象類別裡的抽象方法
        console.log(this.name + " 吃老鼠 ");
    }
}

var c: Cat = new Cat(" 小貓 ");
c.eat();
```

4.5.2　介面

　　在物件導向的程式設計中，介面是一種標準的定義，它定義了行為和動作的標準，在程式設計裡，介面造成一種限制和標準的作用，程式設計介面和電腦的各種介面的作用類似，介面定義好後，插頭必須完全滿足介面標準，這樣才可以連接，如圖 4-4 所示。

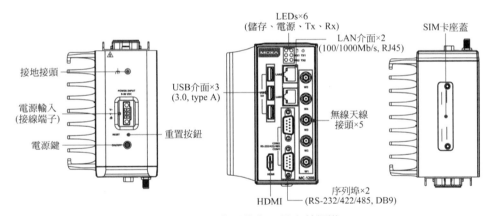

▲ 圖 4-4　介面的作用是定義標準

　　介面定義了某一組類別所需要遵守的標準，介面不關心這些類別的內部狀態資料，也不關心這些類別裡方法的實現細節，它只規定這批類別裡必須提供某些方法，提供這些方法的類別就可以滿足實際需要。TypeScript 中的介面類別似於 C# 和 Java 語言中的介面概念，同時還增加了更靈活的介面類別型，包括屬性、函式、可索引和類別等。

　　在 TypeScript 中定義函式形式參數 {x,y}，如程式範例 4-33 所示。

程式範例 4-33

```
function sum ({x, y}: { x: number, y: number}): number {
    return x + y;
}
```

　　但是在上面的程式中，當參數物件的屬性比較多時，程式就非常不適合閱讀了，此時可以使用介面來定義參數的類型，如程式範例 4-34 所示。

程式範例 4-34

```
interface ISum {
    x: number;
    y: number;
}
function sum ({ x, y }: ISum): number {
    return x + y;
}
```

　　上面的程式使用介面定義後，可讀性得到很好的增強，這就是使用介面帶來的好處。除此之外，介面在定義上有非常豐富的用法，下面進行詳細介紹。

1. 可選屬性

　　介面中的屬性或方法可以標記為可選實現的，和 C# 中的可選屬性一致，在一個屬性後面跟著一個問號 (?)，標記這個屬性為可選的，如程式範例 4-35 所示。

程式範例 4-35

```
Interface ISum{
    x: number;
    y?: number;
}
ISum({ x: 0 });
```

2. readonly 屬性

　　介面中的屬性可以增加唯讀標記 readonly，增加唯讀屬性後，表示該屬性不可以再賦值了，如程式範例 4-36 所示。

程式範例 4-36

```
interface IReadonlySum {
    readonly x: number;
    readonly y: number;
}
let p: IReadonlySum = { x: 0, y: 1};
//p.x = 1;
```

　　如果賦值，則編譯器將提示一個錯誤。

3. 屬性檢查

　　介面的作用：限制介面實現物件嚴格按照介面中定義的規則進行賦值，所以使用介面可以幫助開發者進行屬性檢查，如程式範例 4-37 所示。

程式範例 4-37

```
interface ISum{
    x: number;
    y: number;
}
function create(config: ISum): void {
}
create({ z: 0, x: 0, y: 1 } as ISum)
```

　　在 JavaScript 中這段程式並不會有錯，因為對於物件當傳進一個未知的屬性時並不是錯誤，雖然可能會引發潛在的 Bug，但在 TypeScript 中這個錯誤是非常明顯的，編譯器並不會編譯成功，除非顯性地使用類型斷言。

4. 介面繼承

　　介面可以繼承其他介面，與類別的繼承使用了相同的關鍵字，同時支援多重繼承，如程式範例 4-38 所示。

程式範例 4-38

```
interface Shape {
    color: string;
}
interface Stroke {
    width: number;
}
interface Square extends Shape, Stroke {
    length: number;
}
var square = <Square>{};
square.color = "blue";
square.length= 10;
square.width= 5.0;
```

在上面的程式中，變數 square 並不是實現了該介面的類別，所以不能使用 new 實現，而是使用 <Square>{} 的寫法來建立。

5. 函式類型

介面能夠描述 JavaScript 中物件擁有的各種各樣的外形。除了可以描述附帶屬性的普通物件外，介面也可以描述函式類型。

為了使用介面表示函式類型，需要給介面定義一個呼叫簽名。它就像是一個只有參數列表和傳回數值型態的函式定義。參數清單裡的每個參數都需要名字和類型，如程式範例 4-39 所示。

程式範例 4-39

```
interface IInfo {
    (name: string, age: number): string;
}
let getName1: IInfo = function(name: string, age: number): string {
    return '${name}----${age}';
};
console.log(getName1("me", 50)); //me----50
```

6. 索引類型

索引類型具有一個索引簽名，它描述了物件索引的類型，還有對應的索引傳回數值型態，如程式範例 4-40 所示。

程式範例 4-40

```
interface SomeArray {
    [index: number]: string;
}
let someArray: SomeArray;
someArray = ["string1", "string2"];
let str: string = someArray[0];
console.log(str);
```

7. 類別實現 (implements) 介面

與 Java 或 C# 中的介面規則一致，TypeScript 能夠實現類別實現來明確地強制一個類別去符合某種契約，如程式範例 4-41 所示。

程式範例 4-41

```
interface Animal {
    name: string;
    eat():void;
}
class Cat implements Animal{
    name: string;
    constructor(name:string){
        this.name=name;
    }
    eat():void{
        console.log('${this.name} 在吃魚 ')
    }
}
class Dog implements Animal{
    name: string;
    constructor(name:string){
        this.name=name;
    }
```

```
    eat():void{
        console.log('${this.name} 在啃骨頭 ')
    }
}
let c=new Cat(" 小花貓 ");
c.eat();                    // 小花貓在吃魚
let d=new Dog(" 小狗 ");
d.eat();                    // 小狗在啃骨頭
```

4.6 TypeScript 裝飾器

　　裝飾器是一種特殊類型的宣告，它能夠被附加到類別、方法、屬性或參數上，可以修改類別的行為，通俗地講裝飾器就是一種方法，可以注入類別、方法、屬性或參數來擴充類別、方法、屬性或參數的功能。常見的裝飾器有屬性裝飾器、方法裝飾器、參數裝飾器、類別裝飾器。

　　裝飾器的寫法：普通裝飾器 (無法傳遞參數)、裝飾器工廠 (可傳遞參數)，裝飾器是 ES7 的標準特性之一。

　　裝飾器的執行順序：屬性 > 方法 > 方法參數 > 類別。

4.6.1 屬性裝飾器

　　屬性裝飾器會被應用到屬性描述上，可以用來監視、修改或替換屬性的值。

　　屬性裝飾器會在執行時期傳入下列兩個參數：

(1) 對於靜態成員來講是類別的建構函式，對於實例成員來講是類別的原型物件。

(2) 成員的名字。

　　屬性裝飾器如程式範例 4-42 所示。

程式範例 4-42

```
// 屬性裝飾器
function log(params: any) {              //params 是當前類別傳遞進來的參數
    return function (target: any, attr: any) {
        console.log(target);
        console.log(attr);
        target[attr] = params;
    }
}

class HttpTool {
    @log("http://www.baidu.com")
    public url: any | undefined;

    getData() {
        console.log(this.url);
    }
}

var http = new HttpTool();
http.getData();
```

4.6.2 方法裝飾器

　　方法裝飾器會被應用到方法描述上，可以用來監視、修改或替換方法定義。

　　方法裝飾器會在執行時期傳入下列 3 個參數：

(1) 對於靜態成員來講是類別的建構函式，對於實例成員來講是類別的原型物件。

(2) 成員的名字。

(3) 成員的屬性描述符號。

　　方法裝飾器如程式範例 4-43 所示。

```typescript
function get(params: any) {//params 是當前類別傳遞進來的參數
    return function (target: any, methodName: any, desc: any) {
        console.log(target);
        console.log(methodName);
        console.log(desc);
        target.apiUrl = params;
        target.run = function () {
            console.log("run");
        }
    }
}

class HttpTool {
    public url: any | undefined;
    constructor() {
    }
    @get("http://www.harmonyos-ui.com")
    getData() {
        console.log(this.url);
    }
}

var http: any = new HttpTool();
console.log(http.apiUrl);
http.run();
```

4.6.3 參數裝飾器

參數裝飾器運算式會在執行時期當作函式被呼叫，可以使用參數裝飾器為類別的原型增加一些元素資料，傳入下列 3 個參數：

(1) 對於靜態成員來講是類別的建構函式，對於實例成員來講是類別的原型物件。

(2) 方法的名字。

(3) 參數在函式參數清單中的索引。

參數修飾器如程式範例 4-44 所示。

程式範例 4-44

```
function logParams(params: any) {
   return function (target: any, methodName: any, paramsIndex: any) {
      console.log(target);
      console.log(methodName);
      console.log(paramsIndex);
      target.apiUrl = params;
   }
}


class HttpTool {
   getData(@logParams("1000") uuid: any) {
      console.log(uuid);
   }
}


var http: any = new HttpTool();
http.getData(123);
console.log(http.apiUrl);
```

4.6.4 類別裝飾器

類別裝飾器：普通裝飾器 (無法傳遞參數)，如程式範例 4-45 所示。

程式範例 4-45

```
function logClass(params: any) {
   console.log(params);                //params 是當前類別
   params.prototype.apiUrl = "apiUrl 是動態擴充的屬性 ";
   params.prototype.run = function () {
      console.log("run 是動態擴充的方法 ");
   }
}


@logClass
class HttpTool {


}
```

```
var http: any = new HttpTool();
console.log(http.apiUrl);
http.run();
```

類別裝飾器：裝飾器工廠 (可傳遞參數)，如程式範例 4-46 所示。

程式範例 4-46

```
function logClass(params: string) {
    return function (target: any) {
        console.log(target);              //target 是當前類別
        console.log(params);              //params 是當前類別傳遞進來的參數
        target.prototype.apiUrl = params;
    }
}
@logClass("http://www.harmonyos-ui.com")
class HttpTool{
}
var http: any = new HttpTool();
console.log(http.apiUrl);
```

4.7 TypeScript 模組與命名空間

對於大型專案開發來講，重要的是如何組織和管理程式，TypeScript 使用模組和命名空間來組織程式。

4.7.1 模組

模組化是指將一個大的程式檔案拆分成許多小的檔案，然後將小檔案組合起來。模組化的好處是防止命名衝突、程式可重複使用和高可維護性。

1. 模組化的語法

模組功能主要由兩個命令組成：export 和 import。export 命令用於規定模組的對外介面，import 命令用於輸入，並以此向其他模組提供對應的功能。

2. 模組化的曝露

方式一：分別曝露，如程式範例 4-47 所示。

程式範例 4-47

```
// 方式一：分別曝露
export let school = " 北京大學 ";
export function study() {
    console.log(" 學習 TypeScript");
}
```

方式二：統一曝露，如程式範例 4-48 所示。

程式範例 4-48

```
let school = " 北京大學 ";
function search() {
    console.log(" 研究技術 ");
}
export {school, search};
```

方式三：預設曝露，如程式範例 4-49 所示。

程式範例 4-49

```
export default {
    school: " 北京大學 ",
    search: function () {
        console.log(" 研究技術 ");
    }
}
```

3. 模組的匯入

模組匯入的方式與 ES6 中模組匯入的方式相同，如程式範例 4-50 所示。

程式範例 4-50

```
// 引入 m1.js 模組
import * as m1 from "./model/m1";
// 引入 m2.js 模組
import * as m2 from "./model/m2";
// 引入 m3.js 模組
import * as m3 from "./model/m3";

m1.study();
m2.search();
m3.default.play();
```

4. 解構賦值形式

在匯入模組時，透過解構賦值的方式獲取物件，如程式範例 4-51 所示。

程式範例 4-51

```
// 引入 m1.js 模組
import {school, study} from "./model/m1";
// 引入 m2.js 模組
import {school as s, search} from "./model/m2";
// 引入 m3.js 模組
import {default as m3} from "./model/m3";

console.log(school);
study();

console.log(s);
search();

console.log(m3);
m3.play();
```

注意：針對預設曝露還可以直接採用敘述 import m3 from "./model/m3" 匯入。

4.7.2　命名空間

命名空間：在程式量較大的情況下，為了避免各種變數命名相衝突，可將相似功能的函式、類別、介面等放置到命名空間內，同 Java 的套件、.Net 的命名空間一樣，TypeScript 的命名空間可以將程式包裹起來，只對外曝露需要在外部存取的物件，命名空間內的物件透過 export 關鍵字對外曝露。

命名空間和模組的區別：命名空間是內部模組，主要用於組織程式，避免命名衝突；模組 ts 是外部模組的簡稱，偏重程式的重複使用，一個模組裡可能會有多個命名空間。

命名空間如程式範例 4-52 所示。

程式範例 4-52

```
namespace A {
    interfaceAnimal {
      name: string;
      eat(): void;
    }
    export class Dog implements Animal {
      name: string;
      constructor(theName: string) {
        this.name = theName;
      }
      eat(): void {
        console.log('${this.name} 吃狗糧。');
      }
    }
    export class Cat implements Animal {
      name: string;
      constructor(theName: string) {
        this.name = theName;
      }
      eat(): void {
        console.log('${this.name} 吃貓糧。');
      }
```

```
      }
  }

  namespace B {
      interfaceAnimal {
        name: string;
        eat(): void;
      }
      export class Dog implements Animal {
        name: string;
        constructor(theName: string) {
          this.name = theName;
        }
        eat(): void {
          console.log('${this.name} 吃狗糧。');
        }
      }
      export class Cat implements Animal {
        name: string;
        constructor(theName: string) {
          this.name = theName;
        }
      eat(): void {
        console.log('${this.name} 吃貓糧。');
        }
      }
  }
  var cat = new A.Cat(" 小花 ");
  cat.eat();

  var cat2= new B.Cat(" 小花 ");
  cat2.eat();
```

Dart 語言

2011 年 10 月，在丹麥召開的 GOTO 大會上，Google 發佈了一種新的程式語言 Dart。Dart 語言的誕生主要是要解決 JavaScript 存在的、在語言設計層面上無法修復的缺陷。

但是，Dart 語言由於缺少頂級專案的使用，一直並沒有流行起來。2015 年，在聽取了大量開發者的回饋後，Google 決定將內建的 Dart VM 引擎從 Chrome 移除。

2018 年 12 月，Google 正式發佈了跨平台開發框架 Flutter 1.0 版本。Flutter 隨即成為全球開發者最受歡迎的跨平台開發框架，Flutter 在許多 Google 內部研發的語言中選擇了 Dart 語言作為開發語言。

同時，Google 在全新研發的下一代作業系統 Fuchsia OS 中，Dart 被指定為官方的開發語言。

5.1 Dart 語言介紹

Dart 語言是 Google 開發的電腦程式語言，Logo 如圖 5-1 所示，被廣泛應用於 Web、伺服器、行動應用程式和物聯網等領域的開發。Dart

是物件導向、類別定義的、單繼承的語言。它的語法類似 Java 語言，可以編譯為 JavaScript，支援介面 (interfaces)、混入 (mixins)、抽象類別 (abstract classes)、具體化泛型 (reified generics)、可選類型 (optional typing) 和 sound type system。

▲ 圖 5-1　Dart 語言 Logo

1. Dart 的特性

Dart 的特性主要有以下幾點：

(1) 執行速度快，Dart 是採用 AOT(Ahead Of Time) 編譯的，可以編譯成快速的、可預測的本地程式，也可以採用 JIT(Just In Time) 編譯。

(2) 易於移植，Dart 可編譯成 ARM 和 x86 程式，這樣 Dart 可以在 Android、iOS 和其他系統執行。

(3) 容易上手，Dart 充分吸收了高階語言的特性，如果開發者已經熟悉 C++、C、Java 等其中的一種開發語言，基本上就可以快速上手 Dart 開發。

(4) 易於閱讀，Dart 使 Flutter 不需要單獨的宣告式版面配置語言 (XML 或 JSX)，或單獨的視覺化介面建構器，這是因為 Dart 的宣告式程式設計版面配置易於閱讀。

(5) 避免先佔式排程，Dart 可以在沒有鎖的情況下進行物件分配和垃圾回收，和 JavaScript 一樣，Dart 避免了先佔式排程和共用記憶體，因此不需要鎖。

2. Dart 的重要概念

Dart 的重要概念有以下幾點：

(1) 在 Dart 中，一切都是物件，每個物件都是一個類別的實例，所有物件都繼承自 Object。

(2) Dart 在執行前解析所有的程式，指定資料型態和編譯時常數，可以使程式執行得更快。

(3) 與 Java 不同，Dart 不具備關鍵字 public、protected、private。如果一個識別字以底線開始，則它和它的函式庫都是私有的。

(4) Dart 支援頂級的函式，如 main()，也支援類別或物件的靜態和實例方法，還可以在函式內部建立函式。

(5) Dart 支援頂級的變數，也支援類別或物件的靜態變數和執行個體變數，執行個體變數有時稱為欄位或屬性。

(6) Dart 支援泛型類型，如 List<int>(整數清單) 或 List<dynamic>(任何類型的物件列表)。

(7) Dart 工具可以報告兩種問題：警告和錯誤。警告只是說明程式可能無法正常執行，但不會阻止程式執行。錯誤可以是編譯時或執行時期的。編譯時錯誤會阻止程式執行；執行時錯誤會導致程式執行時顯示異常。

5.2　安裝與設定

Dart SDK 包含開發 Web、命令列和伺服器端應用所需要的函式庫和命令列工具。

從 Flutter 1.21 版本開始，Flutter SDK 會同時包含完整的 Dart SDK，因此如果已經安裝了 Flutter，就無須再特別下載 Dart SDK 了。

這裡推薦安裝時先安裝 Flutter，學習 Dart 語言的主要目的還是使用 Flutter 框架開發可以跨平台的應用 App。

Flutter 的安裝設定可參考本書 13.2 節，詳細介紹了安裝 Flutter 的步驟，在這裡不介紹。

5.3 第 1 個 Dart 程式

Dart 檔案名稱以 .dart 結尾，檔案名稱使用英文小寫加底線的命名方式。

新建檔案，命名為 hello_world.dart，如程式範例 5-1 所示。

程式範例 5-1

```
main() {
    print("Hello Dart!");
}
```

main() 方法是 Dart 語言預先定義的方法，此方法作為程式的入口方法。print() 方法能夠將字串輸出到標準輸出串流上 (終端)。

Dart 語言中的敘述以分號結尾。Dart 語言會忽略程式中出現的空格、定位字元和分行符號，因此可以在程式中自由使用空格、定位字元和分行符號，並且可以自由地以簡潔一致的方式格式化和縮排程式，使程式易於閱讀和理解。

上述程式的輸出結果如下：

```
Hello Dart!
```

5.4 變數與常數

和其他語言一樣，Dart 語言有變數和常數，下面介紹 Dart 的變數和常數的定義和用法。

1. 變數

變數可以分為不指定類型和指定類型。前者就像用 JavaScript 一樣，後者則像用 Java 一樣。

不指定類型有兩種方法，如程式範例 5-2 所示。

程式範例 5-2　不指定類型

```
//1.　用關鍵字 var 定義並且沒有初值
var a;
a = 'a is string';
a = 123;
print(a);

//2.　用關鍵字 dynamic 或 Object 定義，無所謂有沒有初值
dynamic b;
b = 'test';
b = 123;
print(b);

Object c = 'test';
c = 123;
print(c);
```

不指定類型的變數只是一個容器，什麼資料都可以往裡面裝，因此用於儲存一些過渡的臨時值非常方便。

指定類型也有兩種方案，需要注意的是採用關鍵字 var 定義變數時是否在初始化時賦值，這會導致在後續能不能修改這個變數的類型。

程式範例 5-3　指定類型

```
// 類似傳統 Java 的定義方式
String d;
d = "test";
//d = 1;           // 錯誤，string 類型不能賦值 int
print(d);

// 採用關鍵字 var 定義並且有初值：自動推斷類型
var e = "test";
//e = 1;           // 錯誤，string 類型不能賦值 int
print(d);
```

和其他語言的初值不一樣，Dart 語言中的所有變數的預設值都是 null。例如一個 bool，在其他語言中初值一般是 false, 而在 Dart 語言中，它是 null。所幸的是，最新版本會有 non-nullable 功能，沒賦值時會告訴開發者需要去初始化。

2. 常數

如果不打算更改變數的值，則可以使用 final 或 const 定義。一個 final 變數只能被設定一次，而 const 變數是編譯時常數，定義時必須賦值。

1) const

如果之前使用 JavaScript 進行開發, 對於 const 還是有些需要注意的地方，因為它是真正的不變，如程式範例 5-4 所示。

程式範例 5-4 chapter05/01/const.dart

```
//const String a;
const String a = 'test';
//a = "test2";        // 常數不能再改變它的值
print(a);
const List list = [1, 2, 3];
// 和 JavaScript 不一樣,常數的陣列也是不能修改的
//list[1] = 2;        // 編輯器不會顯示出錯，但是執行時期會顯示出錯
print(list);

// 同值的常數指向同一塊記憶體
const String b = "test";
print(identical(a, b)); // 是否指向同一塊記憶體位置，true
```

2) final

final 相對來講就比較簡單了，除了只能賦值一次的要求，它更像 JavaScript 下的 const，而且比它還寬鬆 (沒有強制要求定義時賦值)，如程式範例 5-5 所示。

程式範例 5-5　chapter05/01/final.dart

```
final String c;
c = "test";
//c = "test2";
print(c);

//list 元素可以修改
final list2 = [1, 2, 3];
list2[1] = 2;
print(list2);
```

5.5 內建類型

Dart 的內建類型包括陣列、字串、布林、串列、Set、Map、Runes、Symbols 類型。

Dart 是一門強類型程式語言，但是可以使用 var 進行變數類型推斷。如果要明確說明不需要任何類型，則需要使用特殊類型 dynamic。dynamic 修飾定義的變數可以賦值任何類型，在執行中也可以隨時賦值任何類型的變數值。

1. Numbers 數值

Numbers 數數值型態包含 int 和 double 兩種類型，沒有像 Java 中的 float 類型，int 和 double 都是 num 的子類型，如程式範例 5-6 所示。

程式範例 5-6　chapter05/02/00_int.dart

```
int x = 10;
int y = 0xFFEEAA;
double z = 0.1;
var m = 5;
```

2. Strings 字串

字串代表了一系列的字元。Dart 字串是一系列 UTF-16 程式單元。Dart 中的字串變數使用 String 修飾定義。單引號或雙引號包裹的字元組合表示字串字面量，如程式範例 5-7 所示。

程式範例 5-7　chapter05/02/01_string.dart

```
void main() {
    String a = "Hello";
    String b = 'Dart';
    var c = "Hello Dart";
}
```

3. Booleans 布林值

要表示布林值，可使用 Dart 中的 bool 類型。布林類型只有兩個值：true 和 false，它們都是編譯時常數，如程式範例 5-8 所示。

程式範例 5-8　chapter05/02/02_bool.dart

```
void main() {
    bool d = false;
    bool e = true;
    var f = 10 > 15; //f = false
}
```

4. Lists 串列

Dart 語言中的陣列被稱作串列 (List 物件)。Dart 語言中的串列類型的定義如程式範例 5-9 所示。

程式範例 5-9　chapter05/02/03_list.dart

```
void main() {
    List<int> list = [1, 2];
    List<String> list2 = ['hello', 'dart'];
    var list3 = [3, 4];

    list3[0] = 8;
```

```
    List<int> list4 = [];                // 未初始化，不定長串列
    List<int> list5 = List.filled(2, 5); // 未初始化，定長串列

    list4.add(7);                        // 向串列增加元素
    #list5 的長度為 2，超出時會顯示出錯
    list5[0] = 1;                        // 將串列的 0 號元素賦值為 1
    list5[1] = 2;                        // 將串列的 1 號元素賦值為 2
    print(list3[0]);                     // 列印數字 8
}
```

　　Dart 語言中的串列是有序的，像其他強類型程式語言中的有序集合，清單的類型定義使用了泛型。

5. Set 集合

　　Dart 語言中的集合是指無序集合 (Set)，集合的建立如程式範例 5-10 所示。

程式範例 5-10　　chapter05/02/04_set.dart

```
void main() {
var dynamicSet = Set();
dynamicSet.add('dart');
dynamicSet.add('flutter');
dynamicSet.add(1);
dynamicSet.add(1);
print('dynamicSet :${dynamicSet}');
// 常用屬性與 list 類似

// 常用方法，如增、刪、改、查與 list 類似
var set1 = {'dart', 'flutter'};
print('set1 :${set1}');
var set2 = {'go', 'kotlin', 'dart'};
print('set2 :${set2}');
var difference12 = set1.difference(set2);
var difference21 = set2.difference(set1);
print('set1 difference set2 :${difference12}');
                               // 傳回 set1 集合裡有但 set2 裡沒有的元素集合
print('set2 difference set1 :${difference21}');
```

```
                                  // 傳回 set2 集合裡有但 set1 裡沒有的元素集合
var intersection = set1.intersection(set2);
print('set1 set2 交集 :${intersection}'); // 傳回 set1 和 set2 的交集
var union = set1.union(set2);
print('set1 set2 聯集 :${union}');        // 傳回 set1 和 set2 的聯集
set2.retainAll(['dart', 'flutter']);      // 只保留 ( 要保留的元素需在原 set 中存在 )
print('set2 只保留 dart flutter :${set2}');
}
```

6. Map 集合

　　Dart 語言中的映射類型相當於 Python 中的字典類型，其中的元素都是以鍵 - 值對的形式存在的，映射的建立如程式範例 5-11 所示。

程式範例 5-11　　chapter05/02/05_map.dart

```
void main() {
    // 動態類型
    var dynamicMap = Map();
    dynamicMap['name'] = 'dart';
    dynamicMap[1] = 'android';
    print('dynamicMap :${dynamicMap}');
    // 強類型
    var map = Map<int, String>();
    map[1] = 'android';
    map[2] = 'flutter';
    print('map :${map}');
    // 也可以這樣宣告
    var map1 = {'name': 'dart', 1: 'android'};
    map1.addAll({'name': 'kotlin'});
    print('map1 :${map1}');
    // 常用屬性
//print(map.isEmpty);              // 是否為空
//print(map.isNotEmpty);           // 是否不為空
//print(map.length);               // 鍵 - 值對的個數
//print(map.keys);                 //key 集合
//print(map.values);               //value 集合
}
```

7. Runes 符號字元

在 Dart 中,符號是字串的 UTF-32 程式單元,如程式範例 5-12 所示。

程式範例 5-12　chapter05/02/06_map.dart

```
void main() {
    Runes runes = new Runes('\u{1f605} \u6211');
    var str1 = String.fromCharCodes(runes);
    print(str1);
}
```

輸出結果如圖 5-2 所示。

▲ 圖 5-2　輸出結果

5.6 函式

Dart 是一種真正的物件導向語言,因此既是函式也是物件並且具有類型 Function。這表示函式可以分配給變數或作為參數傳遞給其他函式。

1. 定義方法

和絕大多數程式語言一樣,Dart 函式通常的定義方式如程式範例 5-13 所示。

程式範例 5-13　chapter05/03/01_func.dart

```
// 函式定義
String getHello() {
    return "hello dart!";
}

void main() {
```

```
  // 函式呼叫
  var str = getHello();
  print(str);
}
```

如果函式本體中只包含一個運算式，則可以使用簡寫語法，程式如下。

```
String getHello() => "hello dart!";
```

2. 可選參數

Dart 函式可以設定可選參數，可以使用命名參數，也可以使用位置參數。

命名參數，定義格式如 {param1, param2, ...}，如程式範例 5-14 所示。

程式範例 5-14　chapter05/03/02_func_param1.dart

```
// 函式定義
void showPerson({var name, var age}) {
   if (name != null) {
     print("name = $name");
   }
   if (age != null) {
     print("age = $age");
   }
}


void main() {
// 函式呼叫
   showPerson(name: "leo");
}
```

位置參數，使用 [] 來標記可選參數，如程式範例 5-15 所示。

程式範例 5-15　chapter05/03/03_func_param2.dart

```dart
// 函式定義
void showHello(var name, [var age]) {
    print("name = $name");
    if (age != null) {
        print("age = $age");
    }
}

// 參數給定類型
String sayHello(String from, String msg, [String? device]) {
    var result = 'from dart';
    if (device != null) {
        result = 'result with a device';
    }
    return result;
}

void main(List<String> args) {
    // 函式呼叫
    showHello("dart");
    showHello("dart", 18);
    sayHello("bj"，"hi","dart");
}
```

3. 預設值

函式的可選參數也可以使用等號 (=) 設定預設值，如程式範例 5-16 所示。

程式範例 5-16　chapter05/03/04_func_param4.dart

```dart
// 函式定義
void showHello(var name, [var age = 18]) {
    print("name = $name");

    if (age != null) {
        print("age = $age");
    }
```

```
   }

   void main(List<String> args) {
      // 函式呼叫
      showHello("dart");
   }
```

4. main() 函式

和其他程式語言一樣，Dart 中每個應用程式都必須有一個頂級 main() 函式，該函式作為應用程式的入口，程式如下：

```
void main() {
   print('Hello, World!');
}
void main(List<String> arguments) {
   print(arguments);
}
```

5. 函式作為參數

Dart 中的函式可以作為另一個函式的參數，如程式範例 5-17 所示。

程式範例 5-17   chapter05/03/05_func_fn.dart

```
// 函式定義
void println(String name) {
   print("name = $name");
}

void showSomething(var name, Function log) {
   log(name);
}

void main(List<String> args) {
   // 函式呼叫
   showSomething("leo", println);
}
```

6. 匿名函式

在 Dart 中可以建立一個沒有函式名稱的函式，這種函式稱為匿名函式，或稱為 lambda 函式、閉包函式，但是和其他函式一樣，它也有形式參數列表，可以有可選參數，如程式範例 5-18 所示。

程式範例 5-18 chapter05/03/06_func_lambda.dart

```
// 函式定義
void showLog(var name, Function log) {
    log(name);
}

void main(List<String> args) {
    // 函式呼叫，匿名函式作為參數
    showLog("leo", (name) {
      print("name = $name");
    });
}
```

匿名函式就是沒有名字的函式，程式如下：

```
([[Type] param1[, ...]]) {
    codeBlock;
};
```

匿名函式通常用在不需要被其他場景呼叫的情況，例如遍歷一個 list，程式如下：

```
const list = ['apples', 'bananas', 'oranges'];
list.forEach((item) {
    print('{list.indexOf(item)}:item');
});
```

其他的用法如下：

```
((num x) => x;                  // 沒有函式名稱，有必選的位置參數 x
(num x) {return x;}             // 等值於上面的形式
(int x, [int step]) => x + step;  // 沒有函式名稱，有可選的位置參數 step
```

```
(int x, {int step1, int step2}) => x + step1 + step2;
                              // 沒有函式名稱，有可選的命名參數 step1、step2
```

7. 巢狀結構函式

　　Dart 支援巢狀結構函式，也就是函式中可以定義函式，如程式範例 5-19 所示。

程式範例 5-19　chapter05/03/07_func_loop.dart

```
// 函式定義
void showLog(var name) {
   print("That is a nested function!");

   // 函式中定義函式
   void println(var name) {
     print("name = $name");
   }
   println(name);
}

void main(List<String> args) {
   // 函式呼叫
   showLog("leo");
}
```

8. 函式閉包

　　閉包是一種方法 (物件)，它定義在其他方法內部，閉包能夠存取外部方法中的區域變數，並持有其狀態，如程式範例 5-20 所示。

程式範例 5-20　chapter05/03/08_func_closer.dart

```
test() {
   int count = 0;
   return () {
     print(count++);
   };
}
```

```
void main(List<String> args) {
   var func = test();
   func();
   func();
   func();
   func();
}
```

5.7 運算子

Dart 中用到的運算子如表 5-1 所示。

表 5-1　Dart 運算子列表

操作符號名稱	描述
一元尾碼	expr++ expr-- () [] .?.
一元首碼	-expr !expr ~expr ++expr --expr
乘除操作	* / % ~/
加減操作	+ -
移位	<< >>
逐位元與	&
逐位元互斥	^
逐位元或	|
比較關係和類型判斷	>= > <= < as is is!
等判斷	== !=
邏輯與	&&
邏輯或	||
是否 null	??
條件陳述式操作	expr1 ? expr2：expr3
串聯操作	..
分配賦值操作	= *= /= ~/= %= += -= <<= >>= &= ^= |= ??=

1. 串聯

串聯「..」可以實現對同一物件執行一系列操作。除了函式呼叫，還可以存取同一物件上的欄位。這通常會省去建立臨時變數的步驟，並允許撰寫更多的串聯程式。

如程式範例 5-21 所示。

程式範例 5-21　串聯運算子

```
querySelector('#confirm')        // 獲取一個物件
..text = ' 確認操作 '            // 使用它的成員
..classes.add('confirm')
..onClick.listen((e) => window.alert('Confirmed!'));
```

第 1 種方法呼叫 querySelector()，傳回一個 selector 物件。遵循串聯符號的程式對這個 selector 物件操作，忽略任何可能傳回的後續值。

上面的例子相當於下面的寫法，如程式範例 5-22 所示。

程式範例 5-22

```
var button = querySelector('#confirm');
button.text = ' 確認操作 ';
button.classes.add('confirm');
button.onClick.listen((e) => window.alert('Confirmed!'));
```

注意：嚴格來講，串聯的「雙點」符號不是運算子，這只是 Dart 語法的一部分。

2. 類型測試操作符號

as、is 和 is! 操作符號在執行時期用於檢查類型非常方便。使用 as 操作符號可以把一個物件轉為特定類型。一般來講，如果在 is 測試之後還有一些關於物件的運算式，則可以把 as 當作 is 測試的一種簡寫，程式如下：

```
if (emp is Person) {
   //Type check
   emp.firstName = 'Leo';
}
```

也可以透過 as 來簡化程式，程式如下：

```
(emp as Person).firstName = 'Leo';
```

5.8 分支與迴圈

Dart 中的控制流敘述和其他語言一樣，包含以下方式：

(1) if 和 else。
(2) for 迴圈。
(3) while 和 do-while 迴圈。
(4) break 和 continue。
(5) switch…case 敘述。

1. for 迴圈

可以使用迴圈的標準迭代，如程式範例 5-23 所示。

程式範例 5-23

```
void main() {
   var list = [1, 2, 3, 4, 5];
   //for 迴圈
   for (var index = 0; index < list.length; index++) {
     print(list[index]);
   }
   // 當不需要使用下標時可以使用這種方法遍歷清單的元素
   for (var item in list) {
     print(item);
   }
}
```

如果要迭代的物件是可迭代的，則可以使用 forEach() 方法。如果不需要知道當前迭代計數器，則使用 forEach() 是一個很好的選擇，程式如下：

```
candidates.forEach((candidate) => candidate.interview());
```

2. switch…case 敘述

以上控制流敘述和其他程式語言的用法一樣，switch…case 有一個特殊的用法，可以使用 continue 敘述和標籤來執行指定的 case 敘述，如程式範例 5-24 所示。

程式範例 5-24　　switch…case

```
void main() {
    String lan = 'Java';
    //switch…case，每個 case 後面要跟一個 break，預設為 default
    switch (lan) {
      case 'dart':
        print('dart is my fav');
        break;
      case 'Java':
        print('Java is my fav');
        break;
      default:
        print('none');
      }
      switch (lan) {
        D:
        case 'dart':
        print('dart is my fav');
        break;
      case 'Java':
        print('Java is my fav');
        // 先執行當前 case 中的程式，然後跳躍到 D 中的 case 繼續執行
        continue D;
      //break;
      default:
        print('none');
    }
}
```

5.9　異常處理

　　Dart 異常與傳統原生平台異常很不一樣，原生平台的任務採用多執行緒排程，當一個執行緒出現未捕捉的異常時，會導致整個處理程序退出，而在 Dart 中是單執行緒的，任務採用事件迴圈排程，Dart 異常並不會導致應用程式崩潰，取而代之的是當前事件後續的程式不會被執行了。

　　這樣帶來的好處是一些無關緊要的異常不會導致閃退，使用者還可以繼續使用核心功能。壞處是這些異常可能沒有明顯的提示和異常表現，從而導致問題容易被隱藏，如果此時恰好是在核心流程上且鏈路較長的異常，則可能導致問題排除極難下手。

1. 拋出異常

　　使用 throw 拋出異常，異常可以是 Exception 或 Error 類型的，也可以是其他類型的，但是不建議這麼用。另外，throw 敘述在 Dart 2 中也是一個運算式，因此可以是 =>。

　　非 Exception 或 Error 類型是可以拋出的，但是不建議這麼用，程式如下：

```
testException(){
    throw "this is exception";
}
testException2(){
    throw Exception("this is exception");
}
```

　　也可以用 => 箭頭函式的用法，程式如下：

```
void testException3() => throw Exception("test exception");
```

2. 捕捉異常

　　on 可以捕捉到某一類的異常，但是無法獲取異常物件；catch 可以捕

捉到異常物件。這兩個關鍵字可以組合使用；rethrow 可以重新拋出捕捉
的異常，如程式範例 5-25 所示。

程式範例 5-25

```
testException(){
    throw FormatException("this is exception");
}

main(List<String> args) {
    try{
        testException();
    } on FormatException catch(e){    // 如果匹配不到 FormatException，則會繼續匹配
        print("catch format exception");
        print(e);
        rethrow;                      // 重新拋出異常
    } on Exception{                   // 匹配不到 Exception，會繼續匹配
        print("catch exception") ;
    }catch(e, r){                     // 匹配所有類型的異常。e 是異常物件，r 是 StackTrace
                                      // 物件，異常的堆疊資訊
    print(e);
    }
}
```

3. finally

　　finally 內部的敘述，無論是否有異常，都會執行，如程式範例 5-26
所示。

程式範例 5-26　　finally

```
testException(){
    throw FormatException("this is exception");
}

main(List<String> args) {
    try{
        testException();
    } on FormatException catch(e){
        print("catch format exception");
```

```
    print(e);
    rethrow;
  } on Exception{
    print("catch exception") ;
  }catch(e, r){
    print(e);
  }finally{
    print("this is finally");// 在 rethrow 之前執行
  }
}
```

5.10 物件導向程式設計

物件導向程式設計包括以下特性。

(1) 封裝：封裝是將資料和程式綁定到一起，避免外界的干擾和不確定性。物件的某些資料和程式是私有的，不能被外界存取，以此實現對資料和程式不同等級的存取權限。

(2) 繼承：繼承是讓某種類型的物件獲得另一種類型的物件的特徵。透過繼承可以實現程式的重用，從已存在的類別衍生出的新類別將自動具有原來那個類別的特性，同時，它還可以擁有自己的新特性。

(3) 多形：多形是指不同事物具有不同表現形式的能力。多形機制使具有不同內部結構的物件可以共用相同的外部介面，透過這種方式減少程式的複雜度。

Dart 是一種物件導向的語言，具有類別和基於 mixin 的繼承。同 Java 一樣，Dart 的所有類別也都繼承自 Object。

5.10.1 類別與物件

類別是具有相同類型的物件的抽象。一個物件所包含的所有資料和程式可以透過類別來構造。

物件是執行期的基本實體，也是一個包括資料和操作這些資料的程式的邏輯實體，如圖 5-3 所示。

類別   物件

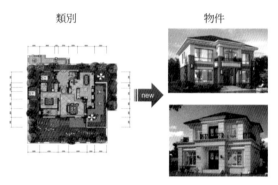

new

▲ 圖 5-3　類別與物件的關係

1. 類別的定義

類別可以看成建立具體物件的範本，一個類別樣板包括類別的實例屬性和方法，以及類別屬性和類別方法。

Dart 的類別與其他語言都有很大的區別，例如在 Dart 的類別中可以有無數個建構函式，可以重寫類別中的操作符號，有預設的建構函式，由於 Dart 沒有介面，所以 Dart 的類別也是介面，因此可以將類別作為介面來重新實現。

下面介紹類別的定義，如程式範例 5-27 所示。

程式範例 5-27　chapter05/04/01_class.dart

```
class Person {
    // 實例屬性
    String name;
    int age;
    // 私有屬性
    String _address;

    // 建構函式：與類別名稱相同，不支援構造方法多載
    Person(this.name, this.age, this._address);
}
```

建立類別的實例物件，程式如下：

程式範例 5-28

```
void main(List<String> args) {
    var p = new Person("leo", 20, "beijing");
}
```

注意：從 Dart 2 開始，new 關鍵字是可選的。

2. 建構函式

可以使用建構函式來建立一個物件。建構函式的命名方式可以為類別名稱 (ClassName) 或類別名稱 . 識別字 (ClassName.identifier) 的形式，例如下述程式分別使用 Person() 和 Person.fromJson() 兩種建構元建立了 Person 物件。

```
var p1 = Person("leo", 20, "beijing");
var p2 = Person.fromJson();
```

Dart 中不支援建構函式的多載，所有採用 ClassName. 構造方法名稱的方法實現構造方法的多載。

如果沒有宣告建構函式，則預設有建構函式，預設的建構函式沒有參數，可呼叫父類別的無參建構函式。子類別不能繼承父類別的建構函式。

建構函式就是一個與類別名稱相同的函式，關鍵字 this 是指當前的，只有在命名衝突時有效，否則 Dart 會忽略處理。

1) 常數建構函式

想讓類別生成的物件永遠不會改變，可以讓這些物件變成編譯時常數，定義一個 const 建構函式並確保所有執行個體變數是 final 的，如程式範例 5-29 所示。

程式範例 5-29

```
void main() {
    const point = Point(7, 8);
}

class Point {
    final int x;
    final int y;
    const Point(this.x, this.y);
}
```

常數建構函式有以下幾點特性：

(1) 常數建構函式需以 const 關鍵字修飾。

(2) const 建構函式必須用於成員變數都是 final 的類別。

(3) 建構常數實例必須使用定義的常數建構函式。

(4) 如果實實體化時不加 const 修飾符號，則即使呼叫的是常數建構函式，實例化的物件也不是常數實例。

2) 工廠建構函式

使用 factory 關鍵字實現建構函式時不一定要建立一個類別的新實例，舉例來說，一個工廠的建構函式可能從快取中傳回一個實例，或傳回一個子類別的實例，如程式範例 5-30 所示。

程式範例 5-30   工廠建構函式

```
void main(){
    var logger = new Logger("Button");
    logger.log("點擊了按鈕!");
}

class Logger {
    final String name;
    bool mute = false;

    static final Map<String, Logger> _cache = <String, Logger>{};
```

```
  factory Logger(String name) {
    if (_cache.containsKey(name)) {
    return _cache[name];
  } else {
    final logger = new Logger._internal(name);
    _cache[name] = logger;
    return logger;
  }
}

Logger._internal(this.name);

void log(String msg) {
    if (!mute) {
      print(msg);
    }
  }
}
```

3. 執行個體變數和方法

實例物件可以存取執行個體變數和方法，如程式範例 5-31 所示。

程式範例 5-31

```
class Person {
  // 實例屬性
  String name;
  int age;
  String job;
  // 私有屬性
  String _address;

  // 建構函式：與類別名稱相同，不支援構造方法多載
  Person(this.name, this.age, this.job, this._address);

  // 實例方法
  void say() {
    print("$name say");
  }
```

```
    void study() {
      print("$name study");
    }

    // 私有實例方法
    void _run() {
      print("$name run");
    }
}

void main(List<String> args) {
  var p = Person("leo", 20, "worker", "beijing");
  p.study();
}
```

4. getter 和 setter

　　getter 和 setter(也稱為存取器和更改器) 允許程式分別初始化和檢索類別欄位的值。使用 get 關鍵字定義 getter(存取器)。setter(更改器) 是使用 set 關鍵字定義的。預設的 getter/setter 與每個類別相連結，但是，可以透過顯性定義 setter/getter 來覆蓋預設值。getter 沒有參數並傳回一個值，setter 只有一個參數但不傳回值，如程式範例 5-32 所示。

程式範例 5-32　　chapter05\04\02_class.dart

```
class Person {
    // 實例屬性
    String name;
    int age;
    // 私有屬性
    String _address;

    //setter、getter
    String get address => this._address;
    set address(String addr) => _address = addr;
}
```

5. 重寫運算子

在軟體開發過程中,運算子多載 (Operator Overloading) 是多形的一種。運算子多載通常只是一種語法糖,這種語法對語言的功能沒有影響,但是更方便程式設計師使用。讓程式更加簡潔,有更高的可讀性。

可以覆蓋的運算子:<、+、|、[]、>、/、^、[]=、<=、~/、&、~、>=、*、<<、==、-、%、>>,如程式範例 5-33 所示。

程式範例 5-33 chapter05\04\03_class.dart

```dart
class Role {
   final String name;
   final int _accessLevel;

   const Role(this.name, this._accessLevel);
   bool operator >(Role Other) {
      return this._accessLevel > Other._accessLevel;
   }

   bool operator <(Role Other) {
      return this._accessLevel < Other._accessLevel;
   }
}

main() {
   var adminRole = new Role('管理員', 3);
   var editorRole = new Role('編輯', 2);
   var userRole = new Role('使用者', 1);
   if (adminRole > editorRole ) {
      print("管理員的許可權大於編輯");
   }
   if (editorRole > userRole) {
      print("編輯的許可權大於使用者");
   }
}
```

6. 類別的變數和方法

使用 static 關鍵字實現類別的變數和方法。靜態變數在其第一次被使用時才被初始化。靜態方法 (類別方法) 不能被一個類別的實例存取，同樣地，靜態方法內也不可以使用關鍵字 this，如程式範例 5-34 所示。

程式範例 5-34　chapter05\04\04_class_static.dart

```dart
class Person {
  // 實例屬性
  String name;
  int age;

  // 類別屬性 [ 類型屬性 ]
  static String language = "han";

  // 類別方法 [ 類型方法 ]
  static void work() {
    print(" 說 $language 的是中國人 ");
    print(" 人類需要工作 !");
  }

  // 建構函式
  Person(this.name, this.age);

  // 實例方法
  void say() {
    print("$name say");
  }

  void study() {
    print("$name study");
  }
}

void main(List<String> args) {
  // 類別變數和類別方法只能透過類別名稱存取
  Person.language = " 中文 ";
  Person.work();
}
```

5.10.2 類別的繼承

繼承格式和 Java 的類似，使用 extends 關鍵字。繼承是重複使用的一種手段，當子類別繼承父類別時，子類別會繼承父類別的所有公開屬性和公開方法 (包括計算屬性)，而私有的屬性和方法則不會被繼承。子類別可以覆載父類別的公開方法，如程式範例 5-35 所示。

程式範例 5-35　chapter05\04\05_extends.dart

```dart
class People {
    say() {
        print("people can say!");
    }
}

class Man extends People {
    @override
    say() {
        print(" 我是中國男人 ");
    }
}

class Woman extends People {
    @override
    say() {
        print(" 我是中國女人 ");
    }
}

void main(List<String> args) {
    var man = Man();
    man.say();
    var women = Woman();
    women.say();
}
```

Dart 中的類別的繼承特點如下：

(1) 子類別使用 extends 關鍵字來繼承父類別。

(2) 子類別會繼承父類別裡可見的屬性和方法,但是不會繼承建構函式。

(3) 子類別能複寫父類別的方法 getter 和 setter。

5.10.3 抽象類別

使用 abstract 修飾符號定義的抽象類別不能被實例化,抽象類別用於定義介面,常用於實現,抽象類別裡通常有抽象方法,但有抽象方法的不一定是抽象類別。

Dart 中的抽象類別主要用於定義標準,子類別可以繼承抽象類別,也可以實現抽象類別介面:

(1) 抽象類別用 abstract 關鍵字宣告。

(2) 抽象類別中沒有方法區塊的方法是抽象方法。

(3) 抽象類別中可以定義普通方法。

(4) 抽象方法不能使用 abstract 關鍵字。

(5) 抽象類別作為介面使用時必須實現所有的屬性和方法。

(6) 抽象類別不能被實例化。

(7) 繼承抽象類別的子類別可以實例化。

(8) Dart 中沒有 interface 關鍵字。

抽象類別的作用是定義標準,子類別繼承並實現標準,如程式範例 5-36 所示。

程式範例 5-36　chapter05\04\06_class_abstract.dart

```
abstract class Animal {
  // 抽象方法,只有方法宣告
  // 不需要實現,由子類別重寫實現
  eat();
  run();
  // 普通方法,子類別可以選擇性地實現
  showInfo() {
    print(' 我是一個抽象類別裡的普通方法 ');
```

```
    }
}

class Dog extends Animal {
    @override
    eat() {
        print('小狗在啃骨頭');
    }

    @override
    run() {
        //TODO: implement run
        print('小狗在跑');
    }
}

class Cat extends Animal {
    @override
    eat() {
        //TODO: implement eat
        print('小貓在吃老鼠');
    }

    @override
    run() {
        //TODO: implement run
        print('小貓在跑');
    }
}

main() {
    //Animal a=new Animal();    // 和 Java 類似，抽象類別無法直接被實例化
    Dog d = Dog();
    d.eat();
    d.showInfo();

    Cat c = Cat();
    c.eat();
    c.showInfo();
}
```

5.10.4 多形

Dart 中多形的特徵如下：

(1) 子類別實例化賦值給父類別引用。

(2) 多形就是父類別定義一種方法，讓繼承的子類別實現其方法，並
且每個子類別都有自己獨有的方法。

(3) 父類別引用無法呼叫子類別獨有的方法。

多形如程式範例 5-37 所示。

程式範例 5-37　chapter05\04\07_duotai.dart

```dart
class Animal {
   eat() {
      print('Animal eat');
   }
}
class Dog extends Animal {
   @override
   eat() {
      print(" 小狗吃 ");
   }
}

class Cat extends Animal {
   @override
   eat() {
      print(" 小貓吃 ");
   }
}

main(List<String> args) {
   Animal a1 = Dog();
   a1.eat();                    // 小狗吃

   Animal a2 = Cat();
   a2.eat();                    // 小貓吃
}
```

5.10.5 隱式介面

Dart 中沒有 interface 關鍵字來定義介面，但是普通類和抽象類別都可以作為介面被實現，使用 implements 關鍵字進行實現。

如果實現的類別是普通類，則需要將普通類和抽象類別中的屬性及方法全重寫。抽象類別可以定義抽象方法，而普通類則不可以，所以如果要實現介面方式，則一般使用抽象類別定義介面。

隱式介面如程式範例 5-38 所示。

程式範例 5-38　chapter05\04\08_interface1.dart

```
abstract class DoSomething {
    start() {
        print(" 這裡是常規開始 ");
    }

    step1();
    step2();
    step3();
    end() {
        print(" 這裡是常規結束 ");
    }
}

class DoSubject implements DoSomething {
    @override
    end() {
        //TODO: implement end
        throw UnimplementedError();
    }

    @override
    start() {
        //TODO: implement start
        throw UnimplementedError();
    }
```

```
    @override
    step1() {
      //TODO: implement step1
      throw UnimplementedError();
    }

    @override
    step2() {
      //TODO: implement step2
      throw UnimplementedError();
    }

    @override
    step3() {
      //TODO: implement step3
      throw UnimplementedError();
    }
}
```

下面有一個操作資料庫的需求，需要開發一個資料庫操作，要求能夠支援 MySQL、MS-SQL、MongoDB 三個資料庫的操作，未來可能需要支援更多的資料庫。

這裡資料庫的操作方式基本一樣，但是不同資料庫有不同的操作處理方式，而且需要考慮可擴充性，這裡可以使用介面實現模式，如程式範例 5-39 所示。

程式範例 5-39　chapter05\04\09_interface2.dart

```
abstract class Db {
  String? uri;                // 資料庫的連結位址
  add(String data);
  save();
  delete();
}

class Mysql implements Db {
  @override
  String? uri;
```

```
   Mysql(this.uri);
   @override
   add(data) {
      print('這是MySQL的add方法 ' + data);
   }

   @override
   delete() {
      return null;
   }

   @override
   save() {
      return null;
   }

   remove() {}
}

class MsSql implements Db {
   @override
   String? uri;

   MsSql(this.uri);

   @override
   add(String data) {
      print('這是MS-SQL的add方法 ' + data);
   }

   @override
   delete() {
      return null;
   }

   @override
   save() {
      return null;
   }
```

```
}

main() {
    Mysql mysql = new Mysql('MySQL:192.168.0.1');
    mysql.add('dart');
}
```

5.10.6 擴充類別

在 Dart 中，擴充類別 (mixins) 可以把自己的方法提供給其他類別使用，但不需要成為其他類別的父類別。

因為 mixins 使用的條件隨著 Dart 版本的變化一直在變，這裡講的是 Dart 2 中使用 mixins 的條件：

(1) 作為 mixins 的類別只能繼承自 Object，不能繼承自其他類別。

(2) 作為 mixins 的類別不能有建構函式。

(3) 一個類別可以混入多個 mixins 類別。

(4) mixins 絕不是繼承，也不是介面，而是一種全新的特性。

1. mixins 透過非繼承的方式重複使用類別中的程式

類別 A 有一種方法 a()，類別 B 需要使用 A 類別中的 a() 方法，而且不能用繼承方式，這時就需要用到 mixins。類別 A 就是 mixins 類別 (混入類別)，類別 B 就是要被混入的類別，如程式範例 5-40 所示。

程式範例 5-40　chapter05\04\10_mixins.dart

```
class A {
    String content = 'A Class';

    void a() {
        print("a");
    }
}

class B with A {}
```

```
void main(List<String> args) {
   B b = new B();
   print(b.content);
   b.a();
}
```

2. 一個類別可以混入多個 mixins 類別

　　雖然 Dart 不支援多重繼承，但是可以使用 mixin 實現類似多重繼承的功能，如程式範例 5-41 所示。

程式範例 5-41　　chapter05\04\11_mixins.dart

```
class A {
   void a() {
      print("a");
   }
}

class A1 {
   void a1() {
      print("a1");
   }
}

class B with A, A1 {}

void main(List<String> args) {
   B b = new B();
   b.a();
   b.a1();
}
```

3. on 關鍵字

　　on 只能用於被 mixins 標記的類別，例如 mixin X on A，意思是要 mixins X，得先透過介面實現或繼承 A。這裡 A 可以是類別，也可以是介面，但是在混入時用法有區別。

on 一個類別，用於繼承，如程式範例 5-42 所示。

程式範例 5-42　chapter05\04\12_mixins_on.dart

```dart
class A {
   void a() {
      print("a");
   }
}

mixin X on A {
   void x() {
      print("x");
   }
}

class MixinsX extends A with X {}

void main(List<String> args) {
   var m = MixinsX();
   m.a();
}
```

on 一個介面，首先實現這個介面，然後用 mixin，如程式範例 5-43 所示。

程式範例 5-43　chapter05\04\13_mixins_on.dart

```dart
class A {
   void a() {
      print("a");
   }
}

mixin X on A {
   void x() {
      print("x");
   }
}
```

```
class implA implements A {
   @override
   void a() {
      print("implA a");
   }
}

class MixinsX2 extends implA with X {}

void main(List<String> args) {
   var m = MixinsX2();
   m.a();
}
```

5.11 泛型

　　泛型是程式語言的一種特性。允許程式設計師在強類型程式語言中撰寫程式時定義一些可變部分，這些可變部分在使用前必須進行指明。

1. 泛型方法

　　泛型方法可以約束一種方法使用同類型的參數、傳回同類型的值，可以約束裡面的變數類型，如程式範例 5-44 所示。

程式範例 5-44　　chapter05\05\01_generic.dart

```
void setData<T>(String key, T value) {
   print("key=${key}" + " value=${value}");
}

T getData<T>(T value) {
   return value;
}

main(List<String> args) {
   setData("name", "hello dart!");      //string 類型
   setData("name", 123);                //int 類型
```

```
   print(getData("name"));              //string 類型
   print(getData(123));                 //int 類型
   print(getData<bool>("hello"));       // 錯誤，約束類型是 bool，但是傳入了 String
                                        // 所以編譯器會顯示出錯
}
```

2. 泛型類別

宣告泛型類別，例如宣告一個 Array 類別，實際上就是 List 的別名，而 List 本身也支援泛型的實現，如程式範例 5-45 所示。

程式範例 5-45　　chapter05\05\02_generic.dart

```
class Array<T> {
   List _list = [];
   Array();
   void add<T>(T value) {
      this._list.add(value);
   }

   get value {
      return this._list;
   }
}

main(List<String> args) {
   List l1 = [];
   l1.add("aa");
   l1.add("bb");
   print(l1);              //[aa, bb]

   Array arr = new Array<String>();
   arr.add("cc");
   arr.add("dd");
   print(arr.value);       //[cc, dd]

   Array arr2 = new Array<int>();
   arr2.add(1);
   arr2.add(2);
```

```
    print(arr2.value);        //[1, 2]
}
```

3. 泛型介面

下面宣告一個 Storage 介面，然後 Cache 實現了此介面，能夠約束儲存的 value 的類型，如程式範例 5-46 所示。

程式範例 5-46　chapter05\05\03_generic.dart

```
abstract class Storage<T> {
    Map m = new Map();
    void set(String key, T value);
    void get(String key);
}

class Cache<T> implements Storage<T> {
    @override
    Map m = new Map();

    @override
    void get(String key) {
        print(m[key]);
    }

    @override
    void set(String key, T value) {
        m[key] = value;
        print("set success!");
    }
}

main(List<String> args) {
    Cache ch = new Cache<String>();
    ch.set("name", "123");
    ch.get("name");
    //ch.set("name", 1232); //type 'int' is not a subtype of type 'String' of
'value'x

    Cache ch2 = new Cache<Map>();
```

```
    ch2.set("hello", {"name": "dart", "age": 20});
    ch2.get("hello");
}
```

5.12 非同步支援

Dart 和 JavaScript 都是單執行緒的，並且都提供了一些相似的特性來支援非同步程式設計。在 Dart 中的非同步函式傳回 Future 或 Stream 物件,await 和 async 關鍵字用於非同步程式設計,使撰寫非同步程式就像同步程式一樣。

5.12.1 Future 物件

Future 和 ECMAScript 6 的 Promise 的特性相似，它們是非同步程式設計的解決方案，Future 是基於觀察者模式的，它有 3 種狀態：pending(進行中)、fulfilled(已成功) 和 rejected(已失敗)。

可以使用建構函式來實例化一個 Future 物件，如程式範例 5-47 所示。

程式範例 5-47　　chapter05\06\01_future.dart

```
void main() {
    final request = Future<String>(() => 'request success');
    print(request);//Instance of 'Future<String>'
}
```

Future 建構函式接收一個函式作為參數，泛型參數決定了傳回值的類型，在上面的例子中，Future 傳回值被規定為 String。

Future 實例生成後，可以用 then() 方法指定成功狀態的回呼函式，如程式範例 5-48 所示。

程式範例 5-48

```
void main() {
    final request = Future<String>(() => 'request success');
    print(request);                    //Instance of 'Future<String>'
    request.then((e) => print(e));   //output: request success
}
```

then() 方法還可以接收一個可選命名參數,參數的名稱是 onError,即失敗狀態的回呼函式,如程式範例 5-49 所示。

程式範例 5-49

```
void main() {
    final request = Future<String>(() {
        throw new FormatException('Expected at least 1 section');
    });
    final then = request.then((e) => print('success'), onError: (e) => print(e));
    print(then);

    /**
      * output:
      * Instance of 'Future<void>'
      * FormatException: Expected at least 1 section
    */
}
```

在上面的程式中,Future 實例的函式中拋出了異常,被 onError 回呼函式捕捉到,並且可以看出 then() 方法傳回的還是一個 Future 物件,所以還可以利用 Future 物件的 catchError 進行鏈式呼叫從而捕捉異常,用法如程式範例 5-50 所示。

程式範例 5-50

```
void main() {
    final request = Future<String>(() {
        throw new FormatException('Expected at least 1 section');
    });
    request.then((e) => print('success'))
```

```
    .catchError((e) => print(e)); //output: FormatException: Expected at
least 1 section
}
```

    Dart 中也內建了很多方法會傳回 Future 物件，舉例來説，File 物件的 readAsString() 方法，此方法是非同步的，它用於讀取檔案，呼叫此方法將傳回一個 Future 物件。

5.12.2 async 函式與 await 運算式

    使用 async 關鍵字可以宣告一個非同步方法，並且該方法會傳回一個 Future，如程式範例 5-51 所示。

程式範例 5-51

```
Future<String> getVersion() async {
    return 'v1.0';
}

checkVersion() async => true;

void main() {
    print(getVersion());//output: Instance of 'Future<String>'
    print(checkVersion()); //output: Instance of 'Future<dynamic>'
}
```

    await 運算式必須放入 async 函式本體內才能使用，await 運算式會對程式造成阻塞，直到非同步作業完成，如程式範例 5-52 所示。

程式範例 5-52

```
void main() async {
    await Future(() => print('request success'));
    print('test');

    /**
      * output:
      * request success
```

```
    * test
    */
}
```

await 運算式能夠使非同步作業變得更加方便，之前使用 Future 物件進行連續的非同步作業時，類似程式範例 5-53 所示。

程式範例 5-53

```
void main() {
  Future<String>(() => 'request1')
    .then((res) {
      print(res);
      return Future<String>(() => 'request2');
    })
    .then((res) {
      print(res);
      return Future<String>(() => 'request3');
    })
    .then(print);

  /**
    * output:
    * request1
    * request2
    * request3
    */
}
```

在上面的程式中，每個非同步作業都需要等待上個非同步作業完成後才可進行，非同步回呼 then() 方法是個鏈式操作，如果使用 await 運算式，則可以讓這些連續的非同步作業變得更加讀取，看來起來就像是同步操作，並且擁有相同的效果，如程式範例 5-54 所示。

程式範例 5-54

```
void main() async {
  final res1 = await Future<String>(() => 'request1');
  print(res1);              //output: request1
```

```
    final res2 = await Future<String>(() => 'request2');
    print(res2);                    //output: request2

    final res3 = await Future<String>(() => 'request3');
    print(res3);                    //output: request3
}
```

因為 await 運算式後面是一個 Future 物件，所以可以使用 catchError
來捕捉 Future 的異常，如程式範例 5-55 所示。

程式範例 5-55

```
void main() async {
    final res1 = await Future<String>(() => throw 'is error').
catchError(print);
    print(res1);

    /**
      * output:
      * is error
      * null
    */
}
```

或直接使用 try、catch 和 finally 來處理異常，如程式範例 5-56 所示。

程式範例 5-56

```
void main() async {
    try {
        final res = await Future<String>(() => throw 'is error');
    } catch(e) {
        print(e);//output: is error
    }
}
```

5.13 函式庫和函式庫套件

在 Dart 中，library 指令可以建立函式庫，每個 Dart 檔案都是一個函式庫，函式庫套件 (Library Package) 是一組函式庫 (Library) 檔案的集合。

Dart 中的函式庫主要有 3 種：自訂的函式庫、系統內建函式庫和 Pub 套件管理系統中的函式庫。

5.13.1 函式庫

在 Dart 中，library 指令可以建立函式庫 (Library)，每個 Dart 檔案都是一個函式庫，即使沒有使用 library 指令來指定，函式庫在使用時也可透過 import 關鍵字引入。

1. 函式庫建立與匯出

Library 不僅可以提供 API，也是一個私有單元：以底線開始的識別字僅在所在的 Library 中可見。每個 Dart 程式都是一個 Library，即使它沒有使用 library 指令。

建立一個 Dart 檔案，該 Dart 檔案的名稱就是函式庫的名稱，在函式庫中撰寫業務程式，在函式庫中定義的各種方法、變數、類別等無須匯出命令，其他函式庫透過 import 匯入後即可存取使用。

下面建立一個函式庫模組：hello.dart，如程式範例 5-57 所示。

程式範例 5-57

```
// 公開的方法，外部匯入可用 8
void showHello() {
    print("hello lib ");
}

// 私有方法，外部匯入不可用
void _func1() {
    print("func1");
}
```

2. 函式庫引用

模組引用的關鍵字是 import，import 模組的路徑可以是相對路徑，用於將其他檔案匯入當前檔案中使用，避免多次複製。匯入模組後，可用 show 關鍵字只對外提供某種方法，如 show log。

在 main.dart 模組中透過 import 匯入這個模組，如程式範例 5-58 所示。

程式範例 5-58

```
import '../lib/hello.dart';

void main(List<String> args) {
    showHello();
}
```

3. 匯入指定函式庫的首碼

如果要匯入兩個有識別字衝突的函式庫，則可以為其中一個或兩個指定首碼。例如：如果 hello.dart 和 world.dart 都有一個 showHello() 方法，為了不衝突，如程式範例 5-59 所示。

程式範例 5-59

```
mport '../lib/hello.dart' as lib1;
import '../lib/world.dart' as lib2;

void main(List<String> args) {
    lib1.showHello();
    lib2.showHello();
}
```

4. 僅匯入函式庫的一部分

如果想要使用一個函式庫的一部分，則可以有選擇地匯入一個函式庫。這裡需要使用 show 和 hide 關鍵字，多個變數用逗點隔開，如程式範例 5-60 所示。

程式範例 5-60

```
// 只匯入 foo 和 bar
import '../lib1.dart' show foo,bar;

// 除了 foo 不匯入，其他的都匯入
import '../lib2.dart' hide foo;
```

5. 惰性載入一個函式庫

延遲載入 (也稱為惰性載入) 函式庫允許一個應用程式在需要時才去載入一個函式庫。這裡是一些可能使用延遲載入的場景：要減少一個 App 的初始啟動時間、A/B 測試和載入很少使用的功能。

要惰性載入一個函式庫，必須在第一次匯入時使用 deferred as，程式如下：

```
import '../hello.dart' deferred as hello;
```

當需要使用延遲載入的函式庫時，使用函式庫的識別字呼叫 loadLibrary()，如程式範例 5-61 所示。

程式範例 5-61

```
Future greet() async {
    await hello.loadLibrary();
    hello.showHello();
}
```

可以在一個函式庫上多次呼叫 loadLibrary()，這是不會有問題的，但該函式庫僅會被載入一次。

5.13.2 自訂函式庫套件

在 Dart 中，有 pubspec.yaml 檔案的應用可以被稱為一個 Package，而自訂函式庫套件 (Library Package) 是一類特殊的 Package，這種套件可以被其他的專案所相依，也就是通常所講的函式庫套件。

如果想把自己撰寫的 Dart 程式上傳到 pub.dev 上，或提供給別人使用，就需要建立函式庫套件。

1. 建立 Library Package

在開發專案目錄下，使用以下命令建立自訂函式庫套件，命令如程式範例 5-62 所示。

程式範例 5-62　建立自訂套件的命令

```
flutter create --template=package PACKAGENAME
```

命令執行後，自動建立一個自訂套件目錄，這裡建立一個 hello 的函式庫套件，結構如圖 5-4 所示。

▲ 圖 5-4　建立一個自訂套件目錄

2. Library Package 的結構

先看一下 Library Package 的結構，如程式範例 5-63 所示。

程式範例 5-63

```
PackageName
├─── lib
│   └─── main.dart
└─── pubspce.yaml
```

上面是一個最簡單的 Library Package 的結構，在 PackageName 目錄下面建立一個 pubspce.yaml 檔案。lib 目錄存放的是 library 的程式。

lib 中的函式庫可以供外部進行引用。如果是 Library 內部的檔案，則可以放到 lib/src 目錄下面，這裡的檔案表示是 private 的，不應該被別的程式引入。

如果想要將 src 中的套件匯出供外部使用，則可以在 lib 下面的 Dart 檔案中使用 export，將需要用到的 lib 匯出。這樣其他使用者只需匯入這個檔案。

3. library 指令

每個 Dart 應用程式預設都是一個 Library, 只是沒有使用 library 指令顯性宣告。如 main() 方法所在的套件，實際上預設隱藏了一個 main 的 library 的宣告，如程式範例 5-64 所示。

程式範例 5-64

```
//main.dart
main() {                    // 此 main 函式就是 main.dart 函式庫中的頂層函式
    print('hello dart');
}

// 實際上相當於
library main;               // 預設隱藏了一個 main 的 library 的宣告
main() {
    print('hello dart');
}
```

建立一個自訂的 Library Package，需要在函式庫檔案上面增加 library 宣告，如圖 5-5 所示。

```
1  library hello;
2
3  /// A Calculator.
4  class Calculator {
5    /// Returns [value] plus 1.
6    int addOne(int value) => value + 1;
7  }
```

▲ 圖 5-5 建立一個自訂的 Library Package

4. export 指令

和 JavaScript 中的模組匯出不同的是，export 指令用於在套件庫中匯出公開的單一 Dart 函式庫檔案。export 後面跟上需要匯出的函式庫的相對路徑，程式如下：

```
export 'src/adapter.dart';
```

如開放原始碼 dio 函式庫，在 dio 函式庫的 lib 目錄下的 dio.dart 檔案中定義需要匯出的公開函式庫，當其他函式庫需要引用這個函式庫時，只需匯入這個檔案就可以呼叫所有匯出的函式庫了，如程式範例 5-65 所示。

程式範例 5-65

```
library dio;

export 'src/adapter.dart';
export 'src/cancel_token.dart';
export 'src/dio.dart';
export 'src/dio_error.dart';
export 'src/dio_mixin.dart' hide InterceptorState, InterceptorResultType;
export 'src/form_data.dart';
export 'src/headers.dart';
export 'src/interceptors/log.dart';
export 'src/multipart_file.dart';
export 'src/options.dart';
export 'src/parameter.dart';
export 'src/redirect_record.dart';
export 'src/response.dart';
export 'src/transformer.dart';
```

5. part 指令

Dart 中，透過 part、part of、library 指令實現拆分函式庫，這樣就可以將一個龐大的函式庫拆分成各種小函式庫，只要引用主函式庫即可，用法如下：

　　這裡需要建立 3 個 Dart 檔案，包括兩個子函式庫 (calculator 和 logger) 和一個主函式庫 (util)。子函式庫 calculator.dart 的程式如程式範例 5-66 所示。

程式範例 5-66

```dart
// 和主函式庫建立連接
part of util;

int add(int i, int j) {
   return i + j;
}

int sub(int i, int j) {
   return i - j;
}

int random(int no) {
   return Random().nextInt(no);
}
```

　　子函式庫 logger.dart 的程式如程式範例 5-67 所示。

程式範例 5-67

```dart
// 和主函式庫建立連接
part of util;

class Logger {
   String _app_name;
   Logger(this._app_name);
   void error(error) {
      print('${_app_name}Error:${error}');
}

void warn(msg) {
   print('${_app_name}Error:${msg}');
}

void deBug(msg) {
```

```
        print('${_app_name}Error:${msg}');
    }
}
```

主函式庫 util.dart 的程式如程式範例 5-68 所示。

程式範例 5-68

```
// 給函式庫命名
library util;

// 匯入 math，子函式庫會用到
import 'dart:math';

// 和子函式庫建立聯繫
part 'logger.dart';
part 'calculator.dart';
```

在 main 中使用，如程式範例 5-69 所示。

程式範例 5-69

```
import './util.dart';

void main() {
    // 使用 logger 函式庫定義的類別
    Logger logger = Logger('Demo');
    logger.deBug(' 這是 deBug 資訊 ');

    // 使用 calculator 函式庫定義的方法
    print(add(1, 2));
}
```

5.13.3 系統函式庫

　　Dart 為開發者提供了大量的基礎函式庫，這些基礎函式庫是開發者在開發中所需的一些基礎開發函式庫，如 I/O 操作、資料處理、網路請求、非同步處理、檔案操作等。

1. io、math 函式庫

dart：math 函式庫中提供了基礎的數學函式的呼叫，如程式範例 5-70 所示。

程式範例 5-70

```
import 'dart:io';
import "dart:math";
main(){
    print(min(122,222));
    print(max(65,89));
}
```

2. 網路函式庫 (實現網路請求)

網路函式庫的使用步驟如程式範例 5-71 所示。

程式範例 5-71

```
import 'dart:io';
import 'dart:convert';
void main() async{
    var result = await getInfoListApi();
    print(result);
}
//API:
getInfoListApi() async{
    //1. 建立 HttpClient 物件
    var httpClient = new HttpClient();
    //2. 建立 Uri 物件
    var uri = new Uri.http('www.51itcto.com','/api/3');
    //3. 發起請求，等待請求
    var request = await httpClient.getUrl(uri);
    //4. 關閉請求，等待回應
    var response = await request.close();
    //5. 解碼回應的內容
    return await response.transform(utf8.decoder).join();
}
```

5.13.4 協力廠商函式庫

如果開發應用的過程中需要某些特殊功能的函式庫，但是系統函式庫沒有提供，此時就可以試著到協力廠商函式庫市場搜索、安裝及使用，下面介紹查詢和安裝協力廠商函式庫的詳細步驟。

1. 從下面網址找到要用的函式庫

https://pub.dev/packages

https://pub.flutter-io.cn/packages

https://pub.dartlang.org/flutter/

pub.dev 是 Google 官方維護的 Dart 和 Flutter 的協力廠商程式庫的上傳下載網站，Dart 提供上傳套件和下載套件的工具供開發者使用。

如需要使用一個強大的 HTTP 存取函式庫，在 pub.dev 上就可以搜索，選擇使用人數和排名高的函式庫，如 dio 函式庫，如圖 5-6 所示。

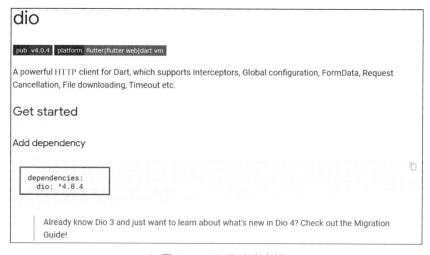

▲ 圖 5-6 DIO 函式庫介紹

2. 建立一個 pubspec.yaml 檔案

pubspec.yaml 檔案的 dependencies 用來設定需要下載的套件名稱和

版本編號，然後在設定檔所在的目錄命令列中執行 pub get 命令就可以獲取遠端函式庫。

在 Visual Code 中儲存該檔案後就會自動把 dependencies 中設定的函式庫類別檔案下載到本地 Flutter 安裝目錄下，如 C:\Flutter\.pub-cache\hosted\pub.flutter-io.cn。

```
name: xxx
description: A new flutter module project.
dependencies:
   dio: ^4.0.4
   flutter:
     sdk: flutter
```

3. 查看引入庫的使用文件

每個函式庫的介紹頁面都有簡單的使用入門介紹，透過查看文件，在自己的專案中引用和使用，如獲取 dio 函式庫的文件使用說明，如程式範例 5-72 所示。

程式範例 5-72

```
import 'package:dio/dio.dart';
void getHttp() async {
   try {
     var response = await Dio().get('http://www.google.com');
     print(response);
   } catch (e) {
     print(e);
   }
}
```

套件管理與鷹架

隨著大前端專案化越來越複雜，程式倉的管理也變得複雜起來，高效率地管理大量的前端模組需要有好的套件管理工具和優秀的鷹架工具，以此幫助開發人員高效率地完成開發任務。本章講解大型 JavaScript 專案的模組管理的工具和演示如何開發一個企業級的 CLI 鷹架工具。

6.1 MonoRepo 套件管理

MonoRepo(Monolithic Repository，單體式倉庫) 並不是一個新的概念。從軟體開發早期，就已經廣泛使用這種模式了。這種模式的核心就是用一個 Git 倉庫來管理所有的原始程式。除了這種模式以外，另一個比較受推崇的模式就是 MultiRepo(Multiple Repository), 也就是用多個 Git 倉庫來管理自己的原始程式。

目前諸如 Babel、React、Angular、Ember、Meteor、Jest 等都採用了 MonoRepo 方式進行原始程式的管理。

MonoRepo 的最終目標：將所有相關 module 都放到一個 Repo 裡，每個 module 獨立發佈，issue 和 PR 都集中到該 Repo 中。不需要手動去維護每個套件的相依關係，當發佈時，會自動更新相關套件的版本編號，並自動發佈。

6.1.1 單倉與多倉庫管理

MonoRepo 表示把所有專案的所有程式統一維護在一個單一的程式版本函式庫中，如圖 6-1 所示，和多程式庫方案相比，兩者各有優劣，下面簡單對比兩者之間的差異。

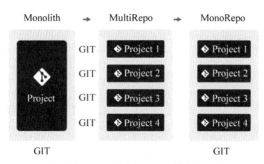

▲ 圖 6-1　多倉管理與單倉管理

MultiRepo：劃分為多個模組，一個模組即一個 Git 倉庫。

(1) 優點：模組劃分清晰，每個模組都是獨立的 Repo，利於團隊協作。

(2) 缺點：程式管理難度增加。例如：①某個模組出現 Bug 對應模組都需要編譯，上線、涉及手動控制版本，非常煩瑣；② issue 管理十分麻煩。

MonoRepo：劃分為多個模組，所有模組放在一個 Git 倉庫。

(1) 優點：程式結構清晰，利於團隊協作，同時一個函式庫降低了專案管理、程式管理及程式偵錯難度。

(2) 缺點：專案變得龐大，模組變多後同樣會遇到各種問題，所以需要有更好的建構工具支援。

MonoRepo 模式的多套件管理工具比較多，目前比較流行的有以下兩個。

(1) Lerna：單一程式庫管理器，Lerna 是由 Babel 團隊推出的多套件管理工具。

(2) Yarn Workspace：用一個命令在多個地方安裝和更新 Node.js 的相依項。

6.1.2 Lerna 套件管理工具介紹

Lerna 是由 Babel 團隊推出的多套件管理工具，如圖 6-2 所示，因為 Babel 包含很多子套件，以前都放在多個倉庫裡，管理比較困難，特別是在呼叫系統內套件時，發佈比較麻煩，所以為了能更好、更快地跨套件管理，Babel 推出了 Lerna，使用了 MonoRepo 的概念，現在 React、Babel、Angular、Jest 都在使用這個工具來管理套件。

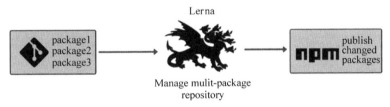

▲ 圖 6-2 Lerna 多套件管理工具

6.1.3 Lerna 套件組織結構

按照 Lerna 檔案組織結構，所有的 package 套件都在 packages 目錄裡，外部只保留 package.json 設定檔即可。package 套件是個完整的 NPM 專案結構，完整結構如下所示。

```
my-lerna-repo/
  ├ packages/
  │   ├package-a/
  │   │   ├...
  │   │   └package.json
  │   └package-b/
  │       ├...
  │       └package.json
```

```
├ ...
├ lerna.json
└ package.json
```

6.1.4 Lerna 安裝與設定

接下來，介紹如何安裝和設定 Lerna。

1. 安裝 Lerna

命令如下：

```
npm install lerna-g          # 全域安裝
npm install lerna --save-dev # 局部安裝
```

2. 初始化 Lerna 專案

建立一個 Lerna 專案或把已存在的 Git 倉庫升級為 Lerna 專案，命令如下：

```
lerna init
```

Lerna 會完成下面兩件事情：

(1) 在 package.json 檔案裡的 devDependency 中加入 Lerna。

(2) 建立 lerna.json 設定檔，儲存當前 Lerna 專案的版本編號。

3. Lerna 常用命令

Lerna 常用命令如表 6-1 所示。

表 6-1 Lerna 常用命令

命令	描述
lerna init	建立新的 Lerna 函式庫
lerna create	新建 package
lerna list	顯示 package 清單
lerna bootstrap	安裝相依
lerna clean	刪除各個套件下的 node_modules

命令	描述
lerna changed	顯示自上次 release tag 以來所有修改的套件，選項同 list
lerna diff	顯示自上次 release tag 以來所有修改的套件的差異，執行 git diff 命令
lerna exec	在每個套件目錄下執行任意命令
lerna run	執行每個套件 package.json 檔案中的指令碼命令
lerna import	引入 package
lerna link	連結互相引用的函式庫
lerna publish	發佈

4. lerna.json 設定檔說明

lerna.json 設定檔介紹如下：

```
{
    "useWorkspaces": true,    // 使用 workspaces 設定。此項為 true ，將使用
                              // package.json 的 "workspaces"，下面的 "packages"
                              // 欄位將不生效
    "version": "0.1.0",       // 所有套件版本編號，獨立模式 -"independent"
    "npmClient": "cnpm",      //npm client，可設定為 cnpm、yarn 等
    "packages": [             // 套件所在目錄，可指定多個
      "packages/*"
    ],
    "command": {              //Lerna 命令相關設定
      "publish": {            // 發佈相關
        "ignoreChanges": [    // 指定檔案或目錄的變更，不觸發 publish
          ".gitignore",
          "*.log",
          "*.md"
        ]
      },
      "bootstrap": { //bootstrap 相關
        "ignore": "npm-*",// 不受 bootstrap 影響的套件
        "npmClientArgs": [ //bootstrap 執行參數
          "--no-package-lock"
        ]
      }
    }
}
```

6.1.5 Lerna 操作流程演示

接下來，從一個 Demo 出發，了解基於 Lerna 的開發流程。

1. 專案初始化

這裡開發一個元件庫，其包含兩個元件，分別為 Car(車子) 和 Wheel(車輪) 元件，其中 Car 元件相依於 Wheel 元件。

首先，初始化 Lerna 專案，命令如下：

```
lerna init
```

2. 增加 Packages

初始化 Lerna 專案後，在專案裡新建兩個 Package，執行命令如下：

```
lerna create car
lerna create wheel
```

增加 Package 後目錄結構如下：

```
Root
├──── lerna.json
├──── package.json
└──── packages
      ├──── car
      │     ├──── index.js
      │     ├──── node_modules
      │     └──── package.json
      └──── wheel
            ├──── index.js
            ├──── node_modules
            └──── package.json
```

3. 分別給對應的 Package 增加相依模組

接下來，為元件增加相依，首先 Car 元件不能只由 Wheel 組成，還需要增加一些外部相依 (在這裡假設為 lodash)，執行命令如下：

```
lerna add lodash --scope=car
```

上面的命令會將 lodash 增添到 Car 的 dependencies 屬性裡，此時可以去看一看 package.json 檔案是不是發生變更了。

接下來，還需要將 Wheel 增加到 Car 的相依裡，執行命令如下：

```
lerna add wheel --scope=car
```

上面的操作會自動檢測到 Wheel 隸屬於當前專案，直接採用 symlink 的方式連結。

symlink：符號連結，也就是平常所講的建立超連結，此時 Car 的 node_modules 裡的 Wheel 直接連接至專案裡的 Wheel 元件，而不會再重新拉取一份，這個對本地開發非常有用。

4. 發佈 Packages

接下來只需簡單地執行 lerna publish 命令，確認升級的版本編號，就可以批次地將所有的 package 發佈到遠端。

```
lerna publish
```

預設情況下會推送到系統目前 NPM 對應的 registry 裡，實際專案裡可以根據設定 lerna.json 檔案切換所使用的 NPM 使用者端。

5. 安裝相依套件 & 清理相依套件

完成 1~4 步表示已經完成了 Lerna 整個生命週期的過程，但當維護這個專案時，新拉下來倉庫的程式後，需要為各個 package 安裝相依套件。

在第 3 步執行 lerna add 命令時會發現，對於多個 package 都相依的套件，需要被安裝多次，並且每個 package 下都維護自己的 node_modules。此時使用 --hoist 把每個 package 下的相依套件都提升到專案根目錄，來降低安裝及管理的成本，程式如下：

```
lerna bootstrap --hoist
```

為了省去每次都輸入 --hoist 參數的麻煩，可以在 lerna.json 檔案中設定，程式如下：

```
{
  "packages": [
    "packages/*"
  ],
  "command": {
    "bootstrap": {
      "hoist": true
    }
  },
  "version": "0.0.1-alpha.0"
}
```

設定好後，對於之前相依套件已經被安裝到各個 package 下的情況，只需清理一下安裝的相依，命令如下：

```
lerna clean
```

然後執行 lerna bootstrap 命令即可看到 package 的相依都被安裝到根目錄下的 node_modules 中了。

```
lerna bootstrap
```

6. 更新模組

在後面的開發過程中修改了 Wheel 元件，此時可以執行 lerna updated 命令，查看有哪些元件發生了變更，程式如下：

```
info cli using local version of lerna
lerna notice cli v4.0.0
lerna info Assuming all packages changed
car
wheel
```

此時，雖然只變更了 Wheel 元件，但是 Lerna 能夠幫助我們檢查到所有相依於它的元件，對於沒有連結的元件，是不會出現在更新列表裡的，這比之前人工維護版本相依的更新高效。

7.　集中版本編號或獨立版本編號

現在已經發佈了兩個 package，如果需要再新增一個 Engine(引擎) 元件，它和其他兩個 package 保持獨立，隨後執行 lerna publish 命令，它會提示 Engine 元件的版本編號將從 0.0.0 升級至 1.0.0，但是事實上 Engine 元件是剛建立的，這點不利於版本編號的語義化，Lerna 已經考慮到了這一點，它包含的兩種版本編號管理機制如下：

(1) 在 fixed 模式下，模組發佈新版本時都會升級到 lerna.json 檔案裡撰寫的 version 欄位。

(2) 在 independent 模式下，模組發佈新版本時，會一個一個詢問需要升級的版本編號，基準版本為它自身的 package.json 檔案的版本，這樣就避免了上述問題。

如果需要各個元件維護自身的版本編號，就需要使用 independent 模式，此時只需設定 lerna.json 檔案。

6.1.6　Yarn Workspace

Yarn Workspace(工作區) 是 Yarn 提供的 MonoRepo 的相依管理機制，從 Yarn 1.0 開始預設支援，用於在程式倉庫的根目錄下管理多個 package 的相依。

Workspace 能更進一步地統一管理多個專案的倉庫，既可在每個專案下使用獨立的 package.json 檔案管理相依，又可便利地享受一行 yarn 命令安裝或升級所有相依等。更重要的是可以使多個專案共用同一個 node_modules 目錄，提升開發效率和降低磁碟空間的佔用。

1. 使用 Yarn Workspace 的好處

(1) 當開發多個互相相依的 package 時，Workspace 會自動對 package 的引用來設定軟連結 (symlink)，比 yarn link 命令更加方便，並且連結僅侷限在當前 Workspace 中，不會對整個系統造成影響。

(2) 所有 package 的相依會安裝在最根目錄的 node_modules 下，節省磁碟空間，並且給了 Yarn 更大的相依最佳化空間。

(3) 所有 package 使用同一個 yarn.lock 檔案，更少造成衝突且易於審查。

2. Yarn Workspace 操作流程演示

下面透過一個 Demo，演示如何使用 Yarn Workspace，假設專案中有 common 和 server 兩個 package，目錄結構如下：

```
./
|--package.json
|--packages/
|  |--common/
|  |  |--package.json
|  |--server/
|  |  |--package.json
```

初始化專案，命令如下：

```
$ mkdir yarn-workspace-demo
$ cd yarn-workspace-demo
$ yarn init
```

修改專案的 package.json 檔案，增加 private 和 workspaces 設定，程式如下：

```
{
  ...
  "private": true,
  "workspaces": [
    "packages/*"
```

```
    ]
...
}
```

這裡 private 和 workspaces 是需要設定的，分別表示的意義如下。

(1) private：根目錄一般是專案的鷹架，無須發佈，"private"：true 會確保根目錄不被發佈出去。

(2) workspaces：宣告 Workspace 中 package 的路徑。值是一個字串陣列，支援 Glob 萬用字元，其中 packages/* 是社區的常見寫法，也可以列舉所有 package："workspaces"：["package-a","package-b"]。

增加兩個 package：Common 和 Server 模組，Server 模組相依 Common 模組，程式如下：

```
$ cd yarn-workspace-demo
$ mkdir packages         // 該目錄用來撰寫所有的函式庫，與上面的 Workspace 設定一致
$ cd packages
$ mkdir common,server
```

Common 模組，程式如下：

```
module.exports={
    name:"common",
    description:" 通用模組 "
}
```

Server 模組，Server 相依 Common 模組，程式如下：

```
//index.js
const common =require("common");
console.log(common);
//package.json
//Server 相依 Common 模組
    "dependencies": {
        "common": "1.0.0"
}
```

目錄結構如圖 6-3 所示。

▲ 圖 6-3　Yarn Workspace 專案目錄結構

在專案目錄下執行安裝命令，命令如下：

```
yarn install
```

其他的操作命令，如下所示。

(1) 在指定的 package 中執行指定的命令。

```
# 在 server 中增加 react，react-dom 作為 devDependencies
yarn workspace server add react react-dom --dev
# 移除 common 中的 lodash 相依
yarn workspace common remove lodash
# 執行 server 中 package.json 檔案的 scripts.test 命令
yarn workspace server run test
```

(2) yarn workspaces run <command>：在所有 package 中執行指定的命令，若某個 package 中沒有對應的命令，則會顯示出錯，命令如下：

```
# 執行所有 package(common、server) 中 package.json 檔案的 scripts.build 命令
yarn workspaces run build
```

(3) yarn workspaces info [--json]：查看專案中的 Workspace 相依樹。

(4) yarn <add|remove> <package> -W：-W：--ignore-workspace-root-check ，允許相依被安裝在 Workspace 的根目錄，以便管理根目錄的相依。

```
# 安裝 eslint 作為根目錄的 devDependencies
yarn add eslint -D -W
```

6.1.7 Yarn Workspace 與 Lerna

Lerna 的相依管理基於 Yarn/NPM，但是安裝相依的方式和 Yarn Workspace 有些差異：

Yarn Workspace 只會在根目錄安裝一個 node_modules，這有利於提升相依的安裝效率和不同 package 間的版本重複使用，而 Lerna 預設會進入每個 package 中執行 Yarn/NPM install，並在每個 package 中建立一個 node_modules。

目前社區中最主流的方案，也是 Yarn 官方推薦的方案，則整合 Yarn Workspace 和 Lerna。使用 Yarn Workspace 來管理相依，使用 Lerna 來管理 NPM 套件的版本發佈。

6.2 設計一個企業級鷹架工具

鷹架 (Scaffold，又稱腳手架) 原本是建築工程術語，指為了保證施工過程順利而架設的工作平台，它為工人們在各層施工提供了基礎的功能保障。

在軟體開發領域，鷹架是伴隨著業務複雜度提升而來提效的工具，是一個整合專案初始化、偵錯、建構、測試、部署等流程，能夠讓使用者專注於撰寫程式的工具。簡單來講，一個專案已經搭好架子，只需不斷地加入相關功能就行了。

6.2.1　鷹架作用

前端鷹架，主要解決以下幾個主要問題：

(1) 統一團隊開發風格，降低新人上手成本。

(2) 規範專案開發流程，減少重複性工作。

(3) 提供一鍵實現專案的建立、設定、開發、外掛程式等，讓開發者將更多時間專注於業務。

隨著前端專案化的發展，越來越多的企業選擇鷹架來從零到一架設自己的專案。

6.2.2　常見的鷹架工具

鷹架可以分為通用型和專用型，通用型是用來進行延伸開發的，專用型主要是給特殊框架提供的建立和建構工具，如表 6-2 所示。

表 6-2　大前端鷹架分類

名稱	分類	說明
yeoman	通用型	依照範本生成特定的專案結構
plop	通用型	架設特定類型的鷹架
create-react-app	React 框架專用	架設 React 專案
Vite	通用型	架設現代流行框架專案，包括 (Vue、React 等)
@angular/cli	Angular 專用	架設 Angular 專案
Koa-generator	Node Koa 專用	Node.js Koa 鷹架

6.2.3　鷹架想法

業界比較流行的幾個鷹架，它們的功能豐富但複雜程度不一樣，整體來講會包含以下幾個基本功能。

1. 架設專案

(1) 根據使用者輸入生成設定檔。

(2) 下載指定專案範本。

(3) 在目標目錄生成新專案。

2. 執行專案

(1) 本地啟動預覽。

(2) 熱更新。

(3) 語法、程式標準檢測。

3. 部署專案

(1) 將程式推送至倉庫。

(2) 前端部署的管理到後台進行發佈。

(3) 以 NPM 套件的方式發佈到了 NPM 市場，使用時直接安裝。

(4) 清晰和良好格式的記錄檔輸出。

6.2.4　協力廠商相依介紹

架設自己的鷹架，可以根據需要引入相依，如表 6-3 所示。

表 6-3　協力廠商相依套件安裝

名稱	說明
commander	命令列工具，有了它就可以讀取命令列中的命令了，知道使用者想要做什麼
inquirer	互動式命令列工具，向使用者提供一個漂亮的介面和提出問題流的方式
download-git-repo	下載遠端範本工具，負責下載遠端倉庫的範本專案
chalk	顏色外掛程式，用來修改命令行輸出樣式，透過顏色區分 info、error 記錄檔，清晰直觀
ora	用於顯示載入中的效果，類似於前端頁面的 loading 效果，像下載範本這種耗時的操作，有了 loading 效果可以提示使用者正在進行中，請耐心等待
log-symbols	記錄檔彩色符號，用來顯示 √ 或 × 等的圖示
clear	清空終端螢幕
clui	繪製命令列中的表格、儀表板、載入指示器等
figlet	生成基於 ASCII 的藝術字
minimist	解析命令列參數

名稱	說明
configstore	輕鬆地載入和儲存設定資訊
semver	版本比較
minimist	解析參數選項
@octokit/rest	基於 Node.js 的 GitHub REST API 工具
@octokit/auth-basic	GitHub 身份驗證策略的一種實現
simple-git	在 Node.js 檔案中執行 Git 命令的工具
touch	實現 UNIX touch 命令的工具

6.2.5 鷹架架構圖

先透過架構圖了解鷹架的大致工作流程，如圖 6-4 所示。

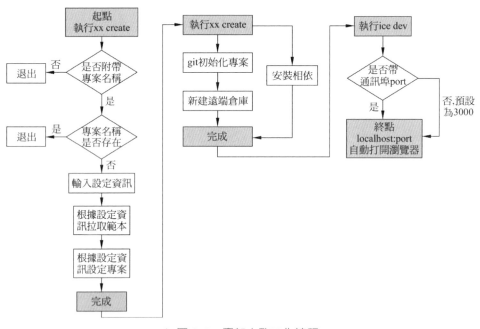

▲ 圖 6-4 鷹架大致工作流程

6.2.6 建立鷹架專案與測試發佈

下面逐步介紹，如何建立一個鷹架並發佈到線上倉庫。

1. 建立鷹架 Lerna 專案

建立命令如下：

```
mkdir hello-scallfold
lerna init# 初始化 Lerna 專案
```

執行 lerna init 命令後會預設執行 git init 命令，建立 .gitignore，忽略以下檔案：

```
**/node_modules
.vscode
.DS_Store
lerna-deBug.log
```

增加到本地暫存，並查看狀態，程式如下：

```
git add .   && git status
```

提交到本地倉庫，程式如下：

```
git commit -m 'init'
```

2. 建立套件 & 測試發佈

建立 core 核心套件和工具套件 utils，輸入 lerna create core，根據建立套件精靈提示設定 package name：(core) @hello-cli/core。core 套件的 package.json 檔案如下：

```
{
  "name": "@hello-cli/core",
  "version": "1.0.0",
  "description": "> TODO: description",
  "author": "xlwcode <624026015@qq.com>",
  "homepage": "",
  "license": "ISC",
  "main": "lib/core.js",
  "directories": {
```

```
    "lib": "lib",
    "test": "tests"
  },
  "files": [
    "lib"
  ],
  "publishConfig": {
    "registry": "https://registry.npmjs.org"
  },
  "scripts": {
    "test": "echo \"Error: run tests from root\" && exit 1"
  }
}
```

建立完成 core 和 utils 模組後，專案結構目錄如圖 6-5 所示。

▲ 圖 6-5　Lerna 專案目錄圖

3. 修改模組中的 publicConfig

在 publicConfig 設定中增加 "access"："public"，程式如下：

```
"publishConfig": {
  "access": "public",
  "registry": "https://registry.npmjs.org"
},
```

4. 提交程式到 Git 倉庫

這裡使用 git 命令建立一個公開函式庫，並將專案程式提交到倉庫中，命令如下：

```
git remote add origin https://gitee.com/xxx/xx-cli.git
git push -u origin master
```

5. 將函式庫發佈到 npmjs 網站

首先登入 npmjs 網站，進入建立組織頁面 (https://www.npmjs.com/org/create)，如圖 6-6 所示。

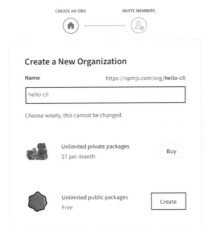

▲ 圖 6-6　npmjs 網站

建立成功後，點擊 npmjs →個人圖示→ Packages 頁面查看即可。

接下來，在專案目錄中執行 lerna publish 命令，如圖 6-7 所示。

```
lerna notice cli v4.0.0
lerna info current version 1.0.0
lerna info Assuming all packages changed
? Select a new version (currently 1.0.0) (Use arrow keys)
> Patch (1.0.1)
  Minor (1.1.0)
  Major (2.0.0)
  Prepatch (1.0.1-alpha.0)
  Preminor (1.1.0-alpha.0)
  Premajor (2.0.0-alpha.0)
  Custom Prerelease
  Custom Version
```

▲ 圖 6-7　Lerna 發佈專案

發佈過程中，需要選擇版本，每發佈一次，版本編號會自動遞增，確認後開始上傳，效果如圖 6-8 所示。

```
lerna success published @hello-cli/core 1.0.3
lerna notice
lerna notice package: @hello-cli/core@1.0.3
lerna notice === Tarball Contents ===
lerna notice 1.1kB LICENSE
lerna notice 78B   lib/core.js
lerna notice 525B  package.json
lerna notice 116B  README.md
lerna notice === Tarball Details ===
lerna notice name:          @hello-cli/core
lerna notice version:       1.0.3
lerna notice filename:      hello-cli-core-1.0.3.tgz
lerna notice package size:  1.3 kB
lerna notice unpacked size: 1.8 kB
lerna notice shasum:        d3541b1fcd8b12c20a1f856a89473fe5a6a30664
lerna notice integrity:     sha512-5wghaNaoLfTKV[...]cFWyBdZ2iKkmQ==
lerna notice total files:   4
lerna notice
Successfully published:
 - @hello-cli/core@1.0.3
 - @hello-cli/utils@1.0.3
lerna success published 2 packages
```

▲ 圖 6-8　Lerna 發佈成功提示

在 npmjs.com 網站查看，如圖 6-9 所示。

🐙 2 Packages
Packages　2
@hello-cli/utils
> TODO: description
xlw published 1.0.3 • 7 minutes ago
@hello-cli/core
> TODO: description
xlw published 1.0.3 • 7 minutes ago

▲ 圖 6-9　在 npmjs 網站查看上傳成功的套件

6.2.7　鷹架命令列開發

透過 Lerna 增加一個 cli 模組，該模組將作為 cli 入口，程式如下：

```
lerna add cli
```

在 cli 模組中新增檔案 bin/index.js，程式如下：

```
#!/usr/bin/env node
require('../lib/index');
```

在寫 NPM 套件時需要在指令稿的第一行寫上 #!/usr/bin/env node，用於指明該指令檔要使用 Node 來執行。

/usr/bin/env 用來告訴使用者到 path 目錄下去尋找 Node，#!/usr/bin/env node 可以讓系統動態地去查詢 Node，以解決不同機器不同使用者設定不一致的問題。

注意：#!/usr/bin/env node 該命令必須放在第一行，否則不會生效。

lib/index.js，這裡簡單測試一下，增加一個列印的程式，程式如下：

```
console.log('hello world!');
```

1. 自訂鷹架的執行命令名稱 (hello-cli)

在 package.json 檔案中增加 bin 欄位，當使用 npm 或 yarn 命令安裝套件時，如果該套件的 package.json 檔案有 bin 欄位，就會在 node_modules 資料夾下面的 .bin 目錄中複製 bin 欄位連接的執行檔案。在呼叫執行檔案時，可以不附帶路徑，直接使用命令名稱來執行相對應的執行檔案。這裡將 bin 的命令設定為 hello-cli，程式如下：

```
"bin": {
   "hello-cli": "bin/index.js"
},
```

在 cli 根目錄下執行 npm link 命令，把當前 cli 路徑安裝到全域，這樣全域就可以執行 hello-cli 命令了。

打開終端測試 hello-cli，測試成功，可正常列印，輸出如下：

```
hello world!
```

2. 增加版本編號、歡迎語功能

當執行 hello-cli 命令時，首先列印 hello-cli 和函式庫的版本編號，如圖 6-10 所示，這裡的版本編號透過 packeg.json 檔案獲取，歡迎語使用 figlet 套件，程式如下：

```
const packageJson = require('../package');
```

▲ 圖 6-10　　輸出歡迎語和版本編號

figlet 套件的作用是在 JavaScript 中貫徹 FIGFont 標準。可以在瀏覽器和 Node.js 中使用。這個專案就是輸出一些特殊的文字，這些文字只包含 ANSI 對應的字元。

將 figlet 增加到 cli 模組中，程式如下：

```
Lerna add figlet --scope=@hello-cli/cli
```

如程式範例 6-1 所示：

程式範例 6-1　　chapter06\hello-scanffold\packages\cli

```
const packageJson = require('../package');
const figlet = require('figlet');

console.log(' 歡迎使用 ');
console.log('${figlet.textSync('Hello-cli', {
  horizontalLayout: 'full'
})}Version ${packageJson.version}'
);
```

3. 拆分套件開發記錄檔列印功能

上面的 console.log(' 歡迎使用 ') 敘述所輸出的內容無法設定字型的顏

色，需要開發一個記錄檔模組，用於輸出有顏色的文字，這裡採用拆分套件的方式開發這個工具模組，如圖 6-11 所示。

▲ 圖 6-11　輸出彩色文字

　　utils 套件用來組織專案中的工具模組，這裡需要在 cli 中匯入該模組，程式如下：

```
const { log } = require('@hello-cli/utils');
```

　　首先在 cli 模組中修改 package.json 檔案，增加對 utils 的相依，程式如下：

```
"dependencies": {
"@hello-cli/utils": "^1.0.0"
},
```

　　修改完成 cli 模組的相依，在 cli 模組中執行 lerna link 命令，程式如下：

```
lerna link
```

　　現在就可以用 packages/utils 套件的方法了。

　　接下來，切換到 packages/utils 模組，記錄檔用的是 npmlog。修改 packages/utils/package.json，程式如下：

```
"main": "lib/index.js",
```

　　lib/index.js 檔案引用 log.js，如程式範例 6-2 所示。

程式範例 6-2   chapter06\hello-scanffold\packages\utils\lib\index.js

```
'use strict';
const log = require('./log');
// 統一匯出，後面還有很多工具
module.exports = {
    log
};
```

lib/log.js 檔案，如程式範例 6-3 所示。

程式範例 6-3   chapter06\hello-scanffold\packages\utils\lib\log.js

```
const log = require('npmlog')

log.level = 'info'

log.heading = 'hello-cli'                              // 自訂頭部
log.addLevel('success', 2000, { fg: 'green', bold: true })// 自訂 success 記錄檔
log.addLevel('notice', 2000, { fg: 'blue', bg: 'black' }) // 自訂 notice 記錄檔
module.exports = log
```

再回到 packages/cli/lib/index.js 檔案，如程式範例 6-4 所示。

程式範例 6-4   chapter06\hello-scanffold\packages\cli\lib\index.js

```
const packageJson = require('../package');
const figlet = require('figlet');
const { log } = require("@hello-cli/utils");

console.log('${figlet.textSync('Hello-cli', {
    horizontalLayout: 'full'
})}Version ${packageJson.version}'
);
// 使用有色彩的字型輸出
log.info(' 歡迎使用 ');
```

4. 判斷 Node.js 最低版本

因為 cli 用到了一些協力廠商函式庫，這些函式庫需要 Node.js 的版本是 14+，所以首先需要檢查當前 Node.js 的版本。這裡需要比較版本編

號，需要安裝 semver 套件，semver 是語義化版本 (Semantic Versioning) 標準的實現，目前由 NPM 團隊維護，實現了版本和版本範圍的解析、計算、比較。

下面的程式透過設定的版本編號和當前使用的 Node.js 版本進行比較，如果低於設定的版本，就列印錯誤提醒，並退出，如程式範例 6-5 所示。

程式範例 6-5 chapter06\hello-scanffold\packages\cli\lib\index.js

```
const semver = require("semver");
const MINIMUM_NODE.JS_VERSION = "17.0.0";

if (semver.lte(process.version, MINIMUM_NODE.JS_VERSION)) {
    log.error('hello-cli 最低要求 Node.js 版本 v${MINIMUM_NODE.JS_VERSION}');
    process.exit();
}
```

5. 註冊命令

鷹架命令列可接收不同的命令，鷹架根據不同的命令執行對應的操作，命令行輸出使用 commander 套件，安裝命令如下：

```
lerna addcommander--scope=@hello-cli/cli
```

commander 的簡單用法如下：

```
const program = require("commander");
// 設定版本編號、自訂用法說明
program.version(packageJson.version).usage("<command> [options] 其他說明 ");
// 可以在這裡增加命令
//…
// 註冊命令
program.parse(process.argv);
```

注意：相依錯誤或未知錯誤，清理所有相依的命令為 lerna clean，重裝相依的命令為 lerna bootstrap。

第 2 篇　Vue 3 框架篇

Vue 3 語法基礎

在前端三大框架 (React、Vue、Angular) 中，Vue 框架一直是前端開發工程師非常喜愛的 JavaScript 框架，除了對開發者友善的語法糖，極易上手外，還有媲美 React 框架的性能和比肩 Angular 框架的設計。Vue 框架是由前 Google 工程師尤雨溪開發並開放原始碼的，自 2014 年推出以來後，在較短時間內，它已成為全球開發者的最熱門選擇。

2021 年，Vue 成功發佈了 Vue 3 版本，該版本在 Vue 2 版本的基礎上做了較大的改動，除了最佳化了框架中的核心部分性能，同時帶來全新的鷹架工具 Vite。毫無疑問，Vue 3 已經成為目前 Vue 版本中最受歡迎的版本，也是前端開發人員必備的開發利器。

本章從 Vue 3 基礎語法開始，詳細介紹框架的語法和使用技巧，同時深入介紹框架的原理，最後透過對案例的講解，讀者可以更加深入地掌握 Vue 3。

7.1 Vue 3 框架介紹

2013 年，前 Google 工程師尤雨溪在使用 Angular 框架開發專案的過程中，參考 Angular 的思想，開發了一款語法更加簡單，性能更加優異的類別 Angular 1.x 的框架，開放原始碼後廣受開發者歡迎。Logo 如圖 7-1 所示。

Vue 框架並沒有像 Angular 一樣功能龐大，採用漸進式的框架設計想法，採用外掛程式式的模式，保證該框架的核心部分非常簡單和高效。

▲ 圖 7-1　Vue 框架 Logo

2016 年，尤雨溪在參考了 React 框架的虛擬 DOM 和元件化的思想後，推出了性能更加優異的 Vue 2 版本，該框架推出後，一度成為年度最受歡迎的前端開發框架，該版本保留了 Vue 1.0 版本中雙向資料綁定機制，同時融入了更加高效的基於虛擬 DOM 的元件化開發思想，成為兼具 Angular 和 React 特性的框架，同時 Vue 2 提供的簡單極易上手的 API 設計，讓開發者透過簡單的學習就可以上手開發專案，所以廣受歡迎。

2021 年，Vue 3 參考 React Hook 思想，推出了 Composition API(Vue Hook)，該版本採用 TypeScript 語言開發，重新最佳化了雙向綁定機制和元件化開發模式，極大地提高了性能，同時提供了功能強大的 Vite 鷹架工具，Vite 是為了解決 Webpack 在大型專案打包和編譯上的一些性能缺陷，隨即成為企業開發者的首選版本。

Vue 框架的版本名稱通常來自漫畫和動漫，其中大部分屬於科幻小說類型，如表 7-1 所示，目前使用廣泛的版本是 Vue 2 和 Vue 3，未來 Vue 3 肯定是最主流的開發版本。

表 7-1　Vue 發佈的版本

版本編號	發布日期	版本名稱
3.2	2021 年 8 月 5 日	Quintessential Quintuplets
3.1	2021 年 6 月 7 日	Pluto
3.0	2020 年 9 月 18 日	One Piece
2.6	2019 年 2 月 4 日	Macross
2.5	2017 年 10 月 13 日	Level E
2.4	2017 年 7 月 13 日	Kill la Kill

版本編號	發布日期	版本名稱
2.3	2017 年 4 月 27 日	JoJo's Bizarre Adventure
2.2	2017 年 2 月 26 日	Initial D
2.1	2016 年 11 月 22 日	Hunter X Hunter
1.0	2015 年 10 月 27 日	Evangelion
0.9	2014 年 2 月 25 日	Animatrix
0.6	2013 年 12 月 8 日	VueJS

Vue 官方網址為 https://v3.vuejs.org/，中文文件的網址為 https://v3.cn.vuejs.org/guide/introduction.html。

7.1.1 Vue 3 框架核心思想

Vue 參考 Angular 和 React 框架核心思想，取其精華去其糟粕。Angular 框架核心思想是 MVVM 模式，React 框架核心思想是基於虛擬 DOM 的元件化，而 Vue 的核心思想為資料驅動和元件化。

1. 資料驅動

Vue 是一種基於 MVVM 設計模式的前端框架。在 Vue 中，DOM 是資料的自然映射，Directives 對 View 進行了封裝，當 Model 裡的資料發生變化時，Vue 就會透過 Directives 指令去修改 DOM。

同時也透過 DOM Listener 實現對視圖 View 的監聽，當 DOM 改變時，就會被監聽到，實現 Model 的改變，從而實現資料的雙向綁定，如圖 7-2 所示。

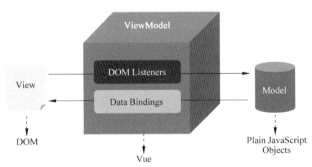

▲ 圖 7-2　Vue 資料驅動設計 (MVVM)

資料 (model) 改變驅動視圖 (view) 自動更新，如圖 7-3 所示。

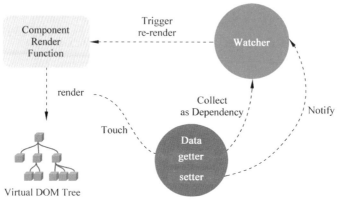

▲ 圖 7-3　元件響應式原理

2. 元件化

　　元件化實現了 HTML 元素的擴充，以便封裝可用的程式。頁面上每個獨立的可視 / 可互動區域視為一個元件；每個元件對應一個專案目錄，元件所需要的各種資源在這個目錄下就近維護；頁面不過是元件的容器，元件可以巢狀結構並可以自由組合成完整的頁面，如圖 7-4 所示。

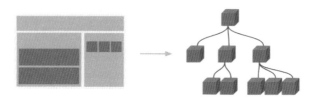

▲ 圖 7-4　Vue 元件化開發

　　元件樹：每個元件都會對應一個 ViewModel，最終就會生成一棵 ViewModel 樹，其實和 DOM 節點樹是一一對應的。

7.1.2　Vue 3 框架的新特徵

　　Vue 3 在程式結構上採用 MonoRepo 模式，原始程式更加模組化，更有利於閱讀和維護，同時 Vue 3 還有以下特性。

1. 更最佳化的雙向綁定機制

Vue 2 採用 Object.defineProperty 實現雙向綁定，這個屬性本身就存在一些不足的地方：

(1) Object.defineProperty 無法監控到陣列下標的變化，導致直接透過陣列的下標給陣列設定值時不能即時回應。為了解決這個問題，Vue 2 使用幾種方法來監聽陣列，如 push()、pop()、shift()、unshift()、splice()、sort()、reverse()；由於只針對以上方法進行了 hack 處理，所以其他陣列的屬性無法檢測到，還是具有一定的局限性。

(2) Object.defineProperty 只能綁架物件的屬性，因此需要對每個物件的每個屬性進行遍歷。在 Vue 2.x 裡，透過遞迴 + 遍歷 data 物件實現對資料的監控，如果屬性值也是物件，則需要深度遍歷，顯然如果能綁架一個完整的物件才是更好的選擇，新增的屬性還是透過 set() 方法來增加監聽，有一定的局限性。

Vue 3 採用 ES6 的 Proxy 代替 ES5 的 Object.defineProperty，Proxy 有以下優點：

(1) 可以綁架整個物件，並傳回一個新的物件。

(2) Proxy 支援 13 種綁架操作，物件綁架操作更加方便。

2. TypeScript 撰寫

Vue 3 使用 TypeScript 語言撰寫，TypeScript 語言除了補充了很多物件導向的語言特性外，還提供了 TypeScript 編譯器，可以極佳地幫助開發者進行語法檢查，避免了 JavaScript 語言只有在程式執行時期才能發現錯誤。

另外，目前最流行的 Visual Code 對 TypeScript 進行深度支援，有利於原始程式的檢查和編譯測試。

3. 新虛擬 DOM 演算法 (快速 Diff 演算法)

Vue 3 參考和擴充了 ivi 和 inferno 框架中的快速 Diff 演算法，該演算法的性能優於 Vue 2 所採用的雙端 Diff 演算法，Vue 3.x 的 Diff 演算法透過和最長昇冪子序列的對比，將節點移動操作最小化，大大提升了效率。

4. Composition API

Composition API 是 Vue 3 中新增的功能，它的靈感來自 React Hook，可以提高程式邏輯的可重複使用性，從而實現與範本的 " 獨立性；同時使程式的可壓縮性更強。另外，把 Reactivity 模組獨立開來，表示 Vue 3 的響應式模組可以與其他框架相組合。

5. Custom Renderer API

自訂繪製器，實現用 DOM 的方式進行 WebGL 程式設計。

6. Fragments

不再限制 template 只有一個根節點。render() 函式也可以傳回陣列了，有點像 React.Fragments。

7.2 Vue 3 開發環境架設

這裡推薦使用 Visual Code 開發 Vue 程式，Visual Code 有配套的 Vue 語法支援的社區外掛程式，可以輔助快速開發 Vue 程式。Vue 框架也提供了配套版本的瀏覽器外掛程式 (Vue DevTools)，方便開發者使用瀏覽器偵錯 Vue 程式。

7.2.1 Visual Code 安裝與設定

下載最新的 Visual Code，下載網址為 http://code.visualstudio.com，如圖 7-5 所示。

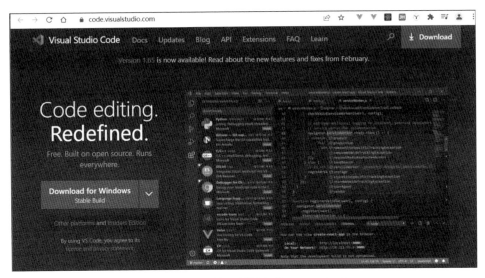

▲ 圖 7-5 下載最新版本的 Visual Code

安裝 Visual Code 後,可以在外掛程式市場安裝 Vue 3 語法支援的外掛程式,如圖 7-6 所示。

▲ 圖 7-6 安裝 Vue 3 語法支援的外掛程式

7.2.2 安裝 Vue DevTools

Vue DevTools 是一款基於瀏覽器的外掛程式,支援 Chrome 和 Firefox 瀏覽器,用於偵錯 Vue 應用。使用它可以極大地提高程式的開發、偵錯效率。下面介紹如何安裝及使用這個外掛程式。

1. 外掛程式的安裝

安裝 Vue DevTools，最方便的方式是透過 Google 外掛程式網站下載後安裝，具體的步驟如下：

(1) 打開 Chrome 瀏覽器商店。

(2) 目前需要同時安裝 Vue 3 DevTools，搜索 Vue 3，如圖 7-7 所示，並安裝。

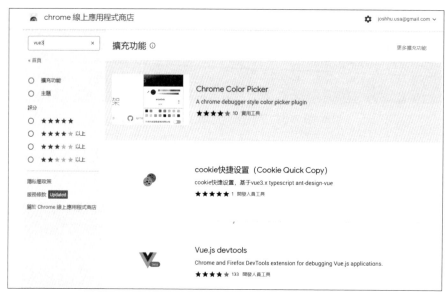

▲ 圖 7-7　安裝 Vue 3.x DevTools

安裝完畢後瀏覽器的右上角會出現一個 V 字的外掛程式圖示 (如果當前存取的是 Vue 專案頁面，則該圖示會變成綠色)，如圖 7-8 所示。

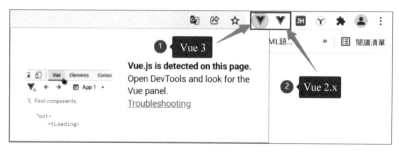

▲ 圖 7-8　瀏覽器外掛程式檢測瀏覽網頁

2. 外掛程式使用說明

(1) Vue DevTools 擴充程式增加完畢後。當打開 Vue 應用頁面時，在 Chrome 開發者工具 (F12) 中會看到一個 Vue 專欄。點擊後預設顯示的第 1 個標籤中顯示的是當前頁面中的元件、Vue 物件等相關資訊，如圖 7-9 所示。

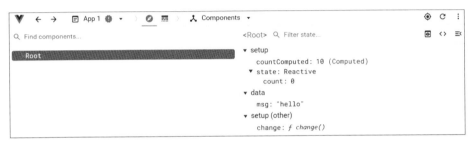

▲ 圖 7-9　偵錯 Vue 相關資訊

(2) 由於 Vue 是資料驅動的，所以可以直接修改偵錯面板中的資料值，修改的結果會即時地反映到介面上，如圖 7-10 所示。

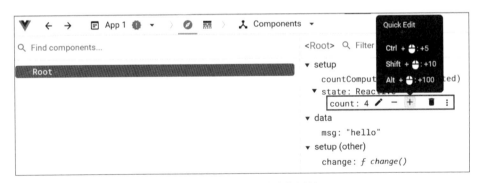

▲ 圖 7-10　手動測試資料值

7.2.3 撰寫第 1 個 Vue 3 程式

剛開始學習 Vue 3 語法基礎時不推薦使用鷹架工具來建立專案，鷹架建立的專案採用標準的企業級元件化開發模式，涉及元件的拆分和組合，對初學者來講較為複雜，所以更簡單的方式是直接在頁面引入 vue.global.js 檔案來測試。

Vue 3 中的應用是透過 createApp() 函式來建立的，語法格式如下：

```
const app = Vue.createApp({
/* 選項 */
})
```

在下面的例子中，把一個 JS 變數 msg 的值綁定到 h1 標籤內，如程式範例 7-1 所示。

程式範例 7-1　chapter07\01-Vue3_basic\01\hello.html

```html
<div id="app">
    <h1>{{msg}}</h1>
</div>
<script>
    // 建立一個 JS 物件 HelloApp
    const HelloApp = {
        // 在 data 中定義需要綁定到頁面的變數
        data(){
            return {
                // 變數，用於綁定到頁面
                msg:"Hello Vue 3"
            }
        }
    }
    // 根據 HelloApp 物件建立 Vue 物件的實例
    // 用 Vue 實例來綁定 #app 的視圖
    Vue.createApp(HelloApp).mount('#app')
</script>
```

接下來，在頁面中直接引入 Vue 3 的 JS 檔案，程式如下：

```
# 上節下載的 Vue 3 檔案
<script src="../01/vue3/dist/vue.global.js"></script>
```

在當前頁面中建立一個 div 元素，為 div 設定屬性 id="app"，Vue 的實例透過 mount 方法與 id 所在的視圖進行綁定，程式如下：

```
<div id="app">
<h1>{{msg}}</h1>
</div>
```

{{ }} 用於輸出物件屬性和函式傳回值，{{ msg}}：對應 HelloApp 物件中 msg 的值。

在瀏覽器中執行頁面，效果如圖 7-11 所示。

▲ 圖 7-11　Vue 3 為視圖綁定資料變數

7.3 Vue 3 專案架設方法

本節介紹兩種架設 Vue 專案的方式：手動架設和鷹架架設。手動架設 Vue 專案對開發者要求較高，但是比較靈活，可以根據需要進行設定；透過官方鷹架建立專案，適用於中小型專案快速架設，對開發者要求較低，推薦直接使用鷹架建立專案，如果需要進行特殊設定，則可以在鷹架建立的專案基礎上進行個性化修改。

7.3.1 手動架設 Vue 3 專案

下面介紹 3 種手動建立 Vue 專案的方式，手動建立專案需要開發者熟悉打包工具的使用，如 Webpack 或 Rollup 等工具的熟練使用。

1. 下載 Vue 3 建構檔案直接使用

透過 NPM 下載建構好的 Vue 3 版本，這些都是根據不同的環境建構好的 Vue 版本，可以直接在瀏覽器或 Node.js 環境中執行。

首先需要透過 NPM 命令下載最新穩定版本，安裝完成後，在 node_modules 目錄中 Vue 目錄下的 dist 資料夾中可以找到所有 Vue 最新建構版本。Vue 的各個建構版本適用情況如表 7-2 所示。

表 7-2　Vue 各種建構版本介紹

建構版本名稱	使用的運行環境	是否包含編譯器	說明
vue.global.js	瀏覽器	執行時期 + 編譯器	包含編譯器和執行時期的完整建構版本，因此它支援動態編譯範本
vue.global.prod.js	瀏覽器	執行時期 + 編譯器	
vue.esm-browser.js	瀏覽器	執行時期 + 編譯器	用於透過原生 ES 模組匯入使用 (在瀏覽器中透過 <script type="module"> 來使用)。與全域建構版本共用相同的執行時期編譯、相依內聯和強制寫入的 prod/dev 行為
vue.esm-browser.prod.js	瀏覽器	執行時期 + 編譯器	
vue.runtime.global.js	瀏覽器	僅執行時期	只包含執行時期，並且需要在建構期間預先編譯範本
vue.runtime.global.prod.js	瀏覽器	僅執行時期	
vue.runtime.esm-browser.js	瀏覽器	僅執行時期	僅執行時期，並要求所有範本都要預先編譯。這是建構工具的預設入口 (透過 package.json 檔案中的 module 欄位)，因為在使用建構工具時，範本通常是預先編譯的 (例如在 *.vue 檔案中)
vue.runtime.esm-browser.prod.js	瀏覽器	僅執行時期	
vue.runtime.esm-bundler.js	瀏覽器	僅執行時期	包含執行時期編譯器。如果使用了一個建構工具，但仍然想要執行時期的範本編譯 (舉例來說，DOM 內範本或透過內聯 JavaScript 字串的範本)，則可使用這個檔案。需要設定建構工具，將 Vue 設定為這個檔案

建構版本名稱	使用的運行環境	是否包含編譯器	說明
vue.cjs.js	Node	執行時期 + 編譯器	透過 require() 在 Node.js 伺服器端繪製使用
vue.cjs.prod.js	Node	執行時期 + 編譯器	

1) 執行時期 + 編譯器 vs 僅執行時期的區別

如果需要在使用者端上編譯範本 (將字串傳遞給 template 選項，或使用元素的 DOM 內 HTML 作為範本掛載到元素)，將需要編譯器，因此需要完整的建構版本，如程式範例 7-2 所示。

程式範例 7-2　　執行時期 + 編譯器

```
// 需要編譯器
Vue.createApp({
    template: '<div>{{ hi }}</div>'}
)
// 不需要
Vue.createApp({
    render() {
      return Vue.h('div', {}, this.hi)
    }}
)
```

2) 直接在瀏覽器執行第 1 個 Hello Vue 3 程式

第 1 步：下載 Vue 3，下載命令如下：

```
npm install vue
```

第 2 步：在頁面中直接引用 vue.global.js 檔案，如程式範例 7-3 所示。

程式範例 7-3　　直接引用 vue.global.js 檔案

```
<!DOCTYPE html>
<html lang="en">
<head>
```

```
    <meta charset="UTF-8">
    <title> 在頁面中直接使用 Vue 3</title>
    <script src="./node_modules/vue/dist/vue.global.js"></script>
</head>

<body>
    <div id="app">
      <h1>{{msg}}</h1>
    </div>
    <script>
      Vue.createApp({
        data(){
          return {
            msg:"Hello Vue 3"
          }
        }
      }).mount('#app')
    </script>
</body>
</html>
```

2. 使用 Webpack 架設 Vue 3 專案

建立 Vue 3 專案目錄，在該目錄打開命令列，執行 npm init -y 命令建立一個專案，完成後會自動生成一個 package.json 檔案，目錄結構如圖 7-12 所示。

第 1 步：安裝開發相依模組，命令如下，模組清單如表 7-3 所示。

▲ 圖 7-12　Vue 3 目錄結構

```
npm install --save-dev css-loader html-webpack-plugin style-loader
vue-loader@next@vue/compiler-sfc webpack webpack-cli
webpack-dev-server
```

表 7-3　Vue 3 開發相依模組

模組名稱	說明
webpack	Webpack 核心
webpack-cli	Webpack-cli 命令列工具
webpack-dev-server	Webpack 開發伺服器
vue-loader@next	vue-loader@next 當前需要自行指定版本。VueLoaderPlugin 的匯入方式改變了
@vue/compiler-sfc	新增了 @vue/compiler-sfc 替換原來的 vue-template-compiler
html-webpack-plugin	HTML 頁面生成外掛程式
css-loader	css 處理 loader
style-loader	生成 style 標籤的 loader

第 2 步：安裝 Vue 核心函式庫，程式如下：

```
npm install --save vue
```

第 3 步：設定 Webpack 設定檔。這裡採用元件化的開發，因此需要使用 vue-loader 對 .vue 副檔名模組進行轉換編譯，如程式範例 7-4 所示。

程式範例 7-4　　chapter07\01-Vue3_basic\01\vue3-webpack-demo

```
const path = require('path')
const HtmlWebpackPlugin = require('html-webpack-plugin')
const { VueLoaderPlugin } = require('vue-loader')

module.exports = {
   mode: 'development',
   entry: './src/index.js',
   output: {
     filename: 'index.js',
     path: path.resolve(dirname, 'dist'),
     assetModuleFilename: 'images/[name][ext]'
   },
   resolve: {
     alias: {
       '@': path.join(dirname, 'src')
     }
```

```
    },
    module: {
      rules: [
        {
          test: /\.vue$/,
          use: [
            {
              loader: 'vue-loader'
            }
          ]
        },
        {
          test: /\.css$/,
          use: [
            {
              loader: 'style-loader'
            },
            {
              loader: 'css-loader'
            }
          ]
        },
        {
          test: /\.(png|jpe?g|gif)$/i,
          type: 'asset/resource'
        }
      ]
    },
    plugins: [
      new HtmlWebpackPlugin({
        filename: 'index.html',
        template: './index.html'
      }),
      new VueLoaderPlugin()
    ],
    devServer: {
      compress: true,
      port: 8088
    }
}
```

第 4 步：建立 index.html 範本，如程式範例 7-5 所示。

程式範例 7-5　chapter07\01-Vue3_basic\01\vue3-webpack-demo

```
<!DOCTYPE html>
<html lang="en">
<head>
    <meta charset="UTF-8">
    <title>webpack+vue</title>
</head>
<body>
    <div id="app"></div>
</body>
</html>
```

第 5 步：建立單頁面元件 App.vue，如程式範例 7-6 所示。

程式範例 7-6　chapter07\01-Vue3_basic\01\vue3-webpack-demo

```
<script>
export default {
    data() {
        return {
            greeting: 'Hello Vue 3!'
        }
    }
}
</script>

<template>
    <p class="greeting">{{ greeting }}</p>
</template>

<style>
    .greeting {
        color: red;
        font-weight: bold;
    }
}
</style>
```

第 6 步：啟動本機服務。在 package.json 檔案對應的 scripts 處新增命令，Webpack-dev-server 預設啟動後，會監聽檔案變化並進行程式編譯，如程式範例 7-7 所示。

程式範例 7-7 webpack serve

```
package.json
{
  "scripts": {
    "dev": "webpack serve"
  }
}
```

執行 npm run dev 命令存取 localhost：8088。

第 7 步：在專案目錄中，打開命令列工具，輸入的命令以下 (查看效果)：

```
npm run dev
```

上面的 7 個步驟是手動架設 Vue 3 專案的基本步驟，這裡需要注意 Vue 3 使用了 ES6 的很多新特性，在低版本瀏覽器中執行時期需要考慮相容問題。

3. 使用 Rollup 架設 Vue 3 專案

下面使用 Rollup 架設 Vue 的開發環境，在之前的章節中，詳細講解了 Rollup 的用法，Rollup 是一個 JavaScript 模組打包器，可以將小區塊程式編譯成大區塊複雜的程式 , 在打包模組過程中，透過 Tree Shaking 的方式，利用 ES6 模組能夠靜態分析語法樹的特性，剔除各模組中最終未被引用的方法，透過僅保留被呼叫的程式區塊來減小 bundle 檔案的大小。一般情況下，開發應用時使用 Webpack，開發函式庫時使用 Rollup。

第 1 步：建立專案。在命令列中輸入 npm init -y 命令，建立 package.json 檔案，初始化專案，程式結構如圖 7-13 所示。

▲ 圖 7-13　Rollup 打包 Vue 專案

第 2 步：安裝開發相依模組，安裝命令如下，模組清單如表 7-4 所示。

```
npm install @babel/preset-env @babel/core rollup rollup-plugin-
babel rollup-plugin-serve cross-envrollup-plugin-vue vue-D
```

表 7-4　使用 Rollup 安裝開發相依模組

模組名稱	說明
rollup	Rollup 打包工具
rollup-plugin-vue	打包 Vue 檔案
@babel/core	Babel 編譯器
@babel/preset-env	@babel/preset-env 可以利用指定的任何目標環境，然後檢查它們對應的外掛程式並傳給 Babel 進行編譯
rollup-plugin-babel	ES6 轉 ES5，以便可以使用 ES6 新特性來撰寫程式
rollup-plugin-serve	使用 serve 外掛程式可以讓我們啟動一個 Server
cross-env	cross-env 能跨平台地設定及使用環境變數
Vue	Vue 框架程式，預設為 Vue 3

第 3 步：設定 Rollup 設定檔。這裡採用元件化的開發方式，因此需要使用 rollup-plugin-vue 外掛程式對 .vue 副檔名模組進行轉換編譯，設定檔如程式範例 7-8 所示。

程式範例 7-8　chapter07\01-Vue3_basic\01\vue3_rollup_demo\rollup.config.js

```
import babel from 'rollup-plugin-babel';
import serve from 'rollup-plugin-serve';
```

```
import vuePlugin from 'rollup-plugin-vue';

export default {
    input: './src/index.js',
    output: {
        format: 'umd',                  // 輸出的打包格式
        file: 'dist/Vue.js',            // 打類別檔案路徑
        name: 'Vue',                    //global.Vue
        sourcemap: true                 // 生成 sourcemap
    },
    plugins: [
        vuePlugin(/* options */),       // 使用外掛程式轉換 .vue 元件
        babel({
            exclude: "node_modules/**"
        }),
        serve({                         // 啟動伺服器
            open: true,
            openPage: '/public/index.html',
            port: 3000,
            contentBase: ''
        })
    ]
}
```

　　第 4 步：在 public 目錄下建立 index.html 範本。對於 Vue 框架程式，不使用 Rollup 再進行打包，單獨引入即可，這裡只打包自己撰寫的程式檔案，如程式範例 7-9 所示。

程式範例 7-9　　index.html

```
<!DOCTYPE html>
<html lang="en">
<head>
    <meta charset="UTF-8">
    <title>Vue 3+Rollup</title>
</head>
<body>
    <div id="app"></div>
    <script src="../node_modules/vue/dist/vue.global.js"></script>
```

```
    <script src="../dist/Vue.js"></script>
</body>
</html>
```

第 5 步：建立單頁面元件 App.vue，如程式範例 7-10 所示。

程式範例 7-10　App.vue

```
<template>
    <div>
        <h1>Hello Rollup Vue 3</h1>
        <h1>{{ double }}</h1>
        <button @click="add">count++</button>
    </div>
</template>

<script setup>
import { ref, unref, computed } from 'vue';
const count = ref(1);
const double = computed(() => unref(count) * 2);
function add() {
    count.value++;
}
</script>
```

第 6 步：啟動本機服務。在 package.json 檔案對應的 scripts 處新增命令 rollup-c-w，Rollup 啟動後會監聽檔案變化進行程式編譯，設定如下：

```
"scripts": {
    "serve": "rollup -c -w"
},
```

執行 npm run serve 命令存取 localhost：3000。

第 7 步：在專案目錄中，打開命令列工具，輸入的命令以下 (查看效果)：

```
npm run serve
```

打開瀏覽器執行效果，如圖 7-14 所示。

▲ 圖 7-14　Rollup 打包 Vue 專案執行效果

7.3.2 透過鷹架工具架設 Vue 3 專案

　　為了方便開發者快速架設複雜的單頁面應用 (SPA)，Vue 提供了兩個官方的鷹架建構：@vue/cli 和 Vite。只需幾分鐘就可以執行起來並附帶熱多載、儲存時透過 lint 驗證，以及生產環境可用的建構版本。

1. @vue/cli

> **注意**：Vue CLI 4.x 需要 Node.js v8.9 或更新版本 (推薦 v10 以上)。可以使用 n、nvm 或 nvm-windows 同一台電腦中管理多個 Node 版本。

　　對於 Vue 3 版本，需要全域重新安裝最新版本的 @vue/cli，命令如下：

```
# 修改 registry
npm config set registry http://registry.cnpmjs.org/
# 安裝
npm install -g @vue/cli
# 或
yarn global add @vue/cli
```

　　安裝之後，就可以在命令列中存取 Vue 命令了。可以透過執行 Vue，看看是否可展示出一份所有可用命令的説明資訊，以此來驗證它是否安裝成功，命令如下：

```
@vue/cli 4.5.15
```

執行以下命令來建立一個新專案：

```
vue create hello-world
```

建立完成後在 Visual Code 中打開專案，執行 yarn serve 命令啟動專案，效果如圖 7-15 所示。

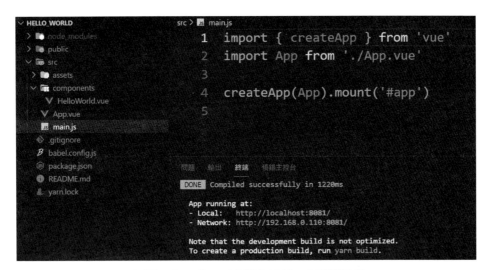

▲ 圖 7-15　@vue/cli 建立的 Vue 3 專案目錄

2. Vite

Vite 是一個 Web 開發建構工具，由於其支援原生 ES 模組匯入方式，所以可以實現閃電般的冷伺服器啟動。透過在終端中執行相關命令，可以使用 Vite 快速建構 Vue 專案。

注意：Vite 需要 Node.js 版本不低於 12.0.0。Windows 系統可以安裝 NVM，這是一個 Node.js 的版本管理工具，可以透過 NVM 安裝和切換不同版本的 Node.js，注意獲得管理員許可權後使用。

NPM 安裝，注意相容性，程式如下：

```
#npm 6.x
$ npm init vite@latest <project-name> --template vue
#npm 7+，需要加上額外的雙短橫線
```

```
$ npm init vite@latest <project-name> -- --template vue

$ cd <project-name>
$ npm install
$ npm run dev
```

Yarn 安裝，程式如下：

```
$ yarn create vite <project-name> --template vue
$ cd <project-name>
$ yarn
$ yarn dev
```

7.3.3 Vue 3 專案目錄結構

使用 NPM 安裝專案 (@vue/cli 和 Vite)，在 VS Code 中打開該目錄，結構如圖 7-16 所示。

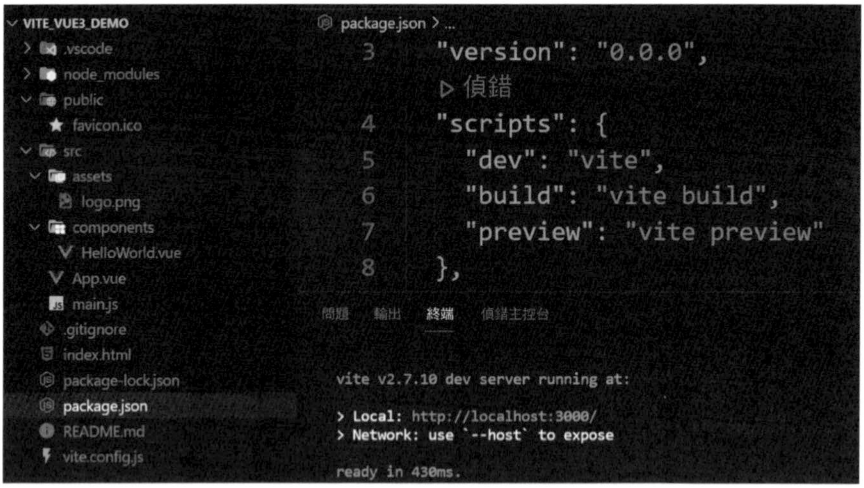

▲ 圖 7-16　Vite 建立的 Vue 3 專案結構

Vite 鷹架建立的 Vue 3 開發專案目錄如表 7-5 所示。

表 7-5　Vue 3 目錄解析

資料夾名稱	資料夾說明
node_modules	NPM 載入的專案相依模組
src	這裡是要開發的目錄，基本上要做的事情都在這個目錄裡。裡面包含了以下幾個目錄及檔案。 (1) assets：放置一些圖片，如 Logo 等。 (2) components：目錄裡面放置了一個元件檔案，可以不用。 (3) App.vue：專案入口檔案，也可以直接將元件寫在這裡，而不使用 components 目錄。 (4) main.js：專案的核心檔案。 (5) index.css：樣式檔案
public	公共資原始目錄
dist	使用 npm run build 命令打包後會生成該目錄
index.html	首頁入口檔案，作為頁面範本
.gitignore	node_modules .DS_Store dist dist-ssr *.local
vite.config.js	Vite 編譯設定檔
package.json	專案設定檔

7.4 Vue 3 應用程式建立

7.3 節使用 createApp() 方法生成一個 Vue 類別的實例物件，Vue 的應用程式開發是圍繞 Vue 這個類別來展開的，例如 mount() 方法就是 Vue 的實例方法，用於把編譯好的元件 DOM 樹插入指定的 DOM 節點中。

Vue 框架巧妙地把所有的操作封裝到了一個 Vue 的類別中，該類別的構造方法接收一個有特定規格的物件作為建構參數，根據該物件生成 Vue 的實例，然後就可以使用 Vue 的實例方法完成其他操作，這就是一個完整的 Vue 的開發邏輯。

　　從開發者的角度就是合理使用 Vue 類別的實例方法或全域方法來完成自己的業務，Vue 的整體設計是基於資料驅動的開發模式，Vue 框架為開發者提供了一個開發應用的公式，這個公式只需開發者把自己設計好的資料物件代入公式中，Vue 框架會完成剩下的事情。Vue 的開發公式如下：

```
const app = createApp(x)
app.mount(y)
```

7.4.1 createApp() 方法

　　上面把 createApp() 當作一個公式名，該公式得到的結果就是一個響應式的 Vue 類別的範例物件，開發者只需關注 createApp() 方法的參數，這樣的設計就是一種約定勝任設定的做法，使用者的重點在於參數的設計，Vue 框架好比一個生成應用的工廠，開發者只需設計好自己的規格清單，例如 Logo、配方等，交給 createApp() 後，剩下的事情是等著在指定mount 位置接貨即可。

1. 方法介紹

　　當然還要深入了解一下 createApp() 方法在接到開發者的「開發清單」後做了些什麼，以及 Vue 工廠的處理流程。

　　createApp() 方法是 Vue 類別的靜態全域方法，可以直接使用 Vue.createApp 存取，透過解構的方式獲取 createApp()，程式如下：

```
const { createApp } = Vue
```

　　如果使用的是 ES 模組，則它們可以直接匯入，程式如下：

```
import { createApp } from 'vue'
```

　　createApp() 方法傳回一個提供應用上下文的 Vue 應用實例。應用實例掛載的整個元件樹共用同一個上下文，程式如下：

```
const app = createApp({
   /*options*/
})
```

2. 方法參數

該函式接收一個根元件選項物件作為第 1 個參數，程式如下：

> **注意**：根元件是作為 Vue 應用的根節點建立的元件，一般一個 Vue 範例
> 只建立一個。元件是一個可以重複使用的前端模組，關於元件將在後面
> 章節中詳細介紹。

```
const app = createApp({
   data() {
     return {
     ...
     }
   },
   methods: {...},
   computed: {...}
   ...
})
```

使用第 2 個參數，可以將根 props 傳遞給應用程式，createApp() 方法的第 1 個參數是根元件名稱，第 2 個參數是這個根元件的輸入介面 (props) 資料，程式如下：

```
const app = createApp(
   {
     props: ['username']
   },
     { username: 'Leo' }
   )
   app.mount('#app')
```

prop 的值可以直接綁定到視圖，這裡指 mount 指定的 DOM 節點位置，程式如下：

```
<div id="app">
   <!-- 會顯示 'Evan' -->
   {{ username }}
</div>
```

根 pro 是原始的 props，就像那些透過 h 建立的 VNode。除了元件 props，它們也包含應用於根元件的 attributes 和事件監聽器。根元件物件的部分屬性如表 7-6 所示。

表 7-6　根元件物件的部分屬性介紹

屬性名稱	格式	說明

data	類型 :Function 格式 :
	`data() {`
	`   return {`
	`      // 資料結構`
	`   }}`
		該函式傳回元件實例的 data 物件。在 data 中，不建議觀察具有自身狀態行為的物件，如瀏覽器 API 物件和原型 property。一個好的主意是這裡只有一個表示元件 data 的普通物件。
		一旦被監聽後，就無法在根資料物件上增加響應式 property，因此推薦在建立實例之前，就宣告所有的根級響應式 property

props	類型 :Array<string> | Object 格式 :
	`props: {`
	`   // 類型檢查`
	`   height: Number,`
	`   // 類型檢查 + 其他驗證`
	`   age: {`
	`      type: Number,`
	`      default: 0,`
	`      required: true,`
	`      validator: value => {`
	`         return value >= 0`
	`      }`
	`   }`
	`}`
		一個用於從父元件接收資料的陣列或物件。它可以是基於陣列的簡單語法，也可以是基於物件的支援諸如類型檢測、自訂驗證和設定預設值等高階設定的語法

computed	類型 :{ [key: string]: Function | { get: Function, set: Function } } 格式 :	計算屬性將被混入元件實例中。所有 getter 和 setter 的 this 上下文自動地綁定為元件實例

屬性名稱	格式	說明
	``computed: {
// 僅讀取
aDouble() {
return this.a * 2
},
// 讀取和設定
aPlus: {
get() {
return this.a + 1
},
set(v) {
this.a = v - 1
}
}
}```	
methods	類型 :{ [key: string]: Function }	methods 將被混入元件實例中。可以直接透過 VM 實例存取這些方法，或在指令運算式中使用。方法中的 this 自動綁定為元件實例
watch	{ [key: string]: string | Function | Object | Array}	一個物件，鍵是要監聽的響應式 property，包含了 data 或 computed property，而值是對應的回呼函式。值也可以是方法名稱，或包含額外選項的物件
emits	類型：Array<string> | Object	emits 可以是陣列或物件，從元件觸發自訂事件，emits 可以是簡單的陣列，也可以是物件，後者允許設定事件驗證
expose 3.2+	類型 : Array<string>	一個將曝露在公共元件實例上的 property 清單。 預設情況下，透過 $refs、$parent 或 $root 存取的公共實例與範本使用的元件內部的實例是一樣的。expose 選項將限制公共實例可以存取的 property

7.4.2 資料屬性和方法

從開發實踐的角度，Vue 的核心思想是資料驅動，在建構任何元件時，首先需要確定該元件中的資料物件，以及元件中的互動事件等，Vue 元件在建立過程中會重新代理這些屬性和方法，如對資料物件進行綁架和增加監聽機制，以及對方法進行範本綁定等。

1. 資料 (data) 屬性

元件的 data 選項是一個函式。Vue 在建立新元件實例的過程中呼叫此函式。它應該傳回一個物件，Vue 會透過響應式系統將其重新包裝，並以 $data 的形式儲存在元件實例中，如程式範例 7-11 所示。

程式範例 7-11　資料屬性

```
<div id="app">
    <h1>x 的值 :{{x}}</h1>
    <h1>y 的值 :{{y}}</h1>
</div>
<script>
    const app = Vue.createApp({
      data() {
        return {
          x: 1,
          y: 2
        }
      }
    })

    const vm = app.mount('#app')
    console.log(vm.$data)

    //$data 是內部實例屬性，資料屬性
    //$data 修改 x
    vm.$data.x = 2
    console.log(vm.x)          //2
    // 直接修改 x
    vm.x = 200
```

```
        console.log(vm.$data.x)   //200
</script>
```

這些實例屬性僅在實例第一次建立時被增加，所以需要確保它們都在 data 函式傳回的物件中。可以對尚未提供所需值的屬性使用 null、undefined 或其他佔位的值。

data 屬性會被重新包裝，透過 ES6 Proxy 方法把物件中的每個物件綁定監聽機制，當修改了 data 的物件的值時，會透過內建指令更新介面，如圖 7-17 所示。

```
▼ Proxy {x: 1, y: 2} ⓘ
  ▶ [[Handler]]: Object
  ▼ [[Target]]: Object
      x: 200
      y: 2
  ▶ [[Prototype]]: Object
    [[IsRevoked]]: false
```

▲ 圖 7-17　vm.$data 是被攔截的響應式物件

Vue 使用 $ 首碼透過元件實例曝露自己的內建 API。它還為內部屬性保留 _ 首碼。應該避免使用這兩個字元開頭的頂級 data 屬性名稱。

2. 方法 (methods)

methods 選項是一個包含元件所需方法的物件，Vue 元件的所有方法必須定義在 mehtods 物件裡，這些方法會被重新處理並綁定到 HTML 範本上，如程式範例 7.12 所示。

程式範例 7-12　methods 用法

```
<div id="app">
   <h1>{{num}}</h1>
   <button @click="updateNum">+</button>
</div>
<script>
   const app = Vue.createApp({
      data() {
         return {
```

```
        num: 0
      }
    },
    methods: {
      updateNum() {
        this.num++
      }
    }
  })

  const vm = app.mount('#app')
  console.log(vm.num)
  vm.updateNum()
  console.log(vm.num)
</script>
```

Vue 自動為 methods 綁定 this，以便它始終指向元件實例。將會確保方法在用作事件監聽或回呼時保持正確的 this 指向。

注意：在定義 methods 時應避免使用箭頭函式，因為這樣會阻止 Vue 綁定恰當的 this 指向。

methods 和 data 屬性一樣可以在元件的範本中存取。在範本中，通常被當作事件監聽使用：

```
<button @click="updateNum">+</button>
```

@click 是 Vue 裡定義的語法糖，會被映射到 onclick 事件上，當點擊 <button> 按鈕時，會呼叫 updateNum() 方法。

也可以直接從範本中呼叫方法，即在範本支援 JavaScript 運算式的任何地方呼叫方法：

```
<div @click="updateNum">
   {{updateNum()}}
</div >
```

這種情況比較少用，一般可以使用計算屬性或篩檢程式。

> **注意**：一般不要直接在範本運算式中呼叫方法，在範本運算式中可以使用計算屬性代替方法呼叫。

7.4.3　計算屬性和監聽器

對於比較複雜的頁面邏輯，Vue 為我們提供了非常好用的計算屬性和監聽器。

1. 計算屬性 (computed)

計算屬性類似 ES6 中類別屬性的 setter、getter 方法，當需要對 data 中的屬性進行計算輸出時，可以用計算屬性。當然計算屬性並不相依 data 屬性。例如：在 data 屬性中有一個用華氏溫度的數字，但是在頁面上顯示時需要按照攝氏溫度顯示，這裡應如何處理呢？如程式範例 7-13 所示。

程式範例 7-13

```
<div id="app">
    <h1> 今天的溫度是攝氏 :{{ (fahrenheit-32) *5 / 9 }} ℃ </h1>
</div>
<script>
    const app = Vue.createApp({
      data() {
        return {
          fahrenheit:100        // 華氏溫度
        }
      }
    })
const vm = app.mount('#app')
</script>
```

在上面的程式中，在範本運算式中把 data 中的華氏溫度 100 度轉換成頁面顯示的攝氏溫度，這裡的換算公式：攝氏溫度 =(華氏溫度 -32)×5/9。

這種在範本運算式中計算看起來非常便利，但是設計它們的初衷是用於簡單運算。在範本中放入太多的邏輯會讓範本過重且難以維護。

如果在範本中多次包含此計算，則問題會變得更糟。對於任何包含響應式資料的複雜邏輯，可以使用計算屬性，如程式範例 7-14 所示。

程式範例 7-14　computed 用法

```
<div id="app">
    <h1>今天溫度是攝氏 :{{ celsius }}</h1>
</div>
<script>
    const app = Vue.createApp({
        data() {
            return {
                fahrenheit:100        // 華氏溫度
            }
        },
        computed:{
            // 攝氏溫度 =( 華氏溫度 -32)×5/9
            celsius(){
            return (this.fahrenheit-32)*5/9
            }
        }
    }
})
    const vm = app.mount('#app')
</script>
```

在上面的程式中 celsius 是定義在 computed 中的一種方法，但是這種方法可以直接在頁面範本中引用，與 ES6 的類別的 setter、getter 方法類似，當然計算屬性也可以增加 set 和 get 方法。

2. 計算屬性 vs 方法

可以使用 methods 來替代 computed，效果上都是一樣的，但是 computed 基於它的相依快取，只有相關相依發生改變時才會重新設定值，而使用 methods 在重新繪製時，函式總會重新呼叫執行。

為什麼需要快取？假設有一個性能銷耗比較大的計算屬性 list，它需要遍歷一個巨大的陣列並做大量的計算。可能有其他的計算屬性依賴於 list。如果沒有快取，則將不可避免地多次執行 list 的 getter，如果不希望有快取，則應用 methods 來替代。

3. 計算屬性的 setter

計算屬性預設只有 getter，不過在需要時可以提供一個 setter，如程式範例 7-15 所示。

程式範例 7-15   計算屬性的 setter

```
computed: {
  fullName: {
    //getter
    get() {
      return this.firstName + ' ' + this.lastName
    },
    //setter
    set(newValue) {
      const names = newValue.split(' ')
      this.firstName = names[0]
      this.lastName = names[names.length - 1]
    }
  }
}
```

現在再執行 vm.fullName='Leo' 時，setter 會被呼叫，vm.firstName 和 vm.lastName 也會對應地被更新。

4. 監聽器 (watch)

可以透過 watch 來回應資料的變化。當需要在資料變化時執行非同步或銷耗較大的操作時，這種方式非常有用。

watch 監聽器，有以下兩種用法：

(1) 在元件物件中增加 watch 屬性。

(2) 透過元件實例的實例方法 $watch 來監聽。

當在輸入框中輸入一個問題時，可透過 Ajax 請求介面獲取問題的答案，這裡只有在輸入框有新問題時才發起 Ajax 請求，如程式範例 7-16 所示。

程式範例 7-16

```
<div id="app">
  <p>
    提一個只用回答 Yes|No 的問題：
    <input v-model="question" />
  </p>
  <p>{{ answer }}</p>
</div>
```

使用 input 接收輸入，此處提前使用 v-model 指令，用於獲取輸入資料，如程式範例 7-17 所示。

注意：v-model 是一個表單指令，用於雙向資料綁定和監聽 input 的輸入事件，當監聽到輸入事件時，通知 data 中的資料更新。

程式範例 7-17　watch 用法

```
<script>
  const vm = Vue.createApp({
    data() {
      return {
        question: '',
        answer: '問題要以問號結尾？ ;-)'
      }
    },
    watch: {
      // 每當 question 發生變化時，該函式將執行
      question(newQuestion, oldQuestion) {
        if (newQuestion.indexOf('?') > -1) {
          this.getAnswer()
        }
      }
```

```
    },
    methods: {
      getAnswer() {
        this.answer = 'Thinking...'
        axios
          .get('https://yesno.wtf/api')
          .then(response => {
          this.answer = response.data.answer
        })
          .catch(error => {
          this.answer = 'Error! Could not reach the API.  ' + error
        })
      }
    }
  }).mount('#app')
</script>
```

　　watch 定義在元件構造方法參數中，watch 監聽的值需要和監聽的 data 屬性名稱一致，如程式範例 7-18 所示。

程式範例 7-18

```
watch: {
   // 每當 question 發生變化時，該函式將被執行
   question(newQuestion, oldQuestion) {
     if (newQuestion.indexOf('?') > -1) {
       this.getAnswer()
     }
   }
}
```

　　下面的例子使用 $watch 方法監聽 data 資料的變化，如程式範例 7-19 所示。

程式範例 7-19　　$watch 監聽資料變化

```
<div id="app">
   <p style="font-size:30px;">計數器：{{ counter }}</p>
   <button @click="counter++" style="font-size:30px;">+</button>
</div>
```

```
<script>
const app = {
  data() {
    return {
      counter: 1
    }
  }
}
vm = Vue.createApp(app).mount('#app')
vm.$watch('counter', function(nval, oval) {
  console.log('計數器值的變化 :' + oval + ' 變為 ' + nval + '!');
});
</script>
```

　　vm.$watch 方法用於監聽元件實例上的響應式屬性或函式計算結果的變化。回呼函式得到的參數為新值和舊值。只能使用 data、props 或 computed 屬性名稱作為字串傳遞。對於更複雜的運算式，用一個函式取代，如程式範例 7-20 所示。

程式範例 7-20

```
const app = createApp({
  data() {
    return {
      a: 1,
      b: 2,
      c: {
        d: 3,
        e: 4
      }
    }
  },
  created() {
    // 頂層 property 名稱
    this.$watch('a', (newVal, oldVal) => {
      // 做點什麼
    })\
```

```
// 用於監視單一巢狀結構property 的函式
this.$watch(
  () => this.c.d,
  (newVal, oldVal) => {
    ...
  }
)

// 用於監視複雜運算式的函式
this.$watch(
  // 運算式 'this.a + this.b' 每次得出一個不同的結果時
  // 處理函式都會被呼叫
  // 這就像監聽一個未被定義的計算屬性
  () => this.a + this.b,
  (newVal, oldVal) => {
    // 做點什麼
  }
)
}})
```

當監聽的值是一個物件或陣列時，對其屬性或元素的任何更改都不會觸發監聽器，因為它們引用了相同的物件 / 陣列，如程式範例 7-21 所示。

程式範例 7-21

```
const app = createApp({
  data() {
    return {
      article: {
        text: 'Vue is awesome!'
      },
      comments: ['Indeed!', 'I agree']
    }
  },
  created() {
    this.$watch('article', () => {
      console.log('Article changed!')
    })
```

```
    this.$watch('comments', () => {
      console.log('Comments changed!')
    })
  },
  methods: {
    // 這些方法不會觸發監聽器，因為只更改了 Object/Array 的 property
    // 不是物件 / 陣列本身
    changeArticleText() {
      this.article.text = 'Vue 3 is awesome'
    },
    addComment() {
      this.comments.push('New comment')
    },

    // 這些方法將觸發監聽器，因為完全替換了物件 / 陣列
    changeWholeArticle() {
      this.article = { text: 'Vue 3 is awesome' }
    },
    clearComments() {
      this.comments = []
    }
  }
})
```

$watch 傳回一個取消監聽函式，用來停止觸發回呼，如程式範例 7-22 所示。

程式範例 7-22　取消監聽函式

```
const app = createApp({
  data() {
    return {
      a: 1
    }
  }
})

const vm = app.mount('#app')
```

```
const unwatch = vm.$watch('a', cb)
//later, teardown the watcher
unwatch()
```

　　為了發現物件內部值的變化，可以在選項參數中指定 deep：true。這個選項同樣適用於監聽陣列變更，如程式範例 7-23 所示。

注意：當變更 (不是替換) 物件或陣列並使用 deep 選項時，舊值將與新值相同，因為它們的引用指向同一個物件 / 陣列。Vue 不會保留變更之前值的副本。

程式範例 7-23　　deep 監聽陣列變更

```
const app = {
   data() {
      return {
       user:{
          name:"",
            age:20
          }
        }
     },
watch:{
   // 監聽物件中的屬性變化，需要使用 deep
      user:{
         handler:function(newVal,oldVal) {
            console.log("change"+newVal + "-"+oldVal)
         },
          deep:true
        }
     }
}
```

　　同樣可以使用 $watch 方法監聽，如程式範例 7-24 所示。

程式範例 7-24

```
vm.$watch("user", (newVal, oldVal) => {
console.log("$watch change" + newVal + "-" + oldVal)
```

```
}, {
deep: true
})
```

7.4.4 範本和 render() 函式

　　Vue 中元件的視圖定義有 3 種模式：第一，在掛載點指定的位置內建立視圖；第二，透過 template 選項建立視圖；第三，透過 render() 函式，使用 h() 方法建立虛擬 DOM 樹。

1. 直接在 DOM 內建立視圖

　　元件的視圖直接定義在 id="app" 的掛載點中，這種做法不利於視圖的重複使用，如程式範例 7-25 所示。

程式範例 7-25

```
<div id="app">
   <div class="user-card">
      <h1>使用者名稱:{{user.name}}</h1>
   </div>
</div>

<script>
   const app = {
      data() {
         return {
            user: {
               name: "張飈",
               age: 20
            }
         }
      }
   }
   vm = Vue.createApp(app).mount('#app')
</script>
```

2. template 選項定義

template 選項用來定義元件的視圖，template 中的 html 標籤最終需要轉換成 VNode 虛擬 DOM 樹，如程式範例 7-26 所示。

程式範例 7-26　template 定義視圖

```
// 掛載點
 <div id="app"></div>

   <script>
const app = {
   // 透過 template 範本定義視圖
     template: '
     <div class="user-card">
       <h1> 使用者名稱 :{{user.name}}</h1>
     </div>
       ',
       data() {
         return {
           user: {
             name: " 張颯 ",
             age: 20
           }
         }
       }
   }
   vm = Vue.createApp(app).mount('#app')
</script>
```

3. render() 函式 (虛擬 DOM)

render() 函式定義視圖的方式性能最高，這種方法不需要範本編譯的過程，這裡使用 h() 方法建立虛擬 DOM 樹，用法與 document.createElement 類似，如程式範例 7-27 所示。

程式範例 7-27　使用 render() 函式建立視圖

```
const app = {
   render(h) {
```

```
      return Vue.h('div',
        { class: "user-card", style: "font-size:60px" },
        Vue.h('h1', {}, '使用者名稱:${this.user.name}')
      )
    },
    data() {
      return {
        user: {
          name: "張颯",
          age: 20
        }
      }
    }
  }
}
vm = Vue.createApp(app).mount('#app')
```

注意：template 和 render() 函式不要同時定義，如果同時定義，則 template 選項會被忽略，優先繪製 render 中定義的 VNode 視圖。

7.5 Vue 3 範本語法

Vue 的視圖可以直接使用 HTML 範本撰寫，極大地方便了開發者撰寫元件的視圖部分。

其實，在底層的實現上，Vue 將範本編譯成虛擬 DOM 繪製函式。結合響應式系統，Vue 能夠智慧地計算出最少需要重新繪製多少元件，並把 DOM 操作次數減到最少。

7.5.1 插值運算式

插值運算式是 Vue 框架提供的一種在 HTML 範本中綁定資料的方式，使用 {{ 變數名稱 }} 方式綁定 Vue 實例中 data 中的資料變數會將綁定的資料即時地顯示出來。

插值運算式支援的寫法有以下 4 種：變數、JS 運算式、三元運算子、方法呼叫，如程式範例 7-28 所示。

> **注意**：{{}} 括起來的區域就是一個 JS 語法區域，在裡面可以寫受限的 JS 語法。不能寫 var a = 10；分支敘述或迴圈敘述。

程式範例 7-28 插值運算式

```
<div id="app">
   <h3>{{name}}</h3>
   <h3>{{name + '-- 好的 '}}</h3>
   <h3>{{ 1 + 1 }}</h3>
   <!-- 使用函式 -->
   <h3>{{title.substr(0,6)}}</h3>
   <!-- 三元運算 -->
   <h3>{{ age>18 ? ' 成年 ':' 未成年 '}}</h3>
</div>

<script>
   const app = Vue.createApp({
      data() {
         return {
            title: ' 我是一個標題 ',
            name: ' 張三 ',
            age: 20
         }
      }
   })
   const vm = app.mount('#app')
</script>
```

{{...}} 標籤的內容將被替代為對應元件實例中 name 屬性的值，如果 name 屬性的值發生了改變，則 {{...}} 標籤內容也會更新。

如果不想改變標籤的內容，則可以透過 v-once 指令一次性地插值，當資料改變時，插值處的內容不會更新，程式如下：

```
<span v-once>這個將不會改變：{{ name }}</span>
```

7.5.2 什麼是指令

指令 (Directive) 是 Vue 對 HTML 標籤新增加的、拓展的屬性 (也稱為特性)，這些屬性不屬於標準的 HTML 屬性，只有 Vue 認為是有效的，能夠處理它。

指令的職責是當運算式的值改變時，將其產生的連帶影響響應式 (Reactive) 地作用於 DOM，也就是雙向資料綁定。

指令以 "v-" 作為首碼，Vue 提供的指令有 v-model、v-if、v-else、v-else-if、v-show、v-for、v-bind、v-on、v-text、v-html、v-pre、v-cloak、v-once 等，指令也可以自訂。

指令既可以用於普通標籤也可以用在 <template> 標籤上。

指令的值是運算式，指令的值和文字插值運算式 {undefined{ }} 的寫法是一樣的。

7.5.3 資料綁定指令

資料綁定指令可以分為以下幾種：

1. v-text(綁定字串)

v-text 指令的作用是設定標籤的文字值 (textContent)。

下面案例用於輸出當前的年月，如程式範例 7-29 所示。

程式範例 7-29　　v-tex

```
<div id="app">
    <h1 v-text="' 今天是 '+year+' 年 '+month+' 月 '"></h1>
</div>
<script>
    const app = Vue.createApp({
        data() {
            return {
                year: new Date().getFullYear(),
                month: new Date().getMonth() + 1
```

```
        }
      }
    })
    const vm = app.mount('#app')
</script>
```

上面的寫法等於：<h1> 今天是 {{year}} 年 {{month}} 月 </h1>。

(1) v-text=""，雙引號並不代表字串，而是 Vue 自訂的劃定界限的符號。如果要在裏面輸出字串，就要在裏面再增加一對單引號。也就是說，要想輸出字串，必須增加單引號，否則會顯示出錯。

(2) month 預設為從 0 開始，所以要 +1。

(3) {{}} 代表的就是 ""，所以在 v-text="" 中，在內容裏面就不需要再寫 {{}} 了，即直接寫 data 值就可以了。

2. v-html(綁定 HTML)

v-html 的作用是操作元素中的 HTML 標籤。v-text 會將元素當成純文字輸出，v-html 會將元素當成 HTML 標籤解析後輸出，如程式範例 7-30 所示。

程式範例 7-30   v-html

```
<div id="app">
   <div v-html="pic"></div>
   <div v-html="rawHtml"></div>
</div>
<script>
   const app = Vue.createApp({
      data() {
         return {
            rawHtml:"<h1>Hello Vue 3</h1>",
            pic: "<img src='./img/1.jpg' />"
         }
      }
   })
   const vm = app.mount('#app')
</script>
```

效果如圖 7-18 所示。

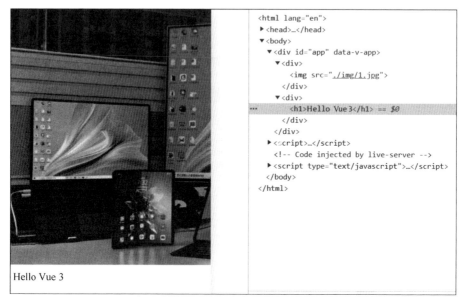

▲ 圖 7-18 v-html 指令效果

3. v-bind(屬性綁定)

v-bind 用於綁定一個或多個屬性值,或向另一個元件傳遞 props 值。在開發中,需要動態進行綁定的屬性包括圖片的 src 屬性、a 連結 href 屬性、動態繫結一些類別、樣式等。Vue 官方提供了一個簡寫方式:src(冒號 + 屬性名稱),例如:

```
<!-- 完整語法 -->
<a v-bind:href="url"></a>

<!-- 縮寫語法 -->
<a :href="url"></a>
```

在 Vue 中給 HTML 標籤的標準屬性綁定值時不能直接使用 {{}} 雙括號語法,如程式範例 7-31 所示,否則會直接把雙括號當字串輸出。

程式範例 7-31　v-bind

```
<div id="app">
  <img src="{{pic}}" />
</div>
<script>
  const app = Vue.createApp({
    data() {
      return {
        pic: "./img/1.jpg"
      }
    }
  })
  const vm = app.mount('#app')
</script>
```

對於標準 HTML 標籤屬性的值綁定，需要使用 v-bind：src 或：src，
如程式範例 7-32 所示。

程式範例 7-32　v-bind：src 用法

```
<div id="app">
  <img v-bind:src="pic" />
<img :src="pic" />
</div>
<script>
  const app = Vue.createApp({
    data() {
      return {
        pic: "./img/1.jpg"
      }
    }
  })
  const vm = app.mount('#app')
</script>
```

7.5.4 class 與 style 綁定

操作元素時可用 class 清單和 style 內聯樣式的方式，因為它們都是 attribute，所以可以用 v-bind 處理。在將 v-bind 用於 class 和 style 時，Vue 做了專門的增強。運算式結果的類型除了字串之外，還可以是物件或陣列。

1. class 樣式名稱綁定

1) class 動態繫結物件

實例中將 isActive 設定為 true, 以便顯示一個紅色的 div 區塊，如果設定為 false，則不顯示，程式如下：

```
<div :class="{ 'active': isActive }"></div>
```

以上實例 div class 繪製的結果為：

```
<div class="active"></div>
```

也可以在物件中傳入更多屬性用來動態切換多個 class。此外，:class 指令也可以與普通的 class 屬性共存。bg-blue 類別背景顏色覆蓋了 active 類別的背景顏色，程式如下：

```
<div class="static" :class="{ 'active' : isActive, 'bg-blue' : hasError }">
</div>
```

當 isActive=false 且 hasError=true 時，以上實例 div class 繪製的結果如下：

```
<div class="static bg-blue"></div>
```

2) class 動態繫結 Object

class 可動態繫結一個計算屬性值 classObject，計算屬性隨著 data 屬性值的變化而變化，如程式範例 7-33 所示。

程式範例 7-33　　class 動態繫結 object

```
<div id="app">
    <div class="static" :class="classObject"></div>
</div>
<script>
    const app = Vue.createApp({
        data() {
            return {
                isActive: true,
                error: {type:"fatal"}
            }
        },
        computed: {
            classObject() {
                return {
                    'active': this.isActive && !this.error,
                    'bg-blue': this.error && this.error.type === 'fatal'
                }
            }
        }
    })
    const vm = app.mount('#app')
</script>
```

3) class 動態繫結陣列

可以把一個陣列傳給 v-bind：class，如程式範例 7-34 所示。

程式範例 7-34　　class 動態繫結陣列

```
<div id="app">
    <div class="static" :class="[activeClass, errorClass]"></div>
</div>
<script>
    const app = Vue.createApp({
        data() {
            return {
                activeClass: 'active',
                errorClass: 'bg-blue'
            }
```

```
    }
  })
  const vm = app.mount('#app')
</script>
```

以上實例 div class 繪製的結果如下：

```
<div class="static active bg-blue"></div>
```

還可以使用三元運算式來切換列表中的 class。

在下面的例子中 errorClass 始終存在，isActive 為 true 時增加 activeClass 類別，如程式範例 7-35 所示。

程式範例 7-35　三元運算式切換 class

```
<div id="app">
    <div class="static" :class="[activeClass, errorClass]"></div>
  </div>
  <script>
    const app = Vue.createApp({
      data() {
        return {
          isActive: false,
          activeClass: 'active',
          errorClass: 'bg-blue'
        }
      }
    })
    const vm = app.mount('#app')
  </script>
```

以上實例 div class 繪製的結果如下：

```
<div class="static bg-blue"></div>
```

2. style 綁定

：style 指令綁定的是一個 JavaScript 物件，不能直接使用字串。CSS

屬性名稱可以用駝峰式 (camelCase) 或短橫線分隔 (kebab-case，需用引號
括起來) 來命名，如程式範例 7-36 所示。

程式範例 7-36　　style 綁定

```
<div :style="{ color: activeColor, fontSize: fontSize + 'px' }"></div>
// 資料物件
data() {
    return {
        activeColor: 'red',
        fontSize: 30
    }
}
```

　　直接綁定到一個樣式物件通常更好，這會讓範本更清晰，如程式範
例 7-37 所示。

程式範例 7-37

```
<div :style="styleObject"></div>
data() {
    return {
        styleObject: {
            color: 'red',
            fontSize: '13px'
        }
    }
}
```

　　同樣地，物件語法常常結合傳回物件的計算屬性使用。

1) 陣列語法

　　：style 的陣列語法可以將多個樣式物件應用到同一個元素上，程式
如下：

```
<div :style="[baseStyles, overridingStyles]"></div>
```

2) 自動增加首碼

在：style 中使用需要 (瀏覽器引擎首碼) vendor prefixes 的 CSS 屬性時，如 transform，Vue 將自動偵測並增加對應的首碼。

3) 多重值

可以為 style 綁定中的 property 提供一個包含多個值的陣列，常用於提供多個附帶首碼的值，程式如下：

```
<div :style="{ display: ['-webkit-box', '-ms-flexbox', 'flex'] }"></div>
```

這樣寫只會繪製陣列中最後一個被瀏覽器支援的值。在本例中，如果瀏覽器支援不附帶瀏覽器首碼的 flexbox，就只會繪製 display：flex。

7.5.5 行件指令

條件綁定指令，可以實現在範本中很方便地進行虛擬 DOM 的判斷。

1. v-if

條件判斷使用 v-if 指令，當指令的運算式傳回 true 時才會顯示，程式如下：

```
<h1 v-if="true">Hello Vue 3!</h1>
```

也可以用 v-else 增加一個 else 區塊，程式如下：

```
<h1 v-if="false">Hello Vue 3!</h1>
<h1 v-else>Hello World!</h1>
```

v-else-if，顧名思義，充當 v-if 的 else-if 區塊，可以連續使用，如程式範例 7-38 所示。

程式範例 7-38　v-if 用法

```
<div v-if="type === 'A'">
   A
</div>
```

```
<div v-else-if="type === 'B'">
    B
</div>
<div v-else-if="type === 'C'">
    C
</div>
<div v-else>
    Not A/B/C
</div>
```

　　類似於 v-else，v-else-if 也必須緊接在附帶 v-if 或 v-else-if 的元素之後。在 <template> 元素上使用 v-if 條件繪製分組。因為 v-if 是一個指令，所以必須將它增加到一個元素上，但是當想切換多個元素時該如何增加呢？此時可以把一個 <template> 元素當作不可見的包裹元素，並在上面使用 v-if。最終的繪製結果將不包含 <template> 元素，如程式範例 7-39 所示。

程式範例 7-39

```
<template v-if="ok">
    <h1>Title</h1>
    <p>Paragraph 1</p>
    <p>Paragraph 2</p>
</template>
```

2. v-show

　　另一個用於根據條件展示元素的指令是 v-show。用法大致一樣，程式如下：

```
<h1 v-show="ok">Hello!</h1>
```

　　不同的是附帶 v-show 的元素始終會被繪製並保留在 DOM 中。v-show 只是簡單地切換元素的 CSS property display。

注意：v-show 不支援 <template> 元素，也不支援 v-else。

3. v-if vs v-show

v-if 是「真正」的條件繪製，因為它會確保在切換過程中條件區段內的事件監聽器和子元件適當地被銷毀和重建。

v-if 是惰性的：如果在初始繪製時條件為假，則什麼也不做，直到條件第一次變為真時，才會開始繪製條件區段。

相比之下，v-show 就簡單得多了，不管初始條件是什麼，元素總會被繪製，並且只是簡單地基於 CSS 進行切換。

一般來講，v-if 有更高的切換銷耗，而 v-show 有更高的初始繪製銷耗，因此，如果需要非常頻繁地切換，則使用 v-show 較好；如果在執行時期條件很少改變，則使用 v-if 較好。

7.5.6 迴圈指令

v-for 指令用於基於資料來源來繪製專案列表。

1. v-for

v-for 指令需要使用 item in items 形式的語法，其中 items 是來源資料陣列，而 item 則是被迭代的陣列元素的別名，如程式範例 7-40 所示。

程式範例 7-40　v-for 指令

```
<div id="app">
   <ul class="list">
      <li v-for="c in cources">{{c.title}}</li>
   </ul>
</div>
<script>
   const app = Vue.createApp({
      data() {
         return {
            cources:[
               {
                  title:"vue"
               },
```

```
            {
              title:"angular"
            },
            {
              title:"react"
            }
          ]
        }
      }
    })
  const vm = app.mount('#app')
```

　　v-for 還支援一個可選的第 2 個參數，即當前項的索引，如程式範例 7-41 所示。

程式範例 7-41　　v-for 遍歷

```
<div id="app">
  <ul class="list">
    <li v-for="(item, index) in cources">{{c.title}}</li>
  </ul>
</div>
```

　　也可以用 of 替代 in 作為分隔符號，因為它更接近 JavaScript 迭代器的語法，程式如下：

```
<div v-for="item of items"></div>
```

1) 在 v-for 裡使用物件

　　可以用 v-for 來遍歷一個物件的 property，如程式範例 7-42 所示。

程式範例 7-42

```
<ul class="list">
  <li v-for="value in book">
    {{ value }}
  </li>
</ul>
Vue.createApp({
```

```
data() {
  return {
    book: {
      title: 'Vue 3',
      author: 'Gavin Xu,
      publishedAt: '2022-04-10'
    }
  }
}
}).mount('#app')
```

也可以提供第 2 個參數的 property 名稱 (也就是鍵名 key)，如程式範例 7-43 所示。

程式範例 7-43

```
<li v-for="(value, name) in book">
   {{ name }}: {{ value }}
</li>
```

2) 維護狀態

當 Vue 正在更新使用 v-for 繪製的元素清單時，它預設使用「就地更新」的策略。如果資料專案的順序被改變，則 Vue 將不會移動 DOM 元素來匹配資料項目的順序，而是就地更新每個元素，並且確保它們在每個索引位置被正確繪製。

這個預設的模式是高效的，但是只適用於不依賴子元件狀態或臨時 DOM 狀態 (例如：表單輸入值) 的列表繪製輸出。

為了給 Vue 一個提示，以便它能追蹤每個節點的身份，從而重用和重新排序現有元素，需要為每項提供一個唯一的 Key Attribute，如程式範例 7-44 所示。

程式範例 7-44

```
<div v-for="item in items" :key="item.id">
   <!-- content -->
</div>
```

　　建議盡可能地在使用 v-for 時提供 Key Attribute，除非遍歷輸出的
DOM 內容非常簡單，或刻意依賴預設行為以獲取性能上的提升。

　　因為它是 Vue 辨識節點的通用機制，key 並不僅與 v-for 特別連結。
後面將在指南中看到，它還具有其他用途。

> **注意**：不要使用物件或陣列之類的非基本類型值作為 v-for 的 key。應用
> 字串或數數值型態的值。

3) v-for 與 v-if 一同使用

> **注意**：不推薦在同一元素上使用 v-if 和 v-for。

　　當它們處於同一節點時，v-if 的優先順序比 v-for 更高，這表示 v-if
將沒有許可權存取 v-for 裡的變數，如程式範例 7-45 所示。

程式範例 7-45

```
<!-- 將會拋出一個錯誤，因為 "todo" property 沒有在實例上定義 -->
<li v-for="todo in todos" v-if="!todo.isComplete">
   {{ todo.name }}
</li>
```

　　可以把 v-for 移動到 <template> 標籤中來修正，如程式範例 7-46 所
示。

程式範例 7-46

```
<template v-for="todo in todos" :key="todo.name">
   <li v-if="!todo.isComplete">
     {{ todo.name }}
   </li>
</template>
```

2. v-memo

　　記住一個範本的子樹，在元素和元件上都可以使用。該指令接收一
個固定長度的陣列作為相依值進行記憶比對。如果陣列中的每個值都和
上次繪製時相同，則整個該子樹的更新會被跳過，如程式範例 7-47 所示。

程式範例 7-47　　v-memo 指令

```
<div v-memo="[valueA, valueB]">
   ...
</div>
```

　　元件重新繪製時，如果 valueA 與 valueB 都維持不變，則對這個 <div> 及它的所有子節點的更新都將被跳過。事實上，即使是虛擬 DOM 的 VNode 建立也將被跳過，因為子樹的記憶副本可以被重用。

　　正確地宣告記憶陣列很重要，否則某些事實上需要被應用的更新也可能會被跳過。附帶空相依陣列的 v-memo(v-memo="[]") 在功能上等效於 v-once。

　　v-memo 僅在對性能敏感場景中進行針對性最佳化時使用，用到的場景應該很少。繪製 v-for 長列表 (長度大於 1000) 可能是它最有用的場景，如程式範例 7-48 所示。

程式範例 7-48

```
<div v-for="item in list" :key="item.id" v-memo="[item.id === selected]">
   <p>ID: {{ item.id }} - selected: {{ item.id === selected }}</p>
   <p>...more child nodes</p>
</div>
```

　　當元件的 selected 狀態發生變化時，即使絕大多數 item 沒有發生任何變化，大量的 VNode 仍將被建立。此處使用的 v-memo 本質上代表著「僅在 item 從未選中變為選中時更新它，反之亦然」。這允許每個未受影響的 item 重用之前的 VNode，並完全跳過差異比較。注意，不需要把 item.id 包含在記憶相依陣列裡，因為 Vue 可以自動從 item 的：key 中把它推斷出來。

注意：在 v-for 中使用 v-memo 時，確保它們被用在同一個元素上。v-memo 在 v-for 內部是無效的。

7.5.7 事件綁定指令

使用 v-on 指令 (通常縮寫為 @ 符號) 來監聽 DOM 事件,並在觸發事件時執行一些 JavaScript 程式。用法為 v-on：click="methodName" 或使用捷徑 @click="methodName",如程式範例 7-49 所示。

程式範例 7-49　v-on 指令

```
<div id="app">
   <button @click="counter += 1"> +1</button>
   <p>點擊了 {{ counter }} 次數 </p>
</div>

<script>
    const app = Vue.createApp({
      data() {
        return {
            counter: 0
        }
      }
    })
    const vm = app.mount('#app')
</script>
```

1. 多事件處理器

事件處理常式中可以有多種方法,這些方法由逗點運算子分隔,如程式範例 7-50 所示。

程式範例 7-50

```
<!-- 這兩個方法 one() 和 two() 將執行按鈕點擊事件 -->
<button @click="one($event), two($event)">
   Submit
</button>
//...
methods: {
   one(event) {
      // 第 1 個事件處理器邏輯……
```

```
    },
    two(event) {
        // 第 2 個事件處理器邏輯……
    }
}
```

2. 事件修飾符號

在事件處理常式中呼叫 event.preventDefault() 或 event.stopPropagation() 方法是非常常見的需求。儘管可以在方法中輕鬆實現這點，但更好的方式是在方法中只有純粹的資料邏輯，而非去處理 DOM 事件細節。

為了解決這個問題，Vue.js 為 v-on 提供了事件修飾符號。之前提過，修飾符號是由點開頭的指令尾碼來表示的，範例如下：

```
.stop
.prevent
.capture
.self
.once
.passive
```

如程式範例 7-51 所示。

程式範例 7-51　事件修飾符號

```
<!-- 阻止點擊事件繼續反昇 -->
<a @click.stop="doThis"></a>

<!-- 提交事件不再多載頁面 -->
<form @submit.prevent="onSubmit"></form>

<!-- 修飾符號可以串聯 -->
<a @click.stop.prevent="doThat"></a>

<!-- 只有修飾符號 -->
<form @submit.prevent></form>

<!-- 增加事件監聽器時使用事件捕捉模式 -->
```

```
<!-- 即內部元素觸發的事件先在此處理，然後才交由內部元素進行處理 -->
<div @click.capture="doThis">...</div>

<!-- 只當 event.target 是當前元素自身時觸發處理函式 -->
<!-- 即事件不是從內部元素觸發的 -->
<div @click.self="doThat">...</div>
```

注意：使用修飾符號時，順序很重要；對應的程式會以同樣的順序產生，因此，用 @click.prevent.self 會阻止元素本身及其子元素的點擊的預設行為，而 @click.self.prevent 只會阻止對元素自身的點擊的預設行為。

範例程式如下：

```
<!-- 點擊事件將只會觸發一次 -->
<a @click.once="doThis"></a>
```

不像其他只能對原生的 DOM 事件起作用的修飾符號，.once 修飾符號還能被用到自訂的元件事件上。如果還沒有閱讀關於元件的文件，則現在大可不必擔心。

Vue 還對應 addEventListener 中的 passive 選項提供了 .passive 修飾符號，程式如下：

```
<!-- 捲動事件的預設行為 （捲動行為） 將立即觸發 -->
<!-- 而不會等待 'onScroll' 完成 -->
<!-- 以防止其中包含 'event.preventDefault()' 的情況 -->
<div @scroll.passive="onScroll">...</div>
```

這個 .passive 修飾符號尤其能夠提升行動端的性能。

注意：不要把 .passive 和 .prevent 一起使用，因為 .prevent 將被忽略，同時瀏覽器可能會展示一個警告。需要記住，.passive 會告訴瀏覽器開發者不想阻止事件的預設行為。

3. 按鍵別名

Vue 為最常用的鍵提供了別名，程式如下：

```
.enter
.tab
.delete ( 捕捉 " 刪除 " 和 " 退格 " 鍵 )
.esc
.space
.up
.down
.left
.right
```

4. 按鍵修飾符號

在監聽鍵盤事件時，經常需要檢查特定的按鍵。Vue 允許為 v-on 或 @ 在監聽鍵盤事件時增加按鍵修飾符號，程式如下：

```
<!-- 只有在 key 是 Enter 時呼叫 vm.submit() -->
<input @keyup.enter="submit" />
```

可以直接將 KeyboardEvent.key 曝露的任意有效按鍵名轉為 kebab-case 來作為修飾符號，程式如下：

```
<input @keyup.page-down="onPageDown" />
```

在上述範例中，處理函式只會在 $event.key 等於 PageDown 時被呼叫。

5. 系統修飾鍵

可以用修飾符號實現僅在按下對應按鍵時才觸發滑鼠或鍵盤事件的監聽器。

在 Mac 系統的鍵盤上，meta 對應 command 鍵 (⌘)。在 Windows 系統的鍵盤上，meta 對應 Windows 徽章鍵 (⊞)。在 Sun 作業系統的鍵盤上，meta 對應實心寶石鍵 (◆)。在其他特定鍵盤上，尤其在 MIT 和

Lisp 機器的鍵盤及其後繼產品中，例如 Knight 鍵盤、space-cadet 鍵盤，meta 被標記為 META。在 Symbolics 鍵盤上，meta 被標記為 META 或 Meta，範例程式如下：

```
.Ctrl
.alt
.shift
.meta
```

　　需要注意修飾鍵與常規按鍵不同，在和 keyup 事件一起使用時，事件觸發時修飾鍵必須處於按下狀態。換句話說，只有在按住 Ctrl 鍵的情況下釋放其他按鍵，才能觸發 keyup.Ctrl，而單單釋放 Ctrl 鍵不會觸發事件，程式如下：

```
<!-- Alt + Enter -->
<input @keyup.alt.enter="clear" />
<!-- Ctrl + Click -->
<div @click.Ctrl="doSomething">Do something</div>
```

6. exact 修飾符號

　　exact 修飾符號允許控制由精確的系統修飾符號組合觸發的事件，程式如下：

```
<!-- 即使 Alt 或 Shift 被一同按下時也會觸發 -->
<button @click.Ctrl="onClick">A</button>
<!-- 有且只有 Ctrl 被按下時才觸發 -->
<button @click.Ctrl.exact="onCtrlClick">A</button>
<!-- 沒有任何系統修飾符號被按下時才觸發 -->
<button @click.exact="onClick">A</button>
```

7. 滑鼠按鈕修飾符號

```
.left
.right
.middle
```

這些修飾符號會限制處理函式僅回應特定的滑鼠按鈕。

7.5.8 表單綁定指令

v-model 指令在表單 \<input\>、\<textarea\> 及 \<select\> 元素上建立雙向資料綁定。它會根據控制項類型自動選取正確的方法來更新元素。儘管有些神奇，但 v-model 本質上不過是語法糖。它負責監聽使用者的輸入事件來更新資料，並在某種極端場景下進行一些特殊處理。

v-model 在內部為不同的輸入元素使用不同的屬性並拋出不同的事件：

(1) text 和 textarea 元素使用 value 屬性和 input 事件。
(2) checkbox 和 radio 使用 checked 屬性和 change 事件。
(3) select 欄位將 value 作為 props 並將 change 作為事件。

1. 修飾符號

1) .lazy

在預設情況下，v-model 在每次 input 事件觸發後將輸入框的值與資料進行同步 (除了上述輸入法組織文字時)。可以增加 lazy 修飾符號，從而轉為在 change 事件之後進行同步，程式如下：

```
<!-- 在 change 時而非 input 時更新 -->
<input v-model.lazy="msg" />
```

2) .number

如果想自動將使用者的輸入值轉為數值類型，則可以給 v-model 增加 number 修飾符號，程式如下：

```
<input v-model.number="age" type="text" />
```

當輸入類型為 text 時通常很有用。如果輸入類型是 number，則 Vue 能夠自動將原始字串轉為數字，無須為 v-model 增加 .number 修飾符號。如果這個值無法被 parseFloat() 解析，則傳回原始的值。

3) .trim

如果要自動過濾使用者輸入的首尾空白字元，則可以給 v-model 增加 trim 修飾符號，程式如下：

```
<input v-model.trim="msg" />
```

2. 表單案例

下面從一個登錄檔單開始，介紹如何使用指令對表單元素操作，Vue 框架中並沒有提供完整的表單處理模組，這裡主要使用 v-model 實現，如圖 7-19 所示。

1) 文字 (Text)

如果需要操作文字標籤，只需在文字輸入框上增加 v-model 指令，該指令監聽文字標籤的 input 事件並把文字標籤的值綁定給資料物件。下面的例子中在 v-model 後面使用修飾符號 lazy，用來把 input 事件轉成 change 事件，如程式範例 7-52 所示。

▲ 圖 7-19　Vue 3 實現表單

程式範例 7-52　v-model

```
<div id="app">
   <div>
      <label>使用者名稱</label>:<input type="text" v-model.lazy="formData.
userName" />
   </div>
   <div>
      <label>年齡</label>:<input type="text" v-model.number="formData.age" />
   </div>
   <p>{{formData}}</p>
</div>
```

如果需要驗證數位類型，可以使用 v-model.number。

2) 多行文本 (Textarea)

在文字區域插值不起作用，應該使用 v-model 來代替，如程式範例 7-53 所示。

程式範例 7-53　textarea

```
<!-- bad -->
<textarea>{{ text }}</textarea>
<!-- good -->
<textarea v-model="text"></textarea>
```

3) 核取方塊 (Checkbox)

單一核取方塊，綁定到布林值，如程式範例 7-54 所示。

程式範例 7-54　checkbox

```
<input type="checkbox" id="checkbox" v-model="checked" />
<label for="checkbox">{{ checked }}</label>
```

多個核取方塊，綁定到同一個陣列，如程式範例 7-55 所示。

程式範例 7-55

```
<div id="app">
    <input type="checkbox" id="jack" value="Jack" v-model="checkedNames" />
    <label for="jack">Jack</label>
    <input type="checkbox" id="john" value="John" v-model="checkedNames" />
    <label for="john">John</label>
    <input type="checkbox" id="mike" value="Mike" v-model="checkedNames" />
    <label for="mike">Mike</label>
    <br />
    <span>Checked names: {{ checkedNames }}</span>
</div>
```

上面程式中，checkedNames 必須初始化為空陣列，這樣才能接收多個 checkbox 中選中的值，如程式範例 7-56 所示。

程式範例 7-56

```
Vue.createApp({
    data() {
        return {
        checkedNames: []
        }
    }
}).mount('#app')
```

4) 單選按鈕 (Radio)

單選按鈕中使用 v-model 獲取單選值，下面的例子中，picked 的值就是選中的單選按鈕的 value 值，如程式範例 7-57 所示。

程式範例 7-57

```
<div id="app">
    <input type="radio" id="one" value="One" v-model="picked" />
    <label for="one">One</label>
    <br />
    <input type="radio" id="two" value="Two" v-model="picked" />
    <label for="two">Two</label>
    <br />
    <span>Picked: {{ picked }}</span>
</div>
```

picked 初始化值為空字串，如程式範例 7-58 所示。

程式範例 7-58

```
Vue.createApp({
    data() {
        return {
            picked: ''
        }
    }
}).mount('#app')
```

5) 選擇框 (Select)

Select 預設單選，效果如圖 7-20 所示。

▲ 圖 7-20　執行效果

在選擇框 Select 中使用 v-model 指令可以監聽 change 事件，並把選中的 option 的值綁定給指定的變數 selected，如程式範例 7-59 所示。

程式範例 7-59　select

```
<div id="app" class="demo">
   <select v-model="selected">
     <option disabled value="">Please select one</option>
     <option>A</option>
     <option>B</option>
     <option>C</option>
   </select>
   <span>Selected: {{ selected }}</span>
</div>
Vue.createApp({
   data() {
     return {
       selected: ''
     }
   }
}).mount('#app')
```

用 v-for 繪製的動態選項，如程式範例 7-60 所示。

程式範例 7-60　select 動態選項

```
<div id="app" class="demo">
   <select v-model="selected">
     <option v-for="option in options" :value="option.value">
       {{ option.text }}
     </option>
   </select>
   <span>Selected: {{ selected }}</span>
</div>
```

```
// 程式實現
Vue.createApp({
   data() {
      return {
         selected: 'A',
         options: [
            { text: 'One', value: 'A' },
            { text: 'Two', value: 'B' },
            { text: 'Three', value: 'C' }
         ]
      }
   }
}).mount('#app')
```

7.5.9 案例：省市區多串聯動效果

下面介紹如何實現一個省市區 (編按，此為中國大陸之行政區劃分方式) 多串聯動的例子，利用 v-for 實現省市區的列表效果，當選擇省時，第 2 個選擇框列出所選省對應市的列表，當選擇市後，第 3 個列表方塊列出所在市的所有區列表，效果如圖 7-21 所示。

▲ 圖 7-21 省市區多串聯動效果

本案例中需要使用另外一個指令 v-model，用於獲取 select 選擇框中選中的 option 選項，v-model 指令可以監聽 select 選擇框的 change 事件，當 change 變化時，v-model 更新綁定的資料模型，視圖程式如程式範例 7-61 所示。

程式範例 7-61　三串聯動

```
<div id="app">
   <ul class="list">
      <select class="addr" v-model="selAddrs.p">
```

```
                <option>請選擇所在省</option>
                <option :value="p" v-for="p in addrs">{{p.provinceName}}</option>
        </select>
        <select class="addr" v-model="selAddrs.c">
                <option>請選擇所在市</option>
                <option :value="c" v-for="c in selAddrs.p.cities">{{c.cityName}}
</option>
        </select>
        <select class="addr" :value="selAddrs.d">
                <option>請選擇所在區</option>
                <option :value="d" v-for="d in selAddrs.c.counties">{{d}}</option>
        </select>
    </ul>
</div>
```

在上面程式中，定義了 3 個 select 選擇框，第 1 個 option 迴圈列出
陣列 addrs(省清單陣列)，value 的值需要動態繫結，所以 value 前面使用
v-bind(簡寫：) 指令，value 為選中項的省資料 p(p 為迴圈變數)。

select 列表方塊使用 v-model 指令監聽獲取選中 option 的 value 值，
繫定到資料模型 selAddrs.p 上，這裡用一個物件儲存選中的值，程式如
下：

```
selAddrs: {
    p: {},      // 選中的省物件
    c: {},      // 選中的省對應的市列表
    d: {}       // 選中的市對應的區列表
},
```

select 框綁定的省市區的陣列，需要設計成樹狀結構，這樣有利於動
態查詢，下面是省市區的資料結構，如程式範例 7-62 所示。

程式範例 7-62　省市區陣列結構

```
[
    {
        "provinceName": " 陝西省 ",
        "cities": [
```

```json
        {
          "cityName": " 西安市 ",
          "counties": [
            " 高新區 ",
            " 雁塔區 "
          ]
        },
        {
          "cityName": " 咸陽市 ",
          "counties": [
            " 咸陽市區 1",
            " 咸陽市區 2"
          ]
        }
      ]
    },
    {
      "provinceName": " 河北省 ",
      "cities": [
        {
          "cityName": " 石家莊市 ",
          "counties": [
            " 石家莊市區 1",
            " 石家莊市區 2"
          ]
        },
        {
          "cityName": " 衡水市 ",
          "counties": [
            " 衡水市區 1",
            " 衡水市區 2"
          ]
        }
      ]
    }
]
```

Vue 實現，如程式範例 7-63 所示。

程式範例 7-63

```
const app = Vue.createApp({
  data() {
    return {
      selAddrs: {
        p: {},
        c: {},
        d: {}
      },
      addrs: [
        {
          provinceName: "陝西省",
          cities: [
            {
              cityName: "西安市",
              counties: [
                "高新區",
                "雁塔區"
              ]
            },
            {
              cityName: "咸陽市",
              counties: [
                "咸陽市區1",
                "咸陽市區2"
              ]
            }
          ]
        },
        {
          provinceName: "河北省",
          cities: [
            {
              cityName: "石家莊市",
              counties: [
                "石家莊市區1",
                "石家莊市區2"
              ]
            },
```

```
                    {
                      cityName: "衡水市",
                      counties: [
                        "衡水市區1",
                        "衡水市區2"
                      ]
                    }
                  ]
                }
              ]
            }
          }
        })
        const vm = app.mount('#app')
```

從上面的程式可以看出，透過資料驅動的方法實現多級 DOM 聯動，程式量非常少，也不需要透過複雜的 DOM 監聽就可以實現聯動的效果。

7.6 Vue 3 元件開發

元件 (Component) 是 Vue 最強大的功能之一。

在瀏覽器還不能完全支援原生 Web Component 開發之前，元件化框架極大地填補了 HTML 標籤功能的不足，開發者可以按照自己的業務需要封裝類似標籤一樣的重複使用性高的程式，使前端快速進入高速發展期。

元件系統可以用獨立可重複使用的小元件來建構大型應用，大部分類型的應用介面可以抽象為一棵元件樹，如圖 7-22 所示。

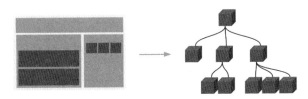

▲ 圖 7-22　元件化開發

　　createApp() 方法接收一個根元件作為參數。根元件類似於 HTML 檔案裡的 HTML 元素，一個標準的頁面是從 HTML 標籤宣告開始。元件和 HTML 頁面結構一樣，Vue 元件化開發也是首先從根元件建立開始的，程式如下：

```
const RootComponent = {
    /* 選項 */
}
const app = Vue.createApp(RootComponent)
const vm = app.mount('#app')
```

7.6.1 元件定義

　　自定義元件可以分為通用元件和局部元件，通用元件可以在 Vue 應用作用域的任何地方使用，局部元件只能在元件註冊的應用作用域下使用。

1. 通用元件

　　註冊一個通用元件的語法格式如下：

```
const app = Vue.createApp({})
// 建立一個通用元件，元件名為 my-component
app.component("my-component",{
    template: 'hello my-component'
    /* ... */
})
const vm = app.mount('#app')
```

　　my-component 為元件名稱，/* ... */ 部分為設定選項。註冊後可以使用以下方式來呼叫元件，程式如下：

```
<div id="app">
    <my-component></my-component>
</div>
```

接下來註冊一個 my-counter 元件,在每次點擊後,計數器會加 1,如程式範例 7-64 所示。

程式範例 7-64

```javascript
// 建立一個 Vue 應用
const app = Vue.createApp({})

// 定義一個名為 my-counter 的新通用元件
app.component('my-counter', {
    data() {
        return {
            num: 0
        }
    },
    template: '
        <button @click="num++">
            點擊了 {{ num }} 次!
        </button>'
})
app.mount('#app')
```

可以將元件進行任意次數的重複使用,程式如下:

```html
<div id="app">
    <my-counter></my-counter>
    <my-counter></my-counter>
    <my-counter></my-counter>
</div>
```

注意當點擊按鈕時,每個元件都會各自獨立地維護它的 num。因為每用一次元件,就會有一個新的實例被建立。

注意:通常把一些公共性的頁面部分封裝成公共元件。

2. 局部元件

局部元件只能在所註冊的元件範本中使用,建立 3 個元件:A、B、

C，這 3 個元件需要先註冊後才能使用，程式如下：

```
const A = {
   /* ... */
}
const B = {
   /* ... */
}
const C = {
   /* ... */
}
```

這裡是在根元件下註冊，在 components 選項中註冊想要使用的元件，程式如下：

```
const app = Vue.createApp({
   components: {
      'comp-a': A,
      'comp-b': B
   }
})
```

components 物件中的每個屬性，其屬性名稱就是自訂元素的名字 (comp-a、comp-b)，其屬性值就是這個元件的選項物件 (A、B)。

局部元件可以任意註冊到想要註冊的子元件中，如在上面定義的 my-counter 元件中註冊一個標題的子元件，程式如下：

```
const MyTitle = {
   template:' <h1>這是子元件的標題</h1>'
}
```

定義好元件後，先在 my-counter 中透過 components 物件註冊，my-header 是 MyTitle 元件物件的標籤名稱，標籤名稱可以隨便定義，一般使用連線的寫法，程式如下：

```
// 註冊子元件
```

```
components: {
    // 元件的標籤名稱：元件物件
    'my-header': MyTitle
},
```

上面註冊元件的寫法也可以換成下面的寫法，程式如下：

```
// 註冊子元件
components: {
    MyTitle
},
```

在 ES 2015+ 中，在物件中放一個類似 MyTitle 的變數名稱，此變數名稱其實是 MyTitle：MyTitle 的縮寫。

現在就可以在 my-counter 元件的範本中使用了，如程式範例 7-65 所示。

程式範例 7-65　my-counter 元件

```
// 局部元件，需要先註冊，後使用
const MyTitle = {
    template: '<h1> 只是子元件的標題 </h1>'
}

const app = Vue.createApp({})
app.component("my-counter", {
    data() {
        return {
            num: 1
        }
    },
    // 註冊子元件
    components: {
        // 元件的標籤名稱：元件物件
        'my-header': MyTitle
    },
    template: '
        <my-header></my-header>
```

```
        <button @click='num++'>
            點擊了{{num}} 次
        </button>
    '
})
const vm = app.mount('#app')
```

效果如圖 7-23 所示。

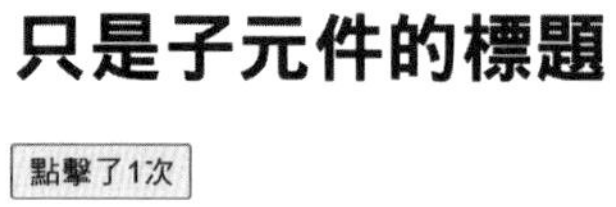

只是子元件的標題

點擊了1次

▲ 圖 7-23　父子元件巢狀結構用法

3. 模組化元件

單模組元件的特點是一個 .vue 檔案就是一個元件，元件中包括三部分：template 用來組織元件的視圖部分，script 標籤用來撰寫元件的邏輯程式，style 用來定義元件中的樣式，如程式範例 7-66 所示。

程式範例 7-66　單模組元件

```
# 定義元件視圖
<template>
    <div class="hello"></div>
</template>

# 定義元件的邏輯程式
<script>
export default {
    name:"hello",
    data(){
        return {}
    }
}
</script>

# 定義元件的樣式
<style scoped>
```

```
    .hello {
      background-color: #f00;
    }
</style>

# 樣式可以使用 sass、less、stylus 等
<style lang="scss">
    $color:red;
    .hello {
      background-color: $color;
    }
</style>
```

單模組元件不能直接執行，需要配合 Webpack 和 Vue-loader 進行轉換，轉換成 ES 模組後才能執行。

7.6.2 元件的命名規則

元件的命名包括標籤名稱命名和物件名稱命名，下面詳細介紹與元件相關的命名規則。

1. 標籤名稱命名

在字串範本或單一檔案元件中定義元件時，定義元件名稱的方式有兩種。

1) 使用 kebab-case

當使用 kebab-case (短橫線分隔命名) 定義一個元件時，必須在引用這個自訂元素時使用 kebab-case，例如 <my-component-name>，程式如下：

```
app.component('my-component-name', {
    /* ... */
})
```

為了避免和當前及未來的 HTML 元素相衝突，強烈推薦遵循 W3C 標準中的自定義元件名稱 (字母全小寫且必須包含一個連字號)。

(1) 全部小寫。

(2) 包含連字號 (有多個單字與連字號符號連接)。

2) 使用 PascalCase

當使用 PascalCase (字首大寫命名) 定義一個元件時，在引用這個自訂元素時兩種命名法都可以使用。也就是説，<my-component-name> 和 <MyComponentName> 都可以。注意，儘管如此，直接在 DOM (非字串的範本) 中使用時只有 kebab-case 有效，程式如下：

```
app.component('MyComponentName', {
    /* ... */
})
```

2. 物件名稱命名

定義元件的物件名稱應使用 PascalCase (字首大寫命名) 定義，程式如下：

```
const MyTitle = {
    template: '<h1> 只是子元件的標題 </h1>'
}
```

3. *.vue 檔案命名標準

除 index.vue 之外，其他 .vue 檔案統一用 PascalBase(字首大寫命名) 風格，如程式範例 7-67 所示。

程式範例 7-67　vue 專案目錄結構

```
-[src]
  - [views]
    - [layout]
      - [components]
        - [Sidebar]
          - index.vue
          - Item.vue
          - SidebarItem.vue
```

```
    - AppMain.vue
    - index.js
    - Navbar.vue'
```

在 index.js 中匯出元件的方式如下：

```
export { default as AppMain } from './AppMain'
export { default as Navbar } from './Navbar'
export { default as Sidebar } from './Sidebar'
```

7.6.3 元件的結構

1. 選項式 API 元件 (相容 Vue 2)

基於選項式 (Options-based API) 元件，即透過 options 選項定義一個元件結構的方式來建立元件，這種方式非常簡單，只需定義成一個物件就可以了，程式如下：

```
const ComponentName = {
    /*options 選項 */
}
```

完整的選項式元件結構如程式範例 7-68 所示。

程式範例 7-68　選項式元件的結構

```
const HelloComponent = {
    // 定義元件輸入介面
    Props:[],
    // 定義元件的輸出事件
    emits:[],
    // 定義視圖
    // 以範本的方式建立視圖
    template:"<h1>hello component",
    // 以虛擬 DOM 的方式建立視圖
    render(h){
        return h("h1",{},"hello")
    },
```

```
    // 定義資料
    data(){
        return {}
    },
    // 定義計算屬性
    computed:{},
    // 定義方法
    methods:{},
    // 定義監聽器
    watch:{},
    // 定義子元件
    components:{},

    // 定義生命週期鉤子方法
    //1. 實例化
    beforeCreate() {
        console.log("")
    },
    created(){},
    //2. 掛載 DOM
    beforeMount(){},
    mounted(){},
    //3. 更新
    beforeUpdate(){},
    updated(){},
    //4. 移除
    beforeUnmount(){},
    unmounted(){},
    //5. 被 keep-alive 快取的元件在啟動時呼叫
    activated(){},
    deactived(){},
    //6. 在捕捉一個來自後代元件的錯誤時被呼叫
    errorCaptured(){}
}
```

2. 組合式元件 (Vue 3)

Vue Composition API 是一種新的撰寫 Vue 元件的方式，實現了類似於 React Hook 的邏輯組成與重複使用。使用方式靈活簡單，並且增強了類型推斷能力，讓 Vue 在建構大型應用時也有了用武之地。

　　Vue Composition API 圍繞一個新的元件選項 setup 而建立。setup()
為 Vue 元件提供了狀態、計算值、watcher 和生命週期鉤子。

　　完整的組合式 (Composition) 元件結構如程式範例 7-69 所示。

程式範例 7-69　組合式元件的結構

```
const HelloComponent = {
// 定義元件輸入介面
Props:[],
// 定義元件的輸出事件
emits:[],
    // 定義元件的視圖
    template:'
    <h1 @click="change">{{state.count}}</h1>
    ',

    //render(h){
    //return h("h1",{},"hello")
//},

    //setup [data,methods,computed,watch]
    setup() {

        // 定義資料和方法
        let state = reactive({ count: 0 })
        let change = () => state.count++;

        // 增加監聽器
        watch(() => state.count, (oldVlaue, newValue) => {
            console.log(oldVlaue, newValue, ' 改變 ')
        })

        // 計算屬性
        let countComputed = computed(() => {
            // 計算屬性初始化加 10
            return state.count + 10;
        });
```

```
    return {
      state,
      countComputed,
      change
    }
  }

  // 生命週期方法
  /**
  * onBeforeMount
  * onMounted
  * onBeforeUpdate
  * onUpdated
  * onBeforeUnmount
  * onUnmounted
  * onErrorCaptured
  * onRenderTracked
  * onRenderTriggered
  * onActivated
  * onDeactivated
  **/
}
```

7.6.4 元件的介面屬性

元件是一個封裝的、可重複使用的業務模組，元件透過輸入和輸出介面進行互動，對於開發者來講，無須關注元件的內部結構，只需根據元件的輸入和輸出介面操作，如圖 7-24 所示。

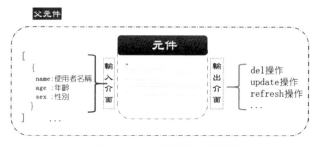

▲ 圖 7-24　元件的輸入和輸出

1. 元件的輸入 (props)

prop 是子元件用來接收父元件傳遞過來的資料的自訂屬性。

父元件的資料需要透過 props 把資料傳給子元件,子元件需要顯性地使用 props 選項宣告 "prop",如程式範例 7-70 所示。

程式範例 7-70　　props 的用法

```
<div id="app">
   <list-title title=" 新聞標題 1"></list-title>
   <list-title title=" 新聞標題 2"></list-title>
   <list-title title=" 新聞標題 3"></list-title>
</div>

<script>
const app = Vue.createApp({})
app.component('list-title', {
   props: ['title'],
   template: '<h3>{{ title }}</h3>'
})
app.mount('#app')
</script>
```

一個元件預設可以擁有任意數量的 prop,任何值都可以傳遞給任何 prop。

1) 動態 prop

類似於用 v-bind 將 HTML 特性綁定到一個運算式,也可以用 v-bind 動態地將 prop 的值綁定到父元件的資料中。每當父元件的資料變化時,該變化也會傳導給子元件,如程式範例 7-71 所示。

程式範例 7-71　　動態 prop

```
<div id="app">
   <user-item
   v-for="user in usersList"
   :id="user.id"
   :title="user.userName">
```

```
      </user-item>
</div>

<script>
    const UserItem = {
      data() {
        return {
          usersList: [
              { id: 1, userName: '張三' },
              { id: 2, userName: '李四' },
              { id: 3, userName: '王五' }
          ]
        }
      }
    }

    const app = Vue.createApp(UserItem)

    app.component('user-item', {
      props: ['id', 'title'],
      template: '<h4>{{ id }} - {{ title }}</h4>'
    })

    app.mount('#app')
</script>
```

2) Prop 驗證

元件可以為 prop 指定驗證要求。為了訂製 prop 的驗證方式，可以為 prop 中的值提供一個附帶驗證需求的物件，而非一個字串陣列，如程式範例 7-72 所示。

程式範例 7-72　prop 驗證

```
Vue.component('my-component', {
    props: {
      // 基礎的類型檢查（null 和 undefined 會透過任何類型驗證）
      propA: Number,
      // 多個可能的類型
      propB: [String, Number],
```

```
    // 必填的字串
    propC: {
      type: String,
      required: true
    },
    // 附帶預設值的數字
    propD: {
      type: Number,
      default: 100
    },
    // 附帶預設值的物件
    propE: {
      type: Object,
      // 物件或陣列的預設值必須從一個工廠函式獲取
      default: function () {
        return { message: 'hello' }
      }
    },
    // 自訂驗證函式
    propF: {
      validator: function (value) {
        // 這個值必須匹配下列字串中的
        return ['success', 'warning', 'danger'].indexOf(value) !== -1
      }
    }
  }
})
```

當 prop 驗證失敗時，(開發環境建構版本的) Vue 將產生一個主控台警告。

type 可以是 String、Number、Boolean、Array、Object、Date、Function、Symbol 原生建構元，也可以是一個自訂建構元，使用 instanceof 檢測。

2. 元件的輸出 (emits)

元件的輸出透過自訂的事件綁定實現，在元件的標籤上綁定元件的自訂事件名稱，如在 my-component 的標籤上定義的 @my-event 是一個自訂的事件綁定，當在元件內部呼叫 $emit("my-event") 時會觸發該事件的回呼方法，$emit("my-event"，{a：1,b：2}) 可以將參數傳遞給綁定的回呼方法，doSomething 是這個事件的回呼方法，程式如下：

```
<my-component @my-event="doSomething"></my-component>
```

注意：不同於 prop，事件名稱不存在任何自動化的大小寫轉換，而是觸發的事件名稱需要完全匹配監聽這個事件所用的名稱。

v-on 事件監聽器在 DOM 範本中會被自動轉為全小寫，因為 HTML 是大小寫不敏感的，所以 @myEvent 將變成 @myevent——導致 myEvent 不可能被監聽到。

因此，推薦始終使用 kebab-case 的事件名稱。

1) 定義自訂事件

emits 選項和現有的 props 選項類似。這個選項可以用來定義一個元件，也可以向其父元件觸發事件，程式如下：

```
app.component('my-comp', {
    emits: ['del', 'update']
})
```

當在 emits 選項中定義了原生事件 (如 click) 時，將使用元件中的事件替代原生事件監聽器。

說明：建議定義所有發出的事件，以便更進一步地記錄元件應該執行原理。

2) 驗證拋出的事件

與 prop 類型驗證類似，如果使用物件語法而非陣列語法定義發出的事件，則可以驗證它。

要增加驗證，為事件分配一個函式，該函式接收傳遞給 $emit 呼叫的參數，並傳回一個布林值以指示事件是否有效，如程式範例 7-73 所示。

程式範例 7-73

```
app.component('my-comp', {
    emits: {
        // 沒有驗證
        click: null,
        // 驗證 submit 事件
        submit: ({ email, password }) => {
            if (email && password) {
                return true
            } else {
                console.warn(' 非法提交 !')
                return false
            }
        }
    },
    methods: {
        submitForm() {
            this.$emit('submit', { email, password })
        }
    }
})
```

驗證效果如圖 7-25 所示。

```
⚠ ▸ 非法ID                                                                    06 @event.html:21
⚠ ▸ [Vue warn]: Invalid event arguments: event validation failed for event "del".   vue.global.js:1547
⚠ ▸ 非法ID                                                                    06 @event.html:21
⚠ ▸ [Vue warn]: Invalid event arguments: event validation failed for event "del".   vue.global.js:1547
⚠ ▸ 非法ID                                                                    06 @event.html:21
⚠ ▸ [Vue warn]: Invalid event arguments: event validation failed for event "del".   vue.global.js:1547
```

▲ 圖 7-25　驗證拋出的事件

3) v-model

在 Vue 3 中，自定義元件上的 v-model 相當於傳遞了 modelValue prop 並接收拋出的 update：modelValue 事件，程式如下：

```
<ChildComponent v-model="pageTitle" />
<!-- 是以下程式的簡寫 -->
<ChildComponent
    :modelValue="pageTitle"
```

```
        @update:modelValue="pageTitle = $event"
    />
```

若需要更改 model 的名稱，如圖 7-26 所示，可以為 v-model 傳遞一個參數，以作為元件內 model 選項的替代，程式如下：

```
<ChildComponent v-model:title="pageTitle" />
<!-- 是以下程式的簡寫： -->
<ChildComponent :title="pageTitle" @update:title="pageTitle = $event" />
```

▲ 圖 7-26　v-model 傳值

這也可以作為 .sync 修飾符號的替代，而且允許在自定義元件上使用多個 v-model，程式如下：

```
<ChildComponent v-model:title="pageTitle" v-model:content="pageContent" />

<!-- 是以下程式的簡寫： -->
<ChildComponent
    :title="pageTitle"
    @update:title="pageTitle = $event"
    :content="pageContent"
    @update:content="pageContent = $event"
/>
```

7.6.5　元件的生命週期方法

Vue 3 中提供了兩套生命週期函式：Options 式生命週期和組合式生命週期，這兩種生命週期函式在不同的元件定義中使用，其本質上沒有什麼不同。

本節介紹的元件生命週期方法是 Options 式元件的生命週期方法，組合式生命週期方法詳細介紹如下。

1. 什麼是生命週期

每個元件在被建立時都要經過一系列的初始化過程，例如需要設定資料監聽、編譯範本、將實例掛載到 DOM 並在資料變化時更新 DOM 等。同時在這個過程中也會執行一些叫作生命週期鉤子的函式，這給了使用者在不同階段增加自己程式的機會。

舉例來説，created 鉤子可以用來在一個實例被建立之後執行程式，如程式範例 7-74 所示。

程式範例 7-74

```
Vue.createApp({
    data() {
        return { count: 1}
    },
    created() {
        //this 指向 vm 實例
        console.log('count is: ' + this.count) //=> "count is: 1"
}})
```

也有一些其他的鉤子，在實例生命週期的不同階段被呼叫，如 mounted、updated 和 unmounted。生命週期鉤子的 this 上下文指向呼叫它的當前活動實例。

2. 生命週期圖示

圖 7-27 展示了傳統元件實例的生命週期，除了銷毀期的生命週期方法名稱有改動外，其他和 Vue 2 是一致的。

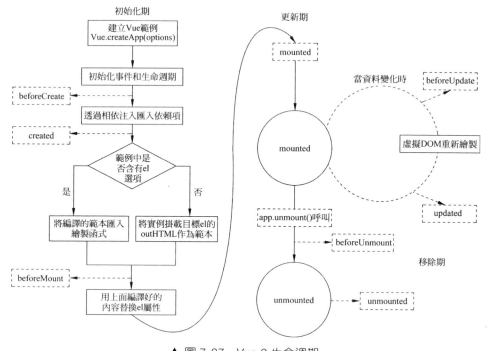

▲ 圖 7-27　Vue 3 生命週期

3. 生命週期鉤子函式觸發時間

圖 7-27 展示了生命週期函式的呼叫時機，接下來詳細介紹生命週期函式的作用和用法。

1) beforeCreate

在實例初始化之後，資料觀測 (Data Observer) 和 event/watcher 事件設定之前被呼叫。

2) created

實例已經建立完成之後被呼叫。在這一步，實例已完成以下的設定：資料觀測、屬性和方法的運算、watch/event 事件回呼，然而，掛載階段還沒開始，$el 屬性目前不可見。

3) beforeMount

在掛載開始之前被呼叫：相關的 render() 函式第一次被呼叫。

4) mounted

el 被新建立的 vm.$el 替換,並掛載到實例上之後呼叫該鉤子。

5) beforeUpdate

資料更新時呼叫,發生在虛擬 DOM 重新繪製和系統更新之前。可以在這個鉤子中進一步地更改狀態,這不會觸發附加的重繪製過程。

6) updated

由於資料更改導致的虛擬 DOM 重新繪製和系統更新,在這之後會呼叫該鉤子。

當這個鉤子被呼叫時,元件 DOM 已經更新,所以現在可以執行相依於 DOM 的操作,然而在大多數情況下,應該避免在此期間更改狀態,因為這可能會導致更新無限迴圈。

該鉤子在伺服器端繪製期間不被呼叫。

7) beforeUnmount

實例銷毀之前呼叫。在這一步,實例仍然完全可用。

8) unmounted

Vue 實例銷毀後呼叫。呼叫後,Vue 實例指示的所有東西都會解綁定,所有的事件監聽器會被移除,所有的子實例也會被銷毀。該鉤子在伺服器端繪製期間不被呼叫。

9) renderTracked

將在追蹤虛擬 DOM 重新繪製時呼叫,此事件告訴開發者哪個操作追蹤了元件及該操作的目標物件和鍵。

10) renderTriggered

與 renderTraced 功能類似,它將告訴開發者是什麼操作觸發了重新繪製,以及該操作的目標物件和鍵。

renderTracked 和 renderTriggered 是 Vue 3 新增加的兩個生命週期方法,用法如程式範例 7-75 所示。

程式範例 7-75

```
<div id="app">
    <button v-on:click="addToCart">增加到購物車</button>
    <p>Cart({{ cart }})</p>
</div>
```

追蹤測試程式如程式範例 7-76 所示，執行後 renderTracked 第一次執行時期會列印一次，renderTriggered 在頁面上的按鈕被點擊時會觸發，如圖 7-28 所示。

程式範例 7-76　renderTracked 生命週期

```
const app = Vue.createApp({
    data() {
        return {
            cart: 0
        }
    },
    renderTracked({ key, target, type }) {
        console.log('renderTracked =>', { key, target, type })
        /* 當元件第一次繪製時，將會被記錄下來
        {
            key: "cart",            // 目標鍵
            target: {               // 目標物件
                cart: 0
            },
            type: "get"             // 什麼操作
        }
        */
    },
    renderTriggered({ key, target, type }) {
        console.log('renderTriggered =>', { key, target, type })
    },
    methods: {
        addToCart() {
            this.cart += 1
        }
    }
})
```

```
app.mount('#app')
```

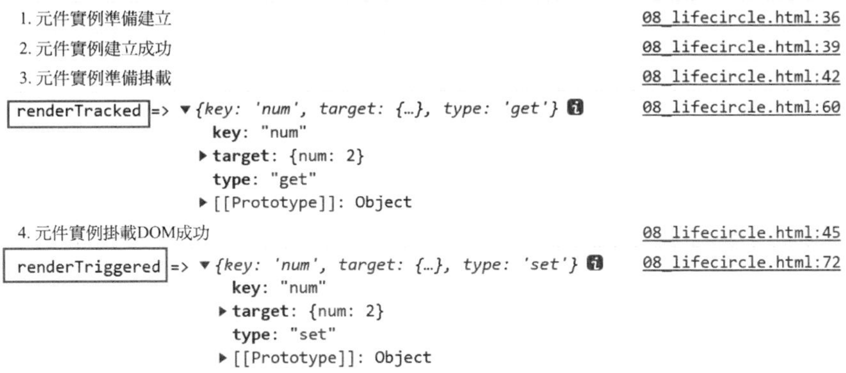

```
1. 元件實例準備建立                                        08_lifecircle.html:36
2. 元件實例建立成功                                        08_lifecircle.html:39
3. 元件實例準備掛載                                        08_lifecircle.html:42
renderTracked => ▼{key: 'num', target: {…}, type: 'get'} ⓘ   08_lifecircle.html:60
                    key: "num"
                  ▶ target: {num: 2}
                    type: "get"
                  ▶ [[Prototype]]: Object
4. 元件實例掛載DOM成功                                      08_lifecircle.html:45
renderTriggered => ▼{key: 'num', target: {…}, type: 'set'} ⓘ  08_lifecircle.html:72
                    key: "num"
                  ▶ target: {num: 2}
                    type: "set"
                  ▶ [[Prototype]]: Object
```

▲ 圖 7-28　觸發追蹤生命週期函式

4. 生命週期鉤子案例

　　下面透過一個例子，介紹生命週期的呼叫時間，透過手動移除應用，了解移除的生命週期的過程，如程式範例 7-77 所示。

程式範例 7-77　生命週期案例

```html
<div id="app">
   <h1>{{num}}</h1>
   <button @click="updateNum">+</button>
   <button @click="unmountComponent">移除</button>
</div>

<script>
const app = Vue.createApp({
   data() {
      return {
         num: 1
      }
   },
   methods: {
      updateNum() {
         this.num++
```

```
      },
      // 手動銷毀應用範例
      unmountComponent() {
        setTimeout(() => app.unmount(), 1000)
      }
    },
    beforeCreate() {
      console.log("1.元件實例準備建立")
    },
    created() {
      console.log("2.元件實例建立成功")
    },
    beforeMount() {
      console.log("3.元件實例準備掛載")
    },
    mounted() {
      console.log("4.元件實例掛載 DOM 成功")
    },
    beforeUpdate() {
      console.log("5.元件實例準備更新")
    },
    updated() {
      console.log("6.元件實例更新成功")
    },
    beforeUnmount() {
      console.log("7.元件實例準備移除")
    },
    unmounted() {
      console.log("8.元件實例移除成功")
      },
    })

    const vm = app.mount('#app')
</script>
```

7.6.6 元件的插槽

　　元件的插槽的主要作用是讓使用者可以拓展元件，去更進一步地重複使用元件和對其做訂製化處理。

1. 普通插槽

　　Slot 指令放在元件範本中，Slot 指令會被元件標籤內的內容替換，如程式範例 7-78 所示。

程式範例 7-78

```
<div id="app">
   <hello>
      大家好，打個招呼！
   </hello>
</div>
```

　　預設情況下，hello 標籤只是一個預留位置號，hello 最終的 DOM 會覆蓋這個標籤位置，如果希望保留標籤內部的內容，則可使用 Vue 提供的 Slot 指令，用於把標籤中的內容放到元件範本的 Slot 指令位置，如程式範例 7-79 所示。

程式範例 7-79　　slot 用法

```
<script>
   const app = Vue.createApp({
   })
   app.component("hello", {
     template: '
       <div>
          <slot></slot>
       </div>
     ',
   })
   const vm = app.mount('#app')
</script>
```

2. 命名插槽

　　在下面的例子中，hello 元件有 3 個插槽，Slot 指令上有 name 屬性，用來標記不同位置的插槽，這種有名字的插槽就是命名插槽，命名插槽可以有多個，但是一個範本中只能有一個沒有 name 的插槽，如圖 7-29 所示。

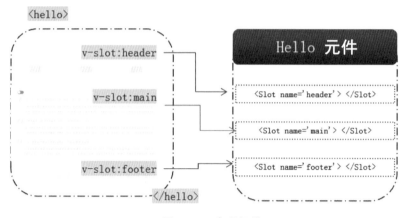

▲ 圖 7-29　命名插槽

命名插槽，如程式範例 7-80 所示。

程式範例 7-80　命名插槽

```
<script>
   const app = Vue.createApp({
   })
   app.component("hello", {
     template: '
       <div>
         <slot name="header"></slot>
         <slot></slot>
         <slot name="footer"></slot>
       </div>
     ',
   })
   const vm = app.mount('#app')
</script>
```

在向命名插槽提供內容時，可以在一個 <template> 元素上使用 v-slot 指令，並以 v-slot 的參數的形式提供其名稱，如程式範例 7-81 所示。

程式範例 7-81

```
<div id="app">
   <hello>
```

```
    <template v-slot:header>
        <h1> 插槽標題 </h1>
    </template>
    <template v-slot:default>
        <h1> 插槽內容 </h1>
    </template>
    <template v-slot:footer>
        <h1> 插槽底部 </h1>
    </template>
  </hello>
</div>
```

3. 作用域插槽

　　作用域插槽允許在自定義元件的元件範本內定義的 Slot 插槽中給 Slot 增加屬性，用來把元件內的值傳遞到元件宣告的標籤內。這是一種非常好的用法，可以在元件外部定義一些 DOM 元素，以便極佳地擴充元件的範本視圖，如圖 7-30 所示。

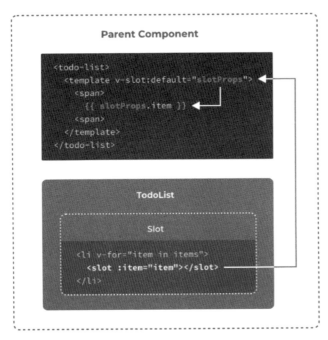

▲ 圖 7-30　作用域插槽

　　舉例來說，有一個元件，此元件包含一個待辦項目列表，如程式範例 7-82 所示。

程式範例 7-82　作用域插槽

```
app.component('todo-list', {
    data() {
        return {
            items: ['學習 Vue', '完成 Vue 專案']
        }
    },
    template: '
<ul>
    <li v-for="( item, index ) in items">
        <slot :item="item" :index="index"></slot>
    </li>
</ul>
    '
})
```

　　在上面的程式中，<slot> 插槽上的 item 被稱為插槽 prop。現在，在父級作用域中，可以使用插槽提供的 prop 的名字，程式如下：

```
<todo-list>
    <template v-slot:default="slotProps">
        <i class="i-check"></i>
        <span class="green">{{ slotProps.item }}</span>
    </template>
</todo-list>
```

　　執行效果如圖 7-31 所示。

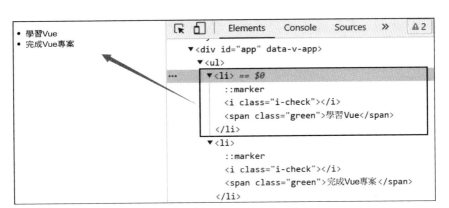

▲ 圖 7-31　作用域插槽效果

7.6.7　提供 / 注入模式

前面的章節中，已經了解了元件的 props，props 是父元件向子元件傳遞資料的介面，但是有一些深度巢狀結構的元件，其深層的子元件只需父元件的部分內容。在這種情況下，如果仍然將 prop 沿著元件鏈逐級傳遞下去，則可能會很麻煩。

對於這種情況，Vue 提供了一種提供 (Provide)/ 注入 (Inject) 模式，這種模式有兩部分：父元件有一個 Provide 選項來提供資料，子元件有一個 Inject 選項來開始使用這些資料，如圖 7-32 所示。

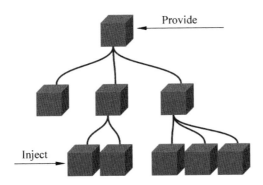

▲ 圖 7-32　元件傳遞 Provide/Inject 模式

舉例來說，有這樣的層次結構，程式如下：

```
Root
└── TodoList
    ├── List
        └── Item
            └── ButtonList
```

如果要將 todo-list 的長度和當前使用者的名稱直接傳遞給 ButtonList，則要將 prop 逐級傳遞下去：TodoList → List → Item → ButtonList。透過 Provide/Inject 模式，可以直接執行以下操作，如程式範例 7-83 所示。

程式範例 7-83　ToDoList 元件

```
const ToDoList = {
    data() {
        return {
            todos: ['餵貓', '買票', "掃地"]
        }
    },
    provide() {
        return {
            user: 'Leo',
            todoLength: this.todos.length
        }
    },
    template: '
<div class="card">
    <List :list="todos" />
</div>
',
    components: {
        List
    }
}
```

List 元件包含 Item 元件，如程式範例 7-84 所示。

程式範例 7-84　Item 元件

```
//Item 元件包含 ButtonList 子元件
const Item = {
   props: ["item"],
   template: '
<li class="item">
     <h2>{{ item }}</h2>
     <ButtonList />
</li>
',
   components: {
      ButtonList
   }
}

//List 元件包含 Item 子元件
const List = {
   props: ["list"],
   template: '
<ul class="list">
     <Item :item="t" :key="index" v-for="(t,index) in list"/>
</ul>
',
   components: {
      Item
   }
}
```

　　ButtonList 元件是整個 ToDoList 元件的最低層的子元件，如果在 ButtonList 元件中獲取最外層元件的值，則需要透過元件的 props 一層層地傳遞，非常煩瑣，這裡就可以直接使用 Provide/Inject 模式，在 ButtonList 元件中，透過 inject 屬性注入 provide 提供的兩個屬性，這樣就可以直接存取最外層元件提供的值了，程式如下：

```
const ButtonList = {
   inject: ['user', 'todoLength'],
   template: '
```

```
<div class="buttons">
        {{ todoLength }}-<a>{{ user }}</a>: <a>確認</a>
</div>
'

}
```

效果如圖 7-33 所示。

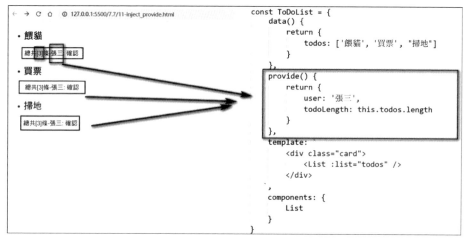

▲ 圖 7-33　ToDoList 元件中使用 Provide/Inject 模式

7.6.8　動態元件與非同步裝置

動態元件可以實現根據動態的變數值動態地繪製不同的元件，非同步裝置以一種隨選載入的方式載入元件，可以極大地提高應用的性能。

1. 動態繫結元件指令（：is）

當在這些元件之間切換時，有時需要保持這些元件的狀態，以避免反覆繪製導致的性能問題。

舉例來説，在進行多頁的資料填寫時，當填寫一頁註冊資訊後，切換到第二頁中繼續填寫，如果在沒有提交儲存的情況下，又切換到了前一頁，則此時上一頁的資料就沒有了。這是因為每次切換新標籤時，Vue都建立了一個新的元件實例。

重新建立動態元件的行為通常非常有用，但是在這個案例中，更希望那些標籤的元件實例能夠被在第一次被建立時快取下來。為了解決這個問題，可以用一個 <keep-alive> 元素將其動態元件包裹起來。

如何實現多個元件的切換，如圖 7-34 所示，點擊「登入」或「註冊」按鈕，實現登入元件和註冊元件的切換，實現動態切換的方式有多種，例如使用 v-if 或 v-show 指令動態判斷顯示，這裡介紹元件 is 屬性，此屬性可更簡單地實現這個效果。

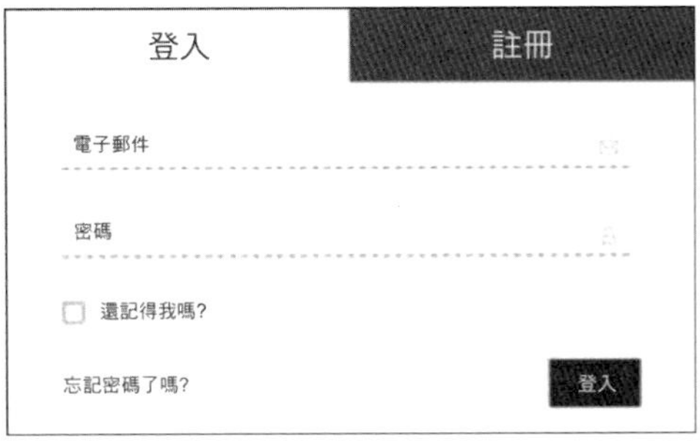

▲ 圖 7-34 動態元件綁定屬性 is

component 元件提供的 is 屬性可以實現元件的動態繫結，程式如下：

```
<!-- 當 currentView 改變時元件就改變 -->
<component :is="currentView"></component>
```

Tab 切換實現，如程式範例 7-85 所示。

程式範例 7-85 is 動態繫結

```
<div id="app">
   <a @click="changeTab('tab1')">tab1</a>
 | <a @click="changeTab('tab2')">tab2</a>

   <!-- 失活的元件將被快取 !-->
   <component class="page" :is="tab"></component>
</div>

<script>
```

```
    const Tab1 = {
        template: "<h1>tab1</h1>"
    }
    const Tab2 = {
        template: "<h1>tab2</h1>"
    }
    const app = Vue.createApp({
        data() {
            return {
                tab: "tab1"
            }
        },
        methods: {
            changeTab(tabName) {
                this.tab = tabName
            }
        },
        components: {
            Tab1,
            Tab2
        }
    })
    const vm = app.mount('#app')
</script>
```

2. 非同步裝置

在大型應用中，可能需要將應用分割成小一些的程式區塊，並且只在需要時才從伺服器載入一個模組。

Vue 3.x 提供了一個函式 defineAsyncComponent，以此來簡化使用非同步裝置。元件內使用非同步裝置，程式如下：

```
import { defineAsyncComponent } from 'vue'
components: {
    AsyncComponent: defineAsyncComponent(() =>
import('@/components/AsyncComponent.vue'))
}
```

全域引入非同步裝置，如程式範例 7-86 所示。

程式範例 7-86　defineAsyncComponent

```
import { defineAsyncComponent } from 'vue'
const AsyncComp = defineAsyncComponent(() =>
    import('@/components/AsyncComponent.vue')
)
app.component('async-component', AsyncComp)
```

除了上面的簡單用法外，非同步載入元件支援延遲、逾時、載入中、載入出錯等設定，可以解決在實際使用過程中檔案遺失，以及檔案更新等問題，如程式範例 7-87 所示。

程式範例 7-87

```
const asyncComp = {
    loader: () => import('@/components/AsyncComponent.vue'),
    delay: 1000,
    timeout: 3000,
    error: ErrorComponent,        // 載入顯示出錯展示元件
    loading: LoadingComponent,    // 載入過程中展示元件
}
```

7.6.9　混入

對於 Vue 元件來講，混入 (Mixins) 是一種靈活分發可重複使用功能的方式。一個混入物件可以包含任意元件選項 (options)。當元件使用混入物件時，所有混入物件的選項將被「混進」該元件本身的選項中，如程式範例 7-88 所示。

程式範例 7-88　mixins 用法

```
// 定義一個 mixin 物件
const myMixin = {
    created() {
        this.hello()
    },
```

```
   methods: {
   hello() {
      console.log('hello from mixin!')
      }
   }
}

// 定義一個使用了該 mixin 物件的應用
const app = Vue.createApp({
   mixins: [myMixin]
})

app.mount('#app') //=> "hello from mixin!"
```

元件混入策略如下。

1. 選項合併

當混入物件和元件本身含有重複選項時，這些選項將以合適的策略進行「合併」，資料物件在內部會進行遞迴合併，並在發生衝突時以元件資料優先，如程式範例 7-89 所示。

程式範例 7-89

```
const myMixin = {
   data() {
      return {
         message: 'hello',
         foo: 'abc'
      }
   }
}

const app = Vue.createApp({
   mixins: [myMixin],
   data() {
      return {
         message: 'goodbye',
         bar: 'def'
      }
```

```
   },
   created() {
     console.log(this.$data) //=> { message: "goodbye", foo: "abc",
bar: "def" }
   }
})
```

　　名稱相同鉤子函式將被合併進一個陣列裡，以便它們都能被呼叫。另外，混入物件的鉤子函式會在元件自身鉤子函式之前被呼叫，如程式範例 7-90 所示。

程式範例 7-90

```
const myMixin = {
   created() {
     console.log('mixin hook called')
   }
}

const app = Vue.createApp({
   mixins: [myMixin],
   created() {
     console.log('component hook called')
   }
})

//=> "mixin hook called"
//=> "component hook called"
```

　　值為物件的選項，例如 methods、components 和 directives，將被合併為同一個物件。當兩個物件的鍵名衝突時，取元件物件的鍵 - 值對，程式範例 7-91 所示。

程式範例 7-91

```
const myMixin = {
   methods: {
     foo() {
       console.log('foo')
```

```
      },
      conflicting() {
        console.log('from mixin')
      }
    }
}

const app = Vue.createApp({
  mixins: [myMixin],
  methods: {
    bar() {
      console.log('bar')
    },
    conflicting() {
      console.log('from self')
    }
  }
})

const vm = app.mount('#app')

vm.foo()           //=> "foo"
vm.bar()           //=> "bar"
vm.conflicting()   //=> "from self"
```

2. 全域混入

還可以為 Vue 應用申請一個全域 mixin，用法如程式範例 7-92 所示。

程式範例 7-92

```
const app = Vue.createApp({
  myOption: 'hello!'
})

// 為自訂的選項 'myOption' 注入一個處理器
app.mixin({
  created() {
    const myOption = this.$options.myOption
    if (myOption) {
```

```
            console.log(myOption)
      }
    }
})

app.mount('#mixins-global') //=> "hello!"
```

需要特別注意的是，一旦使用全域混入，它將影響每個之後在應用內部建立的元件實例 (舉例來說，每個子元件)，如程式範例 7-93 所示。

程式範例 7-93

```
const app = Vue.createApp({
    myOption: 'hello!'
})

// 為自訂的選項 'myOption' 注入一個處理器
app.mixin({
    created() {
        const myOption = this.$options.myOption
        if (myOption) {
            console.log(myOption)
        }
    }
})

// 將 myOption 也增加到子元件
app.component('test-component', {
    myOption: 'hello from component!'
})

app.mount('#app')

//=> "hello!"
//=> "hello from component!"
```

大多數情況下，應該像上述實例中一樣只在自訂選項處理中使用混入。將這個準則作為外掛程式發佈，以避免重複地應用混入。

7.7 響應性 API

Composition API 是參考 React Hook 推出的一種低侵入式的、函式式的 API，使我們能夠更靈活地組合元件的邏輯。

在 Vue 2 框架中，用選項式 (Options) 選項來組織元件的邏輯很有效，但是，隨著元件變大，邏輯變得更複雜，從而導致元件難以閱讀和維護，特別是接手別人程式時，往往需要來回跳躍閱讀。基於此 Composition API 應運而生。

Composition API 的優點如下：

(1) 提供了更完整的 TS 支援。
(2) 元件擁有了更加良好的程式組織結構。
(3) 相同的程式邏輯在不同的元件中進行了完整重複使用。

Composition API 提供了以下幾個函式。

(1) setup：組合 API 的方法都寫在這裡面。
(2) ref：定義響應式資料字串 bool。
(3) reactive：定義響應式資料物件。
(4) watchEffect：監聽資料變化。
(5) watch：監聽資料變化。
(6) computed：計算屬性。
(7) toRefs：解構響應式物件資料。
(8) 新的生命週期的 Hook。

7.7.1 setup()

setup() 函式是 Vue 3 中專門為元件提供的新屬性。它為使用 Vue 3 的 Composition API 新特性提供了統一的入口。

1. 執行時機

setup() 函式會在 beforeCreate() 之後且在 created() 之前執行。

2. 接收 props 資料

在 props 中定義當前元件允許外界傳遞過來的參數名稱,程式如下:

```
props: {
   p1: String
}
```

透過 setup() 函式的第 1 個形式參數接收 props 資料,程式如下:

```
setup(props) {
   console.log(props.p1)
}
```

3. context

setup() 函式的第 2 個形式參數是一個上下文物件,這個上下文物件中包含了一些有用的屬性,這些屬性在 Vue 2 中需要透過 this 才能存取,在 Vue 3 中,它們的存取方式更加簡單,程式如下:

```
const MyComponent = {
   setup(props, context) {
      context.attrs
      context.slots
      context.parent
      context.root
      context.emit
      context.refs
   }
}
```

注意:setup 中應避免使用 this,因為無法獲取元件實例;同理,setup 的呼叫發生在 data、property、computed property、methods 被解析之前,同樣在 setup 中無法獲取。

setup() 函式的用法如程式範例 7-94 所示。

程式範例 7-94 setup() 函式

```
props: {
    name: String,
    age: Number
},
setup(props,context){
    console.log(props)
    //Attribute（非響應式物件）
    console.log(context.attrs)
    // 插槽（非響應式物件）
    console.log(context.slots)
    // 觸發事件（方法）
    console.log(context.emit)
}
```

4. setup() 函式的兩種傳回值

如果 setup() 函式傳回一個物件，則物件中的屬性、方法在範本中均可以直接使用。若傳回一個繪製函式，則可以自訂繪製內容，如程式範例 7-95 所示。

程式範例 7-95 setup() 兩種傳回值

```
<template>
    <h1> 使用者的資訊 </h1>
    <h2> 姓名 :{{name}}</h2>
    <h2> 年齡 :{{age}}</h2>
    <h2> 性別 :{{gender}}</h2>
    <button @click="showInfo"> 顯示資訊 </button>
</template>

<script>
//import {h} from 'vue'
export default {
    name: "App",
    // 下面的測試暫時不考慮響應式
    setup(){
```

```
    // 資料
    let name = "Leo"
    let age = 18
    let gender = "男"

    // 方法
    function showInfo(){
        alert(' 你好 ${name}')
    }
    return {
        name,age, gender,showInfo
    }
    //return ()=> h('h1','Vue 3 setup')
    }
  };
</script>
```

setup() 函式傳回一個繪製函式，顯示的是繪製函式定義的視圖，如圖 7-35 所示，程式如下：

```
export default {
    //...
    setup(){
        return ()=> h('h1','Vue 3 setup')
    }
};
</script>
```

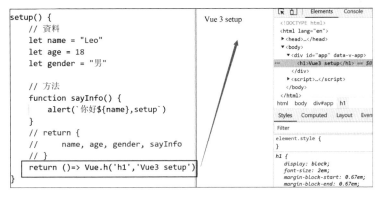

▲ 圖 7-35　setup() 函式傳回繪製函式 h()

7.7.2 ref()

　　ref() 函式用來根據給定的值建立一個響應式的資料物件，ref() 函式呼叫的傳回值是一個物件，這個物件只包含一個 .value 屬性。

1. 基本語法

　　這裡實現一個簡單的計數器，如程式範例 7-96 所示。

程式範例 7-96 　　ref()

```
import { ref，computed } from 'Vue'
setup() {
   const count = ref(0);
   const increase = () => {
     count.value++;
   };
   //computed 計算屬性
   const doubleCount = computed(() => {
     return count.value * 2;
   });
   return {
     count,
     increase,
     doubleCount,
   };
}
```

2. 存取 ref() 建立的響應式資料

　　在 template 中存取響應式資料，如程式範例 7-97 所示。

程式範例 7-97

```
<div>
   計數器:{{ count }}
   <br />
   double:{{ doubleCount }}
   <br />
   <button @click="increase">count++</button>
</div>
```

這時每點擊一次按鈕，count 的 value 值都會 +1。

3. ref() 用法詳細講解

ref() 後的資料會生成一個 RefImpl 實例物件，它的響應式原理是透過 object.defineProperty 實現資料綁架的，透過裡面的 get() 和 set() 實現響應式。如果複雜資料型態使用 ref() 綁定成響應式資料，則在第一層會生成 RefImpl 實例物件，但是它的 value 是一個 Proxy 實例物件。

ref() 適用於定義一些需要響應式的基底資料型態的資料，如 number 和 string 等，reactive 用於定義複雜的資料型態，如陣列和字典，如圖 7-36 所示，如程式範例 7-98 所示。

程式範例 7-98

```
// 對物件進行響應式操作
   const user = ref({name:"xx"})
   console.log(user)
   function setUser() {
      user.value.name = "yy"
   }

// 對陣列進行響應式操作
   const arr = ref([1,2,3])
   function setArr() {
      arr.value.push(3)
   }
```

```
                                                          03_ref.html:34
 RefImpl {_shallow: false, dep: undefined, __v_isRef: true, _rawValue: {…}, _value: P
 roxy} 🔧
 ▶ dep: Set(1) {ReactiveEffect}
   __v_isRef: true
 ▶ _rawValue: {name: 'yy'}
   _shallow: false
 ▼ _value: Proxy
   ▶ [[Handler]]: Object
   ▶ [[Target]]: Object
     [[IsRevoked]]: false
   value: (...)
 ▶ [[Prototype]]: Object
```

▲ 圖 7-36　ref 包裝複雜類型態資料

7.7.3 reactive()

reactive() 函式可接收一個普通物件，傳回一個響應式的資料物件。reactive() 用於定義複雜的資料型態，如陣列和字典。reactive() 函式處理後的資料會生成一個 proxy 實例物件 (代理物件)，它透過 proxy 物件實現資料的回應。

1. 基本語法

reactive() 的用法與 ref() 的用法相似，也是將資料變成響應式資料，當資料發生變化時 UI 也會自動更新。不同的是 ref() 用於基底資料型態，而 reactive() 用於複雜資料型態，例如物件和陣列。

在 setup() 函式中呼叫 reactive() 函式，建立響應式資料物件，如程式範例 7-99 所示。

程式範例 7-99 reactive() 用法

```
<template>
   <div>
     <p>{{ user }}</p>
     <button @click="increase">18+</button>
   </div>
</template>

<script>
import { reactive } from "vue";
export default {
   name: "reactive",
   setup() {
     const user = reactive({ name: "XLW", age: 18 });
     function increase() {
       ++user.age
     }
     return { user, increase };
   },
};
</script>
```

當點擊按鈕時，讓資料 user.age 加 1，當資料發生更改時，UI 會自動更新。reactive() 將傳遞的物件包裝成 proxy 物件。

如果傳遞基底資料型態，則應如何實現呢？如程式範例 7-100 所示。

程式範例 7-100

```
<template>
  <div>
    <p>{{ age}}</p>
    <button @click="increase">18+</button>
  </div>
</template>

<script>
  import { reactive } from "vue";
  export default {
    name: "reactive",
    setup() {
      let age= reactive(16);
      function increase() {
      console.log(age);
      ++age;
    }
    return { age, increase };
  },
};
</script>
```

在上面的程式中，把基本資料傳遞給 reactive()，reactive() 並不會將它包裝成 porxy 物件，並且當資料變化時，介面也不會變化。

注意：reactive() 中傳遞的參數必須是 JSON 物件或陣列，如果傳遞了其他物件，如 new Date()，則可以使用 ref() 函式處理基本資料，變成響應式資料。

2. 在 reactive 物件中存取 ref 建立的響應式資料

當把 ref() 建立出來的響應式資料物件掛載到 reactive() 上時，會自動把響應式資料物件展開為原始的值，不需透過 .value 就可以直接被存取，如程式範例 7-101 所示。

程式範例 7-101

```
const count = ref(0)
const state = reactive({
    count
})
console.log(state.count)      // 輸出 0
state.count++                 // 此處不需要透過 .value 就能直接存取原始值
console.log(count)            // 輸出 1
```

這裡需要注意的是，新的 ref() 會覆蓋舊的 ref()，如程式範例 7-102 所示。

程式範例 7-102

```
// 建立 ref 並掛載到 reactive 中
const c1 = ref(0)
const state = reactive({
    c1
})

// 再次建立 ref，命名為 c2
const c2 = ref(9)
// 將舊 ref c1 替換為新的 ref c2
state.c1 = c2
state.c1++

console.log(state.c1)         // 輸出 10
console.log(c2.value)         // 輸出 10
console.log(c1.value)         // 輸出 0
```

這裡再次以實現一個簡單的計數器為例，如程式範例 7-103 所示。

程式範例 7-103

```
const count = ref(0);
    const increase = () => {
      count.value++;
    };
    //computed 計算屬性
    const doubleCount = computed(() => {
      return count.value * 2;
    });
    const data = reactive({
      count,
        increase,
        doubleCount,
    })
    return {
      data
};
```

在範本中綁定效果，如程式範例 7-104 所示。

程式範例 7-104

```
計數器:{{ data.count }}
    <br />
    double:{{ data.doubleCount }}
    <br />
    <button @click="data.increase">加1</button>
```

7.7.4 toRef

toRef 是將某個物件中的某個值轉化為響應式資料，其接收兩個參數，第 1 個參數為 obj 物件，第 2 個參數為物件中的屬性名稱，如程式範例 7-105 所示。

程式範例 7-105　toRef 用法

```
//1. 匯入 toRef
import {toRef} from 'vue'
```

```
export default {
    setup() {
        const obj = {count: 3}
        //2. 將 obj 物件中屬性 count 的值轉化為響應式資料
        const state = toRef(obj, 'count')
        //3. 將 toRef 包裝過的資料物件傳回後供 template 使用
        return {state}
    }
}
```

在下面的案例中，同時使用 ref 和 toRef，如程式範例 7-106 所示。

ref() 是對原資料的複製，不會影響原始值，同時響應式資料物件的值改變後會同步更新視圖。toRef 是對原資料的引用，會影響原始值，但是響應式資料物件的值改變後會不會更新視圖。

程式範例 7-106

```
<template>
    <p>{{ state1 }}</p>
    <button @click="add1">增加</button>
    <p>{{ state2 }}</p>
    <button @click="add2">增加</button>
</template>

<script>
import {ref, toRef} from 'vue'
export default {
    setup() {
        const obj = {count: 3}
        const state1 = ref(obj.count)
        const state2 = toRef(obj, 'count')
        function add1() {
            state1.value ++
            console.log('原始值：', obj);
            console.log('響應式資料物件：', state1);
        }
        function add2() {
            state2.value ++
            console.log('原始值：', obj);
```

```
        console.log('響應式資料物件:', state2);
    }

    return {state1, state2, add1, add2}
  }
}
</script>
```

　　當點擊 add1 時，響應式資料發生改變，而原始資料 obj 並不會改變。原因在於，ref() 的本質是複製，與原始資料沒有引用關係，如圖 7-37 所示。

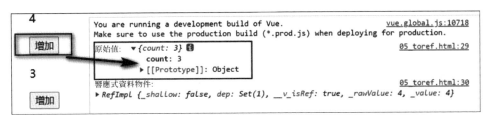

▲ 圖 7-37　ref() 包裝後的物件值改變不會影響原始資料

　　點擊 add2 時，如圖 7-38 所示，使用 toRef() 後某個物件中的屬性將變成響應式資料，修改響應式資料時會影響原始資料，但是需要注意，如果修改透過 toRef() 建立的響應式資料，則不會觸發 UI 介面的更新。

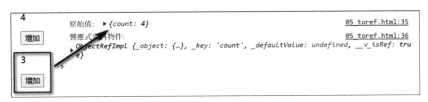

▲ 圖 7-38　toRef() 包裝後的物件值改變會影響原始資料

ref() 和 toRef() 的區別如下：

(1) ref() 的本質是複製，修改響應式資料不會影響原始資料；toRef() 的本質是引用關係，修改響應式資料會影響原始資料。

(2) 當 ref() 資料發生改變時，介面會自動更新；當 toRef() 資料發生改變時，介面不會自動更新。

(3) .toRef() 傳遞參數與 ref() 不同；toRef() 接收兩個參數，第 1 個參數是哪個物件，第 2 個參數是物件的哪個屬性。

所以如果想讓響應式資料和以前的資料連結起來，並且想在更新響應式資料時不更新 UI，就使用 toRef()。

7.7.5 toRefs()

toRefs() 函式可以將 reactive() 建立出來的響應式物件轉為普通的物件，只不過這個物件上的每個屬性節點都是 ref() 類型的響應式資料，最常見的應用場景如程式範例 7-107 所示。

程式範例 7-107　　toRefs() 用法

```
import { toRefs } from 'Vue'
setup() {
   // 定義響應式資料物件
   const state = reactive({
     count: 0
   })
   // 定義頁面上可用的事件處理函式
   const increment = () => {
     state.count++
   }
   // 在 setup() 中傳回一個物件供頁面使用
   // 這個物件中可以包含響應式的資料，也可以包含事件處理函式
   return {
     // 將 state 上的每個屬性都轉化為 ref 形式的響應式資料
     ...toRefs(state),
     // 自動增加的事件處理函式
     increment
   }
}
```

頁面上可以直接存取 setup() 中傳回的響應式資料，如程式範例 7-108 所示。

程式範例 7-108

```
<template>
    <div>
        <p>當前的 count 值為 {{count}}</p>
        <button @click="increment">+1</button>
    </div>
</template>
```

7.7.6 computed()

computed() 用來建立計算屬性，computed() 函式的傳回值是一個 ref() 的實例。

1. 建立唯讀的計算屬性

在呼叫 computed() 函式期間，傳入一個 function() 函式，可以得到一個唯讀的計算屬性，如程式範例 7-109 所示。

程式範例 7-109　computed() 函式

```
// 建立一個 ref() 響應式資料
const count = ref(1)
// 根據 count 的值，建立一個響應式的計算屬性 addOne
// 它會根據相依的 ref() 自動計算並傳回一個新的 ref()
const addOne = computed(() => count.value + 1)
console.log(addOne.value)    // 輸出 2
addOne.value++               //error
```

2. 建立讀取寫入的計算屬性

在呼叫 computed() 函式期間，傳入一個包含 get() 和 set() 函式的物件，可以得到一個讀取寫入的計算屬性，如程式範例 7-110 所示。

程式範例 7-110

```
// 建立一個 ref 響應式資料
const count = ref(1)

```

```
// 建立一個 computed 計算屬性
const plusOne = computed({
    // 設定值函式
    get: () => count.value + 1,
    // 賦值函式
    set: val => { count.value = val - 1 }
})

// 為計算屬性賦值的操作會觸發 set() 函式
plusOne.value = 9
// 觸發 set() 函式後，count 的值會被更新
console.log(count.value)// 輸出 8
```

7.7.7 watch()

watch() 函式用來監視某些資料項目的變化，從而觸發某些特定的操作。watch() 函式的特性如下：

(1) 第一次載入時不會監聽，只會在資料發生變化時才監聽到 (惰性)。

(2) 可以獲得新值以前的值。

(3) 可以同時監聽多個資料的變化。

1. 基本用法

在下面的案例中，如果 count 值發生變化，則會觸發 watch() 回呼，如程式範例 7-111 所示。

程式範例 7-111　　watch() 基本用法

```
const count = ref(0)
// 定義 watch()，只要 count 值變化，就會觸發 watch() 回呼
//watch() 會在建立時自動呼叫一次
watch(() => console.log(count.value))
// 輸出 0
setTimeout(() => {
    count.value++
```

```
    // 輸出 1
}, 1000)
```

2. 監視指定的資料來源

監視 reactive 類型的資料來源，如程式範例 7-112 所示。

程式範例 7-112　　監視 reactive 類型的資料來源

```
// 定義資料來源
const state = reactive({ count: 0 })
// 監視 state.count 資料節點的變化
watch(() => state.count, (count, prevCount) => { /* ... */ })

// 監視 ref() 類型的資料來源
// 定義資料來源
const count = ref(0)
// 指定要監視的資料來源
watch(count, (count, prevCount) => { /* ...*/ })
```

3. 監視多個資料來源

監視多個 reactive 類型的資料來源，如程式範例 7-113 所示。

程式範例 7-113

```
const state = reactive({ count: 0, name: 'zs' })

watch(
    [() => state.count, () => state.name],
    ([count, name], [prevCount, prevName]) => {
    console.log(count)        // 新的 count 值
    console.log(name)         // 新的 name 值
    console.log('------------')
    console.log(prevCount)    // 舊的 count 值
    console.log(prevName)     // 新的 name 值
},
{
    lazy: true                // 在 watch 被建立時，不執行回呼函式中的程式
}
```

```
)

setTimeout(() => {
    state.count++
    state.name = 'ls'
}, 1000)
```

執行效果如圖 7-39 所示。

```
1                                                    09_watch.html:23
ls                                                   09_watch.html:24
------------                                         09_watch.html:25
0                                                    09_watch.html:26
zs                                                   09_watch.html:27
```

▲ 圖 7-39　透過 watch 監視多個資料來源

4. 監視 ref 類型的資料來源

需要被監視的多個 ref 資料來源，如程式範例 7-114 所示。

程式範例 7-114

```
const count = ref(0)
const name = ref('zs')

watch(
    [count, name],// 需要被監視的多個 ref 資料來源
    ([count, name], [prevCount, prevName]) => {
      console.log(count)
      console.log(name)
      console.log('-------------')
      console.log(prevCount)
      console.log(prevName)
    },
    {
      lazy: true
    }
)

setTimeout(() => {
```

```
    count.value++
    name.value = 'xiaomaolv'
}, 1000)
```

5. 清除監視

在 setup() 函式內建立的 watch 監視會在當前元件被銷毀時自動停止。如果想要明確地停止某個監視，則可以呼叫 watch() 函式的傳回值，語法如程式範例 7-115 所示。

程式範例 7-115　清除監視

```
// 建立監視，並得到停止函式
const stop = watch(() => { /* ...*/ })

// 呼叫停止函式，清除對應的監視
stop()
```

6. 在 watch 中清除無效的非同步任務

當被 watch() 監視的值發生變化時，或 watch() 本身被停止之後，期望能夠清除那些無效的非同步任務，此時，watch() 回呼函式中提供了一個 cleanup() 函式來執行清除工作。這個清除函式會在以下情況下被呼叫：

(1) watch() 被重複執行了。

(2) watch() 被強制停止了。

template 中的範例程式如下：

```
/* template 中的程式 */
<input type="text" v-model="keywords" />
```

script 中的程式範例 7-116 所示。

程式範例 7-116

```
// 定義響應式資料 keywords
```

```
const keywords = ref('')

// 非同步任務：列印使用者輸入的關鍵字
const asyncPrint = val => {
    // 延遲時間 1s 後列印
    return setTimeout(() => {
      console.log(val)
    }, 1000)
}

// 定義 watch 監聽
watch(
    keywords,
    (keywords, prevKeywords, onCleanup) => {
      // 執行非同步任務，並得到關閉非同步任務的 timerId
      const timerId = asyncPrint(keywords)

      // 如果 watch 監聽被重複執行了，則會先清除上次未完成的非同步任務
      onCleanup(() => clearTimeout(timerId))
    },
    //watch 剛被建立時不執行
    { lazy: true }
)

// 把 template 中需要的資料傳回
return {
    keywords
}
```

7.7.8 watchEffect

watchEffect 實現對響應式資料的監聽，當前資料發生變化時重新呼叫相關的回呼函式，watchEffect 最好放在 setup 選項裡面，這樣會在元件移除時自動停止監聽。

1. 基礎語法

watchEffect(handler, options) 函式的參數説明如表 7-7 所示。

表 7-7 watchEffect 函式的參數說明

參數名稱	參數說明
handler	函式本體內有存取響應式資料的函式
options	選項設定 flush 定義 handler 的執行時機

完整語法如下：

```
watchEffect(async (onInvalidate) =>{
   /* 附帶響應式資料的函式本體 */
   },
   { flush: "post"}
)
```

2. watchEffect 與 watch 的區別

watchEffect 與 watch 的區別主要有以下三點：

(1) 不需要手動傳入相依。

(2) 每次初始化時會執行一次回呼函式來自動獲取相依。

(3) 無法獲取原值，只可以得到變化後的值。

下面的例子介紹了 watchEffect 與 watch 的區別，如程式範例 7-117 所示。

程式範例 7-117　　watchEffect 與 watch 區別

```
import {reactive, watchEffect} from 'vue'
export default {
   setup() {
     const state = reactive({ count: 0, name: 'zs' })

     watchEffect(() => {
     console.log(state.count)
     console.log(state.name)
     /* 初始化時列印：
         0
         zs

         1s 後列印：
```

```
          1
          ls
      */
      })

      setTimeout(() => {
        state.count ++
        state.name = 'ls'
      }, 1000)
    }
}
```

7.7.9 setup() 生命週期函式

　　新版的生命週期函式可以隨選匯入元件中，並且只能在 setup() 函式中使用，如程式範例 7-118 所示。

程式範例 7-118　setup() 生命週期函式

```
import { onMounted, onUpdated, onUnmounted } from 'Vue'
const MyComponent = {
  setup() {
    onMounted(() => {
      console.log('mounted!')
    })
    onUpdated(() => {
      console.log('updated!')
    })
    onUnmounted(() => {
      console.log('unmounted!')
    })
  }
}
```

1. 元件生命週期對比

　　Options 式元件的生命週期函式與新版 Composition API 之間的映射關係如表 7-8 所示。

表 7-8 元件生命週期映射關係

選項式 (Options) 生命週期	組合式 (Composition) 生命週期
beforeCreate	Setup()
created	Setup()
beforeMount	onBeforeMount
mounted	onMounted
beforeUpdate	onBeforeUpdate
updated	onUpdated
beforeUnmount	onBeforeUnmount
unmounted	onUnmounted
errorCaptured	onErrorCaptured

2. setup() 生命週期函式

　　setup() 函式是處於生命週期函式 beforeCreate() 和 Created() 兩個鉤子函式之間的函式，也就是說，在 setup() 函式中無法使用 data() 和 methods() 中的資料和方法，如程式範例 7-119 所示。

程式範例 7-119

```
<script>
import {
    onBeforeMount,
    onMounted,
    onBeforeUpdate,
    onUpdated,
    onBeforeUnmount,
    onUnmounted,
    onRenderTracked,
    onRenderTriggered,
} from "vue";
export default {
    components: {},
    data() {
        return {};
    },
    setup() {
        //setup() 裡面存著兩個生命週期，即建立前和建立後
```

```
//beforeCreate
//created
onBeforeMount(() => {
   console.log("onBefore ====>Vue 2 beforemount");
});
onMounted(() => {
   console.log("onMounted====>Vue 2 mount");
});
onBeforeUpdate(() => {
   console.log("onBeforeUpdate====>Vue 2 beforeUpdate");
});
onUpdated(() => {
   console.log("onUpdated====>Vue 2 update");
});
onBeforeUnmount(() => {
   // 在移除元件實例之前呼叫。在這個階段，實例仍然是完全正常的
   console.log("onBeforeUnmount ====>Vue 2 beforeDestroy");
});
onUnmounted(() => {
   // 移除元件實例後呼叫，呼叫此鉤子時元件實例的所有指令都被解除綁定，所有事件監聽器
   // 都被移除，所有子元件實例被移除
   console.log("onUnmounted ====>Vue 2 destroyed");
});
// 每次繪製後重新收集響應式相依
onRenderTracked(({ key, target, type }) => {
   // 追蹤虛擬 DOM 重新繪製時呼叫，鉤子接收 deBugger event 作為參數，此事件告訴開發
   // 者哪個操作追蹤了元件及該操作的目標物件和鍵
   //type:set/get 操作
   //key: 追蹤的鍵
   //target: 重新繪製後的鍵
   console.log("onRenderTracked");
});
// 每次觸發頁面重新繪製時自動執行
onRenderTriggered(({ key, target, type }) => {
   // 當虛擬 DOM 重新繪製被觸發時呼叫，和 renderTracked 類似，接收 deBugger event
   // 作為參數
   // 此事件告訴開發者什麼操作觸發了重新繪製及該操作的目標物件和鍵
   console.log("onRenderTriggered");
   });
   return {};
```

```
    },
  };
</script>
```

7.7.10 單頁面元件

script setup 的推出是為了讓 Vue 3 的使用者可以更高效率地開發元件，減少一些負擔，只需給 script 標籤增加一個 setup 屬性，整個 script 就直接會變成 setup() 函式，所有頂級變數、函式均會自動曝露給範本使用，無須透過 return 傳回範本上綁定的屬性或方法。

Vue 會透過單元件編譯器在編譯時將其處理為標準元件，所以目前這個方案只適合用 .vue 檔案寫的專案化專案。

1. 變數無須進行 return

script setup 模式就是為了簡化標準的 setup() 函式的傳回物件問題，使用 script setup 後，就可以直接撰寫邏輯，無須使用 return，如程式範例 7-120 所示。

程式範例 7-120　chapter07\01-Vue3_basic\7.7\12-setup\src\components\Counter.vue

```
<script setup>
import { ref } from 'vue'
// 輸入
defineProps({
  msg: String
})
// 響應式
const count = ref(0)
const setCount =()=>{
  count.value++
}
</script>


<template>
  <button type="button" @click="setCount">count is: {{ count }}</button>
</template>
```

2. 子元件無須手動註冊

子元件的掛載，在標準元件裡需要匯入後再放到 components 裡才能啟用，在 script setup 模式下，只需匯入元件即可，編譯器會自動辨識並啟用，如程式範例 7-121 所示。

程式範例 7-121　無須手動註冊

```
<!-- 使用script setup模式 -->
<template>
    <Child />
</template>

<script setup lang="ts">
import Child from '@cx/Child.vue'
</script>
```

3. 全域編譯器巨集

在 script setup 模式下，新增了 4 個全域編譯器巨集，它們無須匯入就可以直接使用，如表 7-9 所示。

表 7-9　script setup 新增 4 個全域編譯器巨集

巨集名稱	說明
defineProps	defineProps 是一種方法，內部傳回一個物件，也就是掛載到這個元件上的所有 props，它和普通的 props 用法一樣，如果不指定為 prop，則傳下來的屬性會被放到 attrs 那邊
defineEmits	和 props 一樣，使用 defineEmits 定義元件的輸出介面
defineExpose	將元件中自己的屬性曝露，在父元件中能夠獲得
withDefaults	withDefaults API 可以讓開發者在使用 TS 類型系統時，也可以指定 props 的預設值

4. script setup API 的使用

script setup 語法糖免去了寫 setup() 函式和 export default 的煩瑣步驟，自訂指令可以直接獲得並使用，下面詳細介紹常見 API 的使用。

1) defineProps 的使用

defineProps 用來接收父元件傳來的 props。

下面的例子用於演示父元件透過子元件的 props 傳遞資料，如程式範例 7-122 所示。

程式範例 7-122　　PropDemo.vue

```
<template>
   <p>父元件</p>
   <Counter :count="num"></Counter>
</template>
<script setup>
   import Counter from '../components/Counter.vue'
   import { ref } from 'vue'
   let num = ref(100)
</script>
```

接下來，定義子元件 Counter，如程式範例 7-123 所示。

程式範例 7-123　　Counter.vue

```
<template>
   <div>
      子元件{{ count }}
   </div>
</template>
<script setup>
   import { defineProps } from 'vue'
   defineProps({
      count:{
         type: Number,
         default: 100
      }
   })
</script>
```

props 定義可以使用陣列，也可以使用物件，程式如下：

```
const props = defineProps([
    'name',
    'userInfo',
    'tags'])
console.log(props.name);
```

如果需要對輸入進行格式檢查，則可以使用傳入物件的方式，程式如下：

```
defineProps({
name: {
    type: String,
    required: false,
    default: 'Petter'
},
userInfo: Object,
tags: Array});
```

2) defineEmits 的使用

下面的例子用於演示子元件透過 emit 給父元件傳遞資料，首先定義父元件，如程式範例 7-124 所示。

程式範例 7-124　EmitDemo.vue

```
<template>
    <p> 父元件 </p>
    <Counter @handleEvent="showData"></Counter>
</template>
<script setup>
    import Counter from '../components/Counter.vue'
    const showData = (data) => {
        console.log(data);              // 子元件觸發父元件事件
    }
</script>
```

接下來定義子元件 Counter，如程式範例 7-125 所示。

程式範例 7-125 　　Counter.vue

```
<template>
    <div>
        子元件
        <button @click="handleEvent"> 觸發事件 </button>
    </div>
</template>
<script setup>
    const em = defineEmits(['handleEvent'])
    function handleEvent() {
        em('handleEvent', ' 子元件觸發父元件事件 ')
    }
</script>
```

3) defineExpose 的使用

將元件中自己的屬性曝露，以便在父元件中能夠被獲得。在下面的例子中，子元件對父元件曝露兩個變數值，父元件可以透過子元件的 ref 獲取曝露的變數的值，如程式範例 7-126 所示。

程式範例 7-126 　　Child.vue

```
<template>
    <div class="card">
        這是子元件
    </div>
</template>
<script setup>
    import {reactive, ref } from 'vue'
    let sonNum = ref(0)
    let sonName = reactive({
        name: ' 阿里 '
    })
    defineExpose({
        sonNum,
        sonName
    })
</script>
```

父元件獲取子元件曝露的變數的值，如程式範例 7-127 所示。

程式範例 7-127   Father.vue

```
<template>
   <Child ref="childRef"></Child>
   <button @click="getChildData"> 獲取子元件曝露的值 </button>
</template>
<script setup>
   import Child from '../components/Child.vue'
   import { ref } from 'vue'
   const childRef = ref()
   function getChildData() {
      console.log(' 子元件中 ref 曝露的數值 ', childRef.value.sonNum)
console.log(' 子元件中 reactive 曝露的字串 ', childRef.value.sonName.name)
   }
</script>
```

4) useAttrs 的使用

父元件傳遞給子元件屬性，屬性 props、class、style 除外。下面的例子，定義一個父元件，引用子元件 AtChild，設定任意屬性 x 和 y，如程式範例 7-128 所示。

程式範例 7-128   AtDemoVue.vue

```
<template>
   父元件
   <AtChild x="1" y="2"></AtChild>
</template>
<script setup>
   import AtChild from '../components/AtChild.vue'
</script>
```

子元件的定義，如程式範例 7-129 所示。

程式範例 7-129   AtChildVue.vue

```
<template>
   子元件
</template>
```

```
<script setup>
   import { useAttrs } from 'vue'
   const attrs = useAttrs()
   console.log(attrs)
</script>
```

5) useSlots 的用法

可以透過 useSlots 獲取父元件傳進來的 slots 資料，然後進行繪製。在下面的案例中，子元件 SlotChild 透過 useSlots 獲取父元件的預設插槽和命名插槽的內容，如程式範例 7-130 所示。

程式範例 7-130　SlotChild.vue

```
<template>
   <div>
      <p>{{ slots.default ? slots.default()[0].children : '' }}</p>
      <p>{{ slots.msg ? slots.msg()[0].children : '' }}</p>
   </div>
</template>

<script setup>
import { useSlots } from 'vue'
// 獲取插槽資料
const slots = useSlots()
console.log(slots)
</script>
```

執行結果如圖 7-40 所示。

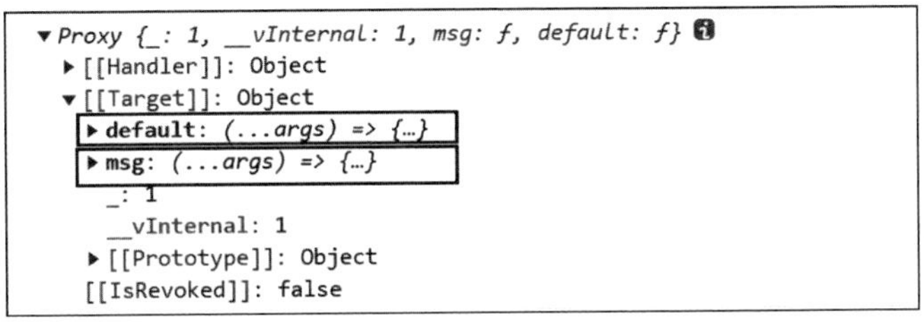

▲ 圖 7-40　透過 useSlots() 函式獲取插槽內容

父元件的定義，如程式範例 7-131 所示。

程式範例 7-131　　SlotDemo.vue

```
<template>
    <!-- 子元件 -->
    <ChildSlotVue>
      <!-- 預設插槽 -->
      <p>I am a default slot from SlotDemo.</p>
      <!-- 預設插槽 -->

      <!-- 命名插槽 -->
      <template #msg>
        <p>I am a msg slot from SlotDemo.</p>
      </template>
      <!-- 命名插槽 -->
    </ChildSlotVue>
    <!-- 子元件 -->
</template>
<script setup>
import ChildSlotVue from './ChildSlot.vue';
</script>
```

5. 頂級 await 的支援

在 script setup 模式下，不必再配合 async 就可以直接使用 await 了，在這種情況下，元件的 setup 自動變成 async setup，如程式範例 7-132 所示。

程式範例 7-132　　AwaitDemo.vue

```
<script setup>
const res= await fetch('https://jsonplaceholder.typicode.com/photos').
then((r) => r.json())
Console.log(res)
</script>
```

7.7.11 Provide 與 Inject

在 setup 元件和 Options 式元件中使用 Provide 和 Inject 模式的方式沒有太大區別，如程式範例 7-133 所示。

程式範例 7-133   ProvideDemo.vue

```
/*ProvideDemo.vue*/

<script setup lang='ts'>
import { ref, provide } from 'vue'
const name = ref('王五')
provide('name', name)          // 兩個參數,第 1 個是自訂名字,第 2 個是要傳遞的參數
</script>

/*InjectDemo.vue*/
<script setup lang='ts'>
import { ref, inject } from 'vue'
let name2:string = inject('name')        // 參數為 provide 自訂的名稱
console.log('name2')                     // 王五
</script>
```

7.8 Vue 3 過渡和動畫

　　本節詳細介紹 Vue 3 中的過渡和動畫,在開發過程中,通常為了突出表現效果,會給某些動態元素增加一些過渡的效果或增加一系列的動畫效果。

7.8.1 過渡與動畫

　　在 Vue 3 中可以透過動態地給一個元素增加樣式,實現元素的過渡和動畫。

1. 基於 class 的動畫和過渡

　　在下面的例子中透過一個條件變數 show 設定 class 名稱來啟動動畫,如程式範例 7-134 所示。

程式範例 7-134　樣式過渡

```
<div id="demo">
   <button @click="show = !show">
     觸發動畫
   </button>
   <div class="p" :class="{changeBg:show}">Hello Vue 3</div>
</div>
```

當 show 的值為 true 時，給 class 增加動畫樣式，如程式範例 7-135 所示。

程式範例 7-135

```
<style>
   .changeBg {
     animation: ani 0.82s linear both;
     <!--- 開啟硬體加速 -->
   perspective: 1000px;
   backface-visibility: hidden;
   transform: translateZ(0);
   }
   @keyframes ani {
     0% {
       opacity: 0;
       background-color: red;
     }

     100% {
       opacity: 1;
       background-color: green;
     }
   }
   .p {
     width: 200px;
     height: 200px;
     border: 1px solid green;
   }
</style>
```

變數 show 初始化為 false，如程式範例 7-136 所示。

程式範例 7-136

```
<script>
  const Demo = {
    data() {
      return {
        show: false
      }
    }
  }
  Vue.createApp(Demo).mount('#demo')
</script>
```

2. 過渡與 Style 綁定

　　一些過渡效果可以透過插值的方式實現，例如在發生互動時將樣式綁定到元素上。透過插值來建立動畫，將觸發條件增加到滑鼠的移動過程上，同時將 CSS 過渡屬性應用在元素上，讓元素知道在更新時要使用什麼過渡效果。以這個例子為例：當滑鼠移動到 div 上時背景顏色發生變化。

　　透過 hsl() 函式動態地改變背景顏色，該函式使用色相、飽和度、亮度來定義顏色，如程式範例 7-137 所示。

程式範例 7-137　　style 綁定

```
<div id="demo">
<div @mousemove="getPositionX"
:style="{ backgroundColor: 'hsl(${x}, 80%, 50%)'}"
class="movearea">
    <h3>在螢幕中移動滑鼠，演示改變顏色</h3>
    <p>x: {{x}}</p>
  </div>
</div>
```

設定樣式如下：

```
.movearea {
    height: 500px;
    width: 500px;
    transition: 0.2s background-color ease;
}
```

透過獲取滑鼠位置，改變 x 變數的值，如程式範例 7-138 所示。

程式範例 7-138　獲取滑鼠位置

```
const Demo = {
    data() {
        return {
            x: 0
        }
    },
    methods: {
        getPositionX(e) {
            this.x = e.clientX
        }
    }
}
Vue.createApp(Demo).mount('#demo')
```

7.8.2 Transition 和 TransitionGroup 元件

Vue 提供了單元素和多元素過渡動畫，使用 Transition 和 Transition Group 元件可以非常方便地為 DOM 元素增加 CSS 或 JS 動畫效果。

Vue 提供了 Transition 的封裝元件，在下列情形中，可以給任何元素和元件增加進入 / 離開過渡：

(1) 條件繪製 (使用 v-if)。

(2) 條件展示 (使用 v-show)。

(3) 動態元件 (使用：is)。

(4) 元件根節點。

1. Transition 元件

　　<transition> 元素作為單一元素 / 元件的過渡效果，只會把過渡效果應用到其包裹的內容上，而不會額外繪製 DOM 元素，也不會出現在可被檢查的元件層級中，如程式範例 7-139 所示。

程式範例 7-139　　transition 元件

```
<!-- 單一元素 -->
<transition>
   <div v-if="ok">toggled content</div>
</transition>

<!-- 動態元件 -->
<transition name="fade" mode="out-in" appear>
   <component :is="view"></component>
</transition>

<!-- 事件鉤子 -->
<div id="transition-demo">
   <transition @after-enter="transitionComplete">
     <div v-show="ok">toggled content</div>
   </transition>
</div>
```

2. TransitionGroup 元件

　　<transition-group> 提供了多個元素 / 元件的過渡效果。預設情況下，它不會繪製一個 DOM 元素包裹器，但是可以透過 tag attribute 來定義，如程式範例 7-140 所示。

程式範例 7-140　　TransitionGroup 作用

```
<transition-group tag="ul" name="slide">
   <li v-for="item in items" :key="item.id">
     {{ item.text }}
   </li>
</transition-group>
```

7.8.3 進入過渡與離開過渡

在插入、更新或從 DOM 中移除項時，Vue 提供了多種應用轉換效果的方法，包括以下幾種：

(1) 自動為 CSS 過渡和動畫應用 class。

(2) 整合協力廠商 CSS 動畫函式庫，例如 animate.css。

(3) 在過渡鉤子期間使用 JavaScript 直接操作 DOM。

(4) 整合協力廠商 JavaScript 動畫函式庫。

Transition 元件會在進入 / 離開的過渡中給包裹元素設定以下 6 個 class 切換，如圖 7-41 所示，具體每個樣式的作用如表 7-10 所示。

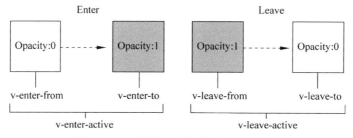

▲ 圖 7-41 元件進入和退出的 6 個過渡樣式

表 7-10 Transition 包裹的 6 個樣式

樣式名稱	說明
v-enter-from	定義進入過渡的開始狀態。在元素被插入之前生效，在元素被插入之後的下一畫格移除。
v-enter-active	定義進入過渡生效時的狀態。在整個進入過渡的階段中應用，在元素被插入之前生效，在過渡 / 動畫完成之後移除。這個類別可以被用來定義進入過渡的時間、延遲和曲線函式。
v-enter-to	定義進入過渡的結束狀態。在元素被插入之後下一畫格生效 (與此同時 v-enter-from 被移除)，在過渡 / 動畫完成之後移除。
v-leave-from	定義離開過渡的開始狀態。在離開過渡被觸發時刻生效，下一畫格被移除。
v-leave-active	定義離開過渡生效時的狀態。在整個離開過渡的階段中應用，在離開過渡被觸發時立刻生效，在過渡 / 動畫完成之後移除。這個類別可以被用來定義離開過渡的時間、延遲和曲線函式。

樣式名稱	說明
v-leave-to	離開過渡的結束狀態。在離開過渡被觸發之後下一畫格生效 (與此同時 v-leave-from 被移除)，在過渡 / 動畫完成之後移除

這裡的每個 class 都將以過渡的名字增加首碼。如果使用了一個沒有名字的 <transition>，則 v- 是這些 class 名稱的預設首碼。舉例來講，如果使用了 <transition name="my-transition">，則 v-enter-from 會被替換為 my-transition-enter-from。

1. CSS 過渡

CSS 過渡是最常用的過渡類型之一，如程式範例 7-141 所示。

程式範例 7-141

```
<div id="demo">
  <button @click="show = !show">
    Toggle render
  </button>

  <transition name="slide-fade">
    <p v-if="show">hello</p>
  </transition>
</div>
```

程式中透過 show 屬性的值的變化控制 p 元素的顯示和隱藏，如程式範例 7-142 所示。

程式範例 7-142

```
const Demo = {
  data() {
    return {
      show: true
    }
  }
}
Vue.createApp(Demo).mount('#demo')
```

設定顯示和隱藏直接的過渡效果，如程式範例 7-143 所示。

程式範例 7-143

```
/* 可以為進入和離開動畫設定不同的持續時間和動畫函式 */
.slide-fade-enter-active {
   transition: all 0.3s ease-out;
}

.slide-fade-leave-active {
   transition: all 0.8s cubic-bezier(1, 0.5, 0.8, 1);
}

.slide-fade-enter-from,
.slide-fade-leave-to {
   transform: translateX(20px);
   opacity: 0;
}
```

2. CSS 動畫

CSS 動畫的用法同 CSS 過渡，區別是在動畫中 v-enter-from 類別在節點插入 DOM 後不會立即移除，而是在 animationend 事件觸發時移除。

下面舉一個例子，點擊按鈕後，實現圖片放大進入、縮小退出效果，如程式範例 7-144 所示。

程式範例 7-144　　chapter07\01-Vue3_basic\7.8\04_animate.html

```
<div id="demo">
   <button @click="show = !show">顯示 | 隱藏 </button>
   <hr>
   <transition name="bounce">
     <img src="./4.jpeg" v-if="show">
   </transition>
</div>
```

下面的程式透過 show 變數控制 p 標籤的顯示和隱藏，如程式範例 7-145 所示。

程式範例 7-145

```
const Demo = {
    data() {
        return {
            show: true
        }
    }
}
Vue.createApp(Demo).mount('#demo')
```

　　在過渡啟動樣式中增加 animation 動畫效果，如程式範例 7-146 所示。

程式範例 7-146

```
.bounce-enter-active {
    animation: bounce-in 0.5s;
}
.bounce-leave-active {
    animation: bounce-in 0.5s reverse;
}
@keyframes bounce-in {
    0% {
        transform: scale(0);
    }
    50% {
        transform: scale(1.25);
    }
    100% {
        transform: scale(1);
    }
}
```

　　動畫效果如圖 7-42 所示。

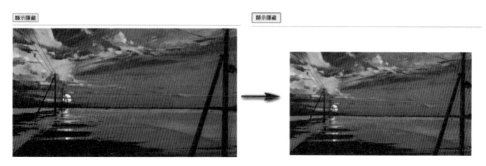

▲ 圖 7-42　CSS 動畫效果

3. 自訂過渡 class 類別名稱

可以透過以下屬性名稱來自訂過渡類別名稱，如表 7-11 所示。

表 7-11　自訂過渡樣式類別名稱

屬性名稱	說明
enter-from-class	v-enter-from：定義進入過渡的開始狀態。在元素被插入之前生效，在元素被插入之後的下一畫格移除。
enter-active-class	v-enter-active：定義進入過渡生效時的狀態。在整個進入過渡的階段中應用，在元素被插入之前生效，在過渡 / 動畫完成之後移除。這個類別可以被用來定義進入過渡的時間、延遲和曲線函式。
enter-to-class	v-enter-to：定義進入過渡的結束狀態。在元素被插入之後下一畫格生效 (與此同時 v-enter-from 被移除)，在過渡 / 動畫完成之後移除。
leave-from-class	v-leave-from：定義離開過渡的開始狀態。在離開過渡被觸發時立刻生效，下一畫格被移除。
leave-active-class	v-leave-active：定義離開過渡生效時的狀態。在整個離開過渡的階段中應用，在離開過渡被觸發時立刻生效，在過渡 / 動畫完成之後移除。這個類別可以被用來定義離開過渡的時間、延遲和曲線函式。
leave-to-class	v-leave-to：離開過渡的結束狀態。在離開過渡被觸發之後下一畫格生效 (與此同時 v-leave-from 被移除)，在過渡 / 動畫完成之後移除。

它們的優先順序高於普通的類別名稱，當希望將其他協力廠商 CSS 動畫函式庫與 Vue 的過度系統相結合時十分有用，例如 animate.css，如程式範例 7-147 所示。

程式範例 7-147

```
<link
href="https://cdnjs.cloudflare.com/ajax/libs/animate.css/4.1.0/animate.min.css"
    rel="stylesheet"
    type="text/css"
/>

<div id="demo">
    <button @click="show = !show">
      Toggle render
    </button>

    <transition
      name="custom-classes-transition"
      enter-active-class="animateanimated animatetada"
      leave-active-class="animateanimated animatebounceOutRight"
    >
      <p v-if="show">hello</p>
    </transition>
</div>
```

說明：animate.css 是一個使用 CSS3 的 animation 製作的動畫效果的 CSS 集合，裡面預設了很多種常用的動畫，並且使用非常簡單。網址為 https://animate.style/。

　　上面程式在 enter-active-class 和 leave-active-class 中增加 animation. css 中的關鍵畫格樣式名稱，如程式範例 7-148 所示。

程式範例 7-148

```
const Demo = {
    data() {
      return {
        show: true
      }
    }
}
Vue.createApp(Demo).mount('#demo')
```

4. JavaScript 鉤子

可以在 transition 元件中使用屬性宣告 JavaScript 鉤子實現動畫效果，如程式範例 7-149 所示。

程式範例 7-149

```
<transition
    @before-enter="beforeEnter"
    @enter="enter"
    @after-enter="afterEnter"
    @enter-cancelled="enterCancelled"
    @before-leave="beforeLeave"
    @leave="leave"
    @after-leave="afterLeave"
    @leave-cancelled="leaveCancelled"
    :css="false"
>
    <!-- ... -->
</transition>
```

這些鉤子函式可以結合 CSS transitions/animations 使用，也可以單獨使用。

當只用 JavaScript 過渡時，在 enter 和 leave 鉤子中必須使用 done 進行回呼；不然它們將被同步呼叫，過渡會立即完成。增加：css="false" 也會讓 Vue 跳過 CSS 的檢測，除了性能略高之外，這也可以避免過渡過程中受到 CSS 規則的意外影響。

下面是一個使用 GreenSock 的 JavaScript 過渡效果的例子，如程式範例 7-150 所示。

程式範例 7-150　　JavaScript 鉤子

```
<script src="https://cdnjs.cloudflare.com/ajax/libs/gsap/3.3.4/gsap.min.js">
</script>

<div id="demo">
    <button @click="show = !show">
        Toggle
```

```
    </button>

    <transition
      @before-enter="beforeEnter"
      @enter="enter"
      @leave="leave"
      :css="false"
    >
      <p v-if="show">
        Demo
      </p>
    </transition>
</div>
```

下面透過 JS 鉤子增加動畫設定，如程式範例 7-151 所示。

程式範例 7-151 使用協力廠商函式庫實現動畫

```
const Demo = {
  data() {
    return {
      show: false
    }
  },
  methods: {
    beforeEnter(el) {
      gsap.set(el, {
        scaleX: 0.8,
        scaleY: 1.2
      })
    },
    enter(el, done) {
      gsap.to(el, {
        duration: 1,
        scaleX: 1.5,
        scaleY: 0.7,
        opacity: 1,
        x: 150,
        ease: 'elastic.inOut(2.5, 1)',
        onComplete: done
      })
```

```
        },
        leave(el, done) {
            gsap.to(el, {
          duration: 0.7,
          scaleX: 1,
          scaleY: 1,
          x: 300,
          ease: 'elastic.inOut(2.5, 1)'
        })
        gsap.to(el, {
          duration: 0.2,
          delay: 0.5,
          opacity: 0,
          onComplete: done
          })
        }
    }
}

Vue.createApp(Demo).mount('#demo')
```

7.8.4 案例：飛到購物車動畫

在開發購物類應用中，經常需要處理將商品增加到購物車的流程，通常增加購物車會設計成被點擊的商品飛到購物車位置的動畫效果，如圖 7-43 所示，下面介紹如何實現點擊商品飛到購物車動畫，這裡需要綜合運用 Transition 和動畫實現。

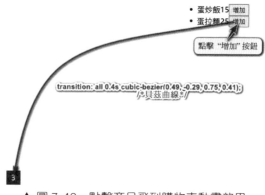

▲ 圖 7-43　點擊商品飛到購物車動畫效果

　　首先，定義一個商品列表的版面配置，這裡為了簡單演示，採用 fixed 版面配置，把商品列表定位在視窗的右邊中間位置；購物車也採用 fixed 版面配置定位在視窗底部位置，當點擊商品增加按鈕時，紅色小球按抛物線的方式飛到購物車位置，如圖 7-43 所示，在購物車下面是小球的位置，這裡透過一個容器 div 建立多個小球，預設為所有的小球都不顯示，小球的運動透過外面包裹的 Transition 元件實現，具體程式如程式範例 7-152 所示。

程式範例 7-152　chapter07\01-Vue3_basic\7.8\04_ball.html

```
<div id="app">
   <ul class="shop">
      <li v-for="item in items">
         <span>{{item.text}}</span>
         <span>{{item.price}}</span>
         <button @click="additem">增加</button>
      </li>
   </ul>
   <div class="cart">{{count}}</div>
   <div class="ball-container">
      <!-- 小球 -->
      <div v-for="ball in balls">
         <transition name="drop"
         @before-enter="beforeDrop"
         @enter="dropping"
         @after-enter="afterDrop">
            <div class="ball" v-show="ball.show">
               <div class="inner inner-hook"></div>
            </div>
         </transition>
      </div>
   </div>
</div>
```

　　在上面程式的 ball-container 的 div 中，透過 balls 陣列建立了個小球的 div，在小球內部巢狀結構一個 div，透過控制小球的顯示，來啟動

transition 元件的過渡效果，transition 元件結合樣式和 JS 鉤子實現飛入動畫的設定。

　　整體樣式的設定如程式範例 7-153 所示，在下面的樣式中，ball 小球由內外兩個 div 巢狀結構組成，外層 div 將過渡動畫設定為拋物線下落，即 transition：all 0.4s cubic-bezier(0.49,-0.29,0.75,0.41)，由外層控制小球 y 軸方向和運動的軌道，內層 div 控制 x 軸方向的運動。

程式範例 7-153　　購物車樣式

```css
.shop {
  position: fixed;
  top: 300px;
  left: 400px;
  }

  .ball {
    position: fixed;
    left: 32px;
    bottom: 22px;
    z-index: 200;
    transition: all 0.4s cubic-bezier(0.49, -0.29, 0.75, 0.41);
    /* 貝茲曲線 */
  }

  .inner {
    width: 16px;
    height: 16px;
    border-radius: 50%;
    background-color: rgb(220, 0, 11);
    transition: all 0.4s linear;
  }

.cart {
    position: fixed;
    bottom: 22px;
    left: 32px;
    width: 30px;
    height: 30px;
```

```
    background-color: rgb(220, 0, 84);
    color: rgb(255, 255, 255);
    text-align: center;
    line-height: 30px;
}
```

cubic-bezier 可以查看網址 http://cubic-bezier.com/ 並從中拖曳自己想要的過渡曲線函式,如圖 7-44 所示。

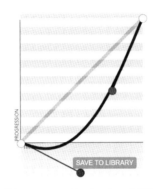

▲ 圖 7-44　cubic-bezier 曲線設定

這裡讓一次點擊表現出有多個小球飛出的感覺,所以定義了 3 個小球物件,預設 3 個小球不顯示,如程式範例 7-154 所示。

程式範例 7-154　小球物件設定

```
// 小球設為 3 個
data() {
    return {
        count: 0,
        items: [{
            text: " 蛋炒飯 ",
            price: 15
        },
        {
            text: " 蛋拉麵 ",
            price: 25
        }
        ],
```

```
    balls: [                 // 將小球設為 3 個
      {
        show: false
      },
      {
        show: false
      },
      {
        show: false
      },
    ],
    dropBalls: [],
    }
}
```

透過 ball 的 show 屬性控制球的顯示和隱藏，如程式範例 7-155 所示。

程式範例 7-155 小球過渡效果設定

```
<!-- 小球 -->
<div v-for="ball in balls">
   <transition name="drop"
     @before-enter="beforeDrop"
     @enter="dropping"
     @after-enter="afterDrop">
       <div class="ball" v-show="ball.show">
          <div class="inner inner-hook"></div>
       </div>
   </transition>
</div>
```

事件綁定的方法，此處採用 @before-enter 綁定的方法，如程式範例 7-156 所示。

程式範例 7-156 購物車小球動畫實現

```
beforeDrop(el) {
   let count = this.balls.length;
   while (count--) {
```

```
        let ball = this.balls[count];
        if (ball.show) {
           //getBoundingClientRect() 獲取小球相對於視窗的位置，螢幕左上角座標為 (0，0)
           let rect = ball.el.getBoundingClientRect();      // 元素相對於視窗的位置
           // 小球 x 方向位移 = 小球距離螢幕左側的距離 - 外層盒子距離水平的距離
           let x = rect.left - 32;
           // 負數，因為是從左上角向下
           let y = -(window.innerHeight - rect.top - 22);            // 獲取 y
           el.style.display = '';
           el.style.webkitTransform = 'translateY(' + y + 'px)'; //translateY
           el.style.transform = 'translateY(' + y + 'px)';
           let inner = el.getElementsByClassName('inner-hook')[0];
           inner.style.webkitTransform = 'translateX(' + x + 'px)';
           inner.style.transform = 'translateX(' + x + 'px)';
        }
     }
},
```

@enter 綁定的事件，如程式範例 7-157 所示。

程式範例 7-157   小球落入購物車動畫實現

```
dropping(el, done) {
    // 激發重繪
let rf = el.offsetHeight;
// 小球沿著 y 軸移動到購物車
    el.style.webkitTransform = 'translate3d(0,0,0)';
    el.style.transform = 'translate3d(0,0,0)';
let inner = el.getElementsByClassName('inner-hook')[0];
// 小球沿著 x 軸移動到購物車
    inner.style.webkitTransform = 'translate3d(0,0,0)';
    inner.style.transform = 'translate3d(0,0,0)';
    el.addEventListener('transitionend', done);
}
```

@after-enter 綁定的事件，如程式範例 7-158 所示。

程式範例 7-158   小球落入購物車後，初始化小球

```
afterDrop(el) {        /* 初始化小球 */
    let ball = this.dropBalls.shift();
```

```
    if (ball) {
        ball.show = false;
        el.style.display = 'none';
    }
}
```

點擊商品，增加到購物車的方法，如程式範例 7-159 所示。

程式範例 7-159　　點擊增加，設定小球顯示

```
additem(event) {
   this.drop(event.target);
   this.count++;
 },
drop(el) {
   for (let i = 0; i < this.balls.length; i++) {
     let ball = this.balls[i];
        if (!ball.show) {
           ball.show = true;
           ball.el = el;
           this.dropBalls.push(ball);
           return;
      }
    }
},
```

7.9 Vue 3 重複使用與組合

本節詳細講解 Vue 3 中的自訂指令、Teleport 和自訂外掛程式。

7.9.1 自訂指令

Vue 使用指令 (Directive) 來對 DOM 操作，Vue 的指令分為內建指令和自訂指令，本節介紹如何開發自訂指令。

1. 什麼是指令

自定義元件是對 HTML 標籤的擴充，自訂指令是對標籤上的屬性的一種擴充，指令必須與元件或 HTML 標籤一起使用，指令的作用是在元素的整個生命週期的某個階段對 DOM 進行內容或樣式上的操作。

以下場景可以考慮透過自訂指令實現：

(1) DOM 的基礎操作，當元件中的一些處理無法用現有指令實現時，可以自訂指令實現。例如元件浮水印、自動 focus。相對於用 ref 獲取 DOM 操作，封裝指令更加符合 MVVM 的架構，M 和 V 不直接互動，程式如下：

```
<p v-highlight="'yellow'">Highlight this text bright yellow</p>
```

(2) 多元件可用的通用操作，透過元件 (Component) 可以極佳地實現重複使用，同樣透過元件也可以實現功能在元件上的重複使用。例如拼字檢查、圖片惰性載入。使用元件，只要在需要拼字檢查的輸入元件上加上標籤，便可為元件注入拼字檢查的功能，無須再針對不同元件封裝新的拼字功能。

2. 自訂指令的定義

一個完整的自訂指令的定義，如程式範例 7-160 所示。

程式範例 7-160　　註冊自訂指令

```
import { createApp } from 'vue'
const app = createApp({})

// 註冊
app.directive('my-directive', {
    // 在綁定元素的 attribute 或事件監聽器被應用之前呼叫
    created() {},
    // 在綁定元素的父元件掛載之前呼叫
    beforeMount() {},
    // 在綁定元素的父元件被掛載時呼叫
```

```
    mounted() {},
    // 在包含元件的 VNode 更新之前呼叫
    beforeUpdate() {},
    // 在包含元件的 VNode 及其子元件的 VNode 更新之後呼叫
    updated() {},
    // 在綁定元素的父元件移除之前呼叫
    beforeUnmount() {},
    // 在移除綁定元素的父元件時呼叫
    unmounted() {}
})

// 註冊（功能指令）
app.directive('my-directive', () => {
    // 將會被作為 mounted 和 updated 呼叫
})

//getter, 如果已註冊，則傳回指令定義
const myDirective = app.directive('my-directive')
```

3. 定義全域自訂指令

全域自訂指令可以在當前範例的任意位置使用，下面註冊一個全域指令 v-focus，該指令的功能是在頁面載入時為元素獲得焦點，如程式範例 7-161 所示。

程式範例 7-161　定義全域自訂指令

```
<div id="app">
    <p>頁面載入時，input 元素自動獲取焦點 :</p>
<input v-focus>
</div>

<script>
const app = Vue.createApp({})
// 註冊一個全域自訂指令 v-focus
app.directive('focus', {
    // 當被綁定的元素掛載到 DOM 中時觸發
    mounted(el) {
        //el: 綁定的元素，聚焦元素
```

```
        el.focus()
    }})
app.mount('#app')
</script>
```

4. 私有自訂指令

可以使用 directives 選項在元件內部註冊局部指令，這樣指令只能在這個實例中使用，如程式範例 7-162 所示。

程式範例 7-162　私有自訂指令

```
<div id="app">
    <p> 頁面載入時，input 元素自動獲取焦點 :</p>
    <input v-focus>
</div>

const app = {
    data() {
        return {
        }
    },
    directives: {
        focus: {
            // 指令的定義
            mounted(el) {
                el.focus()
            }
        }
    }
}
Vue.createApp(app).mount('#app')
```

5. 自訂指令詳細講解

可以給一個指令增加一些參數，指令的參數可以是動態變化的。如在 v-mydirective：[argument]="value" 中，argument 參數可以根據元件實例資料進行更新。

1) 基礎使用

下面例子是一個修改元素文字顏色的指令，透過 mounted 函式參數：params 接收指令值，如程式範例 7-163 所示。

程式範例 7-163　自訂指令參數

```
const directives = {
   styles: {
      mounted(el, params){
         // 將文字顏色修改為綠色
         el.style.color=params.value;
      }
   }
};

const app = Vue.createApp({
   directives,
   // 傳入顏色
   template:'<p v-styles="'green'"> 使用動態指令參數靈活地修改元素樣式 </p>'
});

app.mount('#app');
```

2) 靈活地使用動態參數修改樣式

也可以透過動態指令參數靈活地修改元素樣式，如程式範例 7-164 所示，透過 v-styles：fontWeight="'bold'" 修改指令所在元素的字型。

程式範例 7-164

```
const directives = {
   styles: {
      mounted(el, params){
         console.log(params)
         // 將文字顏色修改為綠色
         el.style[params.arg]=params.value;
      }
   }
};
```

```
const app = Vue.createApp({
    directives,
    // 傳入顏色
    template:'<p v-styles:fontWeight="'bold'">
        使用動態指令參數靈活地修改元素樣式
        </p>'
});
app.mount('#app');
```

　　使用了動態參數後，非常方便，如綁定的參數為 background，透過顏色值就可以方便地修改指令的顏色，如程式範例 7-165 所示。

程式範例 7-165

```
const app = Vue.createApp({
    directives,
    // 修改顏色
    template:'<p v-styles:background="'green'">
        使用動態指令參數靈活地修改元素樣式
    </p>'
});
```

3) 與資料進行綁定

　　透過給指令賦值，可以非常靈活地使用自訂指令，如程式範例 7-166 所示。

程式範例 7-166　　update 指令的值

```
const directives = {
    styles: {
        // 只使用 mounted 時，修改樣式不會發生變化
        mounted(el, params){
            el.style[params.arg]=params.value;
        },
        // 要使修改樣式發生變化需要使用 updated 進行重新繪製
        updated(el, params){
            el.style[params.arg]=params.value;
        }
    }
```

```
      };

      const app = Vue.createApp({
        directives,
        data () {
          return {
            background:'red'
          }
        },
        // 傳入顏色
        template:'<p v-styles:background="background">
            使用動態指令參數靈活地修改元素樣式
          </p>'
      });

const vm = app.mount('#app');
```

　　主要需要注意的是，如果沒有 updated() 函式處理，則在主控台對樣式進行修改時元素的樣式是不會發生變化的。如 vm.$data.background="pink"；要想樣式發生變化，就必須使用 updated 進行更新並重新繪製頁面。

　　如果 mounted 與 updated 中的操作都是一樣的，則此時可以對它進行簡化操作，如程式範例 7-167 所示。

程式範例 7-167

```
const app = Vue.createApp({
   data () {
      return {
        background:'red'
      }
   },
   // 傳入顏色
   template:'<p v-styles:background="background">
        使用動態指令參數靈活地修改元素樣式
      </p>'
});
// 當 created 與 updated 操作一樣時，簡化寫法
```

```
app.directive('styles',(el,params) => {
    el.style[params.arg]=params.value;
});

const vm = app.mount('#app');
```

7.9.2 Teleport

Teleport 是 Vue 3 的新特性之一，Teleport 能夠將範本繪製至指定 DOM 節點，而不受父級 style、v-show 等屬性影響，但 data、prop 資料依舊能夠共用；類似於 React 的 Portal。

在下面的例子中，點擊按鈕，打開一個 Model 框，Model 框的顯示位置可以隨意指定。

這裡定義兩個 div，一個是作為 Vue 綁定的視圖入口，另外一個 id= teleport-target 的 div 用來作為 Teleport 的入口，如程式範例 7-168 所示。

程式範例 7-168   Teleport 入口

```
<div id="app">
    <modal></modal>
</div>
<div id="teleport-target"></div>
```

在上面的程式中，modal 是自定義元件，如程式範例 7-169 所示。

程式範例 7-169   modal-button 元件

```
const app = Vue.createApp({})
app.component('modal',
{
    template: '
      <button @click="modalOpen = true">
        打開全螢幕 Model（展示在 Teleport 中）
      </button>
      <teleport to="#teleport-target">
        <div v-if="modalOpen" class="modal">
          <div>
```

```
              這裡是一個 teleported modal!
              <button @click="modalOpen = false">
              關閉
              </button>
            </div>
            </div>
          </teleport>
        ',
    data() {
      return {
        modalOpen: false
      }
    }
})
app.mount("#app")
```

Teleport 屬性 to 的值是 DOM 的選擇器,可以是任意位置,包括 mount(#app) 內的位置,或 mount 外的其他位置,如 to=body,這個時候 Teleport 會被附加到 body 的最後面。

7.9.3 外掛程式

Vue 外掛程式是用來為 Vue 增加全域功能,通常利用外掛程式把一些通用性的功能封裝起來,如比較流行的元件庫就是使用外掛程式的方式進行開發的。

1. 定義外掛程式

一個自訂外掛程式需要包含一個 install() 方法。install() 方法的第 1 個參數是 Vue 建構元,第 2 個參數是一個可選的選項物件,程式如下:

```
const myPlugin = {
   install(app, options){
     console.log(app, options);
   }
}
```

2. 使用外掛程式

使用定義好的外掛程式，只需呼叫全域方法 Vue.use()，程式如下：

```
app.use(myPlugin,{name: '張三'})
```

3. 自訂外掛程式案例

在下面的例子中，定義了一個 myPlugin 外掛程式，該外掛程式擴充了一個通用資料、一個實例方法 $say 和一個全域指令 v-focus，如程式範例 7-170 所示。

程式範例 7-170　　自訂外掛程式 myPlugin

```html
<div id="app">
    {{ webName}}
    <input type="text" v-focus>
</div>

<script>
    // 自訂外掛程式
    const myPlugin = {
        // 撰寫外掛程式
        install(app, params) {
            // 擴充一個通用資料
            app.provide('webName',params.webName);
            // 擴充一個全域自訂函式
            app.config.globalProperties.$say = () => {
                return 'Vue 3'
            },
            // 擴充一個自訂指令
            app.directive('focus', {
                mounted(el){
                    el.focus();
                }
            });
        }
    };

    const app = Vue.createApp({
```

```
    inject:['webName'],
    mounted(){
        // 使用自訂函式
        console.log(this.$say());
    }
});

// 使用外掛程式並傳遞參數
app.use(myPlugin,{webName:'51itcto'});

const vm = app.mount('#app');
</script>
```

7.10 Vue 3 路由

Vue Router 是 Vue 官方提供的由協力廠商開發的功能強大的路由外掛程式。它與 Vue 框架核心深度整合，讓用 Vue 建構單頁應用變得輕而易舉。Vue 3 路由文件的網址為 https://router.vuejs.org/zh/index.html。

7.10.1 路由入門

Vue Router 是一個協力廠商外掛程式模組，需要提前安裝好該外掛程式，並把該外掛程式整合到 Vue 的實例中。

1. 路由的基本用法

第 1 步：安裝 Vue Router 模組，程式如下：

```
npm install vue-router@4 -S
```

第 2 步：建立兩個 Vue 頁面元件，如圖 7-45 所示。

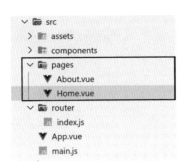

▲ 圖 7-45　路由專案結構

頁面程式的實現如程式範例 7-171 所示。

程式範例 7-171　Home.vue

```
<!--Home.vue-->
<script setup>
</script>
<template>
    <h1>Home 頁面 </h1>
</template>

<!--About.vue-->
<script setup>
</script>
<template>
    <h1>About 頁面 </h1>
</template>
```

第 3 步：建立路由註冊模組。建立 router 目錄，在目錄中建立 index. js 檔案。在 inde.js 檔案中匯入 vue-router 模組，並建立路由物件，透過該物件設定路由位址與元件的對應關係，如程式範例 7-172 所示。

程式範例 7-172　router/index.js

```
import VueRouter from vue-router
import Home from "../pages/Home.vue"
import About from "../pages/About.vue"

# 建立路由物件
```

```
const router = createRouter({
    // 內部提供了 history 模式的實現。為了簡單起見，在這裡使用 hash 模式
history: createWebHistory(),
// 設定路由位址與元件的對應關係
    routes:[
        { path: '/', component: Home },//Home 元件
        { path: '/about', component: About },//About 元件
    ],
})
# 匯出路由模組
export default router;
```

第 4 步：在 Vue 的實例中註冊路由模組。在程式入口檔案 main.js 中匯入路由設定模組，並註冊到 Vue 的實例中，如程式範例 7-173 所示。

程式範例 7-173　　main.js

```
import { createApp } from 'vue'
# 根模組
import App from './App.vue'
# 路由設定模組
import router from "./router"

createApp(App)
    .use(router)// 註冊路由模組
    .mount('#app')
```

第 5 步：在根元件 App.vue 檔案中設定路由繪製位置。在 App.vue 根元件中，使用 router-view 元件標籤，標注路由匹配的元件將繪製的位置，如程式範例 7-174 所示。

程式範例 7-174　　App.vue

```
<div id="app">
    <p>
        <!-- 使用 router-link 元件進行導覽 -->
        <!-- 透過傳遞 to 來指定連結 -->
        <!--<router-link>將呈現一個附帶正確 href 屬性的 <a> 標籤 -->
        <router-link to="/">Go to Home</router-link>
```

```
      <router-link to="/about">Go to About</router-link>
   </p>
   <!-- 路由出口 -->
   <!-- 路由匹配到的元件將繪製在這裡 -->
   <router-view></router-view><
/div>
```

在上面的程式中，使用 router-link 元件實現 a 標籤導覽，router-link 最終會生成一個 a 標籤，href 的位址就是 to 的值。

第 6 步：執行專案，瀏覽效果如圖 7-46 所示。

▲ 圖 7-46　路由執行效果

2. 在普通元件中存取路由

建立一個傳統的單頁面風格的使用者元件，該頁面接收從其他頁面跳躍過來時附帶的參數，如程式範例 7-175 所示，該頁面介紹 url 參數 name 的值，並顯示在頁面上。

程式範例 7-175　User.vue

```
<template>
   <h2> 使用者頁面 </h2>
   <p> 當前使用者是 :{{username}}</p>
</template>

<script>
export default {
   data() {
     return {
       username:""
     }
```

```
    },
    created() {
      // 路由的參數透過 this.$route 方法獲取
      //user?id=1 this.$route.query 獲取
      //user/1 this.$route.params 獲取
      console.log(this.$route)

      //user?name=zja
      this.username = this.$route.query.name;
    }
  }
</script>
```

在上面的程式中，透過 this.$route 方法可以獲取 url 參數值，包括 query 和 params 風格的參數值。如 /user?id=1，可以透過 this.$route.query.id 獲取。

3. 在 script setup 中存取路由

要在 script setup 中存取路由，需要呼叫 useRouter() 或 useRoute() 函式。

接下來，修改 Home.vue 的介面，在介面中加上一個按鈕，點擊按鈕導覽到 User.vue 頁面，如程式範例 7-176 所示，這裡使用 userRouter 建立一個路由物件，使用該路由物件導覽到指定的頁面。

程式範例 7-176　Home.vue

```
<script setup>
// 這裡使用 useRouter 建立一個路由物件
import { useRouter } from "vue-router"
const router = useRouter();
const jump = () => {
    // 推送到指定 url 的頁面
    router.push("/user?name=zhangsan")
}
</script>

<template>
```

```
    <div>
    <h2>Home 頁面 </h2>
    <button @click="jump"> 跳躍到 User 頁面 </button>
  </div>
</template>
```

7.10.2　路由參數傳遞

　　路由參數傳遞分為兩類：query 參數傳遞和 params 參數傳遞，如表 7-12 所示。

表 7-12　query 與 params 傳遞參數對比

參數類別型	參數格式	匹配路徑	參數獲取方法
query 參數	?a=xx&b=yyy&c=zzz	?a=xx&b=yyy&c=zzz	this.$route.query
params 參數	/users/：username/posts/：postId	/users/eduardo/posts/123	this.$route.params

1. 宣告式導覽 (router-link)

　　router-link 用來表示路由的連結。當被點擊後，內部會立刻把 to 的值傳到 router.push()，所以這個值可以是一個字串或描述目標位置的物件，如程式範例 7-177 所示。

程式範例 7-177　　宣告式導覽 router-link

```
<!-- 字串 -->
<router-link to="/home">Home</router-link>
<!-- 繪製結果 -->
<a href="/home">Home</a>
<!-- 使用 v-bind 的 JS 運算式 -->
<router-link :to="'/home'">Home</router-link>
<!-- 同上 -->
<router-link :to="{ path: '/home' }">Home</router-link>
<!-- 命名的路由 -->
<router-link :to="{ name: 'user', params: { userId: '123' }}">User</router-link>
<!-- 附帶查詢參數，下面的結果為 '/register?plan=private' -->
```

```
<router-link :to="{ path: '/register', query: { plan: 'private' }}">
    Register
</router-link>
<!-- 設定 replace 屬性，當點擊時，會呼叫 router.replace()，而非 router.push()，所以
導覽後不會留下歷史記錄 -->
<router-link to="/abc" replace></router-link>
```

2. 程式設計式導覽 (this.$router)

　　this.$router 方法的參數可以是一個字串路徑，也可以是一個描述位址的物件，如程式範例 7-178 所示。

程式範例 7-178　程式設計式導覽 this.$router

```
// 字串路徑
router.push('/users/xx')
// 附帶路徑的物件
router.push({ path: '/users/xx' })
// 命名的路由，並加上參數，讓路由建立 url
router.push({ name: 'user', params: { username: 'xx' } })
// 附帶查詢參數，結果是 /register?plan=private
router.push({ path: '/register', query: { plan: 'private' } })
// 附帶 hash，結果是 /about#team
router.push({ path: '/about', hash: '#team' })
router.push({ path: '/home', replace: true })
// 相當於
router.replace({ path: '/home' })
// 向前移動一筆記錄，與 router.forward() 相同
router.go(1)
// 傳回一筆記錄，與 router.back() 相同
router.go(-1)
// 前進 3 筆記錄
router.go(3)
// 如果沒有那麼多記錄，則預設失敗
router.go(-100)
router.go(100)
```

　　在 this.$router 方法中如果提供了 path，則 params 會被忽略，在上述例子中的 query 並不屬於這種情況。取而代之的是下面例子的做法，需要

提供路由的 name 或手寫完整的附帶參數的 path，如程式範例 7-179 所示。

程式範例 7-179

```
const username = 'xxx'
// 可以手動建立 URL，但必須自己處理編碼
router.push('/user/${username}')              //-> /user/xxx
// 同樣
router.push({ path: '/user/${username}' })    //-> /user/xxx
// 如果可能，則使用 name 和 params 從自動 URL 編碼中獲益
router.push({ name: 'user', params: { username } })   //-> /user/xxx
//params 不能與 path 一起使用
router.push({ path: '/user', params: { username } })  //-> /user
```

由於屬性 to 與 router.push 接收的物件種類相同，所以兩者的規則完全相同。

7.10.3 嵌套模式路由

一些應用程式的介面由多層巢狀結構的元件組成。在這種情況下，URL 的部分通常對應於特定的巢狀結構元件結構，例如很多 App 的底部是 Tab 切換欄，上面的部分可以根據 Tab 點擊切換頁面，這個效果可以使用嵌套模式路由的方式實現，如圖 7-47 所示。

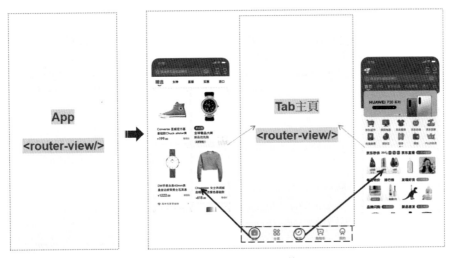

▲ 圖 7-47　嵌套模式路由效果

首先建立根元件 App.vue，在根元件範本中預設增加一個專案級的 router-view，如程式範例 7-180 所示。

程式範例 7-180　App.vue

```
<script setup>
</script>
<template>
    <router-view />
</template>
```

接下來分別建立 3 個元件頁面：TabMain.vue(Tab 首頁，包含底部 Tab 列表)、Main.vue(Tab 首頁的子頁面，首頁) 和 Product.vue(Tab 頁面 的子頁面，產品頁面)。

Product.vue 頁面的程式，如程式範例 7-181 所示。

程式範例 7-181　Product.vue

```
<script setup>
</script>
<template>
    <h1>Product 頁面 </h1>
</template>
```

TabMain.vue 頁面，該頁面中包含子 router-view，巢狀結構子路由頁 面將顯示在 TabMain.vue 的路由插槽中，如程式範例 7-182 所示。

程式範例 7-182　TabMain.vue

```
<script setup>
</script>
<template>
    <div class="main">
      <router-view />
      <div class="tabs">
        <router-link to="/tabs/main">首頁 </router-link>
        <router-link to="/tabs/product">產品 </router-link>
        <router-link to="/tabs/activities">活動 </router-link>
```

```
        <router-link to="/tabs/promotion">優惠</router-link>
        <router-link to="/tabs/personal">我的</router-link>
      </div>
    </div>
</template>
```

router-link 元件用於設定選中樣式，可透過設定 router-link-active 樣式實現，樣式如下：

```
.router-link-active {
background-color: greenyellow;
}
```

最後，設定路由模組 (router.js)，如程式範例 7-183 所示。

程式範例 7-183　router.js

```
import { createRouter, createWebHistory } from "vue-router";
import TabMain from "../pages/TabMain.vue"
import Main from "../pages/Main.vue"
import Product from "../pages/Product.vue"

const routes = [
    {
        path: "/",
        // 當存取 / 時，重新導向到 /tabs/main 路由
        redirect: { path: '/tabs/main' }
    },
    {
        path: '/tabs',
        component: TabMain,
        // 巢狀結構子路由
        children: [
            {
                path: "main",
                component: Main
            },
            {
                path: "product",
```

```
          component: Product
      }
    ]
  },
]
const router = createRouter({
   history: createWebHistory(),
   routes,
})
# 匯出路由模組
export default router;
```

7.10.4 命名視圖

有時想同時 (同級) 展示多個視圖，而非巢狀結構展示，例如建立一個版面配置，包括 sidebar(側導覽) 和 main(主內容) 兩個視圖，這個時候命名視圖就派上用場了。可以在介面中擁有多個單獨命名的視圖，而非只有一個單獨的出口。如果 router-view 沒有設定名字，則預設為 default，如程式範例 7-184 所示。

程式範例 7-184 命名視圖

```
<router-view class="view left-sidebar" name="LeftSidebar"></router-view>
<router-view class="view main-content"></router-view>
<router-view class="view right-sidebar" name="RightSidebar"></router-view>
```

一個視圖使用一個元件繪製，因此對於同一個路由，多個視圖就需要多個元件。確保證確使用 components 設定 (附帶 s)，如程式範例 7-185 所示。

程式範例 7-185 命名視圖導覽設定

```
const router = createRouter({
   history: createWebHashHistory(),
   routes: [
     {
       path: '/',
```

```
    components: {
      default: Home,
      //LeftSidebar: LeftSidebar 的縮寫
      LeftSidebar,
      // 它們與 <router-view> 上的 name 屬性匹配
      RightSidebar,
    },
  },
 ],
})
```

7.10.5 路由守衛

vue-router 提供的導覽守衛主要用來透過跳躍或取消的方式守衛導覽。這裡有很多方式植入路由導覽中,如全域的、單一路由獨享的或元件級的。

1. 全域前置守衛

可以使用 router.beforeEach 註冊一個全域前置守衛,如程式範例 7-186 所示。

程式範例 7-186　router.beforeEach

```
const router = createRouter({ ... })
router.beforeEach((to, from) => {
  //...
  // 傳回 false 以取消導覽
  return false
})
```

當一個導覽觸發時,全域前置守衛將按照建立順序呼叫。守衛採用非同步解析的方式執行,此時導覽在所有守衛 resolve 完之前一直處於等待中。

2. 全域後置鉤子

註冊全域後置鉤子,然而和守衛不同的是,這些鉤子不會接受 next()

函式也不會改變導覽本身，程式如下：

```
router.afterEach((to, from, failure) => {
    sendToAnalytics(to.fullPath)
})
```

全域後置鉤子對於分析、更改頁面標題、宣告頁面等協助工具及完成許多其他事情都很有用。

7.10.6 資料獲取

有時候，進入某個路由後，需要從伺服器獲取資料。舉例來說，在繪製使用者資訊時，需要從伺服器獲取使用者的資料，可以透過以下兩種方式實現。

(1) 導覽完成後獲取：先完成導覽，然後在接下來的元件生命週期鉤子中獲取資料。在資料獲取期間顯示「載入中」之類的指示。

(2) 導覽完成前獲取：導覽完成前，在路由進入的守衛中獲取資料，在資料獲取成功後執行導覽。

從技術角度講，兩種方式都不錯，主要看想要提升的使用者體驗是哪種。

1. 導覽完成後獲取資料

當使用這種方式時，會馬上導覽和繪製元件，然後在元件的 created 鉤子中獲取資料。這讓我們有機會在資料獲取期間展示一個 loading 狀態，還可以在不同視圖間展示不同的 loading 狀態。

假設有一個 Post 元件，需要基於 $route.params.id 獲取文章資料，如程式範例 7-187 所示。

程式範例 7-187 在元件的 created 鉤子中獲取資料

```
<template>
    <div class="post">
```

```
      <div v-if="loading" class="loading">Loading...</div>
      <div v-if="error" class="error">{{ error }}</div>
      <div v-if="post" class="content">
         <h2>{{ post.title }}</h2>
         <p>{{ post.body }}</p>
      </div>
   </div>
</template>
export default {
   data() {
      return {
         loading: false,
         post: null,
         error: null,
      }
   },
   created() {
      //watch 路由的參數，以便再次獲取資料
      this.$watch(
         () => this.$route.params,
         () => {
            this.fetchData()
         },
         // 元件建立完後獲取資料
         // 此時 data 已經被 observed 了
         { immediate: true }
      )
   },
   methods: {
      fetchData() {
         this.error = this.post = null
         this.loading = true
         // 用資料獲取 util 或 API 替換 getPost
         getPost(this.$route.params.id, (err, post) => {
            this.loading = false
            if (err) {
               this.error = err.toString()
            } else {
               this.post = post
            }
```

```
        })
      },
    },
  }
```

2. 在導覽完成前獲取資料

　　透過這種方式在導覽轉入新的路由前獲取資料，可以在接下來的元件的 beforeRouteEnter 守衛中獲取資料，當資料獲取成功後只呼叫 next() 方法，如程式範例 7-188 所示。

程式範例 7-188　　透過 beforeRouterEnter 獲取資料

```
export default {
  data() {
    return {
    post: null,
    error: null,
    }
  },
  beforeRouteEnter(to, from, next) {
    getPost(to.params.id, (err, post) => {
      next(vm => vm.setData(err, post))
    })
  },
  // 路由改變前，元件就已經繪製完了
  // 邏輯稍微不同
  async beforeRouteUpdate(to, from) {
    this.post = null
    try {
        this.post = await getPost(to.params.id)
      } catch (error) {
        this.error = error.toString()
      }
    },
  }
```

　　在為後面的視圖獲取資料時，使用者會停留在當前的介面，因此建議在資料獲取期間顯示進度指示器或別的指示。如果資料獲取失敗，則同樣有必要展示一些全域的錯誤訊息。

7.11 Vue 3 狀態管理 (Vuex)

在 Vue 的元件化開發中，經常會遇到需要將當前元件的狀態傳遞給其他元件。在父子元件進行通訊時，通常會採用 props+emit 模式，但當一種狀態需要共用給多個元件時，就會非常麻煩，資料也很難維護。Vuex 是 Vue 官方推薦的用來管理複雜狀態的外掛程式，可以極佳地幫助開發者解決元件狀態的管理問題，本節詳細介紹 Vuex 狀態管理框架的使用。

Vuex 官方網址為 https://vuex.vuejs.org/zh/。

7.11.1 狀態管理模式

當應用遇到多個元件共用狀態時，單向資料流程的簡潔性很容易被破壞，主要表現為以下兩點：

(1) 多個視圖依賴於同一狀態。
(2) 來自不同視圖的行為需要變更同一狀態。

對於問題 1，傳遞參數的方法對於多層巢狀結構的元件將非常煩瑣，並且對於兄弟元件間的狀態傳遞無能為力。

對於問題 2，經常會採用父子元件直接引用或透過事件來變更和同步狀態的多份複製。以上這些模式非常脆弱，通常會導致無法維護。

針對以上問題的解決方式：

(1) 為什麼不把元件的共用狀態取出來，以一個全域單例模式管理呢？在這種模式下，元件樹組成了一個巨大的「視圖」，不管在樹的哪個位置，任何元件都能獲取狀態或觸發行為。
(2) 透過定義和隔離狀態管理中的各種概念並強制遵守一定的規則，程式將變得更結構化且易維護。

　　Vuex 參考和擴充了 Redux 設計思想，是專門為 Vue 設計的狀態管理函式庫，以利用 Vue 的細細微性資料回應機制進行高效的狀態更新，Vuex 的架構圖如圖 7-48 所示。

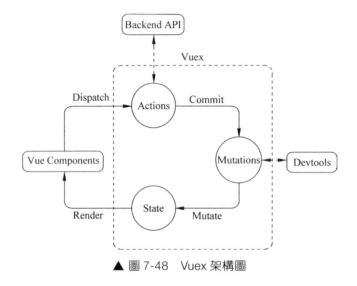

▲ 圖 7-48　Vuex 架構圖

7.11.2　Vuex 和全域變數的概念區別

　　Vuex 的核心概念是 Store(倉庫)，它包含應用中的所有公共狀態 (state)。Vuex 和單純的全域物件有以下兩點不同：

(1) Vuex 的狀態儲存是響應式的。當 Vue 元件從 Store 中讀取狀態時，如果 Store 中的狀態發生變化，則元件也會對應地得到更新。

(2) 改變 Store 中的狀態的唯一途徑就是顯性地提交 (commit) mutation。這樣可以方便地追蹤每種狀態的變化，有利於對狀態的統一管理和測試。

7.11.3　Vuex 中的 5 個重要屬性

　　Vuex 框架中包含 5 個基本的屬性，如表 7-13 所示。

表 7-13　Vuex 中的 5 個基本的屬性

屬性名稱	屬性說明
state	儲存狀態，也就是變數
getters	衍生狀態，getters 分別可以獲取 state 中的變數和其他的 getters。外部呼叫方式：store.getters.personInfo()。這和 Vue 的 computed 差不多
mutations	提交狀態修改，這是 Vuex 中唯一修改 state 的方式，但不支援非同步作業。第 1 個參數預設為 state。外部呼叫方式：store.commit('SET_AGE',18)。這和 Vue 中的 methods 類似
actions	和 mutations 類似，不過 actions 支援非同步作業。第 1 個參數預設為和 store 具有相同參數屬性的物件。外部呼叫方式：store.dispatch('nameAsyn')
modules	store 的子模組，內容相當於 store 的實例。呼叫方式和前面介紹的方式相似，只是要加上當前的子模組名稱，如 store.a.getters.xxx()

Vuex 的程式結構，如程式範例 7-189 所示。

程式範例 7-189　Vuex 程式結構

```
{
   state: {
     name: 'leo',
     age: 22
   },
   getters: {
     personInfo(state) {
        return 'My name is ${state.name}, I am ${state.age}';
     }
   }
   mutations: {
     SET_AGE(state, age) {
        commit(age, age);
     }
   },
   actions: {
     getNameAsyn({commit}) {
        setTimeout(() => {
           commit('SET_AGE', 18);
        }, 1000);
     }
```

```
    },
    modules: {
      a: modulesA
    }
}
```

7.11.4 Vuex 開發入門基礎

下面透過一個簡單的計數器的例子，介紹如何使用 Vuex 管理狀態。

1. 安裝 Vuex 外掛程式

安裝 Vuex 外掛程式的命令如下：

```
npm install vuex@next --save
# 或
yarn add vuex@next --save
```

2. 建立 Vuex 狀態管理 store

安裝好 Vuex 後，可以使用 Vuex 建立一個新的 store 實例，如程式範例 7-190 所示。

程式範例 7-190　store/index.js

```
import { createApp } from 'vue'
import { createStore } from 'vuex'

// 建立一個新的 store 實例
const store = createStore({
    state () {
        return {
            count: 0
        }
    },
    mutations: {
        increment (state) {
            state.count++
        }
```

```
  },
  actions:{
    asyncIncrement({commit}){
      commit('increment')
    }
  }
})

export default store
```

3. 將 store 實例作為外掛程式安裝

　　建立好倉庫 Store 後，需要把 store 實例作為外掛程式安裝到 Vue 的實例中，如程式範例 7-191 所示。

程式範例 7-191　main.js

```
import { createApp,h } from 'vue'
import App from './App.vue'
import store from "./store"

createApp({
    render:()=> h(App)
})
.use(store)              // 安裝外掛程式
.mount('#app')
```

4. 在元件中存取和操作 store

　　在 Vue 的範例中安裝了建立的 store 後，就可以在元件中進行存取和操作了，如程式範例 7-192 所示。

程式範例 7-192　App.vue

```
<script setup>
import { computed } from 'vue'
import { useStore } from 'vuex'
const store = useStore()
// 在 computed 函式中存取 state
const count = computed(() => store.state.count)
```

```
// 使用 mutation
const increment = () => store.commit('increment')

 // 使用 action
const asyncIncrement= () => store.dispatch('asyncIncrement')

</script>

<template>
   <h1>{{ count }}</h1>
   <button @click="increment">+</button>
</template>
```

5. 啟動專案，瀏覽效果

在命令列中輸入 yarn dev 命令，在瀏覽器中預覽的效果如圖 7-49 所示。

▲ 圖 7-49　Vuex 計數器例子

7.11.5 Vuex 開發實踐

下面透過一個簡單的 store 管理，逐步介紹每個核心物件的用法。

1. Vuex 專案目錄結構

Vuex 並不限製程式結構，但是，它規定了一些需要遵守的規則：

(1) 應用層級的狀態應該集中到單一 store 物件中。

(2) 提交 mutation 是更改狀態的唯一方法，並且這個過程是同步的。

(3) 非同步邏輯都應該封裝到 action 裡面。

只要遵守以上規則，便可自由地組織程式。如果 store 檔案太大，則只需將 action、mutation 和 getter 分割到單獨的檔案中，如程式範例 7-193 所示。

程式範例 7-193　　Vuex 專案結構

```
├── index.html
├── main.js
├── components
└── store
    ├── index.js          # 組裝模組並匯出 store 的地方
    ├── state.js          # 根等級的 state
    ├── getters.js        # 根等級的 getter
    ├── mutation-types.js  # 根等級的 mutations 名稱 ( 官方推薦 mutations 方法名稱
    │                         使用大寫 )
    ├── mutations.js       # 根等級的 mutation
    ├── actions.js         # 根等級的 action
    └── modules
        ├── m1.js          # 模組 1
        └── m2.js          # 模組 2
```

2. state 用法

Vue 使用單一狀態樹，即單一資料來源，也就是説 state 只能有一個，如程式範例 7-194 所示。

程式範例 7-194　　state.js

```
const state = {
    name: 'leo',
    age: 28
};
export default state;
```

3. getters 用法

一般使用 getters 獲取 state 的狀態，而非直接使用 state，如程式範例 7-195 所示。

程式範例 7-195　getters.js

```
export const name = (state) => {
   return state.name;
}
export const age = (state) => {
   return state.age
}
export const other = (state) => {
   return 'My name is ${state.name}, I am ${state.age}.';
}
```

4. mutations 類型定義

將所有 mutations 的函式名稱放在這個檔案裡，如程式範例 7-196 所示。

程式範例 7-196　mutation-type.js

```
export const SET_NAME = 'SET_NAME';
export const SET_AGE = 'SET_AGE';
```

5. mutation 用法

更改 Vuex 的 store 中的狀態的唯一方法是提交 mutation。Vuex 中的 mutation 非常類似於事件：每個 mutation 都有一個字串的事件類型 (type) 和一個回呼函式 (handler)。這個回呼函式就是實際進行狀態更改的地方，並且它會接收 state 作為第 1 個參數，如程式範例 7-197 所示。

程式範例 7-197　mutation.js

```
import * as types from './mutation-type.js';
export default {
   [types.SET_NAME](state, name) {
     state.name = name;
   },
   [types.SET_AGE](state, age) {
     state.age = age;
   }
};
```

不能直接呼叫一個 mutation 處理函式。這個選項更像是事件註冊，「當觸發一種類型為 types.SET_NAME 的 mutation 時，呼叫此函式。」要喚醒一個 mutation 處理函式，需要以對應的 type 呼叫 store.commit() 方法，如 store.commit(types.SET_NAME)。

6. action 用法

action 類似於 mutation，不同點如下：

(1) action 提交的是 mutation，而非直接變更狀態。

(2) action 可以包含任意非同步作業。

如程式範例 7-198 所示。

程式範例 7-198　actions.js

```
import * as types from './mutation-type.js';
export default {
    nameAsyn({commit}, {age, name}) {
        commit(types.SET_NAME, name);
        commit(types.SET_AGE, age);
    }
};
```

7. module 用法

由於使用單一狀態樹，應用的所有狀態會集中到一個比較大的物件。當應用變得非常複雜時，store 物件就有可能變得相當臃腫。

為了解決以上問題，Vuex 允許我們將 store 分割成模組 (module)。每個模組擁有自己的 state、mutation、action、getter，甚至擁有巢狀結構子模組，從上至下以同樣方式進行分割，如程式範例 7-199 所示。

程式範例 7-199　modules/m1.js

```
export default {
    state: {},
    getters: {},
    mutations: {},
```

```
    actions: {}
};
```

8. store 用法

index.js 檔案的作用是組裝 store，如程式範例 7-200 所示。

程式範例 7-200　　store/index.js

```
import { createStore } from 'vuex';
import state from './state.js';
import * as getters from './getters.js';
import mutations from './mutations.js';
import actions from './actions.js';
import m1 from './modules/m1.js';
import m2 from './modules/m2.js';
import { createLogger } from 'vuex';      // 修改記錄檔

// 開發環境中為 true，否則為 false
const deBug = process.env.NODE_ENV !== 'production';
const store = createStore({
    state,
    getters,
    mutations,
    actions,
    modules:{
        m1,
        m2,
    },
    plugins: deBug ? [createLogger()] : [] // 開發環境下顯示 Vuex 的狀態修改
});

export default store;
```

最後將 store 實例掛載到 main.js 檔案裡的 Vue 上，如程式範例 7-201 所示。

程式範例 7-201　　main.js

```
import { createApp,h } from 'vue'
```

```
import App from './App.vue'
import store from './store';

createApp({
    render:()=> h(App)
}).use(store).mount('#app')
```

9. 在元件中存取和操作 store

完成上面的步驟後，接下來透過元件測試、存取和操作 store，如程式範例 7-202 所示。

程式範例 7-202　App.vue

```
<script setup>
import { computed } from 'vue';
import { useStore } from 'vuex'
const store = useStore()
// 如果直接取 state 的值，則必須使用 computed 才能實現資料的回應
// 如果直接取 store.state.name，則不會監聽到資料的變化
// 或使用 getter，此種情況可以不使用 computed
const name = computed(() => store.state.name)
</script>

<template>
    <h1>{{ name }}</h1>
</template>
```

10. 輔助方法的使用方式

在 Vue 元件中使用時，通常會使用 mapGetters、mapActions、mapMutations，然後就可以按照 Vue 呼叫 methods 和 computed 的方式去呼叫這些變數或函式，如程式範例 7-203 所示。

程式範例 7-203　透過輔助方法操作 store

```
import {mapGetters, mapMutations, mapActions} from 'vuex';
export default {
    computed: {
```

```
      ...mapGetters([
        'name',
        'age'
      ])
    },
    methods: {
      ...mapMutations({
        setName: 'SET_NAME',
        setAge: 'SET_AGE'
      }),
      ...mapActions([
        nameAsyn
      ])
    }
};
```

7.11.6 Vuex 中組合式 API 的用法

在組合式 API 中不能直接使用 this.$store 存取倉庫，所以 Vue 提供了一個 useStore() 函式存取倉庫。

1. 存取 store

可以透過呼叫 useStore() 函式在 setup() 鉤子函式中存取 store。這與在元件中使用選項式 API 存取 his.$store 是等效的，如程式範例 7-204 所示。

程式範例 7-204　useStore

```
import { useStore } from 'vuex'
export default {
   setup () {
     const store = useStore()
   }
}
```

2. 存取 state 和 getter

為了存取 state 和 getter，需要建立 computed 引用以保留回應性，這與在選項式 API 中建立計算屬性等效，如程式範例 7-205 所示。

程式範例 7-205 　存取 state 和 getter

```
import { computed } from 'vue'
import { useStore } from 'vuex'

export default {
  setup () {
    const store = useStore()
    return {
      // 在 computed() 函式中存取 state
      count: computed(() => store.state.count),
      // 在 computed() 函式中存取 getter
      double: computed(() => store.getters.double)
    }
  }
}
```

3. 存取 mutation 和 action

要使用 mutation 和 action 時，只需在 setup() 鉤子函式中呼叫 commit() 和 dispatch() 函式，如程式範例 7-206 所示。

程式範例 7-206 　存取 mutation 和 action

```
import { useStore } from 'vuex'

export default {
  setup () {
    const store = useStore()

    return {
      // 使用 mutation
      increment: () => store.commit('increment'),

      // 使用 action
      asyncIncrement: () => store.dispatch('asyncIncrement')
    }
  }
}
```

7.12 Vue 3 狀態管理 (Pinia)

7.11 節介紹了 Vue 的狀態管理外掛程式 Vuex，這一節介紹另外一個官方推薦的最新狀態管理外掛程式 Pinia。Pinia 由 Vue 核心團隊成員 Eduardo San Martin Morote 發起的，2019 年 11 月 18 日首發在 repo。Vuex 和 Pinia 由同團隊成員撰寫，但是 Pinia 寫法上更加人性化，也更簡單。Pinia 的程式僅 1KB，採用模組化設計，便於拆分。

Pinia 官方網址為 https://pinia.vuejs.org/，Pinia GitHub 網址為 https://github.com/vuejs/pinia。

7.12.1 Pinia 與 Vuex 寫法比較

Vuex 和 Pinia 由同團隊成員撰寫，但是 Pinia 寫法上更加人性化，也更簡單，下面透過例子對比一下 Vuex 與 Pinia 的寫法差異。

1. Vuex 在 Vue 3 中的寫法和呼叫

下面透過 Vuex 建立一個簡單的 store，如程式範例 7-207 所示。

程式範例 7-207　Vuex 建立 store 的寫法

```
import { createStore } from 'vuex'

export default createStore({
   // 定義資料
   state: { a:1 },
   // 定義方法
   mutations: {
     SETA(state,number){
       state.a = number
     }
   },
   // 非同步方法
   actions: { },
   // 獲取資料
   getters: {
```

```
getA:state=>return state.a
}
})
```

在 Vue 3 元件中存取和呼叫 store，如程式範例 7-208 所示。

程式範例 7-208　存取和呼叫 store

```
<template>
   <div>
      {{number}}
      <button @click="clickHandle"> 按鈕 </button>
   </div>
</template>
<script>
import {useStore} from "vuex"
export default {
   setup(){
      let store = useStore()
      let number = computed(()=>store.state.a)
      const clickHandle = () => {
         store.commit("SETA","100")
      }
      return{number,clickHandle}
   }
}
<script>
```

2. Pinia 在 Vue 3 中的寫法和用法

接下來透過 Pinia 建立一個 store，如程式範例 7-209 所示。

程式範例 7-209　pinia store.js

```
import { defineStore } from 'pinia'

//defineStore 呼叫後傳回一個函式，呼叫該函式獲得 store 實體
export const GlobalStore = defineStore({
//id: 必不可少，並且在所有 store 中唯一
id: "myGlobalState",
//state: 傳回物件的函式
```

```
state: () => ({
    a: 1,
}),
getters: {},
actions: {
    setA(number) {
        this.a = number;
    },
},
});
```

接下來在 Vue 3 中存取和操作 Pinia 建立的倉庫，如程式範例 7-210
所示。

程式範例 7-210 存取 Pinia 倉庫

```
<template>
    <div>
        {{number}}
        <button @click="clickHandle">按鈕 </button>
    </div>
</template>
<script>
import {GlobalStore} from "@/store/store.js"
export default {
    setup(){
        let store = GlobalStore();
// 如果直接取 state 的值，則必須使用 computed 才能實現資料的回應
// 如果直接取 store.state.a，則不會監聽到資料的變化，或使用 getter
// 此種情況可以不使用 computed（這邊和 vuex 是一樣的）
        let number = computed(()=>store.a)
        const clickHandle = () => {
            store.setA("100")
        }
        return{number,clickHandle}
    }
}
<script>
```

由此兩種不同風格的程式的對比可以看出使用 Pinia 更加簡潔。Pinia 取消了原有的 mutations，合併成了 actions，並且在設定值時可以直接點到那個值，而不需要在 .state 上獲取，方法也是如此。

7.12.2 Pinia 安裝和整合

使用 Pinia 之前，首先需要在專案中安裝，命令如下：

```
yarn add pinia@next
#or with npm
npm install pinia@next
```

安裝完成後，需要從 Pinea 函式庫中匯入 createPinia，並在 Vue 應用中用 use() 方法將其增加為 Vue 外掛程式，程式如下：

程式範例 7-211　　main.js

```
import { createPinia } from 'pinia'

createApp(App)
.use(createPinia())
.mount('#app')
```

7.12.3 Pinia 核心概念

Pinia 的核心概念包括 store、states、getters、actions、plugins。

下面透過具體的步驟介紹如何使用 Pinia。

1. store 的定義

Pinia 採用開箱即用的模組化設計。沒有單一的主儲存空間，而是建立不同的儲存空間，並為它們命名，這對應用程式是有意義的。舉例來說，可以建立一個登入的使用者容器，如程式範例 7-212 所示。

程式範例 7-212　store/user.js

```
import { defineStore } from 'pinia'
#建立 Pinia store
export const useUserStore = defineStore({
    //id is required so that Pinia can connect the store to the devtools
    id: 'loggedInUser',
    state: () =>({}),
    getters: {},
    actions:{}
})
```

　　建立好 store 後，需要在 main.js 檔案中把 Pinia 作為外掛程式安裝到 Vue 實例中，如程式範例 7-213 所示。

程式範例 7-213　main.js

```
import { createApp } from 'vue'
import App from './App.vue'
import { createPinia } from 'pinia'
#安裝 Pinia 外掛程式
createApp(App).use(createPinia()).mount('#app')
```

　　接下來，存取上面建立的 userStore，存取前必須在使用它的元件中將其匯入，並在 setup() 函式中呼叫 useUserStore()，如程式範例 7-214 所示。

程式範例 7-214　App.vue

```
<script setup>
import { useUserStore } from "@/store/user";
const user = useUserStore () #存取倉庫
</script>
```

2. states 狀態

　　設定好 store 後，下一步是定義狀態。在 store 中設定一種狀態屬性，該函式傳回一個持有不同狀態值的物件。這與在元件中定義資料的方式非常相似，如程式範例 7-215 所示。

程式範例 7-215　定義 states

```
export const useUserStore = defineStore({
    id: 'loggedInUser',
    state: () => ({
        name: 'xlw',
        email: '[email protected]',
        username: 'leo' }),
    getters: {},
    actions: {}
})
```

現在，為了從元件中存取 useUserStore 的狀態，只需直接引用之前建立的使用者常數的狀態屬性。完全沒有必要從儲存中巢狀結構到一種狀態物件，如透過 user.name 直接存取，如程式範例 7-216 所示。

程式範例 7-216　在 App.vue 檔案中存取 useUserStore

```
<template>
    <h1> {{ user.name }}</h1>
</template>
<script setup>
import { useUserStore } from './store/user';
const user = useUserStore()
</script>
```

3. getters 獲取器

Pinia 中的獲取器與 Vuex 中的獲取器及元件中的計算屬性的作用相同。從 Vuex 的獲取器轉移到 Pinia 的獲取器並不是一個很大的思維跳躍。除了 Pinia 中的 getters，可以透過兩種不同的方式存取狀態，它們看起來大致相同。

存取 getter 的第 1 種方式是透過 this 關鍵字。這適用於傳統的函式宣告和 ES6 方法寫法，但是，由於箭頭函式處理 this 關鍵字範圍的方式，它對箭頭函式不起作用，如程式範例 7-217 所示。

程式範例 7-217　　getters 用法 1

```
import { defineStore } from 'pinia'

export const usePostsStore = defineStore({
    id: 'PostsStore',
    state: ()=>({ posts: ['post 1', 'post 2', 'post 3', 'post 4'] }),
    getters:{
       //traditional function
       postsCount: function(){
          return this.posts.length
       },
       //method shorthand
       postsCount(){
          return this.posts.length
       },
       // 使用箭頭函式，無法使用 this
       //postsCount: ()=> this.posts.length
    }
})
```

　　存取 getter 的第 2 種方式是透過 getter() 函式的狀態參數。這是為了鼓勵使用箭頭函式實現簡短、精確的獲取器，如程式範例 7-218 所示。

程式範例 7-218　　getters 用法 2

```
import { defineStore } from 'pinia'
export const usePostsStore = defineStore({
    getters:{
       //arrow function
       postsCount: state => state.posts.length,
    }
})
```

　　另外，Pinia 並不像 Vuex 那樣透過第 2 個函式參數來曝露其他 getter，而是透過 this 關鍵字，如程式範例 7-219 所示。

程式範例 7-219　　getters 用法 3

```
import { defineStore } from 'pinia'
```

```
export const usePostsStore = defineStore({
   getters:{
     //use "this" to access other getters (no arrow functions)
     postsCountMessage(){ return '${this.postsCount} posts available' }
   }
})
```

　　一旦定義了 getters，它們就可以在 setup() 函式中作為儲存實例的屬性被存取，就像狀態屬性一樣，不需要在 getters 物件下存取，如程式範例 7-220 所示。

程式範例 7-220　　Feed.vue

```
<template>
   <p>{{ postsCount }} posts available</p>
</template>

<script setup>
import { usePostsStore } from "../store/PostsStore";

const PostsStore = usePostsStore();
const postsCount = PostsStore.postsCount ;
</script>
```

4. actions

　　Pinia 沒有 mutations，統一在 actions 中操作 state，透過 this.xx 存取對應狀態，雖然可以直接操作 store，但還是推薦在 actions 中操作，保證狀態不被意外改變，如程式範例 7-221 所示。

程式範例 7-221　　actions 用法

```
import { defineStore } from 'pinia'
export const useProfileStore = defineStore('profile', {
   state() {
     return {
       userName: 'xlw',
       phone: 13100000000,
     }
```

```
    },
    actions: {
      updatePhone(newPhone) {
        this.phone = newPhone          // 可以使用 this 存取和修改 state 中的資料
      },
    },
})
```

　　在上面程式中，在 actions 中定義了一個更新手機號碼的方法，它可接收一個參數，把它設定為新的手機號碼，然後就可以在 Profile.vue 檔案中呼叫這種方法了，如程式範例 7-222 所示。

程式範例 7-222　Profile.vue

```
<template>
    <div>使用者名稱是：{{ profileStore.userName }}</div>
    <div>手機號碼是：{{ profileStore.phone }}</div>
</template>

<script setup>
import { onMounted } from 'vue'
import { useProfileStore } from '../store/ProfileStore'
const profileStore = useProfileStore()
// 在頁面掛載後，修改手機號碼
onMounted(() => {
    profileStore.updatePhone(188888888)
})
</script>
```

　　使用 store 的實例就可以直接呼叫 store 中定義的 action，呼叫 updatePhone() 方法，修改手機號碼，更新頁面，這時頁面上顯示的資訊如圖 7-50 所示。

使用者名稱是：xlw
手機號碼是：188888888

▲ 圖 7-50　ProfileStore 資料讀取

　　接下來寫一個模擬請求後台介面，首先在 src 資料夾下建立一個 apis 檔案，然後在裡面新建一個 login.js 檔案，如程式範例 7-223 所示。

程式範例 7-223　apis/login.js

```
export function loginApi(userName, password) {
    return new Promise((resolve, reject) => {
        setTimeout(() => {
            if ((userName === 'xlw') & (password === '123')) {
                resolve({
                    userName: 'xlw',
                    phone: 135000000,
                    avatar: me.jpg',
                })
            } else {
                reject('使用者名稱或密碼錯誤')
            }
        }, 1000)
    })
}
```

　　接下來修改 profileStore 的內容，在 state 中新增圖示屬性，這些資料預設都是空，在 actions 中新增了 login，用於去呼叫非同步的請求 loginApi，如程式範例 7-224 所示。

程式範例 7-224　store/ProfileStore.js

```
import { defineStore } from 'pinia'
import { loginApi } from '../apis/login'
export const useProfileStore = defineStore('profile', {
    state() {
        return {
            userName: '',
            phone: '',
            avatar: '',
        }
    },
    actions: {
        login(userName, password) {
```

```
        loginApi(userName, password)
        .then((res) => {                    // 登入成功以後，修改了使用者名稱
        this.userName = res.userName
        this.phone = res.phone
        this.avatar = res.avatar
    })
        .catch((err) => {
          console.log(err)
        })
    },
  },
})
```

最後在 Feed.vue 檔案中呼叫 login，如程式範例 7-225 所示。

程式範例 7-225　Feed.vue

```
<template>
    <div> 使用者名稱是：{{ profileStore.userName }}</div>
    <div> 手機號碼是：{{ profileStore.phone }}</div>
</template>

<script setup>
import { onMounted } from 'vue'
import { useProfileStore } from '../store/ProfileStore'
const profileStore = useProfileStore()
onMounted(() => {
    profileStore.login('xlw', '123')
})
</script>
```

08

Vue 3 進階原理

在第 7 章中詳細講解了 Vue 3 的語法和配套模組的用法，本章透過下載和編譯 Vue 原始程式的方式，進一步了解 Vue 3 核心模組的實現原理。

8.1 Vue 3 原始程式安裝編譯與偵錯

Vue 3 原始程式採用 MonoRepo 模式進行開發，透過 PNPM 管理。所有的 Vue 3 模組放在 packages 資料夾中，下面介紹如何下載 Vue 3 原始程式和編譯偵錯。

8.1.1 Vue 3 原始程式套件介紹

首先存取 Vue 的原始程式，網址為 https://github.com/vuejs/core，透過 Git 下載 core 原始程式套件，如圖 8-1 所示。

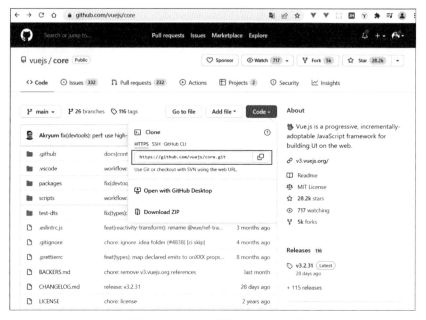

▲ 圖 8-1　Vue 3 原始程式倉庫位址

　　Vue 的所有模組放在 packages 目錄中，下面介紹每個模組的作用，如表 8-1 所示。

表 8-1　Vue 3 Package 介紹

Package 名稱	Package 說明
reactivity	響應式系統。它可以獨立於框架使用
runtime-core	與平台無關的執行時期核心，包括虛擬 DOM 繪製器、元件實現和 JavaScript API 的程式。可以使用此套裝程式建立針對特定平台的高階執行時期 (自訂繪製器)
runtime-dom	針對瀏覽器的執行時期，包括對原生 DOM API、attributes、properties、event 事件相關的處理
runtime-test	用於測試的輕量級執行時期。它可以在任何 JavaScript 環境中「繪製」出一個純 JavaScript 物件樹。該樹可用於宣告正確的繪製輸出。同時提供了一些工具，如序列化樹、觸發事件、記錄更新期間執行的實際節點操作
server-renderer	伺服器端與繪製相關的軟體套件
compiler-core	與平台無關的編譯器核心，包括編譯器和所有與平台無關的外掛程式的可擴充基礎

Package 名稱	Package 說明
compiler-dom	附帶專門針對瀏覽器相關外掛程式的編譯器
compiler-ssr	針對伺服器端繪製，生成最佳化過的繪製函式的編譯器
template-explorer	用於偵錯編譯器輸出的開發工具。可以執行 yarn dev template-explorer 並打開其 index.html 檔案以獲得基於當前原始程式的範本編譯副本 還提供了範本瀏覽器的即時版本，可用於提供編譯器錯誤的再現。還可以從發佈記錄檔中選擇特定版本
shared	在多個軟體套件之間共用的內部應用程式 (尤其是執行時期和編譯器軟體套件使用的與環境無關的 utils)
vue	「全面建構」，包括執行時期和編譯器

8.1.2 Vue 3 原始程式下載與編譯

Vue 3 採用 PNPM 對模組進行管理，首先透過 Git 把 Vue 3 原始程式複製到本地，命令如下：

```
# 複製原始程式
git clone https://github.com/vuejs/core.git
# 進入原始程式目錄
cd core-main
# 安裝相依
pnpm install
# 初次建構
pnpm build
```

複製完成原始程式碼後，執行 pnpm install 命令便可安裝所需相依，如圖 8-2 所示。

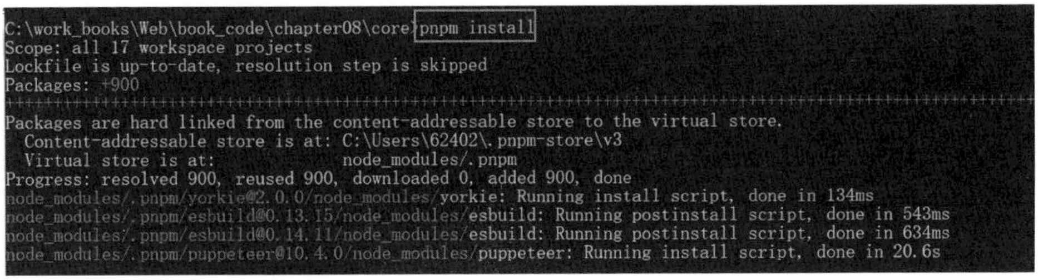

```
C:\work_books\Web\book_code\chapter08\core pnpm install
Scope: all 17 workspace projects
Lockfile is up-to-date, resolution step is skipped
Packages: +900
++++++++++++++++++++++++++++++++++++++++++++++++++++++++++++++++++++++++++++++++
Packages are hard linked from the content-addressable store to the virtual store.
  Content-addressable store is at: C:\Users\62402\.pnpm-store\v3
  Virtual store is at:             node_modules/.pnpm
Progress: resolved 900, reused 900, downloaded 0, added 900, done
node_modules/.pnpm/yorkie@2.0.0/node_modules/yorkie: Running install script, done in 134ms
node_modules/.pnpm/esbuild@0.13.15/node_modules/esbuild: Running postinstall script, done in 543ms
node_modules/.pnpm/esbuild@0.14.11/node_modules/esbuild: Running postinstall script, done in 634ms
node_modules/.pnpm/puppeteer@10.4.0/node_modules/puppeteer: Running install script, done in 20.6s
```

▲ 圖 8-2 透過 pnpm 命令安裝相依套件

執行 pnpm build 命令，經過幾分鐘的編譯，編譯完成後輸出內容如圖 8-3 所示。

```
compiler-dom.global.prod.js min:54.90kb / gzip:20.69kb / brotli:18.55kb
reactivity.global.prod.js min:11.28kb / gzip:4.23kb / brotli:3.90kb
runtime-dom.global.prod.js min:81.58kb / gzip:30.99kb / brotli:27.98kb
vue.global.prod.js min:124.56kb / gzip:46.75kb / brotli:41.94kb
vue.runtime.global.prod.js min:81.46kb / gzip:30.94kb / brotli:27.95kb
```

▲ 圖 8-3　編譯 Vue 原始程式

編譯後的打包檔案輸出在 packages 目錄中的 vue-compat 目錄中，編譯目錄結構如圖 8-4 所示。

名稱	修改日期	類型	大小
vue.cjs.js	2022/3/12 16:07	JavaScript 文件	775 KB
vue.cjs.prod.js	2022/3/12 16:07	JavaScript 文件	671 KB
vue.esm-browser.js	2022/3/12 16:07	JavaScript 文件	677 KB
vue.esm-browser.prod.js	2022/3/12 16:07	JavaScript 文件	146 KB
vue.esm-bundler.js	2022/3/12 16:07	JavaScript 文件	700 KB
vue.global.js	2022/3/12 16:07	JavaScript 文件	709 KB
vue.global.prod.js	2022/3/12 16:07	JavaScript 文件	143 KB
vue.runtime.esm-browser.js	2022/3/12 16:07	JavaScript 文件	478 KB
vue.runtime.esm-browser.prod.js	2022/3/12 16:08	JavaScript 文件	101 KB
vue.runtime.esm-bundler.js	2022/3/12 16:07	JavaScript 文件	496 KB
vue.runtime.global.js	2022/3/12 16:07	JavaScript 文件	500 KB
vue.runtime.global.prod.js	2022/3/12 16:07	JavaScript 文件	97 KB

work_books > Web > book_code > chapter08 > core > packages > vue-compat > dist

▲ 圖 8-4　編譯輸出的打包檔案

8.2　Vue 3 響應式資料系統核心原理

Vue 3 使用了 ES 2015+ 中的代理物件 Proxy 重構了響應式的程式，代理物件 Proxy 解決了 Object.defineProperty 函式在性能和功能上的一些不足，使 Vue 3 在性能上有很大的提升。

8.2.1　reactivity 模組介紹

Vue 3 的響應式系統被放在 core/reactivity 模組中，同時提供了 reactivity、effect、computed 等方法，其中 reactive 用於定義響應式的資

料，effect 相當於 Vue 2 中的 watcher，computed 用於定義計算屬性，如圖 8-5 所示。

▲ 圖 8-5　core/reactivity 模組

8.2.2　reactivity 模組使用

在 core 原始程式目錄執行 pnpm dev reactivity 命令，然後進入 packages/reactivity 目錄找到生成的 dist/reactivity.global.js 檔案，如圖 8-6 所示。

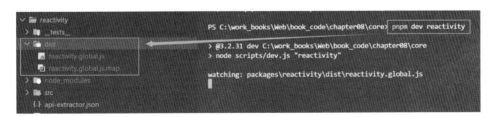

▲ 圖 8-6　單一編譯 reactivity 模組

新建一個 index.html 檔案，如程式範例 8-1 所示。

程式範例 8-1　chapter08\reactive_demo\index.html

```
<script src="./dist/reactivity.global.js"></script>
<script>
   const { reactive, effect } = VueReactivity
   const origin = {
```

```
    count: 0
  }
  const state = reactive(origin)
  const fn = () => {
    const count = state.count
    console.log('set count to ${count}')
  }
  effect(fn)
</script>
```

在瀏覽器打開該檔案，於主控台執行 state.count++ 命令，便可看到輸出 set count to 2，如圖 8-7 所示。

▲ 圖 8-7　測試響應式執行

在這個例子中，reactive() 函式把 origin 物件轉化成了 Proxy 物件 state；使用 effect() 函式把 fn() 作為響應式回呼。當 state.count 發生變化時，便可觸發 fn()。

8.2.3 reactive 實現原理

Vue 3 中採用 Proxy 實現資料代理，核心就是攔截 get() 方法和 set() 方法，當獲設定值時收集 effect() 函式，當修改值時觸發對應的 effect() 函式重新執行，如圖 8-8 所示。

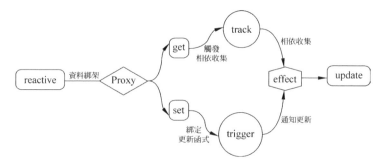

▲ 圖 8-8　reactive 響應式原理

reactive() 方法本質是傳入一個要定義成響應式的 target 目標物件，然後透過 Proxy 類別去代理這個 target 物件，最後傳回代理之後的物件，如程式範例 8-2 所示。

程式範例 8-2

```
export function reactive(target) {
   return new Proxy(target, {
     get() {
     },
     set() {
     }
   });
}
```

1. createReactiveObject 函式

原始程式 packages\reactivity\reactivity.ts 封裝了響應式的程式部分，如程式範例 8-3 所示。

程式範例 8-3　createReactiveObject 方法

```
export function reactive(target: object) {
   //if trying to observe a readonly proxy, return the readonly version.
   if (isReadonly(target)) {
     return target
   }
   return createReactiveObject(
     target,
     false,
     mutableHandlers,
     mutableCollectionHandlers,
     reactiveMap
   )
}
```

這個函式的處理邏輯如下：

(1) 如果 target 不是一個物件，則傳回 target。

(2) 如果 target 已經是 Proxy 實例，則傳回 target。

(3) 如果 target 不是一個可觀察的物件，則傳回 target。

(4) 生成 Proxy 實例，並在原始物件 target 上增加一個屬性 (如果為唯讀，則為 v_readonly，否則為 v_reactive)，指向這個 Proxy 實例，最後傳回這個實例。增加這個屬性就是為了在第 2 步做判斷用的，防止對同一物件重複監聽。

createReactiveObject() 函式建立並傳回一個 Proxy 代理物件，但是基礎資料型態並不會被轉換成代理物件，而是直接傳回原始值。同時會將已經生成的代理物件快取進傳入的 proxyMap，當這個代理物件已存在時不會重複生成，而會直接傳回已有物件。

createReactiveObject() 函式透過 TargetType 來判斷 target 目標物件的類型，Vue 3 僅會對 Array、Object、Map、Set、WeakMap、WeakSet 生成代理，其他物件會被標記為 INVALID，並傳回原始值。

當目標物件透過類型驗證後，會透過 new Proxy() 生成一個代理物件 Proxy，handler 參數的傳入也與 targetType 相關，並最終傳回已生成的 Proxy 物件。

createReactiveObject() 函式的簽名如表 8-2 所示，該函式接收 5 個參數。

表 8-2　createReactiveObject 函式的簽名

名稱	說明
target	目標物件，想要生成響應式的原始物件
isReadonly	生成的代理物件是否為唯讀
baseHandlers	生成代理物件的 handler 參數。當 target 類型是 Array 或 Object 時使用該 handler
collectionHandlers	當 target 類型是 Map、Set、WeakMap、WeakSet 時使用該 handler
proxyMap	儲存生成代理物件後的 Map 物件

根據傳入的 target 的類型判斷該使用哪種 handler，如果是 Set 或 Map，則採用 collectionHandlers，如果是普通物件或陣列，則採用 baseHandlers。

2. Proxy 攔截器：mutableHandlers() 方法

對於普通物件和陣列代理攔截，使用 baseHandler，即 mutableHandlers()。mutableHandlers() 可攔截 5 種方法，在 get/has/ownKeys trap 裡透過 track() 方法收集相依，在 deleteProperty/set trap 裡透過 trigger() 方法觸發通知。

在 createGetter() 函式中，只有在用到某個物件時，才執行 reactive() 函式對其進行資料綁架，生成 Proxy 物件，如程式範例 8-4 所示。

程式範例 8-4　\core\packages\reactivity\src\baseHandlers.ts

```
export const mutableHandlers: ProxyHandler<object> = {
   get: createGetter(false),
   set,
   deleteProperty,
   has,
   ownKeys
}
function createGetter(isReadonly: boolean, shallow = false) {
   return function get(target: object, key: string | symbol, receiver:
object) {
      let res = Reflect.get(target, key, receiver)
      track(target, TrackOpTypes.GET, key)
      return isObject(res)
        ? reactive(res)
        : res
      }
   }
   function has(target: object, key: string | symbol): boolean {
      const result = Reflect.has(target, key)
      track(target, TrackOpTypes.HAS, key)
      return result
   }
   function ownKeys(target: object): (string | number | symbol)[] {
      track(target, TrackOpTypes.ITERATE, ITERATE_KEY)
      return Reflect.ownKeys(target)
   }
   function set(
```

```
    target: object,
    key: string | symbol,
    value: unknown,
    receiver: object
  ): boolean {
    const oldValue = (target as any)[key]
    const hadKey = hasOwn(target, key)
    const result = Reflect.set(target, key, value, receiver)
    if (target === toRaw(receiver)) {
      if (!hadKey) {
        trigger(target, TriggerOpTypes.ADD, key)
      } else if (hasChanged(value, oldValue)) {
        trigger(target, TriggerOpTypes.SET, key)
      }
    }
    return result
  }
  function deleteProperty(target: object, key: string | symbol): boolean {
    const hadKey = hasOwn(target, key)
    const oldValue = (target as any)[key]
    const result = Reflect.deleteProperty(target, key)
    if (result && hadKey) {
      trigger(target, TriggerOpTypes.DELETE, key)
    }
    return result
  }
}
```

3. Proxy 攔截器：collectionHandlers() 方法

　　collectionHandlers.ts 檔案包含 Map、WeakMap、Set、WeakSet 的處理器物件，分別對應完全響應式的 Proxy 實例、淺層回應的 Proxy 實例、唯讀 Proxy 實例，如程式範例 8-5 所示。

程式範例 8-5　　\core\packages\reactivity\src\collectionHandlers.ts

```
const mutableInstrumentations: any = {
get(key: any) {
   return get(this, key, toReactive)
},
get size() {
```

```
      return size(this)
  },
  has,
  add,
  set,
  delete: deleteEntry,
  clear,
  forEach: createForEach(false)
}
// 與迭代器相關的方法
const iteratorMethods = ['keys', 'values', 'entries', Symbol.iterator]
iteratorMethods.forEach(method => {
  mutableInstrumentations[method] = createIterableMethod(method, false)
  readonlyInstrumentations[method] = createIterableMethod(method, true)
  })
  // 建立 getter 的函式
  function createInstrumentationGetter(instrumentations: any) {
    return function getInstrumented(
      target: any,
    key: string | symbol,
    receiver: any
  ) {
      target =
      hasOwn(instrumentations, key) && key in target ? instrumentations :
target
      return Reflect.get(target, key, receiver)
  }
}
```

由於 Proxy 的 traps 跟 Map、Set 集合的原生方法不一致，因此無法
透過 Proxy 綁架 set，所以筆者在這裡新建立了一個集合物件，該物件是
具有相同屬性和方法的普通物件，在集合物件執行 get 操作時將 target 物
件換成新建立的普通物件。這樣，當呼叫 get 操作時 Reflect 反射到這個
新物件上，當呼叫 set() 方法時就直接呼叫新物件上可以觸發回應的方法。

8.2.4 相依收集與派發更新

建立響應式代理物件的目的是能夠在該物件的值發生變化時，通知

所有引用了該物件的地方進行同步，以便對值進行修改，如程式範例 8-6 所示。

程式範例 8-6 建立響應式程式物件

```
export function reactive(raw) {
   return new Proxy(raw, {
      get(target, key) {
         const res = Reflect.get(target, key)
         //TODO: 收集相依
         return res
      },
      set(target, key, value) {
         const res = Reflect.set(target, key, value)
         //TODO: 觸發相依
         return res
      }
   })
}
```

在 Vue 2 中，進行相依收集時，收集的是 watcher，而 Vue 3 已經沒有了 watcher 的概念，取而代之的是 effect(副作用函式)。

effect 作為 reactive 的核心，主要負責收集相依，以及更新相依。

1. 相依收集：track

相依收集方法定義在 reactivity 模組的 effect.ts 程式中，track() 方法透過使用 WeakMap 儲存使用者自訂函式的訂閱者來實現相依收集，如程式範例 8-7 所示。

程式範例 8-7 track 方法收集相依

```
export function track(target: object, type: TrackOpTypes, key: unknown) {
   //activeEffect 不存在，直接執行 return
   if (!shouldTrack || activeEffect === undefined) {
      return
   }
```

```
    //targetMap 相依管理中心，用於收集相依和觸發相依
    let depsMap = targetMap.get(target)
    if (!depsMap) {
        //target 在 targetMap 對應的值是 depsMap targetMap(key:target,
value:depsMap(key:
        //key, value:dep(activeEffect)))
        //set 結構防止重複
        targetMap.set(target, (depsMap = new Map()))
    }

    // 此時經過上面的判斷，depsMap 必定有值了，然後嘗試在 depsMap 中獲取 key
    let dep = depsMap.get(key)
    if (!dep) {// 判斷有無當前 key 對應的 dep，如果沒有，則建立
        // 如果沒有獲取 dep，說明 target.key 並沒有被追蹤，此時就在 depsMap 中塞一個值
        depsMap.set(key, (dep = new Set()))
                        // 執行了這句後，targetMap.get(target) 的值也會對應地改變
    }

    // 這個 activeEffect 就是在 effect 執行時的那個 activeEffect
    if (!dep.has(activeEffect)) {
        dep.add(activeEffect)// 將 effect 放到 dep 裡面
        activeEffect.deps.push(dep)// 雙向儲存
    }
}
```

targetMap 是一個全域 WeakMap 物件，作為一個相依收集容器，用於儲存 target[key] 對應的 dep 相依。targetMap.get(target) 獲取 target 對應的 depsMap，depsMap 內部又是一個 Map，key 為 target 中的屬性，depsMap.get(key) 則為 Set 結構儲存的 target[key] 對應的 dep，dep 中則儲存了所有相依的 effects。

2. 相依更新派發：trigger

相依收集完畢，接下來當 target 的屬性值被修改時會觸發 trigger，獲得對應的相依並執 effect。

(1) 首先驗證一下 target 有沒有被收集相依，若沒有收集相依，則執行 return。

(2) 根據不同的操作執行 clear、add、delete、set，將符合標準的 effect 加入 effects set 集合中。

(3) 遍歷 effects set 集合，執行 effect() 函式。

透過 trigger() 方法派發更新，如程式範例 8-8 所示。

程式範例 8-8 透過 trigger() 方法派發更新

```
export function trigger(
   target: object,
   type: TriggerOpTypes, //set | add | delete | clear
   key?: unknown,
   newValue?: unknown,
   oldValue?: unknown,
   oldTarget?: Map<unknown, unknown> | Set<unknown>
) {
   const depsMap = targetMap.get(target) //targetMap 上面講過，是全域的相依收集器
   if (!depsMap) {        /* targetMap 中沒有該值，說明沒有收集該 effect, 無須追蹤 */
      return
   }

   const effects = new Set<ReactiveEffect>()

   /* 將符合標準的 effect 增加進 effects set 集合中 */
   const add = (effectsToAdd: Set<ReactiveEffect> | undefined) => {
      if (effectsToAdd) {
         effectsToAdd.forEach(effect => {
            if (effect !== activeEffect || effect.allowRecurse) {
               effects.add(effect)
            }
         })
      }
   }

   if (type === TriggerOpTypes.CLEAR) {            // 若是 clear
      depsMap.forEach(add)                         // 觸發物件所有的 effect
   } else if (key === 'length' && isArray(target)) { // 若陣列的 length 發生變化
      depsMap.forEach((dep, key) => {
         if (key === 'length' || key >= (newValue as number)) {
            add(dep)
```

```
      }
    })
  } else {                                // 如果執行 SET | ADD | DELETE 方法
    if (key !== void 0) {
      add(depsMap.get(key))
    }

    // 還可以在 ADD | DELETE | Map.SET 上執行迭代鍵
    switch (type) {
      case TriggerOpTypes.ADD:
        if (!isArray(target)) {
          add(depsMap.get(ITERATE_KEY))
          if (isMap(target)) {
            add(depsMap.get(MAP_KEY_ITERATE_KEY))
          }
        } else if (isIntegerKey(key)) {
          // 陣列的長度變化，把陣列的長度作為新索引增加到陣列中
          add(depsMap.get('length'))
        }
        break
      case TriggerOpTypes.DELETE:
        if (!isArray(target)) {
          add(depsMap.get(ITERATE_KEY))
          if (isMap(target)) {
            add(depsMap.get(MAP_KEY_ITERATE_KEY))
          }
        }
        break
      case TriggerOpTypes.SET:
        if (isMap(target)) {
          add(depsMap.get(ITERATE_KEY))
        }
        break
    }
  }

  const run = (effect: ReactiveEffect) => {
    ...
    // 如果 scheduler 存在，則呼叫 scheduler，計算屬性擁有 scheduler
    if (effect.options.scheduler) {
```

```
        effect.options.scheduler(effect)
    } else {
        effect()
    }
}

// 關鍵程式，所有的 effects 會執行內部的 run() 方法
effects.forEach(run)
}
```

8.2.5 Vue 3 響應式原理複習

Vue 3 的響應式原理相比較 Vue 2 來講，並沒有本質上的變化，在語法上更新了部分函式和呼叫方式，在性能上有很大的提升。

(1) Vue 3 用 ES6 的 Proxy 重構了響應式，如 new Proxy(target, handler)。

(2) 在 Proxy 的 get handle 裡執行 track() 用來追蹤收集相依 (收集 activeEffect)。

(3) 在 Proxy 的 set handle 裡執行 trigger() 用來觸發回應 (執行收集的 effect)。

(4) effect 副作用函式代替了 watcher。

8.3 Vue 2 Diff 演算法 (雙端 Diff 演算法)

傳統 Diff 演算法透過迴圈遞迴對節點進行依次對比，效率低下，演算法複雜度達到 $O(n^3)$，主要原因在於其追求完全符合和最小修改，而 React、Vue 則放棄了完全符合及最小修改，實現了從 $O(n^3)$ 到 $O(n)$。

最佳化措施主要有兩種：分層 Diff 最佳化、同層節點最佳化。同層節點最佳化方式主要用在 React 16 之前的版本中；採用雙端比較演算法，這種方式主要用在如 snabbdom 函式庫和 Vue 2 框架中。

分層 Diff：不考慮跨層級移動節點，讓新舊兩棵 VDOM 樹的比對無須迴圈遞迴 (複雜度大幅最佳化，直接下降一個數量級的首要條件)。這個前提也是 Web UI 中 DOM 節點跨層級的移動操作特別少，可以忽略不計，如圖 8-9 所示。

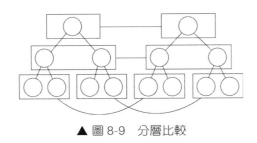

▲ 圖 8-9　分層比較

Vue 2 版本中的虛擬 DOM 和 Diff 演算法參考了 snabbdom 函式庫，在同層節點中，採用了雙端比較的演算法，複雜度為 $O(n)$。雙端 Diff 演算法是透過在新舊子節點的首尾定義 4 個指標，然後不斷地對比找到可重複使用的節點，同時判斷需要移動的節點。

8.3.1 雙端 Diff 演算法原理

雙端 Diff 演算法是一種同時對新舊兩組子節點的兩個端點進行比較的演算法，這裡需要 4 個索引值，分別指向新舊兩組子節點的端點，如圖 8-10 所示。

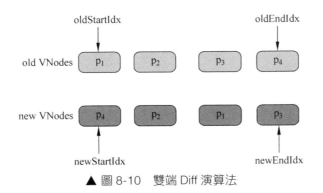

▲ 圖 8-10　雙端 Diff 演算法

圖 8-10 所示使用程式的方式表示，如程式範例 8-9 所示。

程式範例 8-9 vue2Diff 方法：定義 4 個索引

```
// 判斷兩個節點是否可進行重複使用
const isSameNode = (a, b) => {
    return a.key === b.key && a.tag === b.tag
}

// 執行 Diff 演算法
const vue2Diff = (el, oldChildren, newChildren) => {
    // 位置指標
    let oldStartIdx = 0
    let oldEndIdx = oldChildren.length - 1
    let newStartIdx = 0
    let newEndIdx = newChildren.length - 1
    // 節點指標
    let oldStartVNode = oldChildren[oldStartIdx]
    let oldEndVNode = oldChildren[oldEndIdx]
    let newStartVNode = newChildren[newStartIdx]
    let newEndVNode = newChildren[newEndIdx]

    while (oldStartIdx <= oldEndIdx && newStartIdx <= newEndIdx) {
        if (isSameNode(oldStartVNode, newStartVNode)) {
            // 首首比較
        } else if (isSameNode(oldEndVNode, newEndVNode)) {
            // 尾尾比較
        } else if (isSameNode(oldStartVNode, newEndVNode)) {
            // 首尾比較
        } else if (isSameNode(oldEndVNode, oldStartVNode)) {
            // 尾首比較
        }
    }
}
```

　　圖 8-10 中兩組子節點，如何開始進行雙端 Diff 比較呢？可以對比節點的類型 (tag) 及唯一識別碼 key。雙端對比的實現方式就是透過 4 個指標分別記錄新舊 VNode 清單的開始索引和結束索引，然後透過移動這些記錄索引位置的指標並比較索引位置記錄的 VNode 找到可以重複使用的節點，並對節點進行移動，如圖 8-11 所示。

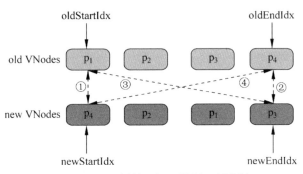

▲ 圖 8-11　新舊兩組子節點 4 組對比

在雙端 Diff 比較中，每輪都分為 4 個步驟，如圖 8-11 中連線所示。

第 1 步：首首比較。比較 old VNodes 的一組子節點中的第 1 個節點 p_1 與 new VNodes 子節點中的第 1 個子節點 p_4，看一看它們是否相同。由於兩個節點的 key 值不同，所以不相同，不可以重複使用，於是什麼都不做，進行下一步比較。

第 2 步：尾尾比較。比較 old VNodes 的一組子節點的最後一個子節點 p_4 與 new VNodes 子節點中的最後一個子節點 p_3，看一看它們是否相同，由於兩個節點的 key 值不同，所以不相同，不可以重複使用，於是什麼都不做，進行下一步比較。

第 3 步：首尾比較。比較 old VNodes 的一組子節點的第 1 個子節點 p_1 與 new VNodes 子節點中的最後一個子節點 p_3，看一看它們是否相同，由於兩個節點的 key 值不同，所以不相同，不可以重複使用，於是什麼都不做，進行下一步比較。

第 4 步：尾首比較。比較 old VNodes 的一組子節點的最後一個子節點 p_4 與 new VNodes 子節點中的第 1 個子節點 p_4，看一看它們是否相同，由於兩個節點的 key 值相同，所以可以進行 DOM 重複使用。同時 oldEndIdx 向左移動一位 (oldEndIndx--),newStartIdx 也向右移動一位 (newStartIdx++)。

經過上面的 4 個步驟，在第 4 步時找到了相同的節點，說明對應的真實 DOM 節點可以重複使用，對於可以重複使用的 DOM 節點，只需透過 DOM 移動操作便可完成更新。

上面是 Diff 比較的步驟，使用程式的方式表示，如程式範例 8-10 所示。

程式範例 8-10 設定索引比較的 4 個步驟

```
// 進行 diff
const vue2Diff = (el, oldChildren, newChildren) => {
  //....
  while (oldStartIdx <= oldEndIdx && newStartIdx <= newEndIdx) {
    if (isSameNode(oldStartVNode, newStartVNode)) {
      // 第 1 步：首首比較
    } else if (isSameNode(oldEndVNode, newEndVNode)) {
      // 第 2 步：尾尾比較
    } else if (isSameNode(oldStartVNode, newEndVNode)) {
      // 第 3 步：首尾比較
    } else if (isSameNode(oldEndVNode, oldStartVNode)) {
      // 第 4 步：尾首比較
    }
  }
}
```

找到兩組子節點中可以重複使用的節點後，更新對應子節點的索引下標值，上面 old VNodes 組 p_4 節點的下標對應的是 oldEndIdx=3，左移一步 (oldEndIdx--)，new VNodes 組 p_4 節點的下標對應的是 newStartIdx =0，此時右移一步 (newStartIdx++)，如圖 8-12 所示，如程式範例 8-11 所示。

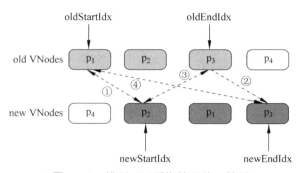

▲ 圖 8-12 找到可以重複使用的子節點 p_4

程式範例 8-11 　首尾比較，節點相等

```
const diff = (el, oldChildren, newChildren) => {
  //...
while (oldStartIdx <= oldEndIdx && newStartIdx <= newEndIdx) {
  if (isSameNode(oldStartVNode, newStartVNode)) {
    // 首首比較
  } else if (isSameNode(oldEndVNode, newEndVNode)) {
    // 尾尾比較
  } else if (isSameNode(oldStartVNode, newEndVNode)) {
    // 首尾比較
  } else if (isSameNode(oldEndVNode, oldStartVNode)) {
    // 尾首比較
  // 第 4 步：oldEndIdx 與 newStartIdx 比較
    // 在進行 DOM 移動之前，還需要呼叫 patch 函式在新舊 VNode 之間系統更新
    patchVNode(oldEndVNode, newEndVNode)
    // 移動 DOM 操作
    updateDOM(oldEndVNode.el,container,newStartVNode.el)
      // 移動 DOM 完成後，更新索引指標，進入下一個迴圈
      oldEndVNode = oldChildren[--oldEndIdx]
      newStartVNode= newChildren[++newStartIdx]
    }
  }
}
```

　　在第一次迴圈後，找到 p₄ 是可以重複使用的子節點。可以看到，子節點 p₄ 在 old VNodes 的一組子節點中是最後一個子節點，但在新的順序中，變成了第 1 個子節點，如何實現 DOM 的元素的更新呢？

　　簡單來講，只需將 oldEndIdx 指向的虛擬節點對應的真實 DOM 移動到 oldStartIdx 指向的虛擬節點對應的真實 DOM 前面，如圖 8-13 所示。

說明：在第一輪更新完成後，緊接著都會更新 4 個索引中與當前更新輪次相關的索引，所以整個 while 迴圈的執行條件是頭部索引值要小於或等於尾部索引值。

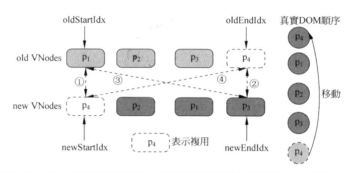

▲ 圖 8-13　第 1 輪迴圈完成後，新舊兩組子節點及真實 DOM 節點的順序

接下來，開始第 2 輪迴圈，此時 old VNodes 組中的 oldEndIdx 移動到了 p_3 節點位置，new VNodes 組中的 newStartIdx 移動到了 p_2 位置，如圖 8-14 所示。

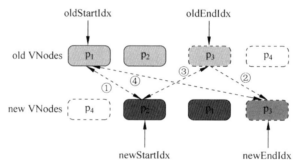

▲ 圖 8-14　第 2 輪迴圈中第 2 步尾尾比較，節點條件成立

第 1 步：首首比較。比較 old VNodes 的一組子節點中的第 1 個節點 p_1 與 new VNodes 子節點中的第 1 個子節點 p_2，看一看它們是否相同。由於兩個節點的 key 值不同，所以不相同，不可以重複使用，於是什麼都不做，進行下一步比較。

第 2 步：尾尾比較。比較 old VNodes 的一組子節點的最後一個子節點 p_3 與 new VNodes 子節點中的最後一個子節點 p_3，看一看它們是否相同，由於兩個節點的 key 值相同，所以可以進行 DOM 重複使用。同時 oldEndIdx 再向左移動一位 (oldEndIndx--)，newEndIdx 也向左移動一位 (newEndIdx--)。

　　由於在第 2 輪迴圈的第 2 步找到了相等的子節點，此輪迴圈結束，在第 2 輪迴圈中，p₃ 節點都位於新舊節點組內的尾部，所以不需要更新真實 DOM，如圖 8-15 所示。

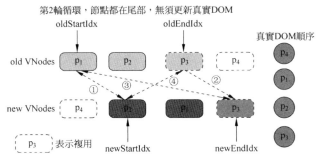

▲ 圖 8-15　第 2 輪迴圈中第 2 步尾尾比較，節點條件成立

　　程式範例如 8-12 所示。

程式範例 8-12　尾尾比較

```
const diff = (el, oldChildren, newChildren) => {
  //...
while (oldStartIdx <= oldEndIdx && newStartIdx <= newEndIdx) {
    if (isSameNode(oldStartVNode, newStartVNode)) {
      // 第 1 步：首首比較
    } else if (isSameNode(oldEndVNode, newEndVNode)) {
      // 第 2 步：尾尾比較
    // 在進行 DOM 移動之前，還需要呼叫 patch 函式在新舊 VNode 之間系統更新
      patchVNode(oldEndVNode, newEndVNode)

      // 因為 p₃ 的位置都在尾部，因此不需要移動 DOM 操作

      // 移動 DOM 完成後，新舊尾部索引減 1，向右移動一位，進入下一個迴圈
      oldEndVNode = oldChildren[--oldEndIdx]
      newEndVNode= newChildren[--newEndIdx]

    } else if (isSameNode(oldStartVNode, newEndVNode)) {
      // 第 3 步：首尾比較
    } else if (isSameNode(oldEndVNode, oldStartVNode)) {
      // 尾首比較
    // 第 4 步：oldEndIdx 與 newStartIdx 比較
```

```
            // 在進行 DOM 移動之前,還需要呼叫 patch 函式在新舊 VNode 之間系統更新
            patchVNode(oldEndVNode, newEndVNode)

            // 移動 DOM 操作
            updateDOM(oldEndVNode.el,container,newStartVNode.el)

            // 移動 DOM 完成後,更新索引指標,進入下一個迴圈
            oldEndVNode = oldChildren[--oldEndIdx]
            newStartVNode= newChildren[++newStartIdx]
        }
    }
}
```

接下來進行第 3 輪迴圈,oldEndIdx 指向 p_2,newEndIdx 指向 p_1 位置,此時指標的位置如圖 8-16 所示。

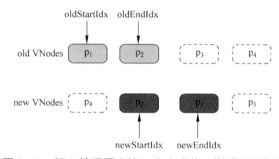

▲ 圖 8-16　第 2 輪迴圈中第 2 步完成後,指標的移動情況

第 3 輪迴圈,兩組節點的首首比較,直到找到相等的子節點結束此輪迴圈,如圖 8-17 所示。

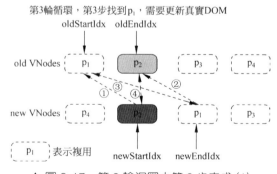

▲ 圖 8-17　第 3 輪迴圈中第 3 步完成 (1)

第 1 步：首首比較。比較 old VNodes 的一組子節點中的第 1 個節點
p_1 與 new VNodes 子節點中的第 1 個子節點 p_2，看一看它們是否相同。由
於兩個節點的 key 值不同，所以不相同，不可以重複使用，於是什麼都不
做，進行下一步比較。

第 2 步：尾尾比較。比較 old VNodes 的一組子節點的最後一個子節
點 p_2 與 new VNodes 子節點中的最後一個子節點 p_1，看一看它們是否相
同，由於兩個節點的 key 值不同，所以不相同，不可以重複使用，於是什
麼都不做，進行下一步比較。

第 3 步：首尾比較。比較 old VNodes 的一組子節點的第 1 個子節
點 p_1 與 new VNodes 子節點中的最後一個子節點 p_1，看一看它們是否相
同，由於兩個節點的 key 值相同，所以可以進行 DOM 重複使用。同時
oldStartIdx 再向右移動一位 (oldStartIdx++)，newEndIdx 也向左移動一位
(newEndIdx--)，如圖 8-18 所示。

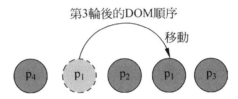

▲ 圖 8-18　第 3 輪迴圈中第 3 步完成 (2)

上面的步驟，實現程式如程式範例 8-13 所示，p_1 節點移動到下一個
子節點的尾部，可以使用 oldEndVNode.el.nextSibling。

程式範例 8-13　首尾比較

```
const diff = (el, oldChildren, newChildren) => {
    //...
while (oldStartIdx <= oldEndIdx && newStartIdx <= newEndIdx) {
    if (isSameNode(oldStartVNode, newStartVNode)) {
        //第 1 步：首首比較
    } else if (isSameNode(oldEndVNode, newEndVNode)) {
        //第 2 步：尾尾比較
        patchVNode(oldEndVNode, newEndVNode)
```

```
      oldEndVNode = oldChildren[--oldEndIdx]
      newEndVNode= newChildren[--newEndIdx]
    } else if (isSameNode(oldStartVNode, newEndVNode)) {
      // 第 3 步：首尾比較
    // 在進行 DOM 移動之前，還需要呼叫 patch 函式在新舊 VNode 之間系統更新
      patchVNode(oldEndVNode, newEndVNode)

      // 需要移動 DOM 操作
      UpdateDOM(oldStartVNode.el,container,oldEndVNode.nextSibling);

      // 移動 DOM 完成後，進入下一個迴圈
      newStartVNode= oldChildren[++newStartIdx]
      newEndVNode= newChildren[--newEndIdx]

    } else if (isSameNode(oldEndVNode, oldStartVNode)) {
      // 尾首比較
      patchVNode(oldEndVNode, newEndVNode)
      updateDOM(oldEndVNode.el,container,newStartVNode.el)
      oldEndVNode = oldChildren[--oldEndIdx]
      newStartVNode= newChildren[++newStartIdx]
    }
  }
}
```

第 3 輪迴圈結束後，此時，新舊兩組子節點的頭尾部的索引如圖
8-19 所示。新舊兩組子節點的頭尾指標都指向 p₂ 位置。

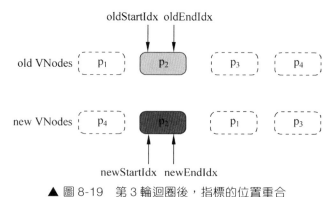

▲ 圖 8-19　第 3 輪迴圈後，指標的位置重合

第 4 輪迴圈開始，此輪迴圈第 1 步即匹配成功，因為位置沒有變化，所以無須操作 DOM 節點，結束迴圈，整個舊節點迴圈完成，同時 oldStartIdx 和 newStartIdx 索引加 1，while 迴圈退出，雙端 Diff 比較結束。

程式實現如程式範例 8-14 所示。

程式範例 8-14　首首比較

```
const diff = (el, oldChildren, newChildren) => {
  //...
while (oldStartIdx <= oldEndIdx && newStartIdx <= newEndIdx) {
    if (isSameNode(oldStartVNode, newStartVNode)) {
      //第1步：首首比較
      patchVNode(oldEndVNode, newEndVNode)
      olStartVNode = oldChildren[++oldStartIdx]
      newStartVNode= newChildren[++newStartIdx]
    } else if (isSameNode(oldEndVNode, newEndVNode)) {
      //第2步：尾尾比較
      patchVNode(oldEndVNode, newEndVNode)
      oldEndVNode = oldChildren[--oldEndIdx]
      newEndVNode= newChildren[--newEndIdx]
    } else if (isSameNode(oldStartVNode, newEndVNode)) {
      //第3步：首尾比較
      patchVNode(oldEndVNode, newEndVNode)
      UpdateDOM(oldStartVNode.el,container,oldEndVNode.nextSibling);
      newStartVNode= oldChildren[++newStartIdx]
      newEndVNode= newChildren[--newEndIdx]
    } else if (isSameNode(oldEndVNode, oldStartVNode)) {
      //尾首比較
      patchVNode(oldEndVNode, newEndVNode)
      updateDOM(oldEndVNode.el,container,newStartVNode.el)
      oldEndVNode = oldChildren[--oldEndIdx]
      newStartVNode= newChildren[++newStartIdx]
    }
  }
}
```

8.3.2 非理性狀態的處理方式

8.3.1 節中用的是一個比較理想的例子，雙端 Diff 演算法的每輪比較的過程都分為 4 個步驟。在 8.3.1 節的例子中，每輪迴圈都會命中 4 個步驟中的，這是一種非常理想的情況，但實際上，並非所有情況都是理想狀態。

圖 8-20 中列出了新舊兩組子節點的順序，按照雙端 Diff 演算法的想法進行第 1 輪比較時，會發現無法命中 4 個步驟中的任何一步。

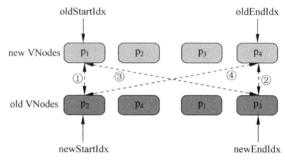

▲ 圖 8-20　非理想情況，第 1 輪比較都無法命中

圖 8-20 中，經過第 1 輪 4 個步驟的比較，還是無法找到可重複使用的節點，此時，只能透過增加額外的處理方式來處理這種非理想情況。

由於在兩個頭部和兩個尾部的 4 個節點中都沒有找到可以重複使用的節點，所以嘗試從非頭部、非尾部的節點查詢是否有可以重複使用的節點。

如何查詢呢？可以透過遍歷舊節點組，尋找與新子節點組中的頭部節點擁有相同 key 值的節點。

這個非理想狀態下的對比時間複雜度為 $O(n^2)$，如程式範例 8-15 所示。

程式範例 8-15　非理想狀態下的對比演算法

```
function vue2Diff(prevChildren, nextChildren, parent) {
  //...
```

```
while (oldStartIndex <= oldEndIndex && newStartIndex <= newEndIndex) {
  if (oldStartNode.key === newStartNode.key) {
  //...
  } else if (oldEndNode.key === newEndNode.key) {
  //...
  } else if (oldStartNode.key === newEndNode.key) {
  //...
  } else if (oldEndNode.key === newStartNode.key) {
  //...
  } else {

    let newtKey = newStartNode.key;
    // 在舊列表中尋找和新列表頭節點 key 相同的節點
    //oldIndex 就是新的一組子節點的頭部節點在舊的一組節點中的索引
    let oldIndex = prevChildren.findIndex(child => child.key === newKey);

    // 當 oldIndex 大於 0 時，說明找到了可以重複使用的節點，並且需要將其對應的真實 DOM
    // 移動到頭部
    if (oldIndex > -1) {
      //oldIndex 位置對應的 VNode 就是需要移動的節點
      let oldNode = prevChildren[oldIndex];
      // 移動操作前先系統更新
      patch(oldNode, newStartNode, parent)
      parent.insertBefore(oldNode.el, oldStartNode.el)
      // 由於位置 oldIndex 所在的節點對應的真實 DOM 已經移動到別處，因此將其設定
      // 為 undefined
      prevChildren[oldIndex] = undefined
    }
  // 最後將 newStartIdx 更新到下一個位置
    newStartNode = nextChildren[++newStartIndex]
    }
  }
}
```

　　這裡用新子節點組中的頭部節點 p2 到舊節點組中查詢時，在舊索引 1 的位置找到可以重複使用的節點，如圖 8-21 所示。表示，節點 p2 原本就不是頭部節點，但是在更新之後，它變成了頭部節點，所以需要將節點 p2 對應的真實 DOM 節點移動到當前的舊節點組的頭部節點 p1 所對應的真實 DOM 節點之前。

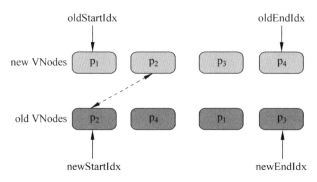

▲ 圖 8-21 在舊子節點中對比尋找可重複使用的節點

8.4 Vue 3 Diff 演算法 (快速 Diff 演算法)

Vue 3 的 Diff 演算法參考了 ivi 和 inferno 這兩個框架所採用的 Diff 演算法，該演算法中有兩個理念。第 1 個是相同的前置與後置元素的前置處理；第 2 個則是最長遞增子序列。

1. 快速 Diff 演算法原理

Vue 3 Diff 演算法基本想法：在真正執行 Diff 演算法之前進行前置處理，去除相同的首碼和尾碼，剩餘的元素用一個陣列 (儲存在新 children 中) 維護，然後求解陣列最長遞增子序列，用於 DOM 移動操作。最後比對新 children 中剩餘的元素與遞增子序列陣列，移動不匹配的節點。

2. 相同的前置與後置元素的前置處理

在真正執行 Diff 演算法之前首先進行相同前置和後置元素的前置處理，此最佳化是由 Neil Fraser 提出的，前置處理比較容易實現而且可帶來比較明顯的性能提升。如對兩段文字進行 Diff 之前，可以先對它們進行完全相等比較，程式如下：

```
if( txt1 === txt2) return;
```

如果兩個文字完全相等，就無須進入核心 Diff 演算法的步驟。在下面的例子中，首先進行前置處理，找到兩個陣列中相同的前置 (prefix) 和後置 (suffix) 元素，如圖 8-22 所示。

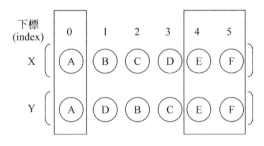

▲ 圖 8-22　相同的前置和後置節點比較

這裡可以發現在 X 和 Y 兩個陣列中，前置元素 A 和後置元素 E、F 都是相同的，所以可以將這樣的 Diff 情況轉變為如圖 8-23 所示。

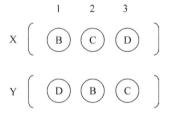

▲ 圖 8-23　前置和後置 Diff 比較後的結果

去除相同的前置和後置元素後，真正需要處理的是 [B,C,D] 和 [D,B,C]，複雜性會大大降低。

3. 最長遞增子序列

接下來需要將原陣列中的 [B,C,D] 轉化成 [D,B,C]。Vue 3 中對移動次數進行了進一步最佳化。下面對這個演算法介紹：

首先遍歷新列表，透過 key 去查詢在原有列表中的位置，從而得到新列表在原有列表中位置所組成的陣列。例如原陣列中的 [B,C,D]，新陣列為 [D,B,C]，得到的位置陣列為 [3, 1, 2]，現在的演算法就是透過位置陣列判斷最小化移動次數。

　　然後計算最長遞增子序列，最長遞增子序列是經典的動態規劃演算法。為什麼最長遞增子序列就可以保證移動次數最少呢？因為在位置陣列中遞增就能保證在舊陣列中的相對位置的有序性，從而不需要移動，因此遞增子序列最長可以保證移動次數最少。

　　對於前面得到的位置陣列 [3, 1, 2]，可得到最長遞增子序列 [1, 2]，滿足此子序列的元素不需要移動，而對沒有滿足此子序列的元素進行移動即可。對應的實際的節點即將 D 節點移動至 B 和 C 的前面即可，如圖 8-24 所示。

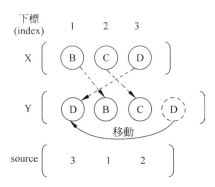

▲ 圖 8-24　對比最長遞增子序列，判斷需要移動的節點

　　實現最長遞增子序列，如程式範例 8-16 所示。

程式範例 8-16　　最長遞增子序列演算法

```
function getSequence(arr) {           // 最終的結果是索引
    const len = arr.length;
    const result = [0];               // 索引，遞增的序列用二分查詢性能高
    const p = arr.slice(0);           // 裡面內容無所謂，和原本的陣列相同，
                                      // 用來存放索引

    let start;
    let end;
    let middle;
    for (let i = 0; i < len; i++) {  //O(n)
        const arrI = arr[i];
        if (arrI !== 0) {
            let resultLastIndex = result[result.length - 1];
```

```
        // 取到索引對應的值
        if (arr[resultLastIndex] < arrI) {
          p[i] = resultLastIndex;      // 標記當前前一個對應的索引
          result.push(i);
          // 當前的值比上一個大 ，直接 push ，並且讓這個記錄它的前一個
          continue
        }
        // 二分查詢，找到比當前值大的那一個
        start = 0;
        end = result.length - 1;
        while (start < end) {              // 重合就說明找到了對應的值 //O(logn)
          middle = ((start + end) / 2) | 0;  // 找到中間位置的前一個
          if (arr[result[middle]] < arrI) {
            start = middle + 1
          } else {
            end = middle
          } // 找到結果集中比當前這一項大的數
        }
        if (arrI < arr[result[start]]) {      // 如果相同或比當前的值還大就不換了
          if (start > 0) {                    // 滿足條件時需要替換
            p[i] = result[start - 1];         // 要將它替換的前一個記住
          }
          result[start] = i;
        }
      }
    }
    let len1 = result.length               // 總長度
    let last = result[len1 - 1]            // 找到了最後一項
    while (len1-- > 0) {                    // 根據前驅節點一個個地向前查詢
      result[len1] = last
      last = p[last]
    }
    return result;
}
```

Vue 3 元件庫開發實戰

本章介紹如何開發一個基於 Vue 3 的元件庫，當面對越來越多的業務開發場景和越來越快的產品交付速度時，傳統的產品設計和產品開發測試流程很難滿足企業產品開發需求，特別是面對大多數業務場景中，有相同業務功能的模組無法重複使用，這大量浪費了人力和物力。

此時，設計一套可以重複使用的元件庫，才能極佳地解決這些問題，透過統一設計和規劃的元件庫可以滿足企業產品的排列組合，一方面保證了產品的交付速度和品質，另一方面也可對公司的產品進行不斷迭代和升級，成為公司寶貴的知識資產。

元件庫可以根據元件顆粒度的大小進行分類，如基礎元件庫，元件就是最小的介面建構單元，不可以再細分。在建構好完整的基礎元件庫後，就可以在此基礎上開發顆粒度更大的業務元件庫，業務元件可以是對產品的業務功能的更大程度上的重複使用，達到更快的產品組裝和交付能力。有了完整的業務元件庫後，還可以在業務元件的基礎上開發基於產品模組等級的元件庫，產品模組顆粒度更大，更能滿足一個產品的快速組裝和交付，如圖 9-1 所示。

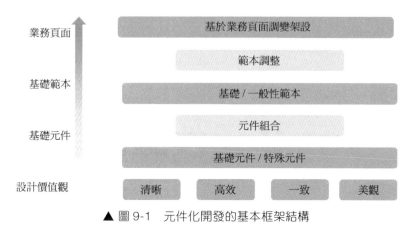

▲ 圖 9-1　元件化開發的基本框架結構

9.1　如何設計一個元件庫

　　一個穩定可靠的前端元件庫是前端產品交付的有力保障，設計和建造自己的前端元件庫需要豐富的業務經驗和較好的前端技術的累積，再經過產品營運的打磨，不斷迭代和完善，雖然不斷地有新的技術出現，但是元件庫的設計有些固定原則可以供開發者參考。

9.1.1　元件庫設計方法論

　　原子設計 (Atomic Design) 理念最早是由國外網頁設計師 Brad Frost 提出的，他從化學元素週期表中得到啟發，發現原子結合在一起，可以形成分子，進一步形成組織，從科學的角度來講，在宇宙中的所有事物都由一組有序的原子組成。

　　2013 年 Brad Frost 將此理論運用在介面設計中，形成一套設計系統，包含 5 個層面：原子、分子、組織、範本、頁面，如圖 9-2 所示。那麼對應設計系統來講，顏色、字型、圖示及按鈕、標籤等都會對應對應的原子和分子，透過元件之間的搭配組合，最終組成頁面。

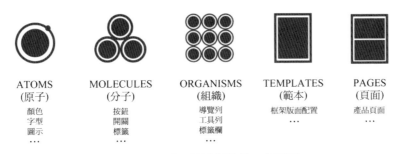

▲ 圖 9-2　原子設計理論的 5 個層面

　　原子設計為製作設計系統提供了清晰的方法。客戶和團隊成員透過實際的設計流程與步驟，能更進一步地去理解設計系統的概念。原子設計使我們能夠從抽象的設計中過渡到具體的設計中來，因此可以對一個設計系統進行一致性和可伸縮性等類似特性的控制。

　　在使用者介面中應用原子設計理論，原子設計就會產生 5 個不同層面的組成方法，這些層面相互影響，以疊加組成的方式來建立介面的系統。原子設計理論會把這 5 個層面進行劃分，分別是：原子、分子、有機體、範本、頁面。

　　原子：原子是無法進一步細分的 UI 元素，是介面的基本組成要素；最基本的獨立元素，例如文字、圖示、按鈕或 TextInput 框，如圖 9-3 所示。

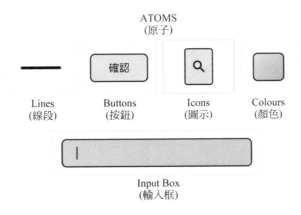

▲ 圖 9-3　原子是介面的最基本的元素

分子：不同原子的組合，它們在一起具有更好的操作價值。舉例來說，附帶文字標籤的 TextInput 可以解釋內容或在輸入的資料中顯示錯誤，如圖 9-4 所示，形成相對簡單的 UI 元件的原子的集合。

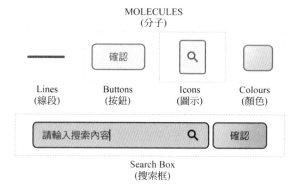

▲ 圖 9-4　分子是一組原子的集合

組織：不同分子組合在一起，以形成複雜的結構。舉例來說，許多 TextInput 以分子的形式形成介面離散部分的相對複雜的元件，如圖 9-5 所示。

▲ 圖 9-5　組織是不同分子的組合體

範本：組成頁面基礎的不同生物的組合。這包括這些生物的版面配置和背景。元件放置在版面配置中，並演示設計的基礎內容結構，如圖 9-6 所示。

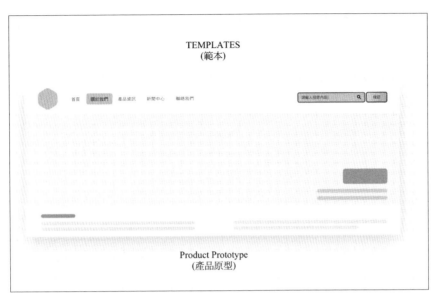

▲ 圖 9-6　範本是組成頁面基礎的不同生物的組合

　　頁面：以上所有內容在一個真實的實例中協作工作，形成了一個頁面。這也是範本的實作方式。將真實的內容應用於範本，闡明變化形式以演示最終的 UI 並測試設計系統的彈性，如圖 9-7 所示。

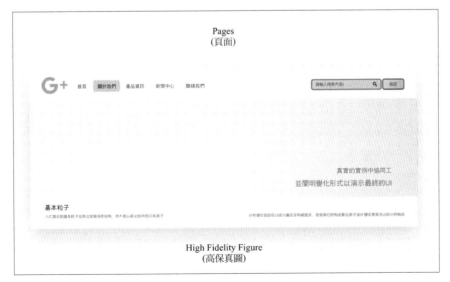

▲ 圖 9-7　頁面是以上所有內容組合的真實實現

9.1.2 元件庫的設計原則

在元件庫的設計原則中,以下兩個原則是必須考慮的。

1. 單一職責設計原則

單一職責設計原則,在元件庫的開發中非常適用。原則上一個元件只專注一件事情,職責單一就可以最大可能性地重複使用元件,但是這也帶來一個問題,過度單一職責的元件也可能會導致過度抽象,造成元件庫的碎片化。

如設計一個徽章數元件 (Badge),如圖 9-8 所示,右上角有一個紅點數字提示或 Icon 圖示,這個紅點提示也可以被單獨抽象為一個獨立元件,但是通常不會將紅點作為獨立元件,因為在其他場景中這個元件的重複使用性較低,所以作為獨立元件就屬於細細微性過小,因此通常只會將它作為 Badge 的內部元件。

▲ 圖 9-8　顆粒度大小滿足單一重複使用原則

單一職責元件要建立在可重複使用的基礎上,對於不可重複使用的單一職責元件僅作為獨立元件的內部元件即可。

2. 通用性原則

如果要設計一個萬用元件庫,如何保證元件的通用性呢?通用性設計其實是一定意義上放棄對 DOM 的掌控,而將 DOM 結構的決定權轉移給開發者。

元件的外觀形態 (DOM 結構) 永遠是千變萬化的,但是其行為 (邏輯) 是固定的,因此萬用元件的秘訣之一就是將 DOM 結構的控制權交給開發者,元件只負責行為和最基本的 DOM 結構。

9.1.3　元件庫開發的技術選型

元件庫的設計過程其實也是一款產品的設計過程，會有前期的場景調研，競品分析，需求整理，使用者體驗，以及持續的試錯迭代。從架構的角度出發，下面幾點需要充分考慮：

(1) 元件設計想法，需要解決的場景。

(2) 元件程式標準。

(3) 元件測試。

(4) 元件維護，包括迭代、issue、文件、發佈機制等。

對於元件庫來講，每個元件作為一個獨立的單元存在，相互之間的相依一般比較少，所以對於元件庫自身沒有必要採用 MonoRepo 的方式拆分為多個 package。

以元件庫為主套件、以各種自研的工具函式庫作為從套件的方式通用可以使用 MonoRepo 方式進行管理，下面列出了元件庫開發使用的技術參考，如表 9-1 所示。

表 9-1　元件庫開發使用的技術參考

名稱	說明
Monolithic Repositories	專案結構的一種組織方式，有利於管理元件庫專案的結構
Lerna+Yarn workspaces	管理套件的相依，以及方便提交和發佈所有元件
Jest	元件開發完畢後，對元件進行測試
Rollup	專案小組件庫打包
Parcel 2	使用 Parcel 2 架設一個 Vue 3 專案 網址為 https://v2.parceljs.org/languages/vue/
Storybook	元件文件庫
SASS	使用 SASS 開發樣式、主題
ESLint	eslint-config-standard

9.1.4 元件框架樣式主題設計

　　從 UI 設計者的角度，設計一套元件庫，首先要考慮顏色、字型、邊框、圖示這些基礎元素的設計，它們是建構各個元件的基石。這些基礎設計都需要遵循一定的設計標準，UI 設計師在設計時會制定一套標準，同樣程式設計師在實現時，在程式層面也同樣遵循這些標準。

1. 顏色 (Color)

1) 品牌色

　　品牌色作為主色調，如圖 9-9 所示，一般來講，Light 常用於 hover，Dark 常用於 active。一般情況下，按鈕、標籤頁等除特別標注元件外，元件的顏色以「輔助品牌色」為準。

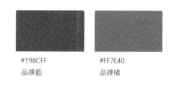

▲ 圖 9-9　品牌色

2) 中性色

　　中性色常用於文字、背景、邊框、陰影等，可以表現出頁面的層次結構，如圖 9-10 所示。整體中性色偏一點點藍，讓其在視覺表現上更加乾淨。根據使用場景，中性色主要被定義為 3 類：文字、線框、背景。

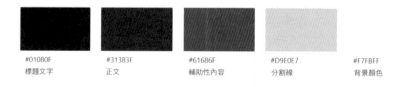

▲ 圖 9-10　中性色

　　整體採用 HSB 色彩模型進行取色，從視覺一致的角度選取與品牌色一致的色調，並將每種顏色擴充 10 個色階，豐富顏色階梯，滿足場景需求，如圖 9-11 所示。

Blue1	#E8F4FF	Orange1	#FFF6F2	Red1	#FFF2F2	Green1	#D9FFF5	Gold1	#FFF9F2
Blue2	#D1E8FF	Orange2	#FFE5D9	Red2	#FFD9D9	Green2	#BFFFEF	Gold2	#FFDFBF
Blue3	#A3D1FF	Orange3	#FFC2A6	Red3	#FFA6A6	Green3	#8CFFE2	Gold3	#FFC68C
Blue4	#75BAFF	Orange4	#FFA073	Red4	#FF7373	Green4	#59FFD5	Gold4	#FFAD59
Blue5	#47A4FF	Orange5	#FF7E40	Red5	#FF4040	Green5	#26FFC8	Gold5	#FF9326
Blue6	#198CFF	Orange6	#FF5C0D	Red6	#FF0D0D	Green6	#0CE6AF	Gold6	#E6780B
Blue7	#106ECC	Orange7	#CC4A0B	Red7	#CC0B0B	Green7	#0AB388	Gold7	#B35D09
Blue8	#095199	Orange8	#993809	Red8	#990909	Green8	#088061	Gold8	#804207
Blue9	#043566	Orange9	#662506	Red9	#660606	Green9	#054D3A	Gold9	#4D2805
Blue10	#011A33	Orange10	#331303	Red10	#330303	Green10	#033326	Gold10	#331A03

▲ 圖 9-11　透明度色值

3) 輔助色

輔助色為介面設計中的特殊場景顏色，如圖 9-12 所示。常用於資訊提示，例如成功、警告和失敗。

#FF4040	#0AB388	#FF9326
警示/告知	安全	特權/專屬

▲ 圖 9-12　輔助色

2. 字型 (Typography)

字型系統遵循一致、靈活的原則，推薦 macOS(iOS) 優先的策略，在不支援蘋方字型的情況，使用備用字型，如圖 9-13 所示。

語言	1	2	3	4	5
中文	蘋方	微軟雅黑	冬青黑體	黑體	宋體
英文	Helvetica Neue	Helvetica	Arial	sans-serif	

▲ 圖 9-13　前端字型調配的順序

1) 字型規範

中文優先順序：PingFang SC、Hiragino Sans GB、Microsoft YaHei。

英文優先順序：Helvetica Neue、Helvetica、Arial。

2) 字階與行高

字階是指一系列有規律的不同尺寸的字型，拉開了頁面的資訊層級。行高是指一個包裹在字型外面的無形的盒子，提供了上下文之間呼應的空間，如圖 9-14 所示。

▲ 圖 9-14　字階與行高

3) 字重

多數情況下，只出現 Regular 及 Medium 兩種字型重量，Regular 主要應用於正文和輔助文字，Medium 主要應用於標題類別，以突出層級關係，讓資訊更清晰，分別對應程式中的 500 和 400。考慮到數字和西文字型本身所佔空間較小，建議使用 Semibold，使中西文混排時更適當，對應程式中的 600，如圖 9-15 所示。

▲ 圖 9-15　字重

3. 架設元件庫樣式

根據設定好的「顏色」、「文字」、「邊角」、「陰影」、「圖示」、「線條」架設元件庫，以按鈕為例，如圖 9-16 所示。

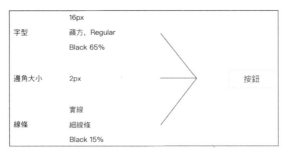

▲ 圖 9-16 元件樣式組合

4. 快速生成新的元件庫

當從一個專案切換到另一個專案時，可以透過調整樣式的參數，快速生成符合新專案的元件庫。以按鈕為例，如圖 9-17 所示。

▲ 圖 9-17 快速生成新的元件庫

9.2 架設元件庫專案

本節介紹如何逐步架設一個 Vue 3 元件庫，元件庫採用 MonoRepo 的模式進行套件管理，方便元件庫的多套件管理和套件發佈。

9.2.1 架設 MonoRepo 專案結構

首先，建立 vue3 design 目錄，在該目錄下初始化 MonoRepo 專案，命令如下：

```
mkdir vue3 design
cd vue3 design
npm init -y            # 初始化專案，建立 package.json 檔案
yarn add --dev lerna   # 本地安裝 Lerna 套件管理工具
yarn lerna init        # 初始化專案，並建立 lerna.json 檔案
```

在 vue3 design 目錄下，建立 packages 資料夾，所有管理的套件都放在該目錄中，效果如表 9-2 所示。vue3 design 目錄中的目錄結構，如圖 9-18 所示。

表 9-2 vue3 design 目錄

目錄名稱	目錄說明	package.json 名稱 (name)	是否發佈
vue3 design	整個專案目錄，根目錄	@vue3-design/libs	是
vueui3	基礎元件庫目錄	@vue3-design/ui	否
vueui3-pro	業務元件庫，基於 vueui3 基礎進一步封裝	@vue3-design/pro	否
vueui3_demo	對基礎元件庫 (vueui3) 的測試專案	vueui3_demo	是
vueui3-pro-demo	對業務元件庫 (vueui3-pro) 的測試專案	vueui3-pro-demo	是

▲ 圖 9-18　vue3 design 目錄中的目錄結構

修改根目錄下的 package.json 檔案，增加 workspace(套件目錄)，這裡把所有的套件放在 packages 目錄下，設定如下：

```
"name": "@vue3-design/libs",
"private": true,
    "workspaces": [
    "packages/*"
],
```

接下來，修改 lerna.json 檔案，增加設定如下：

```
"npmClient": "yarn",
"useWorkspaces": true,
"stream": true,            # 增加此參數會輸出執行時的資訊
```

9.2.2 架設基礎元件庫 (packages/vueui3)

下面詳細介紹如何架設一個基礎元件庫專案，具體步驟如下。

1. 初始化專案

在 packages 目錄下建立 vueui3 目錄，使用 Yarn 工具生成 package.json 檔案，命令如下：

```
yarn init -y
```

打開生成的 package.json 檔案，在設定檔中增加 main 和 module 兩個設定，將 name 的名字修改為正式的套件名稱，方便後面套件的發佈和安裝。main 和 module 用來設定編譯輸出的目錄和編譯後的類別檔案的名稱，程式如下：

```
"name": "@vue3-design/ui",
"main": "dist/vueui.umd.js",
"module": "dist/vueui.esm.js",
```

在 package.json 檔案中設定輸出的打類別檔案名稱，如表 9-3 所示。

表 9-3　vueui3 基礎元件庫打包輸出

package 名稱	輸出名稱	說明
main	dist/vueui.umd.js	UMD 模組標準輸出打類別檔案
module	dist/vueui.esm.js	ESM 模組標準輸出，用於現代瀏覽器

建立專案目錄結構，如圖 9-19 所示。

▲ 圖 9-19　vueui3 套件目錄結構

2. 設定 Rollup 打包

設定 Rollup 工具打包，需要安裝 Vue 3、@babel/core、Rollup 和 Rollup 相關外掛程式等，具體安裝如下：

```
yarn add vue--dev# 預設使用 Vue 3
yarn add @babel/core @babel/preset-env--dev
yarn add rollup rollup-plugin-babel rollup-plugin-serve rollup-plugin-vue @
rollup/plugin-node-resolve rollup-plugin-postcss --dev
```

安裝上面的模組後，需要設定 rollup.config.js 檔案，該檔案主要告訴 Rollup 編譯器如何編譯和輸出打類別檔案，rollup.config.js 設定如程式範例 9-1 所示。

程式範例 9-1　rollup.config.js

```
import babel from 'rollup-plugin-babel';
import PostCSS from 'rollup-plugin-postcss'
import vuePlugin from 'rollup-plugin-vue'
import NodeResolve from '@rollup/plugin-node-resolve'
import pkg from './package.json'

export default {
    input: './src/index.js',
```

```
  output: [
    {
      name: 'vueui',                 // 元件庫全域物件
      file: pkg.main,
      format: 'umd',                 //umd 模式
      globals: {
        vue: 'Vue'                   //Vue 全域物件名稱，若有 lodash,則應為 _
      },
        exports: 'named'
    },
    {
      name: 'vueui',                 // 元件庫全域物件
      file: pkg.module,
      format: 'esm',                 //umd 模式
      globals: {
        vue: 'Vue'                   //Vue 全域物件名稱，若有 lodash, 則應為 _
      },
      exports: 'named'
    }
  ],
  plugins: [
    NodeResolve(),
    vuePlugin({
      //PostCSS-modules options for <style module> compilation
      cssModulesOptions: {
        generateScopedName: '[local][hash:base64:5]',
      },
    }),
    babel({                          // 解析 ES6 ->ES5
      exclude: "node_modules/**"     // 排除檔案的操作 glob
    }),
    PostCSS()
  ],
  external: ['vue'],
}
```

上面在 output 設定中，設定了兩種不同格式的打類別檔案的輸出，具體如表 9-4 所示。

表 9-4　輸出 UMD 格式設定

output 設定名稱	設定值	說明
name	vueui	元件庫全域物件 Globale.vueui= {}
file	dist/vueui.umd.js	打類別檔案的輸出路徑和檔案名稱
format	umd	輸出 UMD 的模組格式，支援 AMD、CommonJS

global	{
	　　vue：'Vue'
	}
		配合設定 external 選項指定的外鏈在 umd 和 iife 檔案類型下提供的全域存取變數名稱參數類型。
		external：['vue']

exports	named	使用什麼匯出模式，預設為 auto，它根據 entry 模組匯出的內容猜測開發者的意圖。 default：如果使用 export default…僅匯出一個檔案，則適合用這個選項。 named：如果匯出多個檔案，則適合用這個選項。 none：如果不匯出任何內容，例如正在建構應用程式，而非函式庫，則適合用這個選項

9.2.3 架設主題樣式專案

按照原子設計理論的想法，首先需要將元件庫的類型進行分類，然後從基礎和核心元素入手，進行元素、元件、模組的架設。

1. 建立元件庫樣式專案

主題樣式專案作為 MonoRepo 的子套件，採用 SASS 來撰寫，同時遵循原子設計理論。

在 packages 目錄中，建立 themes 資料夾，如圖 9-20 所示，初始化 package.json 檔案，package 的 name 設定如下：

▲ 圖 9-20　元件庫樣式規劃

```
"name": "@vue3-design/themes",
"version": "1.0.0",
"main": "index.js",
"license": "MIT",
```

整個專案的目錄結構如表 9-5 所示。

表 9-5　樣式目錄說明

目錄名稱	說明
base	標準的預設樣式，如： reset.scss 樣式重置 utility.scss 常用 mixin
foundation	專案的基礎樣式 _variables.scss 專案公有基礎類別礎變數，如顏色，字型，陰影等值的設定 _typographies.scss 專案中的字型設定 _colors.scss 專案中的顏色設定
atoms	atoms(原子) 用於定義單一抽象的元件樣式 button.scss table.scss Lines（線段）　Buttons（按鈕）　Icons（圖示）　Colours（顏色）
molecules	molecules(分子) 用於定義組合元件
organisms	organisms(組織) 用於定義區塊級別的元件 Navigation Bar（導覽列）

2. 元件庫基礎樣式 (foundation)

1) 全域變數設定 (_variable.scss)

全域變數包括主題顏色、字型，如程式範例 9-2 所示。

程式範例 9-2　設定主題顏色

```
$--color-primary: #409EFF !default;
$--color-white: #FFFFFF !default;
```

```
$--color-black: #000000 !default;
```

功能顏色設定，如程式範例 9-3 所示。

程式範例 9-3 設定功能顏色

```
$--color-success: #67C23A !default;
$--color-warning: #E6A23C !default;
$--color-danger: #F56C6C !default;
$--color-info: #909399 !default;
```

文字顏色設定，如程式範例 9-4 所示。

程式範例 9-4 設定文字顏色

```
$--color-text-primary: #303133 !default;
$--color-text-regular: #606266 !default;
$--color-text-secondary: #909399 !default;
$--color-text-placeholder: #C0C4CC !default;
```

邊框設定，如程式範例 9-5 所示。

程式範例 9-5 設定邊框

```
$--border-width-base: 1px !default;
$--border-style-base: solid !default;
$--border-color-hover: $--color-text-placeholder !default;
$--border-base: $--border-width-base $--border-style-base $--border-color-
base !default;
```

陰影設定，如程式範例 9-6 所示。

程式範例 9-6 設定陰影

```
$--box-shadow-base: 0 2px 4px rgba(0, 0, 0, .12), 0 0 6px rgba(0, 0, 0, .04)
!default;
$--box-shadow-dark: 0 2px 4px rgba(0, 0, 0, .12), 0 0 6px rgba(0, 0, 0, .12)
!default;
$--box-shadow-light: 0 2px 12px 0 rgba(0, 0, 0, 0.1) !default;
```

字型設定，如程式範例 9-7 所示。

程式範例 9-7　設定字型

```scss
$--font-path: 'fonts' !default;
$--font-display: 'auto' !default;
$--font-size-extra-large: 20px !default;
$--font-size-large: 18px !default;
$--font-size-medium: 16px !default;
$--font-size-base: 14px !default;
$--font-size-small: 13px !default;
$--font-size-extra-small: 12px !default;
$--font-weight-primary: 500 !default;
$--font-weight-secondary: 100 !default;
$--font-line-height-primary: 24px !default;
$--font-line-height-secondary: 16px !default;
$--font-color-disabled-base: #bbb !default;
/* Size */
$--size-base: 14px !default;
```

2) 初始化樣式 (_reset.scss)

初始化樣式，如程式範例 9-8 所示。

程式範例 9-8　初始化樣式

```scss
@import "../foundation/variables";
body {
    font-family: "Helvetica Neue",Helvetica,"PingFang SC","Hiragino Sans
GB","Microsoft YaHei"," 微軟雅黑 ",Arial,sans-serif;
    font-weight: 400;
    font-size: $--font-size-base;
    color: $--color-black;
    -webkit-font-smoothing: antialiased;
}
a {
    color: $--color-primary;
    text-decoration: none;
    &:hover,
    &:focus {
        color: mix($--color-white, $--color-primary, $--button-hover-tint-
```

```scss
percent);
    }
    &:active {
    color: mix($--color-black, $--color-primary, $--button-active-shade-
percent);
    }
    }
}
h1, h2, h3, h4, h5, h6 {
    color: $--color-text-regular;
    font-weight: inherit;
    &:first-child {
      margin-top: 0;
    }
    &:last-child {
      margin-bottom: 0;
    }
}
h1 {
    font-size: #{$--font-size-base + 6px};
}
h2 {
    font-size: #{$--font-size-base + 4px};
}
h3 {
    font-size: #{$--font-size-base + 2px};
}
h4, h5, h6, p {
    font-size: inherit;
}
p {
    line-height: 1.8;
    &:first-child {
      margin-top: 0;
    }
    &:last-child {
      margin-bottom: 0;
    }
}
sup, sub {
    font-size: #{$--font-size-base - 1px};
```

```
}
small {
    font-size: #{$--font-size-base - 2px};
}
hr {
    margin-top: 20px;
    margin-bottom: 20px;
    border: 0;
    border-top: 1px solid #eeeeee;
}
```

3. 元件庫原子樣式 (atoms)

　　這裡使用 BEM 命名標準，BEM 的意思就是區塊 (Block)、元素 (Element)、修飾符號 (Modifier), 是由 Yandex 團隊提出的一種前端命名方法論。這種巧妙的命名方法讓 CSS 類別對其他開發者來講更加透明而且更有意義。BEM 命名約定更加嚴格，而且包含更多的資訊，它們用於一個團隊開發一個耗時的大專案。

　　這裡定義 BEM 命名的 mixin，如程式範例 9-9 所示。

程式範例 9-9　　BEM 命名

```
@mixin BEM($block) {
    $B: $namespace+'-'+$block !global;
    .#{$B} {
      @content;
    }
}
```

　　上面用 $namespace 定義在 config.scss 檔案中，如程式範例 9-10 所示。

程式範例 9-10　　config.scss

```
$namespace: 'ev';
$element-separator: '';
$modifier-separator: '--';
$state-prefix: 'is-';
```

button 元件 (_button.scss) 如程式範例 9-11 所示。

程式範例 9-11　　_button.scss

```scss
@import "../foundation/variables";
@import "../foundation/mixins";
@import "./mixin";

@include BEM(button) {
   display: inline-block;
   line-height: 1;
   white-space: nowrap;
   cursor: pointer;
   background: $--button-default-background-color;
   border: $--border-base;
   border-color: $--button-default-border-color;
   color: $--button-default-font-color;
   -webkit-appearance: none;
   text-align: center;
   box-sizing: border-box;
   outline: none;
   margin: 0;
   transition: .1s;
   font-weight: $--button-font-weight;

   & + & {
     margin-left: 10px;
   }

   @include button-size($--button-padding-vertical, $--button-padding-
horizontal, $--button-font-size, $--button-border-radius);

   @include m(primary) {
     @include button-variant($--button-primary-font-color, $--button-
primary-background-color, $--button-primary-border-color);
   }
```

```
    @include m(success) {
        @include button-variant($--button-success-font-color, $--button-
success-background-color, $--button-success-border-color);
    }

    @include m(danger) {
        @include button-variant($--button-danger-font-color, $--button-danger-
background-color, $--button-danger-border-color);
    }

    @include when(round) {
        border-radius: 20px;
        padding: 12px 23px;
    }
}
```

4. CSS 程式格式檢查和格式化程式

CSS 程式格式化檢查和格式化矯正是保持程式風格一致性的重要保證，下面透過 Stylelint 和 Prettier 兩個工具幫助開發人員自動完成檢查和矯正。

1) 安裝 Stylelint 和 Prettier

Stylelint 是一個強大的現代的 CSS 程式檢查工具，可以幫助開發者避免錯誤並在樣式中強制執行約定。Prettier 是程式格式化工具，它能去掉原始的程式風格，確保團隊的程式使用統一的格式。

安裝相依外掛程式，如表 9-6 所示，命令如下：

```
yarn add --dev stylelint
yarn add --dev stylelint-config-sass-guidelines
yarn add --dev stylelint-config-prettier
yarn add --dev stylelint-prettier prettier
```

表 9-6 Stylelint 相依外掛程式說明

外掛程式名稱	說明
stylelint-config-standard	官網提供的 CSS 標準
stylelint-config-recess-order	屬性排列順序
stylelint-prettier	基於 Prettier 程式風格的 Stylelint 規則
stylelint-config-prettier	禁用所有與格式相關的 Stylelint 規則，解決 Prettier 與 Stylelint 規則衝突，確保將其放在 extends 佇列最後，這樣它將覆蓋其他設定

2) 設定 Stylelint

在根目錄下建立 .stylelintrc.json 檔案，使用基於 Prettier 程式風格的 Stylelint 規則，並進行程式格式化，設定如下：

```
{
    "plugins": [
      "stylelint-prettier"
    ],
    "extends": [
      "stylelint-config-sass-guidelines",
      "stylelint-config-prettier",
      "stylelint-prettier/recommended"
    ]
}
```

3) 設定 Stylelint 執行指令稿

在 package.json 檔案中設定監測和修復命令，預設對不能自動修復的部分終端會顯示 warning、error，需要根據提示訊息手動修復。使用 --fix 自動修復格式錯誤，命令如下：

```
"scripts": {
    "lint": "stylelint\"src/**/*.{css,scss,vue}\"",
    "lint:fix": "yarn lint --fix"
}
```

5. 使用 Husky 自動在 Git 提交前檢查程式

　　為了防止一些語法有誤的程式 commit 並 push 到遠端倉庫，可以在 Git 提交命令執行前用一些鉤子來檢測並阻止。

　　Husky 是一個 Git Hook 工具。Husky 會在 git commit 前做一些操作，如 eslint 和提交標準檢查等。

1) 安裝 husky 和 lint-staged

```
yarn add --dev husky lint-staged
```

2) 設定 husky

在 package.json 檔案中增加 husky 設定，程式如下：

```
"husky":{
   "hooks":{
      "pre-commit":"lint-staged"
   }
},
"lint-staged":{
   "*.scss":"yarn lint:fix"
}
```

6. 編譯 SCSS

　　SCSS 程式編譯採用 gulp-sass 外掛程式，該外掛程式相依 SCSS 模組，安裝步驟如下。

1) 安裝 gulp-sass

```
yarn add gulp gulp-autoprefixer gulp-cssmin --dev
yarn add sass gulp-sass --dev
```

2) 編譯 SCSS

　　在專案的根目錄下，增加 gulpfile.js 檔案，撰寫編譯任務，讀取 atoms、molecules、organisms 目錄所有元件的樣式檔案，並進行編譯輸出，如程式範例 9-12 所示。

程式範例 9-12　　使用 gulp 編譯 SCSS

```
const getComponents = ()=>{
const fs = require("fs")
const path = require("path")
const { series, src, dest } = require("gulp");
const sass = require('gulp-sass')(require('sass'));
const autoprefixer = require("gulp-autoprefixer");
const cssmin = require("gulp-cssmin");

function compile(inputfile,outfile) {
    return src(inputfile)
      .pipe(sass.sync())
      .pipe(
        autoprefixer({
          browsers: ["ie > 9", "last 2 versions"],
          cascade: false,
        })
      )
      //.pipe(cssmin())
      .pipe(dest(outfile));
}

function getComponents(){
    let allComponents = []
    const types = ['atoms','molecules','organisms']
    types.forEach(type=>{
      const allFiles = fs.readdirSync('src/${type}').map(file=>({
        input :'./src/${type}/${file}',
        output:'./libs/${type}'
      }))
      allComponents = [
        ...allComponents,
        ...allFiles
      ]
    })
    return allComponents;
}

const compileAllComponents=()=>{
```

```
    const global = {
        input :"./src/*.scss",
        output:'./libs/'
    }
    const allScss = [...getComponents(),global]
    allScss.forEach(component=>{
        console.log(component)
        compile(component.input,component.output)
    })
}

function copyfont() {
    return src("./src/fonts/**").pipe(cssmin()).pipe(dest("./libs/fonts"));
}

exports.build = series(compileAllComponents);
```

9.3 元件庫詳細設計

　　完成了樣式主題的設計和開發後，本節開始介紹如何設計元件部分，一個完整的元件設計應該包括設計需求、介面結構、介面樣式、動態互動效果、元件的輸入和輸出介面設計、元件的業務邏輯設計六部分。

　　同時一個設計良好的元件還需要滿足好用性、擴充性、可組合性、重複使用性等特徵。

9.3.1 Icon 圖示元件

　　Icon 圖示元件提供了一套常用的圖示集合。可以直接透過設定類別名稱來使用，如圖 9-21 所示。

▲ 圖 9-21　Icon 圖示效果圖

圖示元件的使用方法如下：

```
<ev-icon size="30" color="red" iconName="ev-icon-pinglun"></ev-icon>
<ev-icon size="60" color="#00f" iconName="ev-icon-sousuo"></ev-icon>
```

圖示元件透過 size 和 color 屬性設定大小和顏色，圖示透過 iconName 指定，如表 9-7 所示。

表 9-7　Icon 圖示的使用

輸入屬性名稱	屬性說明
color	Icon 圖示的顏色
size	size×size
iconName	Icon 圖示名稱，如 ev-icon-pinglun

Icon 元件使用 iconfont 字型圖示。

1. Icon 元件介面結構設計

這裡使用簡單的 i 標籤，如程式範例 9-13 所示。

程式範例 9-13　Icon 元件的介面 template

```
<template>
    <i
      :style="{fontSize: '${size}px',color:color}"
      :class="iconName">
    </i>
</template>

<script setup>
    const props = defineProps({
      size:Number,
      color:String,
      iconName:String
    })
</script>
```

2. Icon 元件的介面樣式設計

下載 iconfont 字型圖示，根據需要修改字型圖示的樣式名稱，如程式範例 9-14 所示。

程式範例 9-14　Icon 元件的樣式

```
@import "../foundation/variables";

@font-face {
    font-family: 'iconfont';
    src: url('#{$--font-path}/iconfont.ttf') format('truetype');
    font-weight: normal;
    font-display: $--font-display;
    font-style: normal;
}

[class^="ev-icon-"], [class*=" ev-icon-"] {
    font-family: "iconfont" !important;
    speak: none;
    font-style: normal;
    font-weight: normal;
    font-variant: normal;
    text-transform: none;
    line-height: 1;
    vertical-align: baseline;
    display: inline-block;
    -webkit-font-smoothing: antialiased;
    -moz-osx-font-smoothing: grayscale;
}

.ev-icon-fenxiang:before {
    content: "\e61a";
}

.ev-icon-pinglun:before {
    content: "\e61b";
}
```

3. Icon 元件的輸入和輸出介面設計

Icon 元件的輸入介面，如表 9-7 所示，無輸出介面，如程式範例 9-15 所示。

程式範例 9-15 設定元件的介面屬性

```
<script setup>
  const props = defineProps({
    size:Number,
    color:String,
    iconName:String
  })
</script>
```

9.3.2 Button 元件

Button 元件是元件庫中最基礎的元件之一，Button 元件可以和 Icon 元件進行組合使用。

1. Button 元件的設計需求

Button 元件可設定多種不同的按鈕樣式，如表 9-8 所示。

表 9-8 Button 元件的不同樣式

類型	說明					
基本用法	預設按鈕	主要按鈕	成功按鈕	訊息按鈕	警告按鈕	危險按鈕
	樸素按鈕	主要按鈕	成功按鈕	訊息按鈕	警告按鈕	危險按鈕
	圓角按鈕	主要按鈕	成功按鈕	訊息按鈕	警告按鈕	危險按鈕
	○					
禁用用法	預設按鈕	主要按鈕	成功按鈕	訊息按鈕	警告按鈕	危險按鈕
	樸素按鈕	主要按鈕	成功按鈕	訊息按鈕	警告按鈕	危險按鈕
文字按鈕	**文字按鈕**　文字按鈕					

類型	說明
圖示按鈕	
按鈕組	
載入中	
不同尺寸	

2. Button 元件介面結構設計

下面實現部分 Button 元件的設計功能，範本結構如程式範例 9-16 所示。

程式範例 9-16　Button 元件的 template

```
<template>
    <button class="ev-button" :class="classes">
        <span>
            <slot></slot>
        </span>
    </button>
</template>
```

3. Button 元件的輸入和輸出介面設計

Button 的輸入介面的設計非常關鍵，這裡以 type(按鈕的類型) 和 round(圓角設定) 輸入為例，如程式範例 9-17 所示。

程式範例 9-17　Button 介面設定

```
// 輸入介面 props
const props = defineProps({
    //Button 類型
```

```
    round: Boolean,
    type: {
      type: String,
      validator(val) {
        return [
          'primary',
          'success',
          'warning',
          'danger',
          'info',
          'text'
        ].includes(val)
      }
    },
}))
```

Button 元件的輸入介面如表 9-9 所示。

表 9-9 Button 元件的部分輸入屬性

輸入屬性名稱	類型	預設值	屬性說明
round	Boolean	false	設定 Button 的圓角效果
type	String	default	根據不同的值設定不同的按鈕背景

4. Button 元件的介面樣式設計

使用 BEM 的方式定義 Button 樣式，如程式範例 9-18 所示。

程式範例 9-18 Button 不同風格樣式設定

```
@import "../foundation/variables";
@import "../foundation/mixins";
@import "./mixin";
// 使用 BEM 格式
@include bem(button) {
   display: inline-block;
```

```scss
  line-height: 1;
  white-space: nowrap;
  cursor: pointer;
  background: $--button-default-background-color;
  border: $--border-base;
  border-color: $--button-default-border-color;
  color: $--button-default-font-color;
  -webkit-appearance: none;
  text-align: center;
  box-sizing: border-box;
  outline: none;
  margin: 0;
  transition: .1s;
  font-weight: $--button-font-weight;

  // 設定 Button 的邊界
  & + & {
    margin-left: 10px;
  }

  // 設定 Button 的大小
@include button-size($--button-padding-vertical, $--button-padding-
horizontal, $--button-font-size, $--button-border-radius);

  // 設定按鈕背景顏色 :primary
@include m(primary) {
@include button-variant($--button-primary-font-color, $--button-primary-
background-color, $--button-primary-border-color);
  }

  // 設定按鈕背景顏色 :success
  @include m(success) {
@include button-variant($--button-success-font-color, $--button-success-
background-color, $--button-success-border-color);
  }

// 設定按鈕背景顏色 :danger
  @include m(danger) {
@include button-variant($--button-danger-font-color, $--button-danger-
background-color, $--button-danger-border-color);
```

```scss
    }

    // 設定圓角背景
    @include when(round) {
      border-radius: 20px;
      padding: 12px 23px;
    }

    @include when(circle) {
      border-radius: 50%;
      padding: $--button-padding-vertical;
    }
}
```

上面涉及 3 個 mixin 的定義，如程式範例 9-19 所示。

程式範例 9-19

```scss
@import "../base/config.scss";

/*BEM*/
@mixin bem($block) {
    $B: $namespace+'-'+$block !global;

    .#{$B} {
      @content;
    }
}

@mixin m($modifier) {
    $selector: &;
    $currentSelector: "";
    @each $unit in $modifier {
      $currentSelector: #{$currentSelector + & + $modifier-separator + $unit
 + ","};
    }

    @at-root {
      #{$currentSelector} {
        @content;
```

```
      }
   }
}

@mixin when($state) {
   @at-root {
      &.#{$state-prefix + $state} {
         @content;
      }
   }
}
```

9.4 架設 Playgrounds 專案

為了方便元件庫的測試，這裡架設一個簡單的 Playgrounds 專案用來測試元件的展示。

9.4.1 建立 Playgrounds 專案

安裝 Vue 3 和 Parcel 2，Parcel 是一種極速零設定的 Web 應用打包工具，相對於 Webpack 和 Rollup 來講，更加簡單實用，安裝命令如下：

```
yarn add vue          # 預設安裝 Vue 3 版本
yarn add parcel --dev # 預設安裝 Parcel 2
```

增加執行指令稿：

```
"scripts": {
   "start": "parcel serve ./src/index.html",
   "build": "parcel build index.html"
}
```

9.4.2 測試 Playgrounds 專案

首先在 index.js 檔案中引用元件庫，如程式範例 9-20 所示。

程式範例 9-20　　chapter09\vue3 design\playgrounds\vueui3-demo\src\index.js

```
import {createApp} from "vue"
import VueUIfrom '@vue3-design/ui';
import App from "./App.vue";
import "@vue3-design/themes/libs/global.css"

const app = createApp(App)
app.use(VueUI)
app.mount("#app")
```

建立測試元件頁面，如程式範例 9-21 所示。

程式範例 9-21　　chapter09\vue3 design\playgrounds\vueui3-demo\src\App.vue

```
<template>
    <h1> 測試元件庫 </h1>
    <ev-button type="primary" @click="show"> 按鈕 1</ev-button>
    <ev-button type="success" round> 按鈕 2</ev-button>
</template>

<script>
export default {
    methods: {
        show: (e) => {
            console.log(e)
        }
    }
}
</script>
```

執行 yarn start 命令，在瀏覽器中查看效果，如圖 9-22 所示。

▲ 圖 9-22　　測試元件庫效果

9.5　元件庫發佈與整合

開發好元件庫後，最後一步就是將元件庫發佈到 NPM 市場，對於 Lerna 管理的套件可以選擇性地進行發佈，不需要發佈的套件，可以將 package.json 檔案中的 private 選項設定為 true，Lerna 在發佈時會檢測 private 選項，當設定為 true 時不會發佈，這樣就非常方便對多套件的發佈管理了。

9.5.1　增加 publishConfig 設定

發佈元件庫之前，首先需要設定 package.json 檔案中的 publishConfig 選項，access 表示發佈為公開的模組，registry 指向 npmjs 的官方位址，程式如下：

```
"publishConfig": {
   "access": "public",
   "registry": "https://registry.npmjs.org"
}
```

9.5.2　設定發佈套件的檔案或目錄

打開上傳套件的 package.json 檔案，增加 files 選項，在 files 陣列中可以增加上傳的目錄，可以增加多個，以下面設定的 dist 目錄，發佈後就只有 dist 目錄。如果不設定 files 陣列，就會上傳整個套件的程式，這裡建議設定，程式如下：

```
{
   "name": "@vue3-design/ui",
   "main": "dist/vueui.umd.js",
   "module": "dist/vueui.esm.js",
   "types": "dist/index.d.ts",
   "files": [
      "dist"
   ],
```

```
    ...
  }
```

9.5.3 提交程式到 Git 倉庫

這裡使用 Gitee 建立一個公開函式庫，並將提交專案程式到倉庫中。

Git 暫存命令如下：

```
git add .   && git status
```

提交到本地倉庫的命令如下：

```
git commit -m 'init'
```

推送 Gitee 倉庫命令如下：

```
git remote add origin https://gitee.com/xxx/xx.git
git push -u origin master
```

9.5.4 使用 Commitizen 標準的 commit message

在開發過程中大家應該經常會見到一些語法有誤的 commit msg，git commit 對於提高 git log 的可讀性、可控的版本控制和 changelog 生成都有著重要的作用。

Commitizen 是遵循 Conventional Commits 標準的 NPM 開發套件，以命令列提示的方式讓開發者更容易地按標準提交。它同時遵守 Angular 的約定，提供了多種 type，如表 9-10 所示。

表 9-10 Angular 約定的 type

首碼	中文解釋
feat	新增一個功能
docs	文件變更
style	程式格式 (不影響功能，例如空格、分號等格式修正)

首碼	中文解釋
refactor	程式重構
fix	修復一個 Bug
perf	改善性能
test	測試
build	變更專案建構或外部相依 (例如 scopes：webpack、gulp、npm 等)
ci	更改持續整合式軟體的設定檔和 package 中的 scripts 命令，例如 scopes：Travis, Circle 等
chore	變更建構流程或輔助工具
revert	程式回退

安裝外掛程式列表，如表 9-11 所示。

表 9-11 外掛程式列表

外掛名稱	說明
commitizen	Commitizen 外掛程式簡介：使用 Commitizen 提交時，系統將提示開發者在提交時填寫所有所需的提交欄位。不需要再等到稍後 Git 提交鉤子函式來檢測提交內容，從而拒絕提交請求
cz-conventional-changelog	cz-conventional-changelog 用來規範提交資訊
conventional-changelog-cli	從 git metadata 生成變更記錄檔

1. 安裝 Commitizen

安裝命令如下：

```
yarn add --dev commitizen cz-conventional-changelog -W
```

注意：-W：--ignore-workspace-root-check，允許相依被安裝在 workspace 的根目錄。

安裝好 Commitizen 後，需要在 package.json 檔案中設定 cz-conventional-changelog 路徑，這裡預設設定在 node_modules 中，設定如下：

```
"config": {
    "commitizen": {
        "path":"cz-conventional-changelog"
    }
}
```

增加 script 命令，命令如下：

```
"scripts": {
    "commit":"yarn git-cz"
},
```

在命令列中執行命令，命令如下：

```
# 執行增加本地倉庫
git add .

# 提交採用 Commitizen
yarn commit
```

2. 執行 yarn commit 命令

根據提示填寫標準化的 commit 資訊，效果如圖 9-23 所示。

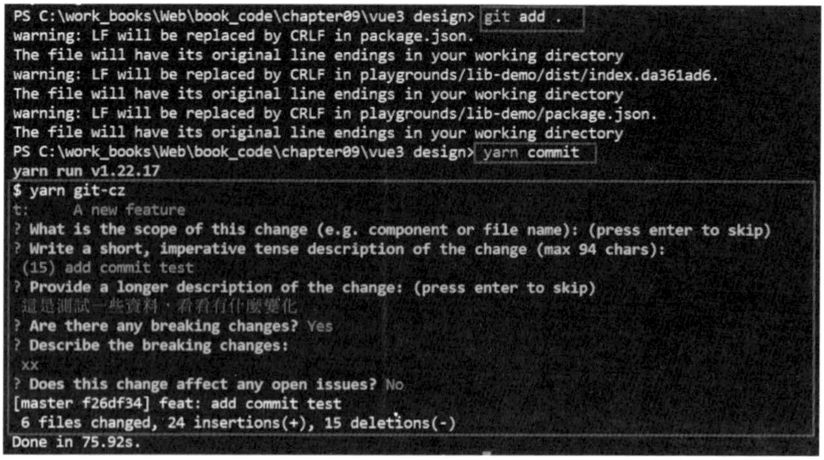

▲ 圖 9-23　填寫標準化的 commit 資訊

查看 Git 記錄檔，效果如圖 9-24 所示。

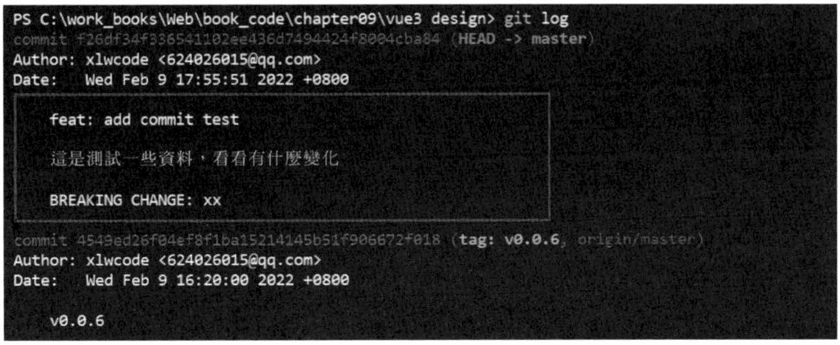

```
PS C:\work_books\Web\book_code\chapter09\vue3 design> git log
commit f26df34f336541102ee436d7494424f8004cba84 (HEAD -> master)
Author: xlwcode <624026015@qq.com>
Date:   Wed Feb 9 17:55:51 2022 +0800

    feat: add commit test

    這是測試一些資料，看看有什麼變化

    BREAKING CHANGE: xx

commit 4543ed26f04ef8f1ba15214145b51f906672f018 (tag: v0.0.6, origin/master)
Author: xlwcode <624026015@qq.com>
Date:   Wed Feb 9 16:20:00 2022 +0800

    v0.0.6
```

▲ 圖 9-24　查看 Git 記錄檔記錄

9.5.5 使用 Lint+Husky 標準的 commit message

下面介紹另外一種標準 commit 提交資訊的方法，Commitlint 結合 Husky 可以在 git commit 時驗證 commit 資訊是否符合標準。

Husky 是一個 Git Hook 工具。可以使用 Husky 實現提交前 ESLint 校驗和 commit 資訊的標準驗證。

1. Husky 安裝

安裝 Husky，命令如下：

```
npm install husky --save-dev
```

安裝 Husky Git Hooks，命令如下：

```
# 方法 1
npx husky install
# 方法 2：設定 package.json 檔案，增加命令指令稿
scripts:{
    "prepare": "husky install"
}
npm run prepare
#husky - Git hooks installed
```

測試 Husky 鉤子作用，增加 pre-commit 鉤子，命令如下：

```
npx husky add .husky/pre-commit "npm test"
```

▲ 圖 9-25　測試是否生成了 Husky 鉤子

執行上面的命令後，查看目前的目錄 .husky 是否有生成了 pre-commit 檔案。如果需要刪除這個鉤子，則可直接刪除 .husky/pre-commit 檔案，如圖 9-25 所示。

2. Commitlint 安裝設定

安裝 Commitlint，命令如下：

```
yarn add --dev @commitlint/cli @commitlint/config-conventional -W
```

commitlint/config-conventional 是規則集，比較常用的 Conventional Commits 是 Angular 約定。

設定 Commitlint 規則 commitlint.config.js，新建 commitlint.config.js 檔案，增加的設定如下：

```
module.exports = {
    extends: ["@commitlint/config-conventional"],
};
```

生成的設定檔是預設的規則，也可以自己定義規則，提交格式如下：

```
<type>(<scope>): <subject>
```

Husky 增加 Commitlint 鉤子，命令如下：

```
npx husky add .husky/commit-msg 'npx --no-install commitlint --edit "$1"'
```

Husky 的設定可以使用 .huskyrc、.huskyrc.json、.huskyrc.js 或 husky.config.js 檔案。這裡介紹在 package.json 檔案中增加以下設定：

```
"husky": {
"hooks": {
    "commit-msg": "commitlint -E HUSKY_GIT_PARAMS"
}
},
```

設定 Commitlint，增加 commitlint.config.js 檔案，程式如下：

```
module.exports = {
    extends: ['@commitlint/config-conventional']
};
```

測試 Commitlint 鉤子，命令如下：

```
git add .
git commit -m 'xx'
zuo@zmac comitizen-practice-demo % git commit -m 'xxx'
#✗ input: xxx
#✘ subject may not be empty [subject-empty]
#✘ type may not be empty [type-empty]

#✘ found 2 problems, 0 warnings
#ⓘ Get help: https://github.com/conventional-changelog/commitlint/#what-is-commitlint

#husky - commit-msg hook exited with code 1 (error)
```

提示缺少 subject，表示缺少提交資訊，type 表示提交類型。

9.5.6 使用 Lerna 生成 changelogs

在 lerna.json 檔案中開啟對 CHANGELOG 的記錄，將 conventional Commits 設定為 true，設定如下：

```
{
    "command": {
        "version": {
            "conventionalCommits": true,
            "ignoreChanges": [
                "*.md"
            ]
        }
    }
}
```

9.5.7 將函式庫發佈到 npmjs 網站

首先登入 npmjs 網站，進入建立組織頁面 (https://www.npmjs.com/org/create)，如圖 9-26 所示。

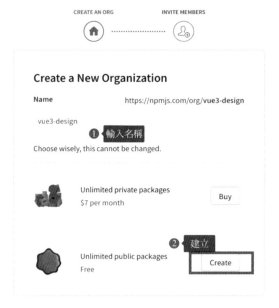

▲ 圖 9-26 建立公開 NPM 套件組織

建立好組織後，在本地透過 npm 命令登入，登入成功後，執行 lerna publish 命令發佈元件庫，如圖 9-27 所示。

```
PS C:\work_books\Web\book_code\chapter09\vue3 design> npm login
npm notice Log in on https://registry.npmjs.org/
(node:44360) Warning: Setting the NODE_TLS_REJECT_UNAUTHORIZED environment variable to '0' makes
TLS connections and HTTPS requests insecure by disabling certificate verification.
(Use `node --trace-warnings ...` to show where the warning was created)
Username: xlw
Password:
Email: (this IS public) 624026015@qq.com
Logged in as xlw on https://registry.npmjs.org/.
```

▲ 圖 9-27 使用 npm login 命令列登入

執行 lerna publish 命令後，在 npmjs.com 網站查看上傳的套件，如圖 9-28 所示。

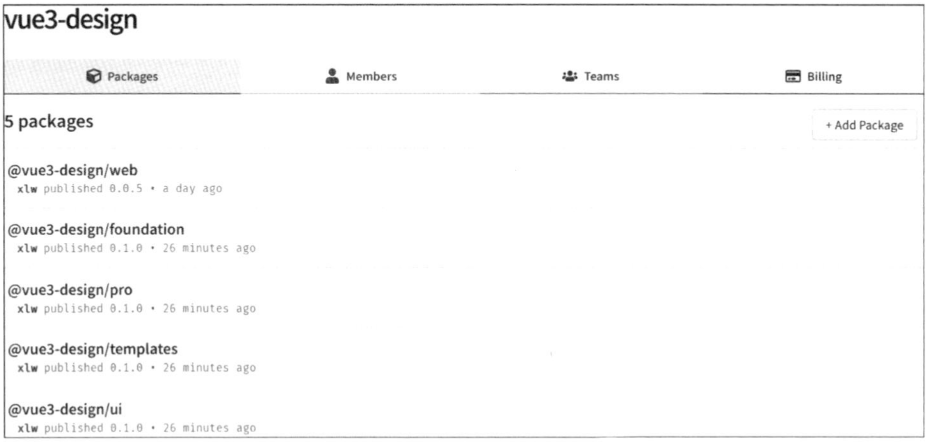

▲ 圖 9-28 發佈元件庫成功

第 3 篇　React 框架篇

10

React 語法基礎

React 框架可以説是目前為止最熱門、生態最完善、應用範圍最廣的前端框架之一。React 生態圈橫跨 Web 端、行動端、伺服器端，乃至 VR 領域。可以毫不誇張地説，React 已不單純地是一個框架，而是一個行業解決方案。

10.1 框架介紹

React(React.js 或 ReactJS)，如圖 10-1 所示，是一個以資料驅動來繪製 HTML 視圖的開放原始碼 JavaScript 函式庫。React 視圖採用自訂 HTML 標籤 (自定義元件) 的方式建立。React 實現了子元件不能直接影響外層元件 (Data Flows Down) 的模型，資料變更驅動 HTML 檔案的有效更新，以及單頁應用中元件與元件之間完全隔離。

▲ 圖 10-1　React 框架 Logo

10.1.1 React 框架由來

React 框架是由 Facebook 的工程師 Jordan Walke 開發的。他的主要

靈感來自 PHP 的 HTML 元件框架 XHP。2011 年 Facebook 的 newsfeed 網站採用 React 開發，2012 年 Instagram(圖片分享) 網站也採用了 React 來開發。由於框架設計和性能非常出色，所以 2013 年 5 月 Facebook 在 JSConf US(JavaScript 開發者大會) 上正式宣佈該框架開放原始碼。

> **說明**：XHP 是一個 PHP 擴充，透過它，開發人員可以直接在 PHP 程式中內嵌 XML 檔案部分，作為合法的 PHP 運算式。這樣，PHP 就成為一個更為嚴格的範本引擎，大大簡化了實現可重用元件的工作。

10.1.2 React 框架特點

React 框架的特點包括自動化的 UI 狀態管理、高效的虛擬 DOM、細顆粒的元件化開發、JSX 語法支援、輕量級函式庫等特點。

1. 自動化的 UI 狀態管理

在單頁應用中，追蹤 UI 並維護狀態是非常困難和消耗時間的，而在 React 中，只需關注 UI 所處的最終狀態。它不關心 UI 開始是什麼狀態，也不關心使用者改變 UI 會採取哪些步驟，只需要關心 UI 結束的狀態。

React 負責管理 UI 的狀態變化，並確保 UI 能正確表示，所以所有狀態管理的事情不再需要開發者操心，如圖 10-2 所示。

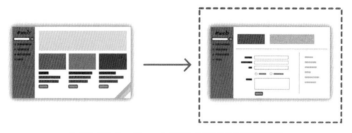

▲ 圖 10-2　React 自動化的 UI 狀態管理

2. 高效的虛擬 DOM 操作

因為 DOM 操作非常慢，所以 React 採用虛擬 DOM，虛擬 DOM 作為 JS 物件儲存在記憶體中。React 透過比較虛擬 DOM 和真實 DOM 之間的差別，找出哪個改變很重要，然後在一個稱為 Reconciliation 的過程中做出最少量的 DOM 改變，以確保一切保持最新，如圖 10-3 所示。

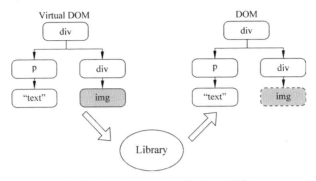

▲ 圖 10-3　React 虛擬 DOM 操作

3. 基於細顆粒的元件化開發

　　React 框架強調將 UI 元素分為更小的元件，而非一整塊，如圖 10-4 所示。

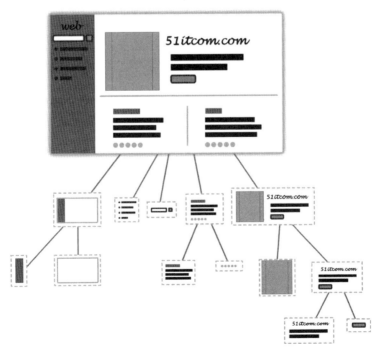

▲ 圖 10-4　React 細顆粒的元件化開發

在程式設計領域中，模組化、簡潔、自包含是好的理念。React 把這些理念帶到使用者介面中。很多 React 的核心 API 圍繞著更容易建立更小的介面元件進行擴充，這些介面元件隨後可以與其他介面元件組合，建立更大更複雜的介面元件。

4. 支援在 JavaScript 中定義 UI

在早期的 Web 開發中，崇尚將頁面的結構、表現形式和行為分離，也就是將 UI 的結構、表現形式和行為部分分別分離到 HTML、CSS 和 JavaScript 三個檔案中。

而 React 實現的方式是：UI 完全在 JavaScript 中定義，充分利用 JavaScript 提供的強大功能，在 JS 範本內做各種事情，受到的限制只是 JavaScript 支援與不支援，而非範本框架的限制。

React 允許我們用類似 HTML 的語法，即 JSX，來定義 UI，而 JavaScript 完全支援 JSX。可以像下面這樣用 JSX 指定標記，程式如下：

```
ReactDOM.render(
    <div>
      <h1>Vue</h1>
      <h1>React</h1>
      <h1>Flutter</h1>
      <h1>ArkUI</h1>
    </div>,
    destination
);
```

以上這段程式改用 JavaScript 撰寫，程式如下：

```
ReactDOM.render(React.createElement(
    "div",
    null,
    React.createElement(
      "h1",
      null,
      "Vue"
```

```
  ),
  React.createElement(
    "h1",
    null,
    "React"
  ),
  React.createElement(
    "h1",
    null,
    "Flutter"
  ),
  React.createElement(
    "h1",
    null,
    "ArkUI"
  )
```

　　透過 JSX 就能使用很熟悉的 HTML 語法很輕鬆地定義 UI，同時依然擁有 JavaScript 的強大功能和靈活性。

5. 只關注 View 層

　　React 並非一個完整的框架，它主要作用於視圖層，所有它關心的問題緊密圍繞著介面元素，並且讓介面元素保持最新。這表示不管專案中所用 MVC 架構中的 M 和 C 部分是什麼，都可以自由地用 React 作為 V 部分。

　　這種靈活性讓開發者可以挑選熟悉的技術，並且讓 React 不僅可以用來新建立 Web 應用，還可以用它來修改已有的應用，而不需要刪除或重構整個程式。

10.2　開發準備

　　本節介紹 React 專案架設與鷹架的使用，以及安裝 React Developer Tools 幫助我們更進一步地開發 React 專案。

10.2.1 手動架設 React 專案

手動架設 React 專案，有以下 3 種方式：CDN 獲取、手動架設編譯環境、使用官方鷹架工具建立，下面分別介紹如何使用這 3 種方式進行專案建立。

1. 直接透過 CDN 獲取 React UMD 版本

可以透過 CDN 獲得 React 和 ReactDOM 的 UMD 版本。透過遠端的方法存取，也可以放到自己的 CDN 網路中，如程式範例 10-1 所示。

程式範例 10-1 CDN 引用 React

```
<script
Crossorigin
src="https://unpkg.com/react@17/umd/react.development.js">
</script>
<script
crossorigin   src="https://unpkg.com/react-dom@17/umd/react-dom.development.js">
</script>
```

上述版本僅用於開發環境，不適合用於生產環境。壓縮最佳化後用於生產的 React 版本可透過以下方式引用，如程式範例 10-2 所示。

程式範例 10-2 CDN 引用 react-dom

```
<script
crossorigin
src="https://unpkg.com/react@17/umd/react.production.min.js">
</script>
<script
crossorigin src="https://unpkg.com/react-dom@17/umd/react-dom.production.min.js">
</script>
```

如果需要載入指定版本的 React 和 ReactDOM，可以把 17 替換成所需載入的版本編號。

注意：直接使用 CDN，僅限於學習和測試，實踐開發中不推薦這種方法。

如果直接在頁面中解析 React 程式，則還需要引入 Babel，如程式範例 10-3 所示。

程式範例 10-3 　必須引入 babel

```
<script src="https://unpkg.com/babel-standalone@6/babel.min.js"></script>
```

頁面完整程式如程式範例 10-1 所示，下面的 React 程式需放在 script 中，script 的類型需要設定為 type="text/babel"，這樣 Babel 才會處理 React 的編譯，如程式範例 10-4 所示。

程式範例 10-4 　頁面中執行 React 程式

```
<!DOCTYPE html>
<html lang="en">
<head>
    <meta charset="UTF-8">
    <title>在瀏覽器中使用 React</title>
    <script Crossorigin src="https://unpkg.com/react@17/umd/react.development.
js">
    </script>
    <script crossorigin src="https://unpkg.com/react-dom@17/umd/react-dom.
development.js">
    </script>
    <script src="https://unpkg.com/babel-standalone@6/babel.min.js"></script>
</head>
<body>
    <div id="app"></div>
    <script type="text/babel">
        let element = <h1>Hello React!</h1>
        ReactDOM.render(element, document.querySelector("#app"))
    </script>
</body>
</html>
```

2. 基於 Webpack 的 React 專案架設

手動架設 React 專案，可以採用 Webpack 或 Rollup 工具來編譯建構 React，下面逐步介紹手動架設的過程。

1) 專案建立

建立一個資料夾 webpack-react-demo，進入該目錄，在該目錄下打開一個終端，執行 npm init 命令。根據提示輸入內容，也可以直接按 Enter 鍵跳過。執行完後目錄中會多出一個 package.json 檔案，這是專案的核心檔案，包含套件相依管理和指令稿任務，命令如程式範例 10-5 所示。

程式範例 10-5 建立專案 chapter10\webpack-react-demo

```
mkdir webpack-react-demo
cd webpack-react-demo
npm init
```

2) 安裝 React、ReactDom 和 Webpack

在專案根目錄下執行下面的命令，即生產環境，命令如程式範例 10-6 所示。

程式範例 10-6 安裝相依

```
# 安裝 Deact 函式庫和 ReactDOM 函式庫
npm install react react-dom -S
# 安裝 Webpack 和 Webpack-cli
npm install webpack webpack-cli -D
# 安裝 dev-server
npm installwebpack-dev-server html-webpack-plugin -D
```

3) 安裝 Babel 及 Babel 外掛程式

這裡安裝 Babel 7，安裝 babel/core 後，再安裝 babel-loader，命令如程式範例 10-7 所示。

程式範例 10-7 安裝 Babel

```
# 安裝 Babel@7
npm install @babel/core-D
#Babel 轉換器
npm install babel-loader-D
# 支援 ES6 轉換，JSX
npm install @babel/preset-env@babel/preset-react -D
```

4) 專案目錄和原始程式

建立的專案目錄如圖 10-5 所示，在 src
目錄進行程式開發，dist 目錄為發佈目錄，
build 目錄為設定檔目錄。

5) 設定 Webpack 編譯檔案

在下面的設定中，html-webpack-plugin
外掛程式可實現動態生成測試分頁檔，啟動本
機伺服器後自動啟動指定的頁面，設定如程式
範例 10-8 所示。

▲ 圖 10-5　React 專案結構

程式範例 10-8　webpack.config.js

```javascript
const path = require('path');
const webpack = require('webpack');
const HtmlWebpackPlugin = require("html-webpack-plugin")

module.exports = {
    mode: "development",
    entry: {
        app: path.resolve(dirname, '../src/index.js')
    },
    output: {
        path: path.resolve(dirname, '../dist'),
        filename: '[name].bundle.js'
    },
    resolve: {
        extensions: ['.js', '.json', ".css", ".jsx"]
    },
    module: {
        rules: [
            {
                test: /\.(js|jsx)$/,
                use: {
                    loader: 'babel-loader',
                    options: {
                        presets: ["@babel/preset-env", "@babel/preset-react"]
                    }
```

```
        },
        exclude: /node_modules/
      }
    ]
  },
  plugins: [
    new HtmlWebpackPlugin({
      filename: 'index.html',
      template: './index.html'
    }),
  ]
}
```

6) 設定執行指令稿

下面設定了兩個指令碼命令，build 用於編譯，serve 命令用於啟動 Webpack-dev-server 本機伺服器，命令如程式範例 10-9 所示。

程式範例 10-9　　package.json

```
"scripts": {
  "serve": "webpack serve --config ./build/webpack.config.js ",
  "build": "webpack --config ./build/webpack.config.js -w"
}
```

7) 撰寫元件 App.jsx

App.jsx 是 React 中的單模組元件，如程式範例 10-10 所示。

程式範例 10-10　　App.jsx

```
import React from "react"
export function App() {
  return <h1>hello react 17!</h1>
}
```

8) 撰寫程式入口 index.js

index.js 是 Webpack 打包的入口，這裡使用 ReactDOM 將根元件繪製到指定的 DOM 節點中，如程式範例 10-11 所示。

程式範例 10-11   index.js

```
import React from "react"
import ReactDOM from "react-dom"
import {App} from "./App"
ReactDOM.render(<App/>,document.querySelector("#app"))
```

9) 在專案根目錄建立 index.html

id="app" 的位置為動態 DOM 插入的位置，對應上面步驟程式範例 10-11 的 querySelector()，如程式範例 10-12 所示。

程式範例 10-12   index.html

```
<!DOCTYPE html>
<html lang="en">
<head>
    <meta charset="UTF-8">
    <meta http-equiv="X-UA-Compatible" content="IE=edge">
    <meta name="viewport" content="width=device-width, initial-scale=1.0">
    <title>react+webpack</title>
</head>
<body>
    <div id="app"></div>
</body>
</html>
```

10) 執行編譯和啟動伺服器

執行程式範例 10-13 中的命令後，啟動本機伺服器，同時監聽檔案的變化，自動重新啟動更新，如圖 10-6 所示。

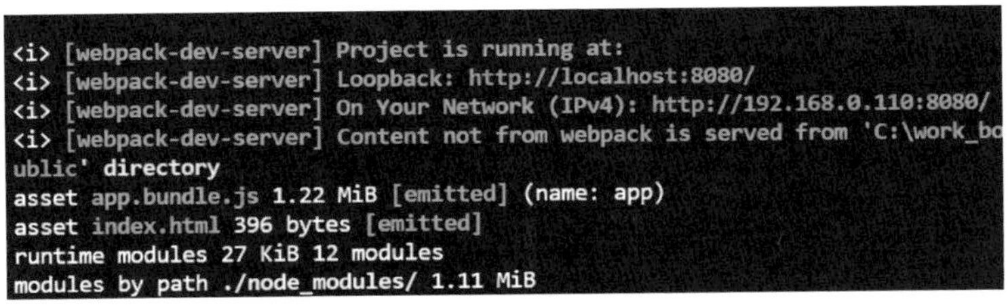

▲ 圖 10-6   React 專案執行結果

程式範例 10-13　啟動本機伺服器

```
npm run serve
```

10.2.2 透過鷹架工具架設 React 專案

官方提供了建立 React 專案的鷹架工具 Create React App，該工具建立了一個用於學習 React 的環境，也是用 React 建立新的單頁應用的最佳方式。

使用 Create React App 鷹架工具可以幫助開發者快速設定開發環境，以便能夠使用最新的 JavaScript 特性，提供良好的開發體驗，並為生產環境最佳化所開發的應用程式。需要在機器上安裝版本 14.0.0 以上的 Node 和版本 5.6 以上的 NPM。要建立專案，執行的命令如程式範例 10-14 所示。

程式範例 10-14　建立專案

```
npx create-react-app my-app
cd my-app
npm start
```

如果使用 TypeScript 開發，則可以使用的命令如程式範例 10-15 所示。

程式範例 10-15　建立基於 TypeScript 專案

```
npx create-react-app myapp --typescript
Cd myapp
npm start
```

10.2.3 安裝 React 偵錯工具

React 偵錯工具 (React DevTools) 是專門為 React、ReactNative 開發的瀏覽器偵錯外掛程式，目前可以在 Chrome、Firefox 及 (Chromium) Edge 中使用。

可以直接在 Chrome 外掛程式官網搜索下載 React DevTools 工具，如圖 10-7 所示。

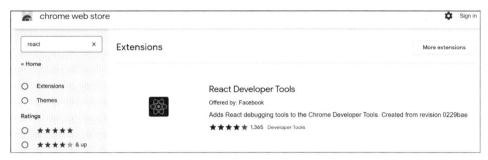

▲ 圖 10-7　搜索 React Developer Tools

注意：由於網路原因，可能無法存取 Chrome 外掛程式官網，可以將 react-devtools 專案下載到本地，下載網址為 https://github.com/facebook/react-devtools，安裝相依成功後，便可以打包一份擴充程式出來。

執行 npm run build：extension：Chrome 命令。此時會在專案目錄中生成一個新的資料夾 react-devtools → shells → Chrome → build → unpacked 資料夾。打開 Chrome 擴充程式 Chrome：//extensions/，載入已解壓的擴充程式，選擇生成的 unpacked 資料夾。這時就會增加一個新的擴充程式 react-devtools。

進入外掛程式安裝頁面，點擊 Add to Chrome 按鈕，下載該外掛程式，如圖 10-8 所示，下載完成後會自動安裝到瀏覽器中。

▲ 圖 10-8　安裝 React Developer Tools

安裝成功後，可以在 Chrome 外掛程式列表中查看安裝好的外掛程式，預設為啟動外掛程式的狀態，也可以暫停使用該外掛程式，如圖 10-9 所示。

▲ 圖 10-9　查看外掛程式列表

　　安裝外掛程式完成後，重新打開瀏覽器，瀏覽器的外掛程式欄中會出現 React 的灰色圖示，該外掛程式會自動檢查當前頁面中的 React 版本，如果檢查到的是 React 開發版 JS，則圖示會顯示為暗紅色，如圖 10-10 所示。

▲ 圖 10-10　安裝 React Developer Tools

10.3　JSX 與虛擬 DOM

　　JSX 是 React 用來支援在 JS 程式中直接撰寫 HTML 標籤的一種語法支援，本節介紹 JSX 語法的用法及虛擬 DOM 的作用。

10.3.1 JSX 語法介紹

在介紹 JSX 之前,首先來看一段程式,如程式範例 10-16 所示。

程式範例 10-16 JSX

```
const title = <h1 className="title">Hello, world!</h1>;
```

上面程式並不是合法的 JS 程式,它是一種被稱為 JSX(JavaScript XML) 的語法擴充,透過它就可以很方便地在 JS 程式中書寫 HTML 部分。

本質上,JSX 為我們提供了建立 React 元素相關方法的語法糖。上面這段程式會被 Babel 編譯,編譯後的程式如程式範例 10-17 所示。

程式範例 10-17 React 17 之前,編譯後的程式

```
const title = React.createElement(
    'h1',
    { className: 'title' },
    'Hello, world!'
);
```

可以看到,轉換後的程式中需要使用 React 函式庫,並且必須匯入 React 函式庫才可以使用。

為了解決在有些場景中只用到了 JSX,並沒有使用 React 提供的方法的情況,React 17 版本中提供了新的 JSX 轉換器,轉換的程式中不再相依 React 函式庫,因此減少了打包的體積。

下面是新 JSX 被轉換編譯後的結果,如程式範例 10-18 所示。

程式範例 10-18 React 17 後,編譯後的程式

```
// 由編譯器引入 ( 禁止自己引入 !)
import {jsx as _jsx} from 'react/jsx-runtime';
const title = _jsx(
    'h1',
    { className: 'title',children: 'Hello world!' },
);
```

在上面程式中，react/jsx-runtime 和 react/jsx-dev-runtime 中的函式只能由編譯器轉換使用。如果需要在程式中手動建立元素，則可以繼續使用 React.createElement，它將繼續工作。

> **注意**：雖然 React 17 版本後 JSX 轉換器轉換的程式中不相依 React，但是最終的結果是一致的，傳回的都是虛擬 DOM(React 元素)。

React 突破了傳統的 Web 標準中的 UI 的結構、表現形式和行為部分分別分離的原則，採用了直接在 JS 中定義 UI，JSX 極佳地支援了這種要求，同時又不會讓 UI 開發者感到任何困難，因為它看起來和在 HTML 檔案中撰寫 HTML 程式一樣，但是 JSX 只有被編譯成 JS 後才可以執行。

React 並不強制要求使用 JSX，在 React 中，JSX 只是一個語法糖，目的是幫助開發者快速撰寫直觀和可維護的 UI 程式結構，但是對於 React 編譯器來講，JSX 程式仍然還是 JS。

1. JSX 基本語法規則

JSX 本身就和 XML 語法類似，可以定義屬性及子元素，唯一特殊的是可以用大括號來加入 JavaScript 運算式。當遇到 HTML 標籤 (以 < 開頭) 時，就用 HTML 規則解析；當遇到程式區塊 (以 { 開頭) 時，就用 JavaScript 規則解析，如程式範例 10-19 所示。

程式範例 10-19 程式區塊 {}

```
var arr = [
    <h1>Hello world!</h1>,
    <h2>React is awesome</h2>,
];
<!-- 可以直接使用陣列 -->
let section = <div>{arr}</div>;
```

JSX 允許在範本中插入陣列，陣列會自動展開所有成員。

上面的程式就是一個簡單的 JSX 與 JS 混用的例子。arr 變數中存在 JSX 元素，div 中又使用了 arr 這個 JS 變數。轉化成 JS 程式，如程式範例 10-20 所示。

程式範例 10-20

```
let arr = [
   React.createElement("h1", null, "Hello world!"),
React.createElement("h2", null, "React is awesome")
];
   let section = React.createElement("div", null, arr);
```

2. JSX 代表 JS 物件

　　JSX 本身也是一個運算式，在編譯後，JSX 運算式會變成普通的 JavaScript 物件。

　　可以在 if 敘述或 for 迴圈敘述中使用 JSX，也可以將它賦值給變數，還可以將它作為參數接收，此外可以在函式中傳回 JSX，如程式範例 10-21 所示。

程式範例 10-21　　把 JSX 作為函式傳回值物件傳回

```
function sayGreeting(user) {
   if (user) {
     return <h1>Hello, {formatName(user)}!</h1>;
   }
   return <h1>Hello, Stranger.</h1>;
}
```

　　上面的程式在 if 敘述中使用 JSX，並將 JSX 作為函式傳回值。實際上，這些 JSX 經過編譯後都會變成 JavaScript 物件。

　　經過 Babel 編譯後會變成下面的 JS 程式，如程式範例 10-22 所示。

程式範例 10-22

```
function test(user) {
   if (user) {
     return React.createElement(
       "h1",
       null,
```

```
      "Hello, ",
      formatName(user),
      "!"
    );
  }
  return React.createElement(
    "h1",
    null,
    "Hello, Stranger."
  );
}
```

3. 在 JSX 中使用 JavaScript 運算式

在 JSX 中插入 JavaScript 運算式十分簡單，直接在 JSX 中將 JS 運算式用大括號 ({}) 括起來即可，如程式範例 10-23 所示。

程式範例 10-23 JavaScript 運算式

```
function formatName(user) {
    return user.firstName + ' ' + user.lastName;
}

const user = {
    firstName: 'Leo',
    lastName: 'Li'
  };

  const element = (
  <h1>
    Hello, {formatName(user)}!
  </h1>
);

ReactDOM.render(
  element,
  document.getElementById('root')
);
```

需要注意的是，if 敘述及 for 迴圈敘述不是 JavaScript 運算式，不能直接作為運算式寫在 {} 中，但可以使用 conditional（三元運算）運算式來替代。在程式範例 10-24 中，如果變數 i 等於 1，則瀏覽器將輸出 True，如果修改 i 的值，則會輸出 False。

程式範例 10-24　三元運算運算式

```
ReactDOM.render(
   <div>
      <h1>{i == 1 ? 'True!' : 'False'}</h1>
   </div>
   ,
   document.getElementById('example')
);
```

React 推薦使用內聯樣式。可以使用 camelCase 語法設定內聯樣式。React 會在指定元素數字後自動增加 px。程式範例 10-25 演示了如何為 h1 元素增加 myStyle 內聯樣式。

程式範例 10-25　內聯樣式寫法

```
var myStyle = {
   fontSize: 100,
   color: '#FF0000'
};
ReactDOM.render(
   <h1 style = {myStyle}>hello react </h1>,
   document.getElementById('example')
);
```

4. JSX 屬性值

JSX 屬性值使用引號將字串字面量指定為屬性值，程式如下：

```
const element = <div tabIndex="0"></div>;
```

注意這裡的 0 是一個字串字面量。

　　或可以將一個 JavaScript 運算式嵌在一個大括號中作為屬性值，程式如下：

```
const element = <img src={user.avatarUrl}></img>;
```

　　這裡用到的是 JavaScript 屬性存取運算式，上面的程式經編譯後程式如下：

```
const element = React.createElement("img", { src: user.avatarUrl });
```

5. JSX 註釋

　　註釋需要寫在大括號中，如程式範例 10-26 所示。

程式範例 10-26　　JSX 註釋的寫法

```
ReactDOM.render(
   <div>
   <h1>下面是註釋</h1>
   {/* 註釋...*/}
     </div>,
     document.getElementById('example')
);
```

6. JSX 的使用注意點

　　(1) JSX 必須有一個根節點，如果不希望有根節點包裹，則可以使用一個空 <></> 或 React.Fragment 來包裹，如程式範例 10-27 所示。

程式範例 10-27　　使用空 <> 或 React.Fragment

```
const element =(
   <>
     <div>1</div>
     <div>2</div>
   </>
)

# 或使用 React.Fragment 元件包裹，其作用是一樣的
```

```
const element =(
    <React.Fragment>
      <div>1</div>
      <div>2</div>
    <React.Fragment/>
)
```

(2) JSX 裡單標籤必須使用 </> 閉合，如程式範例 10-28 所示。

程式範例 10-28 單標籤必須閉合

```
<hr></hr>
<hr />
<img src='' />
```

(3) 在 JSX 裡可以隨意換行，當有多行 JSX 時，建議換行書寫，以便提高閱讀性。使用 () 包裹一段 JSX 結構。

10.3.2 React.createElement 和虛擬 DOM

在 Babel 編譯的 JSX 程式中，包含一個 React.createElement() 方法，該方法用來建立虛擬 DOM 物件，透過 createElement() 方法建立的元素物件，被稱為虛擬 DOM，虛擬 DOM 和真實的 DOM 具備相同的文件結構，但是虛擬 DOM 在沒有真正轉換成 DOM 之前，只是一個記憶體中的物件。

1. 虛擬 DOM

對頁面上的元素操作需要付出昂貴代價，因為任何修改都需要操作 DOM 來完成，同時瀏覽器會根據修改的不同進行重新繪製和繪製，這就會造成很大性能消耗，頻繁地對 DOM 操作甚至會引起頁面的延遲，給使用者帶來較差的體驗。

下面的例子，列印出一個 div 標籤的所有屬性清單，如程式範例 10-29 所示。

程式範例 10-29 列印 div 的屬性

```
let div = document.createElement("div")
let str = ""
for(let key in div){
    str = str + key + " "
}
console.log(str)
```

列印一個 div 標籤的所有屬性清單，如圖 10-11 所示。

▲ 圖 10-11　一個 div 的屬性清單

　　從圖 10-11 可以看出，一個簡單的 div 元素都會包含這麼多屬性和方法，所以操作它們，會導致頁面重新繪製繪製，而不斷地重繪和重繪製是很耗費性能的。

　　因此，虛擬 DOM 被設計出來解決瀏覽器性能問題。那麼使用虛擬 DOM 會帶來哪些好處呢？

　　首先，使用虛擬 DOM，可以避免使用者直接操作 DOM，開發過程可關注業務程式的實現，不需要關注如何操作 DOM 及 DOM 的瀏覽器相容問題，從而提高開發效率。

　　其次，在頻繁地對 DOM 操作的場景下，虛擬 DOM 的優勢是 Diff 演算法，透過減少 JavaScript 操作真實 DOM 的次數，從而帶來性能的提升。使用虛擬 DOM，在真實 DOM 發生變化時，虛擬 DOM 會進行 Diff 運算，只更新必須更新的 DOM，而非全部重繪。在 Diff 演算法中，只平層比較前後兩棵 DOM 樹的節點，沒有進行深度的遍歷。

當然，因為要維護一層額外的虛擬 DOM，第一次繪製時會增加銷耗，如圖 10-12 所示。

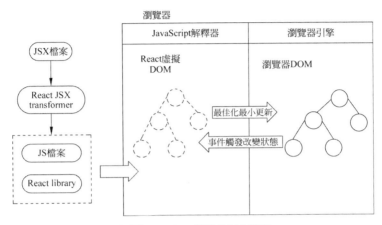

▲ 圖 10-12　虛擬 DOM 轉換

虛擬 DOM 最大的優勢在於抽象了原本的繪製過程，實現了跨平台的能力，而不僅侷限於瀏覽器的 DOM，可以是 Android 和 iOS 的原生元件，可以是近期很火熱的小程式，也可以是各種 GUI，如圖 10-13 所示。

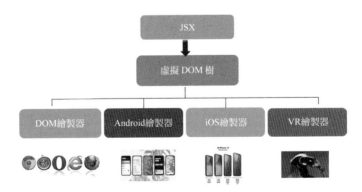

▲ 圖 10-13　虛擬 DOM 具備跨平台的優點

2. React.createElement() 方法

React.createElement() 方法和 document.createElement() 方法類似，都用於建立元素。

(1) document.createElement() 方法用於建立一個指定的元素節點，其參數只有一個 nodeName。

(2) React.createElement() 方法用於建立指定類型的 React 元素節點，其參數有 3 個。

React.createElement() 方法的語法格式如程式範例 10-30 所示。

程式範例 10-30　建立 React 虛擬 DOM 元素

```
React.createElement(
   type,
   [props],
   [...children]
)
# 參數說明：
# 第 1 個參數是必填參數，傳入的值類似 HTML 標籤名稱，例如：ul, li
# 第 2 個參數是選填參數，表示屬性，例如：className
# 第 3 個參數是選填參數，表示子節點，例如：要顯示的文字內容
```

React 元素是 React 應用的最小單位，它描述了在螢幕上看到的內容。React 元素的本質是一個普通的 JS 物件，ReactDOM 會保證瀏覽器中的 DOM 和 React 元素一致。

整個 JSX 轉換成真實 DOM 樹的流程如圖 10-14 所示。

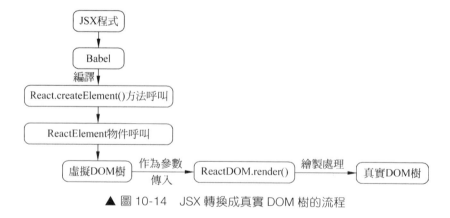

▲ 圖 10-14　JSX 轉換成真實 DOM 樹的流程

JSX 是 JavaScript XML 語法擴充，所以需要進行編譯和重新繪製成

真實 DOM，JSX 轉換流程如下。

第 1 步：JSX 會被 Babel 編譯器編譯成 React.createElement() 方法，該方法將傳回一個稱為 React Element 的 JS 物件。

第 2 步：React.createElement(type, config, children) 有 3 個參數，呼叫後會傳回 React Element 物件。React Element 物件按一定的標準組裝參數，本質上是個 JS 物件 (虛擬 DOM)。

第 3 步： 把 虛 擬 DOM 傳 給 ReactDOM.render(element, container, [callback]) 方法呼叫，繪製成真實的 DOM 樹。

10.3.3 事件處理

React 自訂了一套事件處理系統，包含事件監聽、事件分發、事件回呼等過程。瀏覽器本身有事件系統介面 (原生事件，Native Event)，React 把它重新按自己的標準包裝了一下 (合成事件，Synthetic Event)，即大部分合成事件與原生事件的介面是一一對應的，但介面為了相容原生的一些不同事件進行了合成，目的就是為了使用 React 工作在不同的瀏覽器上，即同時消除了 IE 與 W3C 標準實現之間的相容問題。

1. React 使用合成事件的目的

(1) 進行瀏覽器相容，實現更好的跨平台。React 採用的是頂層事件代理機制，能夠保證反昇一致性，可以跨瀏覽器執行。React 提供的合成事件用來抹平不同瀏覽器事件物件之間的差異，將不同平台事件模擬合成事件。

(2) 避免垃圾回收。事件物件可能會被頻繁地建立和回收，因此 React 引入事件池，在事件池中獲取或釋放事件物件，即 React 事件物件不會被釋放，而是存放進一個陣列中，當事件觸發時，就從這個陣列中彈出，避免頻繁地去建立和銷毀 (垃圾回收)。

(3) 方便事件統一管理和事務機制。

2. React 合成事件與原生事件的區別

React 合成事件與原生事件很相似，但不完全相同，這裡列舉幾個常見區別。

1) 事件名稱命名方式不同

原生事件命名為純小寫 (如 onclick、onblur 等)，而 React 合成事件命名採用小駝峰式 (camelCase)，如 onClick 等，如程式範例 10-31 所示。

程式範例 10-31

```
// 原生事件綁定方式
<button onclick="handleClick()"> 按鈕命名 </button>
//React 合成事件綁定方式
const button = <button onClick={handleClick}> 按鈕命名 </button>
```

2) 事件處理函式寫法不同

原生事件中事件處理函式為字串，在 React JSX 語法中，傳入一個函式作為事件處理函式，如程式範例 10-32 所示。

程式範例 10-32

```
// 原生事件，事件處理函式的寫法
<button onclick="handleClick()"> 按鈕命名 </button>
//React 合成事件，事件處理函式的寫法
const button = <button onClick={handleClick}> 按鈕命名 </button>
```

3) 阻止預設行為方式不同

在原生事件中，可以透過傳回值為 false 的方式來阻止預設行為，但是在 React 合成事件中，需要顯性地使用 preventDefault() 方法來阻止。

這裡以阻止 <a> 標籤預設打開新頁面為例，介紹兩種事件的區別，如程式範例 10-33 所示。

程式範例 10-33

```
// 原生事件阻止預設行為方式
<a href="https://www.51itcto.com"
```

```
    onclick="console.log('阻止原生事件'); return false">
        阻止原生事件
</a>

//React 合成事件阻止預設行為方式
const handleClick = e => {
    e.preventDefault();
    console.log('阻止原生事件');
}
const clickElement = <a href="https://www.51itcto.com" onClick={handleClick}>
    阻止原生事件
</a>
```

3. React 17 事件委託

　　在 React 17 中，React 不會再將事件處理增加到 document 上，如圖
10-15 所示，而是將事件處理增加到繪製 React 樹的根 DOM 容器中，程
式如下：

```
const rootNode = document.getElementById('root');
ReactDOM.render(<App />, rootNode);
```

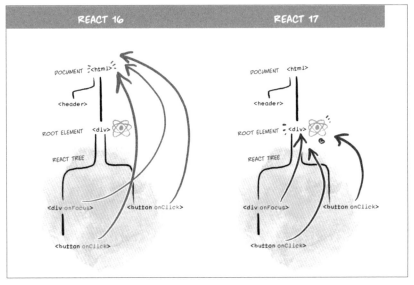

▲ 圖 10-15　React 17 將事件處理增加到繪製 React 樹的根 DOM 容器中

在 React 16 及之前版本中，React 會對大多數事件進行 document. addEventListener() 操作。從 React 17 開始會透過呼叫 rootNode.addEvent Listener() 來代替。

現在，將 React 嵌入使用其他技術建構的應用程式中變得更加容易。舉例來説，如果應用程式的「外殼」是用 jQuery 撰寫的，但其中的較新程式是用 React 撰寫的，當呼叫 e.stopPropagation() 時，React 程式內部現在將阻止它轉找為 jQuery 程式。如果不再喜歡 React 並想重寫該應用程式，則可以將外殼從 React 轉為 jQuery，而不會破壞事件傳播。

10.3.4 條件繪製

在 React 中，可以建立不同的元件來封裝各種需要的行為，然後還可以根據應用的狀態變化只繪製其中的一部分。

React 中的條件繪製和 JavaScript 中的條件繪製一致，使用 JavaScript 操作符號 if 或條件運算子來建立表示當前狀態的元素，然後讓 React 根據它們來更新 UI。

下面兩個元件的寫法可以透過條件繪製合成一個元件，如程式範例 10-34 所示。

程式範例 10-34

```
function UserLogin(props) {
    return <h1>歡迎回來！</h1>;
}

function GuestLogin(props) {
    return <h1>請先註冊。</h1>;
}
```

建立一個 Login 元件，它會根據使用者是否登入來顯示其中之一，如程式範例 10-35 所示。

程式範例 10-35 　判斷登入

```
function Login(props) {
   const isLoggedIn = props.isLoggedIn;
   if (isLoggedIn) {
      return <UserLogin />;
   }
   return <GuestLogin />;
}


ReactDOM.render(
   // 嘗試修改 isLoggedIn={true}:
   <Login isLoggedIn={false} />,
   document.getElementById('example')
);
```

1. 與運算子 &&

　　透過用大括號包裹程式在 JSX 中嵌入任何運算式，也包括 JavaScript 的邏輯與 &&，它可以方便地按條件繪製一個元素，如程式範例 10-36 所示。

程式範例 10-36 　&& 運算子

```
function MailList(props) {
   const unreadMessages = props.unreadMessages;
   return (
      <div>
         <h1>Hello!</h1>
         {unreadMessages.length > 0 &&
            <h2>
               你有 {unreadMessages.length} 筆未讀資訊
            </h2>
         }
      </div>
   );
}


const messages = ['React', 'Re: React', 'Re:Re: React'];
ReactDOM.render(
```

```
    <MailList unreadMessages={messages} />,
    document.getElementById('app')
);
```

在 JavaScript 中，true && expression 總是傳回 expression，而 false && expression 總是傳回 false。

因此，如果條件是 true，&& 右側的元素就會被繪製；如果是 false，則 React 會忽略並跳過它。

2. 三元運算子

條件繪製的另一種方法是使用 JavaScript 的條件運算子，如程式範例 10-37 所示。

程式範例 10-37

```
#condition ? true : false。
ReactDOM.render(
    <div>
      <h1>{i == 1 ? 'True!' : 'False'}</h1>
    </div>
    ,
    document.getElementById('example')
);
```

10.3.5 列表與 Key

React 在繪製列表時，會要求開發者為每清單元素指定唯一的 Key，以幫助 React 辨識哪些元素是新增加的，哪些元素被修改或刪除了。

大部分的情況下，Reconciliation 演算法會遞迴遍歷某個 DOM 節點的全部子節點，以保證改變能夠正確地被應用。這樣的方式在大多數場景下沒有問題，但是對於列表來講，如果在清單中增加了新元素，或某個元素被刪除，則可能會導致整個列表被重新繪製。

1. 以 map() 方法來建立列表

可以使用 ES6 的 map() 方法來建立列表。

使用 map() 方法遍歷陣列生成了一個 1~5 的數字清單，如程式範例 10-38 所示。

程式範例 10-38　map 迴圈

```
const numbers = [1, 2, 3, 4, 5];
const listItems = numbers.map((numbers) =>
   <li>{numbers}</li>
);


ReactDOM.render(
   <ul>{listItems}</ul>,
   document.getElementById('example')
);
```

上面的程式在瀏覽器中執行，會出現警告 a key should be provided for list items，意思就是需要包含 Key，如程式範例 10-39 所示。

程式範例 10-39

```
function List(props) {
   const numbers = props.numbers;
   const listItems = numbers.map((number) =>
     <li key={number.toString()}>
        {number}
     </li>
   );
   return (
     <ul>{listItems}</ul>
   );
}

const numbers = [1, 2, 3, 4, 5];
ReactDOM.render(
   <List numbers={numbers} />,
   document.getElementById('example')
);
```

2. 在 JSX 中嵌入 map()

JSX 允許在大括號中嵌入任何運算式，所以可以在 map() 中這樣使用，如程式範例 10-40 所示。

程式範例 10-40　JSX 嵌入 map()

```
function List(props) {
    const numbers = props.numbers;
    return (
        <ul>
            {numbers.map((number) =>
                <li key={value.toString()}>
                    {value}
                </li>
            )}
        </ul>
    );
}
```

這麼做有時可以使程式更清晰，如果一個 map() 巢狀結構了太多層級，就可以提取出元件。

3. Keys

Keys 可以在 DOM 中的某些元素被增加或刪除時幫助 React 辨識哪些元素發生了變化，因此應當給陣列中的每個元素指定一個確定的標識，如程式範例 10-41 所示。

程式範例 10-41

```
const numbers = [1, 2, 3, 4, 5];
const listItems = numbers.map((number) =>
    <li key={number.toString()}>
        {number}
    </li>
);
```

一個元素的 key 最好是這個元素在清單中擁有的獨一無二的字串。
一般來説使用來自資料的 id 作為元素的 key，如程式範例 10-42 所示。

程式範例 10-42

```
const todoItems = todos.map((todo) =>
   <li key={todo.id}>
      {todo.text}
   </li>
);
```

當元素沒有確定的 id 時，可以使用它的序號索引 index 作為 key，如
程式範例 10-43 所示。

程式範例 10-43

```
const todoItems = todos.map((todo, index) =>
   // 只有在沒有確定的 id 時使用
   <li key={index}>
      {todo.text}
   </li>
);
```

注意：如果列表可以重新排序，則不建議使用索引進行排序，因為這會
導致繪製變得很慢。

使用 index 直接當 key 會帶來哪些風險？

因為 React 會使用 key 來辨識清單元素，當元素的 key 發生改變時，
可能會導致 React 的 Diff 執行在錯誤的元素上，甚至導致狀態錯亂。這
種情況在使用 index 時尤其常見。

雖然不建議，但是在以下場景中可以使用 index 作為 key 值：

(1) 清單和專案是靜態的，不會進行計算也不會被改變。

(2) 列表中的項目沒有 id。

(3) 列表永遠不會被重新排序或過濾。

10.4 元素繪製

React 元素 (虛擬 DOM) 繪製是透過 ReactDOM 函式庫來完成的，ReactDOM 函式庫提供了使用者端繪製和伺服器端繪製兩種繪製方法。

10.4.1 使用者端繪製

React 支援所有的現代瀏覽器，但是需要為舊版瀏覽器 (例如 IE 9 和 IE 10) 引入相關的 polyfills 相依。

1. ReactDOM 提供的方法

ReactDOM 函式庫提供了使用者端繪製 (CSR) 元素和元件、把元件從 DOM 節點中移除移除、建立 Portal 等方法，具體方法如表 10-1 所示。

表 10-1 ReactDOM 提供的方法

方法名稱	說明
render()	把 React 元素 (虛擬 DOM/ 元件) 繪製到指定的 DOM 節點中
hydrate()	與 render() 相同，但它用於在 ReactDOMServer 繪製的容器中對 HTML 的內容進行 hydrate 操作。React 會嘗試在已有標記上綁定事件監聽器
unmountComponentAtNode()	從 DOM 中移除元件，會將其事件處理器 (Event Handlers) 和 state 一併清除。如果指定容器上沒有對應已掛載的元件，則這個函式什麼也不會做。如果元件被移除，則將傳回 true，如果沒有元件可被移除，則將傳回 false
findDOMNode()	findDOMNode 是一個存取底層 DOM 節點的應急方案 (Escape Hatch)。在大多數情況下，不推薦使用該方法，因為它會破壞元件的抽象結構。嚴格模式下該方法已棄用
createPortal()	建立 portal。Portal 將提供一種將子節點繪製到 DOM 節點中的方式，該節點存在於 DOM 元件的層次結構之外

2. ReactDOM.render() 方法

ReactDOM.render() 方法是整個 React 應用程式第一次繪製的入口，

用於將範本轉換成 HTML 語言, 繪製 DOM, 並插入指定的 DOM 節點中。整個執行過程如圖 10-16 所示。

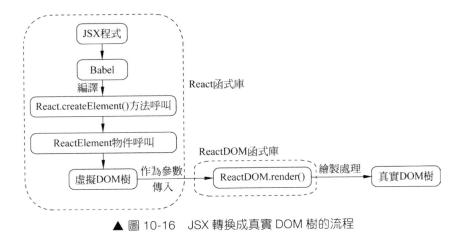

▲ 圖 10-16 JSX 轉換成真實 DOM 樹的流程

語法如下：

```
ReactDOM.render(element, container[, callback])
```

該方法有 3 個參數：範本的繪製內容 (HTML 形式)、需要插入的 DOM 節點和繪製後的回呼。用法如程式範例 10-44 所示。

程式範例 10-44　ReactDOM.render() 方法

```
//1. 匯入 React
import React from 'react'
import ReactDOM from 'react-dom'

//2. 建立虛擬 DOM
const divVD = React.createElement('div', {
title: 'hello react'
}, 'Hello React')

//3. 或直接使用 JSX 建立 React 元素
const divEle = <h1>hello react element !<h1>

//4. 繪製
```

```
// 參數 1：虛擬 DOM 物件；參數 2：DOM 物件表示繪製到哪個元素；參數 3：回呼函式
ReactDOM.render(divVD, document.getElementById('app'))
```

10.4.2 伺服器端繪製

renderToString() 是 react-dom/server 中提供的用來做伺服器端繪製 (SSR) 的方法，它可以將 JSX 轉換成 HTML 字串。這樣在瀏覽器中請求頁面時，就可以將元件引入伺服器端並轉換成 HTML 回應給瀏覽器，如程式範例 10-45 所示。

程式範例 10-45　renderToString() 方法

```
const express = require('express');
const app = express();
const React = require('react');
const {renderToString} = require('react-dom/server');
const App = class extends React.PureComponent{
   render(){
      return React.createElement("h1",null,"Hello World");;
   }
};
app.get('/',function(req,res){
   const content = renderToString(React.createElement(App));
   res.send(content);
});
app.listen(3000);
```

10.5 元件

React 提供元件 (Component) 導向的開發模式，元件是 React 的核心，在 React 中可以把一個頁面拆分成功能獨立和可重複使用的小元件，每個元件都是獨立的業務單元，元件之間可以自由組裝。React 為程式設計師提供了一種子元件不能直接影響外層元件 (Data Flows Down) 的模型，實現了元件和元件的隔離。

10.5.1 React 元素與元件的區別

1. 什麼是 React 元素

React 元素 (React Element) 是 React 中最小的基本單位，一旦建立，其子元素、屬性等都無法更改，元素名稱使用小駝峰法命名。

React 元素是簡單的 JS 物件，描述的是 React 虛擬 DOM(結構及繪製效果)。

React 元素是 React 應用的最基礎組成單位。大部分的情況下不會直接使用 React 元素。React 元件的重複使用，本質上是為了重複使用這個元件傳回的 React 元素。

1) 建構 React 元素的 3 種方法

建構 React 元素的方法：使用 JSX 語法、React.createElement() 方法和 React.cloneElement() 方法。

JSX 語法如下：

```
const element = <h1 className='greeting'>Hello, world</h1>;
```

React.createElement() 方法：JSX 語法就是用 React.createElement() 方法來建構 React 元素的。它接收 3 個參數，第 1 個參數可以是一個標籤名稱，如 div、span，或 React 元素；第 2 個參數為傳入的屬性；第 3 個及之後的參數，皆作為元件的子元件，如程式範例 10-46 所示。

程式範例 10-46　createElement()

```
React.createElement(
    type,
    [props],
    [...children]
)
```

React.cloneElement() 方法與 React.createElement() 方法相似，不同的

是它傳入的第 1 個參數是一個 React 元素，而非標籤名稱或元件。新增加的屬性會與原有的屬性合併，傳入傳回的新元素中，而舊的子元素將被替換，如程式範例 10-47 所示。

程式範例 10-47　cloneElement()

```
React.cloneElement(
    element,
    [props],
    [...children]
)
```

2) React 如何判斷一個值是 Element(isValidElement)

透過判斷一個物件是否是合法的 React 元素，即判斷虛擬 DOM 的 $$typeof 屬性是否為 REACT_ELEMENT_TYPE，如程式範例 10-48 所示。

程式範例 10-48　isValidElement()

```
export function isValidElement(object) {
    return (
      typeof object === 'object' &&
        object !== null &&
        object.$$typeof === REACT_ELEMENT_TYPE
    );
}
```

3) React 元素的分類

React 元素分為以下兩類。

(1) DOM 類型的元素：DOM 類型的元素使用像 h1、div、p 等 DOM 節點標籤建立 React 元素。

(2) 元件類型的元素：元件類型的元素使用 React 元件建立 React 元素。

如程式範例 10-49 所示。

程式範例 10-49

```
#DOM 類型的元素
const buttonElement = <Button color='red'>確定</Button>;

# 元件類型的元素
const buttonElement = {
   type: 'Button',
   props: {
      color: 'red',
      children: ' 確定 '
   }
}
```

2. 什麼是元件

所謂元件 (Component)，即封裝起來的具有獨立功能的 UI 元件。

自定義元件是對 HTML 標籤的一種擴充，可以利用元件把介面拆分成一個個小的獨立可重複使用的功能模組，就像架設積木一樣拼裝介面。

React 元件可以分為類別式元件和函式元件。元件名稱必須字首大寫，React 元件最核心的作用是呼叫 React.createElement() 方法傳回 React 元素。

> **注意**：React 會將以小寫字母開頭的元件視為原生 DOM 標籤。舉例來說，<div /> 代表 HTML 的 div 標籤，而 <Welcome /> 則代表一個元件，並且需要在作用域內使用 Welcome。

3. 元素與元件的區分

從寫法上區分元素與元件。

<A/> 整個運算式是一個元素，而 A 是一個元件，元件不是是函式 (類別也是函式)，就是是純 DOM。

10.5.2 建立元件

建立元件有 3 種方法：函式式元件的建立、類別式元件的建立和獨立模組元件的建立。下面逐步介紹不同的元件建立方法。

1. 函式式元件的建立

建立元件最簡單的方式就是撰寫 JavaScript 函式，如程式範例 10-50 所示。

程式範例 10-50　函式式元件

```
# 此函式式元件等於下面的函式式元件
function Welcome(props) {
    return <h1>Hello, {props.name}</h1>;
}
# 箭頭函式式元件
const Welcome = (props) => {
    return <h1>Hello, {props.name}</h1>;
}
```

該函式是一個有效的 React 元件，因為它接收唯一附帶資料的 props(代表屬性)物件與並傳回一個 React 元素。這類元件被稱為「函式式元件」，因為它本質上就是 JavaScript 函式。

滿足函式式元件的條件如下：

(1) 函式名稱字首必須大寫，如 Welcome。

(2) 函式接收一個參數 props。

(3) 函式必須傳回一個合法的 React 元素，合法的 React 元素包括空字串、null、JSX、React.createElement/cloneElment 的虛擬 DOM。

2. ES6 類別式元件的建立

建立一個類別式元件比較簡單，ES6 類別只需繼承 React.Component 基礎類別就可建立一個合法的 React 元件，如程式範例 10-51 所示。

程式範例 10-51   ES6 類別式元件

```
# 類別式元件
class Welcome extends React.Component {
    render() {
        return <h1>Hello, {this.props.name}</h1>;
    }
}
```

滿足 ES6 類別式元件的條件如下：

(1) 類別名稱首必須大寫，如 Welcome。

(2) 類別中必須有一個實例方法 render()，render() 方法必須傳回一個
     合法的 React 元素，這和函式式元件傳回值要求一致。

注意：使用 class 定義的元件，render() 方法是唯一且必需的方法，其他
元件的生命週期方法都只不過是為 render() 服務而已，都不是必需的。

3. 模組式元件 (.jsx/.tsx) 的建立

單模組元件是一個獨立的 .js、.jsx、.tsx 檔案，.jsx 表示元件使用 JSX
撰寫 UI，.tsx 表示元件使用 TypeScript+JSX 撰寫 UI，一般為了區分元件
和普通 JS 模組，會使用 jsx 或 tsx 作為副檔名，如程式範例 10-52 所示。

程式範例 10-52   建立一個根元件 App.jsx

```
import './App.css';
function App() {
    return (
        <h1>hello react17</h1>
    );
}
export default App;
```

在傳統的物件導向的開發方式中，類別實例化的工作是由開發者自
己手動完成的，但在 React 中，元件的實例化工作則是由 React 自動完成
的，元件實例也是直接由 React 管理的。換句話說，開發者完全不必關心
元件實例的建立、更新和銷毀。

10.5.3 元件的輸入介面

元件的三大內建屬性包括 props(元件的輸入介面)、state(元件的狀態)、refs(元件的引用)，如圖 10-17 所示。

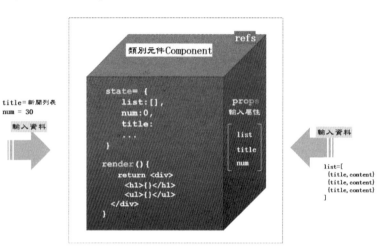

▲ 圖 10-17　元件的結構

props 屬性是元件的輸入 / 輸出屬性，props 類似函式的參數，用於傳遞不同的參數值，元件傳回不同的視圖效果，從而達到元件重複使用的目的。

1. props 的基本用法

props 是元件的輸入介面，類似標籤的自訂屬性，props 的命名通常使用小寫或使用串式寫法。

1) 函式式元件 props

在函式中 props 類似參數，用於傳遞不同的參數值，如程式範例 10-53 所示。

程式範例 10-53　函式式元件 props

```
# 定義元件 User
function User(props) {
    return <div className="card">
```

```
      <img alt={props.name} src={props.pic} />
      <h5>{props.name}</h5>
   </div>
}

# 資料定義
const userData = {
   pic:"assets/pic1.png",
   name:" 張三 "
}

# 呼叫元件 User
ReactDOM.render(
   <User pic={userData.pic} name={userData.name}/>,
   document.getElementById('root')
);
```

在函式式元件中，props 是一個物件，在元件的運算式中使用 props. name 和 props.pic，表示元件有兩個屬性介面：name 和 pic。

props 物件中的屬性值可以是任意類型，如可以將一個函式傳遞到元件中。

元件的呼叫格式如下：

```
<User pic={userDate.pic} name={userDate.name}/>
```

User 元件的繪製效果如圖 10-18 所示。

▲ 圖 10-18　User 元件繪製效果

> **注意**：props 屬性介面後面的變數，透過 {} 括號包裹，{} 括號外面不可以有雙引號。

2) 類別式元件的 props

在類別式元件中，props 是類別的內建屬性，可以直接透過 this.props 存取，如程式範例 10-54 所示。

程式範例 10-54 類別式元件的 props

```
export class UserList extends React.Component {
    constructor(props) {
        super(props);
    }

    render() {
        return (
            <section>
                {
                    this.props.users.map((user, index) => {
                        return <User key={index}
                                     pic={user.pic}
                                     name={user.name} />
                    })
                }
            </section>
        )
    }
}
```

元件呼叫效果如程式範例 10-55 所示。

程式範例 10-55

```
const UserListData = [
{
    pic:"assets/pic1.png",
    name:" 張三 "
},
{
```

```
    pic:"assets/pic2.png",
    name:" 張三 "
}
]
<UserList users={UserListData}/>
```

效果如圖 10-19 所示。

▲ 圖 10-19　UserList 元件繪製效果

2. props 參數驗證

隨著應用程式的程式不斷增多,可以透過類型檢查捕捉大量錯誤。對於某些應用程式來講,可以使用 Flow 或 TypeScript 等 JavaScript 擴充來對整個應用程式做類型檢查,但即使不使用這些擴充,React 也內建了一些類型檢查的功能。要在元件的 props 上進行類型檢查,只需設定特定的 PropTypes 屬性,如程式範例 10-56 所示。

程式範例 10-56　props 參數驗證

```
import PropTypes from 'prop-types';
class Greeting extends React.Component {
    render() {
        return (
```

```
        <h1>Hello, {this.props.name}</h1>
    );
  }
}
Greeting.propTypes = {
    name: PropTypes.string
};
```

在此範例中使用的是類別式元件,但是同樣的功能也可用於函式式元件,或由 React.memo/React.forwardRef 建立的元件。

PropTypes 提供了一系列驗證器,可用於確保元件接收的資料型態是有效的。在本例中,使用了 PropTypes.string。當傳入的 props 值的類型不正確時,JavaScript 主控台將顯示警告。出於性能方面的考慮,PropTypes 僅在開發模式下進行檢查。

1) PropTypes

以下提供了使用不同驗證器的例子,如程式範例 10-57 所示。

程式範例 10-57

```
import PropTypes from 'prop-types';
MyComponent.propTypes = {
    // 可以將屬性宣告為 JS 原生類型,預設情況下
    // 這些屬性都是可選的
    optionalArray: PropTypes.array,
    optionalBool: PropTypes.bool,
    optionalFunc: PropTypes.func,
    optionalNumber: PropTypes.number,
    optionalObject: PropTypes.object,
    optionalString: PropTypes.string,
    optionalSymbol: PropTypes.symbol,

    // 任何可被繪製的元素,包括數字、字串、元素或陣列
    // 或 Fragment
    optionalNode: PropTypes.node,

    // 一個 React 元素
    optionalElement: PropTypes.element,
```

```
// 一個 React 元素類型 (MyComponent)
optionalElementType: PropTypes.elementType,

// 也可以將 props 宣告為類別的實例，這裡使用
//JS 的 instanceof 操作符號
optionalMessage: PropTypes.instanceOf(Message),

// 可以讓 props 只能是特定的值，如將它指定為
// 列舉類型
optionalEnum: PropTypes.oneOf(['News', 'Photos']),

// 一個物件可以是幾種類型中的任意一種類型
optionalUnion: PropTypes.oneOfType([
  PropTypes.string,
  PropTypes.number,
  PropTypes.instanceOf(Message)
]),

// 可以指定一個陣列由某一類型的元素組成
optionalArrayOf: PropTypes.arrayOf(PropTypes.number),

// 可以指定一個物件由某一類型的值組成
optionalObjectOf: PropTypes.objectOf(PropTypes.number),

// 可以指定一個物件由特定的類型值組成
optionalObjectWithShape: PropTypes.shape({
  color: PropTypes.string,
  fontSize: PropTypes.number
}),

//An object with warnings on extra properties
optionalObjectWithStrictShape: PropTypes.exact({
  name: PropTypes.string,
  quantity: PropTypes.number
}),

// 可以在任何 PropTypes 屬性後面加上 isRequired，確保
// 這個 props 沒有被提供時會輸出警告資訊
requiredFunc: PropTypes.func.isRequired,
```

```
    // 任意類型的必需資料
    requiredAny: PropTypes.any.isRequired,

    // 可以指定一個自訂驗證器，它在驗證失敗時應傳回一個 Error 物件
    // 不要使用 console.warn 或拋出異常，因為這在 oneOfType 中不會起作用
    customProp: function(props, propName, componentName) {
        if (!/matchme/.test(props[propName])) {
            return new Error(
                'Invalid prop `' + propName + '` supplied to' +
                ' `' + componentName + '`. Validation failed.'
            );
        }
    },

    // 也可以提供一個自訂的 arrayOf 或 objectOf 驗證器
    // 它應該在驗證失敗時傳回一個 Error 物件
    // 驗證器將驗證陣列或物件中的每個值。驗證器的前兩個參數代表的意義
    // 第 1 個參數是陣列或物件本身
    // 第 2 個參數是它們當前的鍵
    customArrayProp: PropTypes.arrayOf(function(propValue, key, componentName,
location, propFullName) {
        if (!/matchme/.test(propValue[key])) {
            return new Error(
                'Invalid prop `' + propFullName + '` supplied to' +
                ' `' + componentName + '`. Validation failed.'
            );
        }
    })
};
```

2) 限制單一元素

可以透過 PropTypes.element 來確保傳遞給元件的 children 中只包含一個元素，如程式範例 10-58 所示。

程式範例 10-58

```
import PropTypes from 'prop-types';
class MyComponent extends React.Component {
```

```
    render() {
        // 此處必須只有一個元素，否則主控台會顯示警告
        const children = this.props.children;
        return (
            <div>
                {children}
            </div>
        );
    }
}
MyComponent.propTypes = {
    children: PropTypes.element.isRequired
};
```

3) 預設 props 值

可以透過設定特定的 defaultProps 屬性來定義 props 的預設值，如程式範例 10-59 所示。

程式範例 10-59

```
class Greeting extends React.Component {
    render() {
        return (
            <h1>Hello, {this.props.name}</h1>
        );
    }
}
// 指定 props 的預設值
Greeting.defaultProps = {
    name: 'Stranger'
};
// 繪製出 "Hello, Stranger":
ReactDOM.render(
    <Greeting />,
    document.getElementById('example')
);
```

如果正在使用像 plugin-proposal-class-propertie 的 Babel 轉換工具，則可以在 React 元件類別中宣告 defaultProps 作為靜態屬性。此語法提

案還沒有最終確定，需要進行編譯後才能在瀏覽器中執行，如程式範例 10-60 所示。

程式範例 10-60

```
class Greeting extends React.Component {
   static defaultProps = {
     name: 'stranger'
   }
   render() {
     return (
        <div>Hello, {this.props.name}</div>
     )
   }
}
```

defaultProps 用於確保 this.props.name 在父元件沒有指定其值時有一個預設值。PropTypes 類型檢查發生在 defaultProps 賦值後，所以類型檢查也適用於 defaultProps。

4) 函式式元件

如果在常規開發中使用函式式元件，則可能需要做一些適當的改動，以保證 PropsTypes 應用正常。

假設有以下元件，如程式範例 10-61 所示。

程式範例 10-61

```
export default function HelloWorldComponent({ name }) {
   return (
     <div>Hello, {name}</div>
   )
}
```

要增加 PropTypes，可能需要在匯出之前以單獨宣告一個函式的形式宣告該元件，具體的程式如程式範例 10-62 所示。

程式範例 10-62

```
function HelloWorldComponent({ name }) {
   return (
      <div>Hello, {name}</div>
   )
}
export default HelloWorldComponent
```

接著可以直接在 HelloWorldComponent 上增加 PropTypes，如程式範例 10-63 所示。

程式範例 10-63

```
import PropTypes from 'prop-types'

function HelloWorldComponent({ name }) {
   return (
      <div>Hello, {name}</div>
   )
}

HelloWorldComponent.propTypes = {
   name: PropTypes.string
}
export default HelloWorldComponent
```

3. props.children

每個元件都可以獲取 props.children，它包含元件的開始標籤和結束標籤之間的內容，如程式範例 10-64 所示。

程式範例 10-64

```
<Welcome>Hello world!</Welcome>
```

在 Welcome 元件中獲取 props.children，這樣就可以得到字串 Hello world!，如程式範例 10-65 所示。

程式範例 10-65

```
function Welcome(props) {
    return <p>{props.children}</p>;
}
```

對於類別式元件，應使用 this.props.children 獲取，如程式範例 10-66 所示。

程式範例 10-66

```
class Welcome extends React.Component {
    render() {
        return <p>{this.props.children}</p>;
    }
}
```

10.5.4 元件的狀態

元件的狀態 (state) 包含了隨時可能發生變化的資料。state 由使用者自訂，它是一個普通的 JavaScript 物件。

如果某些值未用於繪製或用作資料流程 (例如計時器 ID)，則不必將其設定為 state，此類值可以在元件實例上定義。

state 與 props 類似，但是 state 是私有的，並且完全受控於當前元件。

注意：state 屬性是類別式元件的內建屬性，state 的狀態變化會引起視圖的重新繪製。在函式式元件中並沒有 state 屬性，因此函式也可以叫作無狀態元件。在 React 16 版本後，React Hook 給函式式元件引入了狀態，但是用法有很大區別，具體的區別將在後面 Hook 章節裡介紹。

1. state 的基本用法

下面的例子演示如何使用 state 設定元件的狀態，頁面隨著 state 的變化而變化，state 在元件中代表的就是有狀態的資料，狀態的變化會即時反映到視圖上，這就是資料驅動，如程式範例 10-67 所示。

程式範例 10-67　state 的用法

```
import { Component } from "react";
export class Counter extends Component {
    constructor(props) {
        super(props)
        // 初始化狀態
        this.state = {
            num:0
        }
    }

    updateNum() {
        let { num } = this.state;
        // 更新狀態，狀態變化，render() 方法會重新呼叫
        this.setState({
            num: ++num
        })
    }

    // 繪製元件
    render() {
        return (
            <div>
                <h1>{this.state.num}</h1>
                <button onClick={this.updateNum}>+</button>
            </div>
        )
    }
}

# 呼叫元件，繪製到頁面
ReactDOM.render(
    <div className='box'>
        <Counter/>
    </div>,
    document.getElementById('root')
);
```

　　上面的程式，當點擊按鈕時，會報 Uncaught TypeError 錯誤，如圖 10-20 所示。

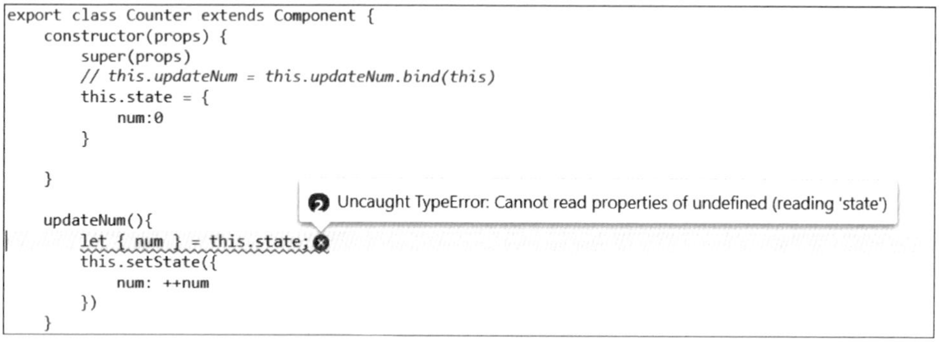

```
export class Counter extends Component {
    constructor(props) {
        super(props)
        // this.updateNum = this.updateNum.bind(this)
        this.state = {
            num:0
        }

    }

    updateNum(){
        let { num } = this.state;
        this.setState({
            num: ++num
        })
    }
```

⚠ Uncaught TypeError: Cannot read properties of undefined (reading 'state')

▲ 圖 10-20　點擊按鈕時顯示出錯

　　上面錯誤的原因是當 ES6 函式脫離實例呼叫時，this 無法指向實例。解決這個問題的方法有下面兩種。

1) 在建構函式中綁定 (ES2015)

　　解決方法如程式範例 10-68 所示。

程式範例 10-68

```
constructor(props) {
    super(props)
    # 綁定 this
    this.updateNum = this.updateNum.bind(this)
    this.state = {
        num:0
    }
}

updateNum(){
    let { num } = this.state;
    this.setState({
        num: ++num
    })
}
```

2) 使用箭頭函式

解決方法如程式範例 10-69 所示。

程式範例 10-69

```
updateNum=()=>{
   let { num } = this.state;
   this.setState({
      num: ++num
   })
}
```

效果如圖 10-21 所示。

▲ 圖 10-21　Counter 元件的效果

3) state 屬性的初始化

　　類別元件中，state 必須初始化後才可以使用，state 的初始化必須在建構函式中進行，程式如下：

```
// 初始化狀態
this.state = {
   num:0
}
```

4) 更新 state 屬性值 (setState())

　　程式如下：

```
# 獲取最新狀態
let { num } = this.state;
```

```
# 更新狀態
this.setState({
   num: ++num # 設定新值
})
```

或採用另一種方法，程式如下：

```
this.setState((state, props) => {
   return {num: state.num + 1};
});
```

setState() 將對元件 state 的更改排入佇列，並通知 React 需要使用更新後的 state 重新繪製此元件及其子元件。這是用於更新使用者介面以回應事件處理器和處理伺服器資料的主要方式。

將 setState() 視為請求而非立即更新元件的命令。為了更進一步地感知性能，React 會延遲呼叫它，然後一次傳遞更新多個元件。React 並不會保證 state 的變更會立即生效。

setState() 並不總是立即更新元件，它會批次延後更新，這使在呼叫 setState() 後立即讀取 this.state 成為隱憂。為了消除隱憂，應使用 componentDidUpdate 或 setState() 的回呼函式，如 setState(updater, callback)，這兩種方式都可以保證在應用更新後立即觸發。如需基於之前的 state 設定當前的 state，則可閱讀下述關於參數 updater 的內容。

除非 shouldComponentUpdate() 傳回 false，否則 setState() 將始終執行重新繪製操作。如果可變物件被使用，並且無法在 shouldComponentUpdate() 中實現條件繪製，則僅在新舊狀態不一致時呼叫 setState() 可以避免不必要的重新繪製。

2. 如何正確地使用 state

下面介紹如何正確地使用 state。

1) 不要直接修改 state

舉例來說，此程式不會重新繪製元件，如程式範例 10-70 所示。

程式範例 10-70

```
//Wrong
this.state.comment = 'Hello';
// 而是應該使用 setState()

//Correct
this.setState({comment: 'Hello'});
```

建構函式是唯一可以給 this.state 賦值的函式。

2) state 的更新可能是非同步的

出於性能考慮，React 可能會把多個 setState() 呼叫合併成一個呼叫。

因為 this.props 和 this.state 可能會非同步更新，所以不要相依它們的值來更新下一種狀態。

舉例來說，此程式可能會無法更新計數器，如程式範例 10-71 所示。

程式範例 10-71

```
//Wrong
this.setState({
    counter: this.state.counter + this.props.increment,
});
```

要解決這個問題，可以讓 setState() 接收一個函式而非一個物件。這個函式用上一個 state 作為第 1 個參數，將此次更新被應用時的 props 作為第 2 個參數，如程式範例 10-72 所示。

程式範例 10-72

```
//Correct
this.setState((state, props) => ({
    counter: state.counter + props.increment
}));
// 上面使用了箭頭函式，不過使用普通的函式也同樣可以：

//Correct
this.setState(function(state, props) {
```

```
   return {
      counter: state.counter + props.increment
   };
});
```

3) state 的更新會被合併

　　當呼叫 setState() 時，React 會把提供的物件合併到當前的 state。舉例來說，state 包含幾個獨立的變數，如程式範例 10-73 所示。

程式範例 10-73

```
constructor(props) {
   super(props);
   this.state = {
      posts: [],
      comments: []
   };
}
```

　　然後可以分別呼叫 setState() 來單獨地更新它們，如程式範例 10-74 所示。

程式範例 10-74

```
componentDidMount() {
   fetchPosts().then(response => {
      this.setState({
         posts: response.posts
      });
   });

   fetchComments().then(response => {
      this.setState({
         comments: response.comments
      });
   });
}
```

這裡的合併是淺合併，所以 this.setState({comments}) 完整地保留了 this.state.posts，但是完全替換了 this.state.comments。

10.5.5　元件中函式處理

本節介紹在元件中如何綁定和使用事件，以及函式的節流和防抖的用法。

1. 函式呼叫的節流和防抖

如果有一個 onClick 或 onScroll 這樣的事件處理器，想要阻止回呼被觸發得太快，則可以限制執行回呼的速度，可透過以下幾種方式做到這點。

(1) 節流：基於時間的頻率進行抽樣更改 (例如 _.throttle)。
(2) 防抖：一段時間的不活動之後發佈更改 (例如 _.debounce)。

1) 節流

節流阻止函式在替定時間視窗內被呼叫不能超過一次。下面這個例子會節流 click 事件處理器，使其每秒只能被呼叫一次，如程式範例 10-75 所示。

程式範例 10-75　lodash.throttle

```
import throttle from 'lodash.throttle';
class LoadMoreButton extends React.Component {
  constructor(props) {
    super(props);
    this.handleClick = this.handleClick.bind(this);
    this.handleClickThrottled = throttle(this.handleClick, 1000);
  }

  componentWillUnmount() {
    this.handleClickThrottled.cancel();
  }

  render() {
```

```
      return <button onClick={this.handleClickThrottled}>Load More</button>;
   }

   handleClick() {
      this.props.loadMore();
   }
}
```

2) 防抖

防抖可確保函式不會在上一次被呼叫之後一定時間內被執行。當必須進行一些費時的計算來回應快速派發的事件時 (例如滑鼠捲動或鍵盤事件)，防抖是非常有用的。下面這個例子以 250ms 的延遲來改變文字輸入，如程式範例 10-76 所示。

程式範例 10-76　lodash.debounce

```
import debounce from 'lodash.debounce';
class Searchbox extends React.Component {
   constructor(props) {
      super(props);
      this.handleChange = this.handleChange.bind(this);
      this.emitChangeDebounced = debounce(this.emitChange, 250);
   }
   componentWillUnmount() {
      this.emitChangeDebounced.cancel();
   }
   render() {
      return (
         <input
         type="text"
         onChange={this.handleChange}
         placeholder="Search..."
         defaultValue={this.props.value}
      />
   );
}

   handleChange(e) {
      this.emitChangeDebounced(e.target.value);
```

```
    }

    emitChange(value) {
    this.props.onChange(value);
    }
}
```

3) requestAnimationFrame 節流

requestAnimationFrame 是在瀏覽器中排隊等待執行的一種方法，它可以在呈現性能的最佳時間執行。一個函式被 requestAnimationFrame 放入佇列後將在下一畫格觸發。瀏覽器會努力確保每秒更新 60 畫格 (60 畫格 / 秒)。

然而，如果瀏覽器無法確保，則自然會限制每秒的畫格數。舉例來說，某個裝置可能只能每秒處理 30 畫格，所以每秒只可以得到 30 畫格。使用 requestAnimationFram 來節流是一種有用的技術，它可以防止在 1 秒內進行 60 畫格以上的更新。如果 1 秒內完成 100 次更新，則會為瀏覽器帶來額外的負擔，而使用者卻無法感知到這些工作。

注意，使用這種方法時只能獲取某一畫格中最後發佈的值，如程式範例 10-77 所示。

程式範例 10-77 requestAnimationFrame 節流

```
import rafSchedule from 'raf-schd';
class ScrollListener extends React.Component {
    constructor(props) {
        super(props);
        this.handleScroll = this.handleScroll.bind(this);
        this.scheduleUpdate = rafSchedule(
            point => this.props.onScroll(point)
        );
    }

    handleScroll(e) {
        this.scheduleUpdate({ x: e.clientX, y: e.clientY });
    }
```

```
  componentWillUnmount() {
    this.scheduleUpdate.cancel();
  }

  render() {
    return (
      <div
        style={{ overflow: 'scroll' }}
        onScroll={this.handleScroll}
      >
        <img src="/my-huge-image.jpg" />
      </div>
    );
  }
}
```

4) 測試速率限制

在測試速率限制的程式是否正確工作時，如果可以 (對動畫或操作)
進行快進將很有幫助。如果正在使用 jest，則可以使用 mock timers 來快
進。如果正在使用 requestAnimationFrame 節流，就會發現 raf-stub 是一
個控制動畫畫格的十分有用的工具。

2. 在 JSX 綁定事件

可以使用箭頭函式包裹事件處理器並傳遞參數，程式如下：

```
<button onClick={() => this.handleClick(id)} />
```

以上程式和呼叫 .bind 是等值的，程式如下：

```
<button onClick={this.handleClick.bind(this, id)} />
```

透過箭頭函式傳遞參數，如程式範例 10-78 所示。

程式範例 10-78

```
const A = 65 //ASCII 碼
```

```
class Alphabet extends React.Component {
    constructor(props) {
        super(props);
        this.state = {
            justClicked: null,
            letters: Array.from({length: 26}, (_, i) => String.fromCharCode(A + i))
        };
    }
    handleClick(letter) {
        this.setState({ justClicked: letter });
    }
    render() {
        return (
            <div>
                Just clicked: {this.state.justClicked}
            <ul>
                {this.state.letters.map(letter =>
                    <li key={letter} onClick={() => this.handleClick(letter)}>
                        {letter}
                    </li>
                )}
            </ul>
        </div>
        )
    }
}
```

範例，透過 data-attributes 傳遞參數，如程式範例 10-79 所示。

程式範例 10-79　透過 data-attributes 傳遞參數

```
const A = 65 //ASCII character code

class Alphabet extends React.Component {
    constructor(props) {
        super(props);
        this.handleClick = this.handleClick.bind(this);
        this.state = {
            justClicked: null,
```

```
        letters: Array.from({length: 26}, (_, i) => String.fromCharCode(A + i))
    };
  }

  handleClick(e) {
    this.setState({
      justClicked: e.target.dataset.letter
    });
  }

  render() {
    return (
      <div>
        Just clicked: {this.state.justClicked}
        <ul>
          {this.state.letters.map(letter =>
            <li key={letter} data-letter={letter} onClick={this.
handleClick}>
              {letter}
            </li>
          )}
        </ul>
      </div>
    )
  }
}
```

同樣地，也可以使用 DOM API 來儲存事件處理器需要的資料。如果需要最佳化大量元素或使用相依於 React.PureComponent 相等性檢查的繪製樹，則可考慮使用此方法。

10.5.6 元件的生命週期

元件從建立到銷毀的過程被稱為元件的生命週期。

在生命週期的各個階段都有相對應的鉤子函式，會在特定的時機被呼叫，被稱為元件的生命週期鉤子。

函式式元件沒有生命週期，因為生命週期函式是由 React.Component 類別的方法實現的，函式式元件沒有繼承 React.Component，所以也就沒有生命週期。

由於未來採用非同步繪製機制，所以即將在 React 17 版本中刪除的生命週期鉤子函式，新的生命週期如圖 10-22 所示。

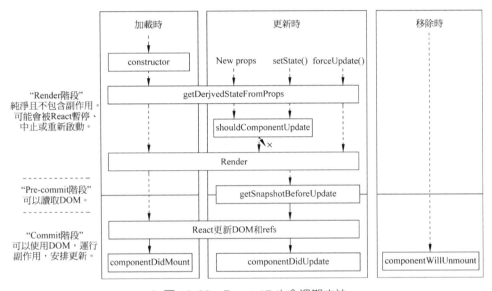

▲ 圖 10-22　React 17 生命週期方法

在 React 17 版本刪除以下 3 個函式：componentWillMount()、componentWillReceiveProps() 和 componentWillUpdate()。

保留使用 UNSAFE_componentWillMount()、UNSAFE_component WillReceiveProps()、UNSAFE_componentWillUpdate() 等函式。

如圖 10-22 所示，React 的生命週期可以分為 3 個階段。

(1) 元件加載 (Mount)：元件第一次繪製到 DOM 樹。

(2) 元件更新 (Update)：元件 state 和 props 變化引發的重新繪製。

(3) 元件移除 (Unmount)：元件從 DOM 樹刪除。

在下面的例子中，利用生命週期函式實現字型閃爍效果，如程式範例 10-80 所示。

程式範例 10-80 生命週期函式呼叫

```
import React from "react"
import ReactDOM from "react-dom"
export default class Life extends React.Component{
    state = {opacity:1}
    // 呼叫時機：元件加載完畢
    componentDidMount(){
        this.timer = setInterval(() => {
            let {opacity} = this.state
            opacity -= 0.1
            if(opacity <= 0) opacity = 1
            this.setState({opacity})
        }, 200);
    }
    // 呼叫時機：元件將要移除
    componentWillUnmount(){
        clearInterval(this.timer)
    }
    handleUnmount = ()=>{
        // 移除元件
        ReactDOM.unmountComponentAtNode(document.getElementById('app'))
    }
    // 呼叫時機：初始化繪製、狀態更新之後
    render(){
        return(
            <div>
                <h2 style={{opacity:this.state.opacity}}>
                    // 閃爍透明度會變化的文字
                </h2>
                <button onClick={this.handleUnmount}>點擊移除</button>
            </div>
        )
    }
}
```

接下來，詳細介紹各個階段的生命週期函式的使用。

1. 元件加載期 (Mount)

當元件實例被建立並插入 DOM 中時,其生命週期呼叫順序如下。

1) constructor()

如果不初始化 state 或不為事件處理函式綁定實例,則不需要寫 constructor() 建構函式。

不能在 constructor() 建構函式內部呼叫 this.setState(),因為此時第一次 render() 還未執行,也就表示 DOM 節點還未掛載。

2) static getDerivedStateFromProps(nextProps,prevState)

static getDerivedStateFromProps(nextProps,prevState) 函式不論建立時還是更新時,都在 render() 之前。為了讓 props 能更新到元件內部的 state 中,它應傳回一個物件來更新 state,如果傳回 null,則不更新任何內容。

該函式是靜態方法,內部的 this 指向的是類別而非實例,所以不能透過 this 存取 class 的屬性。要保持其純函式的特點,透過參數 nextPros 和 prevState 進行判斷,根據新傳入的 props 來映射 state。

沒有內容更新的情況下也一定要傳回一個 null 值,不然會顯示出錯,程式如下:

```
static getDerivedStateFromProps(nextProps,prevState){
    //state 無更新時執行 return null
    return null;
}
```

3) render()

render() 方法是類別元件中唯一必須實現的方法,用於繪製 DOM,render() 方法必須傳回 reactDOM。注意,在 render() 的 return 之前不能寫 setState,否則會觸發無窮迴圈而導致記憶體崩潰,但在 return 本體裡面是可以寫的。

4) componentDidMount()

在元件加載後 (插入 DOM 樹後) 立即呼叫，此生命週期是發送網路請求、開啟計時器、訂閱訊息等的好時機，並且可以在此鉤子函式裡直接呼叫 setState()。

2. 元件更新期 (Update)

當元件的 props 或 state 發生變化時會觸發更新。元件更新的生命週期呼叫順序為 static getDerivedStateFromProps() 和 shouldComponentUpdate(nextProps, nextState)。

此方法僅作為性能最佳化的方式而存在。不要企圖依靠此方法來「阻止」繪製，因為這可能會產生 Bug。應該考慮使用內建的 PureComponent 元件，而非手動撰寫 shouldComponentUpdate()。PureComponent 會對 props 和 state 進行淺層比較，並減少了跳過必要更新的可能性。

render() 和 getSnapshotBeforeUpdate() 使元件可以在可能更改之前從 DOM 捕捉一些資訊 (例如捲動位置)，在聊天氣泡頁面中用來計算捲動高度。它傳回的任何值都將作為參數傳遞給 componentDidUpdate()。

在 render() 之後，可以讀取但無法使用 DOM 時的程式如下：

```
getSnapshotBeforeUpdate(prevProps, prevState) {
  // 捕捉捲動的位置，以便後面進行捲動 注意傳回的值
  if (prevProps.list.length < this.props.list.length) {
    const list = this.listRef.current;
    return list.scrollHeight - list.scrollTop;
  }
  return null;
}
```

componentDidUpdate() 會在更新後會被立即呼叫，但第一次繪製不會執行。

3. 元件移除期 (Unmount)

當元件從 DOM 中移除時會呼叫 componentWillUnmount() 方法。

4. 錯誤處理

當繪製過程中在生命週期或子元件的建構函式中拋出錯誤時，會呼叫 static getDerivedStateFromError() 和 componentDidCatch() 方法。

10.5.7 元件的引用

元件的引用 (refs) 提供了一種方式，允許存取 DOM 節點或在 render() 方法中建立的 React 元素。

在典型的 React 資料流程中，props 是父元件與子元件互動的唯一方式。如果要修改一個子元件，則需要使用新的 props 來重新繪製它，但是，在某些情況下，需要在典型態資料流之外強制修改子元件。被修改的子元件可能是一個 React 元件的實例，也可能是一個 DOM 元素。對於這兩種情況，React 都提供了解決辦法。

1. 何時使用 refs

下面是幾個適合使用 refs 的情況：

(1) 管理焦點、文字選擇或媒體播放。

(2) 觸發強制動畫。

(3) 整合協力廠商 DOM 函式庫。

這裡需要注意的是，避免使用 refs 來做任何可以透過宣告式實現來完成的事情。舉個例子，避免在 Dialog 元件裡曝露 open() 和 close() 方法，最好傳遞 isOpen 屬性。

2. 建立 refs

refs 是使用 React.createRef() 建立的，並透過 ref 屬性附加到 React 元素上。在構造元件時，通常將 refs 分配給實例屬性，以便可以在整個元件中引用它們,如程式範例 10-81 所示。

程式範例 10-81 refs

```
class MyComponent extends React.Component {
   constructor(props) {
   super(props);
   this.myRef = React.createRef();
}
render() {
   return <div ref={this.myRef} />;
   }
}
```

3. 存取 refs

當 refs 被傳遞給 render 中的元素時,對該節點的引用可以在 refs 的 current 屬性中被存取,程式如下:

```
const node = this.myRef.current;
```

refs 的值根據節點的類型的不同而有所不同:

(1) 當 refs 屬性用於 HTML 元素時,建構函式中使用 React.createRef() 建立的 refs 可接收底層 DOM 元素作為其 current 屬性。

(2) 當 refs 屬性用於自訂類別式元件時,refs 物件接收元件的掛載實例作為其 current 屬性。

(3) 不能在函式式元件上使用 refs 屬性,因為它們沒有實例。

4. 為 DOM 元素增加 refs

以下程式使用 refs 去儲存 DOM 節點的引用,如程式範例 10-82 所示。

程式範例 10-82 為 DOM 元素增加 refs

```
class CustomTextInput extends React.Component {
   constructor(props) {
```

```
    super(props);
    // 建立一個 refs 來儲存 textInput 的 DOM 元素
    this.textInput = React.createRef();
    this.focusTextInput = this.focusTextInput.bind(this);
  }

  focusTextInput() {
    // 直接使用原生 API 使 text 輸入框獲得焦點
    // 注意：此處透過 "current" 存取 DOM 節點
    this.textInput.current.focus();
  }

render() {
    // 告訴 React 想把 <input>refs 連結到
    // 建構元裡建立的 textInput 上
    return (
      <div>
        <input
          type="text"
          ref={this.textInput} />
        <input
          type="button"
          value="Focus the text input"
          onClick={this.focusTextInput}
          />
      </div>
    );
  }
}
```

　　React 會在元件掛載時給 current 屬性傳入 DOM 元素，並在元件移除時傳入 null 值。refs 會在 componentDidMount 或 componentDidUpdate 生命週期鉤子觸發前更新。

5. 為類別式元件增加 refs

　　如果想包裝上面的 CustomTextInput，來模擬它掛載之後立即被點擊的操作，則可以使用 refs 獲取這個自訂的 input 元件並手動呼叫它的 focusTextInput() 方法，如程式範例 10-83 所示。

程式範例 10-83　　為類別式元件增加 refs

```
class AutoFocusTextInput extends React.Component {
   constructor(props) {
      super(props);
      this.textInput = React.createRef();
   }

   componentDidMount() {
      this.textInput.current.focusTextInput();
   }

   render() {
      return (
         <CustomTextInput ref={this.textInput} />
      );
   }
}
```

　　需要注意的是，這僅在 CustomTextInput 宣告為 class 時才有效，程式如下：

```
class CustomTextInput extends React.Component {
   //...
}
```

6. refs 與函式式元件

　　預設情況下，不能在函式式元件上使用 refs 屬性，因為它們沒有實例，可以在函式式元件內部使用 refs 屬性，只要它指向一個 DOM 元素或類別式元件，如程式範例 10-84 所示。

程式範例 10-84

```
function CustomTextInput(props) {
   // 這裡必須宣告 textInput，這樣 refs 才可以引用它
   const textInput = useRef(null);

   function handleClick() {
```

```
      textInput.current.focus();
   }

   return (
     <div>
       <input
         type="text"
         ref={textInput} />
       <input
         type="button"
         value="Focus the text input"
         onClick={handleClick}
       />
     </div>
   );
}
```

10.6 元件設計與最佳化

透過 10.5 節，已經了解了基本的元件開發流程，接下來進一步了解如何建立高重複使用性和性能優的元件。

10.6.1 高階元件

高階元件 (High Order Component，HOC) 是 React 中對元件邏輯重複使用部分進行抽離的高級技術，但高階元件並不是一個 React API，它只是一種設計模式，類似於裝飾器模式。具體而言，高階元件就是一個函式，並且該函式接收一個元件作為參數，並傳回一個新元件，程式如下：

```
const EnhancedComponent = higherOrderComponent(WrappedComponent);
```

元件是將 props 轉為 UI，而高階元件是將元件轉為另一個元件。

1. 高階元件的意義

使用高階元件的意義主要有以下兩點：

(1) 重用程式。有時很多 React 元件需要公用同一個邏輯，例如 Redux 中容器元件的部分，沒有必要讓每個元件都實現一遍 shouldComponentUpdate() 這些生命週期函式，把這部分邏輯提取出來，利用高階元件的方式再次應用，就可以減少很多元件的重複程式。

(2) 修改現有 React 元件的行為。有些現成的 React 元件並不是開發者自己開發的，而是來自協力廠商，或即使是自己開發的，但是不想去觸碰這些元件的內部邏輯，這時可以用高階元件。透過一個獨立於原有元件的函式，可以產生新的元件，對原有元件沒有任何侵入性。

2. 高階元件的實現方式可以分為兩大類

根據傳回的新元件和傳入元件參數的關係，高階元件的實現方式可以分為兩大類：代理方式的高階元件和繼承方式的高階元件。

3. 屬性代理

屬性代理 (Props Proxy) 有以下幾點作用：操作 props、提取 state 和用其他元素包裹，實現版面配置等目的。

1) 操作 props

可以對原元件的 props 進行增、刪、改、查操作，需要考慮到不能破壞原元件。下面的例子透過 PropHOC 給元件增加新的 props，如程式範例 10-85 所示。

程式範例 10-85　操作 props

```
import React from "react"
function PropHOC(WrappedComponent) {
  return class extends React.Component {
    constructor(props) {
```

```
      super(props)
    }
    render() {
      const newProps = {
        user: localStorage.getItem("username") || 'Nick'
      }
      return <WrappedComponent {...this.props} {...newProps} />
    }
  }
}
const User = (props) => {
  return <h1>{props.user}</h1>
}
export default PropHOC(User)
```

2) 提取 state

可以透過傳入 props 和回呼函式把 state 提取出來，類似於智慧元件和木偶元件。下面透過一個簡單提取 state 的例子提取 input 的 value () 和 onChange () 方法，如程式範例 10-86 所示。

程式範例 10-86　chapter10\react17_basic\src\pages\06_hoc\Demo2.jsx

```
import React from "react"
function StateHOC(WrappedComponent) {
  return class extends React.Component {
    constructor(props) {
      super(props)
      this.state = {
        name: ''
      }
      this.onNameChange = this.onNameChange.bind(this)
    }
    onNameChange(event) {
      this.setState({
        name: event.target.value
      })
    }
    render() {
      const newProps = {
```

```
      name: {
          value: this.state.name,
          onChange: this.onNameChange
        }
      }
      return <WrappedComponent {...this.props} {...newProps} />
    }
  }
}
class MyInput extends React.Component {
  render() {
    return <input name="name" {...this.props.name} />
  }
}
export default StateHOC(MyInput)
```

3) 包裹 WrappedComponent

為了封裝樣式、版面配置等目的，可以將被包裝的元件用元件或元素包裹起來，如程式範例 10-87 所示。

程式範例 10-87

```
function HOC(WrappedComponent) {
  return class extends React.Component {
    render() {
      return (
        <div style={{display: 'flex'}}>
          <WrappedComponent {...this.props}/>
        </div>
      )
    }
  }
}
```

4. 繼承反轉 (Inheritance Inversion)

高階元件繼承了被包裝的元件，表示可以存取被包裝的元件的 state、props、生命週期和 render 方法。如果在高階元件中定義了與被包裝元件的名稱相同方法，將發生覆蓋，此種情況就必須手動透過 super 進行呼叫。透過完全操作被包裝元件的 render() 方法傳回的元素樹，可以真正實現繪製綁架，這種思想具有較強的入侵性。如程式範例 10-88 所示。

程式範例 10-88

```
functionHOC(WrappedComponent) {
    return class extends WrappedComponent {
        componentDidMount() {
            super.componentDidMount();
        }
        componentWillUnmount() {
            super.componentWillUnmount();
        }
        render() {
            return super.render();
        }
    }
}
```

舉例來說，實現一個顯示 loading 的請求。元件中存在網路請求，完成請求前顯示 loading，完成後再顯示具體的內容。

可以用高階元件實現，如程式範例 10-89 所示。

程式範例 10-89　chapter10\react17_basic\src\pages\06_hoc\Demo3.jsx

```
import React from "react"
function HOC() {
    return class extends ComponentClass {
        render() {
            if (this.state.success) {
                return super.render()
            }
            return <div>Loading...</div>
        }
    }
}
class ComponentClass extends React.Component {
    constructor(){
        super();
```

```
      this.state = {
        success: false,
        data: null
      };
    }
  async componentDidMount() {
    const result = await fetch("https://jsonplaceholder.typicode.com/photos");
    this.setState({
      success: true,
      data: result.data
    });
  }
  render() {
    return <div>主要內容</div>
  }
}
export default HOC()
```

10.6.2 Context 模式

在一個典型的 React 應用中，資料是透過 props 屬性從上往下 (由父
及子) 進行傳遞的，但此種用法對於某些類型的屬性而言是極其煩瑣的
(例如地區偏好、UI 主題)，這些屬性是應用程式中許多元件所需要的。
Context 提供了一種在元件之間共用此類值的方式，而不必顯性地透過元
件樹逐層傳遞 props。

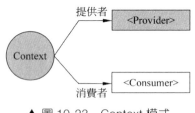

▲ 圖 10-23　Context 模式

Context 模式提供了一個無須為每層元件手動增加 props 就能在元件
樹間進行資料傳遞的方法，如圖 10-23 所示。

Context 設計的目的是為了共用那些對於一個元件樹而言是「全域」的資料,例如當前認證的使用者、主題或首選語言。

在程式範例 10-90 中,透過一個 theme 屬性手動調整一個按鈕元件的樣式。元件的資料傳遞是從上往下的,如果元件巢狀結構的層級較深,則透過元件的 props 傳遞會非常麻煩,如圖 10-24 所示。

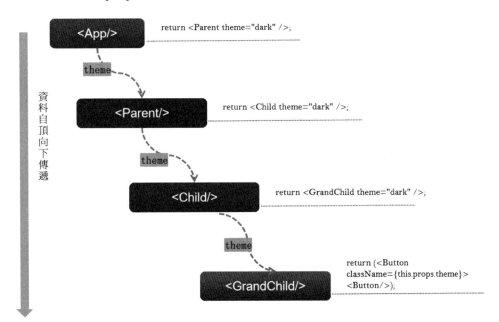

▲ 圖 10-24　元件基於 props 的層級傳遞

程式範例 10-90　props 層層傳遞主題 theme

```
class App extends React.Component {
    render() {
        return <Toolbar theme="dark" />;
    }
}
function Toolbar(props) {
    //Toolbar 元件接收一個額外的 theme 屬性,然後傳遞給 ThemedButton 元件
    // 如果應用中每個單獨的按鈕都需要知道 theme 的值,這會是件很麻煩的事
    // 因為必須將這個值層層傳遞給所有元件
    return (
```

```
    <div>
      <ThemedButton theme={props.theme} />
    </div>
  );
}
class ThemedButton extends React.Component {
  render() {
    return <Button theme={this.props.theme} />;
  }
}
```

　　使用 Context 模式可以避免透過中間元素傳遞 props，如圖 10-25 所示。Context 可以為巢狀結構的元件提供上下文中的全域物件，子元件不需要透過 props 就可以透過 Consumer 模式獲取資料。

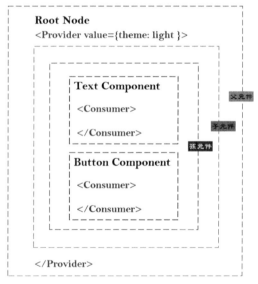

▲ 圖 10-25　基於 Provider/Consumer 模式的傳遞

　　下面的例子，透過一個動態 Context，將資料共用給子元件。

　　首先建立一個主題 Context，設定的預設值為 themes.dart，如程式範例 10-91 所示。

程式範例 10-91   theme-context.js

```
import React from 'react'
export const themes = {
   light: {
      foreground: '#000000',
      background: '#eeeeee',
   },
   dark: {
      foreground: '#ffffff',
      background: '#222222',
   },
};
export const ThemeContext = React.createContext(
   themes.dark        // 預設值
);
```

接下來建立一個 Toolbar 中間元件，如程式範例 10-92 所示。

程式範例 10-92   toolbar.jsx

```
function Toolbar(props) {
   return (
     <ThemedButton onClick={props.changeTheme}>
        改變主題
     </ThemedButton>
   );
}
```

建立一個 ThemeButton 元件，如程式範例 10-93 所示。

程式範例 10-93   themed-button.js

```
import React from 'react'
import {ThemeContext} from './theme-context';

class ThemedButton extends React.Component {
   render() {
      let props = this.props;
      let theme = this.context;
      return (
```

```
      <button
        {...props}
        style={{backgroundColor: theme.background}}
      />
    );
  }
}
ThemedButton.contextType = ThemeContext;

export default ThemedButton;
```

建立 App.jsx 檔案，動態傳遞主題色，如程式範例 10-94 所示。

程式範例 10-94　app.jsx

```
class App extends React.Component {
  constructor(props) {
    super(props);
    this.state = {
      theme: themes.light,
    };

    this.toggleTheme = () => {
      this.setState(state => ({
        theme:
      state.theme === themes.dark
        ? themes.light
        : themes.dark,
      }));
    };
  }

  render() {
    // 在 ThemeProvider 內部的 ThemedButton 按鈕元件使用 state 中的 theme 值
    // 而外部的元件使用預設的 theme 值
    return (
      <div>
        <ThemeContext.Provider value={this.state.theme}>
          <Toolbar changeTheme={this.toggleTheme} />
        </ThemeContext.Provider>
```

```
        </div>
      );
    }
}
export default App;
```

10.6.3 Component 與 PureComponent

React.PureComponent 與 React.Component 很 相 似。兩者的區別在於 React.Component 並未實現 shouldComponentUpdate() 函式,而 React.PureComponent 中以淺層對比 props 和 state 的方式實現了該函式。

如果指定 React 元件相同的 props 和 state,render() 方法會繪製相同的內容,則在某些情況下使用 React.PureComponent 可提高性能。

React.PureComponent 中 的 shouldComponentUpdate() 函 式 僅 進 行物件的淺層比較。如果物件中包含複雜的資料結構,則有可能因為無法檢查深層的差別而產生錯誤的比對結果。僅在 props 和 state 較為簡單時,才使用 React.PureComponent,或在深層資料結構發生變化時呼叫 forceUpdate() 函式來確保元件被正確地更新。也可以考慮使用 immutable 物件加速巢狀結構資料的比較。

此 外,React.PureComponent 中 的 shouldComponentUpdate() 函 式將跳過所有子元件樹的 props 更新,因此,需要確保所有子元件也都是「純」的元件。

10.6.4 React.memo

React.memo 為高階元件。如果元件在相同 props 的情況下繪製相同的結果,則可以透過將其包裝在 React.memo 中呼叫,以此透過記憶元件繪製結果的方式來提高元件的性能表現。這表示在這種情況下,React 將跳過繪製元件的操作並直接重複使用最近一次繪製的結果,程式如下:

```
const MyComponent = React.memo(function MyComponent(props) {
   /* 使用 props 繪製 */
});
```

React.memo 僅檢查 props 變更。如果函式式元件被 React.memo 包裹，並且其實現中擁有 useState、useReducer 或 useContext 的 Hook，當 state 或 context 發生變化時，它仍會重新繪製。

預設情況下其只會對複雜物件做淺層對比，如果想要控制對比過程，則可將自訂的比較函式透過第 2 個參數傳入實現，程式如下：

```
function MyComponent(props) {
   /* 使用 props 繪製 */
}
function areEqual(prevProps, nextProps) {
   /*
   把 nextProps 傳入 render() 方法的傳回結果與
   把 prevProps 傳入 render() 方法的傳回結果如果一致，則傳回 true
   否則傳回 false
   */
}
export default React.memo(MyComponent, areEqual);
```

此方法僅作為性能最佳化的方式而存在，但不要依賴它來「阻止」繪製，因為這會產生 Bug。

> **注意**：與類別式元件中 shouldComponentUpdate() 函式不同的是，如果 props 相等，則 areEqual 的傳回值為 true；如果 props 不相等，則傳回值為 false。這與 shouldComponentUpdate() 函式的傳回值相反。

React.memo() 使用場景就是用純函式式元件頻繁繪製 props，如程式範例 10-95 所示。

程式範例 10-95 React.memo

```
import React, { Component } from 'react'
// 使用 React.memo 代替以上的 title 元件，讓函式元件也擁有 Purecomponent 的功能
```

```
const Title = React.memo((props) => {
    console.log("title 元件被呼叫 ")
    return (
      <div>
        標題 :{props.title}
      </div>
    )
})

class Count extends Component {
    render() {
        console.log(" 這是 Count 元件 ")
        return (
          <div>
            筆數 :{this.props.count}
          </div>
        )
    }
}

export default class Purememo extends Component {
    constructor(props) {
        super(props)
        this.state = {
            title: 'shouldComponentUpdate 使用 ',
            count: 0
        }
    }
    componentDidMount() {
        setInterval(() => {
            this.setState({
              count: this.state.count + 1
            })
        }, 1000)
    }
    render() {
        return (
          <div>
            <Title title={this.state.title}></Title>
            <Count count={this.state.count}></Count>
```

```
        </div>
      )
    }
  }
}
```

10.6.5 元件惰性載入

React.lazy() 函式能讓開發者像繪製常規元件一樣處理動態引入的元件。React.lazy() 接收一個函式，這個函式需要動態地呼叫 import()。它必須傳回一個 Promise，該 Promise 需要處理一個 default export 的 React 元件。

然後在 Suspense 元件中繪製 lazy 元件，如此可以在等待載入 lazy 元件時做降級 (如 loading 指示器等)，如程式範例 10-96 所示。

程式範例 10-96   React.lazy 惰性載入

```
import React, { Suspense } from 'react';
const OtherComponent = React.lazy(() => import('./OtherComponent'));
function MyComponent() {
  return (
    <div>
      <Suspense fallback={<div>Loading...</div>}>
        <OtherComponent />
      </Suspense>
    </div>
  );
}
```

fallback 屬性接收任何在元件載入過程中想展示的 React 元素。可以將 Suspense 元件置於惰性載入元件之上的任何位置，甚至可以用一個 Suspense 元件包裹多個惰性載入元件，如程式範例 10-97 所示。

程式範例 10-97

```
import React, { Suspense } from 'react';
const OtherComponent = React.lazy(() => import('./OtherComponent'));
const AnotherComponent = React.lazy(() => import('./AnotherComponent'));
```

```
function MyComponent() {
  return (
    <div>
      <Suspense fallback={<div>Loading...</div>}>
        <section>
          <OtherComponent />
          <AnotherComponent />
        </section>
      </Suspense>
    </div>
  );
}
```

10.6.6 Portals

　　Portal 提供了一種將子節點繪製到存在於父元件以外的 DOM 節點的優秀的方案。Portal 的語法格式如下：

```
ReactDOM.createPortal(child, container)
```

　　第 1 個參數 (child) 是任何可繪製的 React 子元素，例如一個元素、字串或 fragment。第 2 個參數 (container) 是一個 DOM 元素。

1. Portals 基本用法

　　通常來講，當從元件的 render() 方法傳回一個元素時，該元素將被加載到 DOM 節點中離其最近的父節點，程式如下：

```
render() {
  //React 加載了一個新的 div，並且把子元素繪製其中
  return (
    <div>
      {this.props.children}
    </div>
  );
}
```

然而，有時將子元素插入 DOM 節點中的不同位置也有好處，程式如下：

```
render() {
  //React 並沒有建立一個新的 div，它只是把子元素繪製到 domNode 中
  //domNode 是一個可以在任何位置的有效 DOM 節點
  return ReactDOM.createPortal(
    this.props.children,
    domNode
  );
}
```

一個 Portal 的典型使用案例是當父元件有 overflow：hidden 或 z-index 樣式時，但需要子元件能夠在視覺上「跳出」其容器。舉例來說，對話方塊、懸浮卡及提示框。

注意：當在使用 Portal 時，記住管理鍵盤焦點就變得尤為重要。對於模態對話方塊，透過遵循 WAI-ARIA 模態開發實踐，來確保每個人都能夠運用它。

2. 透過 Portal 進行事件反昇

儘管 Portal 可以被放置在 DOM 樹中的任何地方，但在任何其他方面，其行為和普通的 React 子節點的行為一致。由於 Portal 仍存在於 React 樹，且與 DOM 樹中的位置無關，所以無論其子節點是否是 Portal，像 Context 這樣的功能特性都是不變的。

一個從 Portal 內部觸發的事件會一直反昇至包含 React 樹的祖先，即使這些元素並不是 DOM 樹中的祖先。假設存在以下 HTML 結構，如程式範例 10-98 所示。

程式範例 10-98 多入口 HTML

```
<html>
  <body>
    <div id="app-root"></div>
```

```
        <div id="modal-root"></div>
    </body>
</html>
```

在 #app-root 裡的 Parent 元件能夠捕捉到未被捕捉的從兄弟節點 #modal-root 反昇上來的事件，如程式範例 10-99 所示。

程式範例 10-99　Portal 進行事件反昇

```
// 在 DOM 中有兩個容器是兄弟級 (siblings) 的
import React from "react";
import ReactDOM from "react-dom";
const modalRoot = document.getElementById('modal-root');

class Modal extends React.Component {
    constructor(props) {
        super(props);
        this.el = document.createElement('div');
    }
    componentDidMount() {
        // 在 Modal 的所有子元素被加載後
        // 這個 Portal 元素會被嵌入 DOM 樹中
        // 這表示子元素將被加載到一個分離的 DOM 節點中
        // 如果要求子元件在加載時可以立刻連線 DOM 樹
        // 例如衡量一個 DOM 節點
        // 或在後代節點中使用 autoFocus
        // 則需將 state 增加到 Modal 中
        // 僅當 Modal 被插入 DOM 樹中時才能繪製子元素
        modalRoot.appendChild(this.el);
    }
    componentWillUnmount() {
        modalRoot.removeChild(this.el);
    }

    render() {
        return ReactDOM.createPortal(
            this.props.children,
            this.el
        );
    }
```

```
}

export defaultclass Parent extends React.Component {
    constructor(props) {
        super(props);
        this.state = { clicks: 0 };
        this.handleClick = this.handleClick.bind(this);
    }
    handleClick() {
        // 當子元素裡的按鈕被點擊時
        // 將會被觸發更新父元素的 state
        // 即使這個按鈕在 DOM 中不是直接連結的後代
        this.setState(state => ({
            clicks: state.clicks + 1
        }));
    }

    render() {
        return (
            <div onClick={this.handleClick}>
                <p>點擊次數：{this.state.clicks}</p>
                <Modal>
                    <Child />
                </Modal>
            </div>
        );
    }
}
function Child() {
    // 這個按鈕的點擊事件會反昇到父元素
    // 因為這裡沒有定義 onClick 屬性
    return (
        <div className="modal">
            <button>Model 中的按鈕 </button>
        </div>
    );
}
```

效果如圖 10-26 所示。

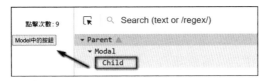

▲ 圖 10-26　透過 Portal 進行事件反昇

10.7　React Hook

　　React Hook 是 React 16.8 版本中的新增特性。Hook 允許在函式式元件中使用 state 及其他的 React 特性。這是 React 一次重大的嘗試，之前在函式式元件中無法使用狀態，只能在 class 定義的元件中使用 state。類別的元件寫法隨著開發專案的複雜化也帶來了一些問題，同時 React 一直宣導函式式程式設計，Hook 實現了真正意義上的函式式元件程式設計。

10.7.1　React Hook 介紹

　　Hook(鉤子) 的解釋是：儘量使用純函式撰寫元件，如果需要外部功能和副作用，就用鉤子把外部程式 "Hook into" 進來 (裝進鉤子)。React Hook 就是那些鉤子。

　　React Hook 預設提供了一些常用鉤子，也可以封裝自己的鉤子。

　　如果在撰寫函式式元件時意識到需要向其增加一些 state，以前的做法是必須將其轉為類別。現在可以直接在現有的函式式元件中使用 Hook。凡是 use 開頭的 React API 都是 Hook。

1. 使用 React Hook 的好處

(1) 針對最佳化類別元件的三大問題：狀態邏輯難重複使用、趨向複雜難以維護、this 指向問題。

(2) 在無須修改元件結構的情況下重複使用狀態邏輯 (自訂 Hook)。

(3) 將元件中相互連結的部分拆分成更小的函式 (例如設定訂閱或請求資料)。

(4) 副作用的重點分離：副作用指那些沒有發生在資料向視圖轉換
過程中的邏輯，如 Ajax 請求、存取原生 DOM 元素、本地持久
化快取、綁定 / 解綁事件、增加訂閱、設定計時器、記錄記錄檔
等。這些副作用都寫在類別元件生命週期函式中。

2. 使用 React Hook 規則

(1) 只能在頂層使用，其目的是保證 Hook 在每一次繪製中都能按照
相同的順序被呼叫。

(2) 只能在函式式元件或自訂 Hook 中呼叫。

3. React Hook 是如何與元件連結起來的

React 會保持對當前繪製元件的追蹤，每個元件內部都有一個記憶儲
存格，用於儲存 JS 物件資料。當呼叫 Hook 時就讀取取當前 Hook 所在元
件的記憶儲存格裡面的資料。

10.7.2 useState()

useState() 用於為函式式元件引入狀態 (state)。因為純函式不能有狀
態，所以把狀態放在鉤子裡面。

1. 初始化 state

初始化 state 的方法是使用 useState() 方法，語法如下：

```
const [num, setNum] = useState(initialState);
```

上面的程式會傳回一個 num 和 num 的更新函式，num 和 setNum 名
稱是自己定義的。在初始繪製期間，傳回的狀態 (num) 與傳入的第 1 個
參數 (initialState) 的值相同。

setNum() 函式用於更新 num，它接收一個新的 num 值並將元件的一
次重新繪製加入佇列。

1) 惰性初始化 state

initialState 參數只會在元件的初始繪製中起作用，後續繪製時會被忽略。如果初始 num 需要透過複雜計算獲得，則可以傳入一個函式，在函式中計算並傳回初始的 num，此函式只在初始繪製時被呼叫，如程式範例 10-100 所示。

程式範例 10-100　惰性初始化 state

```
const [num, setNum] = useState(() => {
   const initialState = someExpensiveComputation(props);
   return initialState;
});
```

2) 案例介紹

下面的例子介紹不同的初始化的用法，如程式範例 10-101 所示。

程式範例 10-101　useState

```
export function Counter() {
   // 宣告狀態
   const [num, setNum] = useState(0);
   const [title, setTitle] = useState(" 初始化標題 ");
   const [user, setUser] = useState({})
   // 惰性初始化 state
   const [list, setList] = useState(()=>{
      return [1]
   })

   const updateList = (n) => {
      console.log(list)
      list.push(n)
      setList([...list])
   }

   return (<div>
      <h1>{num}</h1>
      <h1>{title}</h1>
      <p>{user.name}</p>
      <p>
```

```
      {list.length > 0 ? "list:" : "List 是空的 "}
      {
        list.map(v => {
          return v + " "
        })
      }
    </p>

    <div>
      <button onClick={() => setNum(num + 1)}>更新 Num</button>
      <button onClick={() => setTitle(" 很好，Title")}> 更新 Title</button>
      <button onClick={() => setUser({ name: " 張颯 " })}> 更新 user</button>
      <button onClick={() => updateList(2)}> 更新 list</button>
    </div>
  </div>
  )
}
```

效果如圖 10-27 所示。

▲ 圖 10-27　useState 的用法

2. 更新 state

　　如果新的 state 需要透過先前的 state 計算得出，則可以將函式傳遞給 setState()。該函式將接收先前的 state，並傳回一個更新後的值。下面的計數器元件範例展示了 setState() 的兩種用法，如程式範例 10-102 所示。

程式範例 10-102　更新 state

```
function Counter({initialCount}) {
    const [count, setCount] = useState(initialCount);
    return (
      <>
        Count: {count}
        <button onClick={() => setCount(initialCount)}>Reset</button>
        <button onClick={() => setCount(prevCount => prevCount - 1)}>-</button>
        <button onClick={() => setCount(prevCount => prevCount + 1)}>+</button>
      </>
    );
}
```

「+」和「-」按鈕採用函式式形式，因為被更新的 state 需要基於之前的 state，但是「重置」按鈕則採用普通形式，因為它總是把 count 設定回初值。

10.7.3 useEffect()

useEffect() 用來引入具有副作用的操作，最常見的就是向伺服器請求資料。以前放在 componentDidMount 裡面的程式，現在可以放在 useEffect() 裡。

useEffect() 的用法如下：

```
useEffect(()=>{
    //Async Action
}, [dependencies])
```

在上面的用法中，useEffect() 接收兩個參數。第 1 個參數是一個函式，非同步作業的程式放在裡面。第 2 個參數是一個陣列，用於舉出 effect 的相依項，只要這個陣列發生變化，useEffect() 就會執行。第 2 個參數可以省略，這時每次元件繪製時，都會執行 useEffect()，如程式範例 10-103 所示。

程式範例 10-103　useEffect 用法

```
useEffect(() => {
    // 每次呼叫 render() 方法後執行
    return () => {
    // 當前 effect 之前對上一個 effect 進行清除
    }
})
useEffect(() => {
    // 僅在第一次呼叫 render() 方法後執行
    return () => {
    // 元件移除前執行
    }
}, [])
useEffect(() => {
    //arr 變化後，在呼叫 render() 方法後執行
    return () => {
    // 在下一 useEffect() 方法執行前執行
    }
}, arr)
```

1. useEffect() 基礎用法

　　每次重新繪製都會生成新的 effect 替換掉之前的。每個 effect 屬於一次特定的繪製，如程式範例 10-104 所示。

程式範例 10-104

```
import React,{Component,useState,useEffect} from 'react';
import ReactDOM from 'react-dom';
function Counter(){
    const [number,setNumber] = useState(0);
    //useEffect() 方法裡面的這個函式會在第一次繪製之後和更新完成後執行
    // 相當於 componentDidMount 和 componentDidUpdate
    useEffect(() => {
        document.title = '點擊了 ${number} 次 ';
    });
    return (
        <>
            <p>{number}</p>
```

```
         <button onClick={()=>setNumber(number+1)}>+</button>
      </>
   )
}
ReactDOM.render(<Counter />, document.getElementById('root'));
```

2. 清除 useEffect

　　一般來說元件移除時需要清除 effect 建立的諸如訂閱或計時器 ID 等資源。要實現這一點，useEffect() 函式需傳回一個清除函式。以下就是一個清除訂閱的例子，如程式範例 10-105 所示。

程式範例 10-105　清除 useEffect

```
useEffect(() => {
   const subscription = props.source.subscribe();
   return () => {
     // 清除訂閱
     subscription.unsubscribe();
   };
});
```

　　副作用函式還可以透過傳回一個函式來指定如何清除副作用，為了防止記憶體洩漏，清除函式會在元件移除前執行。如果元件多次繪製，則在執行下一個 effect 之前上一個 effect 就已被清除，如程式範例 10-106 所示。

程式範例 10-106　傳入一個空的相依項陣列，不會去重複執行

```
function Counter(){
   let [number,setNumber] = useState(0);
   let [text,setText] = useState('');
   // 相當於 componentDidMount 和 componentDidUpdate
   useEffect(()=>{
     console.log('開啟一個新的計時器')
     let $timer = setInterval(()=>{
       setNumber(number=>number+1);
     },1000);
     //useEffect()，如果傳回一個函式，則該函式會在元件移除和更新時呼叫
```

```
    //useEffect() 在執行副作用函式之前,會先呼叫上一次傳回的函式
    // 如果要清除副作用,則可傳回一個清除副作用的函式
    /*return ()=>{
      console.log('destroy effect');
      clearInterval($timer);
    } */
  });
  //},[]);// 也可在這裡傳入一個空的相依項陣列,這樣就不會去重複執行了
  return (
    <>
      <input value={text}
    onChange={(event)=>setText(event.target.value)}/>
      <p>{number}</p>
      <button>+</button>
    </>
  )
}
```

3. 跳過 effect 進行性能最佳化

　　相依項陣列控制著 useEffect() 的執行,如果某些特定值在兩次重繪製之間沒有發生變化,則可以通知 React 跳過對 effect 的呼叫,只要傳遞陣列作為 useEffect() 的第 2 個可選參數即可。

　　如果想執行只執行一次的 effect(僅在元件加載和移除時執行),則可以傳遞一個空陣列 ([]) 作為第 2 個參數。這就告訴 React 此 effect 不相依於 props 或 state 中的任何值,所以它永遠都不需要重複執行,如程式範例 10-107 所示。

程式範例 10-107　透過相依項陣列控制 useEffect() 執行

```
function Counter(){
  let [number,setNumber] = useState(0);
  let [text,setText] = useState('');
  // 相當於 componentDidMount 和 componentDidUpdate
  useEffect(()=>{
    console.log('useEffect');
    let $timer = setInterval(()=>{
      setNumber(number=>number+1);
```

```
      },1000);
    },[text]);      // 陣列表示 effect 相依的變數，只有當這個變數發生改變之後才會重新執
                    // 行 useEffect() 方法
    return (
      <>
        <input value={text}
      onChange={(event)=>setText(event.target.value)}/>
        <p>{number}</p>
        <button>+</button>
      </>
    )
}
```

4. 使用多個 effect 實現重點分離

　　使用 Hook 其中的目的就是要解決 class 中生命週期函式經常包含不相關的邏輯，但又把相關邏輯分離到了幾個不同方法中的問題。

　　Hook 允許按照程式的用途分離它們，而非像生命週期函式那樣。React 將按照 effect 宣告的順序依次呼叫元件中的每個 effect，如程式範例 10-108 所示。

程式範例 10-108　多個 effect

```
function FriendStatusWithCounter(props) {
    const [count, setCount] = useState(0);
    useEffect(() => {
      document.title = 'You clicked ${count} times';
    });

    const [isOnline, setIsOnline] = useState(null);
    useEffect(() => {
      function handleStatusChange(status) {
        setIsOnline(status.isOnline);
      }

    ChatAPI.subscribeToFriendStatus(props.friend.id, handleStatusChange);
    return () => {
      ChatAPI.unsubscribeFromFriendStatus(props.friend.id,
handleStatusChange);
```

```
      };
   });
   //...
}
```

10.7.4 useLayoutEffect()

　　useLayoutEffect() 函式名稱與 useEffect() 類似，但它會在所有的 DOM 變更之後同步呼叫 effect。可以使用它來讀取 DOM 版面配置並同步觸發重繪製。在瀏覽器執行繪製之前，useLayoutEffect() 內部的更新計畫將被同步更新。

　　下面透過一個簡單的例子比較 useLayoutEffect() 和 useEffect() 的差別，如程式範例 10-109 所示。

程式範例 10-109　　useEffect() vs useLayoutEffect()

```
export function App() {
   const [count, setCount] = useState(0);
   useEffect(() => {// 改為 useLayoutEffect
     if (count === 0) {
        const randomNum = 10 + Math.random()*200
        setCount(10 + Math.random()*200);
     }
   }, [count]);

   return (
     <div onClick={() => setCount(0)}>{count}</div>
   );
}
```

　　執行上面的元件，點擊 div 按鈕，頁面會更新一串隨機數，當連續點擊此按鈕時，會發現這串數字在發生抖動。造成抖動原因在於，每次點擊 div 按鈕時，count 會更新為 0，之後 useEffect() 內又把 count 改為一串隨機數，所以頁面會先繪製成 0，然後繪製成隨機數，由於更新很快，所以出現了閃爍。

接下來將 useEffect() 改為 useLayoutEffect() 後閃爍消失了。相比使用 useEffect()，當點擊 div 按鈕時，count 更新為 0，此時頁面並不會繪製，而是等待 useLayoutEffect() 內部狀態修改後才會去更新頁面，所以頁面不會閃爍，瀏覽器繪製過程如圖 10-28 所示。

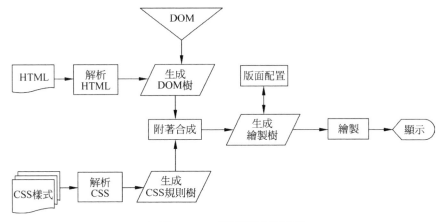

▲ 圖 10-28　瀏覽器繪製過程

　　useLayoutEffect()：會在瀏覽器 layout 之後，painting 之前執行。如果需要改變 DOM 或 DOM 需要獲取測量數值，除非要修改 DOM 並且不讓使用者看到修改 DOM 的過程，才考慮用它來讀取 DOM 版面配置並同步觸發重繪製，否則應當使用 useEffect()。在瀏覽器執行繪製之前，useLayoutEffect() 內部的更新計畫將被同步更新。盡可能使用標準的 useEffect() 以避免阻塞視圖更新。

　　useEffect()：useEffect() 在全部繪製完畢後才會執行。如果根本不需要與 DOM 互動或 DOM 更改是不可觀察的，那就用 useEffect()。

10.7.5　useRef()

　　在之前的章節中，了解了 refs 的用法，useRef() 比 refs 屬性更有用。它透過類似在 class 中使用實例欄位的方式，非常方便地儲存任何可變值，useRef() 有以下特點：

(1) useRef() 傳回一個可變的 ref 物件，並且只有 current 屬性，初值為傳入的參數 (initialValue)。

(2) 傳回的 ref 物件在元件的整個生命週期內保持不變。

(3) 當更新 current 值時並不會繪製，而 useState() 新值時會觸發頁面繪製。

(4) 更新 useRef() 是 Side Effect (副作用)，所以一般寫在 useEffect() 或 Event Handler 裡。

(5) useRef() 類似於類別元件的 this。

useRef() 函式的語法格式如下：

```
const refContainer = useRef(initialValue);
```

在下面的案例中，點擊 button 時獲取文字標籤的值，如程式範例 10-110 所示。

程式範例 10-110 useRef() 獲取文字標籤的值

```
import React, { useRef } from 'react';
export default () => {
   const inputRef = useRef(null);
   const onButtonClick = () => {
     console.log(inputRef.current.value)
   };
   return (
     <div>
       <input ref={inputRef} type='text'/>
       <button onClick={onButtonClick}>獲取 ref</button>
     </div>
   );
}
```

1. 獲取子元件的屬性或方法

在下面的例子中，綜合使用 useRef()、forwardRef()、useImperative Handle() 獲取子元件資料，如表 10-2 所示。

表 10-2 useRef()、fowardRef()、useImperativeHandle() 的區別

名稱	說明
useRef	useRef() 傳回一個可變的 ref 物件，其 .current 屬性被初始化為傳入的參數 (initialValue)。傳回的 ref 物件在元件的整個生命週期內保持不變
useImperativeHandle	useImperativeHandle() 可以讓你在使用 ref 時自訂曝露給父元件的實例值
forwardRef	React.forwardRef() 會建立一個 React 元件，這個元件能夠將其接收的 ref 屬性轉發到其元件樹下的另一個元件中

子元件定義，如程式範例 10-111 所示。

程式範例 10-111　refchild.jsx

```jsx
import { useCallback,useState,useEffect,useRef } from "react"
import React from "react"
//React.forwardRef 接收繪製函式作為參數
//React 將使用 props 和 ref 作為參數來呼叫此函式
// 此函式應傳回 React 節點
const Child = (props, ref) => {
  const [json] = useState(
    '{"vue": "1","react": "2","angular": "3"}'
  );

  // 曝露元件的方法，接收外部獲取的 ref
  React.useImperativeHandle(ref, () => ({
    // 構造 ref 的獲取資料方法
    getData: () => {
      return json;
    },
  }));

  return (
    <div
      style={{
        padding: 12,
        border: "1px solid black",
        width: 200,
        height: 200,
```

```
            marginTop: 20
        }}
    >
        這是子元件資料:{json}
    </div>
  );
};
//forwardRef 元件能夠將其接收的 ref 屬性轉發到其元件樹下
export default React.forwardRef(Child);
```

父元件定義，如程式範例 10-112 所示。

程式範例 10-112　refparent.jsx

```
import { useState, useEffect, useRef } from "react";
import Child from "./RefChild";

const RefParent = () => {
    // 獲取子元件實例的 ref
    const childRef = useRef();

    return (
      <div>
        <button
          onClick={() => {
              console.log(childRef.current.getData());
          }}
        >
            獲取子元件資料
        </button>
        <Child ref={childRef} />
      </div>
    );
};
export default RefParent;
```

效果如圖 10-29 所示。

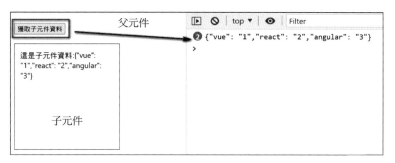

▲ 圖 10-29 透過 useRef 獲取子元件中的資料

2. 使用 useRef() 獲取上一次的值

使用 useRef() 獲取上一次的值，如程式範例 10-113 所示。

程式範例 10-113   useRef 獲取上一次的值

```
function usePrevious(value) {
   const ref = useRef();
   useEffect(() => {
     ref.current = value;
   });
   return ref.current;
}
```

useRef() 函式在繪製過程中總是傳回上一次的值，因為 ref.current 變化不會觸發元件的重新繪製，所以需要等到下次繪製時才能顯示到頁面上。

3. 使用 useRef() 來儲存不需要變化的值

因為 useRef() 的傳回值在元件的每次呼叫 render() 之後都是同一個，所以它可以用來儲存一些在元件整個生命週期都不需要變化的值。最常見的就是計時器的清除場景。

1) 以前用全域變數設定計時器

使用全域變數設定計時器，如程式範例 10-114 所示。

程式範例 10-114   全域變數設定計時器的不足

```
const App = () => {
   let timer;
   useEffect(() => {
     timer = setInterval(() => {
       console.log('觸發了');
     }, 1000);
   },[]);
   const clearTimer = () => {
     clearInterval(timer);
   }
   return (
   <>
     <button onClick={clearTimer}>停止</button>
   </>)
}
```

上面的寫法存在一個問題，如果這個 App 元件裡有 state 變化或它的父元件重新繪製等原因導致這個 App 元件重新繪製時會發現，點擊「停止」按鈕，計時器依然會不斷地在主控台輸出，這樣計時器清除事件就無效了。

因為元件重新繪製之後，這裡的 timer() 及 clearTimer() 方法都會重新建立，所以 timer 已經不是計時器的變數了。

2) 使用 useRef() 定義計時器

使用 useRef() 設定計時器，如程式範例 10-115 所示。

程式範例 10-115

```
const App = () => {
   const timer = useRef();
   useEffect(() => {
     timer.current = setInterval(() => {
       console.log('觸發了');
     }, 1000);
   },[]);
   const clearTimer = () => {
```

```
        clearInterval(timer.current);
    }
    return (
        <>
            <button onClick={clearTimer}>停止</button>
        </>)
}
```

10.7.6 useCallback() 與 useMemo()

React 中當元件的 props 或 state 變化時，會重新繪製視圖，在實際開發中會遇到不必要的繪製場景，如程式範例 10-116 所示。

程式範例 10-116

```
import React,{useState} from "react"
# 子元件
function ChildComp() {
    console.log('render child-comp ...')
    return <div>Child Comp ...</div>
}
# 父元件
export function ParentComp() {
    const [count, setCount] = useState(0)
    const increment = () => setCount(count + 1)

    return (
        <div>
            <button onClick={increment}>點擊次數 :{count}</button>
            <ChildComp />
        </div>
    );
}
```

子元件中有筆 console 敘述，每當子元件被繪製時，都會在主控台看到一筆輸出資訊。

當點擊父元件中按鈕時會修改 count 變數的值，進而導致父元件重新繪製，此時子元件卻沒有任何變化 (props、state)，但在主控台中仍然可看到子元件被繪製的輸出資訊，如圖 10-30 所示。

▲ 圖 10-30　父元件重新繪製，子元件跟著重新繪製

在上面的程式中，子元件沒有任何修改也被重新繪製了，這並不合理，我們期待的是：當子元件的 props 和 state 沒有變化時，即使父元件繪製，也不要繪製子元件。

1. React.memo()

為了解決上面的問題，需要修改子元件，用 React.memo() 包裹一層。這種寫法是 React 的高階元件寫法，將元件作為函式 (memo) 的參數，函式的傳回值 (ChildComp) 是一個新的元件，如程式範例 10-117 所示。

程式範例 10-117

```
import React, { memo } from 'react'
const ChildComp = memo(function () {
    console.log('render child-comp ...')
    return <div>Child Comp ...</div>
})
```

如果覺得上面那種寫法不完美，則可以拆開寫，如程式範例 10-118 所示。

程式範例 10-118

```
import React, { memo } from 'react'
let ChildComp = function () {
    console.log('render child-comp ...')
    return <div>Child Comp ...</div>
}
ChildComp = memo(ChildComp)
```

此時再次點擊按鈕，可以看到主控台沒有輸出子元件被繪製的資訊了。

在主控台中輸出的那一行值是第一次繪製父元件時繪製子元件輸出的，後面再點擊按鈕重新繪製父元件時，並沒有重新繪製子元件，如圖 10-31 所示。

▲ 圖 10-31　React.memo 用法

2. useCallback()

在上面的例子中，父元件只是簡單地呼叫了子元件，並未給子元件傳遞任何屬性。

接下來看一個父元件給子元件傳遞屬性的例子，子元件仍然用 React. memo() 包裹一層，如程式範例 10-119 所示。

程式範例 10-119

```
import React, { useState, memo } from 'react'
```

```
# 子元件
const ChildComp = memo(({ name, onClick }) => {
   console.log('render child-comp ...')
   return <>
     <div>Child Comp ... {name}</div>
     <button onClick={() => onClick('hello')}>改變 name 值 </button>
   </>
})
# 父元件
export function ParentComp() {
   const [count, setCount] = useState(0)
   const increment = () => setCount(count + 1)

   const [name, setName] = useState('xlw')
   const changeName = (newName) => setName(newName)
   return (
     <div>
       <button onClick={increment}>點擊加 1:{count}</button>
       <ChildComp name={name} onClick={changeName} />
     </div>
   );
}
```

父元件在呼叫子元件時傳遞了 name 屬性和 onClick 屬性，此時點擊父元件的按鈕，可以看到主控台中輸出了子元件被繪製的資訊，如圖 10-32 所示。

▲ 圖 10-32　React.useCallback 用法

在上面的程式中，子元件透過 React.memo() 包裹了，但是子元件還是重新繪製了。

分析下原因：

(1) 點擊父元件按鈕，改變了父元件中 count 變數值 (父元件的 state 值)，進而導致父元件重新繪製。

(2) 父元件重新繪製時，會重新建立 changeName() 函式，即傳給子元件的 onClick 屬性發生了變化，從而導致子元件重新繪製。

只是點擊了父元件的按鈕，並未對子元件做任何操作，並且不希望子元件的 props 有變化。

為了解決這個問題，可以使用 useCallback() 鉤子完善程式。首先修改父元件的 changeName() 方法，用 useCallback() 鉤子函式包裹一層，如程式範例 10-120 所示。

程式範例 10-120

```
export function ParentComp() {
  const [count, setCount] = useState(0)
  const increment = () => setCount(count + 1)

  const [name, setName] = useState('Nick')
  // 每次父元件繪製，傳回的都是同一個函式引用
  const changeName = useCallback((newName) => setName(newName), [])

  return (
    <div>
      <button onClick={increment}>點擊加 1:{count}</button>
      <ChildComp name={name} onClick={changeName} />
    </div>
  );
}
```

上面的程式修改後，此時點擊父元件按鈕，主控台不會輸出子元件被繪製的資訊了。

useCallback() 有著快取的作用，即使父元件繪製了，useCallback() 包裹的函式也不會重新生成，只會傳回上一次的函式引用。

3. useMemo()

前面父元件呼叫子元件時傳遞的 name 屬性是個字串，如果換成傳遞物件會怎樣？

在下面的例子中，父元件在呼叫子元件時傳遞 info 屬性，info 的值是個物件字面量，點擊父元件按鈕時，發現主控台輸出子元件被繪製的資訊，如程式範例 10-121 所示。

程式範例 10-121

```
import React, { useCallback } from 'react'
function ParentComp () {
   const [ name, setName ] = useState('Nick')
   const [ age, setAge ] = useState(20)
   const changeName = useCallback((newName) => setName(newName), [])
   const info = { name, age }          // 複雜資料型態屬性

   return (
     <div>
        <button onClick={increment}>點擊次數:{count}</button>
        <ChildComp info={info} onClick={changeName}/>
     </div>
   );
}
```

分析原因跟呼叫函式是一樣的：當點擊父元件按鈕時，觸發父元件重新繪製；父元件繪製，程式 const info={name,age} 會重新生成一個新物件，導致傳遞給子元件的 info 屬性值變化，進而導致子元件重新繪製。

針對這種情況，可以使用 useMemo() 對物件屬性包裹一層，如程式範例 10-122 所示。

程式範例 10-122　　useMemo

```javascript
import { useCallback, useState, useMemo, memo } from "react"

export default function ParentComp() {

   const [count, setCount] = useState(0)
   const increment = () => setCount(count + 1)

   const [name, setName] = useState('xlw')
   const [age, setAge] = useState(20)
   const changeName = useCallback((newName) => setName(newName), [])
   const info = useMemo(() => ({ name, age }), [name, age])        // 包裹一層

   return (
     <div>
       <button onClick={increment}>點擊次數 :{count}</button>
       <ChildComp info={info} onClick={changeName} />
     </div>
   );
}

const ChildComp = memo(({ info, onClick }) => {
   console.log('render child-comp ...')
   return <>
     <div>Child Comp ... {info.name}</div>
     <button onClick={() => onClick('hello')}>改變 name 值 </button>
   </>
})
```

useMemo() 有兩個參數：

(1) 第 1 個參數是個函式，傳回的物件指向同一個引用，不會建立新物件。

(2) 第 2 個參數是個陣列，只有陣列中的變數改變時，第 1 個參數的函式才會傳回一個新的物件。

當再次點擊父元件按鈕時，主控台中不再輸出子元件被繪製的資訊了，如圖 10-33 所示。

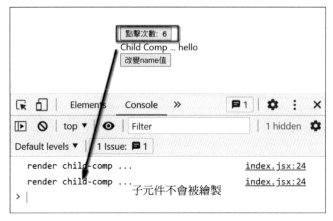

▲ 圖 10-33　useMemo() 用法

10.7.7 useContext()

在 Hook 誕生之前，React 已經有了在元件樹中共用資料的解決方案：Context。在類別元件中，可以透過 Class.contextType 屬性獲取最近的 Context Provider，那麼在函式式元件中，該怎麼獲取呢？答案就是使用 useContext() 鉤子。使用方法如下：

```
// 在某個檔案中定義 MyContext
const MyContext = React.createContext('hello');
// 在函式式元件中獲取 Context
function Component() {
const value = useContext(MyContext);
//...
}
```

useContext() 的使用步驟如下。

(1) 封裝公共上下文目的檔，如程式範例 10-123 所示。

程式範例 10-123　createContext.js

```
import { createContext } from "react";
const myContext = createContext(null);
export default myContext;
```

　　(2) 在父元件中透過 myContext 提供器 Provider 為子元件提供 value 資料，如程式範例 10-124 所示。

程式範例 10-124　app.jsx

```jsx
import React, { useState} from "react";
import Counter from './Counter'
import myContext from './createContext'

function App() {
    const [count, setCount] = useState(0);
    return (
      <div>
          <h4> 這是父元件 </h4>
          <p> 點擊了 {count} 次 !</p>
          <button
            onClick={() => {
                setCount(count + 1);
            }}
          >
          點擊此處
        </button>

        {/* 提供器 */}
        <myContext.Provider value={count}>
            <Counter />
        </myContext.Provider>
      </div>
    );
}
export default App;
```

　　(3) 在子元件中匯入 myContext 物件，使用 useContext() 獲取共用資料，如程式範例 10-125 所示。

程式範例 10-125　counter.js

```js
import React, { useContext} from 'react';
import myContext from './createContext'
```

```
function Counter() {
    const count = useContext(myContext);// 得到父元件傳的值
    return (
      <div>
        <h4> 這是子元件 </h4>
        <p> 這是父元件傳過來的值 :{count}</p>
      </div>
    )
}
export default Counter;
```

10.7.8 useReducer()

useReducer() 函式可提供類似 Redux 的功能，可以視為輕量級的 Redux。useReducer() 接收一個 reducer() 函式作為參數和一個初始化的狀態值，用法如下：

```
//reducer 為狀態管理規則，0 為初始化設定的狀態值
const [count, dispatch] = useReducer(reducer,0);
```

useReducer() 函式傳回一個陣列，陣列的第一項為狀態變數，dispatch 是發送事件的方法，用法與 Redux 是一樣的。

reducer() 是一個函式，該函式根據動作類型處理狀態，並傳回一個新的狀態，如程式範例 10-126 所示。

程式範例 10-126　建立一個 reducer() 函式

```
function reducer(state,action){
    switch(action){
      case 'add':
        return state + 1;
      case 'sub':
        return state - 1;
      case 'mul':
        return state * 2;
      default:
```

```
        console.log('what?');
        return state;
    }
}
```

完整的 useReducer() 的用法如程式範例 10-127 所示。

程式範例 10-127　　useReducer() 的用法

```
import React, { useReducer } from 'react';

function reducer(state,action){
    switch(action){
        case 'add':
            return state + 1;
        case 'sub':
            return state - 1;
        case 'mul':
            return state * 2;
        default:
            console.log('what?');
            return state;
    }
}

function CountComponent() {
    //reducer 為狀態管理規則，0 為初始化設定的狀態值
    const [count, dispatch] = useReducer(reducer,0);

    return <div>
        <h1>{count}</h1>
        <button onClick={() => {dispatch('add')}} >add</button>
        <button onClick={() => {dispatch('sub')}} >sub</button>
        <button onClick={() => {dispatch('mul')}} >mul</button>
    </div>;
}
export default CountComponent;
```

10.7.9　自訂 Hook

　　自訂 Hook 的主要目的是重用元件中使用的邏輯。建構自己的 Hook 可以讓開發者將元件邏輯提取到可重用的函式中。

　　自訂 Hook 是常規的 JavaScript 函式，可以使用任何其他 Hook，只要它們遵循 Hook 的規則。此外，自訂 Hook 的名稱必須以單字 use 開頭。

　　實現一個計數器應用，它的值可以遞增、遞減或重置，如程式範例 10-128 所示。

程式範例 10-128　App.js

```
import React, { useState } from 'react'
const App = (props) => {
   const [counter, setCounter] = useState(0)
   return (
     <div>
       <div>{counter}</div>
       <button onClick={() => setCounter(counter + 1)}>
         plus
       </button>
       <button onClick={() => setCounter(counter - 1)}>
         minus
       </button>
       <button onClick={() => setCounter(0)}>
         zero
       </button>
     </div>
   )
}
```

　　將計數器邏輯提取到它自己的自訂 Hook 中，Hook 的程式如程式範例 10-129 所示。

程式範例 10-129　useCounter

```
const useCounter = () => {
   const [value, setValue] = useState(0)
```

```
  const increase = () => {
    setValue(value + 1)
  }

  const decrease = () => {
    setValue(value - 1)
  }

  const zero = () => {
    setValue(0)
  }

  return {
    value,
    increase,
    decrease,
    zero
  }
}
```

上面自訂 Hook 在內部使用 useState Hook 來建立自己的狀態。Hook 傳回一個物件，其屬性包括計數器的值及操作值的函式。

在元件中使用 useCounter() 自訂 Hook，如程式範例 10-130 所示。

程式範例 10-130 使用 useCounter

```
const App = (props) => {
   const counter = useCounter()
   return (
     <div>
        <div>{counter.value}</div>
        <button onClick={counter.increase}>
          plus
        </button>
        <button onClick={counter.decrease}>
          minus
        </button>
        <button onClick={counter.zero}>
```

```
        zero
      </button>
    </div>
  )
}
```

透過這種方式可以將 App 元件的狀態及其操作完全提取到 useCounter Hook 中，管理計數器狀態和邏輯現在是自訂 Hook 的責任。

執行效果如圖 10-34 所示。

▲ 圖 10-34　使用自訂 useCounter

同樣的 Hook 可以在記錄左右按鈕點擊次數的應用中重用，如程式範例 10-131 所示。

程式範例 10-131　重用 useCounter()

```
const App = () => {
  const left = useCounter()
  const right = useCounter()

  return (
    <div>
      {left.value}
      <button onClick={left.increase}>
        left
      </button>
      <button onClick={right.increase}>
        right
      </button>
      {right.value}
    </div>
  )
}
```

在上面的程式中，建立了兩個完全獨立的計數器。第 1 個分配給左邊的變數，第 2 個分配給右邊的變數。

在 React 中處理表單是一件比較麻煩的事情。下面的例子向使用者提供一個表單，要求使用者輸入使用者名稱、出生日期和身高，如程式範例 10-132 所示。

程式範例 10-132　Form.jsx

```jsx
import { useState } from "react"
const Form = () => {
   const [name, setName] = useState('')
   const [born, setBorn] = useState('')
   const [height, setHeight] = useState('')
   return (
     <div>
        <form>
           使用者名稱：
           <input
             type='text'
             value={name}
             onChange={(event) => setName(event.target.value)}
           />
           <br />
           出生日期：
        <input
           type='date'
           value={born}
           onChange={(event) => setBorn(event.target.value)}
        />
        <br />
        身高：
        <input
             type='number'
             value={height}
             onChange={(event) => setHeight(event.target.value)}
           />
        </form>
        <div>
```

```
                {name} {born} {height}
        </div>
    </div>
    )
}
export default Form
```

為了使表單的狀態與使用者提供的資料保持同步,必須為每個 input 元素註冊一個適當的 onChange 處理常式,效果如圖 10-35 所示。

▲ 圖 10-35　獲取表單資料

定義自己的訂製 useField Hook,它簡化了表單的狀態管理,如程式範例 10-133 所示。

程式範例 10-133　useField.js

```
const useField = (type) => {
    const [value, setValue] = useState('')
    const onChange = (event) => {
        setValue(event.target.value)
    }
    return {
        type,
        value,
        onChange
    }
}
```

useField() 函式接收 input 欄位的類型作為參數。函式傳回 input 所需的所有屬性:它的類型、值和 onChange 處理常式。

在元件中使用 useField Hook,如程式範例 10-134 所示。

程式範例 10-134

```
const App = () => {
    const name = useField('text')
    return (
      <div>
        <form>
          <input
            type={name.type}
            value={name.value}
            onChange={name.onChange}
          />
        </form>
      </div>
    )
}
```

上面的程式可以進一步簡化。因為 name 物件具有 input 元素期望作為 props 接收的所有屬性，所以可以使用展開語法的方式將 props 傳遞給元素，程式如下：

```
<input {...name} />
```

以下兩種方法為元件傳遞 props 可以得到完全相同的結果，程式如下：

```
# 第 1 種方法
<Greeting firstName='xlw' lastName='he' />
# 第 2 種方法
const person = {
    firstName: 'xlw',
    lastName: 'he'}

<Greeting {...person} />
```

簡化後的應用如程式範例 10-135 所示。

程式範例 10-135　　chapter10\hooks-demo\src\useForm

```
const TestUseForm = () => {
    const name = useField('text')
    const born = useField('date')
    const height = useField('number')
    return (
      <div>
        <form>
            使用者名稱：
            <input{...name} />
            <br />
            出生日期：
            <input {...born} />
            <br />
            身高：
            <input {...height} />
        </form>
        <div>
            {name.value} {born.value} {height.value}
        </div>
      </div>
    )
}
export default TestUseForm
```

　　當與同步表單狀態有關的惱人的細節被封裝在自訂 Hook 中時，表單的處理就大大簡化了。自訂 Hook 顯然不僅是一種可重用的工具，它們還為將程式劃分為更小的模組提供了一種更好的方式。

10.8 路由 (React Router)

　　React Router 函式庫是 React 官方配套的路由模組，目前最新的版本是 v6，v6 版本和之前的版本比較有了較大的改進。在 v6 版本的路由中在外層統一設定路由結構，讓路由結構更清晰，透過 Outlet 實現子代路由的繪製，在一定程度上有點類似於 Vue 中的 view-router。

React Router 中包含 3 個不同的模組,每個套件都有不同的用途,如表 10-3 所示。官方網址為 https://reactrouter.com/docs/en/v6/api。

表 10-3　React Router 模組

名稱	說明
react-router	核心函式庫,包含 React Router 的大部分核心功能,包括路由匹配演算法和大部分核心元件和鉤子
react-router-dom	React 應用中用於路由的軟體套件,包括 react-router 的所有內容,並增加了一些特定於 DOM 的 API,包括 BrowserRouter、HashRouter 和 Link
react-router-native	用於開發 React Native 應用,包括 react-router 的所有內容,並增加了一些特定於 React Native 的 API,包括 NativeRouter 和 Link

React Router 路由模組的關係如圖 10-36 所示。

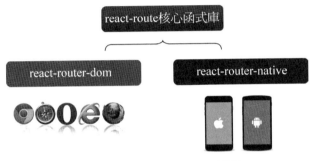

▲ 圖 10-36　react-router 模組

10.8.1　安裝 React Router

目前下載最新版本 React Router,需要指定版本編號,安裝命令如下:

```
#NPM
$ npm install react-router-dom@6
#Yarn
$ yarn add react-router-dom@6
#PNPM
$ pnpm add react-router-dom@6
```

10.8.2 兩種模式的路由

　　react-router-dom 支援兩種模式路由：HashRouter 和 BrowserRouter，如表 10-4 所示。

表 10-4　react-router-dom 支援的兩種路由模式

名稱	說明
HashRouter	URL 中採用的是 Hash(#) 部分去建立路由，類似 www.xx.com/#/a：URL 採用真實的 URL 資源
BrowserRouter	推薦 History 方案。它使用瀏覽器中的 History API 用於處理 URL，建立一個像 xx.com/list/123 的真實的 URL

　　兩種模式的區別如圖 10-37 所示。

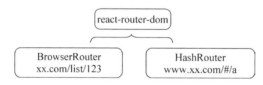

▲ 圖 10-37　react-router-dom 兩種路由模式

　　在下面的例子中，簡單介紹如何使用 React Router，如程式範例 10-136 所示。

程式範例 10-136

```
import { BrowserRouter, Routes, Route } from 'react-router-dom';
import Foo from './Foo';
import Bar from './Bar';

function App(){
  return (
    <BrowserRouter>
      <Routes>
        <Route path='/foo' element={Foo} />
        <Route path='/bar' element={Bar} />
      </Routes>
    </BrowserRouter>
  )
}
```

> **注意**：BrowserRouter 元件最好放在最頂層所有元件之外，這樣能確保內部元件使用 Link 做路由跳躍時不出錯。

v6 版本路由採用了 Router → Routes → Route 結構，路由本質在於 Routes 元件，當 location 上下文改變時，Routes 重新繪製，重新形成繪製分支，然後透過 Provider 方式逐層傳遞 Outlet，進行匹配繪製，具體如表 10-5 所示。

表 10-5　v6 版本中的路由元件

名稱	作用	說明
\<Routes\>	一組路由	代替原有 \<Switch\>，所有子路由都用基礎的 Router children 來表示： \<Routes\> 　\<Route path="/" element={\<Home/\>}\>\</Route\> 　\<Route path="/about" element={\<About /\>}\>\</Route\> \</Routes\>
\<Route\>	基礎路由	Router 是可以巢狀結構的，解決原有 v5 版本中的嚴格模式，後面與 v5 版本的區別會詳細介紹： \<Route path="/" element={\<Home /\>}\>\</Route\>
\<Link\>	導覽元件	在實際頁面中跳躍使用
\<Outlet/\>	自我調整繪製元件	根據實際路由 URL 自動選擇元件

為了更進一步地支援 Hook 用法，v6 版本中提供了路由 Hook，如表 10-6 所示。

表 10-6　v6 版本中的路由 Hook

Hook 名稱	作用
useParams	根據路徑讀取參數，傳回當前參數
useNavigate	代替原有 v5 版本中的 useHistory，傳回當前路由
useOutlet	傳回根據路由生成的 element
useLocation	傳回當前的 location 物件
useRoutes	同 Routers 元件一樣，只不過是在 JS 中使用
useSearchParams	用來匹配 URL 中 "?" 後面的搜索參數

10.8.3 簡單路由

這裡建立兩個元件 Home 和 About，然後在 BrowserRouter 中註冊這兩個路由頁面。

在 index.js 檔案中，透過 BrowserRouter 註冊兩個路由頁面，如程式範例 10-137 所示。

程式範例 10-137　index.js

```
import React from 'react';
import ReactDOM from 'react-dom';
import App from './App';
import {BrowserRouter} from "react-router-dom"

ReactDOM.render(
    <React.StrictMode>
        <BrowserRouter>
            <App />
        </BrowserRouter>
    </React.StrictMode>,
    document.getElementById('root')
);
```

建立根元件 App.js，使用 Link 元件設定導覽，路由列表必須使用 Routes 元件包裹每個路由元件 Route，如程式範例 10-138 所示。

程式範例 10-138　App.js

```
import { Routes, Route, Link, Router, Outlet } from "react-router-dom"
function App() {
    return (
        <div className="App">
        {/* 路由導覽 */}
            <nav style={{ margin: 10 }}>
                <Link to="/" style={{ padding: 5 }}>
                    Home
                </Link>
                <Link to="/about" style={{ padding: 5 }}>
```

```
            About
          </Link>
      </nav>
      {/* 路由列表 */}
      <Routes>
        <Route path="/" element={<Home />}></Route>
        <Route path="/about" element={<About />}></Route>
      </Routes>
    </div>
  );
}
```

下面簡單建立 Home 和 About 兩個元件，如程式範例 10-139 所示。

程式範例 10-139   Home.js、About.js

```
#Home 元件
function Home() {
   return (
     <div style={{ padding: 20 }}>
        <h2>Home View</h2>
        <p> 在 React 中使用 React Router v6 的指南 </p>
     </div>
   );
}

#About 元件
function About() {
   return <div style={{ padding: 20 }}>
      <h2>About View</h2>
      <p> 在 React 中使用 React Router v6 的指南 </p>
   </div>
}
```

路由效果如圖 10-38 所示。

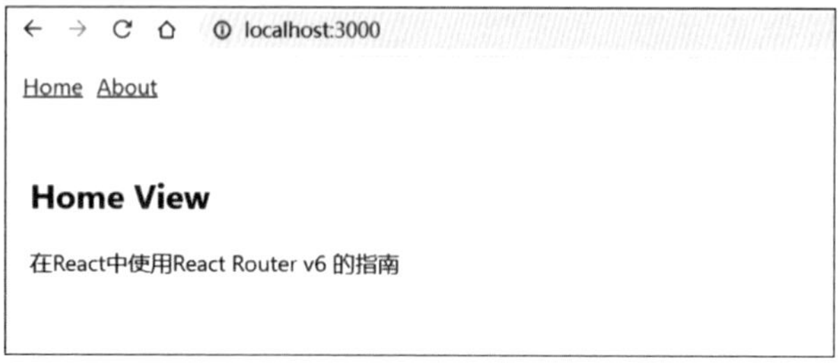

▲ 圖 10-38　React Router v6 基礎路由使用

10.8.4　嵌套模式路由

　　嵌套模式路由是一個很重要的概念，當路由被巢狀結構時，一般認為網頁的某一部分保持不變，只有網頁的子部分發生變化。

　　舉例來説，如果存取一個簡單的使用者管理頁面，則始終顯示該使用者的標題，然後在其下方顯示使用者的詳細資訊，但是，當點擊修改使用者時，使用者詳情頁面將替換為使用者修改頁面。

　　在 React Router v5 中，必須明確定義嵌套模式路由，React Router v6 更加簡單。React Router 函式庫中的 Outlet 元件可以為特定路由呈現任何匹配的子元素。首先，從 react-router-dom 函式庫中匯入 Outlet，程式如下：

```
import { Outlet } from 'react-router-dom';
```

　　在父元件 (User.js) 中使用 Outlet 元件，該元件用來顯示匹配子路由的頁面，如程式範例 10-140 所示。

程式範例 10-140　user.js

```
function User() {
   return <div>
     <h1> 使用者管理 </h1>
     <Outlet />
   </div>
}
```

下面建立兩個 User 的子頁面，即一個詳情頁面和一個增加新使用者頁面，存取使用者詳情頁面的路由路徑為 /User/：id，增加新使用者的路徑為 /user/create，如程式範例 10-141 所示。

程式範例 10-141 巢狀結構頁面

```
function UserDetail() {
   return <div>
      <h3> 使用者資訊詳情 </h3>
   </div>
}

function NewUser() {
   return <h3> 修改使用者資訊 </h3>
}
```

定義嵌套模式路由，在嵌套模式路由中，如果 URL 僅匹配了父級 URL，則 Outlet 中會顯示附帶 index 屬性的路由，如程式範例 10-142 所示。

程式範例 10-142 App.js

```
function App() {
   return (
     <div className="App">
       <nav style={{ margin: 10 }}>
         <Link to="/user" style={{ padding: 5 }}>
            User
         </Link>
       </nav>
       <Routes>
         <Route path="user" element={<User />}>
            <Route index element={<Default/>}></Route>
            <Route path=":id" element={<UserDetail />} />
            <Route path="create" element={<NewUser />} />
         </Route>
       </Routes>
     </div>
   );
}
```

當 URL 為 /user 時，User 中的 Outlet 會顯示 Default 元件。

當 URL 為 /user/create 時，User 中的 Outlet 會顯示 NewUser 元件。

10.8.5 路由參數

下面介紹兩種獲取路由參數的方式，即獲取 params 參數的方式和獲取 search 參數的方式。

1. 獲取 params 參數

在 Route 元件的 path 屬性中定義路徑參數，在元件內透過 useParams 鉤子存取路徑參數，如程式範例 10-143 所示。

程式範例 10-143　useParams 獲取參數

```
<BrowserRouter>
   <Routes>
      <Route path='/foo/:id' element={Foo} />
   </Routes>
</BrowserRouter>

import { useParams } from 'react-router-dom';
export default function Foo(){
   const params = useParams();
      return (
         <div>
            <h1>{params.id}</h1>
         </div>
)
```

2. 獲取 search 參數

查詢參數不需要在路由中定義。使用 useSearchParams 鉤子存取查詢參數，其用法和 useState 類似，會傳回當前物件和更改它的方法。

更改 searchParams 時，必須傳入所有的查詢參數，否則會覆蓋已有參數，如程式範例 10-144 所示。

程式範例 10-144　useSearchParams 獲取參數

```
import { useSearchParams } from 'react-router-dom';

// 當前路徑為 /foo?id=12
function Foo(){
   const [searchParams, setSearchParams] = useSearchParams();
   console.log(searchParams.get('id')) //12
   setSearchParams({
     name: 'foo'
   }) //foo?name=foo
   return (
     <div>foo</div>
   )
}
```

10.8.6 程式設計式路由導覽

在 React Router v6 中，程式設計式路由導覽用 useNavigate 代替 useHistory，將 history.push() 替換為 navigation()，如程式範例 10-145 所示。

程式範例 10-145　useNavigate 導覽

```
import { useNavigate } from 'react-router-dom';

function MyButton() {
   let navigate = useNavigate();
   function handleClick() {
     navigate('/home');
   };
   return <button onClick={handleClick}>Submit</button>;
};
```

10.8.7 多個 <Routes/>

以前只能在 React App 中使用一個路由，但是現在可以在 React App 中使用多個路由，將會幫助我們基於不同的路由管理多個應用程式邏輯，如程式範例 10-146 所示。

程式範例 10-146　多 Routes

```
import React from 'react';
import { Routes, Route } from 'react-router-dom';
function Dashboard() {
    return (
      <div>
        <p>Look, more routes!</p>
        <Routes>
          <Route path="/" element={<DashboardGraphs />} />
          <Route path="invoices" element={<InvoiceList />} />
        </Routes>
      </div>
    );
}
function App() {
    return (
      <Routes>
        <Route path="/" element={<Home />} />
        <Route path="dashboard/*" element={<Dashboard />} />
      </Routes>
    );
}
```

10.9 狀態管理 (Redux)

　　隨著 React 開發的元件的結構越來越複雜，深層的元件巢狀結構和元件樹中的狀態流動會變得難以控制，追蹤和測試節點的 state 流動到子節點時產生的變化越發困難。這個時候就需要進行狀態管理了。

　　為了解決元件樹的狀態管理的問題，React 推出了 Flux 資料流程管理框架。Flux 本身是一個架構思想，它最重要的概念是單向資料流程，是將應用中的 state 進行統一管理，透過發佈 / 訂閱模式進行狀態的更新與傳遞，如圖 10-39 所示。

▲ 圖 10-39　一個簡單的 Flux 資料流程

Flux 帶來一些問題，如一個應用可以擁有多個 Store，多個 Store 之間可能有相依關係，也可能相互引用，Store 封裝了資料和處理資料的邏輯，如圖 10-40 所示。

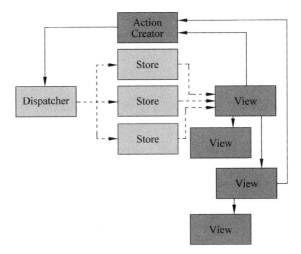

▲ 圖 10-40　一個複雜的 Flux 資料流程

目前社區出現了一系列的前端狀態管理解決方案，如遵循 Flux 思想的狀態管理方案主要有 Redux、Vuex、Zustand 及 React 附帶的 useReducer+Context。

10.9.1 Redux 介紹

Redux 是目前最熱門的狀態管理函式庫之一，它受到 Elm 的啟發，是從 Flux 單項資料流程架構演變而來的。Redux 的核心基於發佈和訂閱模式。View 訂閱了 Store 的變化，一旦 Store 狀態發生改變就會通知所有的訂閱者，View 接收到通知之後會進行重新繪製，如圖 10-41 所示。

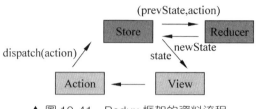

▲ 圖 10-41　Redux 框架的資料流程

　　Redux 遵循 Flux 思想，Redux 將狀態以一個可 JSON 序列化的物件的形式儲存在單一 Store 中，也就是說 Redux 將狀態集中儲存。Redux 採用單向資料流程的形式，如果要修改 Store 中的狀態，則必須透過 Store 的 dispatch() 方法。呼叫 store.dispatch() 之後，Store 中的 rootReducer() 會被呼叫，進而呼叫所有的 Reducer() 函式生成一個新的 state。

1. Redux 的基本原則

　　Redux 的三個基本原則如下。

(1) 單一資料來源：整個應用的 state 被儲存在一棵物件樹中，並且這個物件樹只存在於唯一一個 Store 中。

(2) state 是唯讀的：唯一改變 state 的方法就是觸發 Action，Action 是一個用於描述已發生事件的普通物件。

(3) 使用純函式來執行修改：為了描述 Action 如何改變狀態樹，需要撰寫 Reducer() 函式。

2. Redux 核心組成部分

　　Redux 的核心組成部拆分套件括 Action、Reducer、Store。

(1) Action：Action 就是一個描述發生什麼的物件。

(2) Reducer：形式為 (state,action)=>state 的純函式，功能是根據 Action 修改 state 並將其轉變成下一個 state。

(3) Store：用於儲存 state，可以把它看成一個容器，整個應用只能有一個 Store。

Redux 應用中所有的 state 都以一個物件樹的形式儲存在一個單一的 Store 中。唯一改變 state 的辦法是觸發 Action，Action 就是一個描述發生什麼的物件。為了描述 Action 如何改變 state 樹，需要撰寫 Reducer() 函式。

10.9.2 Redux 基本用法

Redux 開發的流程並不複雜，下面逐步演示如何在 React 專案中整合 Redux。

1. Redux 與 react-redux 外掛程式安裝

Redux 是通用的狀態框架，如果在 React 中使用 Redux，則需要單獨安裝 react-redux 外掛程式，命令如下：

```
npm install --save redux              # 核心函式庫
npm install --save react-redux        # 提供與 React 的連接方法
npm install --save-dev redux-devtools # 瀏覽器外掛程式支援
```

Redux 的官方網站為 https://github.com/reduxjs/redux 和 https://redux.js.org/。

2. 建立 Store(state 倉庫)

建立狀態管理倉庫是 Redux 的第一步，在 Redux 的 API 中提供一個 createStore() 方法，該方法接收一個 reducer 和一個可選 middleware 中介軟體參數。

如果把 Store 比作一個倉庫，則 Reducer 就是這個倉庫的管理中心，一個倉庫可以根據不同的狀態類型 (state) 設定多個不同的狀態管理中心 (Reducer)，每個 Reducer 負責根據開發者的業務需求來處理倉庫中的原始狀態，並傳回新的狀態。Reducer 實際上就是一個處理 state 的函式，該函式中設定了很多條件，這些條件是開發者根據具體的業務設定的，不同的條件請求處理不同的狀態更新，如程式範例 10-147 所示。

程式範例 10-147　　basic_store.js

```
// 初始化狀態
const initialState = {
    num:0
}

// 第1步: 建立 reducer
const reducer = (state=initialState,action)=>{
    switch(action.type){
        case "ADD":
            console.log("ADD")
            return {num:state.num+1};
            break;
        default:
            return state;
            break;
    }
}

// 第2步:更新 reducer 生成倉庫
const store = createStore(reducer)
```

3. 提交 Action 和訂閱 Store

　　建立好狀態管理倉庫後，建立一個 React 元件，在元件中訂閱倉庫的狀態，元件中透過 dispatch() 方法給倉庫發送事件以便更新倉庫狀態，如程式範例 10-148 所示。

程式範例 10-148　　redux_demo.js

```
import React ,{useEffect, useState} from "react"
import store from "./basic_store"

export function ReduxDemo(){
    // 初始化狀態 num
    const [num,setNum] = useState(()=>{
        return store.getState().num
    })
    // 第一次執行，訂閱倉庫最新狀態
```

```
  useEffect(()=>{
    store.subscribe(()=>{
      console.log(" 更新了 ")
      //store 有更新，重新設定狀態
      setNum(store.getState().num)
    })
    return ()=>{
      // 取消訂閱
    }
  },[])

  return <div>
    <h1>{num}</h1>
    <button onClick={()=>store.dispatch({ type: 'ADD' })}>+</button>
  </div>
}
```

在上面的程式中，在 useEffect() 方法中，訂閱獲取 Store 中最新的狀態，點擊按鈕，透過 store.dispatch({type：'ADD'}) 將動作類型發送給 Store 中的 Reducer 處理，並傳回最新的狀態。

4. 使用 react-redux 綁定 Store

在上面的步驟中，手動訂閱了倉庫，但是這樣比較麻煩，Redux 官方提供了一個 react-redux 函式庫，幫助我們在 React 中使用 Redux。

react-redux 提供一個高階元件 Connect，connect() 方法接收一個木偶元件 (無狀態元件) 並透過 mapStateToProps(把 store 的狀態綁定到木偶元件的 props 上) 和 mapDispatchToProps(把 dispatch 綁定到木偶元件中的 props 上) 把元件和倉庫進行綁定，無須開發者進行手動訂閱和取消訂閱。

首先，需要把 ReduxDemo 元件改造為木偶元件，將裡面的 num 和點擊事件更改為從外部傳入 props，保證元件是無狀態的，如程式範例 10-149 所示。

程式範例 10-149　　把 reduxdemo 元件改為木偶元件

```
function ReduxDemo(props){
   const {num,onAddClick}= props;
   return <div>
     <h1>{num}</h1>
     <button onClick={onAddClick}>+</button>
   </div>
}
```

　　透過 Connect 高階元件將上面的元件轉為連接 Store 的智慧元件。mapStateToProps 把倉庫中的 state 映射到 num 上，mapDispatchToProps 把 onAddClick 映射到 dispatch() 方法上，如程式範例 10-150 所示。

程式範例 10-150　　connect 連接

```
const mapStateToProps = (state)=>{
   return {
     num:state.num
     }
   }
   const mapDispatchToProps = (dispatch)=>{
     return {
       onAddClick : ()=> dispatch({type:"ADD"})
   }
}
const Counter = connect(mapStateToProps,mapDispatchToProps)(ReduxDemo);
```

　　修改 render 入口，需要增加 react-redux 提供的元件 Provider，透過 Provider 屬性 store 綁定建立的倉庫，如程式範例 10-151 所示。

程式範例 10-151

```
ReactDOM.render(
   <div className='box'>
     <Provider store={store}>
       <Counter />
     </Provider>
   </div>,
```

```
    document.getElementById('root')
);
```

10.9.3 Redux 核心物件

Redux 的核心概念具體介紹如下。

1. Action

動作物件，用來描述一個動作，如程式範例 10-152 所示，一般包含以下兩個屬性。

(1) type：識別屬性，值為字串，唯一、必要屬性。

(2) data：資料屬性，數值型態任意，可選屬性。

程式範例 10-152　Action

```
{
    type: 'ADD_STUDENT',
    data:{
        name: 'tom',
        age:18
    }
}
```

2. Action Creators

考慮到對它的重複使用，Action 可以透過生成器 (Action Creators) 來建立。其實它就是傳回 Action 物件的函式 (自訂的函式)。

參數可以根據情況而定，如程式範例 10-153 所示。

程式範例 10-153　Action Creators

```
//Action Creators
    function change(text, color){
        return {
            type: 'TEXT_CHANGE',
            newText: text,
```

```
            newColor: color
    }
}
```

3. Reducer

Reducer 的本質就是一個純函式，它用來響應發送過來的 Actions，然後經過處理把 state 發送給 Store。在 Reducer 函式中透過 return 傳回值，這樣 Store 才能接收到資料，Reducer 會接收到兩個參數，一個是初始化的 state，另一個則是發送過來的 Action，如程式範例 10-154 所示。

程式範例 10-154　Reducer

```
//Reducer
const initState = {
   text: 'a text',
   color: 'red'
}
function reducer(state = initState, action){
   switch(action.type){
     case 'TEXT_CHANGE':
       return {
         text: action.newText,
         color: action.newColor
       }
     default:
       return state;
   }
}
```

4. combineReducers( )

真正開發專案時 state 涉及很多功能，在一個 Reducer 中處理所有邏輯會非常混亂，所以需要拆分成多個小 Reducer，每個 Reducer 只處理它管理的那部分 state 資料，然後再由一個主 rootReducers 來專門管理這些小 Reducer。

Redux 提供了一種方法 combineReducers() 專門來管理這些小 Reducer，

如程式範例 10-155 所示。

程式範例 10-155　combineReducer()

```
const reducer = combineReducers({
    reducer1,
    reducer2,
reducer3,
...
});
```

5. Store

　　Store 用於儲存應用中所有元件的 state 狀態，也代表著元件狀態的資料模型，它提供統一的 API 方法來對 state 進行讀取、更新、監聽等操作。Store 本身是一個物件，在 Redux 應用中 Store 具有單一性，並且透過向 createStore() 函式中傳入 Reducer 來建立 Store。其另一個重要作用就是作為連接 Action 與 Reducer 的橋樑，具體 API 如程式範例 10-156 所示。

程式範例 10-156　store 應用

```
getState()          // 用於獲取當前 Store 物件中的所有 state
dispatch(action)    // 用於傳入 Action，更新 state 狀態
subscribe(listener) // 註冊監聽器，當 state 發生變化時，監聽函式會被呼叫執行
```

10.9.4 Redux 中介軟體介紹

　　Redux 的中介軟體 (Middleware) 遵循了隨插即用的設計思想，出現在 Action 到達 Reducer 之前 (如圖 10-42 所示) 的位置。中介軟體是一個具有固定模式的獨立函式，當把多個中介軟體像管道那樣串聯在一起時，前一個中介軟體不但能將其輸出傳給下一個中介軟體作為輸入，還能中斷整條管道。在引入中介軟體後，既能擴充 Redux 的功能，也能增強 dispatch() 函式的功能，以適應不同的業務需求，例如透過中介軟體記錄記錄檔、報告崩潰或處理非同步請求等。

▲ 圖 10-42　瀏覽器繪製過程

1. 中介軟體介面

　　在設計中介軟體函式時，會遵循一個固定的模式，程式範例 10-157 使用了柯里化、高階函式等函式式程式設計中的概念，中介軟體的定義方式如程式範例 10-157 所示。

程式範例 10-157　中介軟體介面定義

```
function middleware(store) {
    return function(next) {
        return function(action) {
            return next(action);
        };
    };
}
```

　　利用 ES6 中的箭頭函式能將 middleware() 函式改寫得更加簡潔，如程式範例 10-158 所示。

程式範例 10-158　ES6 中介軟體寫法

```
const middleware = store => next => action => {
    return next(action);
};
```

　　middleware() 函式接收一個 Store 實例，傳回值是一個接收 next 參數的函式，其中 next 也是一個函式，用來將控制權轉移給下一個中介軟體，從而實現中介軟體之間的串聯，它會傳回一個處理 Action 物件的函式。由於閉包的作用，在這最內層的函式中，依然能呼叫外層的物件和函式，例如存取 Action 所攜帶的資料、執行 Store 中的 dispatch() 或 getState() 方法等。範例中的 middleware() 函式只是單純地將接收的 action 物件轉交給後面的中介軟體，而沒有對其做額外的處理。

2. 建立一個記錄檔中介軟體

該中介軟體，列印元件發送過來的 Action，延遲 1s，重構一個新的 Action 交給 Reducer 處理，如程式範例 10-159 所示。

程式範例 10-159　建立一個非同步處理的記錄檔中介軟體

```
const logMiddleWare = store => next => action => {
   console.log(action)
   // 延遲 1s，把 Action 交給 Reducer 處理
   setTimeout(()=>{
      // 重新建立一個新的 Action
      let newAction = Object.assign(action,{data:{a:1,b:2}})
      return next(newAction);
   },1000)
};
```

3. 註冊中介軟體

中介軟體在開發完成以後只有被註冊才能在 Redux 的工作流程中生效，Redux 中有個 applyMiddleware，其作用是註冊中介軟體，如程式範例 10-160 所示。

程式範例 10-160　註冊中介軟體

```
import { createStore , applyMiddleware } from 'redux'
import logMiddleWare from'./middlewares/logMiddleWare'  // 自己開發的中介軟體
const store = createStore(reducer, applyMiddleware(
   logMiddleWare                              // 支援傳多個中介軟體
))
```

10.9.5 Redux 中介軟體 (redux-thunk)

如果要在 Redux 中處理非同步請求，則可以借助中介軟體實現。目前市面上已有很多封裝好的中介軟體可供使用，例如 redux-thunk、redux-promise 或 redux-saga 等。redux-thunk 是一個非常簡單的中介軟體，其核心程式如程式範例 10-161 所示。

程式範例 10-161　redux-thunk 原始程式

```
function createThunkMiddleware(extraArgument) {
   return ({ dispatch, getState }) => next => action => {
     if (typeof action === "function") {
       return action(dispatch, getState, extraArgument);
     }
     return next(action);
   };
}
```

　　首先檢測 Action 的類型，如果是函式，就直接呼叫並將 dispatch、getState 和 extraArgument 作為參數傳入，否則就呼叫 next 參數，轉移控制權。redux-thunk 其實擴充了 dispatch() 方法，使其參數既可以是 JavaScript 物件，也可以是函式。

　　下面從一個簡單的案例介紹 redux-thunk 如何處理副作用，包括請求遠端資料和透過 Redux 聯結欄位表資料。

1. 安裝 redux-thunk 中介軟體

```
npm install redux-thunk -S
yarn add redux-thunk
```

2. 在 Redux 建立的倉庫中應用 redux-thunk 外掛程式

　　redux-thunk 外掛程式使用非常簡單，如程式範例 10-162 所示。

程式範例 10-162　應用 redux-thunk 外掛程式

```
import React from "react";
import { applyMiddleware, createStore } from "redux";
import thunk from "redux-thunk";
const initState = {
   data:[]
}

const rootReducer = (state=initState,action)=>{
   switch(action.type){
```

```
      case "LIST":
        console.log(action.list)
        return { data:action.list }
        break;
      default:
        return state;
        break;
    }
}
export const store = createStore(rootReducer,applyMiddleware(thunk))
```

在程式範例 10-162 中，使用 applyMiddleware(thunk) 把外掛程式 redux-thunk 安裝到 Redux 中。整個 Redux 執行中介軟體的流程如圖 10-43 所示。

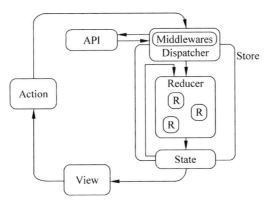

▲ 圖 10-43　Redux 中介軟體呼叫流程

3. 在元件中派發非同步事件

在元件中透過 react-redux 的 connect() 方法連接元件和 Store，如程式範例 10-163 所示。

程式範例 10-163　list 元件

```
import { connect } from "react-redux"
import React, { useEffect } from "react"

const getListAction =(value)=>{
```

```
    return {
      type:"LIST",
      list: value
    }
}

// 木偶元件
const List = (props) => {
    const { list, onLoadList } = props;
    // 第一次繪製元件，派發獲取資料的事件
    useEffect(() => {
        onLoadList()
        return () => { }
    }, [])
    return <ul>
        {
          list.map(v => {
              return <li key={v.title}>{v.title}</li>
          })
        }
    </ul>
}

const mapPropsToState = (state) => {
    return {
      list: state.data
    }
}

const mapDispatchToProps = (dispatch) => {
    return {
      onLoadList: async () => {
          // 請求遠端資料，派發的是函式物件，函式物件傳回一個包含資料的 Action 物件
          let res = await fetch("http://localhost:3001")
          let data = await res.json();
          console.log(data)
          dispatch(getListAction(data))
      }
    }
}
```

```
// 智慧元件
const ListContainer = connect(mapPropsToState, mapDispatchToProps)(List)

export default ListContainer
```

4. 最後繪製元件

最後繪製元件，使用 react-redux 的 Provider 元件的 Store 屬性註冊上面建立的 Store，如程式範例 10-164 所示。

程式範例 10-164　　index.js

```
ReactDOM.render(
    <div className='box'>
        <Provider store={store}>
            <ListContainer/>
        </Provider>
    </div>,
    document.getElementById('root')
);
```

10.9.6　Redux 中介軟體 (redux-saga)

redux-saga 是一個用於管理應用程式 Side Effect(副作用，如非同步獲取資料、存取瀏覽器快取等) 的函式庫，它的目標是讓副作用管理更容易，執行更高效，測試更簡單，在處理故障時更容易，如圖 10-44 所示。

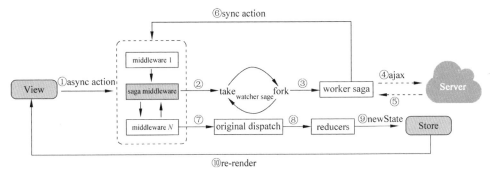

▲ 圖 10-44　redux-saga 中介軟體執行流程

1. redux-saga 介紹

redux-saga 是一個用於管理 Redux 應用非同步作業的中介軟體 (又稱非同步 Action)。redux-saga 透過建立 Saga 將所有的非同步作業邏輯收集在一個地方集中處理，用來代替 redux-thunk 中介軟體。

透過 redux-saga 函式庫來處理副作用相關操作，Redux 的各部分的協作更明確：

(1) Reducer 負責處理 Action 的 state 更新。

(2) Saga 負責協調那些複雜或非同步的操作。

Saga 不同於 Thunk，Thunk 是在 Action 被建立時呼叫，而 Saga 只會在應用啟動時呼叫，初始啟動的 Saga 可能會動態呼叫其他 Saga，Saga 可以被看作在後台執行的處理程序，Saga 監聽發起 Action，然後決定基於這個 Action 來做什麼：是發起一個非同步呼叫 (如一個 fetch 請求)，還是發起其他的 Action 到 Store，甚至是呼叫其他的 Saga。

Saga 是透過 Generator() 函式來建立的，所有的任務都通用 Yield Effect 來完成。Effect 可以看作 redux-saga 的任務單元，Effects 都是簡單的 JavaScript 物件，包含要被 Saga Middleware 執行的資訊，redux-saga 為各項任務提供了各種 Effect 建立器，例如呼叫一個非同步函式，發起一個 Action 到 Store，啟動一個幕後工作或等待一個滿足某些條件的未來的 Action。

2. redux-saga 框架核心 API

1) Saga 輔助函式

redux-saga 提供了一些輔助函式，用來在一些特定的 Action 被發起到 Store 時衍生任務，下面先來了解兩個輔助函式：takeEvery() 和 takeLatest()。

(1) takeEvery()：每次點擊 Fetch 按鈕時，發起一個 FETCH_REQUESTED 的 Action。透過啟動一個任務從伺服器獲取一些資料，來處理這個 Action。

首先建立一個將執行非同步 Action 的任務,如程式範例 10-165 所示。

程式範例 10-165

```
import { call, put } from 'redux-saga/effects'
export function* fetchData(action) {
   try {
      const data = yield call(Api.fetchUser, action.payload.url);
      yield put({type: "FETCH_SUCCEEDED", data});
   } catch (error) {
      yield put({type: "FETCH_FAILED", error});
   }
}
```

然後在每次 FETCH_REQUESTED Action 被發起時啟動上面的任務,如程式範例 10-166 所示。

程式範例 10-166

```
import { takeEvery } from 'redux-saga'

function* watchFetchData() {
   yield* takeEvery("FETCH_REQUESTED", fetchData)
}
```

注意:上面的 takeEvery() 函式可以使用下面的寫法替換,如程式範例 10-167 所示。

程式範例 10-167

```
function* watchFetchData() {
   while(true){
      yield take('FETCH_REQUESTED');
      yield fork(fetchData);
   }
}
```

(2) takeLatest()：在上面的例子中，takeEvery() 允許多個 fetchData 實例同時啟動，在某個特定時刻，可以啟動一個新的 fetchData 任務，儘管之前還有一個或多個 fetchData 尚未結束。

如果只想得到最新那個請求的回應 (如始終顯示最新版本的資料)，則可以使用 takeLatest() 輔助函式，如程式範例 10-168 所示。

程式範例 10-168

```
import { takeLatest } from 'redux-saga'

function* watchFetchData() {
   yield* takeLatest('FETCH_REQUESTED', fetchData)
}
```

和 takeEvery() 不同，在任何時刻 takeLatest() 只允許執行一個 fetchData 任務，並且這個任務是最後被啟動的那個，如果之前已經有一個任務在執行，則之前的那個任務會自動被取消。

2) Effect Creators

redux-saga 框架提供了很多建立 Effect 的函式，下面就簡單地介紹下開發中最常用的幾種，如程式範例 10-169 所示。

程式範例 10-169

```
take(pattern)
put(action)
call(fn, ...args)
fork(fn, ...args)
select(selector, ...args)
take(pattern)
```

take() 函式可以視為監聽未來的 Action，它建立了一個命令物件，告訴 Middleware 等待一個特定的 Action，Generator() 會暫停，直到一個與 Pattern 匹配的 Action 被發起，才會繼續執行下面的敘述，也就是說，take() 是一個阻塞的 Effect。

用法如程式範例 10-170 所示。

程式範例 10-170

```
function* watchFetchData() {
    while(true) {
        // 監聽一個 Type 為 FETCH_REQUESTED 的 Action 的執行
        // 直到等到這個 Action 被觸發，才會接著執行下面的 yield fork(fetchData) 敘述
        yield take('FETCH_REQUESTED');
        yield fork(fetchData);
    }
}
```

(1) put(action)：put() 函式是用來發送 Action 的 Effect，可以簡單地把它理解成 Redux 框架中的 dispatch() 函式，當 put 一個 Action 後，Reducer 中就會計算新的 state 並傳回，注意 put 也是阻塞 Effect。

用法如程式範例 10-171 所示。

程式範例 10-171

```
export function* toggleItemFlow() {
    let list = []
    // 發送一個 Type 為 'UPDATE_DATA' 的 Action，用來更新資料，參數為 'data:list'
    yield put({
        type: actionTypes.UPDATE_DATA,
        data: list
    })
}
```

(2) call(fn, ...args)：可以把 call() 函式簡單地理解為可以呼叫其他函式的函式，它命令 Middleware 來呼叫 fn() 函式，args 為函式的參數，注意 fn() 函式可以是一個 Generator() 函式，也可以是一個傳回 Promise 的普通函式，call() 函式也是阻塞 Effect。

用法如程式範例 10-172 所示。

程式範例 10-172

```
export const delay = ms => new Promise(resolve => setTimeout(resolve, ms))

export function* removeItem() {
    try {
        // 這裡 call() 函式呼叫了 delay() 函式，delay() 函式為一個傳回 promise 的函式
        return yield call(delay, 500)
    } catch (err) {
        yield put({type: actionTypes.ERROR})
    }
}
```

(3) fork(fn, ...args)：fork() 函式和 call() 函式很像，都用來呼叫其他函式，但是 fork() 函式是非阻塞函式，也就是說，程式執行完 yield fork(fn，args) 這一行程式後，會立即接著執行下一行程式，而不會等待 fn() 函式傳回結果後再執行下面的敘述。

用法如程式範例 10-173 所示。

程式範例 10-173

```
import { fork } from 'redux-saga/effects'

export default function* rootSaga() {
    // 下面的 4 個 Generator() 函式會一次執行，不會阻塞執行
    yield fork(addItemFlow)
    yield fork(removeItemFlow)
    yield fork(toggleItemFlow)
    yield fork(modifyItem)
}
```

(4) select(selector, ...args)：select() 函式用來指示 Middleware 呼叫提供的選擇器獲取 Store 上的 state 資料，也可以簡單地把它理解為 Redux 框架中獲取 Store 上的 state 資料一樣的功能：store.getState()。

用法如程式範例 10-174 所示。

程式範例 10-174

```
export function* toggleItemFlow() {
    // 透過 select effect 獲取全域 state 上的 getTodoList 中的 list
    let tempList = yield select(state => state.getTodoList.list)
}
```

3) createSagaMiddleware()

createSagaMiddleware() 函式用來建立一個 Redux 中介軟體，將 Saga 與 Redux Store 連接起來。

Saga 中的每個函式都必須傳回一個 Generator 物件，Middleware 會迭代這個 Generator 並執行所有 yield 後的 Effect(Effect 可以看作 redux-saga 的任務單元)。

用法如程式範例 10-175 所示。

程式範例 10-175

```
import {createStore, applyMiddleware} from 'redux'
import createSagaMiddleware from 'redux-saga'
import reducers from './reducers'
import rootSaga from './rootSaga'

// 建立一個 Saga 中介軟體
const sagaMiddleware = createSagaMiddleware()

// 建立 Store
const store = createStore(
    reducers,
    // 將 sagaMiddleware 中介軟體傳入 applyMiddleware() 函式中
    applyMiddleware(sagaMiddleware)
)

// 動態執行 Saga，注意 :run() 函式只能在 Store 建立好之後呼叫
sagaMiddleware.run(rootSaga)

export default store
```

4) middleware.run(sagas, ...args)

動態執行 Sagas，用於 applyMiddleware 階段之後執行 Sagas，參數說明如表 10-7 所示。

表 10-7　applyMiddleware 函式參數說明

參數名稱	參數說明
sagas	Function：一個 Generator() 函式
args	Array：提供給 Saga 的參數 (除了 Store 的 getState() 方法)

說明：動態執行 Saga 敘述 middleware.run(sagas) 必須在 Store 建立好之後才能執行，在 Store 之前執行，程式會顯示出錯。

下面透過一個計數器，演示如何使用 redux-saga。

安裝 redux-saga 函式庫，命令如下：

```
$ npm install --save redux-saga
# 或
$ yarn add redux-saga
```

說明：redux-saga 參考網站：https://redux-saga.js.org/。

新建一個 helloSaga.js 檔案，如程式範例 10-176 所示。

程式範例 10-176　helloSaga.js

```
#helloSaga.js
export function * helloSaga() {
   console.log('Hello Sagas!');
   ...
}
```

建立 store.js 檔案，使用 createSagaMiddleware() 建立中介軟體，如程式範例 10-177 所示。

程式範例 10-177　store.js

```
#store.js
```

```
import { createStore, applyMiddleware } from 'redux'
import createSagaMiddleware from 'redux-saga'
# 引入 Saga 檔案
import { helloSaga } from './sagas'
import rootReducer from './reducer'
# 建立 Saga 中介軟體
const sagaMiddleware=createSagaMiddleware();
# 註冊中介軟體
const store = createStore(
 reducer,
 applyMiddleware(sagaMiddleware)
);

# 執行中介軟體
sagaMiddleware.run(helloSaga);

// 輸出 Hello, Sagas!
export default store
```

修改 helloSaga.js 檔案，增加監聽 dispatch 發送的 Action。透過 helloSaga.js 中的 rootSaga() 函式監聽元件發送的 Action，如程式範例 10-178 所示。

程式範例 10-178　　hello.saga.js

```
import { call, put, takeEvery, takeLatest } from 'redux-saga/effects'
export const delay = ms => new Promise(resolve => setTimeout(resolve, ms));

function* incrementAsync() {
    // 延遲 1s 執行 +1 操作
    yield call(delay, 1000);
    yield put({ type: 'INCREMENT' });
}

export default function* rootSaga() {
    //while(true){
    //yield take('ADD_ASYNC');
    //yield fork(incrementAsync);
    //}
```

```
    //下面的寫法與上面的寫法上等效
    yield takeEvery("ADD_ASYNC", incrementAsync)
}
```

建立 Reducer，根據 Action 傳回新的 state，如程式範例 10-179 所示。

程式範例 10-179　reducer.js

```
#reducer.js
const initialState = {
    num:0
}

export default function counter(state = initialState, action) {
    switch (action.type) {
      case 'INCREMENT':
        return {num:state.num+1}
      case 'DECREMENT':
        return {num:state.num-1}
      case 'INCREMENT_ASYNC':
        return state
      default:
        return state
      }
}
```

增加元件 Counter.jsx，程式如下：

程式範例 10-180　Counter.jsx

```
import React ,{useEffect, useState} from "react"
import {connect} from "react-redux"

function Counter(props){
    const {num,onAddClick}= props;
    return <div>
      <h1>{num}</h1>
      <button onClick={onAddClick}>+</button>
    </div>
```

```
}

const mapStateToProps = (state)=>{
   return {
      num:state.num
   }
}

const mapDispatchToProps = (dispatch)=>{
   return {
      onAddClick : ()=> dispatch({type:"ADD_ASYNC"})
   }
}
export const CounterContainer =connect(mapStateToProps,mapDispatchToProps)
(Counter);
```

10.9.7　Redux Toolkit 簡化 Redux 程式

Redux Toolkit 套件是 Redux 的工具集，旨在解決以下問題：

(1) Store 的設定複雜。

(2) 想讓 Redux 更加好用，不需要安裝大量的額外套件。

(3) Redux 要求寫很多範本程式。

1. Redux Toolkit 新 API 介紹

Redux Toolkit 提供了新的 API，具體解釋如下。

1) configureStore()

提供簡化的設定選項和良好的預設值。它可以自動組合許多的 Reducer()，增加使用者提供的任何 Redux 中介軟體，預設情況下包括 redux-thunk(處理非同步 Action 的中介軟體)，並支援使用 Redux DevTools 擴充。

2) createReducer()

建立 reducer() 的 Action 映射表而不必撰寫 switch 敘述。自動使用 Immer 函式庫讓開發者用正常的程式撰寫更簡單的不可變更新，例如

state.todos[3].completed=true。

3) createAction()

為給定的操作類型字串生成 action Creator() 函式。

4) createSlice()

根據傳遞的參數自動生成對應的 actionCreator() 和 reducer() 函式，如程式範例 10-181 所示。

程式範例 10-181

```
import { createSlice } from "@reduxjs/toolkit";

export const incrementAsync = (amount) => (dispatch) => {
    setTimeout(() => {
        dispatch(incrementByAmount(amount));
    }, 1000);
};

export const selectCount = (state) => state.counter.value;

export const counterSlice = createSlice({
    name: "counter",
    initialState: {
        value: 0,
        author: "",
    },
    reducers: {
        increment: (state) => {
            // 這裡因為使用了 Immer 函式庫，所以能夠使用這種直接修改 state 的語法
            // 但其實並不是 mutate
            state.value += 1;
        },
        decrement: (state) => {
            state.value -= 1;
        },
        incrementByAmount: (state, action) => {
            state.value += action.payload;
        },
    },
```

```
});

export const { increment, decrement, incrementByAmount } = counterSlice.
actions;

export default counterSlice.reducer;
```

5) createAsyncThunk()

接收 Action 字串和傳回 Promise 的函式，並生成排程的 thunk() 函式。

6) createEntityAdapter

生成可重用的 Reducer 和 Selector 來管理 Store 中的資料，執行 CRUD 操作。

7) createSelector()

來自 Reselect 函式庫，被重新匯出，用於 state 快取，防止不必要的計算。

2. Redux ToolKit 基礎用法

使用 redux-toolkit 官方範本建立專案，如程式範例 10-182 所示。

程式範例 10-182

```
npx create-react-app redux-toolkit-demo --template redux
# 使用 redux-typescript 範本，推薦使用 TypeScript
npx create-react-app react-rtk-ts --template redux-typescript

# 使用 Redux 範本
#npx create-react-app react-rtk-ts --template redux
```

以前的專案可以單獨安裝，命令如下：

```
# 安裝 Redux Toolkit 和 React-Redux
npm install @reduxjs/toolkit react-redux
```

啟動專案，執行效果如圖 10-45 所示。

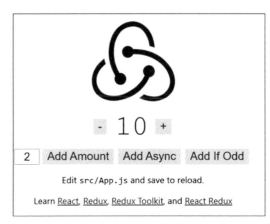

▲ 圖 10-45　reduxjs/toolkit 啟動效果

1) 建立 Redux Store

建立一個 src/app/store.js 檔案，從 Redux Toolkit 裡引入 configure
Store，將從建立和匯出一個空的 Redux Store 開始，如程式範例 10-183
所示。

程式範例 10-183　src/app/store.js

```
import { configureStore } from '@reduxjs/toolkit'
export const store = configureStore({
   reducer: {},
})
```

這裡在建立 Redux Store 的同時也會自動設定 Redux DevTools 的擴
充，因此可以在執行中檢查 Store。

2) 在 React 中使用 Redux Store

一旦 Store 建立完成，就可以在 src/index.js 檔案中用 react-redux 提
供的 <Provider> 包裹應用，這樣就可以在 React 元件中使用 React Store
了。

具體操作就是先引入剛剛建立的 Redux Store，然後用 <Provider> 包
裹 <App>，再將 Store 作為一個 props 傳入，如程式範例 10-184 所示。

程式範例 10-184   src/index.js

```
import React from 'react'
import ReactDOM from 'react-dom'
import './index.css'
import App from './App'
import { store } from './app/store'
import { Provider } from 'react-redux'

ReactDOM.render(
   <Provider store={store}>
     <App />
   </Provider>,
   document.getElementById('root')
)
```

3) 建立一個 Redux State Slice

建立一個 src/features/counter/counterSlice.js 檔案，在檔案裡從 Redux Toolkit 中引入 createSlice API。

Slice 需要一個 Name 作為唯一標識，需要有初始化 State 值，還需要至少一個 reducer 方法來定義 State 如何變化。一旦 Slice 建立完成就可以匯出生成的 Redux action creators 和整個 Slice 的 reducer 方法。

Redux 需要透過製作資料副本和更新副本來不可變地更新 State，然而 Redux Toolkit 的 createSlice 和 createReducer API 內部使用了 Immer，這允許可以直接更新邏輯，不必製作副本，它將自動成為正確的不可變更新，如程式範例 10-185 所示。

程式範例 10-185   src/features/counter/counterSlice.js

```
import { createSlice } from '@reduxjs/toolkit'

const initialState = {
   value: 0,
}

export const counterSlice = createSlice({
```

```
    name: 'counter',
    initialState,
    reducers: {
      increment: (state) => {
        //Redux Toolkit 允許在 reducers 中直接寫入改變 state 的邏輯
        // 由於使用了 Immer 函式庫，所以並沒有真地改變 state
        // 而是檢測到 " 草稿 state" 的更改並根據這些更改生成一個全新的不可變 state
        state.value += 1
      },
      decrement: (state) => {
        state.value -= 1
      },
      incrementByAmount: (state, action) => {
        state.value += action.payload
      },
    },
})
//reducer 方法的每個 case 都會生成一個 Action
export const { increment, decrement, incrementByAmount } = counterSlice.
actions
export default counterSlice.reducer
```

4) 將 Slice Reducer() 增加進 Store

接下來需要引入 Counter Slice 的 reducer() 方法並把它增加到 Store 中。透過在 reducer() 方法中定義一個屬性，告訴 Store 使用這個 Slice Reducer() 方法去處理所有的 state 更新，如程式範例 10-186 所示。

程式範例 10-186

```
import { configureStore } from '@reduxjs/toolkit'
import counterReducer from '../features/counter/counterSlice'

export default configureStore({
  reducer: {
    counter: counterReducer,
  },
}
```

5) 在 React 元件中使用 Redux State 和 Action

現在可以使用 react-redux 鉤子在 React 元件中操作 Redux Store。可以使用 useSelector 從 Store 中讀取資料，也可以使用 useDispatch 來派發 Action。

使用 useSelector() 和 useDispatch() Hook 來替代 connect()。

傳統的 React 應用在與 Redux 進行連接時透過 react-redux 函式庫的 connect() 函式來傳入 mapState() 和 mapDispatch() 函式以便將 Redux 中的 State 和 Action 儲存到元件的 props 中。

react-redux 新版已經支援 useSelector() 和 useDispatch Hook()，可以使用它們替代 connect() 的寫法。透過它們可以在純函式式元件中獲取 Store 中的值並監測變化。

建立一個 src/features/counter/Counter.js 檔案，並且在其中開發 Counter 元件，然後在 App.js 檔案中引入這個元件，並且在 <App> 裡繪製它，如程式範例 10-187 所示。

程式範例 10-187　src/features/counter/Counter.js

```
import React from 'react'
import { useSelector, useDispatch } from 'react-redux'
import { decrement, increment } from './counterSlice'

export function Counter() {
   const count = useSelector((state) => state.counter.value)
   const dispatch = useDispatch()

   return (
     <div>
       <div>
         <button
           aria-label="Increment value"
           onClick={() => dispatch(increment())}
         >
           Increment
         </button>
```

```
      <span>{count}</span>
      <button
        aria-label="Decrement value"
        onClick={() => dispatch(decrement())}
      >
        Decrement
      </button>
    </div>
  </div>
  )
}
```

在程式範例 10-187 中，當點擊 Increment 或 Decrement 按鈕時，dispatch 對應的 Action 進 Store，Counter Slice Reducer 根據 Action 更新 State，<Counter> 元件將從 Store 中獲取新的 State，並且根據新的 State 重新繪製頁面。

10.10 狀態管理 (Recoil)

在 React Europe 2020 Conference 上，Facebook 內部開放原始碼了一種狀態管理函式庫 Recoil。Recoil 是 Facebook 推出的全新的、實驗性的 JavaScript 狀態管理函式庫，它解決了使用現有 Context API 在建構較大應用時所面臨的很多問題。

10.10.1 Recoil 介紹

Recoil 為了解決 React 全域資料流程管理的問題，採用分散管理原子狀態的設計模式。Recoil 提出了一個新的狀態管理單位 Atom，它是可更新和可訂閱的，當一個 Atom 被更新時，每個被訂閱的元件都會用新的值來重新繪製。如果從多個元件中使用同一個 Atom，則所有這些元件都會共用它們的狀態。

10.10.2 Recoil 核心概念

　　Recoil 能建立一個資料流程圖 (Data-Flow Graph)，從 Atom(共用狀態) 到 Selector(純函式)，再向下流向 React 元件。Atom 是元件可以訂閱的狀態單位。Selector 可以同步或非同步轉換此狀態。

1. RecoilRoot

　　對於使用 Recoil 的元件，需要將 RecoilRoot 放置在元件樹上的任一父節點處。最好將其放在根元件中，如程式範例 10-188 所示。

程式範例 10-188

```
import React from 'react'
import ReactDOM from 'react-dom'
import { RecoilRoot } from 'recoil'
import App from './App'

ReactDOM.render(
  <RecoilRoot>
    <App />
  </RecoilRoot>,
  document.getElementById('root')
)
```

2. Atom

　　Atom 是最小的狀態單元。它們能夠被訂閱和更新：當它更新時，所有訂閱它的元件都會應用新資料重繪；它能夠在執行時期創立；它也能夠在部分狀態應用；同一個 Atom 能夠被多個元件應用與共用。

　　相比 Redux 保護的全域 Store，Recoil 則採納擴散治理原子狀態的設計模式，不便進行程式分割。

　　Atom 和傳統的 state 不同，它能夠被任何元件訂閱，當一個 Atom 被更新時，每個被訂閱的元件都會用新的值來重新繪製。

所以 Atom 相當於一組 state 的匯合，扭轉一個 Atom 只會繪製特定的子元件，並不會讓整個父元件重新繪製，程式如下：

```
import { atom } from 'recoil'
export const todoList = atom({
    key: 'todoList',
    default: [],
})
```

要創立一個 Atom，必須提供一個 key，其必須在 RecoilRoot 作用域中是唯一的，並且要提供一個預設值，預設值可以是一個動態值、函式甚至可以是一個非同步函式。

10.10.3 Recoil 核心 API

Recoil 採納 Hook 形式訂閱和更新狀態，常用的 API 如下。

1. useRecoilState()

useRecoilState() 函式是與 useState() 相似的 Hook，能夠對 Atom 進行讀寫，如程式範例 10-189 所示。

程式範例 10-189　useRecoilState()

```
import React, { useState } from 'react'
import { useRecoilState } from 'recoil'
import { TodoListStore } from './store'

export default function OperatePanel() {
    const [inputValue, setInputValue] = useState('')
    const [todoListData, setTodoListData] = useRecoilState(TodoListStore.
todoList)

    const addItem = () => {
        const newList = [...todoListData, { thing: inputValue, isComplete:
false }]
        setTodoListData(newList)
        setInputValue('')
```

```
    }

    return (
      <div>
        <h3>OperatePanel Page</h3>
        <input type='text' value={inputValue} onChange={e => setInputValue(e.
target.value)} />
        <button onClick={addItem}>增加</button>
      </div>
    )
}
```

2. useSetRecoilState()

useSetRecoilState() 只獲取 setter() 函式，不會傳回 state 的值，如果只應用了這個函式，則狀態變動不會導致元件重新繪製，如程式範例 10-190 所示。

程式範例 10-190　useSetRecoilState()

```
import React from 'react'
import { useSetRecoilState } from 'recoil'
import { TodoListStore } from './store'
export default function SetPanel() {
    const setTodoListData = useSetRecoilState(TodoListStore.todoList)

    const clearData = () => {
      setTodoListData([])
    }

    return (
      <div>
        <button onClick={clearData}>清空 Recoil 的陣列</button>
      </div>
    )
}
```

3. useRecoilValue()

useRecoilValue() 函式只傳回 state 的值，不提供修改辦法，如程式範例 10-191 所示。

程式範例 10-191　useRecoilValue()

```
import React from 'react'
import { useRecoilValue } from 'recoil'
import { TodoListStore } from './store'
export default function ShowPanel() {
   const todoListData = useRecoilValue(TodoListStore.todoList)
   return (
     <div>
        <h3>ShowPanel Page</h3>
        Recoil 中獲取後果展現：
        {todoListData.map((item, index) => {
        return <div key={index}>{item.thing}</div>
      })}
     </div>
     )
}
```

4. selector()

selector 表示一段衍生狀態，它可以建設相依於其 Atom 的狀態。它有一個強制性的 get() 函式，其作用與 Redux 的 reselect 或 MobX 的 computed 相似。

selector() 是一個純函式：對於給定的一組輸出，它們應始終產生相同的後果。這一點很重要，因為選擇器可能會執行一次或多次，可能會重新啟動或被快取，如程式範例 10-192 所示。

程式範例 10-192　selector()

```
export const completeCountSelector = selector({
   key: 'completeCountSelector',
   get({ get }) {
     const completedList = get(todoList)
```

```
        return completedList.filter(item => item.isComplete).length
    },
})
```

selector() 還可以傳回一個非同步函式，能夠將一個 Promise 作為傳回值。

10.11　React 行動端開發 (React Native)

　　React Native 是目前最流行的混合應用程式開發框架之一，是 ReactJS 從 Web 端到行動端的延伸，React 借助虛擬 DOM 技術實現了一套程式多端執行的目標。到目前為止，React 已經成功延伸到了 VR、AR、桌面、元宇宙等許多領域。

　　Facebook 在 2018 年 6 月官方宣佈了大規模重構 React Native 的計畫及重構路線圖，如圖 10-46 所示，其目的是讓 React Native 更加輕量化、更適應混合開發，接近甚至達到原生的體驗。

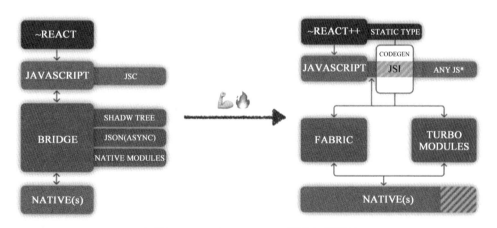

▲ 圖 10-46　React Native 新舊架構對比

　　Facebook 團隊逐漸意識到 Bridge 存在的一些問題，同時也受到 Flutter 的壓力，在 2018 年提出了新架構：移除了 Bridge，取而代之的是一個名為 JavaScript Interface(JSI) 的新元件。新的架構主要由 JSI、Fabric、TurboModules、CodeGen、LeanCode 組成。

官方的 GitHub 網址為 https://facebook.github.io/react-native/。

10.11.1 React Native 優點

相比較其他的跨平台框架，React Native 具有以下優點。

1. 提供了原生的控制項支援

使用 React Native 可以使用原生的控制項，在 iOS 平台可以使用 UITabBar 控制項，在 Android 平台可以使用 Drawer 控制項。這樣，就讓 App 從使用上和視覺上擁有像原生 App 一樣的體驗，而且使用起來也非常簡單。

2. 非同步執行

所有的 JavaScript 邏輯與原生的程式邏輯都是在非同步中執行的。原生的程式邏輯當然也可以增加自己的額外的執行緒。

這個特性表示，可以將圖片解碼過程的執行緒從主執行緒中抽離出來，在後台執行緒將其儲存在磁碟中，在不影響 UI 的情況下計算調整版面配置等。

所以，這些讓 React Native 開發出來的 App 執行時期都較為流暢。

JS 與原生之間的通訊過程以序列化的方式來完成，可以使用 Chrome Developer Tools 來完成 JavaScript 邏輯的偵錯，當然也能夠在模擬器和物理裝置上偵錯。

3. 觸控螢幕處理

React Native 實現了高性能的圖層點擊與接觸處理。

4. Flexbox 的版面配置模式

Flexbox 版面配置模式使版面配置變得更簡單，使用 margin 和 padding 的嵌套模式。當然，React Native 同樣也支援網頁原生的一些屬性版面配置模式，如 FontWeight 之類。這些宣告的版面配置模式和樣式都會存在內聯的機制中最佳化。

5. Polyfills 機制

React Native 也支援協力廠商的 JavaScript 函式庫，支援 NPM 中的成千上萬個模組。

6. 基於 React JS

擁有 React JS 的優良特性。

10.11.2　React Native 安裝與設定

React Native 安裝和設定比較煩瑣，具體步驟如下。

1. 安裝相依

必須安裝的相依有 Node、JDK 和 Android Studio。

> **說明**：雖然可以使用任何編輯器來開發應用 (撰寫 JS 程式)，但仍然必須安裝 Android Studio 來獲得編譯 Android 應用所需的工具和環境。

2. 安裝 Node 和 JDK

Node 的版本應大於或等於 12。

> **說明**：不要使用 CNPM ！ CNPM 安裝的模組路徑比較特殊，packager 不能正常辨識。

React Native 需要 Java Development Kit 11。可以在命令列中輸入 Javac -version(需要注意是 Javac，不是 Java) 來查看當前安裝的 JDK 版

本。如果版本不合要求,則可到 adoptopenjdk 或 Oracle JDK 官網上下載 (後者需註冊登入)。

安裝好 JDK 後,需要設定 Java 的系統變數,如圖 10-47 所示。

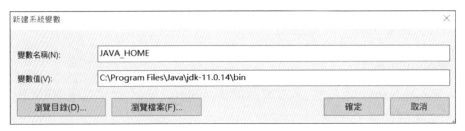

▲ 圖 10-47　設定 JAVA_HOME 路徑

3. 安裝 Yarn

Yarn 是 Facebook 提供的替代 NPM 的工具,可以加速 Node 模組的下載。

```
npm install -g yarn
```

安裝完 Yarn 之後就可以用 Yarn 代替 NPM 了,如用 yarn 命令代替 npm install 命令,用 yarn add 命令增加某協力廠商函式庫名稱代替用 npm install 命令安裝某協力廠商函式庫名稱。

4. 安裝 Android 開發環境

首先下載和安裝 Android Studio,可自行使用搜尋引擎搜索可用的下載連結。在安裝介面中選擇 Custom 選項,確保選中了以下幾項:

```
Android SDK
Android SDK Platform
Android Virtual Device
```

Android Studio 預設會安裝最新版本的 Android SDK。目前編譯 React Native 應用需要的是 Android 10 (Q) 版本的 SDK(注意 SDK 版本不

等於終端系統版本，RN 目前支援 android 5 以上裝置)。可以在 Android Studio 的 SDK Manager 中選擇安裝各版本的 SDK。

5. 把工具目錄增加到環境變數 Path

接下來，需要設定 ANDROID_HOME 環境變數。

React Native 需要透過環境變數來了解 Android SDK 安裝在什麼路徑，從而正常進行編譯。

打開「主控台」→「系統和安全」→「系統」→「高級系統設定」→「高級」→「環境變數」→「新建」，建立一個名為 ANDROID_HOME 的環境變數 (系統或使用者變數均可)，指向 Android SDK 所在的目錄，如圖 10-48 所示。

▲ 圖 10-48　設定 ANDROID_HOME 路徑

同時增加 Path 變數，然後點擊「編輯」按鈕。點擊「新建」按鈕，然後把這些工具目錄路徑增加進去，如 platform-tools、emulator、tools、tools\bin，設定如下：

```
%ANDROID_HOME%\platform-tools
%ANDROID_HOME%\emulator
%ANDROID_HOME%\tools
%ANDROID_HOME%\tools\bin
```

6. 建立 React Native 專案

新版本的 React Native 專案使用最新的 react-native 鷹架工具安裝，命令如下：

```
npx react-native init rndemo
```

也可以指定版本或專案範本，使用 --version 參數 (注意是兩個橫槓)
建立指定版本的專案。注意版本編號必須精確到兩個小數點，命令如下：

```
npx react-native init rndemo --version X.XX.X
```

還可以使用 --template 來使用一些社區提供的範本，例如附帶
TypeScript 設定的範本，命令如下：

```
npx react-native init rndemo --template react-native-template-typescript
```

7. 編譯並執行 React Native 應用

確保先執行了模擬器或連接了實機，然後在專案目錄中執行 yarn
android 或 yarn react-native run-android 命令：

```
cd rndemo
yarn android
# 或
yarn react-native run-android
```

此命令會對專案的原生部分進行編譯，同時在另外一個命令列中啟
動 Metro 服務對 JS 程式進行即時打包處理 (類似 Webpack)。Metro 服務
也可以使用 yarn start 命令單獨啟動。

8. 修改專案並重新啟動專案

使用喜歡的文字編輯器打開 App.js 檔案並隨便改上幾行。在執行的
命令列裡按兩下 R 鍵，或在開發者選單中選擇 Reload，就可以看到最新
的修改，執行效果如圖 10-49 所示。

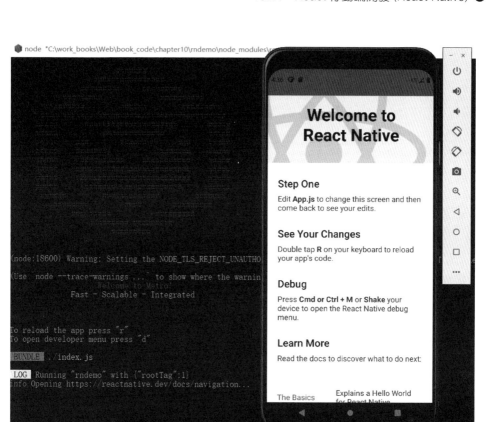

▲ 圖 10-49　React Native 執行效果

React 進階原理

本章是 React 進階原理篇，重點介紹 React 原始程式的下載編譯與偵錯、React Fiber 架構、React Diff 演算法原理、React Hook 的實現原理及手動實現自己的輕量級的 React 等。

11.1 React 原始程式偵錯

如果希望讀懂 React 的原始程式，首先需要從 React 的原始程式偵錯開始，本節從原始程式的下載和編譯安裝的角度，介紹如何讀懂 React 的最新原始程式。

11.1.1 React 原始程式下載與編譯

下面逐步介紹如何下載和編譯 React 原始程式，並透過專案偵錯原始程式。

1. 下載 React 最新原始程式套件

透過 Git 把原始程式複製到本地，命令如下：

```
get clonehttps://github.com/facebook/react.git
```

2. 安裝編譯原始程式

從原始程式中編譯出 react、react-dom、scheduler、jsx 函式庫，命令如下：

```
# 安裝 package.json 相依套件
yarn install
# 編譯原始程式
yarn build react/index,react/jsx,react-dom/index,scheduler
```

3. 查看編譯建構檔案

上面編譯完成後，建構出的檔案儲存在 build/node_modules/react 目錄中，包含 cjs(CommonJS) 和 umd 兩個版本，如圖 11-1 所示。

▲ 圖 11-1　React 原始程式編譯目錄

4. 建立本地相依

進入 React 套件的內部，命令如下：

```
cd build/node_modules/react
    # 建立連接
yarn link
```

進入 react-dom，執行連接命名，程式如下：

```
cd build/node_modules/react-dom
yarn link
```

5. 建立一個可以偵錯的 React 專案

這裡使用鷹架工具 create-react-app 建立新的專案，命令如下：

```
npx create-react-app my-app
cd my-app
```

6. 連接專案和 React 函式庫

刪除建立專案的 node_modules 中的 react 和 react-dom，使用本地編譯的 React 版本，這裡只需要在 node_modules 目錄下執行相關命令，命令如下：

```
yarn link react react-dom
```

執行完成後，效果如圖 11-2 所示。

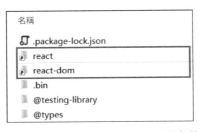

▲ 圖 11-2　連結 react/react-dom 到當前專案

7. 開始偵錯

打開複製的 React 原始程式，修改下面的程式：

```
packages/react-dom/src/client/ReactDOMLegacy.js
```

修改 ReactDOMLegacy 中 render() 函式的 log，修改後如圖 11-3 所示。

```
267  export function render(
268    element: React$Element<any>,
269    container: Container,
270    callback: ?Function,
271  ) {
272    if (__DEV__) {
273      console.error(    ① 新增測試
274        '++++++++++++ReactDOM.render is no longer supported in React 18.
275        'instead. Until you switch to the new API, your app will behave
276        "if it's running React 17. Learn " +
277        'more: https://reactjs.org/link/switch-to-createroot',
278      );
279    }
```

▲ 圖 11-3　測試修改原始程式

8. 重新編譯原始程式

打開 React 原始程式的專案，執行重新打包，命令如下：

```
yarn build react/index,react/jsx,react-dom/index,scheduler
```

打開建立的 React 專案，執行執行命令

```
yarn start
```

打開主控台，測試效果如圖 11-4 所示。

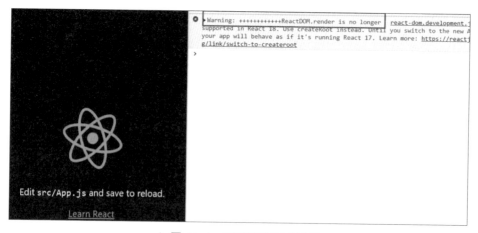

▲ 圖 11-4　測試原始程式偵錯

11.1.2　React 原始程式套件介紹

　　React 的原始程式目錄主要有三個資料夾：fixtures(一些測試 Demo，方便 React 編碼時測試)；packages(React 的主要原始程式內容)；scripts(和 React 打包、編譯、本地開發相關的命令)，如圖 11-5 所示。

	acdlite Remove logic for multiple error recovery attempts (#23227) ⋯	✓ 5318971 5 hours ago	⏱ **14,735** commits
📁 .circleci	Run DevTools e2e tests on Circle CI (#23019)		29 days ago
📁 .codesandbox	Update Node.js to latest v14.17.6 LTS (#22401)		4 months ago
📁 .github	Update PULL_REQUEST_TEMPLATE.md		5 months ago
📁 fixtures	Remove hydrate option from createRoot (#22878)		2 months ago
📁 packages	Remove logic for multiple error recovery attempts (#23227)		5 hours ago
📁 scripts	DevTools: Timeline profiler refactor		5 days ago

▲ 圖 11-5　React 原始程式目錄結構

　　React 的原始程式內容存放在 packages 資料夾下，目錄結構如程式範例 11-1 所示。

程式範例 11-1　原始程式目錄結構

```
react
 ├fixtures
 ├ packages
 │  ├create-subscription
 │  ├dom-event-testing-library
 │  ├eslint-plugin-react-hooks
 │  ├jest-mock-scheduler
 │  ├jest-react
 │  ├react
 │  ├react-art
 │  ├react-cache
 │  ├react-client
 │  ├react-deBug-tools
 │  ├react-devtools
 │  ├react-devtools-core
 │  ├react-devtools-extensions
 │  ├react-devtools-inline
 │  ├react-devtools-scheduling-profiler
```

```
|  ├ react-devtools-shares
|  ├ react-devtools-shell
|  ├ react-dom
|  ├ react-fetch
|  ├ react-interactions
|  ├ react-is
|  ├ react-native-renderer
|  ├ react-noop-renderer
|  ├ react-reconciler
|  ├ react-refresh
|  ├ react-server
|  ├ react-test-renderer
|  ├ react-transport-dom-relay
|  ├ react-transport-dom-webpack
|  ├ scheduler
|  ├ shared
|  └ use-subscription
└ scripts
```

根據 packages 各部分的功能，將其劃分為幾個模組，如表 11-1 所示。

表 11-1 核心模組說明

名稱	說明
核心 API	React 的核心 API 都位於 packages/react 資料夾下，包括 createElement、memo、context 及 hooks 等，凡是透過 React 套件引入的 API，都位於此資料夾下
排程和協調	排程和協調是 React 16 Fiber 出現後的核心功能，和它們相關的套件如下。 (1) scheduler：對任務進行排程，根據優先順序排序 (2) react-conciler：與 Diff 演算法相關，對 Fiber 進行副作用標記
繪製	和繪製相關的內容，包括以下幾個目錄。 (1) react-art：canvas、svg 等內容的繪製 (2) react-dom：瀏覽器環境下的繪製，也是本系列中主要涉及講解的繪製的套件 (3) react-native-renderer：用於原生環境繪製 (4) react-noop-renderer：用於偵錯環境的繪製
輔助套件	shared：定義了 React 的公共方法和變數 react-is：React 中的類型判斷

11-6

11.2　React 架構原理

由於 JavaScript 語言本身的設計原因，JavaScript 一直作為瀏覽器輔助指令稿來使用，如何使用 JavaScript 語言開發高性能的瀏覽器端導向的應用程式，對於前端架構來講是一直是一個很難解決的問題。

React 框架的設計初衷就是要使用 JavaScript 語言來建構「快速回應」的大型 Web 應用程式，但是「快速回應」主要受下面兩方面的原因影響。

(1) CPU 的瓶頸：當專案變得龐大、元件數量繁多、遇到大計算量的操作或裝置性能不足時會使頁面掉畫格，導致延遲。

(2) IO 的瓶頸：發送網路請求後，由於需要等待資料傳回才能進一步操作而導致不能快速回應。

> **說明**：瀏覽器有多個執行緒：JS 引擎執行緒、GUI 繪製執行緒、HTTP 請求執行緒、事件處理執行緒、計時器觸發執行緒，其中 JS 引擎執行緒和 GUI 繪製執行緒是互斥的，所以 JS 指令稿執行和瀏覽器版面配置、繪製不能同時執行。超過 16.6ms 就會讓使用者感知到延遲。

對於瀏覽器來講，頁面的內容都是一畫格一畫格繪製出來的，瀏覽器更新率代表瀏覽器 1 秒繪製多少畫格。原則上説 1s 內繪製的畫格數越多，畫面表現就越細膩。

當每秒繪製的畫格數 (FPS) 達到 60 時，頁面是流暢的，當小於這個值時，使用者會感覺到延遲。目前瀏覽器大多是 60Hz(60 畫格 / 秒)，每一畫格耗時大約為 16.6ms。那麼在這一畫格的 (16.6ms) 過程中瀏覽器又做了些什麼呢？如圖 11-6 所示。

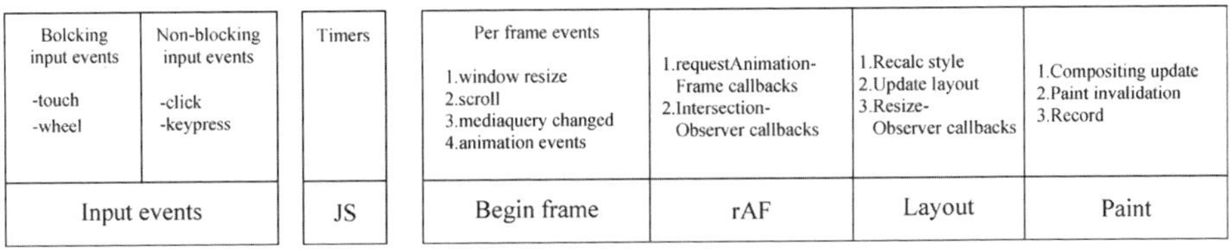

Bolcking input events / Non-blocking input events	Timers	Per frame events			
Bolcking input events -touch -wheel　Non-blocking input events -click -keypress	Timers	Per frame events 1.window resize 2.scroll 3.mediaquery changed 4.animation events	1.requestAnimation- 　Frame callbacks 2.Intersection- 　Observer callbacks	1.Recalc style 2.Update layout 3.Resize- 　Observer callbacks	1.Compositing update 2.Paint invalidation 3.Record
Input events	JS	Begin frame	rAF	Layout	Paint

▲ 圖 11-6　瀏覽器的一畫格需要完成的 6 件事

圖 11-6 中展示了瀏覽器一畫格中需要完成的 6 件事情，具體如下：

(1) 處理輸入事件，能夠讓使用者得到最早的回饋。

(2) 處理計時器，需要檢查計時器是否到時間，並執行對應的回呼。

(3) 處理 Begin Frame(開始畫格)，即每一畫格的事件，包括 window.resize、scroll、media query change 等。

(4) 執行請求動畫畫格 requestAnimationFrame(rAF)，即在每次繪製之前會執行 rAF 回呼。

(5) 進行 Layout 操作，包括計算版面配置和更新版面配置，即這個元素的樣式是怎樣的，它應該在頁面如何展示。

(6) 進行 Paint 操作，得到樹中每個節點的尺寸與位置等資訊，瀏覽器針對每個元素進行內容填充。

等待以上 6 個階段都完成了，接下來處於空閒階段 (Idle Period)，可以在這時執行 requestIdleCallback() 方法 (下面簡稱為 RIC) 裡註冊的使用者任務。

RIC 事件不是每一畫格結束都會觸發執行的，只有在一畫格的 16.6ms 中做完了前面 6 件事且還有剩餘時間時才會執行。如果一畫格執行結束後還有時間執行 RIC 事件，則下一畫格需要在事件執行結束才能繼續繪製，所以 RIC 執行不要超過 30ms，如果長時間不將控制權交還給瀏覽器，則會影響下一畫格的繪製，導致頁面出現延遲和事件回應不即時。

下面透過程式簡單了解一下 RIC 的用法。如果上面 6 個步驟完成後沒有超過 16ms，說明時間有富餘，此時就會執行 requestIdleCallback 裡註冊的任務，如程式範例 11-2 所示。

程式範例 11-2　requestIdleCallback 用法

```
// 設定逾時時間
requestIdleCallback(loopWork, { timeout: 2000 });
// 任務佇列
const tasks = [
```

```
      () => {
        console.log(" 第 1 個任務 ");
      },
      () => {
        console.log(" 第 2 個任務 ");
      },
      () => {
        console.log(" 第 3 個任務 ");
      },
];
// 每一畫格完成結束，迴圈呼叫
function loopWork(deadline) {
    // 如果畫格內有富餘的時間，或逾時，或任務還沒結束
    while ((deadline.timeRemaining() > 0 || deadline.didTimeout) && tasks.
length > 0) {
        work();
    }
    if (tasks.length > 0)
        requestIdleCallback(loopWork);
}
// 執行任務
function work() {
    tasks.shift()();
    console.log(' 執行任務 ');
}
```

　　requestIdleCallback() 方法只在一畫格尾端有空閒時才會執行回呼函
式，它很適合處理一些需要在瀏覽器空閒時進行處理的任務，例如：統
計上傳、資料預載入、範本繪製等。

　　如果一直沒有空閒，requestIdleCallback() 就只能永遠在等候狀態
嗎？當然不是，它的參數除了回呼函式之外，還有一個可選的設定物
件，可以使用 timeout 屬性設定逾時時間；當到達這段時間後 requestIdle
Callback() 的回呼就會立即推入事件佇列。

11.2.1 React 15 版架構

在 React 架構中，第一次引入了虛擬 DOM。採用虛擬 DOM 替代真實 DOM 的目的是為了提高頁面的更新效率，採用更新時進行兩次虛擬 DOM 樹的比較演算法。透過對比虛擬 DOM，找出差異部分，從而只將差異部分更新到頁面中，避免更新整體 DOM 以提高性能。

虛擬 DOM 是一種基於記憶體的 JS 物件，該物件簡化了真實 DOM 的複雜性，透過 Diff 演算法，達到局部更新 DOM 提升了性能的目的，但是同樣 Diff 演算法會帶來性能的消耗。

在 React 15 版本中虛擬 DOM 比對的過程採用了分層遞迴，遞迴呼叫的過程不能被終止，如果虛擬 DOM 的層級比較深，遞迴比對的過程就會長期佔用主執行緒，而 JS 的執行和 UI 的繪製又是互斥的，此時使用者不是看到的是空白介面，就是是有介面但是不能回應使用者操作，處於延遲狀態，使用者體驗差。

React 15 從整體架構上可以分為協調器 (Reconciler) 和繪製器 (Renderer) 兩部分，如圖 11-7 所示。

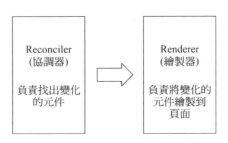

▲ 圖 11-7 　React 15 架構的組成部分

在頁面 DOM 發生更新時，就需要更新虛擬 DOM，此時 React 協調器就會執行以下操作：

(1) 呼叫函式式元件、類別元件的 render() 方法，將傳回的 JSX 轉化為虛擬 DOM。

(2) 將虛擬 DOM 和上次更新時的虛擬 DOM 對比。

(3) 透過對比找出本次更新中變化的虛擬 DOM。

(4) 通知 Renderer 將變化的虛擬 DOM 繪製到頁面上。

React 15 版本使用的是 Stack Reconciliation(堆疊調和器)，它採用了遞迴、同步的方式。堆疊的優點在於用少量的程式就可以實現 Diff 功能，並且非常容易理解，但是由於遞迴執行，所以更新一旦開始，中途就無法中斷。當呼叫層級很深時，如果遞迴更新時間超過了螢幕更新時間間隔，使用者互動就會感覺到延遲。

根據 Diff 演算法實現形式的不同，調和過程被劃分為以 React 15 為代表的「堆疊調和」及以 React 16 為代表的「Fiber 調和」。

11.2.2　React 16 版架構

由於 React 15 的更新流程是同步執行的，一旦開始更新直到頁面繪製前都不能中斷。為了解決同步更新長時間佔用執行緒導致頁面延遲的問題，以及探索執行時期最佳化的更多可能，React 16 版本中提出了兩種解決方案：Concurrent(平行繪製) 與 Scheduler(排程)。

(1) Concurrent：將同步的繪製變成可拆解為多步的非同步繪製，這樣可以將超過 16ms 的繪製程式分幾次執行。

(2) Scheduler：排程系統，支援不同繪製優先順序，對 Concurrent 進行排程。當然，排程系統對低優先順序任務會不斷提高優先順序，所以不會出現低優先順序任務總得不到執行的情況。為了保證不產生阻塞的感覺，排程系統會將所有待執行的回呼函式存在一份清單中，在每次瀏覽器繪製時間分片間盡可能地執行，並將沒有執行完的內容保留到下個分片處理。

React 16 版本中重新定義一個 Fiber 資料結構代替之前的 VNode 物件，使用 Fiber 實現了 React 自己的元件呼叫堆疊，它以鏈結串列的形式遍歷元件樹，這種鏈結串列的方式可以靈活地暫停、繼續和捨棄執行的任務。

React 16 進行了模式的設定,分別為 Legacy 模式、Concurrent 模式、Blocking 模式,其中 Concurrent 模式是啟用 Fiber 分片的非同步繪製方式,而 Legacy 模式則仍採用 React 15 版本的同步繪製模式,Blocking 則是介於二者之間的模式,React 有意按照這種漸進的方式進行過渡。

由於新的架建構立在 Fiber 之上,該版本架構又被稱為 React Fiber 架構。架構的核心利用了 60 畫格原則,內部實現了一個基於優先順序和 requestIdleCallback 的迴圈任務排程演算法。

為了更進一步地提升頁面以便能夠流暢繪製,把更新過程分為 render 和 commit 兩個階段,如圖 11-8 所示。

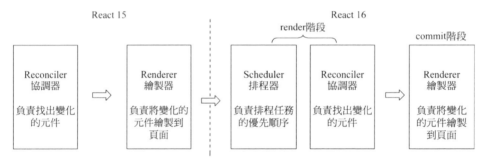

▲ 圖 11-8　React 16 中在 render 階段增加了排程器

(1) render 階段:該階段包括排程器和協調器。主要任務是建構 Fiber 物件和建構鏈結串列,在鏈結串列中標記 Fiber 要執行的 DOM 操作,這個過程是可中斷的。

(2) commit 階段:繪製真實的 DOM,根據建構好的鏈結串列執行 DOM 操作,這個階段是不可中斷的。

React Fiber 架構中具體模組的作用如下。

1) scheduler

scheduler 過程會對諸多的任務進行優先順序排序,讓瀏覽器的每一畫格優先執行高優先順序的任務 (例如動畫、使用者點擊輸入事件等),從而防止 React 的更新任務太大而影響到使用者互動,保證頁面的流暢性。

2) reconciler

在 reconciler 過程中，會開始根據優先順序執行更新任務。這一過程主要根據最新狀態建構新的 Fiber 樹，與之前的 Fiber 樹進行 Diff 對比，對 Fiber 節點標記不同的副作用，對應繪製過程中真實 DOM 的增、刪、改。

3) commit

在 render 階段中，最終會生成一個 effectList 陣列，用於記錄頁面真實 DOM 的新增、刪除和替換等及一些事件回應，commit 會根據 effectList 對真實的頁面進行更新，從而實現頁面的改變。

> **注意**：實際上，只有在 Concurrent 模式中才能體會到 Scheduler 的任務排程核心邏輯，但是這種模式直到 React 17 都沒有曝露穩定的 API，只是提供了一個非穩定版的 unstable_createRoot() 方法。

下面具體了解一下 React 的 Render 階段中的排程和協調過程。

1. React Fiber 的協調過程

主要是根據最新狀態建構新的 Fiber 樹，與之前的 Fiber 樹進行 Diff 對比，對 Fiber 節點標記不同的副作用，對應繪製過程中真實 DOM 的增、刪、改。

1) 建構 Fiber 物件

Fiber 可以視為一種資料結構，React Fiber 是採用鏈結串列實現的，如圖 11-9 所示，每個虛擬 DOM 都可以表示為一個 Fiber。Fiber 的程式如程式範例 11-3 所示。

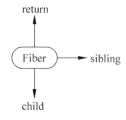

▲ 圖 11-9 Fiber 資料結構

程式範例 11-3　　Fiber 的單向鏈結串列結構

```
// 原始程式路徑為 packages/react-reconciler/src/ReactFiber.new.js
// 部分結構
{
    // 在 Fiber 更新時複製出的鏡像 Fiber，對 Fiber 的修改會標記在這個 Fiber 上
    // 實際上是兩棵 Fiber 樹，用於更新快取，提升執行效率
    alternate: Fiber|null,
    // 單鏈結串列結構，方便遍歷 Fiber 樹上有副作用的節點
    nextEffect: Fiber | null,
    // 標記子樹上待更新任務的優先順序
    pendingWorkPriority: PriorityLevel,
    // 管理 instance 自身的特性
    stateNode: any,
    // 指向 Fiber 樹中的父節點
    return: Fiber|null,
    // 指向第 1 個子節點
    child: Fiber|null,
    // 指向兄弟節點
    sibling: Fiber|null,
}
```

　　Fiber 單元之間的連結關係組成了 Fiber 樹，如圖 11-10 所示，Fiber 樹是根據虛擬 DOM 樹構造出來的，樹形結構完全一致，只是包含的資訊不同。

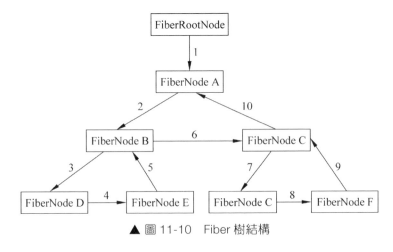

▲ 圖 11-10　Fiber 樹結構

下面來看一個簡單的例子，把真實 DOM 轉換成 Fiber 結構，如程式範例 11-4 所示。

程式範例 11-4

```
function App() {
  return (
    <div>
      father
      <div>child</>
    </div>
  )
}
```

上面的程式對應的 Fiber 樹如圖 11-11 所示。

Fiber 樹在第一次繪製時會一次性生成。在後續需要 Diff 時，會根據已有樹和最新虛擬 DOM 的資訊，生成一棵新的樹。這棵新樹每生成一個新的節點都會將控制權交給主執行緒，去檢查有沒有優先順序更高的任務需要執行。如果沒有，則繼續建構樹的過程。

如果在此過程中有優先順序更高的任務需要進行，則 Fiber Reconciler 會捨棄正在生成的樹，在空閒時再重新執行一遍。

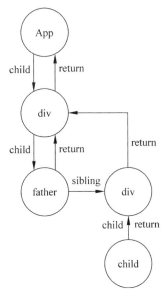

▲ 圖 11-11　React Fiber 樹結構

在構造 Fiber 樹的過程中，Fiber Reconciler 會將需要更新的節點資訊儲存到 Effect List 中，在階段二執行時，會批次更新對應的節點。

2) 建構鏈結串列

在 React Fiber 中用鏈結串列遍歷的方式替代了 React 16 之前的堆疊遞迴方案。在 React 16 中使用了大量的鏈結串列。

鏈結串列的特點：透過鏈結串列可以按照循序儲存內容，如圖 11-12 所示。鏈結串列相比順序結構資料格式的好處如下：

(1) 操作更高效，例如順序調整、刪除，只需改變節點的指標指向即可。

(2) 不僅可以根據當前節點找到下一個節點，在多向鏈結串列中，還可以找到它的父節點或兄弟節點。

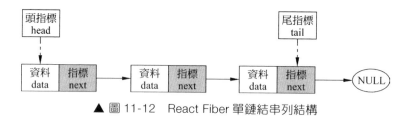

▲ 圖 11-12　React Fiber 單鏈結串列結構

但鏈結串列也不是完美的，缺點如下：

(1) 比順序結構資料更佔用空間，因為每個節點物件都儲存著指向下一個物件的指標。

(2) 不能自由讀取，必須找到它的上一個節點。

React 用空間換時間，更高效的操作可以根據優先順序操作。同時，可以根據當前節點找到其他節點，在下面提到的暫停和恢復過程中造成了關鍵作用。

3) Fiber 樹的遍歷流程

React 採用 child 鏈結串列 (子節點鏈結串列)、sibling 鏈結串列 (兄弟節點鏈結串列)、return 鏈結串列 (父節點鏈結串列) 多筆單向鏈結串列遍歷的方式來代替 n 叉樹的深度優先遍歷，如圖 11-13 所示。

在協調的過程中，不再需要依賴系統呼叫堆疊。因為單向鏈結串列遍歷嚴格按照鏈結串列方向，同時每個節點都擁有唯一的下一節點，所以在中斷時，不需要維護整理呼叫堆疊，以便恢復中斷。只需保護對中斷時所對應的 Fiber 節點的引用，在恢復中斷時就可以繼續遍歷下一個節點 (不管下一個節點是 child、sibling 還是 return)。

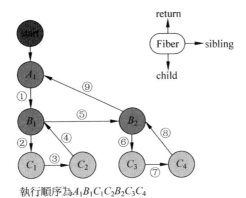

執行順序為$A_1B_1C_1C_2B_2C_3C_4$

▲ 圖 11-13　React Fiber 鏈結串列遍歷

Fiber 樹的遍歷過程，如程式範例 11-5 所示。

程式範例 11-5　原始程式 workLoopConcurrent 方法

```
// 執行協調的迴圈
function workLoopConcurrent() {
   //shouldYield 為 Scheduler 提供的函式
// 透過 shouldYield 傳回的結果判斷當前是否還有可執行下一個工作單元的時間
   while (workInProgress !== null && !shouldYield()) {
      workInProgress = performUnitOfWork(workInProgress);
   }
}

function performUnitOfWork(unitOfWork: Fiber): void {
   //...
   let next;
   //...
   // 對當前節點進行協調，如果存在子節點，則傳回子節點的引用
   next = beginWork(current, unitOfWork, subtreeRenderLanes);
   //...
   // 如果無子節點，則代表當前的 child 鏈結串列已經遍歷完
   if (next === null) {
      //If this doesn't spawn new work, complete the current work.
      // 此函式內部會幫助我們找到下一個可執行的節點
      completeUnitOfWork(unitOfWork);
   } else {
      workInProgress = next;
```

```
      }
      //...
  }
function completeUnitOfWork(unitOfWork: Fiber): void {
    let completedWork = unitOfWork;
    do {
      //...
      // 查看當前節點是否存在兄弟節點
      const siblingFiber = completedWork.sibling;
      if (siblingFiber !== null) {
        // 若存在，便把 siblingFiber 節點作為下一個工作單元
        // 繼續執行 performUnitOfWork，執行當前節點並嘗試遍歷當前節點所在的 child 鏈結
        // 串列
        workInProgress = siblingFiber;
        return;
      }
      // 如果不存在兄弟節點，則回溯到父節點，嘗試查詢父節點的兄弟節點
      completedWork = returnFiber;
      //Update the next thing we're working on in case something throws.
      workInProgress = completedWork;
    } while (completedWork !== null);

    //...
}
```

2. React Fiber 的排程機制

　　React 排程器模組 (Scheduler) 的職責是進行任務排程，只需將任務和任務的優先順序交給它，它就可以幫助開發者管理任務，以及安排任務的執行。

　　對於多個任務，它會先執行優先順序高的。對於單一任務採用執行一會兒，中斷一下，如此往復。用這樣的模式，來避免一直佔用有限的資源執行耗時較長的任務，解決使用者操作時頁面延遲的問題，實現更快的回應。

　　為了實現多個任務的管理和單一任務的控制，排程引入了兩個概念：時間切片和任務優先順序。

　　任務優先順序讓任務按照自身的緊急程度排序，這樣可以讓優先順序最高的任務最先被執行；時間切片規定的是單一任務在這一畫格內最大的執行時間 (yieldInterval = 5ms)，任務的執行時間一旦超過時間切片，則會被打斷,轉而去執行更高優先順序的任務，這樣可以保證頁面不會因為任務執行時間過長而產生掉畫格或影響使用者互動。

　　React 在 Diff 對比差異時會佔用一定的 JavaScript 執行時間，排程器內部借助 MessageChannel 實現了在瀏覽器繪製之前指定一個時間切片，如果 React 在指定時間內沒有對比完，排程器就會強制將執行權交給瀏覽器。

1) 時間切片

在瀏覽器的一畫格中 JS 的執行時間如圖 11-14 所示。

▲ 圖 11-14　瀏覽器一畫格的 JS 執行時間

　　requestIdleCallback 是在瀏覽器重繪 / 重排之後，如果還有空閒才可以執行的時機。實際上，React 排程器並沒有直接使用 requestIdleCallback 這個現成的 API，而是透過 Message Channel 實現了 requestIdleCallback 介面的功能，如果當前環境不支援 Message Channel，就採用 setTimeout 實現。這樣設計的主要原因是因為 requestIdleCallback 介面存在相容問題和觸發時機不穩定的問題。

　　在原始程式中，每個時間切片的預設時間被設定為 5ms，但是這個值會根據裝置的每秒顯示畫面調整，如程式範例 11-6 所示。

程式範例 11-6　時間片時間設定為 5ms

```
// 在原始程式 workLoopConcurrent 函式中，shouldYield 用來判斷剩餘的時間有沒有用盡
function workLoopConcurrent() {
  while (workInProgress !== null && !shouldYield()) {
    performUnitOfWork(workInProgress);
  }
}
```

```
function forceFrameRate(fps) {      // 計算時間切片
  if (fps < 0 || fps > 125) {
    console['error'](
      'forceFrameRate takes a positive int between 0 and 125, ' +
        'forcing frame rates higher than 125 fps is not supported',
    );
    return;
  }
  if (fps > 0) {
    yieldInterval = Math.floor(1000 / fps);
  } else {
    yieldInterval = 5;              // 時間切片預設為 5ms
  }
}
```

2) 排程的優先順序

排程優先順序，本質上根據任務開始時間和過期時間利用小頂堆積的優先佇列而進行時間分片處理及排程，如表 11-2 所示。

表 11-2 排程優先順序涉及的原始程式

檔案名稱	作用	備註
Scheduler.js	workLoop	排程入口
SchedulerMinHeap.js	小頂堆積	優先佇列的小頂堆積
SchedulerPostTask.js	unstable_scheduleCallback、unstable_shouldYield	排程方法

小頂堆積的原始程式實現如程式範例 11-7 所示。

程式範例 11-7   SchedulerMinHeap.js

```
type Heap = Array<Node>;
type Node = {|
  id: number,
  sortIndex: number,
|};

export function push(heap: Heap, node: Node): void {
  const index = heap.length;
```

```
    heap.push(node);
    siftUp(heap, node, index);
}

export function peek(heap: Heap): Node | null {
    const first = heap[0];
    return first === undefined ? null : first;
}

export function pop(heap: Heap): Node | null {
    const first = heap[0];
    if (first !== undefined) {
        const last = heap.pop();
        if (last !== first) {
            heap[0] = last;
            siftDown(heap, last, 0);
        }
        return first;
    } else {
        return null;
    }
}

function siftUp(heap, node, i) {
    let index = i;
    while (true) {
        const parentIndex = (index - 1) >>> 1;
        const parent = heap[parentIndex];
        if (parent !== undefined && compare(parent, node) > 0) {
            // 如果 parent Index 更大，則交換位置
            heap[parentIndex] = node;
            heap[index] = parent;
            index = parentIndex;
        } else {
            //The parent is smaller. Exit.
            return;
        }
    }
}
```

```
function siftDown(heap, node, i) {
    let index = i;
    const length = heap.length;
    while (index < length) {
        const leftIndex = (index + 1) * 2 - 1;
        const left = heap[leftIndex];
        const rightIndex = leftIndex + 1;
        const right = heap[rightIndex];

        // 如果左側或右側節點較小，則與其中較小的節點交換
        if (left !== undefined && compare(left, node) < 0) {
            if (right !== undefined && compare(right, left) < 0) {
                heap[index] = right;
                heap[rightIndex] = node;
                index = rightIndex;
            } else {
                heap[index] = left;
                heap[leftIndex] = node;
                index = leftIndex;
            }
        } else if (right !== undefined && compare(right, node) < 0) {
            heap[index] = right;
            heap[rightIndex] = node;
            index = rightIndex;
        } else {
            // 如果兩個子節點都不小，則退出
            return;
        }
    }
}

function compare(a, b) {
    // 先比較 sortIndex，再比較 task id
    const diff = a.sortIndex - b.sortIndex;
    return diff !== 0 ? diff : a.id - b.id;
}
```

11.2.3 React Scheduler 實現

接下來使用 setTimeout 和 Message Channel 兩種方式實現一個簡單的 React 的排程器功能。

1. 使用 setTimeout 實現

setTimeout 可以設定間隔的毫秒數，如程式範例 11-8 所示。

程式範例 11-8　setTimeout 實現簡單排程

```
let count = 0
let preTime = new Date()
function fn() {
    preTime = new Date()
    setTimeout(() => {
        ++count
        console.log("間隔時間", new Date() - preTime)
        if (count === 10) {
            return
        }
        fn()
    }, 0)
}
fn()
```

2. 使用 Message Channel 實現

在程式範例 11-9 的排程器中定義了兩個任務最小堆積：timerQueue 和 taskQueue，分別儲存著未過期的任務和過期的任務。每個任務可以設定優先順序，處理時會給每個任務設定一定的執行延遲。

程式範例 11-9　完整實現一個基於 Message Channel 的排程

```
// 未過期的任務
const timerQueue = [];
// 過期的任務
const taskQueue = [];
// 是否發送message
```

```
let isMessageLoopRunning = false;
// 需要執行的 Callback 函式
let scheduledHostCallback = null;
// 執行 JS 的一畫格時間，5ms
let yieldInterval = 5;
// 截止時間
let deadline = 0;
// 是否已有執行任務排程
let isHostCallbackScheduled = false

const root = {
    // 標識任務是否結束，結束後為 null
    callbackNode: true
}
let workInProgress = 100

const channel = new MessageChannel();
const port = channel.port2;
channel.port1.onmessage = performWorkUntilDeadline;

// 迴圈建立 workInProgress 樹
function workLoopConcurrent(root) {
    console.log(' 新一輪任務 ');
    while (workInProgress !== 0 && !shouldYield()) {
        workInProgress = --workInProgress
        console.log(' 執行 task');
    }
    // 沒有任務了，進入 commit 階段
    if (!workInProgress) {
        root.callbackNode = null;
        // 進入 commit 階段
        //commitRoot(root);
    }
}

function performConcurrentWorkOnRoot(root) {
    const originalCallbackNode = root.callbackNode;

    workLoopConcurrent(root);
    // 如果 workLoopConcurrent 被中斷，此判斷為 true，傳回函式自己
```

```
    if (root.callbackNode === originalCallbackNode) {

        return performConcurrentWorkOnRoot.bind(null, root);
    }
    return null;
}
```

// 以上是建構任務執行程式

// 使用 Scheduler 的入口函式,將任務和 Scheduler 連結起來
scheduleCallback(performConcurrentWorkOnRoot.bind(null, root));

```
// 以下為 Scheduler 程式
function scheduleCallback(callback) {
    let currentTime = getCurrentTime();        // 當前時間
    let startTime = currentTime;               // 任務開始執行的時間
    // 會根據優先順序給定不同的延遲時間,暫時都給一樣的
    let timeout = 5;                           // 任務延遲時間的時間
    let expirationTime = startTime + timeout;  // 任務過期時間
    // 建立一個新的任務
    let newTask = {
    callback, //callback = performConcurrentWorkOnRoot
        startTime,
        expirationTime,
        sortIndex: -1,
    };
    // 將新建的任務增加進任務佇列
    // 將過期時間作為排序 id,越小排得越靠前
    //React 中用最小堆積管理
    // 這裡暫時直接依次將任務加入陣列
    newTask.sortIndex = expirationTime;
    taskQueue.push(newTask)
    // 判斷是否已有 Scheduled 正在排程任務
    // 如果沒有,則建立一個排程者開始排程任務
    if (!isHostCallbackScheduled) {
        isHostCallbackScheduled = true;
        requestHostCallback(flushWork);
    }
}
```

```
function requestHostCallback(callback) {
    scheduledHostCallback = callback;
    if (!isMessageLoopRunning) {
        isMessageLoopRunning = true;
        // 觸發 performWorkUntilDeadline
        port.postMessage(null);
    }
};

function flushWork(initialTime) {
    return workLoop(initialTime);
}

function workLoop(initialTime) {
    //Scheduler 裡會透過此函式
    // 將過期的任務從 startTime 早於 currentTime 的 timerQueue 移入 taskQueue
    // 暫不處理
    //let currentTime = initialTime;
    //advanceTimers(currentTime);
    currentTask = taskQueue[0];
    while (currentTask) {
        // 如果需要暫停，則使用 break 暫停迴圈
        if (shouldYield()) {
            break;
        }
        // 這個 Callback 就是傳入 ScheduleCallback 的任務 performConcurrentWorkOnRoot
        // 在 performConcurrentWorkOnRoot 中，如果被暫停了，則傳回函式自己
        const callback = currentTask.callback;
        const continuationCallback = callback();
        // 如果傳回函式，則任務被中斷，重新賦值
        if (typeof continuationCallback === 'function') {
            currentTask.callback = continuationCallback;
        } else {
            // 執行完，移除 task
            taskQueue.shift()
        }
        // 執行下一個任務
        //advanceTimers(currentTime);
        currentTask = taskQueue[0];
    }
```

```
   if (currentTask) {
      return true;
   }

   return false;
}

function performWorkUntilDeadline() {
   //scheduledHostCallback 就是 flushWork
   if (scheduledHostCallback !== null) {
      const currentTime = getCurrentTime();
      deadline = currentTime + yieldInterval;
      //scheduledHostCallback 就是 flushWork, 執行 workLoop
      const hasMoreWork = scheduledHostCallback(currentTime);
      //workLoop 執行完會傳回是否還有任務沒執行
      if (!hasMoreWork) {
         isMessageLoopRunning = false;
         scheduledHostCallback = null;
      } else {
         // 如果還有任務，則發送 postMessage，下輪任務執行 performWorkUntilDeadline
         port.postMessage(null);
      }
   } else {
      isMessageLoopRunning = false;
   }
};
function shouldYield() {
   return getCurrentTime() >= deadline;
}
function getCurrentTime() {
   return performance.now();
}
```

　　使用 Message Channel 來生成巨集任務，使用巨集任務將主執行緒還給瀏覽器，以便瀏覽器更新頁面。瀏覽器更新頁面後繼續執行未完成的任務。

在 JS 中可以實現排程的方式有多種，如使用 setTimeout(fn, 0)，遞迴呼叫 setTimeout()，但是這種方式會使呼叫間隔變為 4ms，從而導致浪費了 4ms。也可以使用 requestAnimateFrame()，該方法依賴瀏覽器的更新時間，如果上次任務排程不是 requestAnimateFrame() 觸發的，將導致在當前畫格更新前進行兩次任務排程。當頁面更新的時間不確定時，如果瀏覽器間隔了 10ms 才更新頁面，則這 10ms 就浪費了。

這裡需要注意，不能使用微任務，因為微任務將在頁面更新前全部執行完，所以達不到將主執行緒還給瀏覽器的目的。

React 元件庫開發實戰

在 Vue 框架篇中，詳細介紹了基於 Vue 框架開發一套迷你 Vue 3 元件庫的詳細流程和具體步驟，本篇將基於 React 框架來完成一個迷你版的 React 元件庫的設計和開發。

12.1 React 元件庫設計準備

開發一個元件庫和開發一個應用產品的步驟類似，需要經過產品設計、UI 與互動設計、架構設計、程式開發和測試、元件庫上傳與維護等諸多流程，所以在元件庫的開發之前需要充分考慮以下幾個問題。

1. 元件庫的應用場景

元件庫作為基礎設施，可以根據原子化理論建構企業的元件化系統，把元件分為基礎元件庫、業務元件庫和模組元件庫等。元件庫就像一個設計好的積木塊，可以像堆積木一樣快速拼裝成不同的產品，從而提升團隊的交付速度和交付品質。

同時元件庫也是服務於公司業務和產品規劃方向的，因此設計一個元件庫離不開公司業務和產品的應用場景，所以在設計和開發元件庫之前需要充分考慮元件庫將應用在哪些場景。

2. 元件庫程式標準

一個元件庫的建設涉及大量的程式，因此需要提前在開發專案層面做好元件庫的程式標準，讓團隊開發的程式滿足程式品質，在標準化生產中統一校驗和測試。

3. 元件庫測試標準

標準化的測試是滿足元件庫交付的最後保障，無論是單元測試還是各種環境測試，這些可以在專案層面提前規劃。

4. 元件庫維護，包括迭代、issue、文件、發佈機制

元件庫開發完成後，需要配套元件庫文件以幫助開發者進行開發，因此無論在開發過程中還是開發上線後，元件庫的程式維護、issue 處理、文件更新和版本發佈都需要設計好對應的規則。

12.1.1 元件庫設計基本目標

元件庫首先應該保證各個元件的視覺風格和互動標準保持一致。元件庫的 props 定義需要具備足夠的可擴充性，對外提供元件內部的控制權，使元件內部完全受控。支援透過 children 自訂內部結構，以及預先定義元件互動狀態。保持元件具有統一的輸入和輸出，以及完整的 API。

下面從元件庫整體層面，設定了一些元件庫開發的基礎目標，如表 12-1 所示。

表 12-1 React 元件庫設計基本目標

名稱	說明
支援多種格式	支援 umd、cjs、esm
支援 TypeScript	完整的類型定義，支援靜態檢查
支援全量引入	import { ComponentA } from 'package' import 'package/dist/index.min.css'

名稱	說明
支援隨選引入	元件庫能夠預設支援基於 ESM 的 Tree Shaking，也能夠透過 babel-plugin-import 實現隨選載入
支援主題訂製	主題訂製與元件庫的 CSS 方案相關
支援單元測試	對於元件庫而言，單元測試是保證品質的重要環節
支援文件	一個清晰明了且附帶範例的文件，對元件庫而言是必備的

12.1.2 元件庫技術選型

一般來講，一個元件庫需要一個團隊來共同完成，因此元件庫開發的技術應該選擇目前流行和通用的技術框架來開發，當然也需要綜合考慮團隊的開發背景和綜合實力情況，在本書中採用表 12-2 所示技術來開發。

表 12-2 React 元件庫技術選型

名稱	說明
CSS 樣式	SASS
套件管理器	Lerna+Yarn Workspace
元件開發輔助工具	Storybook
元件打包工具	Rollup.js
測試打包工具	Parcel
測試工具	Jest、@testing-library
開發語言	TypeScript+Babel

12.2 架設 React 元件庫 (MonoRepo)

在前面的 Vue 元件庫開發篇中，我們採用 MonoRepo 的模式開發元件，這裡同樣使用 MonoRepo 模式，採用 Lerna 套件管理工具 +Yarn Workspace 模式建立和管理元件庫模組，本節詳細介紹如何建立元件庫專案。

12.2.1 初始化 Lerna 專案

將元件庫命名為 ice design，並初始化為 Lerna 管理的專案，命令如下：

```
# 初始化 package.json
yarn init -y
# 安裝 Lerna 套件管理模組
yarn add --dev lerna
# 初始化為 MonoRepo 專案
yarn lerna init
```

初始化 package.json 檔案，將 name 修改為 iced，設定如程式範例 12-1 所示。

程式範例 12-1　package.json

```
{
    "name": "iced",
    "version": "1.0.0",
    "main": "index.js",
    "description": "xx",
    "repository": "https://gitee.com/xlwcode/ice-design.git",
    "author": "xx",
    "license": "MIT",
}
```

接下來，在專案中安裝 Lerna 工具，命令如下：

```
yarn add --dev lerna
```

將當前專案初始化為 MonoRepo 專案，並將 package.json 修改為 workspace 模式，命令如下：

```
yarn lerna init
```

yarn lerna init 命令會生成 lerna.json 設定檔，預設在 packages 陣列中設定套件的位置，如 packages/*，表示 packages 目錄下的都是管理的模組，設定如程式範例 12-2 所示。

程式範例 12-2 lerna.json 設定檔

```
{
    "packages": [
      "packages/*"
    ],
    "version": "0.0.0",
    "npmClient":"yarn",
    "useWorkspaces":true,
    "stream":true
}
```

接下來，修改 package.json 檔案，將 private 增加為 true，workspaces 設定多套件的目錄位置，設定如程式範例 12-3 所示。

程式範例 12-3 package.json

```
"private": true,
    "workspaces": {
      "packages": [
      "packages/*"
    ]
}
```

建立完成後，專案的目錄結構如圖 12-1 所示。

▲ 圖 12-1　建立元件庫專案

12.2.2 建立 React 元件庫 (Package)

在 packages 目錄下建立 react 目錄，在該目錄中建立元件庫，初始化專案的命令如下：

```
yarn init -y
```

修改預設生成的 pacckage.json 設定檔，將 name 的名稱修改為 @iced/react，如程式範例 12-4 所示。

程式範例 12-4　packages/react/package.json

```
{
    "name": "@iced/react",
    "version": "1.0.0",
    "main": "lib/index.js",
    "license": "MIT"
}
```

接下來，開始安裝相依，在專案中使用 TypeScript 開發，所以需要安裝 React 型態宣告檔案：@types/react，命令如下：

```
yarn add --dev react @types/react typescript
```

元件庫使用 TypeScript 開發，所以需要 tsconfig.json 檔案，設定如程式範例 12-5 所示。

程式範例 12-5　packages/react/tsconfig.json

```
{
  "compilerOptions": {
    "outDir": "lib",
    "module": "esnext",
    "lib": ["DOM","ESNext"],
    "jsx": "react",
    "allowSyntheticDefaultImports": true,
    "target": "esnext",
    "noImplicitAny": true,
```

```
    "strictNullChecks": true,
    "noImplicitReturns": true,
    "noUnusedLocals": true,
    "noUnusedParameters": true,
    "declaration": true,
    "esModuleInterop": true,
    "moduleResolution": "node"
  },
  "include": [
    "src/**/*"
  ],
  "exclude": [
    "node_modules",
    "lib"
  ]
}
```

12.2.3 建立一個 Button 元件

在 react 目錄下建立 src 目錄，建立 atoms 資料夾以便放一些基礎元件，每個元件需要一個資料夾，目錄結構如程式範例 12-6 所示。

程式範例 12-6　packages/react/src/atoms/Button/Button.tsx

```
import React from "react"
interface ButtonProps {
    label:string
}
const Button : React.FC<ButtonProps>= ({label})=>{
    return <button>{label}</button>
}
export default Button
```

這裡暫時建立一個簡單的 Button 元件，定義一個簡單的元件結構，如圖 12-2 所示。

▲ 圖 12-2　Button 元件定義

每個元件對應一個元件的匯出檔案：index.ts，匯出元件的程式如程式範例 12-7 所示。

| 程式範例 12-7 | packages/react/src/atoms/Button/index.ts |

```
export {default} from "./Button"
```

12.2.4　使用 Rollup 進行元件庫打包

使用 Rollup 對元件庫進行打包，Rollup 編譯打包相依很多外掛程式庫，下面列出了部分常用的協力廠商外掛程式，如表 12-3 所示。

表 12-3　Rollup 相依的可選外掛程式

名稱	說明
@rollup/plugin-json	支援 JSON 檔案
@rollup/plugin-node-resolve	支援查詢外部模組
@rollup/plugin-commonjs	支援 CommonJS 模組
rollup-plugin-postcss-modules	支援 CSS Module
rollup-plugin-typescript2	支援 TypeScript
rollup-plugin-dts	打包宣告檔案
rollup-plugin-terser	程式壓縮

1. 安裝 Rollup 相依

在 react 目錄中，安裝 Rollup，命令如下：

```
yarn add --dev rollup rollup-plugin-typescript2
```

2. 設定 rollup.config 檔案

設定 rollup typescript 外掛程式，用於編譯 TypeScript 程式，設定如程式範例 12-8 所示。

程式範例 12-8　rollup.config.js

```
import Ts from "rollup-plugin-typescript2"

export default {
   input:[
      "src/index.ts"
   ],
   output:{
      dir:'lib',
      format:"esm",
      sourcemap:true
   },
   plugins:[
      Ts()
   ],
   preserveModules:true
}
```

3. 設定 Script 命令

在 package.json 檔案中增加執行命令，程式如下：

```
"scripts": {
   "build": "rollup -c"
}
```

4. 在專案 package.json 增加 Lerna 執行

上面的指令稿是在目前的目錄下執行命令，為了方便執行多 package 中的命令，可以在專案 package.json 檔案中增加 lerna run 命令，這樣只需在專案目錄中執行就可以了，程式如下：

```
"scripts": {
    "build":"yarn lerna run build",
    "dev":"yarn lerna run dev"
}
```

5. 編譯及查看輸出的檔案目錄

輸入的命令如下：

```
yarn build
```

執行編譯後，編譯檔案的目錄結構如圖 12-3 所示。

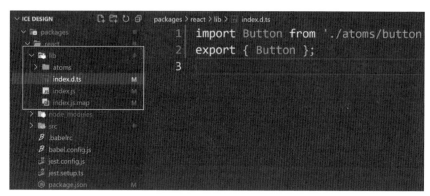

▲ 圖 12-3　React 元件庫打包輸出目錄

12.3 建立 Playgrounds

為了方便測試元件庫的效果，這裡架設了一個 Playgrounds 的元件測試專案，用於整合元件測試。該專案也作為 Lerna 管理的模組設定到 package.json 的 workspace 中。

1. 設定 workspace

　　修改 ice design 目錄中的 package.json 和 lerna.json 兩個設定檔，將 playgrounds/* 增加到 packages 陣列中，設定如程式範例 12-9 所示。

程式範例 12-9　　ice desige：package.json、lerna.json

```
//package.json 設定檔
"workspaces": {
   "packages": [
     "packages/*",
        "playgrounds/*"
     ]
   },

//lerna.json 設定檔
{
   "packages": [
     "packages/*",
     "playgrounds/*"
   ],
   "version": "0.0.2",
   "npmClient": "yarn",
   "useWorkspaces": true,
   "stream": true
}
```

2. 安裝 Parcel 等相依模組

　　這裡使用 Parcel 打包器，Parcel 是 Web 應用打包工具，適用於經驗不同的開發者。它利用多核心處理提供了極快的速度，並且不需要任何設定，命令如下：

```
yarn add --dev react react-dom @types/react-dom@types/react typescriptparcel
```

3. 增加 tsconfig.json

　　測試專案同樣需要使用 TypeScript, 所以需要建立 TypeScript 設定檔，設定如程式範例 12-10 所示。

程式範例 12-10   playgrounds/lib_demo/tsconfig.json

```json
{
  "compilerOptions": {
    "outDir": "lib",
    "module": "esnext",
    "lib": ["DOM","ESNext"],
    "jsx": "react",
    "allowSyntheticDefaultImports": true,
    "target": "esnext",
    "noImplicitAny": true,
    "strictNullChecks": true,
    "noImplicitReturns": true,
    "noUnusedLocals": true,
    "noUnusedParameters": true,
    "declaration": true,
    "esModuleInterop": true,
    "moduleResolution": "node"
  },
    "include": [
      "src/**/*"
  ],
  "exclude": [
    "node_modules",
    "lib"
  ]
}
```

4. 建立 React Playgrounds

在 src 目錄中建立 index.tsx 元件，如程式範例 12-11 所示。

程式範例 12-11   playgrounds/lib_demo/src/index.tsx

```tsx
import React from "react"
import ReactDOM from "react-dom"
import {Button} from "@iced/react"
ReactDOM.render(<Button label='hello button' />,
               document.querySelector("#app") )
```

接下來建立 index.html 頁面，這裡使用 Parcel 打包工具，只需要在 index.html 中指定 index.tsx 檔案就會自動編譯，如程式範例 12-12 所示。

程式範例 12-12　playgrounds/lib_demo/src/index.html

```
<!DOCTYPE html>
<html lang="en">
<head>
    <meta charset="UTF-8">
    <meta http-equiv="X-UA-Compatible" content="IE=edge">
    <meta name="viewport" content="width=device-width, initial-scale=1.0">
    <title>react playgrounds</title>
</head>
<body>
    <div id="app"></div>
    <script src="./index.tsx"></script>
</body>
</html>
```

5. 設定 Script 命令

命令如程式範例 12-13 所示。

程式範例 12-13　playgrounds/lib_demo/package.json

```
"scripts": {
    "dev": "parcel src/index.html -p 3001"
}
```

6. 編譯查看頁面顯示效果

命令如下：

```
yarn dev
```

編譯完成後，執行效果如圖 12-4 所示。

▲ 圖 12-4　Playgrounds 專案執行效果

12.4 透過 Jest 架設元件庫測試

Jest 是 Facebook 推出的針對 JavaScript 進行單元測試的函式庫，它提供了斷言、函式模擬等 API 來對開發者撰寫的業務邏輯程式進行測試。

12.4.1 安裝設定測試框架

安裝單元測試框架 Jest，Testing-library 是 React 官方推薦的單元測試函式庫，對標的是 Airbnb 的 Enzyme，命令如下：

```
yarn add --dev jest
               @types/jest
               @babel/core
               @babel/preset-env
               @babel/preset-typescript
               @babel/preset-react
               @testing-library/react
               @testing-library/jest-dom
```

建立 Jest 設定檔 (jest.config.js)，如程式範例 12-14 所示，元件測試程式放在各個元件內部，資料夾命名為 test。

程式範例 12-14　packages\react\jest.config.js

```
module.exports = {
    roots: ['<rootDir>/src'],
    testRegex: '(/.*\\.test)\\.(ts|tsx)$',
    setupFilesAfterEnv: ['<rootDir>/jest.setup.ts'],
    // 用於測試環境
    testEnvironment: "jsdom",
}
```

在根目錄下建立 jest.setup.ts，匯入 jest-dom 函式庫，命令如下：

```
import "@testing-library/jest-dom"
```

建立並設定 babel.config.js，如程式範例 12-15 所示。

程式範例 12-15　packages\react\babel.config.js

```js
module.exports = {
   presets: [
     [
        "@babel/preset-env",
        {
          targets: {
            node: 'current'
          }
        }
     ],
     "@babel/preset-typescript",
     "@babel/preset-react"
   ]
}
```

12.4.2　撰寫元件測試程式

　　元件測試程式放在各個元件內部，資料夾命名為 test。測試檔案以元件名稱 .test.tsx 的方式命名，如程式範例 12-16 所示。

程式範例 12-16　packages\react\src\atoms\button\test\button.test.tsx

```tsx
import React from "react"
import Button from "../Button"
import { render } from "@testing-library/react"

describe("button 元件測試 ", () => {
   it("1. 元件是否能正常展示 ", () => {
     // 利用 render() 函式建立一個元件實例
     const dom = render(<Button label=" 測試按鈕 "></Button>);
     // 這裡使用 getBytext 方法傳回 HTMLElement 類型實例，因為後面斷言
     // 需要 HTMLElement 實例
     const domEle = dom.getBytext(" 測試按鈕 ");
     // 斷言實例是一個正常的 DOM 物件
     expect(domEle).toBeInTheDocument();
   });
});
```

12.4.3 啟動單元測試

啟動測試，如程式範例 12-17 所示。

程式範例 12-17　　packages\react\package.json

```
"scripts": {
   "test": "jest --verbose --colors --coverage",
   "test:watch": "yarn test --watch"
}
```

執行 yarn test 命令啟動測試，如圖 12-5 所示。

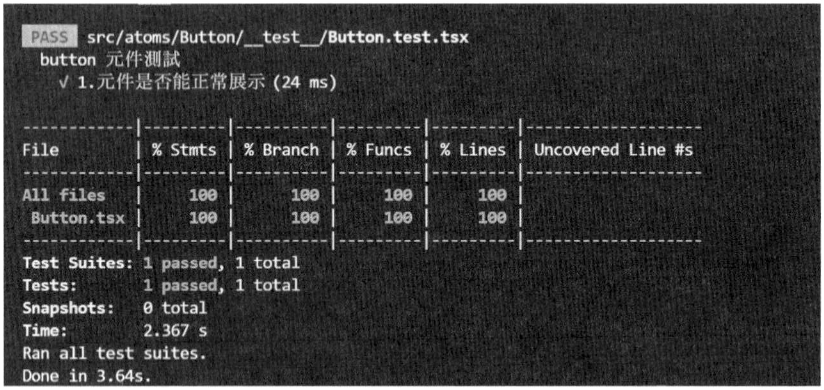

```
PASS  src/atoms/Button/__test__/Button.test.tsx
  button 元件測試
    √ 1.元件是否能正常展示 (24 ms)

-----------|---------|----------|---------|---------|-------------------
File       | % Stmts | % Branch | % Funcs | % Lines | Uncovered Line #s
-----------|---------|----------|---------|---------|-------------------
All files  |     100 |      100 |     100 |     100 |
 Button.tsx|     100 |      100 |     100 |     100 |
-----------|---------|----------|---------|---------|-------------------
Test Suites: 1 passed, 1 total
Tests:       1 passed, 1 total
Snapshots:   0 total
Time:        2.367 s
Ran all test suites.
Done in 3.64s.
```

▲ 圖 12-5　Jest 元件測試效果

12.5 使用 Storybook 架設元件文件

Storybook 是一個用於開發 UI 元件的開放原始碼工具，是 UI 元件的開發環境，支援 React、Vue 和 Angular。

Storybook 執行在主應用程式之外，使用者可以獨立地開發 UI 元件，而不必擔心應用程式特定的相依關係和需求，使開發人員能夠獨立地建立元件，並在孤立的開發環境中互動地展示元件。

1. 現有專案整合 Storybook

給一個已經存在的元件庫專案增加 Storybook 的支援,安裝 Storybook 和相依,命令如下:

```
#NPM 安裝
npm install @storybook/react --save-dev
npm install react react-dom --save
npm install@babel/core babel-loader --save-dev

#Yarn 安裝
yarn add react react-dom --dev
yarn add @babel/core babel-loader --dev
yarn add --dev @storybook/react
yarn add --dev @storybook/preset-typescript
```

安裝完成後,設定檔如程式範例 12-18 所示。

程式範例 12-18　package.json

```json
{
    "name": "ice-storybook",
    "version": "1.0.0",
    "main": "index.js",
    "license": "MIT",
    "devDependencies": {
        "@babel/core": "^7.16.12",
        "@storybook/preset-typescript": "^3.0.0",
        "@storybook/react": "^6.4.9",
        "babel-loader": "^8.2.3",
        "react": "^17.0.2",
        "react-dom": "^17.0.2"
    },
}
```

在 package.json 檔案中增加設定執行指令稿,程式如下:

```json
"scripts": {
    "sb": "start-storybook -p 8001 -c .storybook"
}
```

2. 新建 .storybook 目錄

在專案目錄下建立 .storybook 目錄，在目錄中增加 config.js 檔案，程式如程式範例 12-19 所示。

程式範例 12-19　.storybook/config.js

```
import { configure } from '@storybook/react'
function loadStories() {
    require('../stories')
}
configure(loadStories, module)
```

3. 根據元件撰寫 story

這裡建立一個 stories 目錄，增加 index.js 檔案，程式如程式範例 12-20 所示。

程式範例 12-20　stories/index.js

```
//index.js
import React from 'react'
import { storiesOf } from '@storybook/react'
import { Button } from '@iced/react';

// 設定button元件
storiesOf('Product & Service', module)
.add('- PSListItem', () => <Button label='hello story' />)

//storiesOf('Shopping Cart', module)
//.add('CartPage', () => <CartPage />)
//.add('SubmissionPage', () => <SubmissionPage />)
//.add('Buyer / OrdersPage', () => <OrderBuyerPage />)
```

執行以下命令，執行效果如圖 12-6 所示，元件更改可即時更新。

```
npm run sb
# 或
yarn sb
```

▲ 圖 12-6　Storybook 執行效果

12.6　將元件庫發佈到 NPM

接下來就可以把元件庫發佈到 NPM 倉庫了,具體步驟如下。

1. 設定 publicConfig

在 publicConfig 設定中增加 "access":"public",程式如下:

```
"publishConfig": {
    "access": "public",
    "registry": "https://registry.npmjs.org"
},
```

2. 將程式提交到 Git 倉庫

這裡使用 Gitee 建立一個公開函式庫,並將專案程式提交到倉庫中,命令如下:

```
git remote add origin https://gitee.com/xxx/xx.git
git push -u origin master
git add .  && git status
# 提交到本地倉庫 :git commit -m 'init'
git commit -m 'init'
```

3. 發佈函式庫到 npmjs 網站

首先登入 npmjs 網站，進入建立組織頁面 (https://www.npmjs.com/org/create)，如圖 12-7 所示。

建立組織成功後，點擊 npmjs →個人圖示→ Packages 頁面查看即可，如圖 12-8 所示。

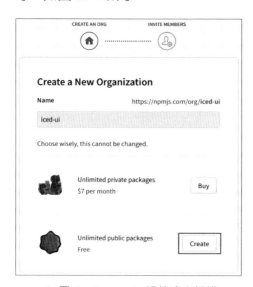

▲ 圖 12-7　npmjs 網站建立組織　　　▲ 圖 12-8　查看 Packages 列表

在將元件庫發佈到 NPM 倉庫之前，首先需要在本地透過命令列進行登入，打開 cmd 命令列，這裡不要使用 Power Shell。輸入 npm login 命令後按 Enter 鍵，接下來需要輸入使用者名稱、登入密碼和電子郵件，以及驗證碼資訊，如果驗證通過，則效果如圖 12-9 所示。

```
C:\work_books\Web\book_code\chapter11\ice design npm login
npm notice Log in on https://registry.npmjs.org/
(node:145660) Warning: Setting the NODE_TLS_REJECT_UNAUTHORIZED environment var
iable to '0' makes TLS connections and HTTPS requests insecure by disabling cer
tificate verification.
(Use `node --trace-warnings ...` to show where the warning was created)
Username: xlw
Password:
Email: (this IS public) 624026015@qq.com
Enter one-time password from your authenticator app: 54097905
Logged in as xlw on https://registry.npmjs.org/.
```

▲ 圖 12-9　本地透過命令列登入 npmjs

接下來，在專案目錄中執行 lerna publish 命令，如圖 12-10 所示。

```
C:\work_bc                          >lerna publish
info      using local version of lerna
lerna notice cli v4.0.0
lerna info current version  0.0.0
lerna info Assuming all packages changed
? Select a new version (currently 0.0.0) (Use arrow keys)
> Patch (0.0.1)
  Minor (0.1.0)
  Major (1.0.0)
  Prepatch (0.0.1-alpha.0)
  Preminor (0.1.0-alpha.0)
  Premajor (1.0.0-alpha.0)
  Custom Prerelease
  Custom Version
```

▲ 圖 12-10　lerna publish 專案

發佈過程中，需要選擇版本，每發佈一次版本編號會自動遞增，按 Enter 鍵後開始上傳，效果如圖 12-11 所示。

```
lerna success published @hello-cli/core 1.0.3
lerna notice
lerna notice package: @hello-cli/core@1.0.3
lerna notice === Tarball Contents ===
lerna notice 1.1kB LICENSE
lerna notice 78B   lib/core.js
lerna notice 525B  package.json
lerna notice 116B  README.md
lerna notice === Tarball Details ===
lerna notice name:          @hello-cli/core
lerna notice version:       1.0.3
lerna notice filename:      hello-cli-core-1.0.3.tgz
lerna notice package size:  1.3 kB
lerna notice unpacked size: 1.8 kB
lerna notice shasum:        d3541b1fcd8b12c20a1f856a89473fe5a6a30664
lerna notice integrity:     sha512-5wghaNaoLfTKV[...]cFWyBdZ2iKkmQ==
lerna notice total files:   4
lerna notice
Successfully published:
 - @hello-cli/core@1.0.3
 - @hello-cli/utils@1.0.3
lerna success published 2 packages
```

▲ 圖 12-11　lerna publish 成功提示

推送成功後，效果如圖 12-12 所示。

▲ 圖 12-12　發佈成功效果圖

第 4 篇　Flutter 2 框架篇

Flutter 語法基礎

2021 年 3 月，Google 發佈了 Flutter 2 版本，這是 Flutter 的重要里程碑版本，該版本是針對 Web 端、行動端和桌面端建構的下一代開發框架，使開發人員能夠為任何平台建立美觀、快速且可移植的應用程式。

Flutter 2 可以使用同一套程式庫將本機應用程式發佈到 5 個作業系統：iOS、Android、Windows、macOS 和 Linux，以 及 針 對 Chrome、Firefox、Safari 或 Edge 等瀏覽器的 Web 體驗。Flutter 甚至可以嵌入汽車、電視和智慧家電中，為環境計算世界提供普遍且可延展的體驗，如圖 13-1 所示。

▲ 圖 13-1　Flutter 2 版本

本章從 Flutter 基礎語法開始，逐步帶領開發者學習和了解 Flutter 2 的全平台開發能力。

13.1 Flutter 介紹

Flutter 是 Google 研發的一款用於建構跨平台 App 的框架，開發者可使用 Flutter 打造開箱即用的 App，並且能夠為 Fuchsia OS、iOS、Android、Windows、macOS、Linux 和 Web 端套用相同的程式。

2015 年 4 月，Flutter 開發者會議上 Google 公佈了 Flutter 的第 1 個版本，此版本僅支援 Android 作業系統，開發代號稱為 Sky。Google 宣稱 Flutter 的目標是實現 120 畫格／秒的繪製性能。

2018 年 12 月 4 日，Flutter 1.0 在 Flutter Live 活動中發佈，是該框架的第 1 個「穩定」版本。

2019 年 12 月 11 日，在 Flutter Interactive 活動上發佈了 Flutter 1.12，宣佈 Flutter 是第 1 個為環境計算設計的 UI 平台。

2021 年 3 月 3 日，Google 發佈了 Flutter 2 版本，該版本是 Flutter 的重要里程碑版本，該版本是針對 Web 端、行動端和桌面端建構的下一代開發框架。

2022 年 2 月 4 日，Flutter 2.10 穩定版發佈，該版本對建構 Windows 應用程式的支援第一次達到穩定狀態。

Flutter 的目標是從根本上改變開發人員建構應用程式的想法，讓開發者從使用者體驗，而非調配的平台開始。

Flutter 可以讓開發者在擁有更好設計效果的情況下，得到更好的使用者體驗，因為 Flutter 的執行速度很快，它會將原始程式編譯為機器程式，但是 Flutter 在開發過程中支援 Hot Load，所以也可以在應用程式偵錯執行時期進行更改並立即查看結果。

1. Fuchsia OS 與 Flutter 框架

Fuchsia OS 是 Google 開發的繼 Android 和 Chrome OS 之後的第 3 個作業系統。隨著智慧物聯網時代的到來，一款作業系統是否能夠相容多種平台已經成為衡量其可用性的重要標準。為了打造新一代的作業系統，Google 放棄了 Linux 核心，而是基於 Zircon 微核心打造了一個智慧物聯網時代導向的作業系統 (Fuchsia OS)。Fuchsia OS 的獨特之處在於它並非是一個與 Linux 相關的系統，而是採用了 Google 自己研發的全新微核心 Zircon，並使用 Dart 和 Flutter 作為介面開發的語言和框架。

Flutter 作為未來 Fuchsia OS 的介面開發框架，2019 年 Flutter 成為跨平台開發的「新貴」。目前，全球各大一二線公司已經使用了 Flutter，包括它們的主流的應用程式，如微信、Grab、Yandex Go、Nubank、Sonos、Fastic、Betterment 和 realtor.com 等。部分最前線大廠也在使用 Flutter 開發專案。

在 Google 內部也使用 Flutter 開發，Google 內部有一千多名工程師正在使用 Dart 和 Flutter 建構應用程式，其中許多產品已經發佈了，包括 Stadia、Google One 和 Google Nest Hub 等。

2. Flutter 框架 UI 特性

美觀、快速、開放且高效是 Flutter 的四大關鍵特性，隨著 Flutter 2 的發佈，其又新增了一項關鍵特性：可攜性，對於 Flutter 來講，這是一項重大的里程碑式進展，表示 Flutter 現在可以利用單一程式庫，為行動端、Web 端、桌面裝置和嵌入式裝置上的原生應用提供穩定支援。Flutter 是首款真正意義上專為環境計算世界而設計的介面平台。

1) 跨平台自繪引擎

Flutter 底層使用 Skia 作為其 2D 繪製引擎。Skia 是一款用 C++ 開發的、性能彪悍的 2D 影像繪製引擎，其前身是一個向量繪圖軟體。2005 年被 Google 公司收購後，因為其出色的繪製表現被廣泛應用在 Chrome 和 Android 等核心產品上。Skia 在圖形轉換、文字繪製、點陣圖繪製方面都表現卓越，並向開發者提供了友善的 API。

目前，Skia 已經是 Android 官方的影像繪製引擎了，因此 Flutter Android SDK 無須內嵌 Skia 引擎就可以獲得天然的 Skia 支援，而對於

iOS 平台來講，由於 Skia 是跨平台的，因此它作為 Flutter iOS 繪製引擎被嵌入 Flutter 的 iOS SDK 中，替代了 iOS 閉源的 Core Graphics/Core Animation/Core Text，這也正是 Flutter iOS SDK 打包的 App 套件體積比 Android 要大一些的原因。

底層繪製能力統一了，上層開發介面和功能體驗也就隨即統一了，開發者再也不用操心平台相關的繪製特性了。也就是說，Skia 保證了同一套程式呼叫在 Android 和 iOS 平台上的繪製效果是完全一致的。

2) 採用 Dart 語言開發

Flutter 的開發語言是由 Chrome v8 引擎團隊的領導者 Lars Bak 主持開發的 Dart。Dart 語言語法類似於 C。Dart 語言為了更進一步地適應 Flutter UI 框架，在記憶體分配和垃圾回收方面做了很多最佳化。

Dart 在連續分配多個物件時，所需消耗的資源非常少。Dart 虛擬機器可以快速將記憶體分配給短期生存的物件，這樣可以使很複雜的 UI 在 60ms 內完成一畫格的繪製 (實際感覺每一畫格繪製時間更短)，保證了 Flutter 可以平滑地展示 UI 滑動及動畫等效果。Flutter 團隊與 Dart 團隊的密切合作讓提升效率變得更加容易。

3) 支援可折疊裝置和雙螢幕裝置

現在的螢幕種類繁多，已不僅侷限於行動端、Web 端和桌面端螢幕。從可穿戴式裝置到家用裝置、智慧家電，甚至再到可折疊裝置和雙螢幕裝置，這些裝置已越來越多地出現在日常生活中，如圖 13-2 所示。使用者可以使用這些裝置進行創作、玩遊戲、看視訊、打字、閱讀或瀏覽網頁，既然這些裝置能夠滿足使用者的需求，那麼這些全新的裝置類型就有助提高生產力。

▲ 圖 13-2　Flutter 2 跨平台開發能力

同時，這些裝置的各種不同類型表示將有機會探索全新的場景和使用者體驗。在兩個螢幕上執行應用，可帶來更大的螢幕空間，用於顯示內容和與使用者互動。當在兩個螢幕上調配 Flutter 應用時，可以使用雙螢幕設計模式，例如清單詳情視圖、配套面板，或採取其他用於調整應用 UI 的方法。

4) 所有平台建構一致的精美應用

Flutter 目前已經支援汽車、Web 瀏覽器、筆記型電腦、手機、桌面裝置、平板電腦和智慧家居裝置，實現了真正意義上的可攜性 UI 工具套件，其內建成熟的 SDK，可以隨時隨地滿足使用者需求。

3. Flutter 行動端架構

Flutter 的行動端架構圖如圖 13-3 所示。

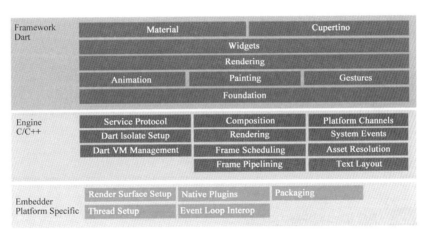

▲ 圖 13-3　Flutter 框架架構圖

Flutter 從上到下可以分為三層：框架層、引擎層和嵌入層，下面分別介紹。

1) Flutter Framework(框架層)

Foundation、Animation、Painting、Gestures 被合成了一個 Dart UI 層，對應的是 Flutter 中 dart：ui 套件，是 Flutter 引擎曝露的底層 UI 函式庫，主要提供動畫、手勢、繪製能力。

Rendering 層是一個抽象版面配置層，相依於 Dart UI 層，Rendering 層會建構一個 UI 樹、當 UI 樹有變化時，會計算出有變化的部分，然後更新 UI 樹，最終繪製在螢幕上。

Widgets 層是 Flutter 提供的一套基礎元件庫。Material、Cupertino 是 Flutter 提供的兩種視覺風格的元件庫 (Android、iOS)。

2) Flutter Engine(引擎層)

Flutter Engine 是一個純 C++ 實現的 SDK，主要執行相關的繪製、執行緒管理、平台事件等操作，其中包括 Skia 引擎、Dart 執行時期、文字排版引擎等。在呼叫 dart：ui 函式庫時，其實最終會執行到 Engine 層，實現真正的繪製邏輯。

3) Flutter Embedder(嵌入層)

Flutter Embedder 層提供了 4 個 Task Runner，用於執行從引擎一直到平台中間層程式的繪製設定、原生外掛程式、打包、執行緒管理、時間迴圈、互動操作等。

(1) UI Runner：負責綁定繪製相關操作。
(2) GPU Runner：使用者執行 GPU 指令。
(3) iOS Runner：處理圖片資料、為 GPU 而準備的。
(4) Platform Runner：所有介面呼叫都使用該介面。

13.2 開發環境架設

Flutter 支援在 Windows、Mac、Linux 平台上開發應用程式，下面介紹在 Windows 和 Mac 平台上架設 Flutter 開發環境。

> **注意**：Flutter 開發依賴 Dart 語言，從 Flutter 1.21 版本開始，Flutter SDK 會同時包含完整的 Dart SDK，因此如果已經安裝了 Flutter，則無須再特別下載 Dart SDK 了。

13.2.1 Windows 安裝設定 Flutter SDK

Windows 安裝 Flutter SDK 的步驟如下。

1. 下載 Flutter SDK

透過 Flutter 官方網站下載最新的 Flutter SDK，點擊穩定版本編號，如 2.5.3。點擊版本編號下載對應的安裝套件，如圖 13-4 所示。

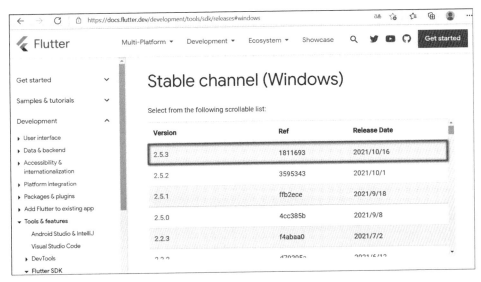

▲ 圖 13-4　下載 Flutter SDK

注意：下載網址為 https://docs.flutter.dev/development/tools/sdk/releases#Windows。

2. 設定 Flutter SDK

將安裝套件 zip 解壓到想安裝 Flutter SDK 的路徑 (如 C:\src\flutter；注意，不要將 Flutter 安裝到需要高許可權的路徑，如 C:\Program Files\)。

在 Flutter 安裝目錄的 flutter 資料夾下找到 flutter_console.bat 檔案，按兩下此檔案執行並啟動 Flutter 命令列，接下來就可以在 Flutter 命令列執行 Flutter 命令了，如圖 13-5 所示。

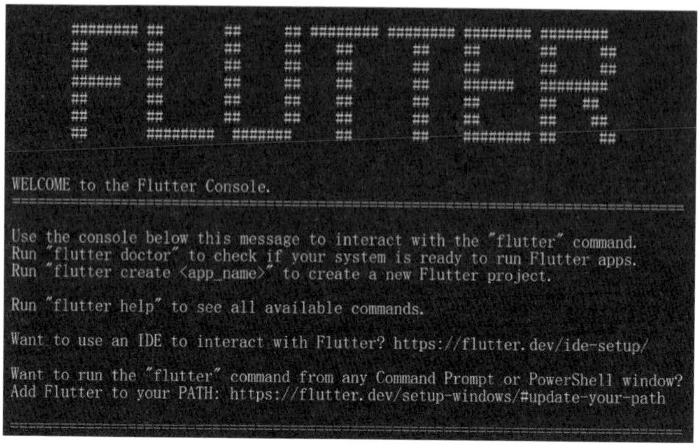

▲ 圖 13-5　Flutter 命令列

3. 設定 Flutter 環境變數

　　要在終端執行 Flutter 命令，需要將以下環境變數增加到系統 PATH 中。這裡需要增加的環境變數有 3 個，如表 13-1 所示。

表 13-1　Flutter 需要增加的環境變數

環境變數名稱	環境變數的值
FLUTTER_STORAGE_BASE_URL	https://storage.flutter-io.cn
PUB_HOSTED_URL	https://pub.flutter-io.cn
Path	flutter\bin 的全路徑

> **注意**：由於一些 Flutter 命令需要聯網獲取資料，有時直接存取很可能不會成功。上面的 PUB_HOSTED_URL 和 FLUTTER_STORAGE_BASE_URL 是 Google 為開發者架設的臨時鏡像。

　　增加步驟如下，如圖 13-6 所示。

(1) 轉到「主控台」→「使用者帳號」→「使用者帳號」→「更改我的環境變數」。

(2) 在「使用者變數」下檢查是否有名為 Path 的專案。

(3) 如果該專案存在，則追加 flutter\bin 的全路徑，使用「；」作為分隔符號。

(4) 如果專案不存在，則建立一個新使用者變數 Path，然後將 flutter\
bin 的全路徑作為它的值。

(5) 在「使用者變數」下檢查是否有 PUB_HOSTED_URL 和
FLUTTER_STORAGE_BASE_URL 專案，如果沒有，則增加它
們，如圖 13-6 所示。

▲ 圖 13-6　在使用者環境變數中增加 Flutter

4. 執行 Flutter Docker 檢查安裝

　　打開一個新的命令提示符號或 Power Shell 視窗並執行以下命令以查
看是否需要安裝任何相依項來完成安裝，如圖 13-7 所示。

> **注意**：在命令提示符號或 Power Shell 視窗中執行此命令。目前，Flutter
> 不支援像 Git Bash 這樣的協力廠商 Shell。

```
Running "flutter pub get" in flutter_tools...                    6.3s
Doctor summary (to see all details, run flutter doctor -v):
[√] Flutter (Channel stable, 2.5.3, on Microsoft Windows [Version 10.0.19042.1348], locale zh-CN)
[X] Android toolchain - develop for Android devices
    X Unable to locate Android SDK.
      Install Android Studio from: https://developer.android.com/studio/index.html
      On first launch it will assist you in installing the Android SDK components.
      (or visit https://flutter.dev/docs/get-started/install/windows#android-setup for detailed
      instructions).
      If the Android SDK has been installed to a custom location, please use
      flutter config --android-sdk  to update to that location.

[√] Chrome - develop for the web
[!] Android Studio (not installed)
[√] VS Code (version 1.62.3)
[√] Connected device (2 available)

! Doctor found issues in 2 categories.
```

▲ 圖 13-7　透過 Flutter 檢查環境安裝

透過 flutter doctor 命令執行分析，顯示如圖 13-7 所示，列表中 [X] 表示未安裝的內容，[!] 表示需要安裝的內容，這裡提示需要安裝 Android 工具鏈、Android SDK 和 Android Studio 開發 IDE。

5. 安裝設定 Android Studio

下載並安裝 Android Studio，如圖 13-8 所示。Android Studio 的下載網址為 https://developer.android.com/studio。

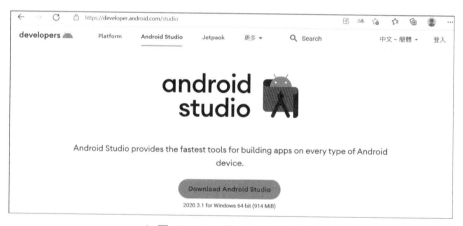

▲ 圖 13-8　下載 Android Studio

啟動 Android Studio，然後執行「Android Studio 安裝精靈」。將安裝最新的 Android SDK，Android SDK 平台工具和 Android SDK 建構工具是 Flutter 為 Android 開發時所必需的工具。

1) 設定 Android Studio

安裝 SDK Tools 中的 Android SDK Command line Tools 工具，如圖 13-9 所示。Flutter 需要呼叫該工具，如果沒有安裝，則會報 cmdline-tools component is missing 錯誤訊息。

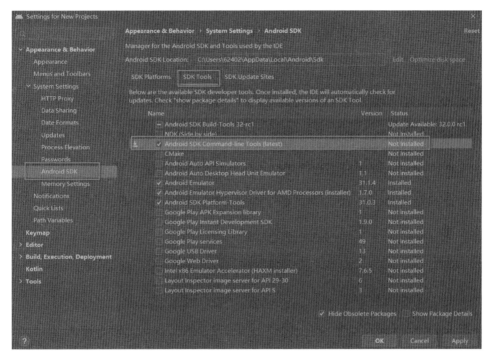

▲ 圖 13-9　安裝 SDK Tools 中的 Android SDK Command line Tools 工具

接受 Android Studio 相關許可，如圖 13-10 所示。

```
PS C:\Users\62402> flutter doctor
Doctor summary (to see all details, run flutter doctor -v):
[√] Flutter (Channel stable, 2.5.3, on Microsoft Windows [Version 10.0.19042.1348], locale zh-CN)
[!] Android toolchain - develop for Android devices (Android SDK version 31.0.0)
    ! Some Android licenses not accepted.  To resolve this, run: flutter doctor --android-licenses
[√] Chrome - develop for the web
[√] Android Studio (version 2020.3)
[√] VS Code (version 1.62.3)
[√] Connected device (2 available)

! Doctor found issues in 1 category.
```

▲ 圖 13-10　提示接受許可

打開 Power Shell，執行 flutter doctor --android-licenses 命令，如圖 13-11 所示。

```
PS C:\Users\62402> flutter doctor --android-licenses
6 of 7 SDK package licenses not accepted. 100% Computing updates...
Review licenses that have not been accepted (y/N)? y

1/6: License android-googletv-license:
```

▲ 圖 13-11　執行命令檢測 6 個需要接受的許可

注意：要準備在 Android 裝置上執行並測試 Flutter 應用，需要安裝 Android 4.1(API level 16) 或更新版本的 Android 裝置。

2) 再執行 flutter doctor 檢查安裝

透過上面的步驟，最後執行 flutter doctor 命令，檢測效果如圖 13-12 所示，表示 Flutter 執行環境架設成功。

```
PS C:\Users\62402> flutter doctor
Doctor summary (to see all details, run flutter doctor -v):
[√] Flutter (Channel stable, 2.5.3, on Microsoft Windows [Version 10.0.19042.1348], locale zh-CN)
[√] Android toolchain - develop for Android devices (Android SDK version 31.0.0)
[√] Chrome - develop for the web
[√] Android Studio (version 2020.3)
[√] VS Code (version 1.62.3)
[√] Connected device (2 available)

• No issues found!
```

▲ 圖 13-12　再執行 flutter doctor 命令

6. 設定 Android Studio Flutter 開發

Android Studio 預設不支援 Flutter 開發，需要安裝 Flutter 外掛程式和設定 Flutter、Dart SDK 路徑，步驟如下。

1) 安裝 Flutter 外掛程式

在 Android Studio 中安裝外掛程式，點擊 File → Settings → Plugins 命令，在輸入框中輸入 flutter，再點擊 Install 按鈕，如圖 13-13 所示。一般情況下，安裝完 Flutter 後會自動安裝 Dart，如果沒有安裝，則可以手動安裝。

▲ 圖 13-13　安裝 Flutter 外掛程式

2) 設定 Flutter 及 Dart 路徑

在 Android Studio 中打開設定，在 Languages & Frameworks 中可以看到多了 Flutter 和 Dart 兩個選項，按照圖 13-14 設定自己的 Flutter 和 Dart 路徑即可，如圖 13-14 所示。

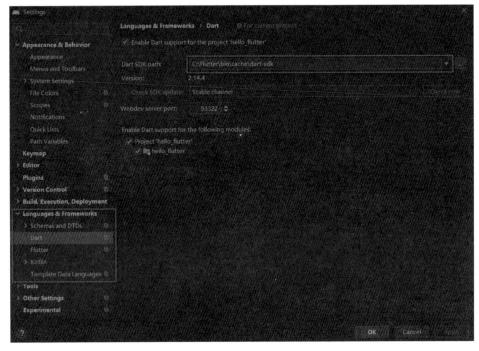

▲ 圖 13-14　設定 Flutter 和 Dart 路徑

7. 設定 Android 實機偵錯

完成上面的步驟後，還需設定實機偵錯，步驟如下：

(1) 在裝置上啟用開發人員選項和 USB 偵錯。詳細説明可在 Android 文件中找到。

(2) 使用 USB 將手機與電腦連接起來。如果裝置出現提示，應授權 電腦存取裝置。

(3) 在終端中，執行 flutter devices 命令以驗證 Flutter 辨識已連接的 Android 裝置。

(4) 執行啟動已開發的應用程式：flutter run。

注意：預設情況下，Flutter 使用的 Android SDK 版本是基於已安裝的 adb 工具版本。如果想讓 Flutter 使用不同版本的 Android SDK，則必須 將該 ANDROID_HOME 環境變數設定為 SDK 安裝目錄。

8. 設定 Android 模擬器

要準備在 Android 模擬器上執行並測試 Flutter 應用，步驟如下：

(1) 在機器上啟用 VM acceleration。

(2) 啟動 Android Studio → Tools → Android → AVD Manager 並選擇 Create Virtual Device。

(3) 選擇一個裝置並點擊 Next 按鈕。

(4) 為要模擬的 Android 版本選擇一個或多個系統映射，然後點擊 Next 按鈕，建議使用 x86 或 x86_64 image。

(5) 在 Emulated Performance 下，選擇 Hardware - GLES 2.0 以啟用硬體加速。

(6) 驗證 AVD 設定是否正確，然後點擊 Finish 按鈕。

(7) 有關上述步驟的詳細資訊，可參閱 Managing AVDs。

(8) 在 Android Virtual Device Manager 中，點擊工具列的 Run。模擬器啟動並顯示所選作業系統版本或裝置的啟動畫面。

(9) 執行 flutter run 命令啟動裝置，連接的裝置名稱是 Android SDK built for<platform>，其中 platform 是晶片系列，如 x86。

13.2.2 macOS 安裝設定 Flutter SDK

下面介紹如何在 macOS 系統中安裝和設定 Flutter SDK，具體步驟如下。

1. 安裝準備

首先在 Mac 中安裝 Xcode、Android Studio、brew。

注意：要為 iOS 開發 Flutter 應用程式，需要 Xcode 7.2 或更新版本。

brew 又叫 Homebrew，是 macOS X 上的軟體套件管理工具，能在 Mac 中方便地安裝軟體或移除軟體，安裝命令如下：

```
ruby -e "$(curl -fsSL https://raw.github.com/mxcl/homebrew/go)"
```

2. 下載 Flutter SDK

　　在 Flutter 官網下載其最新可用的安裝套件，官網下載網址為 https://flutter.dev/docs/development/tools/sdk/releases#macOS。

3. 解壓縮到合適的目錄

　　解壓安裝套件到想安裝的目錄，命令如下：

```
cd ~/development
unzip ~/Downloads/flutter_macOS_v2.5.3-stable.zip
```

4. 設定環境變數，設定代理

　　打開 bash_profile 檔案，設定環境變數和代理位址，命令如下：

```
vim ~/.bash_profile
```

　　增加以下環境變數設定，效果如圖 13-15 所示，執行命令如下：

```
export PATH=位址/flutter/bin:$PATH
export PUB_HOSTED_URL=https://pub.flutter-io.cn
export FLUTTER_STORAGE_BASE_URL=https://storage.flutter-io.cn
```

▲ 圖 13-15　設定環境變數 (1)

> **注意**：由於一些 Flutter 命令需要聯網獲取資料，則直接存取很可能不會成功。上面的 PUB_HOSTED_URL 和 FLUTTER_STORAGE_BASE_URL 是 Google 為開發者架設的備份鏡像。

5. 載入環境變數

命令如下：

```
source ~/.bash_profile
```

> **注意**：如果使用的是 zsh，終端啟動時 ~/.bash_profile 將不會被載入，解決辦法就是修改 ~/.zshrc，在其中增加 source ~/.bash_profile。

6. 檢測 Flutter 是否安裝成功

命令如下：

```
flutter -h
```

執行結果如圖 13-16 所示。

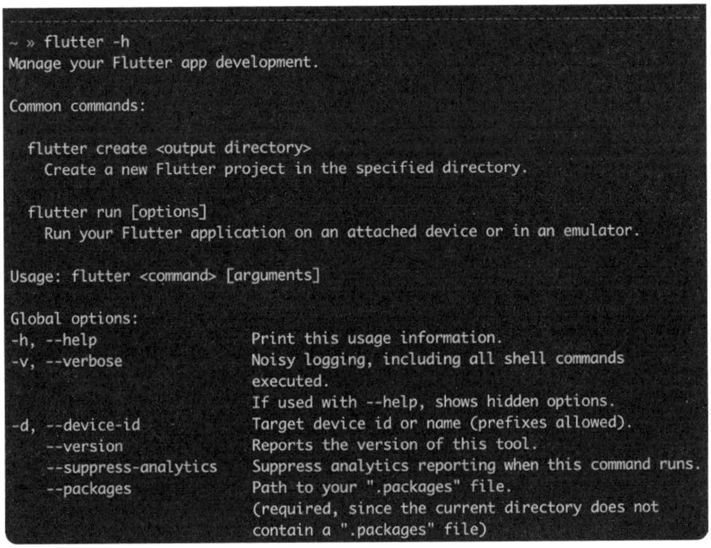

▲ 圖 13-16　設定環境變數 (2)

7. 執行 doctor

執行以下命令查看是否需要安裝其他相依項來完成安裝，如圖 13-17 所示，命令如下：

```
flutter doctor
```

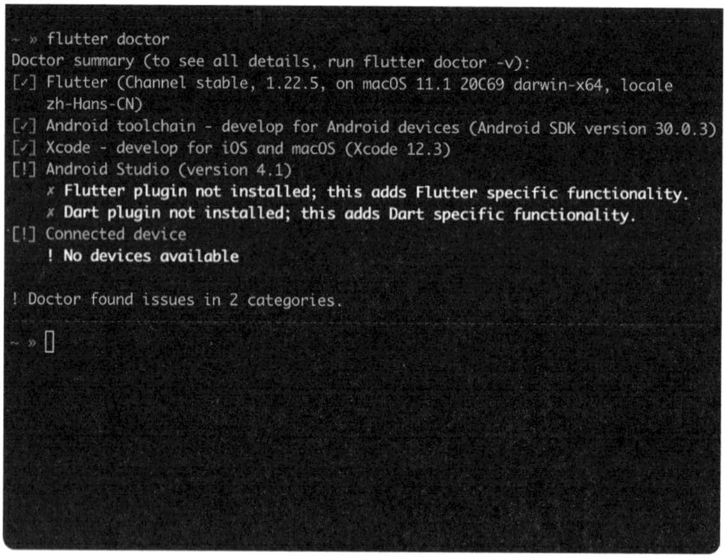

```
~ » flutter doctor
Doctor summary (to see all details, run flutter doctor -v):
[✓] Flutter (Channel stable, 1.22.5, on macOS 11.1 20C69 darwin-x64, locale
    zh-Hans-CN)
[✓] Android toolchain - develop for Android devices (Android SDK version 30.0.3)
[✓] Xcode - develop for iOS and macOS (Xcode 12.3)
[!] Android Studio (version 4.1)
    ✗ Flutter plugin not installed; this adds Flutter specific functionality.
    ✗ Dart plugin not installed; this adds Dart specific functionality.
[!] Connected device
    ! No devices available

! Doctor found issues in 2 categories.

~ »
```

▲ 圖 13-17　檢測 Flutter 的執行環境

透過 flutter doctor 命令執行分析，顯示如圖 13-17 所示，列表中 X 表示未安裝的內容，[!] 表示需要安裝的內容。

8. 設定環境

設定 Xcode 命令列工具以使用新安裝的 Xcode 版本 sudo xcode-select --switch/Applications/Xcode.app/Contents/Developer，對於大多數情況，當想要使用最新版本的 Xcode 時，這是正確的路徑。如果需要使用不同的版本，則應指定對應路徑，程式如下：

注意：確保 Xcode 授權合約已透過打開一次 Xcode 或透過命令 sudo xcodebuild -license 同意了。

```
sudo xcode-select --switch /Applications/Xcode.app/Contents/Developer
brew update
brew install --HEAD usbmuxd
brew link usbmuxd
brew install --HEAD libimobiledevice
brew install ideviceinstaller ios-deploy cocoapods
pod setup
```

9. 建立專案

可以直接在專案目錄下使用 flutter create 命令建立專案，命令如下：

```
cd 合適的位置
flutter create flutterdemo
```

10. 打開 iPhone 模擬器

準備在 iOS 模擬器上執行並測試 Flutter 應用。在 Mac 上，透過 Spotlight 或使用以下命令找到模擬器：

```
open -a Simulator
```

透過檢查模擬器硬體裝置選單中的設定，確保模擬器正在使用 64 位元裝置。

根據開發機器的螢幕大小，模擬的高清除螢幕 iOS 裝置可能會使螢幕溢位。在模擬器的 Window → Scale 選單下設定裝置比例。

11. 執行 iOS 應用

在專案目錄下，執行 flutter run 命令，編譯當前專案，打包安裝到打開的 iOS 模擬器上，執行的效果如圖 13-18 所示。

```
cd demo 位置
flutter run
```

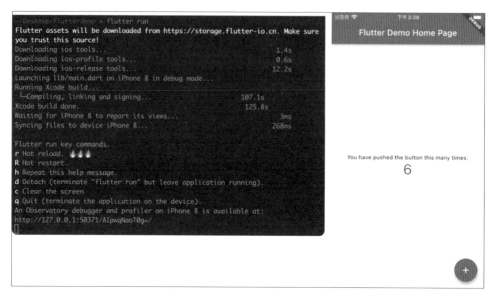

▲ 圖 13-18　將 Flutter 執行到模擬器

13.2.3　設定 VS Code 開發 Flutter

　　這裡推薦開發者使用 VS Code 開發 Flutter 程式，Visual Studio Code 是 Microsoft 為 Windows、Linux 和 macOS 開發的原始程式編輯器，它支援偵錯、嵌入式 Git 控制項、語法突出顯示、智慧程式補全、程式部分和程式重構。同時也支援自訂，開發者可以更改編輯器的主題、鍵盤快速鍵和首選項，擁有強大的拓展能力。

1. 安裝 Flutter 外掛程式

　　在 VS Code 外掛程式搜索欄中搜索 Dart 和 Flutter，這兩個外掛程式是開發 Flutter 應用的必配外掛程式，提供了語法檢測、程式補全、程式重構、執行偵錯和熱多載等功能，如圖 13-19 所示。

▲ 圖 13-19　安裝 Flutter 外掛程式

2. 建立 Flutter 專案

在 Windows 下按 Ctrl + Shift + P 複合鍵或在 Mac 下按 command + Shift + p 複合鍵呼叫出命令列表，搜索 Flutter，如圖 13-20 所示。

▲ 圖 13-20　搜索 Flutter 命令

按 Ctrl + Shift + P 複合鍵，選擇 Flutter New Project，建立一個 Flutter 專案。輸入專案名稱，選擇資料夾，等待初始化完成，如圖 13-21 所示。

▲ 圖 13-21 透過 VS Code 建立專案

3. 切換模擬器和實機

切換方法也很簡單,當有多個裝置 / 模擬器連接時,VS Code 右下角會有當前測試裝置 / 模擬器,點擊就可以切換,如圖 13-22 所示。

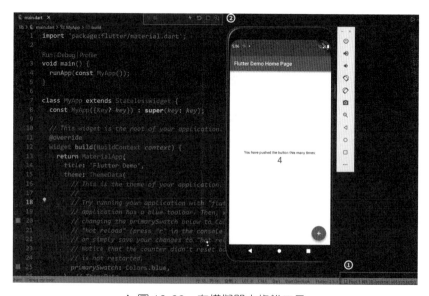

▲ 圖 13-22 VS Code 中切換實機和模擬器

4. 按 F5 鍵編譯打包後安裝到指定的裝置

按 F5 按鍵,VS Code 會自動編譯打包並安裝到選定的實機或模擬器上,如圖 13-23 所示。

▲ 圖 13-23 在模擬器中偵錯工具

修改程式後，儲存程式，會自動透過熱更新機制更新模擬器，可即時看到修改後的效果。

13.3 第 1 個 Flutter 應用

下面建立一個點擊計數的應用，該應用的邏輯比較簡單，點擊螢幕中間的按鈕，每點擊一次按鈕，介面中的數字加 1，具體步驟如下。

13.3.1 建立 Flutter App 專案

透過 flutter create 命令建立專案，命令如下：

```
cd chapter13# 在 chapter13 的目錄下建立專案
Flutter create code01# 建立名為 code01 的 Flutter 專案
```

建立好 Flutter 專案後，在 VS Code 中打開 CODE01 專案，效果如圖 13-24 所示。

▲ 圖 13-24　Flutter 專案目錄結構

首先需要了解 Flutter 專案的目錄結構，可以幫助讀者更進一步地管理和開發專案，具體每個目錄的作用如表 13-2 所示。

表 13-2 Flutter 專案的目錄結構

目錄名稱	說明
.dart_tool	記錄了一些 Dart 工具函式庫所在的位置和資訊
.idea	Android Studio 是基於 Idea 開發的，.idea 記錄了專案的一些檔案的變更記錄
android	Android 平台相關程式 在 Android 專案需要打包上架時，也需要使用此資料夾裡面的檔案。同樣地，如果需要原生程式的支援，則可將原生程式放在這裡
ios	iOS 平台相關程式 這裡面包含了 iOS 專案相關的設定和檔案，當專案需要打包上線時，需要打開該檔案內的 Runner.xcworkspace 檔案進行編譯和打包工作
lib	Flutter 相關程式，撰寫的主要程式存放在這個資料夾中
test	用於存放測試程式
web	和 Android、iOS 目錄一樣，Web 平台相關程式
.gitignore	Git 忽略設定檔
.metadata	IDE 用來記錄某個 Flutter 專案屬性的隱藏檔案
.packages	pub 工具需要使用的套件，包含 package 相依的 yaml 格式的檔案
flutter_app.iml	專案檔案的本地路徑設定
pubspec.lock	當前專案相依所生成的檔案
pubspec.yaml	當前專案的一些設定檔，包括相依的協力廠商函式庫、圖片資源檔等
README.md	READEME 檔案

13.3.2 撰寫 Flutter App 介面

打開 lib 目錄下的 main.dart 檔案 (Flutter 專案的入口檔案，通常在建立專案時 Flutter 會預設生成案例程式)，先刪除 main.dart 檔案中的預設程式，需要實現的介面效果如圖 13-25 所示。

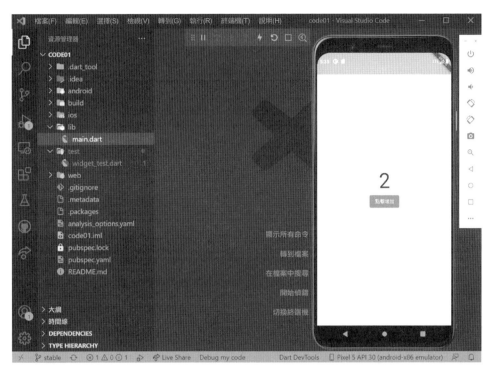

▲ 圖 13-25　　Flutter 應用介面效果圖

下面逐步來完成介面的撰寫。

1. 撰寫入口函式

首先需要匯入 Google 的 material 風格函式庫 material.dart，這個是必須匯入的函式庫。在 main() 方法中呼叫 runApp() 函式，runApp() 是一個頂級函式，接收一個 Widget 作為根 Widget，該 Widget 將作為被繪製的 Widget 樹的根附加到螢幕上，如程式範例 13-1 所示。

程式範例 13-1　　Flutter 的入口函式

```
import 'package:flutter/material.dart';

void main(List<String> args) {
    runApp(const Counter());
}
```

2. 撰寫 Counter 元件

這裡 Counter 元件需要更新介面，所以該元件必須是一個可以管理自身狀態的元件，可以管理狀態的元件被叫作 Stateful Widget(有狀態的元件)，如程式範例 13-2 所示。

程式範例 13-2　　Counter 元件

```
class Counter extends StatefulWidget {
    const Counter({Key? key}) : super(key: key);

    @override
_CounterState createState() => _CounterState();
}
```

定義一個 Counter 類別，有狀態管理功能的元件必須繼承自 Stateful Widget 類別，createState() 方法是 StatefulWidget 裡建立 State 的方法，當要建立新的 StatefulWidget 時，會立即執行 createState()，createState() 是必須實現的。

createState() 用於建立和 StatefulWidget 相關的狀態，它在 Stateful Widget 的生命週期中可能會被多次呼叫。舉例來說，當一個 Stateful Widget 同時插入 Widget 樹的多個位置時，Flutter Framework 就會呼叫該方法為每個位置生成一個獨立的 State 實例，其實，本質上就是一個 StatefulElement 對應一個 State 實例。

_CounterState() 是一個 State 實例，如程式範例 13-3 所示。

程式範例 13-3　　定義 Counter 元件的狀態

```
class _CounterState extends State<Counter> {

    // 狀態變數
    int _counter = 0;

    // 更新狀態變數
    _update() {
      setState(() {
```

```
      _counter++;
    });
  }

  @override
  Widget build(BuildContext context) {
    return Container();                  // 這裡定義視圖
  }
}
```

這裡 _CounterState 類別中 build() 方法用來建構 Counter 元件的視圖，_counter 變數是狀態屬性，當呼叫 setState() 方法更新 _counter 方法時，介面就會重新更新和繪製。

說明：Flutter 中的 setState() 方法和 React 中的 setState() 函式類似，其用途都是更新 UI 中顯示的資料。

3. Counter 元件介面實現

Counter 元件的介面非常簡單，這裡使用 Flutter 內建的元件進行版面配置，如程式範例 13-4 所示。

程式範例 13-4　Counter 元件版面配置

```
@override
  Widget build(BuildContext context) {
    return MaterialApp(
      home: Scaffold(
        body: Center(
          child: Column(
            mainAxisAlignment: MainAxisAlignment.center,
            children: <Widget>[
              Text(
                '$_counter',
                style: const TextStyle(fontSize: 60),
              ),
              ElevatedButton(
                onPressed: _update,
```

```
                    child: const Text("點擊增加"),
                  )
                ],
              ),
            ),
          ),
        );
      }
```

在上面的程式中使用了 6 個元件：MaterialApp、Scaffold、Center、Column、Text、ElevatedButton。MaterialApp 元件是 Material 設計風格的元件；Scaffold 元件用於定義一個 App 介面的結構；Center 和 Column 元件是版面配置元件；Text 和 ElevatedButton 元件是顯示文字和按鈕的元件。

13.3.3 增加互動邏輯

點擊介面按鈕，需要給按鈕增加回應事件，該回應事件呼叫 setState() 方法更新狀態，給一個元件增加響應事件可使用 onPress() 方法，如程式範例 13-5 所示。

程式範例 13-5　　點擊事件

```
ElevatedButton(
    onPressed: _update,
    child: const Text("點擊增加"),
)
```

_update() 方法用來呼叫內建 setState() 方法更新狀態屬性 _counter，如程式範例 13-6 所示。

程式範例 13-6　　更新狀態

```
int _counter = 0;
    _update() {
      setState(() {
        _counter++;
    });
}
```

13.4 元件

Flutter 中的元件 (Widget) 採用響應式框架建構，Widget 是建構應用程式 UI 的最小單位。Widget 樹描述應用的整個視圖，當 Widget 的狀態發生變化時，Widget 會重新建構 UI，Flutter 會比較前後介面的不同，以確定底層繪製樹從一種狀態轉換到下一種狀態所需的最小更改。

1. Flutter 中的 Widget

Widget 是 Flutter 應用程式使用者介面的基本建構區塊。每個 Widget 都是使用者介面一部分的不可變宣告。與其他將視圖、控制器、版面配置和其他屬性分離的框架不同，Flutter 具有一致的統一物件模型：Widget，如圖 13-26 所示。

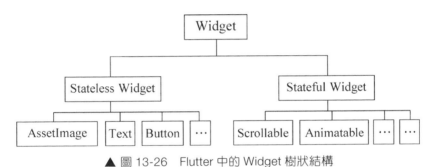

▲ 圖 13-26　Flutter 中的 Widget 樹狀結構

在 Flutter 中，Widget 是不可變的，但可透過更新 Widget 的 state 來更新 Widget。Widget 分為有狀態元件 (Stateful Widget) 和無狀態元件 (Stateless Widget)。

2. 無狀態元件 (Stateless Widget)

無狀態表示該元件內部不維護任何可變的狀態，元件繪製所依賴的資料都透過元件的建構函式傳入，並且這些資料是不可變的。常見的 Stateless Widget 有 Text、Icon、ImageIcon、Dialog 等，如程式範例 13-7 所示。

程式範例 13-7　　無狀態元件建立

```
class Frog extends StatelessWidget {
   const Frog({
     Key? key,
     this.color = const Color(0xFF2DBD3A),
     this.child,
   }) : super(key: key);

   final Color color;
   final Widget? child;

   @override
   Widget build(BuildContext context) {
      return Container(color: color, child: child);
   }
}
```

在程式範例 13-7 中，定義了一個名為 Frog 的無狀態元件，該元件透過輸入介面 color 和 child 傳入不同的顏色和子元件。

可以注意到，在元件內定義 color 和 child 變數時，使用了 final 進行修飾，因此該值在建構函式中第一次被賦值後就無法被改變了，也因此該元件在繪製一次後，其內容將無法被再次改變。如果在定義變數時不使用 final，則編輯器會給予對應的警告，如圖 13-27 所示。

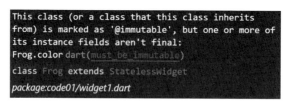

▲ 圖 13-27　編輯器警告提示

如果需要改變 Frog 元件，則需要給元件的輸入屬性 color 和 child 傳入不同的值。舉例來說，可以用一個有狀態元件包裹它，並透過改變狀態值來改變無狀態子元件展示的內容。該元件將在 Flutter 進行下一畫格繪製前被銷毀並建立一個全新的元件用於繪製。

下面具體了解一下 Widget 類別的結構。

1) 元件中的 build() 方法

build() 方法用來建立 Widget，但因為 build() 在每次介面更新時都會呼叫，所以不要在 build() 裡寫業務邏輯，可以把業務邏輯寫到 StatelessWidget 的建構函式裡，如程式範例 13-8 所示。

程式範例 13-8

```
class TestWidget extends StatelessWidget{
    @override
    Widget build(BuildContext context) {
        //TODO: implement build
        print('StatelessWidget build');
        return Text('Test');
    }
}
```

2) 元件輸入屬性

無狀態元件的視圖改變需要依靠元件的輸入屬性，上面的 Frog 元件的輸入屬性有兩個：color 和 child，透過在 Frog 元件外部修改 color 屬性的值，青蛙會變成不同顏色的青蛙，這樣便可實現元件的重複使用，如圖 13-28 所示。

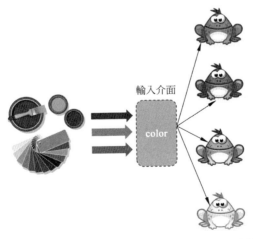

▲ 圖 13-28　給 Frog 元件的 color 設定不同的值

3. 有狀態元件 (Stateful Widget)

Flutter 將 Stateful Widget 設計成了兩個類別：

建立 StatefulWidget 時必須建立兩個類別：一個類別繼承自 StatefulWidget，作為 Widget 樹的一部分；另一個類別繼承自 State，用於記錄 StatefulWidget 會變化的狀態，並且根據狀態的變化，建構出新的 Widget。

Checkbox、Radio、Slider、InkWell、Form 和 TextField 是有狀態的內建小元件，它們是 StatefulWidget 的子類別。

有狀態元件除了可以從外部傳入不可變的資料外，還可以在元件自身內部定義可變的狀態。透過 StatefulWidget 提供的 setState() 方法改變這些狀態的值來觸發元件重新建構，從而在介面中顯示新的內容，如程式範例 13-9 所示。

注意：在 Dart 中，成員變數或類別名稱以底線開頭表示該成員或類別為私有變數的。

程式範例 13-9　chapter13\code13_4\lib\stateless\light_switch.dart

```dart
import 'package:flutter/material.dart';

// 定義一個開關元件
class LightSwitch extends StatefulWidget {
    // 建構函式，預設有個可選參數 key
    const LightSwitch({Key? key}) : super(key: key);

    @override
    _LightSwitchState createState() => _LightSwitchState();
}

class _LightSwitchState extends State<LightSwitch> {
    // 元件的狀態屬性
    bool _switchActive = false;

    void _switchActiveChanged() {
```

```
    // 修改狀態值
    setState(() {
      _switchActive = !(_switchActive);
    });
  }


  @override
  Widget build(BuildContext context) {
    return GestureDetector(
      onTap: _switchActiveChanged,
      child: Center(
        child: Container(
          alignment: Alignment.center,
          width: 300.0,
          height: 100.0,
          child: Text(
            _switchActive ? 'Open Light' : 'Close Light',
            textDirection: TextDirection.ltr,
            style: const TextStyle(fontSize: 30.0, color: Colors.white),
          ),
          decoration: BoxDecoration(
            color: _switchActive ? Colors.blue : Colors.yellow),
        ),
      ),
    );
  }
}
```

注意：在程式範例 13-9 中使用 GestureDetector 捕捉 Container 上的使用者動作。

有狀態元件的相關方法如下。

1) createState() 方法

當有狀態元件的類別建立時，Flutter 會透過呼叫 StatefulWidget. createState 來建立一個 State，如程式範例 13-10 所示。

程式範例 13-10

```
class LightSwitch extends StatefulWidget {
    const LightSwitch({Key? key}) : super(key: key);
    @override
    _LightSwitchState createState() => _LightSwitchState();
}
class _LightSwitchState extends State<LightSwitch> {
...
}
```

2) setState() 方法

當狀態資料發生變化時，可以透過呼叫 setState() 方法告訴 Flutter 使用更新後資料重建 UI，如程式範例 13-11 所示。

程式範例 13-11

```
class _LightSwitchState extends State<LightSwitch> {
    // 元件的狀態屬性
    bool _switchActive = false;

    void _switchActiveChanged() {
        // 修改狀態值
        setState(() {
            _switchActive = !(_switchActive);
        });
    }
}
```

3) initState() 方法

initState() 方法是在建立 State 物件後要呼叫的第 1 種方法 (在建構函式之後)。當需要執行自訂初始化內容時，需要重寫此方法，如初始化、動畫、邏輯控制等。如果重寫此方法，則需要先呼叫 super.initState() 方法，如程式範例 13-12 所示。

程式範例 13-12

```
class _LightSwitchState extends State<LightSwitch> {
  // 元件的狀態屬性
  bool _switchActive = false;

  @override
  void initState() {
    super.initState();
    // 初始化狀態
    _switchActive = false;
  }
}
```

有狀態元件的顯示效果如圖 13-29 所示。

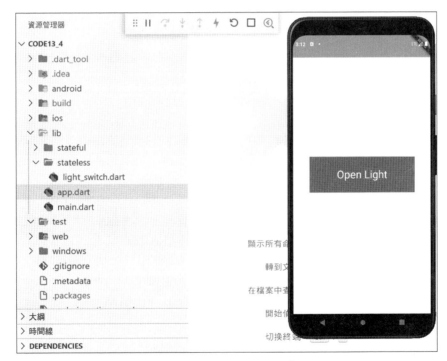

▲ 圖 13-29　有狀態元件

4. 元件生命週期函式

StatefulWidget 的生命週期大致可分為 3 個階段，如表 13-3 所示。

表 13-3　StatefulWidget 生命週期階段說明

生命週期階段	說明
初始化	插入繪製樹，這一階段涉及的生命週期函式主要有 createState()、initState()、didChangeDependencies() 和 build()
執行中	在繪製樹中存在，這一階段涉及的生命週期方法主要有 didUpdateWidget() 和 build()
銷毀	從繪製樹中移除，此階段涉及的生命週期函式主要有 deactivate() 和 dispose()

下面具體介紹元件中的各種方法，以及在生命週期階段的意義和作用，如表 13-4 所示。

表 13-4　StatefulWidget 中方法介紹

元件的方法	方法執行在生命週期階段說明
createState()	在 StatefulWidget 中用於建立 State
initState()	State 的初始化操作，如變數的初始化等
didChangeDependencies()	initState() 呼叫之後呼叫，或使用 InheritedWidgets 元件時會被呼叫，其中 InheritedWidgets 可用於 Flutter 狀態管理
build()	用於 Widget 的建構
deactivate()	包含此 State 物件的 Widget 被移除之後呼叫，若此 Widget 被移除之後未被增加到其他 Widget 樹結構中，則會繼續呼叫 dispose() 方法
dispose()	該方法呼叫後釋放 Widget 所佔資源
reassemble()	用於開發階段，熱多載時會被呼叫，之後會重新建構
didUpdateWidget()	父 Widget 建構時子 Widget 的 didUpdateWidget() 方法會被呼叫

具體的生命週期呼叫過程如圖 13-30 所示。

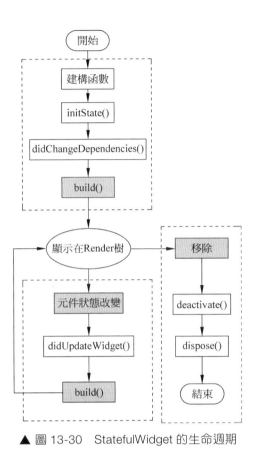

▲ 圖 13-30　StatefulWidget 的生命週期

生命週期如程式範例 13-13 所示。

程式範例 13-13　chapter13\code13_4\lib\stateless\LifeCycleDemo.dart

```dart
import 'package:flutter/material.dart';

class LifeCycleDemo extends StatefulWidget {
    LifeCycleDemo({Key? key}) : super(key: key) {
        print("【00】--------- 構造方法執行 -----------$key");
    }

    @override
    State<StatefulWidget> createState() => _LifeCycleState();
}
```

```
class _LifeCycleState extends State<LifeCycleDemo> {
   var _count = 0;

   @override
   void initState() {
      super.initState();
      print('【01】---------initState-----------');
   }

   @override
   void didChangeDependencies() {
      super.didChangeDependencies();
      print('【02】----------didChangeDependencies-----------');
   }

   @override
   Widget build(BuildContext context) {
      print('【03】----------build------------');
      return Scaffold(
         body: Center(
         child: Column(
            mainAxisAlignment: MainAxisAlignment.center,
            children: [
            Text(' 當前計數器數量 : ' + _count.toString()),
            ElevatedButton(
               child: const Text(' 更新介面 '),
               onPressed: () => {
                  setState(() {
                     _count++;
                     print('【04】---------- 更新介面 -----------');
                  })
               },
            ),
            ElevatedButton(
                child: const Text(' 關閉頁面 '),
                onPressed: () => {Navigator.of(context).pop()},
             ),
            ],
         ),
      ),
   ),
```

```
   );
}

@override
void deactivate() {
   super.deactivate();
   print('【05】----------deactivate-----------');
}

@override
void dispose() {
   super.dispose();
   print('【06】----------dispose-----------');
}

@override
void didUpdateWidget(LifeCycleDemo oldWidget) {
   super.didUpdateWidget(oldWidget);
   print('----------didUpdateWidget-----------');
   }
}
```

（1）頁面被載入：透過上述程式，模擬了一個簡單的元件被載入到頁面上時，從初始化到完成繪製後，元件經歷了從 initState() → didChangeDependencies() → build() 的過程，如果此時元件沒有更新 state，則介面將一直保持在 build 繪製完成之後的狀態，對應各個生命週期回呼函式列印的 log 如圖 13-31 所示。

```
I/flutter (25432): 【00】----------建構方法執行-----------null
I/flutter (25432): 【01】----------initState-----------
I/flutter (25432): 【02】----------didChangeDependencies-----------
I/flutter (25432): 【03】----------build-----------
```

▲ 圖 13-31　頁面被載入時列印記錄檔

（2）元件更新：在 Flutter 中 StatefulWidget 透過 state 來管理整個頁面的狀態變化，當 state 發生變化時，以便即時通知對應的元件發生改變。當頁面狀態發生更新時，生命週期中的 build() 回呼方法會被重新喚起，然後重新繪製介面，對元件狀態做出的變化即時繪製到 UI 上。

如圖 13-32 所示，當點擊兩次「更新介面」按鈕時，透過 setState() 來改變 _count 的值，然後元件會感知到 state 發生變化，重新呼叫 build() 方法，更新介面直到新的狀態繪製在 UI 上。

▲ 圖 13-32　點擊按鈕更新

主控台列印的 log 如圖 13-33 所示。

```
I/flutter (25432): 【00】---------建構方法執行------------null
I/flutter (25432): 【01】---------initState------------
I/flutter (25432): 【02】---------didChangeDependencies------------
I/flutter (25432): 【03】----------build------------
I/flutter (25432): 【04】----------刷新介面------------
I/flutter (25432): 【03】----------build------------
I/flutter (25432): 【04】----------刷新介面------------
I/flutter (25432): 【03】----------build------------
```

▲ 圖 13-33　頁面被更新時列印記錄檔

(3) 元件被移除 (銷毀)：當頁面被銷毀時，元件的生命週期狀態從 deactivate → dispose 變化，如圖 13-34 所示，此過程多為使用者點擊傳回或呼叫 Navigator.of(context).pop() 路由推出當前頁面後發生回呼。此時使用者可以根據具體的業務需求取消監聽、退出動畫的操作。

```
I/flutter (25432): 【05】----------deactivate------------
I/flutter (25432): 【06】----------dispose------------
```

▲ 圖 13-34　頁面被移除時列印記錄檔

5. 元件狀態管理

常見的狀態管理方式有兩種，分別是由 Widget 自身進行管理和由 Widget 自身及父 Widget 混合進行管理。

1) 由 Widget 自身進行管理

由 Widget 自身進行狀態管理非常簡單，在下面的元件例子中使用 _active 來控制當前元件的背景顏色，點擊 _handleTap 方法來改變背景顏色值，如程式範例 13-14 所示。

程式範例 13-14

```dart
import 'package:flutter/material.dart';

class LightDemo extends StatefulWidget {
    const LightDemo({Key? key}) : super(key: key);

    @override
    _LightDemoState createState() => _LightDemoState();
}

class _LightDemoState extends State<LightDemo> {
    bool _active = false;

    void _handleTap() {
        setState(() {
            _active = !_active;
        });
    }

    @override
    Widget build(BuildContext context) {
        return GestureDetector(
            onTap: _handleTap,
            child: Container(
                child: Center(
                    child: Text(
                        _active ? '開燈' : '關燈',
                        style: const TextStyle(fontSize: 32.0, color: Colors.white),
```

```
            ),
          ),
          decoration: BoxDecoration(
            color: _active ? Colors.lightBlue : Colors.black,
          ),
        ),
      );
    }
}
```

執行效果如圖 13-35 所示。

▲ 圖 13-35　由 Widget 自身進行管理

2) 由 Widget 自身及父 Widget 混合進行管理

　　在範例中，透過 _highlight 增加了在 LightWidget 邊緣增加邊框的狀態，該狀態由 Widget 自身進行管理，而 _active 狀態則由父 Widget 進行管理，如程式範例 13-15 所示。

程式範例 13-15

```
import 'package:flutter/material.dart';
//---------- ParentWidget --------- //
class ParentWidget extends StatefulWidget {
    const ParentWidget({Key? key}) : super(key: key);
```

```
   @override
   _ParentWidgetState createState() => _ParentWidgetState();
}

class _ParentWidgetState extends State<ParentWidget> {
   bool _active = false;

   void _handleLightWidgetChanged(bool newValue) {
     setState(() {
       _active = newValue;
     });
   }

   @override
   Widget build(BuildContext context) {
     return Container(
       child: LightWidget(
         active: _active,
         onChanged: _handleLightWidgetChanged,
       ),
     );
   }
}

//--------- LightWidget -------- //
class LightWidget extends StatefulWidget {
   const LightWidget({Key? key, this.active = false, required this.onChanged})
     : super(key: key);

   final bool active;
   final ValueChanged<bool> onChanged;

   @override
   _LightWidgetState createState() => _LightWidgetState();
}

class _LightWidgetState extends State<LightWidget> {
   bool _highlight = false;
```

```
void _handleTapDown(TapDownDetails details) {
    setState(() {
        _highlight = true;
    });
}

void _handleTapUp(TapUpDetails details) {
    setState(() {
        _highlight = false;
    });
}

void _handleTapCancel() {
    setState(() {
        _highlight = false;
    });
}

void _handleTap() {
    widget.onChanged(!widget.active);
}

@override
Widget build(BuildContext context) {
    return GestureDetector(
        onTapDown: _handleTapDown,
        onTapUp: _handleTapUp,
        onTap : _handleTap,
        onTapCancel: _handleTapCancel,
        child: Container(
            child: Center(
                child: Text(widget.active ? 'Active' : 'Inactive',
                    style: const TextStyle(fontSize: 32.0, color: Colors.white)),
            ),
            width: 500.0,
            height: 200.0,
            decoration: BoxDecoration(
                color: widget.active ? Colors.blue : Colors.black,
                border: _highlight
                    ? Border.all(
```

```
            color: Colors.red,
            width: 20.0,
            )
        : null,
      ),
    ),
  );
  }
}
```

13.5 套件管理

Flutter 的開發經常需要封裝一些工具套件，或下載一些協力廠商的
套件。套件是專案開發中用來封裝的一組業務程式的集合，隨著專案的
程式規模越來越大，管理和相依的套件就越來越多，如何管理這些套件
變得非常重要。

13.5.1 pubspec.yaml 檔案

pubspec.yaml 檔案是 Flutter 的設定檔，主要用來設定協力廠商的套
件、圖片、字型等資源，類似於 Android 的 Gradle。pubspec.yaml 檔案的
格式和內容如程式範例 13-16 所示。

程式範例 13-16

```
// 應用名稱
name: flutter_app
// 應用描述
description: A new Flutter application.

// 版本編號，區分 Android 和 iOS
//+ 號前，對應 Android 的 versionName 和 iOS 的 CFBundleShortVersionString
//+ 號後，對應 Android 的 versionCode 和 iOS 的 CFBundleVersion
version: 1.0.0+1
```

```
// 編譯要求的 Dart 版本編號區間
environment:
    sdk: ">=2.7.0 <3.0.0"

// 外掛程式庫網址為 https://pub.dartlang.org/flutter
dependencies:
    flutter:
      sdk: flutter

// 引用外掛程式庫
    cupertino_icons: ^0.1.3

// 開發環境相依的工具套件
dev_dependencies:
    flutter_test:
      sdk: flutter

// 與 Flutter 相關的設定選項
flutter:
// 使用 Material 風格的圖示和文字
    uses-material-design: true

// 引入圖示
    #assets:
    #- images/a_dot_burr.jpeg
    #- images/a_dot_ham.jpeg

// 引入字型
    #fonts:
    #- family: Schyler
    #fonts:
    #- asset: fonts/Schyler-Regular.ttf
    #- asset: fonts/Schyler-Italic.ttf
    #style: italic
    #- family: Trajan Pro
    #fonts:
    #- asset: fonts/TrajanPro.ttf
    #- asset: fonts/TrajanPro_Bold.ttf
    #
```

檔案以縮排的格式定義了專案中用到的 Flutter 版本、外掛程式庫、圖示、字型等內容，關於各個欄位的意思已經在註釋中進行了說明。

Yaml 格式語法的基本規則如圖 13-36 所示。

(1) 有大小寫區分。
(2) 使用縮排展現層級關係。
(3) 縮排時不允許使用 Tab 鍵，只允許使用空格。
(4) 縮排的空格數目不重要，只要相同層級的元素左對齊即可。
(5) # 表示註釋，從它開始到行尾都被忽略。

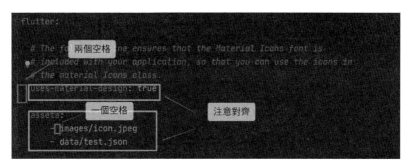

▲ 圖 13-36　Yaml 檔案格式

13.5.2　透過 pub 倉庫管理套件

pub 倉 庫 (https://pub.dev) 是 Google 官 方 提 供 的 Dart 和 Flutter 的 package 倉庫，類似於 Android 的 JCenter。開發者可以在 pub 上查詢相關外掛程式，也可以發佈自己開發的外掛程式。

下面以 fluttertoast 外掛程式為例，介紹在 Flutter 中如何管理和使用協力廠商外掛程式。

1. 引入 fluttertoast

在 pub.dev 官網找到 fluttertoast 外掛程式，如圖 13-37 所示。

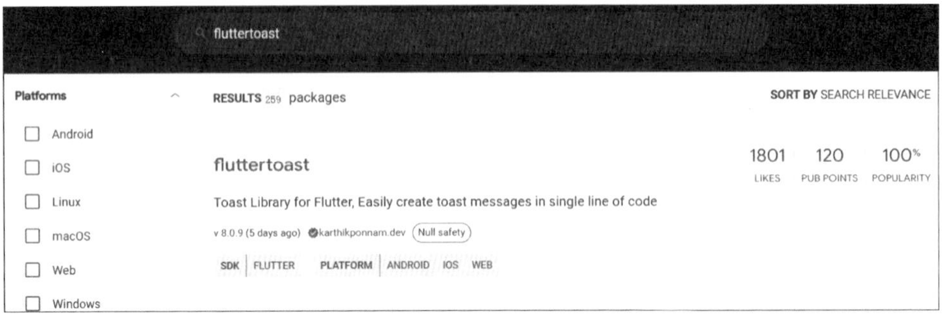

▲ 圖 13-37　在 pub 倉庫查詢 fluttertoast 的外掛程式

在 pubspec.yaml 檔案的 dependencies 欄位下引入外掛程式，如程式範例 13-17 所示。

程式範例 13-17

```
dependencies:
  flutter:
    sdk: flutter
  fluttertoast: ^8.0.8

#The following adds the Cupertino Icons font to your application.
#Use with the CupertinoIcons class for iOS style icons.
cupertino_icons: ^1.0.2
```

2. 安裝外掛程式

引入外掛程式之後還需要點擊 pubspec.yaml 上方的 pub get 按鈕，或在 Terminal 中執行 flutter pub get 命令安裝外掛程式，命令如下：

flutter pub get

3. 使用 fluttertoast

完成第二步之後就可以在 Dart 檔案中使用 fluttertoast 外掛程式了，首先需要在程式中匯入外掛程式，如程式範例 13-18 所示。

程式範例 13-18

```
import 'package:fluttertoast/fluttertoast.dart';
```

在 Dart 中呼叫 Fluttertoast 方法，如程式範例 13-19 所示。

程式範例 13-19

```
Fluttertoast.showToast(
    msg: "This is Center Short Toast",
    toastLength: Toast.LENGTH_SHORT,
    gravity: ToastGravity.CENTER,
    timeInSecForIosWeb: 1,
    backgroundColor: Colors.red,
    textColor: Colors.white,
    fontSize: 16.0
);
```

13.5.3 以其他方式管理套件

除了相依 pub 倉庫之外，還可以相依本地檔案和 Git 倉庫。相依本地檔案適用於自己開發外掛程式供多專案引用的情況，如果正在本地開發一個套件，套件名為 pkg1，則可以透過程式範例 13-20 所示的方式增加相依：

程式範例 13-20

```
dependencies:
    pkg1:
        path: ../../code/pkg1
#path 路徑可以是絕對路徑也可以是相對路徑
```

也可以相依儲存在 Git 倉庫中的套件。如果軟體套件位於倉庫的根目錄中，則可以使用以下語法，如程式範例 13-21 所示。

程式範例 13-21

```
dependencies:
    pkg1:
        git:
            url: git://github.com/xxx/pkg1.git
            path: packages/package1
# 如果套件位於 git 根目錄，則可以不指定 path
```

上面假設套件位於 Git 儲存庫的根目錄中。如果不是這種情況，則可以使用 path 參數指定相對位置，如程式範例 13-22 所示。

程式範例 13-22

```
dependencies:
    package1:
        git:
            url: git://github.com/flutter/packages.git
            path: packages/package1
```

13.6 資源管理

Flutter 中資源管理比較簡單，資源 (assets) 可以是任意類型的檔案，例如 JSON、設定檔、字型、圖片等。

13.6.1 圖片資源管理

在專案根目錄建立資料夾，這裡取名為 assets，將圖片放入該資料夾中，如圖 13-38 所示。

▲ 圖 13-38 將 assets 目錄增加到專案目錄中

1. 在 pubspec.yaml 檔案中指定資源

靜態資源檔設定如程式範例 13-23 所示。

程式範例 13-23

```
flutter:
assets:
- assets/background.jpg    # 逐一指定資源路徑
- assets/loading.gif       # 逐一指定資源路徑
- assets/result.json       # 逐一指定資源路徑
- assets/icons/            # 子目錄批次指定
- assets/                  # 根目錄也可以批次指定
```

注意：目錄批次指定並不遞迴，只有在該目錄下的檔案才可以被包括，如果下面還有子目錄，則需要單獨宣告子目錄下的檔案。

2. 資源檔的載入

對於圖片資源的載入，通常有以下 3 種方式。

(1) 透過 Image.assest 構造方法完成圖片資源的載入及顯示，程式如下：

```
eg: Image.asset('images/logo.png');
```

(2) 載入本地檔案圖片，程式如下：

```
eg:Image.file(new File('/storage/xxx/xxx/test.jpg'));
```

(3) 載入網路圖片，程式如下：

```
eg: Image.network('http://xxx/xxx/test.gif')
```

(4) 對於其他資源檔，可以透過 Flutter 應用的 AssetBundle 物件 rootBundle 來直接存取，如程式範例 13-24 所示。

程式範例 13-24

```
import 'dart:async' show Future;
import 'package:flutter/services.dart' show rootBundle;

Future<String> loadAsset() async {
    return await rootBundle.loadString('assets/result.json');
}
```

13.6.2 多像素密度的圖片管理

　　Flutter 也遵循基於像素密度的管理方式，如 1.0x、2.0x、3.0x 或任意倍數。Flutter 可根據當前裝置解析度載入最接近裝置像素比例的圖片資源，而為了讓 Flutter 更進一步地辨識，資原始目錄應該將 1.0x、2.0x、3.0x 的圖片資源分開管理。

　　下面以 girl.jpg 圖片為例，這張圖片位於 assest 目錄下。如果想讓 Flutter 調配不同解析度，則需要將其他解析度的圖片放到對應的解析度子目錄中，如圖 13-39 所示。

```
assets
├─ girl.jpg           //1.0x 圖
├─ 2.0x
│      └─ girl.jpg    //2.0x 圖
└─ 3.0x
       └─ girl.jpg    //3.0x 圖
```

▲ 圖 13-39　多像素影像管理

而在 pubspec.yaml 檔案宣告這張圖片資源時，僅宣告 1.0x 圖資源既可，程式如下：

```
flutter:
  assets:
    - assets/girl.jpg#1.0x 圖資源
```

1.0x 解析度的圖片是資源識別字，而 Flutter 則會根據實際螢幕像素比例載入對應解析度的圖片。這時，如果主資源缺少某個解析度資源，則 Flutter 會在剩餘的解析度資源中選擇降級載入。

注意：如果 App 中包括了 2.0x 和 1.0x 的資源，對於螢幕像素比為 3.0 的裝置，則會自動降級讀取 2.0x 的資源。不過需要注意的是，即使 App 套件沒有包含 1.0x 資源，仍然需要像上面那樣在 pubspec.yaml 檔案中將它顯性地宣告出來，因為它是資源的識別字。

13.6.3 字型資源的宣告

在 Flutter 中，使用自訂字型同樣需要在 pubspec.yaml 檔案中提前宣告。需要注意的是，字型實際上是字元圖形的映射，所以除了正常字型檔案外，如果應用需要支援粗體和斜體，則同樣需要有對應的粗體和斜體字型檔案。

下面演示如何增加自訂字型檔案，這裡使用開放原始碼且免費的 RobotoCondensed 字型套件。

首先下載 RobotoCondensed 字型套件，並將 RobotoCondensed 字型放在 assets 目錄下的 fonts 子目錄中，如圖 13-40 所示。

將支援斜體與粗體的 RobotoCondensed 字型增加到應用中，pubspec.yaml 檔案的設定如程式範例 13-25 所示。

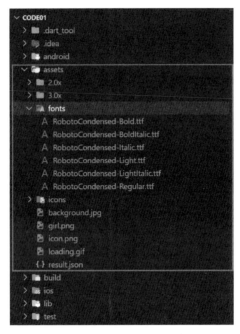

▲ 圖 13-40　在 assets 目錄增加 fonts

程式範例 13-25

```
fonts:
  - family: RobotoCondensed                          # 字型名稱
    fonts:
  - asset: assets/fonts/RobotoCondensed-Regular.ttf  # 普通字型
  - asset: assets/fonts/RobotoCondensed-Italic.ttf
    style: italic                                    # 斜體
  - asset: assets/fonts/RobotoCondensed-Bold.ttf
    weight: 700                                      # 粗體
```

　　上面設定宣告其實都對應著 TextStyle 中的樣式屬性，如字型名稱 family 對應著 fontFamily 屬性、斜體 italic 與正常 normal 對應著 style 屬性、字型粗細 weight 對應著 fontWeight 屬性等。

　　在使用時，只需在 TextStyle 中指定對應的字型，如程式範例 13-26 所示。

程式範例 13-26

```
Text("This is RobotoCondensed", style: TextStyle(
    fontFamily: 'RobotoCondensed',// 普通字型
));
Text("This is RobotoCondensed", style: TextStyle(
    fontFamily: 'RobotoCondensed',
    fontWeight: FontWeight.w700, // 粗體
));
Text("This is RobotoCondensed italic", style: TextStyle(
    fontFamily: 'RobotoCondensed',
    fontStyle: FontStyle.italic, // 斜體
));
```

執行結果如圖 13-41 所示。

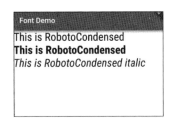

▲ 圖 13-41　不同字型的顯示效果

13.6.4　原生平台的資源設定

透過 Flutter 開發 App，在設定 App 的啟動圖示或 App 啟動圖等時，需要在原生平台進行設定。

1. 更換 App 啟動圖示

對於 Android 平台，啟動圖示位於根目錄 android/app/src/main/res/mipmap 下。只需遵守對應的像素密度標準，保留原始圖示名稱，將圖示更換為目標資源，如圖 13-42 所示。

▲ 圖 13-42　更換 Android 啟動圖示

注意：如果重新命名 .png 檔案，則必須在 AndroidManifest.xml 的
＜application＞ 標籤的 android：icon 屬性中更新名稱。

對於 iOS 平台，啟動圖位於根目錄 ios/Runner/Assets.xcassets/
AppIcon.appiconset 下。同樣地，只需遵守對應的像素密度標準，將其替
換為目標資源並保留原始圖示名稱，如圖 13-43 所示。

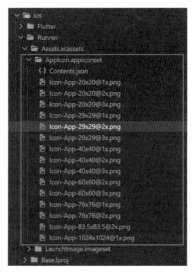

▲ 圖 13-43　更換 iOS 啟動圖示

2. 更換啟動圖

Flutter 框架在載入時，Flutter 會使用本地平台機制繪製啟動頁面。
此啟動頁面將持續執行到 Flutter 繪製應用程式的第一畫格時。

對於 Android 平台，啟動圖位於根目錄 android/app/src/main/res/
drawable 下，是一個名為 launch_background 的 XML 介面描述檔案，如
圖 13-44 所示。

▲ 圖 13-44　修改 Android 啟動圖描述檔案

在 launch_background.xml 檔案中自訂啟動介面，也可以換一張啟動
圖片。在下面的例子中，更換了一張置中顯示的啟動圖片，如程式範例
13-27 所示。

程式範例 13-27

```xml
<?xml version="1.0" encoding="utf-8"?>
<layer-list xmlns:android="http://schemas.android.com/apk/res/android">
    <!-- 白色背景 -->
    <item android:drawable="@android:color/white" />
    <item>
        <!-- 內嵌一張置中展示的圖片 -->
      <bitmap
```

```
        android:gravity="center"
        android:src="@mipmap/bitmap_launcher" />
    </item>
</layer-list>
```

而對於 iOS 平台,啟動圖位於根目錄 ios/Runner/Assets.xcassets/
LaunchImage.imageset 下。只需保留原始啟動圖名稱,將圖片依次按照對
應像素密度標準,更換為目標啟動圖即可,如圖 13-45 所示。

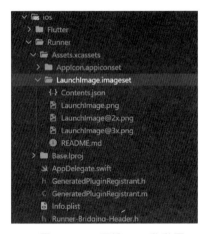

▲ 圖 13-45　更換 iOS 啟動圖

13.7　元件設計風格

Material、Cupertino 是 Flutter 提 供 的 兩 種 視 覺 風 格 的 元 件 庫
(Android、iOS),在整個 Flutter 框架中處於架構的頂端,如圖 13-3 所示。

說明:在 Flutter 框架中把蘋果風格的設計叫作 Cupertino 風格。
Cupertino 是一座位於美國加州舊金山市灣區南部聖塔克拉拉縣西部的城
市。Cupertino 是矽谷核心城市之一,也是蘋果公司 (Apple Inc.)、賽門
鐵克 (Symantec)、MySQL AB 與 Zend 公司 (Zend Technologies) 等大公
司總部所在地。

13.7.1 Material(Android) 風格元件

Material 元件 (Material Design Component，MDC) 幫助開發者實現 Material Design。MDC 由 Google 團隊的工程師和 UX 設計師創造，為 Android、iOS、Web 和 Flutter 提供很多美觀實用的 UI 元件。

1. Material DesignGoogle 設計

Material Design(材料設計語言，以下簡稱 MD) 是由 Google 推出的設計語言，這種設計語言旨在為手機、平板電腦、桌上型電腦和其他平台提供更一致、更廣泛的外觀和感覺，如圖 13-46 所示。

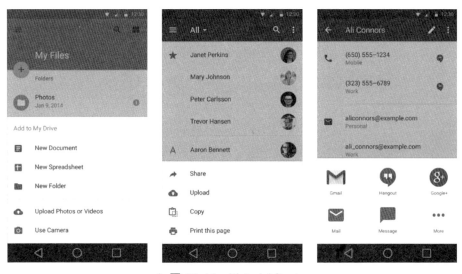

▲ 圖 13-46　Material Design

2. Material Design 風格元件

在 Flutter 中，MaterialApp 元件包含了許多不同的 Widget，這些 Widget 通常是實現 Material Design 應用程式所必需的，可以將它類比成為網頁中的 <html></html>，並且它自己附路由、主題色、標題等功能。

MaterialApp 元件是應用程式的起點，它告訴 Flutter 將使用材料元件並遵循應用程式中的材料設計，如程式範例 13-28 所示。

程式範例 13-28

```
void main() {
    runApp(MaterialApp(
      home: Scaffold(
        appBar: AppBar(),
        body: YourWidget(),
      ),
    ));
}
```

建立好 MaterialApp 之後，為了簡化開發，Flutter 提供了鷹架，即 Scaffold。

定義一個 Scaffold 當作實際參數傳入 MaterialApp 的 home 屬性。一個 MaterialApp 總是綁定一個 Scaffold。Scaffold 定義了一個 UI 框架，這個框架包含頭部導覽列、body、右下角浮動按鈕、底部導覽列等，如圖 13-47 所示。

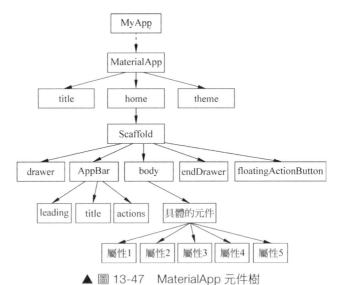

▲ 圖 13-47 　MaterialApp 元件樹

開發 Material App 的第一步就是先定義 MaterialApp，這裡需要注意的並不是每個 App 只能定義一個 MaterialApp，而是可以根據自己 App 的結構來定義一個或多個 MaterialApp。

MaterialApp 的屬性和說明如表 13-5 所示。

表 13-5 MaterialApp 屬性說明

屬性	屬性類型	說明
navigatorKey	GlobalKey <NavigatorState>	導覽鍵
scaffoldMessengerKey	GlobalKey <ScaffoldMessengerState>	鷹架鍵
home	Widget	首頁，應用打開時顯示的頁面
routes	Map <String, WidgetBuilder>	應用程式頂級路由表
initialRoute	String	如果建構了導覽器，則會顯示第 1 個路由的名稱
onGenerateRoute	RouteFactory	路由管理攔截器
onGenerateInitialRoutes	InitialRouteListFactory	生成初始化路由
onUnknownRoute	RouteFactory	當 onGenerateRoute 無法生成路由時呼叫
navigatorObservers	List<NavigatorObserver>	建立導覽器的觀察者列表
builder	TransitionBuilder	在導覽器上插入小元件
title	String	程式切換時顯示的標題
onGenerateTitle	GenerateAppTitle	程式切換時生成標題字串
color	Color	程式切換時應用圖示背景顏色 (僅 Android 有效)
theme	ThemeData	主題顏色
darkTheme	ThemeData	暗黑模式主題顏色
highContrastTheme	ThemeData	系統請求「高對比」使用的主題
highContrastDarkTheme	ThemeData	系統請求「高對比」暗黑模式下使用的主題顏色
themeMode	ThemeMode	使用哪種模式的主題 (預設跟隨系統)
locale	Locale	初始區域設定
localizationsDelegates	Iterable <LocalizationsDelegate <dynamic>>	當地語系化代理

13-61

屬性	屬性類型	說明
supportedLocales	Iterable<Locale>	當地語系化地區清單
localeListResolutionCallback	LocaleListResolution Callback	失敗或未提供裝置的語言環境
localeResolutionCallback	LocaleResolution Callback	負責監聽語言環境
deBugShowMaterialGrid	bool	繪製基準線網格疊加層 (僅 Debug 模式)
showPerformanceOverlay	bool	顯示性能疊加
checkerboardRaster CacheImages	bool	打開柵格快取影像的棋盤格
checkerboardOffscreenLayers	bool	打開繪製到螢幕外點陣圖的層的棋盤格
showSemanticsDeBugger	bool	打開顯示可存取性資訊的疊加層
deBugShowChecked ModeBanner	bool	偵錯顯示檢查模式橫幅
shortcuts	Map <LogicalKeySet, Intent>	應用程式意圖的鍵盤快速鍵的預設映射
actions	Map <Type, Action<Intent>>	包含和定義使用者操作的映射
restorationScopeId	String	應用程式狀態恢復的識別字
scrollBehavior	ScrollBehavior	可捲動小元件的行為方式

1) navigatorKey

navigatorKey 相當於 Navigator.of(context)，如果應用程式要實現無 context 跳躍，則可以透過設定該 key，透過 navigatorKey.currentState. overlay.context 獲取全域 context，如程式範例 13-29 所示。

程式範例 13-29

```
GlobalKey<NavigatorState> _navigatorKey = GlobalKey();
MaterialApp(
   navigatorKey: _navigatorKey,
);
```

2) scaffoldMessengerKey

scaffoldMessengerKey 主要用於管理後代的 Scaffolds，可以實現無 context 呼叫 SnackBar，如程式範例 13-30 所示。

程式範例 13-30

```
GlobalKey<ScaffoldMessengerState> _scaffoldKey = GlobalKey();
MaterialApp(
    scaffoldMessengerKey: _scaffoldKey,
);
_scaffoldKey.currentState.showSnackBar(
SnackBar(content: Text("show SnackBar"))
);
```

3) home

程式進入後的第 1 個介面，傳入一個 Widget，如程式範例 13-31 所示。

程式範例 13-31

```
MaterialApp(
    home: Scaffold(...),
);
```

4) routes

生成路由表，以鍵 - 值對形式傳入 key 為路由名字，value 為對應的 Widget，如程式範例 13-32 所示。

程式範例 13-32

```
MaterialApp(
    routes: {
        "/home": (_) => Home(),
        "/my": (_) => My()
        //...
    },
);
```

5) initialRoute

初始路由，如果設定了該參數並且在 routes 找到了對應的 key，則將展示對應的 Widget，否則展示 home，如程式範例 13-33 所示。

程式範例 13-33

```
MaterialApp(
    routes: {
        "/home": (_) => Home(),
        "/my": (_) => My()
    },
    initialRoute: "/home",
)
```

6) onGenerateRoute

當跳躍路由時，如果在 routes 找不到對應的 key，則會執行該回呼，該回呼會傳回一個 RouteSettings，該物件中有 name 路由名稱、arguments 路由參數，如程式範例 13-34 所示。

程式範例 13-34

```
MaterialApp(
    routes: {
        "/home": (_) => Home(),
        "/my": (_) => My()
    },
    initialRoute: "/home",
    onGenerateRoute: (setting) {
        // 這裡可以進一步地進行邏輯處理
        return MaterialPageRoute(builder: (_) => Home());
    },
)
```

7) onGenerateInitialRoutes

如果提供了 initialRoute，則用於生成初始路由的路由生成器回呼；如果未設定此屬性，則底層 Navigator.onGenerateInitialRoutes 將預設為 Navigator.defaultGenerateInitialRoutes，如程式範例 13-35 所示。

程式範例 13-35

```
MaterialApp(
    initialRoute: "/home",
    onGenerateInitialRoutes: (initialRoute) {
        return [
            MaterialPageRoute(builder: (_) => Home()),
            MaterialPageRoute(builder: (_) => My()),
        ];
    }
)
```

8) onUnknownRoute

效果和 onGenerateRoute 一樣，只是先執行 onGenerateRoute，如果無法生成路由，則再呼叫 onUnknownRoute，程式範例 13-36 所示。

程式範例 13-36

```
MaterialApp(
routes: {
    "/home": (_) => Home(),
    "/my": (_) => My()
    },
    initialRoute: "/home",
    onGenerateRoute: (setting) {
        return null;
    },
    onUnknownRoute: (setting) {
        return MaterialPageRoute(builder: (_) => Home());
    },
)
```

9) navigatorObservers

路由監聽器主要用於監聽頁面路由堆疊的變化，當頁面進行 push、pop、remove、replace 等操作時會進行監聽，如程式範例 13-37 所示。

程式範例 13-37

```
MaterialApp(
```

```
      navigatorObservers: [
      MyObserver()
    ],
)

class MyObserver extends NavigatorObserver {
    @override
    void didPush(Route route, Route previousRoute) {
      print(route);
      print(previousRoute);
      super.didPush(route, previousRoute);
    }
}
```

10) builder

在建構 Widget 前呼叫，主要用於字型大小、主題顏色等設定，如程式範例 13-38 所示。

程式範例 13-38

```
MaterialApp(
    routes: {
      "/home": (_) => Home(),
      "/my": (_) => My()
      },
    initialRoute: "/home",
    onGenerateRoute: (setting) {
      return null;
    },
    onUnknownRoute: (setting) {
      return MaterialPageRoute(builder: (_) => Home());
    },
      builder: (_, child) {
    return Scaffold(appBar: AppBar(title: Text("build")), body: child,);
    },
)
```

11) title

在 Android 系統中，title 應用在工作管理員的程式快照之上；而在

iOS 系統中，title 應用在程式切換管理器中，如程式範例 13-39 所示。

程式範例 13-39

```
MaterialApp(
    title: 'Flutter 應用',
);
```

12) onGenerateTitle

如果不可為空，則呼叫此回呼函式以生成應用程式的標題字串，否則會使用 title。每次重建頁面時該方法就會回呼執行，如程式範例 13-40 所示。

程式範例 13-40

```
MaterialApp(
    title: 'Flutter 應用',
    onGenerateTitle: (_) {
        return " 我的天";
    },
);
```

13) color

設定該值以便在程式切換時應用圖示的背景顏色，將應用圖示設定為透明，如程式範例 13-41 所示。

程式範例 13-41

```
MaterialApp(
    color: Colors.blue,
)
```

14) theme

設定全域應用程式的主題顏色，如果同時提供了 darkTheme，themeMode 將控制使用 themeMode 指定的主題。預設值是 ThemeData.light()，如程式範例 13-42 所示。

程式範例 13-42

```
MaterialApp(
    theme: ThemeData(
    // 導覽和底部 TabBar 的顏色
        primaryColor: Colors.red
    ),
)
```

15) darkTheme

設定應用程式深色主題顏色，如程式範例 13-43 所示。

程式範例 13-43

```
MaterialApp(
    darkTheme: ThemeData.dark(),
)
```

16) highContrastTheme

當系統請求「高對比」時使用 ThemeData，當該值為空時會用 theme 應用該主題，如程式範例 13-44 所示。

程式範例 13-44

```
MaterialApp(
    highContrastTheme: ThemeData(
        primaryColor: Colors.pink
    ),
)
```

17) highContrastDarkTheme

當系統在暗黑模式下請求「高對比」時使用 ThemeData，當該值為空時會用 darkTheme 應用該主題，如程式範例 13-45 所示。

程式範例 13-45

```
MaterialApp(
    highContrastDarkTheme: ThemeData(
        primaryColor: Colors.green
```

```
    ),
)
```

18) themeMode

白天模式和暗黑模式切換，預設值為 ThemeMode.system，如程式範例 13-46 所示。

```
MaterialApp(
    themeMode: ThemeMode.dark
)
```

19) locale

主要用於語言切換，如果為 null，則使用系統區域，如程式範例 13-47 所示。

```
MaterialApp(
    locale: Locale('zh', 'TW')     // 中文繁體
)
```

20) localizationsDelegates

當地語系化代理，如程式範例 13-48 所示。

```
MaterialApp(
    locale: Locale('zh', 'TW')     // 中文繁體
    localizationsDelegates: [
      GlobalMaterialLocalizations.delegate,
      GlobalWidgetsLocalizations.delegate,
    ],
)
```

21) supportedLocales

當前應用支援的 Locale 列表，如程式範例 13-49 所示。

程式範例 13-49

```
MaterialApp(
    locale: Locale('zh', 'TW'),    // 中文繁體
    supportedLocales: [
      Locale('en', 'US'),          // 美國英文
      Locale("zh", 'TW'),          // 中文繁體
    ]
)
```

22) localeListResolutionCallback

監聽系統語言切換事件，Android 系統具有可設定多語言清單的特性，預設以第 1 個清單為預設語言，如程式範例 13-50 所示。

程式範例 13-50

```
MaterialApp(
    locale: Locale('zh', 'TW'),    // 中文繁體
      supportedLocales: [
      Locale('en', 'US'),          // 美國英文
      Locale("zh", 'TW'),          // 中文繁體
    ],
    localeListResolutionCallback: (List<Locale> locales, Iterable<Locale>
supportedLocales)
    {
      // 系統切換語言時呼叫
      return Locale("zh", 'TW');
    },
)
```

23) localeResolutionCallback

監聽系統語言切換事件，如程式範例 13-51 所示。

程式範例 13-51

```
MaterialApp(
    locale: Locale('zh', 'TW'),    // 中文繁體
    supportedLocales: [
      Locale('en', 'US'),          // 美國英文
      Locale("zh", 'TW'),          // 中文繁體
```

```
    ],
    localeResolutionCallback: (Locale locale, Iterable<Locale>
supportedLocales) {
    return Locale("zh", 'TW');
    },
)
```

24) deBugShowMaterialGrid
在 Debug 模式下展示基準線網格，如程式範例 13-52 所示。

程式範例 13-52

```
MaterialApp(
    deBugShowMaterialGrid: true
)
```

25) showPerformanceOverlay
顯示性能疊加，開啟此模式主要用於性能測試，如程式範例 13-53 所示。

程式範例 13-53

```
MaterialApp(
    showPerformanceOverlay: true
)
```

26) checkerboardRasterCacheImages
打開柵格快取影像的棋盤格，如程式範例 13-54 所示。

程式範例 13-54

```
MaterialApp(
    checkerboardRasterCacheImages: true
)
```

27) checkerboardOffscreenLayers
打開繪製到螢幕外點陣圖的層的棋盤格，如程式範例 13-55 所示。

程式範例 13-55

```
MaterialApp(
    checkerboardOffscreenLayers: true
)
```

28) showSemanticsDeBugger

打開顯示可存取資訊的疊加層，展示元件之間的關係、佔位大小，如程式範例 13-56 所示。

程式範例 13-56

```
MaterialApp(
    showSemanticsDeBugger: true
)
```

29) deBugShowCheckedModeBanner

偵錯顯示檢查模式橫幅，程式範例 13-57 所示。

程式範例 13-57

```
MaterialApp(
    deBugShowCheckedModeBanner: false
)
```

30) shortcuts 和 actions

shortcuts 和 actions 可將物理鍵盤事件綁定到使用者介面中。舉例來說，在應用程式中定義鍵盤快速鍵。

31) restorationScopeId

定義一個應用程式狀態恢復的識別字，提供的識別字會將 Root RestorationScope 插入 Widget 層次結構，從而為後代 Widget 啟用狀態恢復，還可以透過識別字使 WidgetsApp 建構的導覽器恢復其狀態 (恢復活動路由的歷史堆疊)。

32) scrollBehavior

統一捲動行為設定，設定後子元件將傳回對應的捲動行為，如程式範例 13-58 所示。

程式範例 13-58

```
MaterialApp(
   scrollBehavior: ScrollBehaviorModified()
)
   class ScrollBehaviorModified extends ScrollBehavior {
   const ScrollBehaviorModified();
   @override
   ScrollPhysics getScrollPhysics(BuildContext context) {
     switch (getPlatform(context)) {
       case TargetPlatform.iOS:
       case TargetPlatform.macOS:
       case TargetPlatform.android:
         return const BouncingScrollPhysics();
       case TargetPlatform.fuchsia:
       case TargetPlatform.Linux:
       case TargetPlatform.Windows:
         return const ClampingScrollPhysics();
     }
     return null;
   }
}
```

3. Material Design App 骨架元件 (Scaffold)

Scaffold 為 Material Design 版面配置結構的基本實現提供展示抽屜 (drawers，例如側邊欄)、通知 (Snack Bars) 及底部按鈕 (Bottom Sheets)。

Scaffold 屬性如表 13-6 所示。

表 13-6 Scaffold 屬性

屬性名稱	屬性描述
appBar	顯示在介面頂部的 AppBar
body	當前介面所顯示的主要內容 Widget
floatingActionButton	Material 設計中所定義的 FAB，介面的主要功能按鈕
persistentFooterButtons	固定在下方顯示的按鈕，例如對話方塊下方的確定、取消按鈕

屬 性 名 稱	屬 性 描 述
drawer	抽屜選單控制項，左側拉選單頁面
endDrawer	右側拉選單頁面
backgroundColor	內容的背景顏色，預設使用 ThemeData. scaffoldBackgroundColor 的值
bottomNavigationBar	顯示在頁面底部的導覽列
resizeToAvoidBottomPadding	控制介面內容 body 是否重新版面配置來避免底部被覆蓋了，例如當鍵盤顯示時，重新版面配置避免被鍵盤蓋住內容。預設值為 true

Scaffold 鷹架工具的架構如圖 13-48 所示。

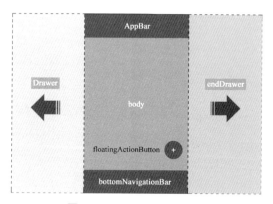

▲ 圖 13-48　Scaffold 鷹架工具

Scaffold 鷹架元件屬性的詳細講解如下。

1) AppBar 用法詳細講解

AppBar 是一個頂端欄，對應著 Android 的 Toolbar，如圖 13-49 所示。

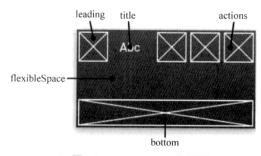

▲ 圖 13-49　AppBar 效果圖

AppBar 主要屬性如表 13-7 所示。

表 13-7 AppBar 主要屬性

屬性名稱	屬性描述
leading	標題前面的控制項，通常顯示應用的 logo，傳回按鈕
title	標題
actions	Widget 清單，可以直接用 iconButton 顯示，也可以用 PopupMenuButton(showMenu，position 固定位置) 顯示為三個點
bottom	通常是 TabBar，用來在 ToolBar 標題列下面顯示一個 Tab 導覽列
flexibleSpace	在 title 上面的空間，一般無用
elevation	Z 軸高度，也就是陰影，預設為 1，即預設有高度的陰影
backgroundColor	導覽列的顏色，預設為 ThemeData 的顏色
brightness	狀態列的深度，分為白色和黑色兩種主題
centerTitle	title 是否置中
titleSpacing	flexibleSpace 和 title 的距離，預設為重合
toolbarOpacity	toolbarOpacity=1.0 導覽列的透明度
bottomOpacity	bottomOpacity=1.0 bottom 的透明度

這裡重點演示 AppBar 的幾個常見屬性的用法。

(1) AppBar 基本用法：這裡透過一個簡單的 App 標頭部導覽列，演示如何使用 AppBar 元件，效果圖如圖 13-50 所示。

首先在 Scaffold 中定義 AppBar 屬性，常見 AppBar 物件，設定置中顯示的標題 (centerTitle 為 true)，左邊使用 leading 顯示一個選單按鈕，右邊顯示兩個點擊按鈕，如程式範例 13-59 所示。

▲ 圖 13-50　AppBar 效果圖

程式範例 13-59　code13_7/appbar/appbar_demo1.dart

```
import 'package:flutter/material.dart';
class AppBarDemo1 extends StatelessWidget {
    @override
```

```
Widget build(BuildContext context) {
  return Scaffold(
    appBar: AppBar(
      title: Text("AppBarDemoPage"),
      //backgroundColor: Colors.red,
      centerTitle: true,
      leading: IconButton(
        icon: Icon(Icons.menu),
        onPressed: () {
          print('menu');
        },
      ),
      actions: <Widget>[
        IconButton(
          icon: Icon(Icons.search),
            onPressed: () {
              print('search');
            },
        ),
        IconButton(
        icon: Icon(Icons.settings),
          onPressed: () {
            print('settings');
          },
        )
      ],
    ),
    body: Center(
      child: Text('1111'),
    ),
  );
}
}
```

(2) actions 屬性案例：在 Flutter 中透過 AppBar 的 actions 屬性設定選單項，一般重要的功能表選項會直接放在右邊 Bar 上顯示，非重要功能選項透過 PopupMenuButton 以三個小點的形式放進折疊選單裡，如圖 13-51 所示。

▲ 圖 13-51　AppBar actions 屬性效果圖

效果圖 13-52 的程式實現如程式範例 13-60 所示。

▲ 圖 13-52　AppBar bottom 效果圖

程式範例 13-60 code13_7/appbar/appbar_demo2.dart

```dart
import 'package:flutter/material.dart';

class AppBarDemo2 extends StatelessWidget {
    // 傳回每個隱藏的選單項
    SelectView(IconData icon, String text, String id) {
      return PopupMenuItem<String>(
        value: id,
        child: Row(
          mainAxisAlignment: MainAxisAlignment.spaceEvenly,
          children: <Widget>[
            Icon(icon, color: Colors.blue),
            Text(text),
          ],
        ));
    }

    @override
    Widget build(BuildContext context) {
    return Scaffold(
      appBar: AppBar(
        title: Text(' 首頁 '),
        leading: Icon(Icons.home),
        backgroundColor: Colors.blue,
        centerTitle: true,
        actions: <Widget>[
          // 非隱藏的選單
          IconButton(icon: Icon(Icons.search), tooltip: ' 搜索 ', onPressed:
() {}),
        // 隱藏的選單
        PopupMenuButton<String>(
          itemBuilder: (BuildContext context) => <PopupMenuItem<String>>[
            SelectView(Icons.message, ' 發起群聊 ', 'A'),
            SelectView(Icons.group_add, ' 增加服務 ', 'B'),
            SelectView(Icons.cast_connected, ' 掃一掃碼 ', 'C'),
          ],
          onSelected: (String action) {
            // 點擊選項的時候
            switch (action) {
```

```
                      case 'A':
                        break;
                      case 'B':
                        break;
                      case 'C':
                        break;
                      }
                    },
                  ),
              ],
            ),
          );
        }
      }
```

(3) bottom 屬性案例：bottom 屬性通常放在 TabBar，標題下面顯示一個 Tab 導覽列，效果如圖 13-52 所示，程式如程式範例 13-61 所示。

程式範例 13-61　　code13_7/appbar/appbar_demo3.dart

```
import 'package:flutter/material.dart';

class AppBarDemo3 extends StatefulWidget {
   @override
   State<StatefulWidget> createState() {
      return AppBarForTabBarDemo();
   }
}

class AppBarForTabBarDemo extends State with SingleTickerProviderStateMixin {
   final List<Tab> _tabs = <Tab>[
      Tab(text: '關注'),
      Tab(text: '轉發'),
      Tab(text: '視訊'),
      Tab(text: '遊戲'),
      Tab(text: '音樂'),
      Tab(text: '體育'),
      Tab(text: '生活'),
      Tab(text: '圖片'),
   ];
```

```
var _tabController;

@override
void initState() {
    _tabController = TabController(vsync: this, length: _tabs.length);
    super.initState();
}

@override
Widget build(BuildContext context) {
    return Scaffold(
        body: TabBarView(
            controller: _tabController,
            children: _tabs.map((Tab tab) {
                return Center(child: Text(tab.text.toString()));
            }).toList(),
        ),
        appBar: AppBar(
            leading: Icon(Icons.menu),
            // 如果沒有設定此項，則二級頁面會預設為傳回箭頭，有側邊欄的頁面預設有圖示用來打
            // 開側邊欄
            automaticallyImplyLeading: true,
            // 如果有 leading，則這個不起作用；如果沒有 leading，當有側邊欄時值為 false
            // 時不會顯示預設的圖片，值為 true 時會顯示預設圖片，並回應打開側邊欄的事件
            title: Text("AppBar bottom 屬性 "),
            centerTitle: true,
            // 標題是否在置中
            actions: <Widget>[
                IconButton(
                    icon: Icon(Icons.search),
                    tooltip: 'search',
                    onPressed: () {
                    // 預設不寫 onPressed，表示這張圖片不能點擊且會有不可點擊的樣式
                    // 如果有 onPressed，但是值是 null，則會顯示為不可點擊的樣式
                }),
            ],
            bottom: TabBar(
                isScrollable: true,
                labelColor: Colors.redAccent,            // 選中的 Widget 顏色
                indicatorColor: Colors.redAccent,        // 選中的指示器顏色
```

```
         labelStyle: TextStyle(fontSize: 15.0),
         unselectedLabelColor: Colors.white,
         unselectedLabelStyle: TextStyle(fontSize: 15.0),
         controller: _tabController,
         //TabBar 必須設定 controller，否則會顯示出錯
         indicatorSize: TabBarIndicatorSize.label,
         // 分為 tab 和 label 兩種
         tabs:_tabs,
         ),
      ),
   );
   }
}
```

2) Drawer 左抽屜側邊欄

在 Scaffold 元件裡面傳入 drawer 參數可以定義左側邊欄，傳入 endDrawer 參數可以定義右側邊欄。側邊欄預設為隱藏，可以透過手指滑動顯示側邊欄，也可以透過點擊按鈕顯示側邊欄，如程式範例 13-62 所示。

程式範例 13-62

```
return Scaffold(
   appBar: AppBar(
   title: Text("Flutter App"), ),
   drawer: Drawer(
      child: Text(' 左側邊欄 '),
      ),
      endDrawer: Drawer(
         child: Text(' 右側邊欄 '),
),
   );
```

Drawer 元件可以增加頭部效果，用 DrawerHeader 和 UserAccounts DrawerHeader 這兩個元件可以實現。

(1) DrawerHeader：展示基本資訊，如表 13-8 所示。

表 13-8 DrawerHeader 元件屬性及描述

屬性名稱	類型	屬性描述
decoration	Decoration	header 區域的 decoration，通常用來設定背景顏色或背景圖片
curve	Curve	如果 decoration 發生了變化，則會使用 curve 設定的變化曲線和 duration 設定的動畫時間來做一個切換動畫
child	Widget	header 裡面所顯示的內容控制項
padding	EdgeInsetsGeometry	header 裡面內容控制項的 padding。如果 child 為 null，則這個值無效
margin	EdgeInsetsGeometry	header 四周的間隙

(2) UserAccountsDraweHeader：展示使用者圖示、使用者名稱、Email 等資訊，如表 13-9 所示。

表 3-9 UserAccountsDrawerHeader 元件屬性及說明

屬性名稱	類型	屬性描述
margin	EdgeInsetsGeometry	header 四周的間隙
decoration	Decoration	header 區域的 decoration，通常用來設定背景顏色或背景圖片
currentAccountPicture	Widget	用來設定當前使用者的圖示
otherAccountsPictures	List<Widget>	用來設定當前使用者其他帳號的圖示
accountName	Widget	當前使用者名稱
accountEmail	Widget	當前使用者 E-mail
onDetailsPressed	VoidCallBack	當 accountName 或 accountEmail 被點擊時所觸發的回呼函式，可以用來顯示其他額外的資訊

左側抽屜實現效果如圖 13-53 所示。

▲ 圖 13-53 左側抽屜實現效果

下面介紹側邊抽屜，如程式範例 13-63 所示。

程式範例 13-63　code13_7/drawer/drawer_demo.dart

```dart
import 'package:flutter/material.dart';
class DrawerDemo extends StatelessWidget {
    final List<Tab> _mTabs = <Tab>[
      Tab(
        text: 'Tab1',
      ),
      Tab(
        text: 'Tab2',
      ),
      Tab(
        text: 'Tab3',
      ),
    ];
    @override
    Widget build(BuildContext context) {
      return MaterialApp(
        title: 'Drawer Demo',
        home: DefaultTabController(
          length: _mTabs.length,
```

```
    child: Scaffold(
      appBar: AppBar(
        // 自訂 Drawer 的按鈕
        leading: Builder(builder: (BuildContext context) {
          return IconButton(
            icon: Icon(Icons.menu),
            onPressed: () {
              Scaffold.of(context).openDrawer();
            });
        }),
        title: Text('Drawer Demo'),
        centerTitle: true,
        backgroundColor: Colors.blue,
        bottom: TabBar(tabs: _mTabs),
      ),
      body: TabBarView(
        children: _mTabs.map((Tab tab) {
      return Center(
        child: Text(tab.text.toString()),
      );
    }).toList()),
    drawer: Drawer(
      child: ListView(
      children: <Widget>[
        UserAccountsDrawerHeader(
          decoration: BoxDecoration(
            image: DecorationImage(
              image: AssetImage("images/bg.jpg"),
              fit: BoxFit.fill)),
          otherAccountsPictures: [Icon(Icons.camera_alt)],
          // 設定使用者名稱
          accountName: Text(
            'Drawer Demo 抽屜元件 ',
            style: TextStyle(fontSize: 15),
          ),
          // 設定使用者電子郵件
          accountEmail: Text('624026015@qq.com'),
          // 設定當前使用者的圖示
          currentAccountPicture: CircleAvatar(
            backgroundImage: AssetImage('images/my.png'),
```

```
          ),
          // 回呼事件
          onDetailsPressed: () {},
        ),
        ListTile(
          leading: Icon(Icons.person),
          title: Text('個人中心'),
          subtitle: Text('我是副標題'),
        ),
        ListTile(
          leading: Icon(Icons.WiFi),
          title: Text('無線網路'),
          subtitle: Text('我是副標題'),
        ),
        ListTile(
          leading: Icon(Icons.email),
          title: Text('我的電子郵件'),
          subtitle: Text('我是副標題'),
          onTap: () {
            print('ssss');
          },
        ),
        ListTile(
          leading: Icon(Icons.settings_system_daydream),
          title: Text('系統設定'),
          subtitle: Text('我是副標題'),
        ),
      ],
    ),
  ),
)),
  );
  }
}
```

3) BottomNavigationBar 元件 (底部導覽列元件)

顯示在應用程式的底部，用於在少量視圖中進行選擇，一般在 3~5，通常和 BottomNavigationBarItem 配合使用，如表 13-10 所示。

表 13-10 BottomNavigationBar 元件屬性及說明

屬性名稱	類型	屬性描述
items	BottomNavigationBarItem 類型的 List	底部導覽列的顯示項
onTap	ValueChanged<int>	點擊導覽列子項時的回呼
currentIndex	int	當前顯示項的下標
type	BottomNavigationBarType	底部導覽列的類型，分為 fixed 和 shifting 兩種類型，顯示效果不一樣
fixedColor	Color	底部導覽列 type 為 fixed 時導覽列的顏色，如果為空，則預設使用 ThemeData.primaryColor
iconSize	double	BottomNavigationBarItem Icon 的大小

BottomNavigationBarItem 底部導覽列要顯示的 Item，由圖示和標題組成，如表 13-11 所示。

表 13-11 BottomNavigationBarItem 元件屬性及說明

屬性名稱	類型	屬性描述
icon	Widget	要顯示的圖示控制項，一般為 Icon
title	Widget	要顯示的標題控制項，一般為 Text
activeIcon	Widget	選中時要顯示的 Icon
backgroundColor	Color	BottomNavigationBarType 為 shifting 時的背景顏色

一般來講，點擊底部導覽列會進行頁面切換或更新資料，需要動態地改變一些狀態，所以要繼承自 StatefulWidget，如程式範例 13-64 所示。

程式範例 13-64

```
class IndexPage extends StatefulWidget {
    @override
    State<StatefulWidget> createState() {
      return _IndexState();
    }
}
```

首先準備導覽列要顯示的項，如程式範例 13-65 所示。

程式範例 13-65

```
final List<BottomNavigationBarItem> bottomNavItems = [
    BottomNavigationBarItem(
      backgroundColor: Colors.blue,
      icon: Icon(Icons.home),
      title: Text(" 首頁 "),
    ),
    BottomNavigationBarItem(
      backgroundColor: Colors.green,
      icon: Icon(Icons.message),
      title: Text(" 訊息 "),
    ),
    BottomNavigationBarItem(
      backgroundColor: Colors.amber,
      icon: Icon(Icons.shopping_cart),
      title: Text(" 購物車 "),
    ),
    BottomNavigationBarItem(
      backgroundColor: Colors.red,
      icon: Icon(Icons.person),
      title: Text(" 個人中心 "),
    ),
];
```

準備點擊導覽項時要顯示的頁面，程式如下：

```
final pages = [HomePage(), MsgPage(), CartPage(), PersonPage()];
```

頁面很簡單，只放一個 Text 元件，如程式範例 13-66 所示。

程式範例 13-66

```
import 'package:flutter/material.dart';

class HomePage extends StatelessWidget {
    @override
    Widget build(BuildContext context) {
      return Center(
        child: Text(" 首頁 "),
```

```
        );
    }
}
```

這些都準備完畢後就可以開始使用底部導覽列了,首先要在 Scaffold 中使用 bottomNavigationBar,然後指定 items、currentIndex、type(預設為 fixed)、onTap 等屬性,如程式範例 13-67 所示。

程式範例 13-67

```
Scaffold(
    appBar: AppBar(
        title: Text(" 底部導覽列 "),
    ),
    bottomNavigationBar: BottomNavigationBar(
        items: bottomNavItems,
        currentIndex: currentIndex,
        type: BottomNavigationBarType.shifting,
        onTap: (index) {
            _changePage(index);
        },
    ),
    body: pages[currentIndex],
    );
}
```

底部導覽透過點擊呼叫 onTap 屬性對應的方法,該屬性接收一種方法回呼,其中 index 表示當前點擊導覽項的下標,也就是 items 的下標。知道下標後,只需更改 currentIndex。

下面看一下 _changePage 方法,如程式範例 13-68 所示。

程式範例 13-68

```
/* 切換頁面 */
void _changePage(int index) {
    /* 如果點擊的導覽項不是當前項,則切換 */
    if (index != currentIndex) {
        setState(() {
```

```
        currentIndex = index;
      });
    }
}
```

執行結果如圖 13-54 所示。

▲ 圖 13-54　底部導覽列 shifting 模式效果

透過上面的步驟實現了點擊底部導覽項切換頁面的效果，非常簡單，全部程式如程式範例 13-69 所示。

程式範例 13-69　code13_7/bottom_nav/index_page.dart

```dart
import 'package:flutter/material.dart';
import 'cart_page.dart';
import 'home_page.dart';
import 'msg_page.dart';
import 'person_page.dart';

class IndexPage extends StatefulWidget {
    @override
    State<StatefulWidget> createState() {
        return _IndexState();
    }
}
```

```
class _IndexState extends State<IndexPage> {
    final List<BottomNavigationBarItem> bottomNavItems = [
        BottomNavigationBarItem(
            backgroundColor: Colors.blue,
            icon: Icon(Icons.home),
            label: "首頁",
        ),
        BottomNavigationBarItem(
            backgroundColor: Colors.green,
            icon: Icon(Icons.message),
            label: "訊息",
        ),
        BottomNavigationBarItem(
            backgroundColor: Colors.amber,
            icon: Icon(Icons.shopping_cart),
            label: "購物車",
        ),
        BottomNavigationBarItem(
            backgroundColor: Colors.red,
            icon: Icon(Icons.person),
            label: "個人中心",
        ),
    ];

    int currentIndex = 0;

    final pages = [HomePage(), MsgPage(), CartPage(), PersonPage()];

    @override
    void initState() {
        super.initState();
        currentIndex = 0;
    }

    @override
    Widget build(BuildContext context) {
        return Scaffold(
            appBar: AppBar(
                title: Text("底部導覽列"),
```

```
          centerTitle: true,
      ),
      bottomNavigationBar: BottomNavigationBar(
        items: bottomNavItems,
        currentIndex: currentIndex,
        type: BottomNavigationBarType.shifting,
        onTap: (index) {
          _changePage(index);
        },
      ),
      body: pages[currentIndex],
    );
  }

  /* 切換頁面 */
  void _changePage(int index) {
    /* 如果點擊的導覽項不是當前項，則切換 */
    if (index != currentIndex) {
      setState(() {
        currentIndex = index;
      });
    }
  }
}
```

　　一般情況下，底部導覽列使用 fixed 模式，此時，導覽列的圖示和標
題顏色會使用 fixedColor 指定的顏色，如果沒有指定 fixedColor，則使用
預設的主題色 primaryColor，如程式範例 13-70 所示。

程式範例 13-70

```
Scaffold(
  appBar: AppBar(
    title: Text(" 底部導覽列 "),
  ),
  bottomNavigationBar: BottomNavigationBar(
    items: bottomNavItems,
    currentIndex: currentIndex,
    type: BottomNavigationBarType.fixed,
    onTap: (index) {
```

```
        _changePage(index);
      },
   ),
   body: pages[currentIndex],
);
```

入口函式如程式範例 13-71 所示。

程式範例 13-71

```
/* 入口函式 */
void main() => runApp(MyApp());

class MyApp extends StatelessWidget {
   @override
   Widget build(BuildContext context) {
     return MaterialApp(
        title: 'Flutter 入門範例程式 ',
        theme: ThemeData(
          primaryColor: Colors.blue,
        ),
        home: IndexPage(),
     );
   }
}
```

執行結果如圖 13-55 所示。

▲ 圖 13-55　底部導覽列 fixed 模式效果

13.7.2 Cupertino(iOS) 風格元件

除了 Material Design 樣式風格外，Flutter 同樣提供了 iOS 風格的元件。

1. Cupertino Design 蘋果的設計風格

iOS Human Interface Guidelines(以下簡稱 iOS) 是蘋果公司針對 iOS 設計的一套人機互動指南，其目的是為了使執行在 iOS 上的應用都能遵從一套特定的視覺及互動特性，從而能夠在風格上進行統一，如圖 13-56 所示。

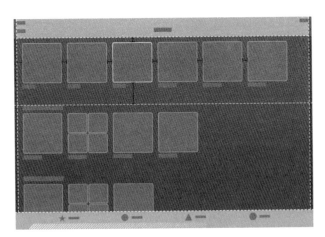

▲ 圖 13-56　iOS 設計風格

2. Cupertino Design 風格元件

CupertinoApp 為一個封裝了很多 iOS 風格的小元件，一般作為頂層 Widget 使用，如程式範例 13-72 所示。

程式範例 13-72　code13_7/ios_main.dart

```
import 'package:flutter/cupertino.dart';

void main() => runApp(MyAppCupertino());

class MyAppCupertino extends StatelessWidget {
```

```
    @override
    Widget build(BuildContext context) {
      return CupertinoApp(
        home: HomeScreen(),
      );
    }
}

class HomeScreen extends StatelessWidget {
    const HomeScreen({Key? key}) : super(key: key);

    @override
    Widget build(BuildContext context) {
      return Center(
        child: Text("首頁"),
      );
    }
}
```

3. Cupertino Design App 骨架元件 (Scaffold)

為 Material Design 小元件建立視覺支架的為 Scaffold，為 Cupertino 小元件建立視覺支架的為 CupertinoTabScaffold 和 CupertinoPageScaffold，其中 CupertinoTabScaffold 可以使用底部的標籤欄為應用程式建立版面配置，而 CupertinoPageScaffold 為 iOS 模式頁面的典型內容，實現版面配置、頂部導覽列。

1) CupertinoPageScaffold

一個 iOS 風格的頁面的基本版面配置結構包含內容和導覽列，屬性如表 13-12 所示。

表 13-12 CupertinoPageScaffold 屬性

屬 性 名 稱	類型	屬 性 描 述
navigationBar	CupertinoNavigationBar	頂部導覽列
backgroundColor	Color(0xFFfafcff)	背景顏色
child	Widget	內容欄

navigationBar 通常類似於 appBar，繪製在螢幕頂部，使開發者能夠建構應用程式的協助工具。CupertinoNavigationBar 本身是一個小元件，如表 13-13 所示。

表 13-13 CupertinoNavigationBar 屬性

屬性名稱	類型	屬性描述
middle	Widget	導覽列中間元件，通常為頁面標題
trailing	Widget	導覽列右邊元件，通常為選單按鈕
leading	Widget	導覽列左邊元件，通常為傳回按鈕

backgroundColor 屬性為頁面提供了背景顏色。它採用 Color 類別的屬性，該類別使用以下 3 種不同的方式獲取顏色。

(1) Color(int value)：採用 32 位元顏色值。

(2) Color.fromARGB(int a，int r，int g，int b)：採用 Alpha'a'(用於設定透明度)、紅色值、綠色值和藍色值。

(3) Color.fromRGBO(int r，int g，int b，int o)：它需要紅色值、綠色值、藍色值和不透明度值。

child 屬性可以獲取在主要內容區域中顯示的任何其他小元件。

CupertinoPageScaffold 的使用方式如程式範例 13-73 所示。

程式範例 13-73

```
class DetailScreen extends StatelessWidget {
    final String title;

    DetailScreen(this.title);

    @override
    Widget build(BuildContext context) {
      return CupertinoPageScaffold(
        navigationBar: CupertinoNavigationBar(
          middle: Text("Details"),
        ),
        child: Center(
```

```
        child: Text(" 歡迎 "),
    ));
  }
}
```

2) CupertinoTabScaffold
標籤元件，將標籤按鈕與標籤視圖綁定，如表 13-14 所示。

表 13-14　CupertinoTabScaffold 屬性

屬性名稱	類型	屬性描述
tabBar	CupertinoTabBar	標籤按鈕，通常由圖示和文字組成
tabBuilder	IndexedWidgetBuilder	標籤視圖建構元
resizeToAvoidBottomInset	Bool	resizeToAvoidBottomInset = true：鍵盤是否頂起頁面

tabBar 為標籤按鈕，通常由 BottomNavigationBarItem 組成，包含圖示加文字，如表 13-15 所示。

表 13-15　CupertinoTabBar 屬性

屬性名稱	類型	屬性描述
items	List<BottomNavigationBarItem>	標籤按鈕集合
backgroundColor	Color	標籤按鈕背景顏色
activeColor	Color	選中按鈕前景顏色
iconSize	double	標籤圖示大小

tabBuilder 為標籤視圖建構元，可以傳回 CupertinoTabView，CupertinoTabView 的屬性如表 13-16 所示。

表 13-16　CupertinoTabView 屬性

屬性名稱	類型	屬性描述
builder	WidgetBuilder	標籤視圖建構元
routes	Map<String, WidgetBuilder>	標籤視圖路由

下面介紹如何使用 CupertinoTabScaffold 元件，如程式範例 13-74 所示。

程式範例 13-74

```
@override
Widget build(BuildContext context) {
  return CupertinoApp(
    title: 'my app',
    home: CupertinoTabScaffold(
      tabBar: CupertinoTabBar(
        items: _barItems,
        currentIndex: _currentIndex,
        onTap: (index) {
          setState(() {
            _currentIndex = index;
          });
        },
      ),
      tabBuilder: (context, index) {
        return _pages[index];
      },
    ),
  );
}
```

對應的 CupertinoPageScaffold 頁面如程式範例 13-75 所示。

程式範例 13-75

```
class HomeView extends StatelessWidget {
  @override
  Widget build(BuildContext context) {
    return CupertinoPageScaffold(
      navigationBar: CupertinoNavigationBar(
        middle: Text(' 首頁 '),
      ),
      child: Container(
      child: Text(' 文字 '),
      ),
    );
  }
}
```

13.8 尺寸單位與調配

在進行 Flutter 開發時，通常不需要設定尺寸的單位，但是在開發過程中，開發者通常需要根據設計稿上標注的尺寸設定 Flutter 尺寸。

1. Flutter 中的單位

在 Flutter 中，設定尺寸時採用 double 型的數量，不能設定單位，這是因為 Flutter 預設使用邏輯像素 (Logical Pixel)，系統獲得所設的值後會自動判斷在 iOS 或 Android 上對應的尺寸，不用開發者強制轉換成某一個單位。

2. Flutter 的裝置資訊

透過 MediaQuery 類別可以獲取螢幕上的一些資訊，如程式範例 13-76 所示。

程式範例 13-76

```
//1.媒體查詢資訊
final mediaQueryData = MediaQuery.of(context);

//2.獲取寬度和高度
final screenWidth = mediaQueryData.size.width;
final screenHeight = mediaQueryData.size.height;
final physicalWidth = window.physicalSize.width;
final physicalHeight = window.physicalSize.height;
final dpr = window.devicePixelRatio;
print("螢幕 width:$screenWidth height:$screenHeight");
print("解析度 : $physicalWidth - $physicalHeight");
print("dpr: $dpr");

//3.狀態列的高度
// 有瀏海的螢幕為 44，沒有瀏海的螢幕為 20
final statusBarHeight = mediaQueryData.padding.top;
// 有瀏海的螢幕為 34，沒有瀏海的螢幕為 0
final bottomHeight = mediaQueryData.padding.bottom;
print("狀態列 height: $statusBarHeight 底部高度 :$bottomHeight");
```

3. 螢幕尺寸和字型大小調配

由於手機品牌和型號繁多,所以會導致開發的同一版面配置在不同的行動裝置上顯示的效果不同。舉例來說,設計稿中一個 View 的大小是 500px,如果直接寫 500px,則可能在當前裝置顯示正常,但到了其他裝置可能就會偏小或偏大,這就需要對螢幕進行調配。

Flutter 框架並沒有提供具體的調配規則,而原生的調配又比較煩瑣,這就需要自己去對螢幕進行調配。

1) rpx 調配方案

小程式中 rpx 的原理是不管是什麼螢幕,統一分成 750 份,rpx 的轉換如程式範例 13-77 所示。

程式範例 13-77

```
// 在 iPhone 5 上 :1rpx = 320/750 = 0.4266 ≈ 0.42px
// 在 iPhone 6 上 :1rpx = 375/750 = 0.5px
// 在 iPhone 6 Plus 上 :1rpx = 414/750 = 0.552px
```

可以透過上面的計算方式,算出一個 rpx,再將自己的 size 和 rpx 單位相乘即可,例如 100px 的寬度:$100 \times 2 \times rpx$,程式如下:

```
// 在 iPhone 5 上計算出的結果是 84px
// 在 iPhone 6 上計算出的結果是 100px
// 在 iPhone 6 Plus 上計算出的結果是 110.4px
```

自己來封裝一個工具類別:工具類別需要進行初始化,傳入 context,可以透過傳入 context,利用媒體查詢獲取螢幕的寬度和高度,也可以傳入一個可選設計稿尺寸的參數,如程式範例 13-78 所示。

程式範例 13-78　MySizeFit 類別

```
import 'package:flutter/material.dart';

class MySizeFit {
   static MediaQueryData _mediaQueryData = _mediaQueryData;
```

```
    static double screenWidth = 0;
    static double screenHeight = 0;
    static double rpx = 0;
    static double px = 0;

    static void initialize(BuildContext context, {double standardWidth = 750}) {
      _mediaQueryData = MediaQuery.of(context);
      screenWidth = _mediaQueryData.size.width;
      screenHeight = _mediaQueryData.size.height;
      rpx = screenWidth / standardWidth;
      px = screenWidth / standardWidth * 2;
    }

    // 按照像素設定
    static double setPx(double size) {
      return MySizeFit.rpx * size * 2;
    }

    // 按照 rxp 設定
    static double setRpx(double size) {
      return MySizeFit.rpx * size;
    }
}
```

初始化 MySizeFit 類別的屬性，如程式範例 13-79 所示。

注意：必須在已經有 MaterialApp 的 Widget 中使用 context，否則是無效的。

程式範例 13-79

```
class MyHomePage extends StatelessWidget {
  @override
  Widget build(BuildContext context) {
    // 初始化 HYSizeFit
    MySizeFit.initialize(context);
    return Conatiner();
  }
}
```

MyHomePage 的完整程式如程式範例 13-80 所示。

程式範例 13-80

```
import 'package:flutter/material.dart';
import 'MySize.dart';
class HomePage extends StatelessWidget {
    @override
    Widget build(BuildContext context) {
        MySizeFit.initialize(context);
        return Scaffold(
            appBar: AppBar(
                title: Text("首頁"),
            ),
            body: Center(
                child: Container(
                    width: MySizeFit.setPx(200),
                    height: MySizeFit.setRpx(400),
                    color: Colors.red,
                    alignment: Alignment.center,
                    child: Text(
                        "Hello World",
                        style:
                            TextStyle(fontSize: MySizeFit.setPx(30), color: Colors.white),
                    ),
                ),
            ),
        );
    }
}
```

2) 協力廠商調配方案 (ScreenUtil)

這裡介紹一個協力廠商的調配函式庫：flutter_screenutil，該外掛程式可以幫助開發者快速設定 Flutter 的尺寸，其原理和上面實現的方式基本類似，在網站 pub.dev 中搜索，如圖 13-57 所示。

▲ 圖 13-57　flutter_screenutil 外掛程式

ScreenUtil 調配函式庫的用法如下。

步驟 1：增加相依，如程式範例 13-81 所示。

程式範例 13-81

```
dependencies:
  flutter:
    sdk: flutter
  #add flutter_screenutil
  flutter_screenutil: ^5.3.1
```

步驟 2：在 MaterialApp 上增加設定，如程式範例 13-82 所示。

程式範例 13-82

```
class MyApp extends StatelessWidget {
  @override
  Widget build(BuildContext context) {
    return ScreenUtilInit(
      designSize: Size(360, 690),
      minTextAdapt: true,
      splitScreenMode: true,
      builder: () =>
        MaterialApp(
          ...
          builder: (context, widget) {
            // 增加下面一行程式
            ScreenUtil.setContext(context);
            return MediaQuery(
              // 設定字型不隨系統字型大小改變
              data: MediaQuery.of(context).copyWith(textScaleFactor: 1.0),
```

```
                    child: widget!,
                );
            },
            theme: ThemeData(
                textTheme: TextTheme(
                    button: TextStyle(fontSize: 45.sp)
                ),
            ),
        ),
    );
  }
}
```

13.9 　基礎元件

　　Flutter 提供了大量的內建元件，本節詳細介紹 Flutter 最新的內建元件的使用。

13.9.1 　基礎元件介紹

　　Flutter 提供了大量的基礎元件，本書對常用的基礎元件介紹。

1. 文字、字型樣式

　　Text 用於顯示簡單樣式文字，它包含一些控制文字顯示樣式的屬性，一個簡單的例子如程式範例 13-83 所示。

程式範例 13-83

```
Text("Hello world",
    textAlign: TextAlign.left,);
Text("Hello world! I'm Gavin.  "*4,
maxLines: 1,
    overflow: TextOverflow.ellipsis,);
Text("Hello world",
    textScaleFactor: 1.5,);
```

style 接收一個 TextStyle 類型的值，先來看一下 TextStyle 類別中的屬性，如程式範例 13-84 所示。

程式範例 13-84

```
TextStyle copyWith({
    Color color,
    String fontFamily,
    double fontSize,
    FontWeight fontWeight,
    FontStyle fontStyle,
    double letterSpacing,
    double wordSpacing,
    TextBaseline textBaseline,
    double height,
    Locale locale,
    Paint foreground,
    Paint background,
    List<ui.Shadow> shadows,
    TextDecoration decoration,
    Color decorationColor,
    TextDecorationStyle decorationStyle,
    String deBugLabel,
})
```

設定幾個屬性看一看效果，如程式範例 13-85 所示。

程式範例 13-85

```
Text(
    "Flutter is Google's mobile UI framework for crafting high-quality native
interfaces on iOS and Android in record time. Flutter works with existing
code, is used by developers and organizations around the world, and is free
and open source.",
    style: TextStyle(
        color: Colors.red,
        fontSize: 18,
        letterSpacing: 1,
        wordSpacing: 2,
        height: 1.2,
```

```
        fontWeight: FontWeight.w600
    ),
);
```

2. 按鈕

Flutter 很多版本中的按鈕元件都不太一樣，下面是新的按鈕元件和舊的按鈕元件的對比，如圖 13-58 所示。

Old Widget	Old Theme	New Widget	New Theme
FlatButton	ButtonTheme	TextButton	TextButtonTheme
RaisedButton	ButtonTheme	ElevatedButton	ElevatedButtonTheme
OutlineButton	ButtonTheme	OutlinedButton	OutlinedButtonTheme

▲ 圖 13-58　新舊 Button 元件的對比

按鈕元件的用法如程式範例 13-86 所示，效果如圖 13-59 所示。

程式範例 13-86

```
TextButton(
    style: ButtonStyle(
        foregroundColor: MaterialStateProperty.all < Color > (Colors.blue),
    ),
    onPressed: () { },
    child: Text('TextButton'),
),

ElevatedButton(
    style: ElevatedButton.styleFrom(elevation: 2),
    onPressed: () { },
    child: Text('ElevatedButton with custom elevations'),
),

OutlinedButton(
    style: OutlinedButton.styleFrom(
        shape: StadiumBorder(),
        side: BorderSide(width: 2, color: Colors.red),
```

```
    ),
    onPressed: () { },
    child: Text('OutlinedButton with custom shape and border'),
)
```

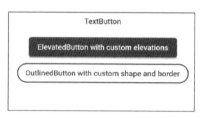

▲ 圖 13-59   Button 效果

3. 圖片

Flutter 中圖片元件的顯示分為本地圖片顯示和網路圖片顯示。

1) AssetImage 和 Image.asset(本地圖片)

AssetImage 是 Flutter 提供的可以從本地讀取圖片資源的類別，可以使用它來讀取圖片。同樣 Flutter 還提供了 Image.asset 這個構造方法直接幫助我們讀取圖片資源並傳回一個 Image 物件。其實 Image.asset 是對 AssetImage 進行了更高級的封裝。

要讀取本地圖片首先需要在 pubspec.yaml 檔案裡設定本地圖片資源的路徑，程式如下：

```
assets:
  - assets/images/img1.jpg
#- images/a_dot_ham.jpeg
```

AssetImage 元件透過 image 屬性設定本地的圖片，如程式範例 13-87 所示。

程式範例 13-87

```
Image(
    image: AssetImage("assets/images/img1.jpg"),
    width: 80,
```

```
    height: 80,
)
```

Image.asset 是 AssetImage 的另外一種用法，透過建構函式傳入本地圖片位址，如程式範例 13-88 所示。

程式範例 13-88

```
Image.asset(
    "assets/images/img1.jpg",
    width: 80,
    height: 80,
)
```

2) NetworkImage 和 Image.network(網路圖片)

NetworkImage 是一個可以從網路下載圖片的類別，它本身是非同步的。Image.network 是對 NetworkImage 的封裝，它需要傳入一個 URL 網址就可以傳回一個 Image 物件。這兩個的設計跟 AssetImage 和 Image.asset 的設計基本一致。

NetworkImage 的用法如程式範例 13-89 所示。

程式範例 13-89

```
Image(
    image: NetworkImage("https://www.12306.cn/index/images/logo.jpg"),
    width: 80,
    height: 80,
)
```

Image.network 的用法如程式範例 13-90 所示。

程式範例 13-90

```
Image.network(
    "https://www.12306.cn/index/images/logo.jpg",
    width: 80,
    height: 80,
)
```

4. 字型圖示

Flutter 內建了一套 Material Design 風格的 Icon 圖示，但對於一個成熟的 App 而言，大部分的情況下還是遠遠不夠的。有時候需要在專案中引入自訂的 Icon 圖示。

1) 使用 Material Design 字型圖示

Flutter 預設包含了一套 Material Design 的字型圖示，在 pubspec.yaml 檔案中的設定如下：

```
flutter:
  uses-material-design: true
```

說明：Material Design 所有圖示可以在其官網查看，網址為 https://material.io/tools/icons/。

下面的例子使用 Material Design 附帶的圖示，如程式範例 13-91 所示。

程式範例 13-91　chapter13\code13_9\lib\custom_fonts\material_font.dart

```
[
  Icon(
    Icons.access_alarm,
    color: Colors.red,
    size: 80,
  ),
  Icon(
    Icons.error,
    color: Colors.black,
    size: 80,
  ),
  Icon(
    Icons.fingerprint,
    color: Colors.green,
    size: 80,
  ),
]
```

上面程式的效果如圖 13-60 所示。

▲ 圖 13-60　Material Design 字型圖片效果

2) 使用 icon-font 字型圖示

iconfont.cn 上有很多字型圖示素材，可以選擇自己需要的圖示打包下載，下載後會生成一些不同格式的字型檔案，在 Flutter 中，使用 ttf 格式即可。

匯入字型圖示檔案，這一步和匯入字型檔案相同，假設字型圖示檔案儲存在專案根目錄下，路徑為 assets/fonts/iconfont.ttf，如程式範例 13-92 所示。

程式範例 13-92　chapter13\code13_9\pubspec.yaml

```
fonts:
  - family: ICONFONT            # 自訂的名稱
    fonts:
    - asset: assets/fonts/iconfont.ttf
```

為了使用方便，可以定義一個 MyIcons 類別，功能和 Icons 類別一樣，即將字型檔案中的所有圖示都定義成靜態變數，如程式範例 13-93 所示。

程式範例 13-93　chapter13\code13_9\lib\custom_fonts\myfont.dart

```
class MyIcons {
    static const IconData play = IconData(0xebd5, fontFamily: 'iconfont');
    static const IconData swim = IconData(0xebd6, fontFamily: 'iconfont');
    static const IconData game = IconData(0xebd7, fontFamily: 'iconfont');
    static const IconData ball = IconData(0xebd9, fontFamily: 'iconfont');
    static const IconData county = IconData(0xebda, fontFamily: 'iconfont');
}
```

為了方便讀取下載下來的 Iconfont，可以寫一段指令稿，如程式範例 13-94 所示，在 demo_index.html 瀏覽器視窗的主控台中執行就可以得到定義 IconData 的程式，如圖 13-61 所示。

程式範例 13-94　chapter13/code13_9/assets/fonts/demo_index.html

```javascript
function camelCase(str) {
    return str.replace(/[ -]+(\w)/g, (match, char) => char.toUpperCase());
}
function makeCode({name, code}) {
    return 'static const IconData ${camelCase(name)} = IconData(0${code.
substr(2, 5)}, fontFamily: 'iconfont');\n';
}

let datas = Array
    .from(document.querySelectorAll('.unicode .dib'))
    .map(element => {
      return {
        name: element.querySelector('.name').innerText,
        code: element.querySelector('.code-name').innerText
      };
    })
    .map(makeCode)
    .join('\n');

Console.log(datas)
```

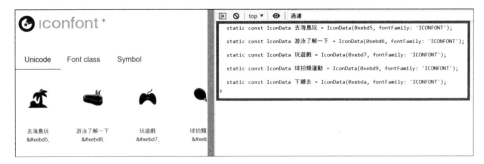

▲ 圖 13-61　透過 JS 指令稿讀取 Iconfont 資料

Iconfont 的使用方式如程式範例 13-95 所示，如圖 13-62 所示。

程式範例 13-95　　chapter13\code13_9\lib\custom_fonts\myfont_demo.dart

```
Row(
    mainAxisAlignment: MainAxisAlignment.center,
    children: <Widget>[
    Icon(MyIcons.play, color: Colors.purple, size: 90),
    Icon(MyIcons.ball, color: Colors.green, size: 90),
    Icon(MyIcons.county, color: Colors.green, size: 90)
   ],
)
```

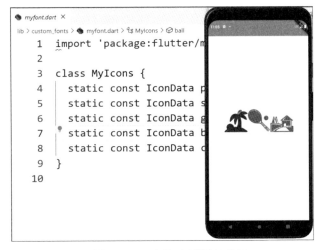

▲ 圖 13-62　　自訂字型圖示效果

13.9.2 建構版面配置

Flutter 提供了很多版面配置元件，如線性版面配置、彈性版面配置、容器版面配置、流式版面配置、層疊版面配置、網格版面配置等，開發者可以根據版面配置的需要組合這些版面配置容器。

1. 線性版面配置 Row、Column

最常見的版面配置模式之一是垂直或水平 Widgets，效果如圖 13-63 所示。使用 Row Widget 水平排列 Widgets，使用 Column Widget 垂直排列 Widgets。

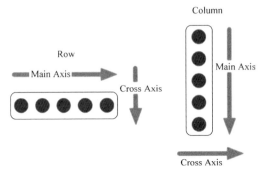

▲ 圖 13-63　Row/Column 版面配置

使用 mainAxisAlignment 和 crossAxisAlignment 屬性控制行或列如何對齊其子項。對於一行來講，主軸水平延伸，交叉軸垂直延伸。對於一列來講，主軸垂直延伸，交叉軸水平延伸。

下面的例子介紹 Row 元件中的子元件的排列，這裡首先建立一個 IconBox 的子元件，如程式範例 13-96 所示。

程式範例 13-96　chapter13\code13_9\lib\layouts\row_column_demo.dart

```
class IconBox extends StatelessWidget {
  double size = 0;
  IconData icon;
  Color color = Colors.blue;

  IconBox(this.icon, {size = 32.0, color = Colors.blue}) {
    this.size = size;
    this.color = color;
  }

  @override
  Widget build(BuildContext context) {
    return Container(
      width: size + 60.0,
      height: size + 60.0,
      color: color,
      child: Center(child: Icon(icon, color: Colors.white, size: size)));
  }
}
```

上面程式的效果如圖 13-64 所示。

▲ 圖 13-64　IconBox 元件

透過 Row 元件可以讓內部子元件按照水平方向進行排列，可以設定子元件在水平方向上按照主軸和交叉軸的方向進行對齊，如程式範例 13-97 所示。

程式範例 13-97　chapter13\code13_9\lib\layouts\row_column_demo.dart

```dart
class RowLayoutDemo extends StatelessWidget {
  const RowLayoutDemo({Key? key}) : super(key: key);

  @override
  Widget build(BuildContext context) {
    return Container(
      alignment: Alignment.center,
      child: Row(
        mainAxisAlignment: MainAxisAlignment.center,
        children: [
          IconBox(Icons.home, color: Colors.green),
          IconBox(Icons.search, color: Colors.red),
          IconBox(Icons.cable, color: Colors.grey),
          IconBox(Icons.wallet_giftcard, color: Colors.pink),
        ],
      ),
    );
  }
}
```

效果如圖 13-65 所示。

▲ 圖 13-65　Row 元件水平排列

Column 元件的使用方式和 Row
元件的使用方式是一樣的，Column 元
件的內部元素按垂直方向排列，如程
式範例 13-98 所示，效果如圖 13-66
所示。

▲ 圖 13-66　Column 元件的垂直排列

程式範例 13-98

```
class RowLayoutDemo extends StatelessWidget {
  const RowLayoutDemo({Key? key}) : super(key: key);

  @override
  Widget build(BuildContext context) {
    return Container(
      alignment: Alignment.center,
      child: Column(
        mainAxisAlignment: MainAxisAlignment.center,
        children: [
          IconBox(Icons.home, color: Colors.green),
          IconBox(Icons.search, color: Colors.red),
          IconBox(Icons.cable, color: Colors.grey),
          IconBox(Icons.wallet_giftcard, color: Colors.pink),
        ],
      ),
    );
  }
}
```

水平排列的元件不能超出左右邊線，超出的部分會錯誤的顯示，如
圖 13-67 所示。

▲ 圖 13-67　Row 元件水平超出部分不顯示

　　如果內容超出了邊界，則可以使用 Expanded 元件包裹，該元件會計算剩餘空間，讓包裹的元件不會超出邊界，如程式範例 13-99 所示。

程式範例 13-99

```
class RowLayoutDemo extends StatelessWidget {
  const RowLayoutDemo({Key? key}) : super(key: key);

  @override
  Widget build(BuildContext context) {
    return Container(
      alignment: Alignment.center,
      child: Row(
        mainAxisAlignment: MainAxisAlignment.center,
        children: [
          IconBox(Icons.home, color: Colors.green),
          IconBox(Icons.search, color: Colors.red),
          IconBox(Icons.cable, color: Colors.grey),
          IconBox(Icons.wallet_giftcard, color: Colors.pink),
          Expanded(
            child: IconBox(Icons.mobile_friendly, color: Colors.redAccent),
          )
        ],
      ),
    );
  }
}
```

執行效果如圖 13-68 所示。

▲ 圖 13-68　Expanded 元件的實現效果

　　Expanded 元件類似於 Web 中的 Flex 版面配置，Expanded 元件的 flex 屬性用來設定在水平或垂直方向的比例關係，flex 值越大，所佔的空間就越大，如圖 13-69 所示。

▲ 圖 13-69 Expanded 元件實現彈性伸縮

Expanded 元件的實現如程式範例 13-100 所示。

程式範例 13-100

```
class RowLayoutDemo extends StatelessWidget {
    const RowLayoutDemo({Key? key}) : super(key: key);

    @override
      Widget build(BuildContext context) {
        return Container(
      alignment: Alignment.center,
      child: Row(
        mainAxisAlignment: MainAxisAlignment.center,
        children: [
          Expanded(
            child: IconBox(Icons.home, color: Colors.green),
          ),
          Expanded(
            flex: 3,
            child: IconBox(Icons.mobile_friendly, color: Colors.redAccent),
            )
          ],
        ),
      );
    }
}
```

2. 彈性版面配置 Flex

Flex 版面配置方式已經廣泛使用在前端、小程式開發之中，Flexible Box 的示意圖如圖 13-70 所示。

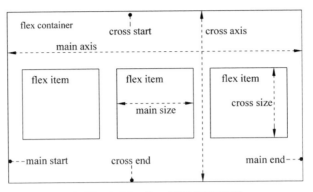

▲ 圖 13-70 Flex 彈性版面配置

Flex Widget 設定主軸方向時可以直接使用 Row 或 Column，Flex Widget 不能捲動，如果涉及捲動，則可以使用 ListView，如果 Flex Widget 的內容超過其寬度和高度，則顯示黃黑相間的警告條紋。Flex 常用屬性如表 13-17 所示。

表 13-17 Flex 常用屬性

屬性名稱	類型
direction	設定主軸方向，可設定的值為 Axis.horizontal 和 Axis.vertical，交叉軸與主軸方向垂直
mainAxis Alignment	設定子 Widget 沿著主軸方向的排列方式，預設為 MainAxisAlignment.start，可設定的方式如下。 MainAxisAlignment.start：左對齊，預設值； MainAxisAlignment.end：右對齊； MainAxisAlignment.center：置中對齊； MainAxisAlignment.spaceBetween：兩端對齊； MainAxisAlignment.spaceAround：每個 Widget 兩側的間隔相等，與螢幕邊緣的間隔是其他 Widget 之間間隔的一半； MainAxisAlignment.spaceEvenly：平均分佈各個 Widget，與螢幕邊緣的間隔與其他 Widget 之間的間隔相等
mainAxisSize	設定主軸的大小，預設為 MainAxisSize.max，可設定的值如下。 MainAxisSize.max：主軸的大小是父容器的大小； MainAxisSize.min：主軸的大小是其子 Widget 大小之和

屬性名稱	類型
crossAxisAlignment	設定子 Widget 沿著交叉軸方向的排列方式，預設為 CrossAxisAlignment.center，可設定的方式如下。 CrossAxisAlignment.start：與交叉軸的起始位置對齊； CrossAxisAlignment.end：與交叉軸的結束位置對齊； CrossAxisAlignment.center：置中對齊； CrossAxisAlignment.stretch：填充整個交叉軸； CrossAxisAlignment.baseline：按照第一行文字基準線對齊
verticalDirection	設定垂直方向上的子 Widget 的排列順序，預設為 VerticalDirection.down，設定方式如下。 VerticalDirection.down：start 在頂部，end 在底部； VerticalDirection.up：start 在底部，end 在頂部
textBaseline	設定文字對齊的基準線類型，可設定的值如下。 TextBaseline.alphabetiC: 與字母基準線對齊； TextBaseline.ideographiC: 與表意字元基準線對齊

彈性版面配置案例如程式範例 13-101 所示。

程式範例 13-101　　chapter13\code13_9\lib\layouts\flex_layout_demo.dart

```dart
class FlexLayoutDemo extends StatelessWidget {
  const FlexLayoutDemo({Key? key}) : super(key: key);

  @override
  Widget build(BuildContext context) {
    return Flex(
      direction: Axis.horizontal,
      mainAxisAlignment: MainAxisAlignment.center,
      children: [
        IconBox(Icons.home, color: Colors.green),
        IconBox(Icons.search, color: Colors.red),
        IconBox(Icons.cable, color: Colors.grey),
        IconBox(Icons.wallet_giftcard, color: Colors.pink),
      ],
    );
  }
}
```

3. 容器版面配置 Container

Container 容 器 元 件， 如 圖 13-71 所 示， 是 一 個 結 合 了 繪 製 (painting)、定位 (positioning) 及尺寸 (sizing)Widget 的 Widget。

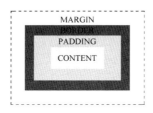

▲ 圖 13-71 Container 版面配置

Container 元 件 類 似 於 其 他 Android 中 的 View， 以 及 iOS 中 的 UIView。

如果需要一個視圖，有一個背景顏色、影像、固定的尺寸、一條邊框、圓角等效果，就可以使用 Container 元件。Flutter 也提供了一些更為具體的版面配置元件以方便開發，如表 13-18 所示。

表 13-18 具體的版面配置元件

名稱	類型
SizedBox	指定尺寸的容器
ConstaintedBox	附帶限制條件的容器，如限制最小 / 最大寬度和高度
DecoratedBox	附帶裝飾的容器，例如漸變色
RotatedBox	旋轉一定角度的容器

表 13-17 中的這些元件實際都可以透過 Container 的參數設定完成，只是開發時使用具體的容器可以減少元件參數。

Container 初始化的參數如程式範例 13-102 所示。

程式範例 13-102

```
Container({
    Key key,
    // 位置靠左、靠右、置中
    this.alignment,
```

```
//EdgeInsets Container 的內邊距
this.padding,
// 背景顏色
this.color,
// 背景裝飾器
this.decoration,
// 前景裝飾器
this.foregroundDecoration,
// 寬度
double width,
// 高度
double height,
// 約束
BoxConstraints constraints,
//EdgeInsets Container 的外邊距
this.margin,
// 旋轉
this.transform,
// 子控制項
this.child,
// 裁剪 Widget 的模式
this.clipBehavior = Clip.none,
})
```

注意：Container 的 color 屬性與屬性 decoration 的 color 存在衝突，如果兩個 color 都進行了設定，則預設會以 decoration 的 color 為準。

如果沒有給 Container 設定 width 和 height，則 Container 會跟 child 的大小一樣；假如沒有設定 child，則它的尺寸會極大化，即盡可能地充滿它的父 Widget。

最簡單的 Container 如程式範例 13-103 所示。

程式範例 13-103

```
Container(
    child: Text("HelloWorld"),
    color: Colors.red,
)
```

Container 接收一個 child 參數，可以傳入 Text 作為 child 參數，然後傳入一種顏色。

(1) padding：padding 是內邊距，這裡設定了 padding：EdgeInsets.all(10)，也就是說，Text 距離 Container 的四條邊的邊距都是 10，如程式範例 13-104 所示。

程式範例 13-104　padding

```
Container(
    child: Text("Pading 10"),
    padding: EdgeInsets.all(10),
    color: Colors.blue,
)
```

(2) margin：margin 是外邊距，在這裡設定了 margin：EdgeInsets.all(10)，Container 在原有大小的基礎上，又被包圍了一層寬度為 10 的矩形，如程式範例 13-105 所示。

程式範例 13-105　margin

```
Container(
    hild: Text("Margin 10"),
    margin: EdgeInsets.all(10),
    color: Colors.green,
)
```

需要注意的是，綠色週邊的白色區域也屬於 Container 的一部分。

(3) transform：可以幫助進行旋轉，Matrix4 給我們提供了很多變換樣式，如程式範例 13-106 所示。

程式範例 13-106　transform

```
Container(
    padding: EdgeInsets.symmetric(horizontal: 15),
    margin: EdgeInsets.all(10),
    child: Text("transform"),
    transform: Matrix4.rotationZ(0.1),
```

```
      color: Colors.red,
)
```

(4) decoration：可以幫助我們實現更多的效果，例如形狀、圓角、邊界、邊界顏色等，如程式範例 13-107 所示。

程式範例 13-107　decoration

```
Container(
    child: Text("Decoration"),
    padding: EdgeInsets.symmetric(horizontal: 15),
    margin: EdgeInsets.all(10),
    decoration: BoxDecoration(
      color: Colors.red,
      shape: BoxShape.rectangle,
      borderRadius: BorderRadius.all(Radius.circular(5)),
    ),
)
```

這裡設定了一個圓角的範例，同樣可對 BoxDecoration 的 color 屬性設定顏色，對整個 Container 也是有效的。

(5) 顯示 image：BoxDecoration 可以傳入一個 image 物件，這樣就靈活了很多，image 可以來自本地也可以來自網路，如程式範例 13-108 所示。

程式範例 13-108　Container 中顯示 Image

```
Container(
    height: 40,
    width: 100,
    margin: EdgeInsets.all(10),
    decoration: BoxDecoration(
      image: DecorationImage(
        image: AssetImage("images/flutter_icon_100.png"),
        fit: BoxFit.contain,
      ),
    ),
)
```

　　(6) border：可以幫助我們實現邊界效果，還可以設定圓角 borderRadius，也可以設定 border 的寬度和顏色等，如程式範例 13-109 所示。

程式範例 13-109　加邊框

```
Container(
    child: Text('BoxDecoration with border'),
    padding: EdgeInsets.symmetric(horizontal: 15),
    margin: EdgeInsets.all(5),
    decoration: BoxDecoration(
      borderRadius: BorderRadius.circula(12),
      border: Border.all(
        color: Colors.red,
        width: 3,
      ),
    ),
)
```

　　(7) 漸變色：效果如圖 13-72 所示，實現如程式範例 13-110 所示。

程式範例 13-110　設定漸變色 chapter13\code13_9\lib\layouts\container_layout.dart

```
Container(
    padding: EdgeInsets.symmetric(horizontal: 20),
    margin: EdgeInsets.all(20),                // 容器外填充
    decoration: BoxDecoration(
      gradient: RadialGradient(
        colors: [Colors.blue, Colors.black, Colors.red],
        center: Alignment.center,
        radius: 5
      ),
    ),
    child: Text(
      // 卡片文字
      "RadialGradient",
      style: TextStyle(color: Colors.white),
    ),
)
```

BoxDecoration 的 屬 性 gradient 可 以 接 收 一 種 顏 色 的 陣 列，
Alignment.center 是漸變色開始的位置，可以從左上角、右上角、中間等
位置開始顏色變化。

RadialGradient

▲ 圖 13-72　Container 設定背景漸變色

4. 流式版面配置 Wrap

在 Flutter 中 Wrap 是流式版面配置控制項，Row 和 Column 在版面配
置上很好用，但是有一個缺點，當子控制項數量過多導致 Row 或 Column
加載不下時，就會出現 UI 分頁錯誤。Wrap 可以完美地避免這個問題，
當控制項過多且一行顯示不全時，Wrap 可以換行顯示。

Wrap 元件的建構參數如程式範例 13-111 所示。

程式範例 13-111

```
Wrap({
    Key key,
    this.direction = Axis.horizontal,          // 排列方向，預設水平方向排列
    this.alignment = WrapAlignment.start,      // 子控制項在主軸上的對齊方式
    this.spacing = 0.0,                        // 主軸上子控制項的間距
    this.runAlignment = WrapAlignment.start,     // 子控制項在交叉軸上的對齊方式
    this.runSpacing = 0.0,                       // 交叉軸上子控制項的間距
    this.crossAxisAlignment = WrapCrossAlignment.start,
                                                // 交叉軸上子控制項的對齊方式
    this.textDirection, //textDirection 水平方向上子控制項的起始位置
    this.verticalDirection = VerticalDirection.down,// 垂直方向上子控制項的起始位置
    List<Widget> children = const <Widget>[],       // 要顯示的子控制項集合
})
```

實現流式版面配置的程式如程式範例 13-112 所示。

程式範例 13-112　chapter13\code13_9\lib\layouts\wrap_layout_demo.dart

```
import 'package:flutter/material.dart';
```

```
class WrapLayoutDemo extends StatelessWidget {
    const WrapLayoutDemo({Key? key}) : super(key: key);

    @override
    Widget build(BuildContext context) {
        return Wrap(
            direction: Axis.horizontal,
            alignment: WrapAlignment.start,
            spacing: 5,              // 主軸上子控制項的間距
            runSpacing: 16,          // 交叉軸上子控制項之間的間距
            children: Boxs(),        // 要顯示的子控制項集合
        );
    }
}

/* 一個漸變顏色的正方形集合 */
List<Widget> Boxs() => List.generate(15, (index) {
        return Container(
            width: 100,
            height: 100,
            alignment: Alignment.center,
            decoration: BoxDecoration(
                gradient: LinearGradient(colors: [
                    Colors.orangeAccent,
                    Colors.orange,
                    Colors.deepOrange
                ]),
            ),
            child: Text(
                "${index}",
                style: TextStyle(
                    color: Colors.white,
                    fontSize: 20,
                    fontWeight: FontWeight.bold,
                ),
            ),
        );
    });
}
```

Wrap 流式版面配置效果如圖 13-73 所示。

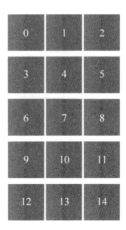

▲ 圖 13-73　Wrap 流式版面配置

5. 層疊版面配置 Stack、Positioned

　　層疊版面配置就像 CSS 中的絕對定位，子元件可以根據父元件的位置來確定自身的位置。在 Flutter 中可使用 Stack 和 Positioned 這兩個元件實現層疊版面配置，其中，Stack 允許子元件堆疊，而 Positioned 用於根據 Stack 的空間來定位，如程式範例 13-113 所示。

程式範例 13-113　chapter13\code13_9\lib\layouts\stack_layout_demo.dart

```
Stack(
   children: <Widget>[
     Container(
       height: 200,
       width: 200,
       color: Colors.red,
     ),
     Container(
       height: 170,
       width: 170,
       color: Colors.blue,
     ),
     Container(
       height: 140,
       width: 140,
```

```
        color: Colors.yellow,
    )
  ],
)
```

執行效果如圖 13-74 所示。

▲ 圖 13-74　Stack 層疊版面配置效果

　　Stack 未定位的子元件大小由 fit 參數決定，預設值為 StackFit. loose，表示子元件自己決定，StackFit.expand 表示盡可能地大，用法如程式範例 13-114 所示。

程式範例 13-114

```
Stack(
    fit: StackFit.expand,
    ...
)
```

　　Stack 未定位的子元件的預設對齊方式為左上角對齊，透過 alignment 參數控制，用法如程式範例 13-115 所示。

程式範例 13-115

```
Stack(
    alignment: Alignment.center,
    ...
)
```

　　fit 和 alignment 參數控制的都是未定位的子元件，那什麼樣的元件叫作定位的子元件？使用 Positioned 包裹的子元件就是定位的子元件，用法如程式範例 13-116 所示。

chapter13\code13_9\lib\layouts\stack_demo.dart

```
Stack(children: <Widget>[
    // 設定底部的大圖片
    ClipRRect(
       // 將圓角半徑設定為 5 像素
       borderRadius: BorderRadius.circular(5),
       // 設定圖片
       child: Image.asset(
          "assets/images/girl.jpg",
          width: 220,
          height: 200,
          fit: BoxFit.fill,
       ),
    ),

    // 使用 Positioned 元件在畫格版面配置中定位子元件
    // 設定右上角的關閉按鈕
    Positioned(
       // 距離右側 5 像素
       right: 5,
       // 距離頂部 5 像素
       top: 5,
       child:      // 手勢檢測器元件
            GestureDetector(
          // 點擊事件
          onTap: () {},
          // 右上角的刪除按鈕
          child: ClipOval(
            child: Container(
               padding: EdgeInsets.all(3),
               // 背景裝飾
               decoration: BoxDecoration(color: Colors.black),
               // 圖示 ,20 像素、白色、關閉按鈕
               child: Icon(
                  Icons.close,
                  size: 20,
                  color: Colors.white,
               ),
            ),
         ),
```

```
        ),
      ),
    ),
  ]);
```

Positioned 元件可以指定距 Stack 各邊的距離，效果如圖 13-75 所示。

▲ 圖 13-75　Stack+Positioned 層疊版面配置效果

6. 網格版面配置 GridView

GridView 一共有 5 個建構函式，即 GridView、GridView.builder、GridView.count、GridView.extent 和 GridView.custom。

GridView 建構函式 (已省略不常用屬性)，如表 13-19 所示，實現如程式範例 13-117 所示。

表 13-19 GridView 常用屬性

名稱	類型	說明
scrollDirection	Axis	捲動方法
padding	EdgeInsetsGeometry	內邊距
resolve	boolean	元件反向排序
crossAxisSpacing	double	水平子 Widget 之間間距
mainAxisSpacing	double	垂直子 Widget 之間間距
crossAxisCount	int	一行的 Widget 數量
childAspectRatio	double	子 Widget 長寬比例
children	<Widget>[]	子元件列表
gridDelegate	SliverGridDelegateWithFixedCrossAxisCount(常用) SliverGridDelegateWithMaxCrossAxisExtent	控制版面配置主要用在 GridView.builder 裡面

程式範例 13-117

```
GridView({
    Key key,
    Axis scrollDirection = Axis.vertical,
    bool reverse = false,
    ScrollController controller,
    ScrollPhysics physics,
    bool shrinkWrap = false,
    EdgeInsetsGeometry padding,
    @required this.gridDelegate,
    double cacheExtent,
    List<Widget> children = const <Widget>[],})
```

　　SliverGridDelegateWithFixedCrossAxisCount 實現了一個橫軸為固定數量子元素的 layout 演算法，其屬性如表 13-20 所示，建構函式如程式範例 13-118 所示。

程式範例 13-118

```
SliverGridDelegateWithFixedCrossAxisCount({
    @required double crossAxisCount,
    double mainAxisSpacing = 0.0,
    double crossAxisSpacing = 0.0,
    double childAspectRatio = 1.0,
})
```

表 13-20　SliverGridDelegateWithFixedCrossAxisCount 屬性

名稱	說明
crossAxisCount	橫軸子元素的數量。此屬性值確定後子元素在橫軸的長度就確定了，即 ViewPort 橫軸長度除以 crossAxisCount 的值
mainAxisSpacing	主軸方向的間距
crossAxisSpacing	橫軸方向子元素的間距
childAspectRatio	子元素在橫軸長度和主軸長度的比例。由於 crossAxisCount 指定後，子元素橫軸長度就確定了，所以透過此參數值就可以確定子元素在主軸的長度了

透過 GridView 實現九宮格的案例，如程式範例 13-119 所示，如圖 13-76 所示。

程式範例 13-119　chapter13\code13_9\lib\layouts\gridview_layout_demo.dart

```dart
import 'package:flutter/material.dart';

class GridViewLayoutDemo extends StatelessWidget {
  const GridViewLayoutDemo({Key? key}) : super(key: key);

  @override
  Widget build(BuildContext context) {
    return Container(
      padding: EdgeInsets.all(10),
      child: GridView(
        gridDelegate: SliverGridDelegateWithFixedCrossAxisCount(
          crossAxisCount: 3,        // 橫軸列數
          crossAxisSpacing: 10,     // 橫軸間距 (Y 軸 )
          mainAxisSpacing: 10,      // 主軸間距 (X 軸 )
        ),
        children: <Widget>[
          Container(color: Colors.red),
          Container(color: Colors.redAccent),
          Container(color: Colors.yellow),
          Container(color: Colors.orange),
          Container(color: Colors.brown),
          Container(color: Colors.purple),
          Container(color: Colors.yellowAccent),
          Container(color: Colors.orangeAccent),
          Container(color: Colors.green),
          Container(color: Colors.blueGrey),
          Container(color: Colors.lightBlueAccent),
          Container(color: Colors.deepPurpleAccent),
          Container(color: Colors.lightGreen),
        ],
      ),
    );
  }
}
```

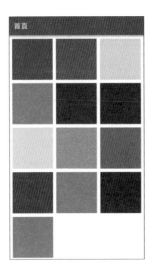

▲ 圖 13-76　GridView 版面配置效果

13.9.3　列表與可捲動元件

下面介紹如何使用列表和可捲動元件，這裡介紹 3 個元件，即 SingleChildScrollView、ListView 和 PageView。

1. SingleChildScrollView

SingleChildScrollView 是一個只能包含單一元件的捲動元件，SingleChildScrollView 元件沒有「惰性載入」模式，性能不如 ListView，如程式範例 13-120 所示。

程式範例 13-120　chapter13\code13_9\lib\lists\SingleChildScrollViewDemo.dart

```
import 'package:flutter/material.dart';

class SingleChildScrollViewDemo extends StatelessWidget {
    const SingleChildScrollViewDemo({Key? key}) : super(key: key);

    @override
    Widget build(BuildContext context) {
        return SingleChildScrollView(
            child: Column(
```

```
        children: List.generate(20, (index) {
          return Container(
            height: 180,
            color: Colors.primaries[index % Colors.primaries.length],
          );
        }).toList(),
      ),
    );
  }
}
```

SingleChildScrollView 的效果如圖 13-77 所示，捲動的方向是垂直方向。

▲ 圖 13-77　SingleChildScrollView 列表效果

2. ListView 元件

ListView 元件是用得最多的列表元件，例如微博和商品清單都會有長清單，隨著手指在螢幕上不斷地滑動，視窗內的內容也會不斷地更新。

ListView 主要有以下幾種使用方式，如表 13-21 所示。

表 13-21 ListView 元件

名稱	說明
ListView	ListView 是最簡單直接的方式，由於實現的方式簡單，所以適用的場景也很簡單
ListView.builder	建構函式 builder 要求傳入兩個參數，即 itemCount 和 itemBuilder。前者規定清單數目的多少，後者決定每列表如何繪製
ListView.separated	separated 相比較於 builder 又多了一個參數 separatorBuilder，用於控制清單各個元素的間隔如何繪製
ListView.custom	custom 就跟名字一樣，讓我們自訂。必需的參數是 childrenDelegate，然後傳入一個實現了 SliverChildDelegate 的元件，如 SliverChildListDelegate 和 SliverChildBuilderDelegate

1) ListView

ListView 是最簡單直接的實現方式，如圖 13-78 所示，僅適用於內容較少的情形，因為它一次性地繪製所有的 items，當 items 的數目較多時，很容易出現延遲現象，導致滑動不流暢。可以試試加大 items 的大小，然後對比一下體驗效果，如程式範例 13-121 所示。

程式範例 13-121　chapter13\code13_9\lib\lists\listview_demo.dart

```dart
class ListViewDemo extends StatefulWidget {
   const ListViewDemo({Key? key}) : super(key: key);
   @override
   State<ListViewDemo> createState() => _ListViewDemoState();
}

class _ListViewDemoState extends State<ListViewDemo> {
   //建立30個Container
   final _items = List<Widget>.generate(
     30,
     (i) => Container(
        height: 100,
        color: Colors.primaries[i % Colors.primaries.length],
        padding: const EdgeInsets.all(16.0),
        child: Text("Item $i", style: const TextStyle(fontSize: 30.0)),
      ));

   @override
```

```
Widget build(BuildContext context) {
    return ListView(
      children: _items,
    );
  }
}
```

▲ 圖 13-78　ListView 簡單列表用法

ListView 元件可以配合 ListTile 元件一起使用，列表中的資料透過模擬資料實現，如程式範例 13-122 所示。

程式範例 13-122　chapter13\code13_9\lib\res\listData.dart

```
List listData = [
  {
    "title": 'Anm Shop',
    "author": 'Mohamed Chahin',
    "imageUrl": 'assets/avatar/1.jpeg',
  }
];
```

效果如圖 13-79 所示，實現如程式範例 13-123 所示。

▲ 圖 13-79　ListView+ListTile 列表效果

程式範例 13-123　chapter13\code13_9\lib\lists\listview_listtile.dart

```dart
class ListViewListTileDemo extends StatefulWidget {
   const ListViewListTileDemo({Key? key}) : super(key: key);
   @override
   State<ListViewListTileDemo> createState() => _ListViewListTileDemoState();
}
class _ListViewListTileDemoState extends State<ListViewListTileDemo> {
                                                    // 獲取列表的私有方法

   List<Widget> _getData() {
     var list = listData.map((obj) {
       return ListTile(
         leading: Image.asset(obj["imageUrl"]),
         title: Text(obj["title"]),
         subtitle: Text(obj["author"]),
         trailing: const Icon(
           Icons.phone_disabled_outlined,
           size: 28,
         ),
       );
     });
```

```
      return list.toList();
    }
    @override
    Widget build(BuildContext context) {
      return ListView(children: _getData());
    }
}
```

2) ListView.builder()

建構函式 builder() 要求傳入兩個參數，即 itemCount 和 itemBuilder。itemCount 規定清單數目的多少，itemBuilder 決定了每列表如何繪製。

和 ListView 建構函式的不同點在於，ListView.builder 採用惰性載入方式，假如有 1000 個列表，初始繪製時並不會都繪製，而只會繪製特定數量的 item，可以極佳地提升性能。

可以對比用 ListView 和用 ListView.builder 繪製 1000 個列表時體驗是否有差別，如程式範例 13-124 所示。

程式範例 13-124

```
// 自訂方法
  Widget _getListData(context, index) {
    return ListTile(
      title: Text(listData[index]["title"]),
                                  // 每次取出 index 的索引對應的資料並傳回
      leading: Image.asset(listData[index]["imageUrl"]),
      subtitle: Text(listData[index]["author"]),
    );
  }

  @override
  Widget build(BuildContext context) {
    // 透過 builder 標準讓 ListView 自動迴圈遍歷資料
    return ListView.builder(
      itemCount: listData.length,          // 這裡必須指定 List 的長度
      itemBuilder: _getListData,
    );
  }
}
```

3) ListView.separated()

separated 相比 builder 又多了一個參數 separatorBuilder，用於控制清單各個元素的間隔如何繪製。如需要清單的每個 item 之間有一條分割線，則可增加一個 Divider 元件，如程式範例 13-125 所示。

程式範例 13-125

```
class ListViewDemo extends StatelessWidget {
    final _items = List<String>.generate(1000, (i) => "Item $i");

    @override
    Widget build(BuildContext context) {
        return ListView.separated(
            itemCount: 1000,
            itemBuilder: (context, idx) {
                return Container(
                    padding: EdgeInsets.all(16.0),
                    child: Text(_items[idx]),
                );
            },
            separatorBuilder: (context, idx) {
                return Divider();
            },
        );
    }
}
```

4) ListView 下拉更新

在 Flutter 中實現列表的下拉更新效果，因為 Flutter 已封裝好了一個 RefreshIndicator 元件，所以使用起來也非常方便。

使用協力廠商的 fluttertoast 外掛程式增加相依，如圖 13-80 所示。

```
dev_dependencies:
  flutter_test:
    sdk: flutter
  image_picker: ^0.8.4+10
  flutter_lints: ^1.0.0
  fluttertoast: ^8.0.9
```

▲ 圖 13-80　增加 fluttertoast 外掛程式相依

資料載入透過 Future.delayed 模擬資料獲取和更新列表資料，如程式範例 13-126 所示。

程式範例 13-126　chapter13\code13_9\lib\lists\listview_pulldown.dart

```dart
import 'package:flutter/material.dart';
import 'package:fluttertoast/fluttertoast.dart';

class PullDownListDemo extends StatefulWidget {
   const PullDownListDemo({Key? key}) : super(key: key);
   @override
   _PullDownListDemoState createState() => _PullDownListDemoState();
}

class _PullDownListDemoState extends State<PullDownListDemo> {
   var _items = List<String>.generate(5, (i) => "Item $i");
   Future onRefresh() {
      return Future.delayed(const Duration(seconds: 3), () {
         setState(() {
            _items = List<String>.generate(10, (i) => "Item_New $i");
         });
         Fluttertoast.showToast(msg: ' 當前已是最新資料 ');
      });
   }

   @override
   Widget build(BuildContext context) {
      return RefreshIndicator(
      onRefresh: onRefresh,
      child: ListView.separated(
         itemCount: _items.length,
         itemBuilder: (context, i) {
            return Container(
               height: 100,
               color: Colors.primaries[i % Colors.primaries.length],
               padding: const EdgeInsets.all(16.0),
               child: Text(_items[i], style: const TextStyle(fontSize: 20.0)),
            );
         },
         separatorBuilder: (context, index) {
```

```
            return const Divider(
                height: .5,
                indent: 75,
                color: Colors.yellow,
            );
        },
    ),
  );
 }
}
```

RefreshIndicator 的用法十分簡單，只要將原來的 ListView 作為其 child，並且實現其 onRefresh 方法就如圖 13-81 所示，而 onRefresh 方法其實是更新完畢後通知 RefreshIndicator 的回呼函式。

▲ 圖 13-81　ListView 下拉更新效果

5) ListView 上拉載入更多資料

除了下拉更新之外，上拉載入也是經常會遇到的另一種列表操作。Flutter 並沒有提供現成的元件可以直接呼叫，因此上拉載入的互動需要開發者完成。

首先簡單分析如何實現上拉效果：

(1) 元件內部需要一個 list 變數儲存當前清單的資料來源。

(2) 元件內部需要一個 bool 型的 isLoading 標識位元來表示當前是否處於 Loading 狀態。

(3) 需要能夠判斷出當前清單是否已經捲動到底部，而這要借助前面提到過的 controller 屬性 (ScrollController 可以獲取當前列表的捲動位置及清單最大捲動區域，兩者相比較即可得到結果)。

(4) 當開始載入資料時，需要將 isLoading 設定為 true；當資料載入完畢時，需要將新的資料合併到 list 變數中，並且重新將 isLoading 設定為 false，如程式範例 13-127 所示。

程式範例 13-127　chapter13\code13_9\lib\lists\pullup_listview.dart

```dart
import 'package:flutter/material.dart';

class PullUpLoadMoreList extends StatefulWidget {
  const PullUpLoadMoreList({Key? key}) : super(key: key);
  @override
  _PullUpLoadMoreListState createState() => _PullUpLoadMoreListState();
}

class _PullUpLoadMoreListState extends State<PullUpLoadMoreList> {
  bool isLoading = false;
  ScrollController scrollController = ScrollController();
  var list = List<String>.generate(20, (i) => "Item $i");

  @override
  void initState() {
    super.initState();
    // 給列表捲動增加監聽
    scrollController.addListener(() {
      // 滑動到底部的關鍵判斷
      if (!isLoading &&
        scrollController.position.pixels >=
          scrollController.position.maxScrollExtent) {
        // 開始載入資料
```

```
        setState(() {
          isLoading = true;
          loadMoreData();
        });
      }
    });
  }

  @override
  void dispose() {
    // 元件銷毀時，釋放資源
    super.dispose();
    scrollController.dispose();
  }

  Future loadMoreData() {
    return Future.delayed(const Duration(seconds: 5), () {
      var newList = List<String>.generate(10, (i) => "New Item $i");
      setState(() {
        isLoading = false;

        list.addAll(newList);
      });
    });
  }

  Widget renderBottom() {}

  @override
  Widget build(BuildContext context) {
    return ListView.separated(
      controller: scrollController,
      itemCount: list.length + 1,
      separatorBuilder: (context, index) {
        return const Divider(height: .5, color: Color(0xFFDDDDDD));
      },
      itemBuilder: (context, index) {
        if (index < list.length) {
          return Container(
            padding: const EdgeInsets.all(16.0),
```

```
          child: Text(list[index]),
        );
      } else {
        return renderBottom();
      }
    },
  );
}
}
```

在上面程式中，列表的 itemCount 值變成了 list.length+1，多繪製了
一個底部元件。當不再載入時，可以展示一個上拉載入更多的提示性元
件；當正在載入資料時，又可以展示一個努力載入中的佔位元件。

renderBottom 方法的實現，如程式範例 13-128 所示。

程式範例 13-128

```
Widget renderBottom() {
  if (isLoading) {
    return Container(
      padding: const EdgeInsets.symmetric(vertical: 15),
      child: Row(
        mainAxisAlignment: MainAxisAlignment.center,
        children: const <Widget>[
          Text(
            '努力載入中 ...',
            style: TextStyle(
              fontSize: 15,
              color: Color(0xFF333333),
            ),
          ),
          Padding(padding: EdgeInsets.only(left: 10)),
          SizedBox(
            width: 20,
            height: 20,
            child: CircularProgressIndicator(strokeWidth: 3),
          ),
        ],
      ),
```

```
      );
  } else {
    return Container(
        padding: const EdgeInsets.symmetric(vertical: 15),
        alignment: Alignment.center,
        child: const Text(
          '上拉載入更多',
          style: TextStyle(
            fontSize: 15,
            color: Color(0xFF333333),
          ),
        ),
      );
  }
}
```

執行效果如圖 13-82 所示。

▲ 圖 13-82　上拉更新效果

3. PageView

PageView 是一個滑動視圖列表，它繼承自 CustomScrollView。Page
View 有 3 種建構函式，如表 13-22 所示。

表 13-22 PageView 的 3 種建構函式

名稱	說明
PageView	預設建構函式
PageView.builder	適用於具有大量 (或無限) 清單項
PageView.custom	提供了自訂子 Widget 的功能

預設建構函式 PageView，如程式範例 13-129 所示。

程式範例 13-129　　chapter13\code13_9\lib\gridview\gridview_demo.dart

```
class _PageViewDemoState extends State<PageViewDemo> {
   var imgArr = [
     'http://8d.jpg',
     'http://e3.jpg'
   ];
   @override
   Widget build(BuildContext context) {
     return Container(
     color: Colors.red,
     height: 260.0,
     child: PageView(
       children: [
         Image.network(
           imgArr[0],
           fit: BoxFit.contain,
         ),
         Image.network(
           imgArr[1],
           fit: BoxFit.contain,
           ),
         ],
       ),
     );
   }
}
```

定義一個 PageController，用來操作 PageView 或監聽 PageView，初始化方法如程式範例 13-130 所示。

程式範例 13-130

```
// 當前頁碼
var _currentIndex = 1;

// 初始化控制器
PageController mPageController = PageController(initialPage: 0);

@override
void initState() {
   super.initState();
}
```

給 PageView 綁定定義好的 PageController，如程式範例 13-131 所示。

程式範例 13-131

```
PageView(
   onPageChanged: (position) {
      setState(() {
         _currentIndex = position + 1;
      });
   },
   controller: mPageController,
   children: [
      Image.network(
         imgArr[0],
         fit: BoxFit.contain,
      ),
      Image.network(
         imgArr[1],
         fit: BoxFit.contain,
      ),
   ],
)
```

PageController 用於控制切換頁面，如程式範例 13-132 所示。

程式範例 13-132

```
Row(
  mainAxisAlignment: MainAxisAlignment.center,
  children: [
    Text('第 $_currentIndex 頁面 '),
    const SizedBox(
      width: 10,
    ),
  OutlinedButton(
    onPressed: () {
      mPageController.previousPage(
        duration: const Duration(milliseconds: 200),
        curve: Curves.ease);
      },
      child: const Text("上一頁")),
  OutlinedButton(
    onPressed: () {
      mPageController.nextPage(
        duration: const Duration(milliseconds: 200),
        curve: Curves.ease);
      },
      child: const Text("下一頁")),
  ],
)
```

效果如圖 13-83 所示。

▲ 圖 13-83　PageView 的基本用法

PageView 提供了便利的 PageView.builder() 構造方法，適用於大量動態資料，和 ListView.builder 的用法類似。

> **注意**：PageView 的 itemCount 不可為空，當不設定 itemCount 時，PageView 會預設為無限迴圈，因此陣列會一直增加。

如果需要與外界其他 Widget 聯動，則可透過 PageController 進行 Page 頁面切換或直接跳躍等，如圖 13-84 所示，實現如程式範例 13-133 所示。

▲ 圖 13-84 PageView.builder 用法

程式範例 13-133 chapter13\code13_9\lib\gridview\PageViewDemo2.dart

```dart
import 'package:flutter/material.dart';

class Page1 extends StatelessWidget {
  const Page1({Key? key}) : super(key: key);

  @override
  Widget build(BuildContext context) {
    return Container(
```

```
          decoration: BoxDecoration(color: Colors.red),
          alignment: Alignment.center,
          child: Text(
            "Page1",
            style: TextStyle(fontSize: 30),
          ),
        );
    }
}

class Page2 extends StatelessWidget {
    const Page2({Key? key}) : super(key: key);

    @override
    Widget build(BuildContext context) {
      return Container(
          decoration: BoxDecoration(color: Colors.greenAccent),
          alignment: Alignment.center,
          child: Text(
            "Page2",
            style: TextStyle(fontSize: 30),
          ),
        );
    }
}

class PageViewDemo2 extends StatefulWidget {
    const PageViewDemo2({Key? key}) : super(key: key);

    @override
    _PageViewDemo2State createState() => _PageViewDemo2State();
}

class _PageViewDemo2State extends State<PageViewDemo2> {
    int currentPage = 0;
    var pageController;

    @override
    void initState() {
      super.initState();
```

```
      pageController = PageController(initialPage: 0);

      //PageView 設定滑動監聽
      pageController.addListener(() {
         //PageView 滑動的距離
         double offset = pageController.offset;
         // 當前顯示的頁面的索引
         double page = pageController.page;
         print("PageView 滑動的距離 $offset 索引 $page");
      });
   }

   var _page = [
      Page1(),
      Page2(),
   ];

   @override
   Widget build(BuildContext context) {
      return Container(
         child: PageView.builder(
            // 當頁面選中後回呼此方法
            // 參數 [index] 是當前滑動到的頁面角標索引,從 0 開始
            onPageChanged: (int index) {
               print(" 當前的頁面是 $index");
               currentPage = index;
            },
            // 值為 flase 時顯示第 1 個頁面,然後從左向右開始滑動
            // 值為 true 時顯示最後一個頁面,然後從右向左開始滑動
            reverse: false,
            // 滑動到頁面底部無回彈效果
            physics: BouncingScrollPhysics(),
            // 縱向滑動切換
            scrollDirection: Axis.vertical,
            // 頁面控制器
            controller: pageController,
            // 所有的子 Widget
            itemBuilder: (BuildContext context, int index) {
               return _page[index];
            },
```

```
          itemCount: _page.length,
        ),
    );
  }
}
```

13.9.4 表單元件

Flutter 提供了豐富的表單元件，本節介紹幾個非常常用的表單元件的用法。

1. 核取方塊和單選按鈕

Material 元件庫中提供了 Material 風格的核取方塊 Checkbox 和單選按鈕，使用單選按鈕和核取方塊的元件需要繼承自 StatefulWidget。

1) 核取方塊 Checkbox

核取方塊可以選擇多個值，例如選擇多個興趣愛好。核取方塊只能綁定 bool 類型的值，基礎用法如程式範例 13-134 所示。

程式範例 13-134

```
bool checkVal= false;
Checkbox(
    value: this.valueb,
    onChanged: (bool value) {
      setState(() {
        this._checkVal = value;
      });
    },
),
```

CheckBox 的效果如圖 13-85 所示。

▲ 圖 13-85　CheckBox 的基本用法

如果需要實現多選，則首先需要建立一個組資料，綁定 ListView，在 ListView 內部使用 CheckBox 進行選擇，並記錄多選項的值，如程式範例 13-135 所示。

程式範例 13-135

```
// 多選項
 List checkArr = [
   {"title": "打籃球", "checked": false},
   {"title": "彈吉他", "checked": true}
];
// 選中的列表
List checkedList = [];
```

透過 ListView 綁定多選資料專案，如程式範例 13-136 所示。

程式範例 13-136

```
ListView.builder(
    itemCount: checkArr.length,
    itemBuilder: (context, index) {
      return Row(
        children: [
          Text(checkArr[index]["title"]),
          Checkbox(
            value: checkArr[index]["checked"],
            onChanged: (e) {
              setState(() {
                checkArr[index]["checked"] = !checkArr[index]["checked"];
                // 如果選中狀態，並且選中的清單中不包含該項的索引
                // 把當前選項的下標增加到 checkedList 中
                if (checkArr[index]["checked"] &&
                    !checkedList.contains(index)) {
                  checkedList.add(index);
                  print(checkArr[index]["title"]);
                }
              });
            },
          )
        ],
      )
```

```
    );
  },
)
```

效果如圖 13-86 所示。

▲ 圖 13-86　ChekBox 多選項

2) 附帶標籤與圖示的核取方塊 (CheckboxListTile)

CheckboxListTile 構造方法如程式範例 13-137 所示。

程式範例 13-137

```
const CheckboxListTile({
  Key key,
  @required bool value,
  @required ValueChanged<bool> onChanged,
  Color activeColor,
  Widget title,                   // 核取方塊的主標題
  Widget subtitle,                // 核取方塊的副標題
  bool isThreeLine: false,        // 文字是否為三行
  bool dense,                     // 是否為垂直密集列表的一部分
  Widget secondary,               // 圖示
  bool selected: false,           // 文字和圖示顏色是否為選中的顏色 (activeColor)
  ListTileControlAffinity controlAffinity: ListTileControlAffinity.platform
                                  // 文字、圖示、核取方塊的排列順序
});
```

附帶標籤與圖示的核取方塊可以方便地設定標題和左右兩邊的圖示，效果如圖 13-87 所示，範例程式如 13-138 所示。

程式範例 13-138

```
var _checkboxVal = true;

CheckboxListTile(
    value: _checkboxVal,
    onChanged: (val) {
      setState(() {
        _checkboxVal = val!;
      });
    },
    title: Text("Checkbox Item A"),
    subtitle: Text("Description Checkbox "),
    secondary: Icon(Icons.access_alarm),
)
```

▲ 圖 13-87　附帶標籤的核取方塊

3) 單選按鈕 (Radiobox) 和附帶標籤的單選按鈕 (RadioListTile)

與上面的核取方塊的用法基本一樣，如程式範例 13-139 所示。

程式範例 13-139

```
int _radioVal = 0;
void _radioChange(int? val) {
    setState(() {
      _radioVal = val!;
    });
}

Radio(
    //radio 的值
    value: 0,
    //radio 群組值
    groupValue: _radioVal,
```

```
    onChanged: _radioChange,
),
Radio(
    value: 1,
    groupValue: _radioVal,
    onChanged: _radioChange,
)
```

附帶標籤的單選按鈕，如圖 13-88 所示。

▲ 圖 13-88　附帶標籤的單選按鈕

實現附帶標籤的單選按鈕，如程式範例 13-140 所示。

程式範例 13-140

```
int _radioVal = 0;
void _radioChange(int? val) {
    setState(() {
    _radioVal = val!;
    });
}

RadioListTile(
    value: 1,
    groupValue: _radioVal,
    onChanged: _radioChange,
    title: Text("Flutter 課程 "),
    subtitle: Text("Flutter 是一個跨平台開發框架 "),
    secondary: Icon(Icons.access_time),
),
RadioListTile(
    value: 2,
    groupValue: _radioVal,
    onChanged: _radioChange,
```

```
    title: Text("Vue in Depth 課程 "),
    subtitle: Text("Vue 是一個 MVVM 開發框架 "),
    secondary: Icon(Icons.dangerous),
)
```

2. 輸入框和表單

實現圓角輸入框，效果如圖 13-89 所示。

▲ 圖 13-89　TextField 輸入框

實現圓角輸入框，如程式範例 13-141 所示。

程式範例 13-141

```
TextField(
    // 設定字型
    style: TextStyle(
        fontSize: 16,
    ),

    // 設定輸入框樣式
    decoration: InputDecoration(
        hintText: ' 請輸入手機號碼 ',

        // 邊框
        border: OutlineInputBorder(
            borderRadius: BorderRadius.all(
                // 裡面的數值盡可能大才是左右半圓形，否則就是普通的圓角形
                Radius.circular(50),
            ),
        ),

        // 設定內容內邊距
        contentPadding: EdgeInsets.only(
            top: 0,
            bottom: 0,
        ),
```

```
        // 首碼圖示
        prefixIcon: Icon(Icons.phone_iphone),
    ),
),
```

1) 表單基礎用法

Form 作為一個容器可包裹多個表單欄位 (FormField)。FormField 是一個抽象類別，TextFormText 是 FormField 的實現類別，因此可以在 Form 中使用 TextFormField。

建立一個使用者登入表單，並獲取輸入的資訊，效果圖如圖 13-90 所示。

▲ 圖 13-90　登入表單

實現程式如程式範例 13-142 所示。

程式範例 13-142

```
class RegisterFormDemo extends StatefulWidget {
    const RegisterFormDemo({Key? key}) : super(key: key);
    @override
    _RegisterFormDemoState createState() => _RegisterFormDemoState();
}
class _RegisterFormDemoState extends State<RegisterFormDemo> {

    @override
    Widget build(BuildContext context) {
```

```
    return Form(
      child: Column(
        children: [
          TextFormField(
            decoration: InputDecoration(labelText: "使用者名稱"),
          ),
          TextFormField(
            obscureText: true,
            decoration: InputDecoration(labelText: "密 碼"),
          ),
          SizedBox(
          height: 30.0,
        ),
        Container(
          width: double.infinity,
          child: ElevatedButton(
            child: Text(
              "注 冊",
              style: TextStyle(color: Colors.white),
            ),
            onPressed: (){},
            ),
          )
        ],
      ),
    );
  }
}
```

　　TextFormField 的 onSave 方法用來記錄填寫的值，並賦值給本地變數，點擊「註冊」按鈕，儲存整個表單資料，在上面的程式中，每輸入新的內容，TextFormField 便獲取最新的資訊並更新本地的變數，為了獲取整數個表單資料，需要給表單建立一個全域的 Key，透過這個 Key 獲取表單的最新狀態值，如程式範例 13-143 所示。

程式範例 13-143

```
class _RegisterFormDemoState extends State<RegisterFormDemo> {
    final registerFormKey = GlobalKey<FormState>();
```

```
   String userName = "", password = "";

   void submitRegister() {
registerFormKey.currentState!.save();
// 輸到偵錯主控台上
   deBugPrint("username: $userName");
   deBugPrint("password:$password");
   }

   @override
   Widget build(BuildContext context) {
     return Form(
     key: registerFormKey,
       child: Column(
       children: [
         TextFormField(
           decoration: InputDecoration(labelText: " 使用者名稱 "),
           onSaved: (val) {
           userName = val!;
         },
       ),
     TextFormField(
       obscureText: true,
       decoration: InputDecoration(labelText: " 密 碼 "),
       onSaved: (val) {
         password = val!;
       },
     ),
     SizedBox(
       height: 30.0,
     ),
     Container(
       width: double.infinity,
       child: ElevatedButton(
         child: Text(
             " 注 冊 ",
             style: TextStyle(color: Colors.white),
             ),
             onPressed: submitRegister,
             ),
```

```
              )
          ],
        ),
      );
    }
}
```

2) 表單欄位驗證

為了驗證表單，需要使用 _formKey。使用 _formKey.currentState()
方法去存取 FormState，而 FormState 是在建立表單 Form 時由 Flutter 自
動生成的。

FormState 類別包含了 validate() 方法。當 validate() 方法被呼叫時，
會遍歷表單中所有文字標籤的 validator() 函式。如果所有 validator() 函
式驗證都透過，則 validate() 方法傳回 true。如果某個文字標籤驗證不通
過，就會在那個文字標籤區域顯示錯誤訊息，同時 validate() 方法會傳回
false。

透過給 TextFormField 加入 validator() 函式可以驗證輸入是否正確。
validator 函式會驗證使用者輸入的資訊，如果資訊有誤，則會傳回包含出
錯原因的字串 String。如果資訊無誤，則不傳回，如程式範例 13-144 所
示。

程式範例 13-144

```
TextFormField(
    validator: (value) {
      if (value == null || value.isEmpty) {
        return 'Please enter some text';
      }
      return null;
    },
),
```

當使用者提交表單後，我們會預先檢查表單資訊是否有效。如果文
字標籤有內容，則表示表單有效，會顯示正確資訊。如果文字標籤沒有

輸入任何內容，則表示表單無效，會在文字標籤區域展示錯誤訊息，如
程式範例 13-145 所示。

程式範例 13-145

```
ElevatedButton(
   onPressed: () {
      if (_formKey.currentState!.validate()) {
         ScaffoldMessenger.of(context).showSnackBar(
            const SnackBar(content: Text('Processing Data')),
         );
      }
   },
   child: const Text('Submit'),
),
```

3. SnackBar

SnackBar 是 Flutter 提供的一種提示 Widget，附帶操作 (Action) 功
能，SnackBar 的構造方法如程式範例 13-146 所示。

程式範例 13-146

```
const SnackBar({
   Key key,
   @required this.content,
   this.backgroundColor,
   this.elevation,
   this.shape,
   this.behavior,
   this.action,
   this.duration = _snackBarDisplayDuration,
   this.animation,
})
```

其中 this.content 必傳，並且不能是 null，而 elevation 則是 null 或非
負值。

1) 建立 SnackBar

使用 SnackBar，首先需要建立一個 SnackBar，如程式範例 13-147 所示。

程式範例 13-147　　chapter13\code13_9\lib\forms\snackbar_demo.dart

```
SnackBar snackBar = SnackBar(
  content: Text('已經刪除'),
  action: SnackBarAction(
    label: '撤銷',
    onPressed: () {}
  }),
);
```

以上程式建立了一個附帶 action 的 SnackBar，效果如圖 13-91 所示。

▲ 圖 13-91　　SnackBar 效果圖

2) 顯示 SnackBar

顯示 SnackBar，程式如下：

```
Scaffold.of(context).showSnackBar(snackBar);
```

3) 隱藏當前的 SnackBar

隱藏當前的 SnackBar，程式如下：

```
Scaffold.of(context).hideCurrentSnackBar();
```

4. Switch 和 SwitchListTile

Switch(開關)、SwitchListTile(附帶標題的開關) 和 AnimatedSwitch 的用法如程式範例 13-148 所示。

程式範例 13-148

```
SwitchListTile(
```

```
    value: _switchItemA,
    onChanged: (value) {
      setState(() {
        _switchItemA = value;
      });
    },
    title: Text('Switch Item A'),
    subtitle: Text('Description'),
    secondary: Icon(_switchItemA ? Icons.visibility : Icons.visibility_off),
    selected: _switchItemA,
),
```

5. AlertDialog

AlertDialog 對話方塊是一個警示對話方塊，會通知使用者需要確認的情況。警示對話方塊具有可選標題和可選的操作列表，用法如程式範例 13-149 所示。

程式範例 13-149　　chapter13\code13_9\lib\forms\alert_dialog_demo.dart

```
_alertDialog() async {
  var result = await showDialog(
    barrierDismissible: false,// 表示點擊灰色背景時是否消失彈出框
    context: context,
    builder: (context) {
      return AlertDialog(
        title: Text("提示訊息"),
        content: Text(您確定要刪除嗎?"),
        actions: <Widget>[
          TextButton(
            child: Text("取消"),
            onPressed: () {
              print("取消");
              Navigator.of(context).pop("Cancel");
            },
          ),
          TextButton(
            child: Text("確定"),
            onPressed: () {
              print("確定");
```

```
                    Navigator.of(context).pop("Ok");
                },
              )
            ],
          );
        });
    print(result);
}


@override
Widget build(BuildContext context) {
    return Scaffold(
        body: Center(
        child: TextButton(
        child: Text("AlertDialog"),
        onPressed: _alertDialog,
      ),
    ));
}
```

執行效果如圖 13-92 所示。

▲ 圖 13-92　彈出框效果

6. SimpleDialog

簡單的對話方塊提供給使用者了多個選項。一個簡單的對話方塊有一個可選的標題,顯示在選項上方,用法如程式範例 13-150 所示。

程式範例 13-150   chapter13\code13_9\lib\forms\simpledialog_demo.dart

```dart
_simpleDialog() async {
  var result = await showDialog(
    barrierDismissible: true,// 表示點擊灰色背景時是否消失彈出框
    context: context,
    builder: (context) {
      return SimpleDialog(
        title: Text(" 選擇內容 "),
        children: <Widget>[
          SimpleDialogOption(
            child: Text("Option A"),
            onPressed: () {
              print("Option A");
              Navigator.pop(context, "A");
            },
          ),
          Divider(),
          SimpleDialogOption(
            child: Text("Option B"),
            onPressed: () {
              print("Option B");
              Navigator.pop(context, "B");
            },
          ),
          Divider(),
          SimpleDialogOption(
            child: Text("Option C"),
            onPressed: () {
              print("Option C");
              Navigator.pop(context, "C");
            },
          )
        ],
      );
```

```
        });
    print(result);
}


@override
Widget build(BuildContext context) {
    return Scaffold(
        body: Center(
        child: TextButton(
          child: Text("SimpleDialog"),
          onPressed: _simpleDialog,
        ),
    ));
}
```

執行效果如圖 13-93 所示。

▲ 圖 13-93　彈出對話方塊效果

7. ButtonSheet

BottomSheet 是一個底部滑出的元件，基礎用法如程式範例 13-151 所示。

程式範例 13-151

```
BottomSheet(
    onClosing: () {},
    builder: (BuildContext context) {
        return new Text('aaa');
    },
),
```

通常很少直接使用 BottomSheet 而是使用 showModalBottomSheet，
如程式範例 13-152 所示。

程式範例 13-152　chapter13\code13_9\lib\forms\button_sheet_demo.dart

```
_modelBottomSheet() async {
    var result = await showModalBottomSheet(
        context: context,
        builder: (context) {
            return Container(
            height: 220.0,
                child: Column(
                    children: <Widget>[
                        ListTile(
                            title: Text("分享 A"),
                            onTap: () {
                                Navigator.pop(context, "分享 A");
                            },
                        ),
                        Divider(),
                        ListTile(
                            title: Text("分享 B"),
                            onTap: () {
                                Navigator.pop(context, "分享 B");
                            },
                        ),
                        Divider(),
                        ListTile(
                        title: Text("分享 C"),
                        onTap: () {
                                Navigator.pop(context, "分享 C");
```

```
                    },
                )
            ],
        ),
    );
    });
print(result);
}
@override
Widget build(BuildContext context) {
    return Scaffold(
      body: Center(
    child: TextButton(
      child: Text("showModalBottomSheet"),
      onPressed: _modelBottomSheet,
      ),
    ));
}
```

執行效果如圖 13-94 所示。

▲ 圖 13-94　底部彈出對話方塊效果

13.10 路由管理

當 Flutter 應用程式中包含多個頁面且頁面和頁面之間需要相互跳躍時，需要使用 Flutter 提供的路由功能。

路由分為基礎路由、命名路由和嵌套模式路由 3 種，首先透過一個簡單的頁面跳躍來了解 Flutter 路由的基礎用法。

13.10.1 路由的基礎用法

下面透過路由實現從一個頁面跳躍到另一個頁面的功能，並且透過第 2 個頁面上的傳回按鈕回到第 1 個頁面。

首先需要建立兩個頁面，每個頁面包含一個按鈕，點擊第 1 個頁面上的按鈕將導覽到第 2 個頁面，點擊第 2 個頁面上的按鈕將傳回第 1 個頁面，如程式範例 13-153 所示。

程式範例 13-153　chapter13\code13_10\lib\basic\first_page.dart

```dart
class FirstPage extends StatelessWidget {
  const FirstPage({Key? key}) : super(key: key);

  @override
  Widget build(BuildContext context) {
    return Scaffold(
      appBar: AppBar(
        title: const Text('第1個頁面'),
      ),
      body: Center(
        child: OutlinedButton(
          child: const Text('跳躍到第2個頁面'),
          onPressed: () {
              // 點擊跳躍到第2個頁面
            );
          },
        ),
      ),
```

```
      );
    }
}

class SecondPage extends StatelessWidget {
   const SecondPage({Key? key}) : super(key: key);

   @override
   Widget build(BuildContext context) {
      return Scaffold(
        appBar: AppBar(
          title: const Text('第2個頁面'),
        ),
        body: Center(
          child: OutlinedButton(
            child: const Text('關閉當前頁面'),
            onPressed: () {
                // 關閉頁面，顯示第1個頁面
              },
            ),
          ),
        );
    }
}
```

導覽到新的頁面，需要呼叫 Navigator.push 方法。該方法將 Route 增加到路由堆疊中。

使用 MaterialPageRoute 建立路由，它是一種模態路由，可以透過平台自我調整的過渡效果來切換螢幕。預設情況下，當一個模態路由被另一個替換時，上一個路由將保留在記憶體中，如果想釋放所有資源，則可以將 maintainState 設定為 false。

給第 1 個頁面上的按鈕增加 onPressed 回呼，如程式範例 13-154 所示。

程式範例 13-154

```
onPressed: () {
```

```
  Navigator.push(
    context,
    new MaterialPageRoute(builder: (context) => new SecondPage()),
  );
},
```

　　傳回第 1 個頁面，Scaffold 控制項會自動在 AppBar 上增加一個傳回按鈕，點擊該按鈕會呼叫 Navigator.pop。點擊第 2 個頁面中間的按鈕也能回到第 1 個頁面，增加回呼函式，呼叫 Navigator.pop，如程式範例 13-155 所示。

程式範例 13-155

```
onPressed: () {
  Navigator.pop(context);
}
```

　　執行效果如圖 13-95 所示。

▲ 圖 13-95　頁面間路由跳躍

在上面的路由基礎用法中，用了兩個類別，即 MaterialPageRoute 和 Navigator。下面具體介紹這兩個類別的詳細用法。

1. MaterialPageRoute

MaterialPageRoute 繼承自 PageRoute 類別，PageRoute 類別是一個抽象類別，表示佔有整個螢幕空間的模態路由頁面，它還定義了路由建構及切換時過渡動畫的相關介面及屬性。MaterialPageRoute 是 Material 元件庫提供的元件，它可以針對不同平台，實現與平台頁面切換動畫風格一致的路由切換動畫。

當打開頁面時，新的頁面會從螢幕右側邊緣一直滑動到螢幕左邊，直到新頁面全部顯示到螢幕上，而上一個頁面則會從當前螢幕滑動到螢幕左側而消失；當關閉頁面時，正好相反，當前頁面會從螢幕右側滑出，同時上一個頁面會從螢幕左側滑入。

MaterialPageRoute 建構函式的詳細參數如表 13-23 所示，實現如程式範例 13-156 所示。

表 13-23 MaterialPageRoute 建構函式

參數名稱	說明
builder	builder 是一個 WidgetBuilder 類型的回呼函式，它的作用是建構路由頁面的具體內容，傳回值是一個 Widget。通常要實現此回呼，傳回新路由的實例
settings	包含路由的設定資訊，如路由名稱、路由參數資訊
maintainState	預設情況下，當存入堆疊一個新路由時，原來的路由仍然會被儲存在記憶體中，如果想在路由沒用的時候釋放其所佔用的所有資源，則可以將 maintainState 設定為 false
fullscreenDialog	表示新的路由頁面是否是一個全螢幕的模態對話方塊，在 iOS 中，如果 fullscreenDialog 為 true，則新頁面將從螢幕底部滑入 (而非水平方向)

程式範例 13-156

```
MaterialPageRoute({
   WidgetBuilder builder,
```

```
    RouteSettings settings,
    bool maintainState = true,
    bool fullscreenDialog = false,
})
```

2. Navigator

　　Navigator 是一個路由管理的元件，它提供了打開和退出路由頁面的方法。Navigator 透過一個堆疊來管理活動路由集合，如表 13-24 所示，通常當前螢幕顯示的頁面就是堆疊頂的路由。Navigator 的工作原理和堆疊相似，可以將想要跳躍到的 route 壓堆疊 (push())，想要傳回的時候將 route 彈堆疊 (pop())。

表 13-24　普通路由管理方法

參數名稱	說明
push	將設定的 router 資訊推送到 Navigator 上，實現頁面跳躍
pop	關閉當前頁面
popUntil	反覆執行 pop 直到該函式的參數 predicate 的傳回值為 true 為止
pushAndRemoveUntil	將給定路由推送到 Navigator，一個一個地刪除先前的路由，直到該函式的參數 predicate 的傳回值為 true 才停止
pushReplacement	用新的路由替換當前路由

　　命名路由管理方法，如表 13-25 所示。

表 13-25　命名路由管理方法

參數名稱	說明
pushNamed	透過路由名稱推送，效果等於 push
pushNamedAndRemoveUntil	效果等於 pushAndRemoveUntil
pushReplacementNamed	效果等於 pushReplacement
popAndPushNamed	關閉當前頁面，並導覽到新頁面

13.10.2　路由傳值

　　在進行頁面切換時，通常還需要將一些資料傳遞給新頁面，或從新頁面傳回資料。有以下場景：有一個文章列表頁面，點擊每一項會跳躍到對應的內容頁面。在內容頁面中，點擊任意按鈕回到清單頁並顯示結果，如程式範例 13-157 所示。

程式範例 13-157 chapter13\code13_10\lib\param\ArticleListScreen.dart

```dart
import 'package:flutter/material.dart';

class Article {
   String title;
   String content;
   Article({required this.title, required this.content});
}

// 文章清單頁面
class ArticleListScreen extends StatelessWidget {
   final List<Article> articles = List.generate(
      10,
      (i) => Article(
        title: 'Article $i',
        content: 'Article $i: 文章詳情……',
      ),
   );

   ArticleListScreen({Key? key}) : super(key: key);

   @override
   Widget build(BuildContext context) {
     return Scaffold(
       appBar: AppBar(
         title: const Text('文章列表'),
       ),
       body: ListView.builder(
         itemCount: articles.length,
         itemBuilder: (context, index) {
           return ListTile(
             title: Text(articles[index].title),
             onTap: () {
               Navigator.push(
                 context,
                 MaterialPageRoute(
```

```
                    builder: (context) => ArticleDetailScreen(articles
[index]),
                  ),
                );
              },
            );
          },
        ),
      ),
    );
  }
}


// 文章詳情頁面
class ArticleDetailScreen extends StatelessWidget {
  // 直接透過元件參數獲取路由傳入的文章資訊
  final Article article;
  const ArticleDetailScreen(this.article, {Key? key}) : super(key: key);

  @override
  Widget build(BuildContext context) {
    return Scaffold(
      appBar: AppBar(
        title: Text(article.title),
      ),
      body: Padding(
        padding: const EdgeInsets.all(15.0),
        child: Text(article.content),
      ),
    );
  }
}
```

跳躍到內容頁面並傳遞文章索引 ID 對應的文章資訊 (Article)，當點擊列表中的文章時將跳躍到 ArticleDetailScreen，並將 Article 物件傳遞給 ArticleDetailScreen，實現 ListTile 的 onTap 回呼。在 onTap 的回呼中，再次呼叫 Navigator.push 方法，如程式範例 13-158 所示。

程式範例 13-158

```
return ListTile(
    title: Text(articles[index].title),
    onTap: () {
        Navigator.push(
            context,
            MaterialPageRoute(
                builder: (context) => ArticleDetailScreen(articles[index]),
            ),
        );
    },
);
```

　　上面的程式透過路由注入建構參數的方式將參數傳遞給 ArticleDetail Screen 頁面，也可以透過 MaterialPageRoute 的 settings 變數傳遞參數，如程式範例 13-159 所示。

程式範例 13-159

```
MaterialPageRoute(
    builder: (context) => ArticleDetailScreen(articles[index]),
    settings: const RouteSettings(
        name: "param",
        arguments: {"a": 1, "b": 2})
    ),
```

　　使用 MaterialPageRoute 的 settings 變數傳遞參數，在 build() 方法中透過 ModalRoute 類別獲取 settings 中的物件，如程式範例 13-160 所示。

程式範例 13-160

```
@override
    Widget build(BuildContext context) {
        String tmp = ModalRoute.of(context).settings.arguments.toString();
        return Scaffold(
            appBar: AppBar(
            title: Text(tmp),
        ),
        body: Center(child: Text(tmp)),
```

```
        );
}
```

執行效果如圖 13-96 所示。

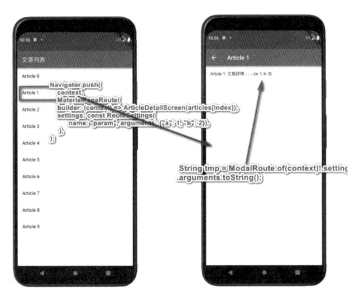

▲ 圖 13-96 路由參數傳遞

修改文章詳請頁面 ArticleDetailScreen，在內容頁面底部增加一個按鈕，點擊按鈕時跳躍到清單頁面並傳遞參數，如程式範例 13-161 所示。

程式範例 13-161

```
@override
Widget build(BuildContext context) {
    return Scaffold(
        appBar: AppBar(
            title: Text(article.title),
        ),
        body: Padding(
            padding: const EdgeInsets.all(16.0),
            child: Column(
                children: <Widget>[
                    Text(article.content),
                    Row(
```

```
                    mainAxisAlignment: MainAxisAlignment.spaceAround,
                    children: <Widget>[
                      ElevatedButton(
                      onPressed: () {
                        Navigator.pop(context, 'Like');
                      },
                      child: const Text('關閉頁面，並傳回參數'),
                    )
                    ],
                  )
              ],
            ),
          ),
        );
    }
```

為了接收詳請頁面傳回的資料，修改 ArticleListScreen 清單項的 onTap 方法，處理內容頁面傳回的資料並顯示，效果如圖 13-97 所示，實現如程式範例 13-162 所示。

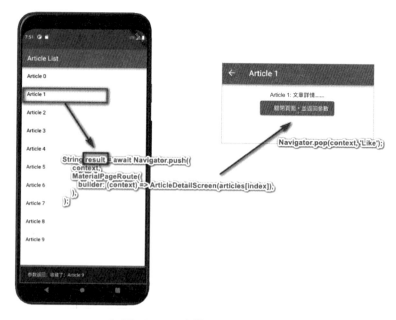

▲ 圖 13-97　安裝 flutter 外掛程式

程式範例 13-162

```
return ListTile(
   title: Text(articles[index].title),
   onTap: () async {
     String result = await Navigator.push(
        context,
        MaterialPageRoute(
          builder: (context) => ArticleDetailScreen(articles[index]),
        ),
     );

     if (result != "") {
        ScaffoldMessenger.of(context).showSnackBar(
          SnackBar(
            content: Text(result),
              duration: const Duration(seconds: 3),
          ),
        );
     }
   },
);
```

13.10.3 命名路由

我們開發的行動 App 管理著大量的路由，使用路由的名稱來引用路由更容易。路由名稱通常使用的路徑結構為 /a/b/c，首頁預設為 "/"。

建立 MaterialApp 時可以指定 routes 參數，該參數是一個映射路由名稱和建構元的 Map。MaterialApp 使用此映射為導覽器的 onGenerateRoute 回呼參數提供路由，如程式範例 13-163 所示。

程式範例 13-163

```
class MyApp extends StatelessWidget {
   const MyApp({Key? key}) : super(key: key);

   @override
   Widget build(BuildContext context) {
```

```
    return MaterialApp(
      title: 'Navigation',
      initialRoute: '/',
      routes: <String, WidgetBuilder>{
        '/list': (BuildContext context) => ArticleListScreen(),
        '/': (BuildContext context) => InfoScreen(),
      },
    );
  }
}
```

命令路由跳躍時呼叫 Navigator.pushNamed，如程式範例 13-164 所示。

程式範例 13-164　chapter13\code13_10\lib\named\InfoScreen.dart

```
Navigator.of(context).pushNamed('/list');
```

命令路由傳值透過 pushNamed 的第 2 個參數 arguments 傳遞，如程式範例 13-165 所示。

程式範例 13-165

```
Navigator.of(context).pushNamed('/login', arguments: {
    "title": "title",
    "name": 'leo',
    'pass': '123456'}
);
```

上面透過 pushNamed 傳遞參數，獲取參數的方式和 settings 中設定參數的方式是一樣的，在 build 方法中透過 ModalRoute 獲取 settings 中的物件，如程式範例 13-166 所示。

程式範例 13-166

```
@override
  Widget build(BuildContext context) {
    // 獲取路由參數
    var args=ModalRoute.of(context).settings.arguments
```

```
        //... 省略無關程式
}
```

13.10.4 路由攔截

透過 onGenerateRoute() 方法實現攔截路由，在路由攔截中可以實現頁面的許可權判斷，以便在路由攔截方法中根據不同的邏輯重新導覽到不同的頁面，程式如下：

```
// 透過 URL 傳遞參數
Navigator.of(context).pushNamed('/info/111');
```

onGenerateRoute() 方法接收 RouteSettings 作為參數，可以在該方法中實現重新定向到其他路由頁面。透過 settings.name 判斷重新實現路由導覽，如程式範例 13-167 所示。

程式範例 13-167

```
onGenerateRoute: (RouteSettings settings) {
    WidgetBuilder builder;
    if (settings.name == '/') {
        builder = (BuildContext context) => new ArticleListScreen();
    } else {
        // 獲取命名路由 URL 參數值
        String param = settings.name.split('/')[2];
        builder = (BuildContext context) => new InfoScreen(param);
    }
    return MaterialPageRoute(builder: builder, settings: settings);
},
```

13.10.5 嵌套模式路由

通常一個應用可能有多個導覽器，將一個導覽器巢狀結構在另一個導覽器的方式稱為路由巢狀結構。舉例來說，行動開發中經常會看到應用首頁有底部導覽列，每個底部導覽列又巢狀結構其他頁面的情況，效果如圖 13-98 所示。

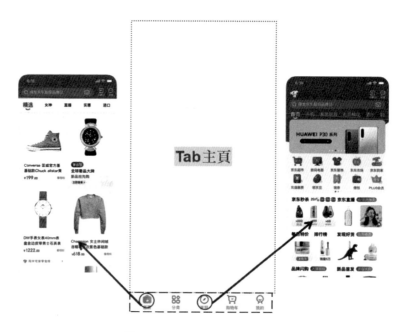

▲ 圖 13-98　嵌套模式路由的場景

　　要實現如圖 13-98 所示的效果，首先需要新建一個底部導覽列，然後由底部導覽列去巢狀結構其他子路由。關於底部導覽列的實現，可以直接使用 Scaffold 版面配置元件的 bottomNavigationBar 屬性實現，如程式範例 13-168 所示。

程式範例 13-168　chapter13\code13_10\lib\nested\main.dart

```
class MainPage extends StatefulWidget {
    @override
    State<StatefulWidget> createState() {
        return MainPageState();
    }
}

class MainPageState extends State<MainPage> {
    // 底部導覽列索引
    int currentIndex = 0;
    final List<Widget> children = [
        HomePage(),    // 首頁
```

```
      MinePage(),    // 我的
  ];

  @override
  Widget build(BuildContext context) {
    return Scaffold(
      body: children[currentIndex],
      bottomNavigationBar: BottomNavigationBar(
        onTap: onTabTapped,
        currentIndex: currentIndex,
        items: [
          BottomNavigationBarItem(icon: Icon(Icons.home), label: '首頁'),
          BottomNavigationBarItem(icon: Icon(Icons.person), label: '我的'),
        ],
      ),
    );
  }

  void onTabTapped(int index) {
    setState(() {
      currentIndex = index;
    });
  }
}
```

在 Flutter 中，建立子路由需要使用 Navigator 元件，並且子路由的攔截需要使用 onGenerateRoute 屬性，如程式範例 13-169 所示。

程式範例 13-169　　chapter13\code13_10\lib\nested\HomePage.dart

```
class HomePage extends StatelessWidget {
  const HomePage({Key? key}) : super(key: key);

  @override
  Widget build(BuildContext context) {
    return Navigator(
      initialRoute: 'first',
      onGenerateRoute: (RouteSettings settings) {
        WidgetBuilder builder = (BuildContext context) => const
SecondPage();
```

```
        switch (settings.name) {
          case 'first':
        builder = (BuildContext context) => const FirstPage();
        break;
      case 'second':
        builder = (BuildContext context) => const SecondPage();
        break;
      }
      return MaterialPageRoute(builder: builder, settings: settings);
    },
  );
  }
}
```

執行上面的程式，當點擊子路由頁面上的按鈕時，底部的導覽列並不會消失，這是因為子路由僅在自己的範圍內有效。要想跳躍到其他子路由管理的頁面，就需要在根導覽器中進行註冊，根導覽器就是 MaterialApp 內部的導覽器。

13.11 事件處理與通知

Flutter 中提供了事件處理和通知的功能，在原生 Android 和 iOS 系統中，主要透過手指進行觸控，當手指接觸到螢幕後，便開始進行事件回應了。

13.11.1 原始指標事件

在 Flutter 的原始事件模型中，在手指接觸螢幕發起接觸事件時，Flutter 會首先確定手指與螢幕發生接觸的位置上究竟有哪些元件，然後透過命中測試 (Hit Test) 交給最內層的元件去回應。也就是說先從繪製樹的最底層的根的位置向上遍歷，直到遍歷到根節點位置。

Flutter 中的手勢系統有兩個獨立的層。第一層具有原始指標事件，

其描述螢幕上指標 (例如觸控、滑鼠和測針) 的位置和移動。第二層具有手勢，其描述由一個或多個指標移動組成的語義動作。

指標表示使用者與裝置螢幕互動的原始資料。有 3 種類型的指標事件，如表 13-26 所示。

表 13-263 種類型指標事件

名稱	類型
PointerDownEvent	指標已在特定位置與螢幕聯繫
PointerMoveEvent	指標已從螢幕上的位置移動到另一個位置
PointerUpEvent	指標已停止接觸螢幕

指標事件的範例程式如下：

```
Listener(
onPointerDown:(downPointEvent){},
onPointerMove:(movePointEvent){},
onPointerUp:(upPointEvent){},
    behavior:HitTestBehavior,
child: Widget
)
```

behavior 決定子元件如何回應命中測試，數值型態是 HitTestBehavior，是一個列舉類型，主要的設定值如表 13-27 所示。

表 13-27　HitTestBehavior 的設定值

名稱	元件說明
deferToChild	子元件一個接一個地命中測試，如果子元件中有命中測試的事件，當前元件會收到指標事件，並且父元件也會收到指標事件
opaque	在進行命中測試時，當前元件會被當成不透明進行處理，點擊的回應區域即為點擊區域
translucent	元件自身和底部可視區域都能夠響應命中測試，當點擊頂部元件時，頂部元件和底部元件都可以接收到指標事件

忽略事件的兩個元件，即 AbsorbPointer 和 IgnorePointer，如表 13-28 所示。

表 13-28　忽略事件的兩個元件

名稱	元件說明
AbsorbPointer	其包裹的元件不能夠響應事件，但是其本身能夠響應指標事件
IgnorePointer	包裹的元件及其本身都不能夠響應指標事件

原始指標事件使用 Listener 來監聽，如程式範例 13-170 所示。

程式範例 13-170　　chapter13\code13_11\lib\events\events_pointer_demo.dart

```
class HomeContent extends StatelessWidget {
    @override
    Widget build(BuildContext context) {
        return Center(
            child: Listener(
                child: Container(
                    width: 200,
                    height: 200,
                    color: Colors.red,
                ),
                onPointerDown: (event) => print("手指按下:$event"),
                onPointerMove: (event) => print("手指移動:$event"),
                onPointerUp: (event) => print("手指抬起:$event"),
            ),
        );
    }
}
```

監聽效果如圖 13-99 所示。

▲ 圖 13-99　原始指標事件監聽

13.11.2 手勢辨識

手勢表示從多個單獨指標事件辨識的語義動作 (舉例來說，點擊、滑動和縮放)，甚至可能是多個單獨的指標。手勢可以排程多個事件，對應於手勢的生命週期 (舉例來說，滑動開始、滑動更新和滑動結束)。

Gesture 被分成非常多的種類，如表 13-29 所示。

表 13-29 Gesture 的種類

事件名稱	事件說明
點擊	onTapDown：使用者發生手指按下的操作 onTapUp：使用者發生手指抬起的操作 onTap：使用者點擊事件完成 onTapCancel：事件按下過程中被取消
按兩下	onDoubleTap：快速點擊了兩次
長按	onLongPress：在螢幕上保持了一段時間
縱向拖曳	onVerticalDragStart：指標和螢幕產生接觸並可能開始縱向移動； onVerticalDragUpdate：指標和螢幕產生接觸，在縱向上發生移動並保持移動； onVerticalDragEnd：指標和螢幕產生接觸結束
橫向拖曳	onHorizontalDragStart：指標和螢幕產生接觸並可能開始橫向移動； onHorizontalDragUpdate：指標和螢幕產生接觸，在橫向上發生移動並保持移動； onHorizontalDragEnd：指標和螢幕產生接觸結束
移動	onPanStart：指標和螢幕產生接觸並可能開始橫向移動或縱向移動。如果設定了 onHorizontalDragStart 或 onVerticalDragStart，則該回呼方法會引發崩潰； onPanUpdate：指標和螢幕產生接觸，在橫向或縱向上發生移動並保持移動。如果設定了 onHorizontalDragUpdate 或 onVerticalDragUpdate，則該回呼方法會引發崩潰； onPanEnd：指標先前和螢幕產生了接觸，並且以特定速度移動，此後不再在螢幕接觸上發生移動。如果設定了 onHorizontalDragEnd 或 onVerticalDragEnd，則該回呼方法會引發崩潰

如果同時監測 onTap 和 onDoubleTap，則在 onTap 後有 200ms 的延遲。

GestureDetector 之所以能夠辨識各種手勢，是因為其內部使用了一個或多個 GestureRecognizer 手勢辨識器。在使用手勢辨識器後，需要呼叫 dispose() 進行資源的釋放，否則會造成大量的資源消耗。

1. 點擊、長按

GestureDetector 對 Container 進行手勢辨識，觸發對應事件後，在 Container 上顯示事件名稱，如程式範例 13-171 所示。

程式範例 13-171　　chapter13\code13_11\lib\events\gesture_demo1.dart

```
class _GestureDemo1State extends State<GestureDemo1> {
  String _msg = "點此處測試手勢!";// 儲存事件名稱
  @override
  Widget build(BuildContext context) {
    return Center(
      child: GestureDetector(
        child: Container(
          alignment: Alignment.center,
          color: Colors.red,
          width: 200.0,
          height: 100.0,
          child: Text(
            _msg,
            style: TextStyle(
              color: Colors.white,
              fontSize: 20.0,
            ),
          ),
        ),
        onTap: () => updateEventsName("Tap"),// 點擊
        onDoubleTap: () => updateEventsName("DoubleTap"), // 按兩下
        onLongPress: () => updateEventsName("LongPress"), // 長按
      ),
    );
  }

  void updateEventsName(String text) {
    // 更新顯示的事件名稱
```

```
    setState(() {
      _msg = text;
    });
  }
}
```

2. 滑動、滑動

下面案例演示如何滑動一個 Container。GestureDetector 對於滑動和滑動事件是沒有區分的，它們本質上是一樣的，如程式範例 13-172，效果如圖 13-100 所示。

程式範例 13-172　chapter13\code13_11\lib\events\drag_demo.dart

```
class DragGestureState extends State<DragGestureDemo>
    with SingleTickerProviderStateMixin {
    double _top = 0.0;// 距頂部的偏移
    double _left = 0.0; // 距左邊的偏移
    @override
    Widget build(BuildContext context) {
    return Stack(
      children: <Widget>[
        Positioned(
          top: _top,
          left: _left,
          child: GestureDetector(
            child: Container(
              alignment: Alignment.center,
              width: 100,
              height: 100,
              decoration: BoxDecoration(color: Colors.red),
              child: Text(
                " 滑動 ",
                style: TextStyle(fontSize: 30.0),
              ),
            ),
            // 手指按下時會觸發此回呼
            onPanDown: (DragDownDetails e) {
              // 列印手指按下的位置 ( 相對於螢幕 )
              print(" 使用者手指按下 :${e.globalPosition}");
```

```
        },
        // 手指滑動時會觸發此回呼
        onPanUpdate: (DragUpdateDetails e) {
            // 使用者手指滑動時，更新偏移，重新建構
            setState(() {
              _left += e.delta.dx;
              _top += e.delta.dy;
            });
        },
        onPanEnd: (DragEndDetails e) {
            // 列印滑動結束時在 x 軸和 y 軸上的速度
            print(e.velocity);
          },
        ),
      )
    ],
  );
    }
}
```

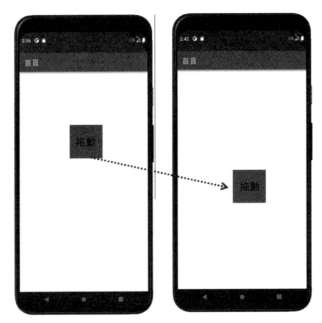

▲ 圖 13-100　滑動事件

3. 單方向滑動

　　onVerticalDragUpdate：指標和螢幕產生接觸，在縱向上發生移動並保持移動，如程式範例 13-173 所示。

程式範例 13-173　　chapter13\code13_11\lib\events\gesture_demo2.dart

```
class DragVerticalDemoState extends State<DragVerticalDemo> {
   double _top = 0.0;
   @override
   Widget build(BuildContext context) {
     return Stack(
       children: <Widget>[
         Positioned(
           top: _top,
           child: GestureDetector(
             child: CircleAvatar(
               child: Text("Go"),
               backgroundColor: Colors.red,
             ),
             // 垂直方向滑動事件
             onVerticalDragUpdate: (DragUpdateDetails details) {
               setState(() {
                 _top += details.delta.dy;
               });
             }),
         )
       ],
     );
   }
}
```

　　執行效果如圖 13-101 所示。

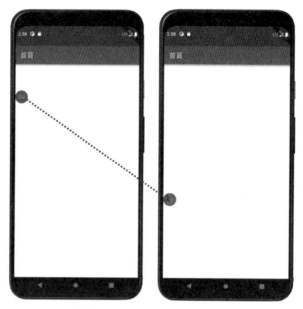

▲ 圖 13-101　　單一方向拖曳事件

4. 縮放

　　GestureDetector 可以監聽縮放事件，下面範例演示了一個簡單的圖片縮放效果，如程式範例 13-174 所示。

程式範例 13-174　　chapter13\code13_11\lib\events\gesture_demo3.dart

```
class _GestureDemo3State extends State<GestureDemo3> {
  double _width = 150.0;                  // 透過修改圖片寬度來達到縮放效果
  @override
  Widget build(BuildContext context) {
    return Center(
      child: GestureDetector(
        // 指定寬度，高度自我調整
        child: Image.asset(
          "./assets/images/girl.jpg",
          width: _width,
        ),
        onScaleUpdate: (ScaleUpdateDetails details) {
          setState(() {
```

```
                // 縮放倍數為 0.6~10
                _width = 150 * details.scale.clamp(.6, 10.0);
            });
        },
      ),
    );
  }
}
```

執行效果如圖 13-102 所示。

▲ 圖 13-102　縮放事件

13.11.3　全域事件匯流排

事件匯流排是廣播機制的一種實現方式 (廣播為跨頁面事件通訊提供
了有效的解決方案)。訂閱者模式中包含兩種角色：發行者和訂閱者。

(1)　發行者主要負責在狀態改變時通知所有的訂閱者。

(2)　觀察者則負責訂閱事件並對接收的事件進行處理。

使用事件匯流排可以實現元件之間狀態的共用，但是對於複雜場景來講，可以使用專門的管理框架，例如 Redux、ScopeModel 或 Provider。

這裡演示協力廠商的 EventBus 外掛程式的用法。

第 1 步：將開放原始碼事件庫 event_bus 的相依增加到專案的 pubspec.yaml 檔案中，程式如下：

```
dependencies:
  event_bus: ^2.0.0
```

使用 event_bus 函式庫，實現元件與元件的交流透過事件匯流排來完成，如圖 13-103 所示。

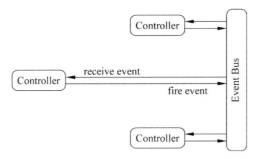

▲ 圖 13-103　event_bus 外掛程式事件匯流排

第 2 步：建立首頁面，引用兩個兄弟元件，下面程式測試跨元件資料互動，如程式範例 13-175 所示。

程式範例 13-175

```
@override
  Widget build(BuildContext context) {
    return Center(
      child: Container(
        child: Column(
          mainAxisAlignment: MainAxisAlignment.center,
          children: <Widget>[
            // 兩個頁面為兄弟元件
            First_Page(),
```

```
                 Second_Page(),
              ],
            ),
          ),
        );
}
```

第 3 步：在 Dart 語言中任何 class 都可以作為一個 event, 建立 event_
bus.dart 檔案，如程式範例 13-176 所示。

程式範例 13-176

```
import 'package:event_bus/event_bus.dart';

//Bus 初始化
EventBus eventBus = EventBus();

class UserLoggedInEvent {
    String text = "";
    UserLoggedInEvent(String text) {
       this.text = text;
    }
}
```

第 4 步：建立頁面元件 first_page.dart，點擊按鈕，透過 eventBus.
fire 方法發送一個 UserLoginInEvent 物件，如程式範例 13-177 所示。

程式範例 13-177

```
import 'package:flutter/material.dart';
// 引入 Bus
import './event_bus.dart';

class First_Page extends StatelessWidget {
    String text = ' 這是觸發事件 , 透過 Bus 傳遞 ';
    @override
    Widget build(BuildContext context) {
      return Container(
        child: InkWell(
          onTap: () {
```

```
            //Bus 觸發事件
            eventBus.fire(new UserLoggedInEvent(text));
          },
          child: Container(
            alignment: Alignment.center,
            height: 60.0,
            width: 200.0,
            margin: EdgeInsets.all(5.0),
            decoration: BoxDecoration(color: Colors.red),
            child: Text(' 點擊此處觸發 '),
          ),
        ),
      );
    }
}
```

第 5 步，建立 second_page.dart 元件，在元件中監聽事件匯流排，接收事件匯流排發送的資料，並更新頁面狀態，如程式範例 13-178 所示。

程式範例 13-178

```
import 'package:flutter/material.dart';
// 引入 Bus
import './event_bus.dart';

class Second_Page extends StatefulWidget {
    @override
    _Second_PageState createState() => _Second_PageState();
}

class _Second_PageState extends State<Second_Page> {
    var result;
// 監聽 Bus events
    void _listen() {
      eventBus.on<UserLoggedInEvent>().listen((event) {
        setState(() {
          result = event.text;
        });
      });
    }
}
```

```
  @override
  Widget build(BuildContext context) {
    _listen();
    return Container(
      child: Text('${result}'),
    );
  }
}
```

說明：該外掛程式的網址為 https://pub.dev/packages/event_bus。

13.11.4 事件通知

　　與 InheritedWidget 的傳遞方向正好相反，通知 (Notification) 可以實現將資料從子元件向父元件傳遞。

　　通知是 Flutter 中一個重要的機制，在 Widget 樹中，每個節點都可以分發通知，通知會沿著當前節點向上傳遞，所有父節點都可以透過 NotificationListener 來監聽通知。Flutter 中將這種由子向父的傳遞通知的機制稱為通知反昇 (Notification Bubbling)。通知反昇和使用者觸控事件反昇相似，但有一點不同：通知反昇可以中止，但使用者觸控事件反昇不行。

　　定義一個通知類別，要繼承自 Notification 類別，程式如下：

```
class MyNotification extends Notification {
   MyNotification(this.msg);
   final String msg;
}
```

　　分發通知，如程式範例 13-179 所示。

程式範例 13-179

```
class NotificationRouteState extends State<NotificationRoute> {
   String _msg="";
```

```
    @override
    Widget build(BuildContext context) {
      // 監聽通知
      return NotificationListener<MyNotification>(
        onNotification: (notification) {
          setState(() {
            _msg+=notification.msg+"";
          });
          return true;
        },
        child: Center(
          child: Column(
            mainAxisSize: MainAxisSize.min,
            children: <Widget>[
              Builder(
                builder: (context) {
                  return RaisedButton(
                    // 按鈕點擊時分發通知
                    onPressed: () => MyNotification("Hi").
dispatch(context),
                    child: Text("Send Notification"),
                  );
                },
              ),
              Text(_msg)
            ],
          ),
        ),
      );
    }
```

13.12 網路

Flutter 支援 HTTP 協定、WebSocket 協定，以及以 Socket 協定的方式與伺服器端進行連接和資料互動，本節詳細介紹多種 Flutter 網路函式庫的用法。

13.12.1 HttpClient

Dart 內建 IO 函式庫中提供了 HttpClient 函式庫,此函式庫用於網路存取。HttpClient 只能實現一些基本的網路請求,對於一些複雜的網路請求,如對 POST 裡的 Body 請求本體傳輸內容類別型部分還無法支援,multipart/form-data 這種類型傳輸也不支援。

完整地使用 HttpClient 發起請求分為以下 8 個步驟:

(1) 匯入套件,程式如下:

```
import 'dart:io';
```

(2) 建立一個 HttpClient,程式如下:

```
HttpClient httpClient = HttpClient();
```

(3) 打開 HTTP 連接,設定請求標頭,程式如下:

```
HttpClientRequest request = await httpClient.getUrl(uri);
```

可以使用任意 HTTP Method, 如 httpClient.post(...)、httpClient.delete(...) 等。如果包含 Query 參數,則可以在建構 URI 時增加參數,程式如下:

```
Uri uri = Uri(scheme: "https", host: "51itcto.com", queryParameters: {
    "xx":"11",
    "yy":"22"
});
```

(4) 透過 HttpClientRequest 設定請求 Header,程式如下:

```
request.headers.add("user-agent", "test");
```

(5) 如果是 POST 或 PUT 等可以攜帶請求本體方法,則可以透過 HttpClientRequest 物件發送 Request Body,程式如下:

```
String payload="...";
request.add(utf8.encode(payload));
```

(6) 等待連接伺服器，程式如下：

```
HttpClientResponse response = await request.close();
```

發送請求資訊給伺服器，傳回一個 HttpClientResponse 物件，它包含響應表頭 (Header) 和回應流 (回應本體的 Stream)，接下來就可以透過讀取回應流獲取回應內容。

(7) 讀取回應內容，程式如下：

```
String responseBody = await response.transform(utf8.decoder).join();
```

透過讀取回應流獲取伺服器傳回的資料，在讀取時可以設定編碼格式，如這裡設定為 utf8 格式。

(8) 請求結束，關閉 HttpClient，程式如下：

```
httpClient.close();
```

關閉 client 後，透過該 client 發起的所有請求都會中止。

下面使用 HttpClient 類別來請求獲取最新的天氣預報資訊，該介面傳回的是 JSON 格式的資料，如程式範例 13-180 所示。

程式範例 13-180　chapter13\code13_12\lib\https\httpclient_demo.dart

```
import 'package:flutter/material.dart';
import 'dart:io';
class _HttpClientDemoState extends State<HttpClientDemo> {
  var resData = "";
  var urlAddr = "http://tianqi/api/";

  @override
  Widget build(BuildContext context) {
    return Container(
```

```
            child: OutlinedButton(
               child: Text(" 獲取最新增加的資料 "),
               onPressed: getWeatcherList,
            ),
         );
      }


      void getWeatcherList() async {
         try {
            HttpClient httpClient = HttpClient();
            HttpClientRequest request = await httpClient.getUrl(Uri.parse(urlAddr));
            HttpClientResponse response = await request.close();
            var responseBody= await response.transform(utf8.decoder).join();
            resData = responseBody;
            print(' 最新天氣情況 :' + responseBody);
            httpClient.close();
         } catch (e) {
            print(' 請求失敗 :$e');
         }
      }
}
```

使用 dart：convert 函式庫把 JSON 格式資料轉換成 Map 格式，程式如下：

```
import 'dart:convert' as Convert;
Map data = Convert.jsonDecode(responseBody);
   print(' 最新天氣情況 :' + data["city"]);
```

介面效果如圖 13-104 所示。

▲ 圖 13-104　HttpClient 範例

點擊介面按鈕，傳回 JSON 格式的資料，如圖 13-105 所示。

I:/flutter (2720): 最新天氣情況: {"cityId":"101110101","city":"\u897f\u5b89","cityEn":"xian","country":"\u4e2d\u56fd","countryE
n":"China","update_time":"2022-02-14 17:03:33","data":[{"day":"14\u65e5\uff08\u661f\u671f\u4e00\uff09","date":"2022-02-14","we
ek":"\u661f\u671f\u4e00","wea":"\u591a\u4e91","wea_img":"yun","wea_day":"\u591a\u4e91","wea_day_img":"yun","wea_night":"\u591a
\u4e91","wea_night_img":"yun","tem":"9","tem1":"11","tem2":"0","humidity":"44%","visibility":"6km","pressure":"974","win":["\u
4e1c\u5317\u98ce","\u4e1c\u5317\u98ce"],"win_speed":"3-4\u7ea7\u8f6c<3\u7ea7","win_meter":"2km\/h","sunrise":"07:30","sunse
t":"18:26","air":"85","air_level":"\u826f","air_tips":"\u7a7a\u6c14\u597d\u4f0c\u53ef\u4ee5\u5916\u51fa\u6d3b\u52a8\uff0c\u966
4\u6781\u5c11\u6570\u5bf9\u6c61\u67d3\u7269\u7279\u522b\u654f\u611f\u7684\u4eba\u7fa4\u4ee5\u5916\uff0c\u5bf9\u516c\u4f17\u6ca
1\u6709\u5371\u5bb3\uff01","alarm":{"alarm_type":"","alarm_level":"","alarm_content":""},"hours":[{"hours":"17\u65f6","we
a":"\u591a\u4e91","wea_img":"yun",

▲ 圖 13-105　HttpClient 獲取的資料

13.12.2 HTTP 函式庫

在 Flutter 開發中，HTTP 函式庫是官方推薦的網路函式庫，因為其包含了一些非常方便的函式，可以讓我們更方便地存取網路，獲取資源，同時 HTTP 函式庫還支援手機端和 PC 端。

> **注意**：函式庫網址為 https://pub.dartlang.org/packages/http。

1. 整合 HTTP 函式庫

在專案的 pubspec.yaml 設定檔裡加入引用，增加的相依如下：

```
dependencies:
http: ^0.13.4
```

匯入 HTTP 模組，程式如下：

```
import 'package:http/http.dart' as http;
```

2. 常用方法

Get 請求，如程式範例 13-181 所示。

程式範例 13-181

```
import 'dart:convert' as convert;

import 'package:http/http.dart' as http;
```

```
void main(List<String> arguments) async {
  //https://developers.google.com/books/docs/overview
  var url =
    Uri.https('www.googleapis.com', '/books/v1/volumes', {'q': '{http}'});

  //Await the http get response, then decode the json-formatted response.
  var response = await http.get(url);
  if (response.statusCode == 200) {
    var jsonResponse =
      convert.jsonDecode(response.body) as Map<String, dynamic>;
    var itemCount = jsonResponse['totalItems'];
    print('Number of books about http: $itemCount.');
  } else {
    print('Request failed with status: ${response.statusCode}.');
  }
}
```

Post 請求，如程式範例 13-182 所示。

程式範例 13-182

```
void addProduct(Product product) async {
  Map<String, dynamic> param = {
    'title': product.title,
    'description': product.description,
    'price': product.price
  };
  try {
    final http.Response response = await http.post(
      'https://flutter-cn.firebaseio.com/products.json',
      body: json.encode(param),
      encoding: Utf8Codec());

    final Map<String, dynamic> responseData = json.decode(response.body);
    print('$responseData 資料');

  } catch (error) {
    print('$error 錯誤');
  }
}
```

13.12.3 Dio 函式庫

Dio 函式庫是一個非常流行並且廣泛使用的網路函式庫，Dio 函式庫不僅支援常見的網路請求，還支援 RESTful API、FormData、攔截器、請求取消、Cookie 管理、檔案上傳 / 下載、逾時等操作。

1. 安裝相依

和使用其他的協力廠商函式庫一樣，使用 Dio 函式庫之前需要先安裝相依，安裝前可以在 Dart PUB 上搜索 Dio，確定其版本編號，在 pubspec.yaml 檔案中增加相依，程式如下：

```
dependencies:
    dio: ^4.0.4#latest version
```

然後執行 flutter packages get 命令或點擊 Packages get 選項拉取函式庫相依。

使用 Dio 之前需要先匯入 Dio 函式庫，並建立 Dio 實例，程式如下：

```
import 'package:dio/dio.dart';
Dio dio = new Dio();
```

接下來，就可以透過 Dio 實例來發起網路請求了，注意，一個 Dio 實例可以發起多個 HTTP 請求，一般來講，當 App 只有一個 HTTP 資料來源時，Dio 應該使用單例模式。

2. 使用方法介紹

GET 請求如程式範例 13-183 所示。

程式範例 13-183

```
import 'package:dio/dio.dart';
void getHttp() async {
   try {
     Response response;
```

```
      response=await dio.get("/get?id=12&name=xx")
      print(response.data.toString());
   } catch (e) {
      print(e);
   }
}
```

在上面的範例中，可以將 query 參數透過物件來傳遞，上面的程式等於：

```
response=await dio.get("/get",queryParameters:{"id":12,"name":"xx"})
print(response);
```

POST 請求如下：

```
response=await dio.post("/post",data:{"id":12,"name":"xx"})
```

如果要發起多個併發請求，則可以使用下面的方式：

```
response= await Future.wait([dio.post("/post"),dio.get("/token")]);
```

如果要下載檔案，則可以使用 Dio 的 download() 函式，程式如下：

```
response=await dio.download("https://www.xx.com/",_savePath);
```

如果要發起表單請求，則可以使用下面的方式，如程式範例 13-184 所示。

程式範例 13-184

```
FormData formData = new FormData.from({
    "name": "xxx",
    "age": 25,
});
response = await dio.post("/upload", data: formData)
```

如果發送的資料是 FormData，Dio 則會將請求 Header 的 contentType

設為 multipart/form-data。FormData 也支援上傳多個檔案的操作,如程式範例 13-185 所示。

程式範例 13-185

```
FormData formData = new FormData.from({
    "name": "leo",
    "age": 35,
    "file1": new UploadFileInfo(new File("./upload.txt"), "upload1.txt"),
    "file2": new UploadFileInfo(new File("./upload.txt"), "upload2.txt"),
        // 支援檔案陣列上傳
    "files": [
        new UploadFileInfo(new File("./example/upload.txt"), "upload.txt"),
        new UploadFileInfo(new File("./example/upload.txt"), "upload.txt")
    ]
});
response = await dio.post("/upload", data: formData)
```

Dio 內部仍然使用 HttpClient 發起請求,所以代理、請求認證、證書驗證等和 HttpClient 是相同的,可以在 onHttpClientCreate 回呼中進行設定,程式範例 13-186 所示。

程式範例 13-186

```
(dio.httpClientAdapter as DefaultHttpClientAdapter).onHttpClientCreate =
(client) {
    // 設定代理
    client.findProxy = (uri) {
        return "PROXY 192.168.2.222:8899";
    };
    // 驗證證書
    httpClient.badCertificateCallback=(X509Certificate cert, String host,
int port){
        if(cert.pem==PEM){
            return true;               // 如果證書一致,則允許發送資料
        }
        return false;
    };
};
```

3. Dio 實踐案例

下面透過一個簡單的案例，介紹如何使用 Dio+FutureBuilder 實現非同步資料綁定。

FutureBuilder 是一個將非同步作業和非同步 UI 更新結合在一起的類別，透過它可以將網路請求和資料庫讀取等的結果更新到頁面上，FutureBuilder 的建構函式如表 13-30 所示。

表 13-30 FutureBuilder 的建構函式

建構參數名稱	建構參數說明
future	Future 物件表示此建構器當前連接的非同步計算
initialData	表示一個不可為空的 Future 完成前的初始化資料
builder	builder 函式接收兩個參數 BuildContext context 與 AsyncSnapshot<T> snapshot，它傳回一個 Widget。 AsyncSnapshot 包含非同步計算的資訊，它具有的屬性如表 13-30 所示。

AsyncSnapshot 屬性如表 13-31 所示。

表 13-31 AsyncSnapshot 屬性

屬性名稱	屬性名稱說明
connectionState	列舉 ConnectionState 的值，表示與非同步計算的連接狀態，ConnectionState 有 4 個值，即 none、waiting、active 和 done
data	非同步計算接收的最新資料
error	非同步計算接收的最新錯誤物件
hasData、hasError	分別檢查它是否包含不可為空資料值或錯誤值

Dio 結合 FutureBuilder 實現優雅的非同步資料綁定，如程式範例 13-187 所示。

程式範例 13-187　chapter13\code13_12\lib\https\dio_demo.dart

```
class _DioFutureDemoState extends State<DioFutureDemo> {
  Dio _dio = Dio();
  var urlAddr = "http://www.tianqiapi/";
  @override
  Widget build(BuildContext context) {
    return Scaffold(
```

```
      appBar: AppBar(title: Text("Dio Future Demo")),
      body: Container(
        alignment: Alignment.center,
        child: FutureBuilder(
          future: _dio.get(urlAddr),
          builder: (BuildContext context, AsyncSnapshot snapshot) {
            // 請求完成
            if (snapshot.connectionState == ConnectionState.done) {
              Response response = snapshot.data;
              // 發生錯誤
              if (snapshot.hasError) {
                return Text(snapshot.error.toString());
              }
              // 請求成功，變數資料綁定 ListView
              return ListView(
                children: response.data["data"]
                  .map<Widget>(
                    (item) => ListTile(title: Text(item["week"])))
                  .toList(),
              );
            }
          // 請求未完成時彈出 loading
          return CircularProgressIndicator();
        }),
      ),
    );
  }
}
```

13.12.4 WebSocket

WebSocket 是一種雙工的通行協定，不同於 HTTP 單工的協定，WebSocket 相當於在伺服器端和使用者端之間建立了一筆長的 TCP 連結，使伺服器端和使用者端可以即時通訊，而不需要透過 HTTP 輪詢的方式來間隔地獲取訊息。

Flutter 提供了 web_socket_channel 套件來處理 WebSocket 訊息的監聽和發送。

1. 增加相依

在 pubspec.yaml 檔案中增加相依，程式如下：

```
dependencies:
   web_socket_channel: ^2.1.0
```

2. 匯入元件

匯入 io.dart 套件，程式如下：

```
import 'package:web_socket_channel/io.dart';
```

3. WebSocket 連接

建立 WebSocketChannel 實例可以使用上面套件提供的 IOWebSocket Channel.connect 連接到一個 WebSocket 服務，如程式範例 13-188 所示。

程式範例 13-188

```
IOWebSocketChannel _channel = IOWebSocketChannel.connect("ws://echo.
websocket.org");
```

connect() 方法接收 URL 作為參數，除此之外還支援傳入 protocol 和 header 等，如程式範例 13-189 所示。

程式範例 13-189

```
factory IOWebSocketChannel.connect(url,
   {Iterable<String> protocols,
   Map<String, dynamic> headers,
   Duration pingInterval})
```

4. 資料監聽

監聽 WebSocket 服務的訊息基於 Stream.listen() 方法，如程式範例 13-190 所示。

程式範例 13-190

```
StreamSubscription<T> listen(void onData(T event),
    {Function onError, void onDone(), bool cancelOnError});
```

上面建立好的 _channel 可以監聽伺服器端發送過來的 message，如程式範例 13-191 所示。

程式範例 13-191

```
// 監聽訊息
_channel.stream.listen((message) {
    print(message);
});
```

5. 發送訊息

WebSocket 本身採用雙向通訊，如果要發送給伺服器端，則可借助 WebSocketSink.add 的能力，如程式範例 13-192 所示。

程式範例 13-192

```
void add(T data) {
    _sink.add(data);
}
```

因此使用上面的 _channel 發送資料，如程式範例 13-193 所示。

程式範例 13-193

```
void _sendHandle() {
    if (_message.isNotEmpty) {
        _channel.sink.add(_message);
    }
}
```

6. 關閉連結

在 Widget 生命週期中，需要將 socketChannel 關閉，透過 WebSocketSink.close() 實現，程式如下：

```
_channel.sink.close();
```

7. WebSocket 實踐

下面案例實現一個簡單的網路即時聊天功能，如程式範例 13-194 所示。

程式範例 13-194　chapter13\code13_12\lib\websocket\websocket_demo.dart

```dart
import 'package:flutter/material.dart';
import 'package:web_socket_channel/io.dart';

class WebSocketDemo extends StatefulWidget {
  WebSocketDemo({Key? key}) : super(key: key);
  _WebSocketDemoState createState() => _WebSocketDemoState();
}

class _WebSocketDemoState extends State<WebSocketDemo> {
  List _list = [];
  String _message = "";
  IOWebSocketChannel _channel =
    IOWebSocketChannel.connect("ws://echo.websocket.org");

  void _onChangedHandle(value) {
    setState(() {
      _message = value.toString();
    });
  }

  //_WebSocketDemoState() {
  //print(_channel);
  //}
  @override
  void initState() {
    super.initState();
    setState(() {
      _list.add('[Info] Connected Success!');
    });
```

```
    // 監聽訊息
    _channel.stream.listen((message) {
      print(message);
      setState(() {
        _list.add('[Received] ${message.toString()}');
      });
    });
  }

  void _sendHandle() {
    if (_message.isNotEmpty) {
      _list.add('[Sended] $_message');
      _channel.sink.add(_message);
    }
  }

  Widget _generatorForm() {
    return Column(
      children: <Widget>[
        TextField(onChanged: _onChangedHandle),
        SizedBox(height: 10),
        Row(
          mainAxisAlignment: MainAxisAlignment.spaceAround,
          children: <Widget>[
            OutlinedButton(
              child: Text('Send'),
              onPressed: _sendHandle,
            )
          ],
        )
      ],
    );
  }

  List<Widget> _generatorList() {
    List<Widget> tmpList = _list.map((item) => ListItem(msg: item)).toList();
    List<Widget> prefix = [_generatorForm()];
    prefix.addAll(tmpList);
    return prefix;
  }
```

```
   @override
   Widget build(BuildContext context) {
      return ListView(
         padding: EdgeInsets.all(10),
         children: _generatorList(),
      );
   }

   @override
   void dispose() {
      super.dispose();
      _channel.sink.close();
   }
}

class ListItem extends StatelessWidget {
   final String msg;
   ListItem({Key? key, required this.msg}) : super(key: key);

   @override
   Widget build(BuildContext context) {
      return Text(msg);
   }
}
```

13.12.5 Isolate

Dart 是基於單執行緒模型設計的，但為了進一步利用多核心 CPU，將 CPU 密集型運算進行隔離，Dart 也提供了多執行緒機制，即 Isolate(隔離)。在 Isolate 中，資源隔離做得非常好，每個 Isolate 都有自己的 Event Loop 與 Queue，Isolate 之間不共用任何資源，只能依靠訊息機制通訊，因此也就沒有資源先佔問題。

Isolate 與執行緒的區別就是執行緒與執行緒之間是共用記憶體的，而 Isolate 和 Isolate 之間的記憶體不共用，所以叫 Isolate，因此也不存在鎖競爭問題，兩個 Isolate 完全是兩條獨立的執行線，並且每個 Isolate 都有自己的事件迴圈，它們之間只能透過發送訊息通訊，所以它的資源銷耗低於執行緒。

1. Isolate 與 Future 的關係

Async 關鍵字實現了非同步作業，所謂的非同步其實也是執行在同一執行緒中並沒有開啟新的執行緒，只是透過單執行緒的任務排程實現一個先執行其他的程式部分，等這邊有結果後再傳回的非同步效果，如表 13-32 所示。

表 13-32 Isolate 與 Future 差別

名稱	差別
Isolate	可以實現非同步平行多個任務。 如果一個操作需要幾百毫秒，就用 Isolate。 • JSON 解析； • encryption 加解密； • 影像處理，例如 cropping； • 從網路載入圖片
Future	實現非同步串列多個任務。 如果一種方法耗時幾十毫秒，則用 Future

2. Isolate 用法介紹

每個 Isolate 有自己的記憶體和 EventLoop。不同的 Isolate 只能透過傳遞訊息進行通訊。

Dart 的 Isolate 沒有記憶體共用機制，這樣設計有一個好處，就是在處理記憶體分配和回收時，無須加鎖，因為僅一個執行緒並不會先佔。

Isolate 可以方便地利用多核心 CPU 來處理耗時操作，因記憶體不共用，所以需要透過 Port 進行訊息通訊，其中 Port 訊息傳遞也是非同步的。每個 Isolate 都包含一個 SendPort 和 ReceivePort，如圖 13-106 所示。

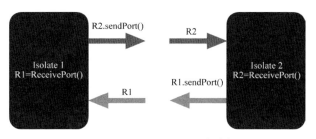

▲ 圖 13-106　Isolate 機制

　　其實 ReceivePort 一般需要 Isolate 自己建立，可以透過 ReceivePort.
sendPort 得到對應的 sendPort，使用這個 sendPort 的 send 方法發送資
訊，ReceivePort 就會收到訊息了。

　　單向通訊如程式範例 13-195 所示。

程式範例 13-195

```
import 'dart:isolate';

var anotherIsolate;
var value = "Now Thread!";

void startOtherIsolate() async {
    // 當前 Isolate 建立一個 ReceivePort 物件，並獲得對應的 SendPort 物件
    var receivePort = ReceivePort();

    // 建立一個新的 Isolate，並實現新 Isolate 要執行的非同步任務
    // 同時，將當前 Isolate 的 SendPort 物件傳遞給新的 Isolate
    // 以便新的 Isolate 使用這個 SendPort 物件向原來的 Isolate 發送事件
    // 呼叫 Isolate.spawn 建立一個新的 Isolate
    // 這是一個非同步作業，因此使用 await 等待執行完畢
    anotherIsolate = await Isolate.spawn(otherIsolateInit, receivePort.sendPort);

    // 呼叫當前 Isolate#receivePort 的 listen 方法監聽新的 Isolate 傳遞過來的資料
    //Isolate 之間什麼資料型態都可以傳遞，不必做任何標記
    receivePort.listen((date) {
      print("Isolate 1 接收訊息 :data = $date，value = $value");
    });
}
```

```
// 新的 Isolate 要執行的非同步任務
// 即呼叫當前 Isolate 的 sendPort 向其 receivePort 發送訊息
void otherIsolateInit(SendPort sendPort) async {
    value = "Other Thread!";
    sendPort.send("Hello Main");
}


// 在 Main Isolate 建立一個新的 Isolate
// 並使用 Main Isolate 的 ReceiverPort 接收新的 Isolate 傳遞過來的資料
void main() {
    startOtherIsolate();
}
```

　　雙向通訊與單向通訊一樣，把雙方的 SendPort 相互傳遞即可，如程
式範例 13-196 所示。

程式範例 13-196

```
import 'dart:isolate';

void main(List<String> arguments) async {
    handleIsolate();
}


void handleIsolate() async {
    final receivePort = ReceivePort();
    SendPort sendPort;
    final isolate = await Isolate.spawn(currentIsolate, receivePort.
sendPort,deBugName: 'Isolate1');
    receivePort.listen((message) {
      if (message is SendPort){
         sendPort = message;
         print('雙向通訊建立成功!');
         sendPort.send('Isolate1 send a message (${isolate.deBugName})');
         return;
      }
      print('Isolate1 接收到訊息 $message , (${isolate.deBugName})');
    });
}
```

```
void currentIsolate(SendPort sendPort) {
   var receivePort = ReceivePort();
   receivePort.listen((message) {
      print('current Isolate 接收到訊息 $message , (${Isolate.current.
deBugName})');
      for(var i = 0; i < 100; i++){
         sendPort.send(i);
      }
   });
   sendPort.send(receivePort.sendPort);
}
```

　　Dart 中的 Isolate 比較質量級，Isolate 和 UI 執行緒傳輸比較複雜，
Flutter 在 Foundation 中封裝了一個輕量級的 compute 操作。

　　compute 使用條件有兩個：

　　(1)　傳入的方法只能是頂級函式或 static() 函式。

　　(2)　只有一個傳入參數和一個傳回值。

　　每次呼叫都相當於建立了一個 Isolate，如果頻繁使用，則 CPU 負
擔、記憶體佔用也很大，如程式範例 13-197 所示。

程式範例 13-197

```
import 'package:flutter/foundation.dart';
import 'dart:io';

// 建立一個新的 Isolate，在其中執行任務 doWork
create_new_task() async{
   var str = "New Task";
   var result = await compute(doWork, str);
   print(result);
}

static String doWork(String value){
   print("new isolate doWork start");
   // 模擬耗時 5s
   sleep(Duration(seconds:5));
   print("new isolate doWork end");
```

```
    return "complete:$value";
}
```

3. 基於 Isolate 在幕後處理網路請求資料

下面演示使用 Isolate 在幕後處理網路請求資料，使用步驟如下。

第 1 步：增加 HTTP 封包。在專案中增加 HTTP 封包，HTTP 封包會讓網路請求變得像從 JSON 端點獲取資料一樣簡單，程式如下：

```
dependencies:
    http: <latest_version>
```

第 2 步：發起一個網路請求。在這個例子中使用 http.get() 方法透過 REST API 獲取一個包含 5000 張圖片物件的超大 JSON 文件，如程式範例 13-198 所示。

程式範例 13-198

```
Future<http.Response> fetchPhotos(http.Client client) async {
    return client.get(Uri.parse('https://jsonplaceholder.typicode.com/photos'));
}
```

注意：在這個例子中需要給方法增加了一個 **http.Client** 參數。將會使該方法測試起來更容易同時也可以在不同環境中使用。

第 3 步：解析並將 JSON 轉換成一列圖片。根據獲取網路資料的説明，為了讓接下來的資料處理更簡單，需要將 http.Response 轉換成一列 Dart 物件。

第 4 步：建立一個 Photo 類別。建立一個包含圖片資料的 Photo 類別，還需要一個 fromJson 的工廠方法，使透過 JSON 建立 Photo 變得更加方便，如程式範例 13-199 所示。

程式範例 13-199

```
class Photo {
```

```
    final int albumId;
    final int id;
    final String title;
    final String url;
    final String thumbnailUrl;

    const Photo({
      required this.albumId,
      required this.id,
      required this.title,
      required this.url,
      required this.thumbnailUrl,
    });

    factory Photo.fromJson(Map<String, dynamic> json) {
      return Photo(
        albumId: json['albumId'] as int,
        id: json['id'] as int,
        title: json['title'] as String,
        url: json['url'] as String,
        thumbnailUrl: json['thumbnailUrl'] as String,
      );
    }
}
```

第 5 步：將回應轉換成一列圖片。為了讓 fetchPhotos() 方法可以傳回一個 Future<List<Photo>>，需要以下兩點更新：

(1) 建立一個可以將響應本體轉換成 List<Photo> 的方法，如 parsePhotos()。

(2) 在 fetchPhotos() 方法中使用 parsePhotos() 方法。

具體實現如程式範例 13-200 所示。

程式範例 13-200

```
//A function that converts a response body into a List<Photo>.
List<Photo> parsePhotos(String responseBody) {
final parsed = jsonDecode(responseBody).cast<Map<String, dynamic>>();
```

```
    return parsed.map<Photo>((json) => Photo.fromJson(json)).toList();
}


Future<List<Photo>> fetchPhotos(http.Client client) async {
    final response = await client
        .get(Uri.parse('https://jsonplaceholder.typicode.com/photos'));
    // 使用 compute() 函式在單獨的隔離中執行 parsePhotos
    return parsePhotos(response.body);
}
```

　　第 6 步：將這部分工作移交到單獨的 Isolate 中。如果在一台很慢的手機上執行 fetchPhotos() 函式，或許注意到應用有點延遲，因為它需要解析並轉換 JSON。顯然這並不好，所以要避免。

　　那麼究竟應該怎麼做呢？那就是透過 Flutter 提供的 compute() 方法將解析和轉換的工作移交到一個後台 Isolate 中。這個 compute() 函式可以在後台 Isolate 中執行複雜的函式並傳回結果。在這裡需要將 parsePhotos() 方法放入後台，如程式範例 13-201 所示。

程式範例 13-201

```
Future<List<Photo>> fetchPhotos(http.Client client) async {
    final response = await client
        .get(Uri.parse('https://jsonplaceholder.typicode.com/photos'));

    // 使用 compute() 函式在單獨的隔離中執行 parsePhotos
    return compute(parsePhotos, response.body);
}
```

　　第 7 步：完整案例程式如程式範例 13-202 所示。

程式範例 13-202　　chapter13\code13_12\lib\isolate\IsolatePhotosPage.dart

```
import 'dart:async';
import 'dart:convert';
import 'package:flutter/foundation.dart';
import 'package:flutter/material.dart';
import 'package:http/http.dart' as http;
```

```
Future<List<Photo>> fetchPhotos(http.Client client) async {
   final response = await client
      .get(Uri.parse('https://jsonplaceholder.typicode.com/photos'));
   // 使用 compute() 函式在單獨的隔離中執行 parsePhotos
   return compute(parsePhotos, response.body);
}

// 將回應本體轉為 <Photo> 的函式
List<Photo> parsePhotos(String responseBody) {
   final parsed = jsonDecode(responseBody).cast<Map<String, dynamic>>();

   return parsed.map<Photo>((json) => Photo.fromJson(json)).toList();
}

class Photo {
   final int albumId;
   final int id;
   final String title;
   final String url;
   final String thumbnailUrl;

   const Photo({
      required this.albumId,
      required this.id,
      required this.title,
      required this.url,
      required this.thumbnailUrl,
   });

   factory Photo.fromJson(Map<String, dynamic> json) {
      return Photo(
         albumId: json['albumId'] as int,
         id: json['id'] as int,
         title: json['title'] as String,
         url: json['url'] as String,
         thumbnailUrl: json['thumbnailUrl'] as String,
      );
   }
}
```

```dart
class MyHomePage extends StatelessWidget {
  const MyHomePage({Key? key, required this.title}) : super(key: key);

  final String title;
  @override
  Widget build(BuildContext context) {
    return Container(
      child: FutureBuilder<List<Photo>>(
        future: fetchPhotos(http.Client()),
        builder: (context, snapshot) {
          if (snapshot.hasError) {
            return const Center(
              child: Text('An error has occurred!'),
            );
          } else if (snapshot.hasData) {
            return PhotosList(photos: snapshot.data!);
          } else {
            return const Center(
              child: CircularProgressIndicator(),
            );
          }
        },
      ),
    );
  }
}

class PhotosList extends StatelessWidget {
  const PhotosList({Key? key, required this.photos}) : super(key: key);

  final List<Photo> photos;

  @override
  Widget build(BuildContext context) {
    return GridView.builder(
      gridDelegate: const SliverGridDelegateWithFixedCrossAxisCount(
        crossAxisCount: 2,
      ),
      itemCount: photos.length,
```

```
        itemBuilder: (context, index) {
          return Image.network(photos[index].thumbnailUrl);
        },
    );
  }
}
```

執行效果如圖 13-107 所示。

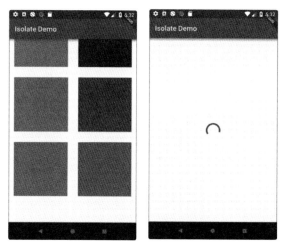

▲ 圖 13-107　基於 Isolate 處理大量網路請求圖片

13.13　狀態管理

　　Flutter 元件之間需要進行資料傳遞，而這裡的資料傳遞就是指頁面間的狀態同步。

　　頁面內部的狀態可以用 StatefulWidget 維護其狀態，當需要使用跨元件的狀態時，StatefulWidget 將不再是一個好的選擇。在多個 Widget 之間進行資料傳遞時，雖然可以使用事件處理的方式解決 (如 setState、callback、EventBus、Notification)，但是當元件巢狀結構足夠深時，很容易增大程式耦合度。此時，就需要狀態管理來幫助我們理清這些關係。

13.13.1 InheritedWidget

InheritedWidget 是一個基礎類別，它可以沿著節點樹高效率地傳遞資訊，它傳遞資訊採用從上往下的方式，所以它的資料流程是單向的，它必須是被傳遞資訊的祖先節點。子節點想要獲取最近的 InheritedWidget，其流程如圖 13-108 所示。

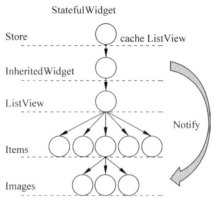

▲ 圖 13-108　InheritedWidget 元件

業務開發中經常會碰到這樣的情況，多個 Widget 需要同步同一份全域資料，例如按讚數、評論數、夜間模式等。在 Flutter 中，原生提供了用於 Widget 間共用資料的 InheritedWidget，當 InheritedWidget 發生變化時，它的子樹中所有依賴了它的資料的 Widget 都會進行重建，這使開發者省去了維護資料同步邏輯的麻煩。

InheritedWidget 是一個特殊的 Widget，開發者可以將其作為另一個子樹的父級放在 Widgets 樹中。該子樹的所有小元件都必須能夠與該 InheritedWidget 公開的資料進行互動。

子節點透過 BuildContext.dependOnInheritedWidgetOfExactType 方法引用祖先 InheritedWidget，當祖先 InheritedWidget 的狀態發生改變時，子節點也會重新建構 (build 方法執行)。

下面透過簡單的計數器 Widget，演示如何使用 InheritedWidget 元件共用資料，如圖 13-109 所示。

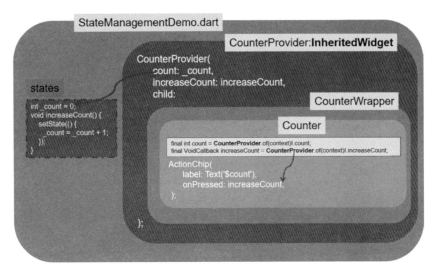

▲ 圖 13-109　透過 InheritedWidget 共用資料

第 1 步：建立一個類別 CounterProvider，該類別繼承 InheritWidget 類別並重寫 updateShouldNotify 方法，該方法判斷 count 的資料變化，如果 count 發生變化，則會通知子元件重建 Widget。

CounterProvider 類別中提供了 1 個全域資料 count 和用來更新 count 的方法 increaseCount，同時定義了一個靜態方法 of，of 方法用於提供 count 和 increaseCount 給外部呼叫，如程式範例 13-203 所示。

程式範例 13-203　　chapter13\code13_13\lib\states\inherited_widget_demo.dart

```
class CounterProvider extends InheritedWidget {
    final int count;
    final VoidCallback increaseCount;
    final Widget child;

    CounterProvider({Key key,@required this.count,@required this.
increaseCount,@required this.child})
        : super(key:key,child: child);

    static CounterProvider of(BuildContext context) =>
        context.dependOnInheritedWidgetOfExactType(aspect: CounterProvider);
```

```
    // 是否重建 Widget 取決於資料 count 是否相同
    @override
    bool updateShouldNotify(CounterProvider oldWidget) {
      return count!=oldWidget.count;
    }
}
```

第 2 步：建立根元件 StateManagementDemo，CounterProvider 必須作為子類別的根包裝類別，如程式範例 13-204 所示。

程式範例 13-204

```
class _StateManagementDemoState extends State<StateManagmentDemo> {
  int _count = 0;
  void increaseCount() {
    setState(() {
      _count = _count + 1;
    });
  }


  @override
  Widget build(BuildContext context) {
    return CounterProvider(
      count: _count,
      increaseCount: increaseCount,
      child: CounterWrapper(),
    );
  }
}
```

第 3 步：建立包裹元件 CounterWrapper，該元件包裹 Counter 元件，在 Counter 元件中直接透過 CounterProvider 的靜態方法 of 獲取共用的資料，如程式範例 13-205 所示。

程式範例 13-205

```
class CounterWrapper extends StatelessWidget {
  const CounterWrapper({Key? key}) : super(key: key);
```

```
    @override
    Widget build(BuildContext context) {
      return Center(
        child: Counter(),
      );
    }
}

class Counter extends StatelessWidget {
    const Counter({Key? key}) : super(key: key);

    @override
    Widget build(BuildContext context) {
      final int count = CounterProvider.of(context)!.count;
      final VoidCallback increaseCount =
        CounterProvider.of(context)!.increaseCount;
      return ActionChip(
        label: Text('$count'),
        onPressed: increaseCount,
      );
    }
}
```

13.13.2　scoped_model

　　scoped_model 是一個 Dart 協力廠商函式庫，提供了讓開發者能夠輕鬆地將資料模型從父 Widget 傳遞到它的後代的功能。此外，它還會在模型更新時重新繪製該模型的所有子項。

　　scoped_model 是 Google 正在開發的新作業系統 Fuchsia 核心 Widgets 中對 Model 類別的簡單提取，作為獨立使用的 Flutter 外掛程式發佈。

1.　安裝 scoped_model

　　在專案的 pubspec.yaml 檔案中增加安裝套件，如圖 13-110 所示。

scoped_model 1.1.0

Published 16 months ago · Latest: 1.1.0 / Prerelease: 2.0.0-nullsafety.0

SDK | FLUTTER   PLATFORM | ANDROID IOS LINUX MACOS WEB WINDOWS   👍 192

Readme   Changelog   Example   **Installing**   Versions   Scores

▲ 圖 13-110　安裝 scope_model

增加安裝相依，程式如下：

```
dependencies:
   scoped_model: ^1.1.0
```

2. 建立一個 Model

匯入套件，建立一個共用狀態的 Model，如程式範例 13-206 所示。

程式範例 13-206

```
import 'package:scoped_model/scoped_model.dart';

class CounterModel extends Model {
   int _counter = 0;
   int get counter => _counter;
   void increment() {
     // 首先，_counter 變數自動增加
     _counter++;
     // 通知所有監聽者
     notifyListeners();
   }
}
```

在根元件中透過 ScopedModel 共用 Model，如程式範例 13-207 所示。

程式範例 13-207

```
class MyApp extends StatelessWidget {
   const MyApp({Key? key}) : super(key: key);
```

```
    @override
    Widget build(BuildContext context) {
        return ScopedModel<CounterModel>(
            model: CounterModel(),
            child: MaterialApp(
                title: 'Scoped Model Demo',
                home: CounterHome('Scoped Model Demo'),
            ),
        );
    }
}
```

在子元件中透過 ScopedModelDescendant 獲取共用資料，如程式範例 13-208 所示。

程式範例 13-208

```
class CounterHome extends StatelessWidget {
    final String title;

    CounterHome(this.title);

    @override
    Widget build(BuildContext context) {
        return Scaffold(
            appBar: AppBar(
                title: Text(title),
            ),
            body: Center(
                child: Column(
                    mainAxisAlignment: MainAxisAlignment.center,
                    children: <Widget>[
                        Text('You have pushed the button this many times:'),
                        ScopedModelDescendant<CounterModel>(
                            builder: (context, child, model) {
                            return ActionChip(
                                label: Text(model.counter.toString()),
                                onPressed: model.increment,
                            );
                        },
```

```
            ),
          ],
        ),
      ),
      floatingActionButton: ScopedModelDescendant<CounterModel>(
        builder: (context, child, model) {
          return FloatingActionButton(
            onPressed: model.increment,
            tooltip: 'Increment',
            child: Icon(Icons.add),
          );
        },
      ),
    );
  }
}
```

執行效果如圖 13-111 所示。

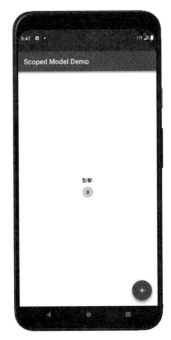

▲ 圖 13-111　ScopedModel 應用

13.14 Stream 與 BLoC 模式

　　Stream 是 Dart 的用於非同步處理的函式庫，和 Future 一樣都是非常重要的非同步程式設計方式，RxDart、BLoC、flutter_bloc 都是基於 Stream 開發的。Stream 的思想基於管道 (pipe) 和生產者消費者模式。

13.14.1 Stream

　　在 Dart 函式庫中，有兩種實現非同步程式設計的方式 (Future 和 Stream)，使用它們只需在程式中引入 dart：async。Future 用於處理單一非同步作業，而 Stream 用來處理連續的非同步作業。

1. 什麼是 Stream

　　可以將 Stream 當成管道 (pipe) 的兩端，它只允許從一端插入資料並透過管道從另外一端流出資料，如圖 13-112 所示。

▲ 圖 13-112　Stream 的處理機制

2. Stream 傳輸的資料

　　任何類型的資料都可以使用 Stream 來傳輸，包括簡單的值、事件、物件、集合、map、error 或其他的 Stream。

3. 監聽 Stream 中傳輸的資料

　　當使用 Stream 傳輸資料時，可以簡單地使用 listen 函式來監聽 StreamController 的 stream 屬性。在定義完 listener(監聽者) 之後，會收到 StreamSubscription(訂閱) 物件，透過這個訂閱物件就可以接收 Stream 發送資料變更的通知。

4. Stream 的類型

Stream 有兩種類型：單訂閱 Stream 和廣播 Stream，其區別如表 13-33 所示。

表 13-33　Stream 的兩種類型區別

類型名稱	區別
單訂閱 Stream	單訂閱 Stream 只允許在該 Stream 的整個生命週期內使用單一監聽器，即使第 1 個 subscription 被取消了，也沒法在這個串流上監聽到第 2 次事件
廣播 Stream	廣播 Stream 允許任意個數的 subscription，可以隨時隨地地給它增加 subscription，只要新的監聽開始工作，它就能收到新的事件

5. Stream 中的主要物件

Stream 中主要包括四大物件，具體如表 13-34 所示。

表 13-34　Stream 主要包含四大物件

物件名稱	物件說明
Stream	事件來源，一般用於事件監聽或事件轉換等
StreamController	方便進行 Stream 管理的控制器
StreamSink	sink 英文的意思為水槽，可以將其理解為日常生活中廚房的洗碗槽，洗碗槽 (sink) 中的水 (data) 會流進管子 (stream) 中。一般作為事件的入口，提供如 add，addStream 等辦法。事件的輸入口，包含 add 等方法進行事件發送
StreamSubscription	Stream 進行 listen 監聽後得到的物件，用來管理事件訂閱，包含取消監聽等方法

6. Stream 的建立方式

Stream<T>.fromFuture 接收一個 Future 物件作為參數，如程式範例 13-209 所示。

程式範例 13-209

```
Stream<String> _stream = Stream<String>.fromFuture(getData());
Future<String> getData() async{
   await Future.delayed(Duration(seconds: 5));
```

```
    return " 傳回一個 Future 物件 ";
}
```

Stream<T>.fromIterable 接收一個集合物件作為參數,程式如下:

```
Stream<String>.fromIterable(['A','B','C']);
```

Stream<T>.fromFutures 接收一個 Future 集合物件作為參數,程式如下:

```
Stream<String>.fromFutures([getData()]);
```

Stream<T>.periodic 接收一個 Duration 物件作為參數,程式如下:

```
Duration interval = Duration(seconds: 1);
Stream<int> stream = Stream<int>.periodic(interval);
```

7. 給 Stream 增加訂閱 (Subscription)

Stream 有兩種類型:單訂閱 Stream 和廣播 Stream。單訂閱 Stream 只允許在該 Stream 的整個生命週期內使用單一監聽器,即使第 1 個 subscription 被取消了,也沒法在這個串流上監聽到第 2 次事件,而廣播 Stream 允許任意個數的 subscription,可以隨時隨地地給它增加 subscription,只要新的監聽開始工作,它就能收到新的事件。

單訂閱類別 Stream,如程式範例 13-210 所示。

程式範例 13-210

```
import 'dart:async';

void main() {
   // 初始化一個單訂閱的 StreamController
   final StreamController Ctrl = StreamController();

   // 初始化一個監聽
   final StreamSubscription subscription = Ctrl.stream.listen((data) =>
print('$data'));
```

```
    // 往 Stream 中增加資料
    Ctrl.sink.add('my name');
    Ctrl.sink.add(1234);
    Ctrl.sink.add({'a': 'element A', 'b': 'element B'});
    Ctrl.sink.add(123.45);

    //StreamController 用完後需要釋放
    Ctrl.close();
}
```

廣播類別 Stream，如程式範例 13-211 所示。

程式範例 13-211

```
import 'dart:async';

void main() {
    // 初始化一個 int 類型的廣播 StreamController
    final StreamController<int> Ctrl = StreamController<int>.broadcast();

    // 初始化一個監聽，同時透過 transform 對資料進行簡單處理
    final StreamSubscription subscription = Ctrl.stream
            .where((value) => (value % 2 == 0))
            .listen((value) => print('$value'));

    // 往 Stream 中增加資料
    for(int i=1; i<11; i++){
        Ctrl.sink.add(i);
    }

    //StreamController 用完後需要釋放
    Ctrl.close();
}
```

8. 暫停、恢復、取消監聽 Stream

對 Stream 使用 listen 監聽時，會傳回 StreamSubscription 物件。StreamSubscription 是對當前 Stream 的監聽產生的狀態的管理物件，它

能獲取訂閱事件的狀態 (是否被暫停)、訂閱事件的取消、訂閱事件的恢復及保留用於處理事件的回呼 (onData,onDone,onError)，如程式範例 13-212 所示。

程式範例 13-212

```
Stream<String>? _stream = null;
StreamSubscription<String>? _subs = null;
@override
void initState() {
    super.initState();
    // 建立 Stream
    _stream = Stream.fromFuture(getFetchData());
    // 訂閱，傳回流訂閱物件 Streamsubscription
    _subs = _stream?.listen(onData, onError: onError, onDone: onDone);
}
```

暫停、恢復、取消監聽 Stream，如程式範例 13-213 所示。

程式範例 13-213

```
@override
    Widget build(BuildContext context) {
        return Center(
            child: Row(children: [
                OutlinedButton(
                    onPressed: () {
                        print(" 停止訂閱 ");
                        _subs?.pause();
                    },
                    child: Text(" 停止訂閱 "),
                ),
                OutlinedButton(
                    onPressed: () {
                        print("Resume 訂閱 ");
                        _subs?.resume();
                    },
                    child: Text("Resume 訂閱 "),
                ),
                OutlinedButton(
```

```
            onPressed: () {
              print("cancel 訂閱");
              _subs?.cancel();
            },
            child: Text("cancel 訂閱"),
          )
      ]),
    );
}
```

9. Stream 控制器 (StreamController)

可以透過 StreamController 發送資料、捕捉錯誤和獲取結果,如程式範例 13-214 所示。

程式範例 13-214

```
import 'Dart:async';

void main() {
    final controller = StreamController();
    controller.sink.add(123);
    controller.sink.add('foo');
    print(controller);//output: Instance of '_AsyncStreamController<dynamic>'
}
```

上面的程式透過 add() 方法可以在串流中增加任意類型的資料,如果需要限制資料型態,則可以使用泛型,如程式範例 13-215 所示。

程式範例 13-215

```
import 'Dart:async';

void main() {
    StreamController<int> controller = StreamController();
    controller.sink.add(123);
    controller.sink.add(456);
    print(controller);//output: Instance of '_AsyncStreamController<int>'
}
```

可以使用 listen 方法獲取結果，並使用 close 方法關閉 sink 實例，防止記憶體洩漏和意外行為，如程式範例 13-216 所示。

程式範例 13-216

```
import 'Dart:async';

void main() {
   StreamController<int> controller = StreamController();
   controller.stream.listen((data) => print(data));
   controller.sink.add(123);
   controller.sink.add(456);
   controller.close();
}
```

10. StreamBuilder() 用法

在 Flutter 中，StreamBuilder() 是一個將 Stream 串流與 Widget 結合到一起的可實現局部資料更新的元件。

案例 1：實現每秒顯示當前的時間，甚至連 StatefulWidget 都沒有使用就可以實現資料更新，效果如圖 13-113 所示，實現如程式範例 13-217 所示。

程式範例 13-217　　chapter13\code13_14\lib\pages\streambuilder_time.dart

```
class StreamBuilderTimeDemo extends StatelessWidget {
   const StreamBuilderTimeDemo({Key? key}) : super(key: key);

   @override
   Widget build(BuildContext context) {
     return Scaffold(
       appBar: AppBar(title: Text('StreamDemo')),
       body: Center(
         child: StreamBuilder<String>(
           initialData: "",
           stream: Stream.periodic(Duration(seconds: 1), (value) {
             return DateTime.now().toString();
           }),
```

```
            builder: (context, AsyncSnapshot<String> snapshot) {
              return Text(
                '${snapshot.data}',
                style: TextStyle(fontSize: 24.0),
              );
            }),
          ),
        );
      }
    }
```

```
@override
Widget build(BuildContext context) {
  return Scaffold(
    appBar: AppBar(title: Text('StreamDemo')),
    body: Center(
      child: StreamBuilder<String>(
          initialData: "",
          stream: Stream.periodic(Duration(seconds: 1), (value) {
            return DateTime.now().toString();
          }), // Stream.periodic
          builder: (context, AsyncSnapshot<String> snapshot) {
            return Text(
              '${snapshot.data}',
              style: TextStyle(fontSize: 24.0),
            ); // Text
          }), // StreamBuilder
    ), // Center
  ); // Scaffold
```

▲ 圖 13-113　使用 StreamBuilder 實現顯示當前時間

案例 2：實現簡訊倒數計時功能，如程式範例 13-218 所示。

程式範例 13-218　chapter13\code13_14\lib\pages\streambuilder_message.dart

```
class _StreamMessageDemoState extends State<StreamMessageDemo> {
  final StreamController _streamController = StreamController<dynamic>();
  int count = 10;
  Timer? _timer;
  @override
  Widget build(BuildContext context) {
    return Scaffold(
      appBar: AppBar(
        title: const Text(" 簡訊倒數計時 "),
```

```
      ),
      body: Center(
        child: StreamBuilder<dynamic>(
        stream: _streamController.stream,
        initialData: 0,
        builder: (BuildContext context, AsyncSnapshot<dynamic> snapshot) {
          return OutlinedButton(
            onPressed: () async {
              if (snapshot.data == 0) {
                _startTimer();
              }
            },
            child: Text(
              snapshot.data == 0 ? "獲取驗證碼" : '${snapshot.data} 秒後重發',
              style: snapshot.data == 0
                ? const TextStyle(color: Colors.blue, fontSize: 14)
                : const TextStyle(color: Colors.grey, fontSize: 14),
            ),
          );
        }),
      ),
    );
}

void _startTimer() {
  count = 60;
  _timer = Timer.periodic(const Duration(seconds: 1), (timer) {
    if (count <= 0) {
      _cancelTimer();
      return;
    }
    _streamController.sink.add(--count);
  });
}

// 取消倒數計時的計時器
void _cancelTimer() {
  // 計時器 (Timer) 元件的取消 (cancel) 方法，取消計時器
  _timer?.cancel();
}
```

```
@override
void dispose() {
  super.dispose();
  // 關掉不需要的 Stream
  _streamController.close();
}
}
```

執行結果如圖 13-114 所示。

▲ 圖 13-114　使用 StreamBuilder 實現簡訊倒數計時功能

雖然 Stream 可以實現資料局部的更新，但是 Stream 屬於比較底層的類別，如果要實現非常複雜的頁面開發並實現邏輯分離，還是建議使用 BLoC，封裝比較完善，可降低開發成本。

13.14.2　RxDart

RxDart 是一個響應式程式設計支援的協力廠商函式庫，RxDart 是基於 ReactiveX 標準 API 的 Dart 版本實現，由 Dart 標準函式庫中的 Stream 擴充而成。

RxDart 與 Dart 的相關術語區別如表 13-35 所示。

表 13-35　RxDart 與 Dart 的相關術語區別

RxDart	Dart
Subject	StreamController
Observable	Stream

Observable 相當於 Stream，Subject 相當於 StreamController，Observable 繼承自 Stream。

與 Dart 不同，RxDart 提供了 3 種類型的 StreamController 來應用到不同的場景，如表 13-36 所示。

表 13-36　RxDart 提供了 3 種 StreamController

類型	說明
PublishSubject	PublishSubject 是最普通的廣播 StreamController，和 StreamController 唯一的區別是它傳回的物件是 Observable，而 StreamController 傳回的是 Stream
BehaviorSubject	BehaviorSubject 也是廣播 StreamController，和 PublishSubject 的區別是它會額外傳回訂閱前的最後一次事件
ReplaySubject	ReplaySubject 也是廣播 StreamController，它可以重播已經消失的事件

在專案 pubspec.yaml 檔案中增加 RxDart 相依，如圖 13-115 所示。

```
dependencies:
  flutter:
    sdk: flutter
  rxdart: ^0.27.3
```

▲ 圖 13-115　增加 RxDart 相依

在頁面中匯入 RxDart 模組，程式如下：

```
import 'package:rxdart/rxdart.dart';
```

RxDart 的具體用法如下。

1. PublishSubject

PublishSubject 是最普通的廣播 StreamController，和 StreamController 唯一的區別是它傳回的物件是 Observable，而 StreamController 傳回的是 Stream。

使用 PublishSubject 廣播，listener 只能監聽到訂閱之後的事件，如程式範例 13-129 所示。

程式範例 13-219　PublishSubject 用法

```
final _subject = PublishSubject<int>();
//observer1能監聽收到所有的資料
_subject.stream.listen(observer1);
_subject.add(1);
_subject.add(2);

//observer2只能手動
_subject.stream.listen(observer1);
_subject.add(3);
_subject.close();
```

2. BehaviorSubject

BehaviorSubject 也是廣播 StreamController，和 PublishSubject 的區別是它會額外傳回訂閱前的最後一次事件，如程式範例 13-220 所示。

程式範例 13-220　BehaviorSubject 用法

```
final _subject= BehaviorSubject<int>(seedValue: 0);
_subject.add(1);
_subject.add(2);
_subject.add(3);
_subject.stream.listen(print); //prints 3
```

```
_subject.stream.listen(print); //prints 3
_subject.stream.listen(print); //prints 3
```

3. ReplaySubject

ReplaySubject 也是廣播 StreamController，它可以重播已經消失的事件，如程式範例 13-221 所示。

程式範例 13-221　ReplaySubject 用法

```
final subject1 = ReplaySubject<int>();
subject1.add(1);
subject1.add(2);
subject1.add(3);

subject1.stream.listen(print); //prints 1, 2, 3
subject1.stream.listen(print); //prints 1, 2, 3
subject1.stream.listen(print); //prints 1, 2, 3

final subject2 = ReplaySubject<int>(maxSize: 2);
subject2.add(1);
subject2.add(2);
subject2.add(3);

subject2.stream.listen(print);//prints 2, 3
subject2.stream.listen(print);//prints 2, 3
subject2.stream.listen(print);//prints 2, 3
```

4. Observable 物件處理

StreamTransformer 可以對 Stream 進行對應處理，同樣地，RxDart 中也支援類似的操作，被稱為操作符號。

1) 過濾操作符號

過濾操作符號用來過濾 Observable 發送的一些資料，捨棄這些資料只保留過濾後的資料。

where 實現一個對 Observable 進行過濾的操作，如程式範例 13-222 所示。

程式範例 13-222　　where 用法

```dart
class _RxDartDemoState extends State<RxDartDemo> {
  PublishSubject<String>? _textSubject;
  @override
  void initState() {
    super.initState();

_textSubject = PublishSubject<String>();
// 給監聽的內容加個條件
    _textSubject?.where((item) => item.length > 20).listen((data) {
      deBugPrint(data);
    });
  }

  @override
  void dispose() {
    super.dispose();
    _textSubject?.close();
  }

  @override
  Widget build(BuildContext context) {
    return Center(
      child: TextField(
        decoration: InputDecoration(
        labelText: "Title",
        filled: true,
      ),
      onChanged: (value) {
        _textSubject?.add('input:$value');
      },
      onSubmitted: (value) {
          _textSubject?.add('submit:$value');
        },
      ),
    );
  }
}
```

2) 變換操作符號

交換操作符號用來變換 Observable 發送的一些資料或 Observable 本身，將被變換的物件轉換成為我們想要的形成。map 實現一個基本的資料轉換，將數字加倍，如程式範例 13-223 所示。

程式範例 13-223　map 用法

```
_textSubject = PublishSubject<String>();
// 給監聽的內容加個條件
  _textSubject?.map((num) => num * 2).listen((data) {
    deBugPrint(data);
  });
```

3) 結合操作符號

startWith 在資料序列的開頭插入一筆指定的項，如程式範例 13-224 所示。

程式範例 13-224　startWith 用法

```
_textSubject = PublishSubject<String>();
// 給監聽的內容加個條件
  _textSubject?.startWith(9).listen((data) {
    deBugPrint(data);
  });
```

13.14.3 BLoC 模式

BLoC 是 Business Logic Component 的英文縮寫，中文譯為業務邏輯元件，是一種使用響應式程式設計來建構應用的方式。BLoC 最早由 Google 工程師設計並開發，設計的初衷是為了實現資料頁面檢視與業務邏輯的分離，如圖 13-116 所示。

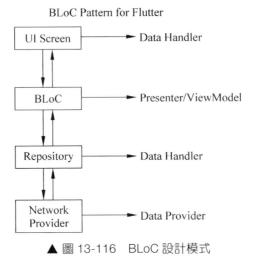

▲ 圖 13-116　BLoC 設計模式

使用 BLoC 方式進行狀態管理時，應用裡的所有元件被看成一個事件流，一部分元件可以訂閱事件，另一部分元件則可以消費事件，BLoC 的專案流程如圖 13-117 所示。

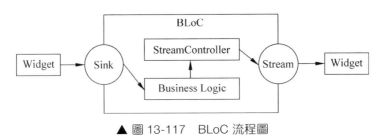

▲ 圖 13-117　BLoC 流程圖

元件透過 Sink 向 BLoC 發送事件，BLoC 接收到事件後執行內部邏輯處理，並把處理的結果透過串流的方式通知給訂閱事件流的元件。

在 BLoC 的工作流程中，Sink 接收輸入，BLoC 則對接收的內容進行處理，最後以串流的方式輸出，其實，BLoC 又是一個典型的觀察者模式。

理解 BLoC 的運作原理，需要特別注意幾個物件，分別是事件、狀態、轉換和串流，如表 13-37 所示。

表 13-37 BLoC 模式的重要物件說明

物件名稱	物件說明
事件	在 BLoC 中，事件會透過 Sink 輸入 BLoC 中，通常是為了回應使用者互動或生命週期事件而進行的操作
狀態	用於表示 BLoC 輸出的東西，是應用狀態的一部分。它可以通知 UI 元件，並根據當前狀態重建其自身的某些部分
轉換	從一種狀態到另一種狀態的變動稱為轉換，轉換通常由當前狀態、事件和下一種狀態組成
串流	表示一系列非同步的資料，BLoC 建立在串流的基礎之，並且 BLoC 需要相依 RxDart，它封裝了 Dart 在串流方面的底層細節實現

下面透過幾個例子介紹如何使用 BLoC 模式。

1. Stream 實現 BLoC

首先使用 Stream 的方法實現 BLoC 模式，如程式範例 13-225 所示。

程式範例 13-225

```
import 'dart:async';

class CounterBLoC {
    // 記錄按鈕點擊的次數
    // 被串流包裹的資料，可以是任何類型
    int _counter = 0;
    // 流量控制制
    final _counterStreamController = StreamController<int>();
    // 串流
    Stream<int> get stream_counter => _counterStreamController.stream;
    // 透過 sink.add 發佈一個串流事件
    void addCount() {
      _counterStreamController.sink.add(++_counter);
    }
    // 釋放串流
    void dispose() {
      _counterStreamController.close();
    }
}
```

建立好 CounterBLoC 後，透過 StreamBuilder 設定 Stream，如程式範例 13-226 所示。

程式範例 13-226　　chapter13\code13_14\lib\count_bloc\count_blocpage.dart

```dart
class _CountBlocPageState extends State<CountBlocPage> {
    // 把一些相關的資料請求和實體類別變換到 CounterBLoC 類別裡
    // 實例化 CounterBLoC
    final _bloc = CounterBLoC();
    @override
    Widget build(BuildContext context) {
      return Scaffold(
        appBar: AppBar(
          title: Text("CountBloc"),
        ),
        body: StreamBuilder(
      // 監聽串流，當串流中的資料發生變化時呼叫 sink.add，此處會收到資料的變化並且更新 UI
          stream: _bloc.stream_counter,
          initialData: 0,
          builder: (BuildContext context, AsyncSnapshot<int> snapshot) {
            return Center(
              child: Text(
                snapshot.data.toString(),
                style: TextStyle(fontSize: 40, fontWeight: FontWeight.w300),
              ),
            );
          },
        ),
        floatingActionButton: _getButton(),
      );
  }

@override
void dispose() {
    super.dispose();
    // 關閉串流
    _bloc.dispose();
}

Widget _getButton() {
```

```
    return FloatingActionButton(
      child: Icon(Icons.add),
      onPressed: () {
        // 點擊增加，其實也是發佈一個串流事件
        _bloc.addCount();
      });
    }
}
```

效果圖如 13-118 所示。

```
import 'dart:async';

class CounterBLoC {
  //記錄按鈕點擊的次數
  //被流包裹的資料，可以是任何類型
  int _counter = 0;

  //流量控制
  final _counterStreamController = StreamController<int>();

  //流
  Stream<int> get stream_counter => _counterStreamController.stream;

  // 透過sink.add發佈一個流事件
  void addCount() {
    _counterStreamController.sink.add(++_counter);
  }

  //釋放流
  void dispose() {
    _counterStreamController.close();
  }
}
```

▲ 圖 13-118　Stream 實現 BLoC

2. RxDart 實現 BLoC

下面使用 RxDart 實現一個獲取圖片清單的 BLoC，效果如圖 13-119 所示，程式範例 13-227 所示。

程式範例 13-227　chapter13\code13_14\lib\rxdart_bloc\photo_bloc.dart

```
class PhotoBloc {
  // 網路請求的實例
  final _netApi = NetApi();
```

```
    final _photoFetcher = PublishSubject<List<PhotoModel>>();

    // 提供被觀察的 List<photosModel>
    Stream<List<PhotoModel>> get photos => _photoFetcher.stream;

    // 獲取網路資料
    fetchPhotos() async {
      List<PhotoModel> models = await _netApi.fetchPhotoList();
      if (_photoFetcher.isClosed) return;
      _photoFetcher.sink.add(models);
    }

    // 釋放
    dispose() {
      _photoFetcher.close();
    }
  }
}
```

▲ 圖 13-119　RxDart 實現 BLoC

圖片資料獲取，使用 RxDart，程式範例 13-228 所示。

程式範例 13-228　chapter13\code13_14\lib\rxdart_bloc\net_api.dart

```dart
import 'package:http/http.dart' show Client;
import 'photo_model.dart';
class NetApi {
   Client client = Client();
   Future<List<PhotoModel>> fetchPhotoList() async {
      print("Starting get photos ..");
      List models = [];
      var url = Uri.parse("https://jsonplaceholder.typicode.com/photos");
      final response = await client.get(url);
      if (response.statusCode == 200) {
         models = json.decode(response.body);
         print(models);
         return models.map((model) {
            return PhotoModel.fromJson(model);
         }).toList();
      } else {
         throw Exception('Failed to load dog');
      }
   }
}
```

在介面中使用 StreamBuilder 訂閱圖片清單資料流程，如程式範例 13-229 所示。

程式範例 13-229　chapter13\code13_14\lib\rxdart_bloc\main.dart

```dart
class _PhotoPageState extends State<PhotoPage> {
   final _photoBloc = PhotoBloc();

   @override
   void initState() {
      super.initState();
      _photoBloc.fetchPhotos();
   }

   @override
   Widget build(BuildContext context) {
      return Scaffold(
```

```
      appBar: AppBar(
        title: const Text("PhotoPage"),
      ),
      body: Container(
        child: StreamBuilder(
          // 監聽串流
          stream: _photoBloc.photos,
          builder: (context, AsyncSnapshot<List<PhotoModel>> snapshot) {
            if (snapshot.hasData) {
              return ListView.builder(
                itemBuilder: (BuildContext context, int index) {
                  return Card(
                    elevation: 8,
                    shape: RoundedRectangleBorder(
                      borderRadius: BorderRadius.circular(20),
                    ),
                    child: Image.network(
                      snapshot.data![index].url,
                      fit: BoxFit.fill,
                    ));
                },
                itemCount: snapshot.data?.length,
              );
            } else if (snapshot.hasError) {
          return const Text('Beauty snapshot error!');
        }
        return const Text('Loading photos..');
      })),
    );
  }
}
```

Flutter Web 和桌面應用

Flutter 2 是 Flutter 框架的重大版本升級，Flutter 2 讓開發者可以撰寫一套程式，同時發佈到 5 個作業系統上：iOS、Android、Windows、macOS 和 Linux，如圖 14-1 所示。同時還可以執行到 Chrome、Firefox、Safari 或 Edge 等瀏覽器的 Web 版本上，Flutter 甚至還可以嵌入汽車、電視和智慧家電中。

▲ 圖 14-1　Flutter 支援 7 大平台

14.1　Flutter Web 介紹

Flutter 2 中最大變更之一就是對 Web 的生產品質有了新的支援。

Flutter 對 Web 的支援是基於有硬體加速的 2D 和 3D 圖形及靈活的版面配置和繪畫 API，提供了以應用程式為中心的框架，該框架充分利用了現代 Web 所提供的所有優勢。

Flutter 2 特別關注 3 種應用程式場景：

(1) 漸進式 Web 應用程式 (PWA)：將 Web 的存取範圍與桌面應用程式的功能結合在一起。

(2) 單頁應用程式 (SPA)，一次載入並與網路之間進行資料傳輸。

(3) 將現有的 Flutter 行動應用程式執行到 Web 上，從而為兩種體驗啟用共用程式。

14.1.1 Flutter Web 框架架構

Flutter Web 框架架構圖如圖 14-2 所示。

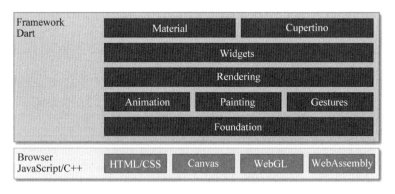

▲ 圖 14-2　Flutter Web 框架架構圖

Flutter 框架由一系列層結構組成。

(1) 框架：用於為 Widget、動畫和手勢等常見的習慣用法提供抽象。

(2) 引擎：使用公開的系統 API 在目標裝置上進行繪製。

Flutter Web 不是簡單地將 Widget 移植為 HTML 裡的等值元件，Flutter 的 Web 引擎為開發者提供了兩種繪製器：一種是針對檔案大小和相容性進行最佳化的 HTML 繪製器；另一種則是使用 WebAssembly 和 WebGL 透過 Skia 繪圖命令向瀏覽器畫布進行繪製的 CanvasKit 繪製器。

14.1.2 Flutter Web 的兩種編譯器

Flutter 官方提供了 dart2js 和 dartdevc 兩個編譯器。可以將程式直接執行在 Chrome 瀏覽器上，也可以將 Flutter 程式編譯為 JavaScript 檔案部署在伺服器端。

如果程式執行在 Chrome 瀏覽器上，flutter_tools 則會使用 dartdevc 編譯器進行編譯，dartdevc 支援增量編譯，開發者可以像偵錯 Flutter Mobile 程式一樣使用 Hot Reload 來提升偵錯效率。

1. dart2js 編譯器

Flutter for Web 的編譯主要透過 dart2js 來完成，如圖 14-3 所示，dart2js 中包括了 Web 的前端和後端編譯，前端編譯和 native 的編譯流程類似，都會生成 dill 中間檔案，主要的差異點是使用了不同的 Dart SDK，並且針對 AST 進行轉換也有所不同，後端編譯部分則差異比較大。

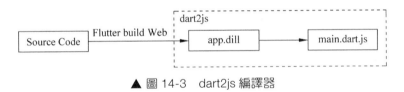

▲ 圖 14-3　dart2js 編譯器

2. dartdevc 編譯器

dartdevc 可以將程式直接執行在 Chrome 瀏覽器上，也可以將 Flutter 程式編譯為 JS 檔案部署在伺服器端。dartdevc 能做到增量更新，速度比 dart2js 更快，dartdevc 可以視為下一代 dart2js。最重要的是它可以編譯成 esm 的模組使我們的目標有了希望。

14.1.3 Flutter Web 支援的兩種繪製模式

不同的繪製器在不同場景下各有優勢，因此 Flutter 同時支援以下兩種繪製模式。

(1) HTML 繪製器：結合了 HTML 元素、CSS、Canvas 和 SVG。該繪製模式的下載檔案體積較小。

(2) CanvasKit 繪製器：繪製效果與 Flutter 移動和桌面端完全一致，性能更好，Widget 密度更高，但增加了約 2MB 的下載檔案體積。

為了針對每個裝置的特性最佳化 Flutter Web 應用，繪製模式預設設定為自動。這表示應用將在行動瀏覽器上使用 HTML 繪製器執行，在桌面瀏覽器上使用 CanvasKit 繪製器執行。

可以使用 --web-renderer html 或 --web-renderer canvaskit 命令來明確選擇使用何種繪製器，命令如下：

```
flutter run -d Chrome --web-renderer html
flutter build web --web-renderer canvaskit
```

14.1.4 建立一個 Flutter Web 專案

在 Flutter 2 及更新版本上建立的所有專案都內建了對 Flutter Web 的支援，所以可以透過以下方式初始化和執行 Flutter Web 專案，程式如下：

```
flutter create app_name
flutter devices
```

devices 命令至少應該列出的資訊如下：

```
1 connected device:
Chrome (web) · Chrome · web-JavaScript · Google Chrome 88.0.4324.150
```

在 Chrome 瀏覽器上使用預設 (auto) 繪製器執行，程式如下：

```
flutter run -d Chrome
```

使用預設 (auto) 繪製器建構應用 (發佈模式)，程式如下：

```
flutter build web --release
```

使用 CanvasKit 繪製器建構應用 (發佈模式)，程式如下：

```
flutter build web --web-renderer canvaskit --release
```

使用 HTML 繪製器建構應用 (發佈模式)，程式如下：

```
flutter run -d Chrome --web-renderer html --profile
```

要為以前版本的 Flutter 增加 Web 支援，應從專案目錄執行以下命令：

```
flutter create .
```

14.2　Flutter Desktop 介紹

Flutter 可以讓 Flutter 程式編譯成 Windows、macOS 或 Linux 的原生桌面應用，如圖 14-4 所示。Flutter 的桌面支援也允許外掛程式拓展。可以使用已經支援了 Windows、macOS 或 Linux 平台的外掛程式，或建立自己的外掛程式實現相關功能。

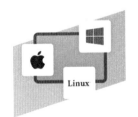

▲ 圖 14-4　Flutter Desktop 程式開發

1. Flutter Desktop 架構圖

Flutter Desktop 架構圖如圖 14-5 所示。

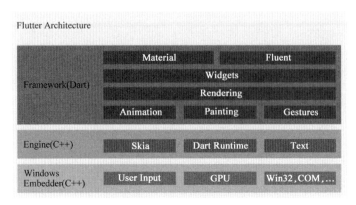

▲ 圖 14-5　Flutter Desktop 架構圖

2. Flutter Desktop 開發環境設定

　　Flutter 支援在不同的平台進行桌面程式開發，下面詳細介紹如何架設不同平台的桌面開發環境。

1) macOS 安裝

要開發 macOS 桌面程式，除了 Flutter SDK，還需要做以下準備：

(1) 安裝 Xcode，如果使用外掛程式，則需要安裝 CocoaPods。

(2) 設定 Flutter。

　　在命令列中執行以下命令，來確保使用了最新版可用的桌面支援。如果看到 flutter：command not found，則需要確保安裝了 Flutter SDK，並且設定在環境路徑中。

```
flutter config --enable-macOS-desktop
```

(3) 執行和編譯，命令如下：

```
flutter run -d macOS
flutter build macOS
```

2) Linux 安裝

要開發 Linux 桌面程式，除了 Flutter SDK，還需要安裝 Flutter 的相依環境。

Linux 系統中需要安裝的相依套件如表 14-1 所示。

表 14-1 Flutter Desktop Linux 相依

名稱	說明
Clang	Clang 是 LLVM(Low Level Virtual Machine) 專案提供的工具鏈中的編譯器的前端部分
CMake	CMake 是一個跨平台的安裝 (編譯) 工具，可以用簡單的敘述來描述所有平台的安裝 (編譯過程)
GTK development headers	GTK 是 Linux 系統上的兩大圖形介面函式庫 (GUI) 之一
Ninja build	Ninja 是 Google 的一名程式設計師推出的注重速度的建構工具，一般在 UNIX/Linux 上的程式透過 make/makefile 來建構編譯，而 Ninja 透過將編譯任務平行組織，大大提高了建構速度
pkg-config	pkg-config 是一個 Linux 下的命令，用於獲得某一個函式庫 / 模組的所有編譯相關的資訊

安裝 Flutter SDK 和這些相依，最簡單的方式是使用 Snapd。Snapd 是管理 Snap 軟體套件的後台服務。Snap 是 Canoncial 公司提出的新一代 Linux 套件管理工具，致力於將所有 Linux 發行版本上的套件格式統一，做到「一次打包，到處使用」。目前 Snap 已經可以在包括 Ubuntu、Fedora、Mint 等多個 Linux 發行版本上使用。

安裝 Snapd 後，就可以使用 Snap Store 安裝 Flutter 了，也可以在命令列進行安裝，命令如下：

```
sudo snap install flutter --classic
```

如果在使用的 Linux 發行版本上無法使用 Snapd，則可以使用下面的命令進行安裝：

```
sudo apt-get install clang cmake ninja-build pkg-config libgtk-3-dev
```

安裝相依命令如下：

```
flutter config --enable-Linux-desktop
```

執行和編譯命令如下：

```
flutter run -d macOS
flutter build macOS
```

3) Windows 安裝

安裝最新版本的 Flutter 後，執行 flutter doctor 命令，如圖 14-6 所示，提示需要安裝 Visual Studio 2019。進入網址 https://visualstudio.microsoft.com/downloads/，下載 VS 2019。

> **注意**：這裡建議安裝 VS 2019 社區版，VS 2020 安裝後會出現無法編譯的問題。參考網址為 https://github.com/flutter/flutter/issues/85922。

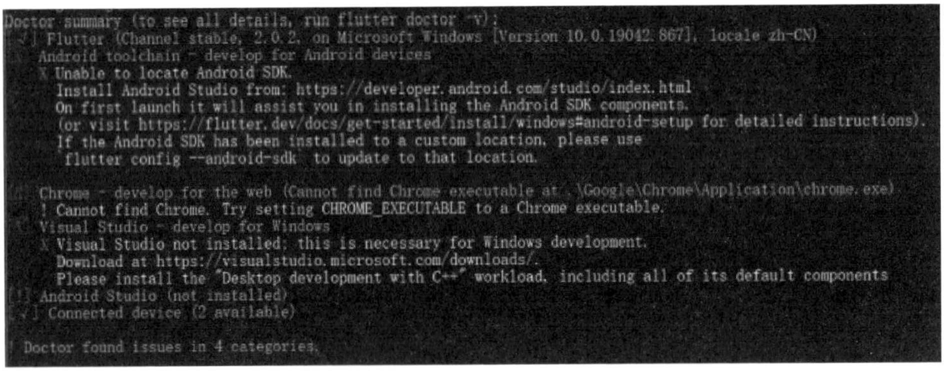

▲ 圖 14-6　Flutter Doctor 檢查

按提示進入安裝介面，選擇使用 C++ 的桌面開發，如圖 14-7 所示。

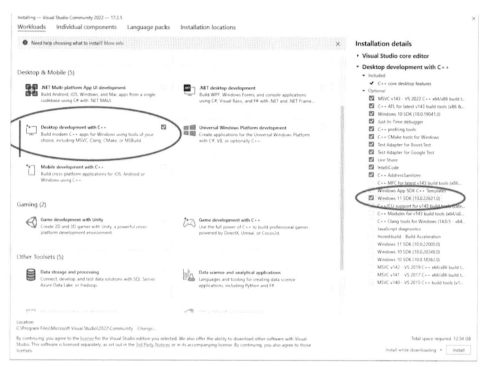

▲ 圖 14-7　Visual Studio 安裝設定

再次執行 flutter doctor 命令，Windows 環境正常了，如圖 14-8 所示。

```
Flutter assets will be downloaded from https://storage.flutter-io.cn. Make sure you trust this source!
Doctor summary (to see all details, run flutter doctor -v):
√  Flutter (Channel stable, 2.10.1, on Microsoft Windows [Version 10.0.19043.1526], locale zh-CN)
√  Android toolchain - develop for Android devices (Android SDK version 31.0.0)
√  Chrome - develop for the web
√  Visual Studio - develop for Windows (Visual Studio Community 2022 17.1.0)
√  Android Studio (version 2020.3)
√  VS Code (version 1.64.2)
√  Connected device (3 available)
[!] HTTP Host Availability
    X HTTP host https://maven.google.com/ is not reachable. Reason: An error occurred while checking the HTTP host: 信号灯超时
时间已到

! Doctor found issues in 1 category.
```

▲ 圖 14-8　再次執行 flutter doctor 命令檢查

設定 Windows 支援，命令如下：

```
flutter config --enable-Windows-desktop
```

輸出以下即表示設定成功，使用 flutter devices 命令更新 Flutter 即可，如圖 14-9 所示。

```
C:\flutter>flutter config --enable-windows-desktop
Setting "enable-windows-desktop" value to "true".

You may need to restart any open editors for them to read new settings.
```

▲ 圖 14-9　開啟 Flutter 桌面開發支援

進入需要建立的目錄執行 flutter create xxx 命令，如圖 14-10 所示。

進入剛剛建立的資料夾，執行 flutter run -d Windows 命令。一個 Flutter Windows 的 demo 就成功建立完成了，如圖 14-11 所示。

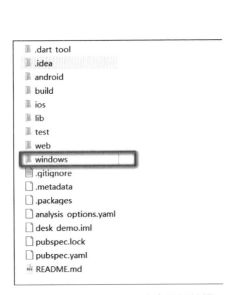

▲ 圖 14-10　Flutter 專案目錄結構　　▲ 圖 14-11　Flutter Desktop 執行效果圖

在 build\Windows\runner\Debug 目錄下可找到可執行的 exe 檔案及其相依和資源檔，總計約 70MB，如圖 14-12 所示。

▲ 圖 14-12　Flutter 執行的目錄

在專案根目錄下執行 flutter build Windows 命令，即可生成發行版本，總計約 20MB，如圖 14-13 所示。

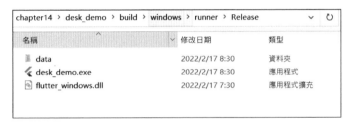

▲ 圖 14-13　Flutter 編譯完成的目錄

14.3　Flutter Desktop 開發案例

下面建立一個可以關閉和拉動時放大縮小的視窗，可以設定不同的背景顏色，效果如圖 14-14 所示。

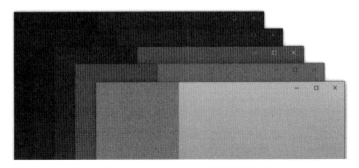

▲ 圖 14-14　Flutter 桌面開發案例

1. 開啟開發者模式

首先設定好環境，偵錯 Windows 程式時可能會出現以下錯誤：

```
Exception: Building with plugins requires symlink support.
Please enable Developer Mode in your system settings. Run
start ms-settings:developers
to open settings.
Exited (sigterm)
```

該錯誤一般是因為沒有打開 Windows 的開發模式而導致的，找到 Windows 設定，打開開發人員模式即可，如圖 14-15 所示。

▲ 圖 14-15　Windows 10 開啟開發人員模式

2. 安裝外掛程式

安裝 bitsdojo_window 外掛程式，如圖 14-16 所示。

▲ 圖 14-16　安裝 Windows 支援的開放原始碼函式庫

設定 pubspec.yaml 檔案，增加安裝套件，程式如下：

```
dependencies:
   flutter:
      sdk: flutter
bitsdojo_window: ^0.1.1+1
```

3. 設定啟動視窗

將啟動視窗設定為 600×450，如程式範例 14-1 所示。

程式範例 14-1

```
import 'package:flutter/material.dart';
import 'package:bitsdojo_window/bitsdojo_window.dart';

void main() {
   runApp(MyApp());
   doWhenWindowReady(() {
      final win = appWindow;
      final initialSize = Size(600, 450);
      win.minSize = initialSize;
      win.size = initialSize;
      win.alignment = Alignment.center;
      win.title = "Custom window with Flutter";
      win.show();
   });
}
```

MyApp 元件，設定邊框顏色，如程式範例 14-2 所示，效果如圖 14-17 所示。

程式範例 14-2

```
const borderColor = Color(0xFF805306);
class MyApp extends StatelessWidget {
    @override
    Widget build(BuildContext context) {
        return MaterialApp(
            deBugShowCheckedModeBanner: false,
            home: Scaffold(
                body: WindowBorder(
                    color: borderColor,
                    width: 1,
                    child: Row(children: [
                        LeftSide(),
                        RightSide()
                    ])
                )));
    }
}
```

▲ 圖 14-17　實現視窗的左右欄分開

4. 建立左邊欄元件

左邊的側邊欄，實現效果如圖 14-18 所示。

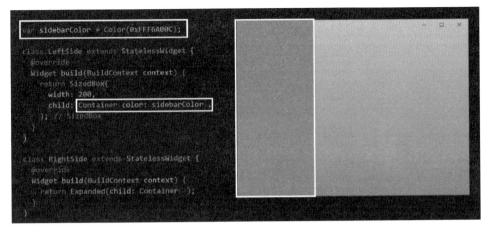

▲ 圖 14-18　左邊欄效果

建立左邊欄元件，如程式範例 14-3 所示。

程式範例 14-3

```
const sidebarColor = Color(0xFFF6A00C);
class LeftSide extends StatelessWidget {
   @override
   Widget build(BuildContext context) {
     return SizedBox(
       width: 200,
       child: Container(
         color: sidebarColor,
         child: Column(
           children: [
             WindowTitleBarBox(child: MoveWindow()),
             Expanded(child: Container())
           ],
       )));
   }
}
```

5. 建立右邊欄元件

實現右邊欄效果，如圖 14-19 所示。

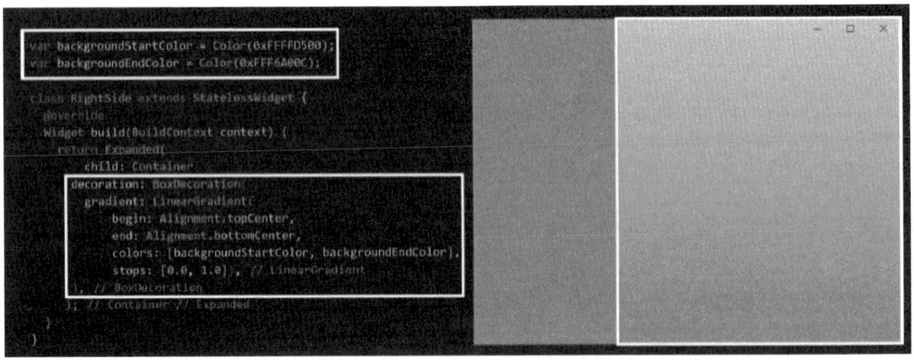

▲ 圖 14-19　右邊欄效果

建立右邊欄效果，如程式範例 14-4 所示。

程式範例 14-4

```
const backgroundStartColor = Color(0xFFFFD500);
const backgroundEndColor = Color(0xFFF6A00C);

class RightSide extends StatelessWidget {
  @override
  Widget build(BuildContext context) {
    return Expanded(
      child: Container(
        decoration: BoxDecoration(
          gradient: LinearGradient(
            begin: Alignment.topCenter,
            end: Alignment.bottomCenter,
            colors: [backgroundStartColor, backgroundEndColor],
            stops: [0.0, 1.0]),
        ),
        child: Column(children: [
          WindowTitleBarBox(
            child: Row(children: [
            Expanded(child: MoveWindow()),
            WindowButtons()
          ])),
        ])));
  }
}
```

6. 建立右邊放大和關閉視窗元件

　　這裡不能使用預設桌面附帶的視窗，需要定義一個自訂的視窗操作按鈕組，如圖 14-20 所示。

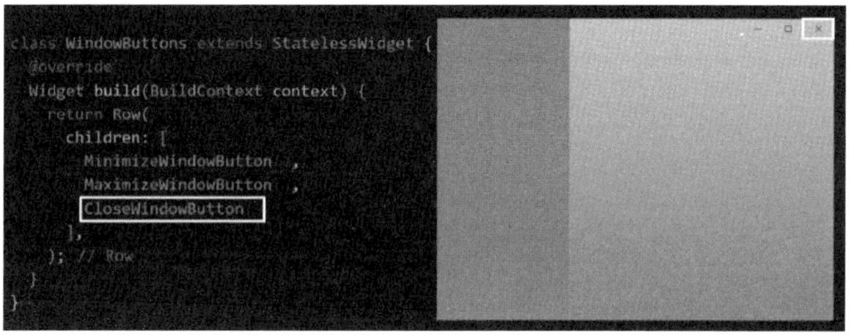

▲ 圖 14-20　視窗操作按鈕組

　　視窗管理元件，如程式範例 14-5 所示。

程式範例 14-5

```
final buttonColors = WindowButtonColors(
    iconNormal: Color(0xFF805306),
    mouseOver: Color(0xFFF6A00C),
    mouseDown: Color(0xFF805306),
    iconMouseOver: Color(0xFF805306),
    iconMouseDown: Color(0xFFFFD500));
final closeButtonColors = WindowButtonColors(
    mouseOver: Color(0xFFD32F2F),
    mouseDown: Color(0xFFB71C1C),
    iconNormal: Color(0xFF805306),
    iconMouseOver: Colors.white);
class WindowButtons extends StatelessWidget {
    @override
    Widget build(BuildContext context) {
        return Row(
            children: [
                MinimizeWindowButton(colors: buttonColors),
                MaximizeWindowButton(colors: buttonColors),
                CloseWindowButton(colors: closeButtonColors),
            ],
        );
```

7. 刪除預設視窗的放大縮小關閉欄

這裡需要修改 Windows\runner\main.cpp 檔案，在程式的頂部增加下面兩行程式，如程式範例 14-6 所示。

程式範例 14-6

```
#include <bitsdojo_window_Windows/bitsdojo_window_plugin.h>
auto bdw = bitsdojo_window_configure(BDW_CUSTOM_FRAME | BDW_HIDE_ON_STARTUP);
```

完整程式如程式範例 14-7 所示。

程式範例 14-7

```
import 'package:flutter/material.dart';
import 'package:bitsdojo_window/bitsdojo_window.dart';
void main() {
    runApp(MyApp());
    doWhenWindowReady(() {
        final win = appWindow;
        final initialSize = Size(600, 450);
        win.minSize = initialSize;
        win.size = initialSize;
        win.alignment = Alignment.center;
        win.title = "Custom window with Flutter";
        win.show();
    });
}
const borderColor = Color(0xFF805306);
class MyApp extends StatelessWidget {
    @override
    Widget build(BuildContext context) {
        return MaterialApp(
        deBugShowCheckedModeBanner: false,
        home: Scaffold(
          body: WindowBorder(
            color: borderColor,
            width: 1,
            child: Row(children: [LeftSide(), RightSide()]))));
    }
}
```

```dart
const sidebarColor = Color(0xFFF6A00C);
class LeftSide extends StatelessWidget {
   @override
   Widget build(BuildContext context) {
      return SizedBox(
         width: 200,
         child: Container(
            color: sidebarColor,
               child: Column(
                  children: [
                     WindowTitleBarBox(child: MoveWindow()),
                     Expanded(child: Container())
                  ],
               )));
   }
}
const backgroundStartColor = Color(0xFFFFD500);const backgroundEndColor =
Color(0xFFF6A00C);
class RightSide extends StatelessWidget {
   @override
   Widget build(BuildContext context) {
      return Expanded(
         child: Container(
            decoration: BoxDecoration(
               gradient: LinearGradient(
                  begin: Alignment.topCenter,
                  end: Alignment.bottomCenter,
                  colors: [backgroundStartColor, backgroundEndColor],
                  stops: [0.0, 1.0]),
               ),
               child: Column(children: [
                  WindowTitleBarBox(
                     child: Row(children: [
                     Expanded(child: MoveWindow()),
                     WindowButtons()
                  ])),
               ])));
   }
}
final buttonColors = WindowButtonColors(
```

```
      iconNormal: Color(0xFF805306),
      mouseOver: Color(0xFFF6A00C),
      mouseDown: Color(0xFF805306),
      iconMouseOver: Color(0xFF805306),
      iconMouseDown: Color(0xFFFFD500));
final closeButtonColors = WindowButtonColors(
      mouseOver: Color(0xFFD32F2F),
      mouseDown: Color(0xFFB71C1C),
      iconNormal: Color(0xFF805306),
      iconMouseOver: Colors.white);
class WindowButtons extends StatelessWidget {
    @override
    Widget build(BuildContext context) {
      return Row(
        children: [
          MinimizeWindowButton(colors: buttonColors),
          MaximizeWindowButton(colors: buttonColors),
          CloseWindowButton(colors: closeButtonColors),
        ],
      );
    }
}
```

Flutter 外掛程式庫開發實戰

外掛程式化開發可以極大地降低 Flutter 開發專案的模組耦合，Flutter 的外掛程式具有可以獨立偵錯及可拆卸的特性。在企業級開發中，外掛程式機制提供了開發高重複使用性業務元件庫的能力，以及封裝特定功能來提高專案開發的效率。

15.1 Flutter 外掛程式庫開發介紹

Flutter 的 Dart Pub 上的外掛程式庫主要分為兩種：一種是套件 (Flutter Package)，即純 Dart 撰寫的 API 外掛程式庫；另一種是外掛程式 (Flutter Plugin)，即透過 Flutter 的 MethodChannel 來呼叫封裝好的對應平台的原生程式實現的外掛程式庫，需要同時撰寫 Android、iOS 的原生程式。

1. 純 Dart 函式庫 (Dart Packages)

用 Dart 撰寫的 Package，例如 path，其中一些可能包含 Flutter 的特定功能，因此相依於 Flutter 框架，其使用範圍僅限於 Flutter，例如 fluro。

套件 (Package) 是 Flutter 中用來管理模組化程式的一種最常見的方式，套件的作用是封裝和重複使用，可以把一組方法封裝成一個 Package，也可以把一組業務元件封裝成 Package。

2. 原生外掛程式 (Plugin Packages)

外掛程式 (Plugin Package) 可以針對 Android(使用 Kotlin 或 Java)、iOS(使用 Swift 或 Objective-C)、Web、macOS、Windows 或 Linux，又或它們的各種組合方式進行撰寫。如 url_launcher 外掛程式 Package。

15.2 Flutter 自定義元件庫的 3 種方式

在 Flutter 中自定義元件有 3 種方式：內建元件組合、透過 CustomPaint 和 Canvas 實現自繪元件 UI 和自己實現 RenderObject 來訂製元件。

1. 內建元件組合

Flutter 框架中提供了大量的基礎元件 (Widget)，但是這些都是基礎元件，如果希望針對公司的產品開發一套業務場景的元件庫，就需要透過組合不同功能的內建元件實現了。

1) 建立元件庫

建立 Package 函式庫可以直接在 Android Studio 中新建一個 Flutter Package 的專案，也可以使用命令列進行，例如建立一個名為 flutter_ivy 的萬用元件庫，命令如下：

```
flutter create --template=package flutter_ivy
```

注意：--template 參數可以是 plugin 或 package,Plugin 包含 Android 或 iOS 原生 API，Package 類似於一個元件，是純 Dart 語言的。

在 lib 目錄下增加一個 Toast 元件和 loading 元件，flutter_ivy 自定義元件庫的專案目錄結構如圖 15-1 所示。

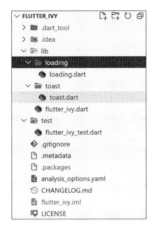

▲ 圖 15-1　自定義元件庫 flutter_ivy 的目錄結構

2) 建立 IvyToast 元件

IvyToast 元件是一個自訂 UI 風格的 Toast 元件，如程式範例 15-1 所示。

程式範例 15-1　chapter15\flutter_ivy\lib\toast

```
library flutter_ivy;
import 'package:flutter/material.dart';
// 提示工具
class IvyToast {
   static void show({@required BuildContext? context, required String
message}) {
     // 建立一個 OverlayEntry 物件
     OverlayEntry overlayEntry = OverlayEntry(builder: (context) {
       // 外層使用 Positioned 進行定位，用於控制在 Overlay 中的位置
       return Positioned(
       top: MediaQuery.of(context).size.height * 0.8,  // 設定距離頂部 80%
       child: Material(
          type: MaterialType.transparency,              // 設定透明
          child: Container(
            width: MediaQuery.of(context).size.width,   // 設定寬度
            alignment: Alignment.center,                // 設定置中
```

```
                    child: Center(
                      child: Container(
                        constraints: BoxConstraints(
                          maxWidth: MediaQuery.of(context).size.width *
                            0.8),                    // 設定約束，最大寬度為螢幕寬的80%
                          child: Card(
                            child: Padding(
                              padding: const EdgeInsets.all(10),
                              child: Text(message),
                            ),
                            color: Colors.grey,
                            shape: const RoundedRectangleBorder(
                              borderRadius:
                                BorderRadius.all(Radius.circular(10))), // 設定圓角
                          ),
                        ),
                      ),
                    ));
    });
    // 往 Overlay 中插入 OverlayEntry
    Overlay.of(context!)?.insert(overlayEntry);
    // 兩秒後移除 Toast
    Future.delayed(const Duration(seconds: 2)).then((value) {
      // 移除
      overlayEntry.remove();
    });
  }
}
```

3) 建立 IvyLoading 元件

IvyLoading 元件是一個自訂 UI 風格的載入效果的元件，作為元件庫的一部分，如程式範例 15-2 所示。

程式範例 15-2　　chapter15\flutter_ivy\lib\loading

```
import 'package:flutter/material.dart';

class IvyLoading extends StatelessWidget {
```

```
final String title;
const IvyLoading({Key? key, required this.title}) : super(key: key);

@override
Widget build(BuildContext context) {
   return Material(
      type: MaterialType.transparency,
        child: Center(
          child: SizedBox(
            width: 120.0,
            height: 120.0,
            child: Container(
              decoration: const ShapeDecoration(
              color: Color(0xffffffff),
              shape: RoundedRectangleBorder(
                borderRadius: BorderRadius.all(
                  Radius.circular(8.0),
                ),
              ),
            ),
          child: Column(
            mainAxisAlignment: MainAxisAlignment.center,
            crossAxisAlignment: CrossAxisAlignment.center,
            children: <Widget>[
              const CircularProgressIndicator(
                valueColor: AlwaysStoppedAnimation(Color(0xffAA1F52))),
              Padding(
                padding: const EdgeInsets.only(
                  top: 20.0,
                ),
                child: Text(title),
                ),
              ],
            ),
          ),
        ),
      ),
    );
  }
}
```

4) 匯出公共元件

在 flutter_ivy.dart 檔案中增加模組函式庫匯出，如程式範例 15-3 所示。

程式範例 15-3　chapter15\flutter_ivy\lib\flutter_ivy.dart

```
library flutter_ivy;
export 'toast/toast.dart';
export 'loading/loading.dart';
```

5) 本地呼叫元件庫測試效果

首先需要在本地專案中增加元件庫的相依目錄，如程式範例 15-4 所示。path 用於指定套件的本地絕對路徑，如果在同一個專案中，則可以使用相對路徑。

程式範例 15-4　pubspec.yaml 檔案

```
dependencies:
  flutter:
    sdk: flutter
  flutter_ivy:
    path: C:/work_books/Web/book_code/chapter15/flutter_ivy
```

在頁面中呼叫元件，如圖 15-2 所示，如程式範例 15-5 所示。

▲ 圖 15-2　自定義元件庫測試效果

程式範例 15-5　呼叫外掛程式庫

```
import 'package:flutter_ivy/flutter_ivy.dart';
1onPressed: () {
   showLoading(context, " 載入中 ");
   IvyToast.show(context: context, message: "HELLO IVY TOAST");
},
```

2. 自繪元件

Flutter 中提供的 CustomPaint 和 Canvas 用於實現 UI 自繪。

3. 實現 RenderObject

RenderObject 在整個 Flutter Framework 中屬於核心物件，其職責概括起來主要有三點：Layout、Paint、Hit Testing。RenderObject 是抽象類別，具體工作由子類別去完成。

15.3 Flutter 自訂外掛程式 (Plugin)

在開發 Flutter 應用過程中涉及平台相關介面呼叫，例如相機呼叫、外部瀏覽器跳躍等業務場景。其實 Flutter 自身並不支援直接在平台上實現這些呼叫，開發過程中我們會在 pub.dev 上查詢和使用提供這些功能的套件。事實上這些套件是為 Flutter 而開發的外掛程式套件，透過外掛程式套件介面去呼叫指定平台 API 從而實現原生平台上的特定功能。

1. Flutter 與 Android、iOS 通訊原理

Flutter 與 Android 或 iOS 平台的通訊是透過 Platform Channel 實現的，它是一種 C/S 模型，其中 Flutter 作為 Client，iOS 和 Android 平台作為 Host，Flutter 透過該機制向 Native 發送訊息，Native 在收到訊息後呼叫平台自身的 API 進行實現，然後將處理結果再返給 Flutter 頁面。

Flutter 中的 Platform Channel 機制提供了以下 3 種對話模式。

(1) BasicMessageChannel：用於傳遞字串和半結構化資訊。

(2) EventChannel：用於資料流程的監聽與發送。

(3) MethodChannel：用於傳遞方法呼叫和處理回呼。MethodChannel 簡單地說就是 Flutter 提供與使用者端通訊的通路，使用時互相約定一個通路 name 與對應的呼叫使用者端指定方法的 method，如圖 15-3 所示。

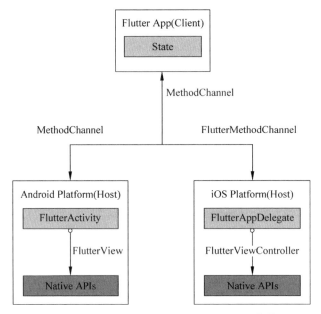

▲ 圖 15-3　Flutter 與 Android、iOS 互動圖

　　圖中的箭頭是雙向的，也就是說，不僅可以從 Flutter 呼叫 Android/iOS 的程式，也可以從 Android/iOS 呼叫 Flutter。

2. 建立一個獲取原生平台資訊的外掛程式

　　建立命令如下：

```
flutter create --org com.example --template=plugin --platforms=android,
ios -a kotlin hello(外掛程式名稱)
```

　　建立命令的參數如表 15-1 所示。

表 15-1 建立外掛程式命令參數說明

參數名稱	參數全稱	參數說明	預設值
--org	--org	以反向域名標記法來指定開發者的組織。該值用於生成 Android 及 iOS 程式	com.example
-a	--android-language	用什麼語言撰寫 Android 程式 Java 或 Kotlin	Java
-i	--ios-language	用什麼語言撰寫 iOS 程式 Swift 或 Objective-C	objc
--platforms	--platforms	Android、iOS、Web	android、ios
-t	--template	專案類型 (App、Package、Plugin)	app

建立成功後，程式目錄結構如圖 15-4 所示。

▲ 圖 15-4　自定義元件庫測試效果

圖 15-4 中包含的幾個主要的目錄分別為 android、example、ios、lib。

(1) android 目錄是一個完整的 Android 專案，用來開發 Android 端的外掛程式功能。

(2) example 目錄用來測試 Android 或 iOS 端的外掛程式功能。

(3) ios 目錄是一個完整的 iOS 專案，用來開發 iOS 端的外掛程式功能。

(4) lib 目錄中的檔案負責和 Android 或 iOS 端的互動。

3. Flutter Plugin 中 Dart API 的實現

在 lib 中建立 hello.dart 檔案，Flutter 端的程式如程式範例 15-6 所示。

程式範例 15-6　　chapter15\hello\lib\hello.dart

```dart
import 'dart:async';
import 'package:flutter/services.dart';
class Hello {
  // 透過字串 hello 找到約定的 MethodChannel
  static const MethodChannel _channel = MethodChannel('hello');
  static Future<String?> get platformVersion async {
    final String? version = await _channel.invokeMethod('getPlatformVersion');
    return version;
  }
}
```

(1) service.dart 曝露與平台通訊的 API，如 MethodChannel 是 Platform Channel 的一種類型。

(2) _channel 是 Hello 類別的屬性，是一個實例化的 MethodChannel, name 為 hello。

(3) platformVersion 是 Hello 類別的靜態可計算屬性，會非同步返還一個 String。

(4) 在 platformVersion 中，呼叫 _channel 的 invokeMethod 方法，入參 getPlatformVersion 為呼叫平台約定的方法名稱，然後把 invokeMethod 的非同步結果值設定給 String version 作為 platformVersion 的傳回值。

4. Flutter Plugin 中 Android 實現

建立一個外掛程式 Class，實現 FlutterPlugin 和 MethodCallHandler 介面。

重寫 3 種方法，即 onAttachedToEngine、onDetachedFromEngine、onMethodCall。在 onAttachedToEngine 中，根據自訂的 CHANNEL_NAME 建立 MethodChannel；在 onDetachedFromEngine 中，釋放 Method Channel；在 onMethodCall 中，透過自訂的 METHOD_NAME 來回應 Flutter 中 invokeMethod 對 Native 的通訊，如程式範例 15-7 所示。

程式範例 15-7   chapter15\hello\android\src\main\kotlin\com\example\hello\HelloPlugin.kt

```kotlin
package com.example.hello
import androidx.annotation.NonNull
import io.flutter.embedding.engine.plugins.FlutterPlugin
import io.flutter.plugin.common.MethodCall
import io.flutter.plugin.common.MethodChannel
import io.flutter.plugin.common.MethodChannel.MethodCallHandler
import io.flutter.plugin.common.MethodChannel.Result


/** HelloPlugin */
class HelloPlugin: FlutterPlugin, MethodCallHandler {
private lateinit var channel : MethodChannel
override fun onAttachedToEngine(@NonNull flutterPluginBinding: FlutterPlugin.
FlutterPluginBinding) {
   channel = MethodChannel(flutterPluginBinding.binaryMessenger, "hello")
   channel.setMethodCallHandler(this)
}

override fun onMethodCall(@NonNull call: MethodCall, @NonNull result: Result) {
   if (call.method == "getPlatformVersion") {
     result.success("Android ${android.os.Build.VERSION.RELEASE}")
   } else {
     result.notImplemented()
   }
}

override fun onDetachedFromEngine(@NonNull binding: FlutterPlugin.
FlutterPluginBinding) {
     channel.setMethodCallHandler(null)
   }
}
```

5. Flutter Plugin 中 iOS 實現

如程式範例 15-8 所示。

程式範例 15-8   chapter15\hello\ios\Classes\SwiftHelloPlugin.swift

```swift
import Flutter
import UIKit
```

```
public class SwiftHelloPlugin: NSObject, FlutterPlugin {
    public static func register(with registrar: FlutterPluginRegistrar) {
        let channel = FlutterMethodChannel(name: "hello", binaryMessenger:
registrar.messenger())
        let instance = SwiftHelloPlugin()
        registrar.addMethodCallDelegate(instance, channel: channel)
    }

public func handle(_ call: FlutterMethodCall, result: @escaping
    FlutterResult) {
        result("iOS " + UIDevice.current.systemVersion)
    }
}
```

6. 本地測試 Flutter Plugin

首先需要在本地專案中增加元件庫的相依目錄，如程式範例 15-9 所示。path 用於指定套件的本地絕對路徑，如果在同一個專案中，則可以使用相對路徑。

程式範例 15-9　　pubspec.yaml 檔案

```
dependencies:
    flutter:
        sdk: flutter
    hello:
path: C:/work_books/Web/book_code/chapter15/hello
```

在頁面中呼叫元件，程式範例 15-10 所示，效果如圖 15-5 所示。

程式範例 15-10

```
String _platformVersion = 'Unknown';

    @override
    void initState() {
        super.initState();
        initPlatformState();
    }
```

```
  Future<void> initPlatformState() async {
    String? platformVersion;
    try {
      platformVersion = await Hello.platformVersion;
    } on PlatformException {
      platformVersion = 'Failed to get platform version.';
    }
    if (!mounted) return;
    setState(() {
      _platformVersion = platformVersion!;
    });
  }
}
```

Android 11

▲ 圖 15-5　Android 平台叫用測試效果

15.4　在 Pub 上發佈自己的 Package

開發完一個 Package 後，需要將其發佈到 Pub。

1. 提交 Git 倉庫

發佈套件之前，首先需要將程式提交到 Git 倉庫中，建立 Git 倉庫，命令如下：

```
git add README.md
git commit -m "first commit"
git remote add origin https://gitee.com/xxx/flutter_ivy.git
git push -u origin "master"
```

如果已有倉庫，則可以直接推送，命令如下：

```
cd existing_git_repo
git remote add origin https://gitee.com/xxx/flutter_ivy.git
git push -u origin "master"
```

2. 修改 pubspec.yaml 檔案

建立完元件後,修改函式庫中的 pubspec.yaml 檔案,各項的說明如下:

```
name: 專案名稱
description: 簡單的專案說明
version: 1.0.0
homepage: http:  //xxx.com      # 專案 Git 位址
publish_to: http: //xxx.com     # 發佈的私有伺服器地址,如果要發佈到公共 Pub 函式庫,則
                                // 該行可以省略
```

如果是第一次提交,則還需要修改 CHANGELOG.md、LICENSE 和 README 檔案。

3. 進行發佈前的預檢查

在終端使用 cd 命令進到專案目錄下,執行下面的命令,進行發佈前的預檢查:

```
flutter packages pub publish --dry-run
```

執行成功後輸出結果如下:

```
Package has 0 warnings.
The server may enforce additional checks.
```

4. 驗證身份並發佈

如果預檢查有顯示出錯,則按照顯示出錯的提示進行修改,直到檢查後沒有問題,執行下面的命令,進行發佈。

```
flutter packages pub publish
```

由於要將外掛程式發佈到 Flutter 外掛程式平台,要知道這平台可是 Google 建的,需要發佈,就必須登入 Google 帳號進行認證。在輸入 flutter packages pub publish 命令之後,會收到一筆認證連結,這就是需要

登入 Google 帳號，如圖 15-6 所示。

```
Publishing is forever; packages cannot be unpublished.
Policy details are available at https://pub.dev/policy

Do you want to publish flutter_ivy 0.0.1 (y/N)? y        ❶ 複製瀏覽器驗證
Pub needs your authorization to upload packages on your behalf.
In a web browser, go to https://accounts.google.com/o/oauth2/auth?access_type=offline&approval_prompt=force&response_type=code&client_i
d=818368855108-8grd2eg9tj9f38os6f1urbcvsq399u8n.apps.googleusercontent.com&redirect_uri=http%3A%2F%2Flocalhost%3A54482&code_challenge=v
Rch8hrIOvPn5rOYpHgdm8ja6MVP-2W1j_onWCH0Gu0&code_challenge_method=S256&scope=openid+https%3A%2F%2Fwww.googleapis.com%2Fauth%2Fuserinfo.e
mail
Then click "Allow access".

Waiting for your authorization...
```

▲ 圖 15-6　複製驗證 URL 進行身份驗證

> **注意**：身份驗證位址是 **Google** 的帳號管理位址，有些地區存取可能需要代理處理。

瀏覽器登入成功後，如圖 15-7 所示，命令列將收到驗證，並執行後面的步驟。

▲ 圖 15-7　使用 Google 帳號登入驗證身份

當 Google 帳號登入驗證成功後，會跳躍到如圖 15-8 所示頁面，表示授權成功了。

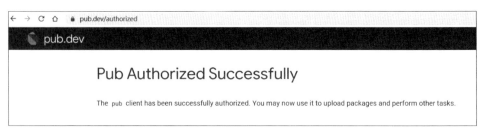

▲ 圖 15-8　pub.dev 驗證成功頁面

NOTE

NOTE

NOTE

NOTE

NOTE

NOTE